構造力學

— 構造解析의 基本理論 —

工學博士 申 永 琦 著

東 明 社

머 리 말

이 책은 저자가 오래 전부터 구상해오고 기획해오던 것인데, 이번에 이것을 탈고하여 出刊하게 되니 기쁘기 이를 데 없으며, 이 기쁨을 독자 여러분과 나누고 싶다. 이 책은 주로 저자가 여러 해 동안 강의실에서 강술한 내용을 담은 것이지만 그 내용이 여기서는 좀더 다듬어져 있고 보완되어 있다.

이 책에서는 構造物의 靜力學的 擧動의 理解에 중점을 두었고 構造計算에 관한 細部的 技巧에 대한 記述은 이 理解를 도와주는 정도로 그쳤다. 컴퓨터가 나오기 전까지는 構造計算에 관한 세부적 기교에 熟達하지 못한 構造力學者는 卓上空論을 일삼는다는 비난을 받았을지도 모르지만, 構造計算을 보다 정확하게 그리고 보다 신속하게 컴퓨터가 해주는 오늘날에는 計算의 기교에 숙달하는 일보다는 컴퓨터가 해내어준 計算結果에 대한 檢討와 判斷이 더 중요한 일이 되었으므로, 위와 같은 중점의 轉移는 누구에게나 받아들여질 것이다.

이 책에서는 또 여러 가지 構造物에 대해 共通으로 成立되는 理論의 理解에 중점을 두었고 낱낱의 특수한 型式의 構造物의 特性은 다루지 않았다. 그래서 이 책의 이름을 構造力學總論이나 通論이라고 함으로써 이 점을 밝혀둘까도 했었으나, 그렇게 한다면 各論이나 特論이 머지 않아 出刊될 계획이 서 있어야 할 터인데, 그렇지도 못하므로 책이름에 총론이나 통론을 붙이는 것을 보류하고, 그대신에 "構造解析의 基本理論"이라는 副題를 달아두었다.

이 책에서는 構造力學의 發達史에 관해서도 간간이 언급하고 역사적으로 중요한 文獻은 권말에 수록했는데, 이를 위한 조사와 정리에 적지 않은 시간을 할애하였으나 이것으로써 조금이라도 더 構造力學

을 산 學問으로서 배울 수 있게 된다면 보람있는 일이라고 믿는다.

애초의 구상에서는 本書에 構造物의 塑性解析法을 포함시키려고 했었으나 그렇게 하면 本書의 發刊이 그만큼 더 늦어지게 될 것이므로, 더 욕심을 부리지 않기로 했다. 그 결과 本書는 構造物의 彈性解析만을 다룬 셈이 되었다.

저자로 하여금 이 책을 완성하도록 저자를 1984학년도 研究教授로 선정해주신 서울大學校 當局에 謝意를 표하고, 저자로 하여금 學事의 責務로부터 벗어나서 이 책의 집필에 專念하도록 寬容을 베풀어주신 工科大學 李澤植 前學長님과 李樂周 學長님께 심심한 感謝를 드린다. 이 책의 저술에 항상 관심을 보여주시고 격려해주신 土木工學科內의 安守漢, 鄭寅唆, 兩教授님과 항상 저자의 곁에서 協助와 助言을 아끼지 않으신 張丞弼, 姜榮振 兩博士님께도 깊은 感謝를 드리며, 科內 다른 모든 분에게도 이 자리를 빌어 평소에 저자에게 베풀어주신 好意와 協助에 대해 뜨거운 謝意를 보내는 바이다. 索引의 作成을 도와준 大學院生 金哲永君과 演習問題의 解答의 作成과 校正보기를 도와준 大學院生 金文洙, 邊炯均 兩君에게도 謝意를 표한다. 끝으로 이 책의 脫稿가 늦어진 것을 한번도 탓하시지 않고 인내심있게 그것을 지켜보아주신 東明社의 崔漢雄 會長님과 그렇게도 지저분했던 原稿로부터 이렇게 깨끗하고 훌륭한 책이 인쇄되어 나오도록 세심한 주의와 꾸준한 노력을 경주하여주신 東明社 編輯部의 여러분께 感謝의 뜻을 표한다.

1985년 2월

申 永 琦

일러두기

이 책은 제6장까지의 前篇과 제7장 이하의 後篇으로 나눌 수 있다. 전편은 靜定構造物篇이라고 부를 수 있는 것으로, 剛體靜力學의 지식을 기초로 삼고 있다. 그래서 그 첫째 장에서는 이것을 정리해두었다. 후편은 不靜定構造物篇이라고 부를 수 있는데, 여기서는 그 예비 지식으로서 剛體靜力學의 지식 이외에 材料力學의 지식을 더 필요로 한다. 그래서 그 첫째 장인 제7장에는 材料力學 중에서 本書의 나머지를 이해하는 데 도움이 될 만한 것을 적어놓았다. 이렇게 함으로써, 高等學校에서 배우는 정도의 數學의 지식만 가지고 있으면, 剛體靜力學과 材料力學을 따로 미리 공부하지 않더라도, 누구나 다 곧바로 이 책을 읽어나갈 수 있게 하였다.

이 책을 쓸 때 內容의 配置에는 각별한 주의를 기울이어서, 初心者라도 이 책을 처음부터 차례대로 읽어나가면 獨學으로도 構造力學에 통달할 수 있도록 하였다. 그러나 제6장만은 생략하더라도 그 다음을 읽어나가는 데 아무런 지장도 초래하지 않을 것이다. 또 제5장도 생략해도 무방하며, 그렇게 하는 경우 그 후에 나오는 影響線에 관한 사항은 모두 생략해야 하는데, 그렇게 해도 그 다음을 읽어나가는 데 아무런 지장이 없을 것이다.

이 책에서는 事項索引을 만드는 데도 時間과 努力을 아끼지 않았다. 卷末의 索引에 수록된 각 事項에 이어서 적힌 數字는 그 事項이 本文에서 나타나는 面數를 나타낸다. 그 중에서 고딕체의 숫자는 本文의 그 面數의 面에 그 事項의 定義가 나와 있음을 가리킨다. 이 索引은 이 책으로 構造力學을 처음으로 공부하는 이를 여러 모로 도울 수 있을 것이고, 또 構造力學에 능통한 構造技士가 이 책을 참고로 활용하려는 때에도 도움을 줄 것이다.

이 책에서는 用語의 선택에도 세심한 주의를 기울이었다. 이 사실은 이 책의 事項索引을 살펴보면 알 수 있는 일일 것이다. 이에 관련하여 다음의 두 점을 덧붙여두고 싶다. 그 하나는 '들보'를 材料力學이나 構造力學에서 종래 '보'라고 불러왔지만, 보는 들보의 준말이므로 이 책에서는 보라는 말을 쓰지 않고 그 원말인 들보를 사용하였다는 점이다. 다른 하나는 종래 最小일의 原理와 뮐러-브레슬라우의 原理라고 불러왔던 것을 定理로 격하시키고, 原理라는 말은 겹침의 原理와 假想일의 原理의 경우에만 사용하였다는 점이다.

卷末에 있는 文献欄에는 本文에서 著者名과 發表 또는 發刊 年度가 병기되어 나타나는 文献을, 著者名의 알파벳 順으로, 수록하였다. 권말에 수록된 각 文献이 本文의 어디에서 引用되었는가를 알기 위해서는 人名索引을 찾아보면 된다.

各章의 끝에는 적당한 量의 演習問題가 실려 있는데, 初心者는 時間이 걸리더라도 이것을 다 푼 다음에 다음 章으로 넘어가는 것이 實力의 培養에 큰 도움이 될 것이다. 演習問題의 마지막 答이 數値로 표시되는 것은 그 正答을 卷末에 실어놓았는데, 이것은 독자 여러분이 演習問題를 푼 경우에 그 解答이 맞는 것인가 어떤가를 빨리 판단할 수 있도록 도와주기 위한 것이다.

本書가 大學의 教材로 채택되는 경우, 剛體靜力學이나 材料力學을 先修科目으로서 履修하는 때에는 각각 제1장이나 제7장을 생략할 수 있다. 그리고 專門大學의 경우에는 제6장과 제10장을 생략해도 무방할 것이다. 本書가 教材로 사용될 경우, 두 學期에 걸쳐 週當 4時間씩으로 하거나 또는 세 學期에 걸쳐 週當 3時間씩으로 하여, 講義와 演習時間을 할당하면 알맞을 것이다.

차 례

1. 剛體靜力學의 整理

2. 靜定構造物의 反力

3. 靜定한 들보와 라멘의 斷面力

4. 靜定트러스의 部材內力

5. 移動荷重과 影響線

6. 靜定한 立體트러스

7. 單一部材 안의 應力分布와 變形

8. 靜定構造物의 처짐

9. 不靜定構造物의 解析

10. 매트릭스構造解析法

1

剛體靜力學의 整理

1.1 序 言

剛體靜力學은 構造力學의 중요한 기초를 이룬다. 그러므로, 대부분의 학생은 物理學의 一般力學篇에서 또 工業力學의 靜力學篇에서 이에 관한 기본 지식과 그것을 응용하는 능력을 이미 얻었을 것으로 믿지만, 構造力學에 들어가는 첫머리에서 이것을 정리하고 그 基本原理들을 다시 한 번 명확하게 이해해 두는 것이 퍽 긴요하다.

시간에 따라 변동하는 힘의 작용을 받는 構造物에 관해서는 動力學的 考察이 필요하게 되는데, 이러한 문제는 따로 構造振動學에서 다루는 것이 慣例로 되어 있다.

本章에서는 剛體靜力學의 基本原理를 정리해 둔다. 이 整理는 剛體靜力學의 내용의 단순한 요약이 아니라, 靜力學에 관하여 우리들이 가지고 있는 지식을 바로 활용할 수 있도록 하게 하는 정리이다.

靜力學의 起源은 紀元前으로 거슬러 올라가고 Archimedes (287~212 B.C.)와 같은 분은 지렛대에 작용하는 힘에 관한 平衡條件 등을 기원전의 그의 著書에서 발표하였지만, 靜力學이 현재와 같은 형식으로 그 기초를 굳힌 것은 動力學과 마찬가지로 17세기 말엽에 이르러서였다.

1.2 靜力學에서의 基本概念—힘과 空間

무릇 자연과학에서 사물의 개념을 정의하려면 반드시 出發點이 되는 概念을 設定해야 한다. 그렇게 하지 않으면 사물의 정의가 순환적으로 되고 말기 때문이다. 출발점이 되는 개념은 정의하지 않고 既知의 개념으로 본다. 이러한 개념을 **不定義概念**(undefined conception) 또는 **基本概念**(fundamental conception)이라고 부른다. 科學의 한 分科에서 기본 개념은 필요불가결한 최소의 수효만큼 설정해야 한다. 이 수효는 分科에 따라 다르다.

力學(mechanics)에서는 보통 質量, 空間, 時間의 셋을 基本概念으로 삼는다. 그러나 질량 대신에 힘을 택하는 일도 있다. 力學의 한 分科인 **運動學**(kinematics)에서는 질량이나 힘의 개념이 들어 오지 않으므로 공간과 시간의 둘이 기본 개념으로 된다. **靜力學**(statics)에서는 시간의 개념이 나타나지 않으므로 기본 개념은 역시 둘로 줄어든다.

최소한의 基本概念으로서 무엇을 택할 것인가 하는 것은 순수히 논리적인 입장에서는 자유롭다. 그러나 경험적으로는 편리한 선택이 있다. 靜力學에서는 보통 힘과 공간을 택한다.

空間(space)을 기본 개념으로 삼는 이상, 우리는 이에 관해서 잘 알고 있다고 보는 셈이다. 실로 우리는 태어나서부터 공간 안에서 살았고 모든 경험을 그 안에서 겪어 왔으므로 그 屬性을 잘 알고 있다고 말할 수밖에 없다. 感覺만으로 느끼는 空間은 **無限性**(infinity), **等質性**(homogeneity) 및 **等方性**(isotropy)을 지니고 있다.

힘에 관해서도 우리는 경험을 통해 잘 알고 있다고 본다. 우리가 잘 알고 있다고 보고 있는 힘의 屬性은 法則이라는 형식으로 정리되어 표현된다. 이러한 법칙은 우리들의 경험의 축적으로부터 歸納된 것으로, 그것이 진리라는 것을 직접적으로는 증명할 수 없다. 다만 이들로부터 演繹推理된 결과가 경험적 사실이나 실험결과와 조금도 어긋남이 없다는 이유로 이들을 진리라고 인정하는 것이다. 힘에 관한 이러한 經驗法則 가운데 剛體靜力學의 礎石이 되는 것은 反作用의 法則, 힘의 平行四邊形의 法則, 힘의 移動可能性의 法則의 셋이다.

1.3 힘의 效果와 힘의 3要素

力學의 用語로서의 힘의 槪念은 이에 관한 法則을 記述함으로써 명백해지겠지만, 이 법칙을 기술하는 데에도 힘이라는 낱말이 사용되므로, 여기서 힘이란 낱말이 무엇을 가리키는 것인지를 명확하게 밝혀 둘 필요가 있다.

1.3.1 힘의 效果

慣性의 法則(law of inertia) 곧 **뉴우튼의 運動第1法則**(Newton's first law of motion)에 따르면, "모든 物體는 현재의 運動狀態를 持續하려는 性質 곧 慣性(inertia)을 가지고 있고, 外部로부터 아무런 작용도 받지 않는 한, 그 운동상태는 변하지 않는다." 바꾸어 말하면 어느 물체의 운동상태가 변하고 있을 때에는 반드시 그 물체에 외부로부터 어떤 작용이 미치고 있다. 물체의 운동상태를 변화시키는 이러한 작용을 힘(力, force)이라고 부른다. 곧 물체의 운동상태를 변화시키는 원인이 되는 작용은 그 종류 여하를 막론하고 이를 힘이라고 부른다.

힘은 물체의 운동상태를 변화시킬 뿐만 아니라, 물체의 形狀과 體積도 변화시킨다. 힘이 지니는 이 두 가지 효과 가운데, 전자는 物體全體로서의 外部空間에 대한 위치의 변화에 관한 것이고, 후자는 物體內部에서 일어나는 물체의 構成分子 사이의 相互位置의 변화에 관한 것이므로, 전자를 힘의 外的效果(external effect of a force), 후자를 힘의 內的效果(internal effect of a force)라고 부른다.

물체의 운동상태를 변화시키는 원인으로서는 힘밖에 없으나 물체의 형상과 체적을 변화시키는 원인으로서는 힘 이외에 온도의 변화 등과 같은 다른 원인도 있다. 또 힘의 효과로서는 위의 두 가지 이외에 磁歪效果와 피에조 電氣效果도 있으나 이들은 우리들에게는 직접적으로는 관계없다.

제 6 장까지는 주로 힘의 外的效果만을 다룬다. 이러한 때에는 어떠한 원인에 의해서도 형상과 체적이 변하지 않는 물체를 생각하는 것이 편리하다. 이러한 물체를 剛體(rigid body)라고 한다.

1.3.2 힘의 3要素

힘의 효과는 힘의 크기(magnitude), 方向(direction) 및 着力點(point of application)에 따라 다르다. 그러므로 물체에 작용하는 힘의 효과를 다루려면 이 셋을 다 알아야 하며, 한 힘은 이 셋을 指定함으로써 완전히 결정된다. 이 셋을 힘의 3要素(three elements of a force)라고 한다. 이 3要素 가운데 하나만이라도 모르는 힘은 未知의 힘이다.

힘의 크기는, 어느 적당한 크기를 단위로 정하여, 그 몇 곱인가를 재어서 나타낼 수 있다. 工學에서는 종래 힘의 단위로서 1 kg의 質量에 작용하는 重力 곧 무게를 취하고 이것을 단순히 kg라는 기호로 적어 왔다. 엄밀하게는 이것을 kgw 또는 kgf라는 기호로 적고 킬로그램무게(kilogram-weight) 또는 킬로그램힘(kilogram-force)이라고 불러야 하고, 또 SI單位(Systéme International d'Unités [International System of Units]의 약칭으로서, 力學部門에서는 質量, 길이 및 時間의 단위로서 kg, m, s를 택하고 이들을 基本單位로 하는 絶對單位系라고 말할 수 있음)가 世界 各國에서 채택되고 있는 오늘날에는 마땅히 그렇게 해야 하겠지만, 우리 나라에서는 아직 SI單位가 公的으로 採擇된 바가 없으므로, 또 靜力學의 범위에서는 SI單位로 고치는 일이 아주 간단하므로, 本書에서는 힘의 慣用單位인 kg 또는 그 1000 곱인 t(ton)을 그대로 사용하기로 한다.

힘의 방향은 정지하고 있던 물체가 그 작용을 받고 움직이려고 하는 방향을 가리킨다. 따라서 힘의 방향은 向하는 쪽(sense)을 가진다.

힘의 着力點은 그 힘이 집중되어 있다고 생각할 수 있는 경우에 그것의 집중되는 점을 가리킨다. 실제의 힘은 반드시 어느 유한한 面積 또는 體積에 퍼져서 작용하는 것이지만, 이를테면, 물체의 全體積에 퍼져서 작용하는 重力은 그 물체의 重心에 몰려서 작용한다고 생각할 수 있다. 이런 때에는 그 重心이 重力의 着力點으로 된다.

1.3.3 힘의 圖式的 表示法

한 힘의 3要素는 이를 모두 한 線分으로 나타낼 수 있다. 즉 그림 1.1 과 같이 着力點 A 또는 B로부터 힘의 方向으로 힘의 크기에 相當한 길이의 선분 AB를 그으면 된다. 다만 이 때에 힘이 A에서 B로 향하는 쪽으로 작용한다는 것을 나타내기 위해 점 B에 화살촉을 그려 두어야 하고, 선분의 길이와 힘의 크기 사이에, 이를테면 1 cm 는 5 kg에 상당하다는 따위의, 일정한 규약을 미리 정해 두어야 한다. 이 규약은 圖面 한 모퉁이에 힘의 단위로 자눈을 적어 넣은 자를 그려서 나타내면 편리하다. 이러한 자를 힘의 縮尺(scale for forces)이라고 부른다.

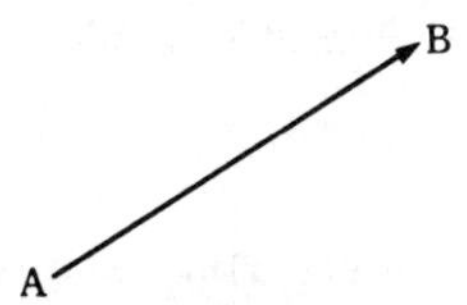

그림 1.1

힘과 같이 크기와 方向을 가지는 量을 일반적으로 벡터(vector) 또는 벡터量(vector quantity)이라 하고, 또 이것을 나타내는 화살촉이 붙은 선분도 벡터라고 부른다. 그림 1.1에서 점 A를 벡터의 始點(beginning point), B를 그 終點(last point)이라고 한다. 이하 本書에서는 A를 始點, B를 終點으로 하는 벡터를 $\overrightarrow{AB}$로 나타내기로 한다.

着力點을 지나서 힘의 方向으로 그은 직선을 힘의 作用線(line of action)이라고 부른다.

1.4 反作用의 法則과 힘

1.4.1 反作用의 法則

물체의 운동상태를 변화시키는 원인이 되는 힘은 항상 두 물체 사이에 일어난다. 한 물체에 어느 힘이 작용하면 그 힘을 주는 다른 물체가 반드시 있으며, 후자는 반대로 전자로부터 힘의 작용을 받는다. 힘은 이와 같이 홀로 일어나는 일이 없고 언제나 짝을 지어서 나타난다. 곧 힘은 언제나 두 물체 사이의 상호 작용으로서 일어난다. 이 때 한편 힘을 作用(action)이라 하고 다른 편 힘을 反作用(reaction)이라고 하는데, 경험에 의하면, 작용과 반작용은 크기와 作用線을 같이하고 向하는 쪽을 달리한다. 위의 경험적 사실을 정리한 것이 뉴우튼의 運動 第3法則(Newton's third law of motion) 또는 反作用의 法則(law of equality of action and reaction)이다. 곧 "모든 힘은 그 자신과 크기와 作用線을 같이하고 향하는 쪽을 반대로 하는 힘과 함께 나타난다."

1.4.2 自由物體圖

힘은 언제나 짝을 지어서 나타나지만, 어느 한 물체의 운동상태를 조사하려는 경우에는 그 물체에 작용하는 힘들만을 생각해야 한다. 그러기 위해서는 생각하고 있는 물체와 이 물체에 작용하는 힘들만을 그려 놓고 나서 그 물체의 운동상태를 생각하는 것이 편리하다. 이러한 그림을 **自由物體圖**(free body diagram)라고 한다. 이 그림에는 그 물체로부터 다른 물체에 작용하는 힘을 그려 넣어서는 안 된다.

1.4.3 面力과 體力

두 물체 사이의 상호 작용인 힘은 다음과 같은 본질적으로 다른 두 종류로 분류된다. 그 하나는 두 물체가 맞대어 있는 때에 서로 닿는 點 또는 面에 나타나는 것으로, **面力**(surface force) 또는 **接觸力**(forces of contact)이라고 불리고, 다른 하나는 두 물체의 각 부분의 질량에 작용하는 것으로, 두 물체가 떨어져 있어도 작용하며, **體力**(body force) 또는 **遠隔力**(forces at a distance)이라고 불린다.

工學上에 많이 나오는 힘은 物體의 무게, 水壓, 風壓, 土壓 등인데, 이들은 모두 원래 重力 곧 體力에 의해 일어나지만 構造物에 대해서는 面力으로서 작용한다. 面力만을 고려하는 경우에는 反作用의 法則을 다음과 같이 나타낼 수 있다:

"두 물체가 맞닿고 있는 때에는 그들 두 물체는 그 接觸點을 통하여 크기와 作用線이 같고 향하는 쪽이 반대되는 힘을 서로 주고 받고 한다."

1.5 力系, 合力 등의 定義

한 物體 또는 그 일부분에 作用하는 모든 힘은 한 떼로서 취급된다. 이와 같은 힘의 떼를 **力系**(system of forces, force system)라고 부른다.

力系는, 그것을 구성하는 모든 힘의 作用線이, 한 平面 위에 있는가 그렇지 않은가에 따라 **同面力系**(coplanar force system)와 **非同面力系**

(non-coplanar f. s.)로, 한 점에서 만나는가 어떤가에 따라 **同點力系** (concurrent f. s.)와 **非同點力系** (non-concurrent f. s.)로, 平行한가 어떤가에 따라 **平行力系** (parallel f. s.)와 **非平行力系** (non-parallel f. s.)로 나눌 수 있다. 非同面力系 곧 **空間力** (forces in space)에 관해서는 제 6 장에서 논하기로 하고 本章에서는 同面力系 곧 **平面力**(forces on a plane)에 관해서만 논한다. 同點平行力系는 **同線力系** (collinear f. s.)라고도 불린다.

한 물체에 따로따로 작용해서 똑같은 外的效果를 주는 두 力系는 서로 **同等하다** (to be equivalent)고 한다.

어느 力系와 同等한 力系 중에서 가장 간단한 것을 그 力系의 **合力** (resultant)이라 하고 이것을 구하는 것을 힘의 **合成** (composition of forces)이라 한다.

한 힘 또는 力系를 그것과 同等하고 그것보다 간단하지 않은 力系로 代置하는 것을 힘의 **分解** (resolution or decomposition of a force(system))라 하고, 한 힘을 2개 또는 그 이상의 힘으로 분해했을 때 이들을 먼저 힘의 **分力** (components)이라고 한다.

어느 力系는 어떠한 물체에 작용하더라도 그 물체에 아무런 外的效果도 주지 않는다. 곧 그 물체의 운동상태를 변화시키지 않는다. 이러한 때에 그 力系는 **平衡狀態에 있다** (to be in a state of equilibrium)고 하고 그러한 力系를 **平衡力系** (f. s. in equilibrium)라고 부른다. 그리고 靜止狀態에 있거나 等速度運動을 하고 있거나 하는 물체에 대해서도 그 물체는 平衡狀態에 있다는 말을 사용한다.

平衡狀態에 있는 물체에 작용하는 모든 힘은 물론 平衡力系를 이루어야 한다. 어느 力系가 平衡力系로 될 條件, 즉 平衡狀態에 있는 물체에 작용하는 力系가 만족시켜야 할 조건을 힘의 **平衡條件** (condition of equilibrium of forces)이라고 한다.

여러 특수한 경우에 대하여 힘의 平衡條件을 구하는 것은 剛體靜力學의 가장 중요한 목적이 된다. 이 목적을 달성하는 데 **圖式的 方法**(graphic method)과 **代數的 方法**(algebraic method)의 두 가지가 있다.

圖式的 方法을 간단히 **圖解法**이라고도 하는데, 이 방법에서는 作圖에 의해서만 靜力學上의 문제를 풀고 계산을 하지 않는다. 그러므로 이 방법에서는 作圖를 精密하게 수행할 필요가 있다. 이에 대하여 代數的 方法에서는 주로 계산에 의해서 문제를 해결한다. 그러나 경우에 따라 補助的으로 정밀하게는 않더라도 맨손으로 그림을 그리는 것은 효과적이다.

1.6 힘에 關한 經驗法則

剛體靜力學의 礎石이 되는 3개의 經驗法則 가운데 反作用의 法則은 이미 기술하였다. 本節에서는 나머지 2개의 法則과 이들로부터 직접 유도되는 기초적인 定理들을 기술한다.

1.6.1 힘의 平行四邊形의 法則

경험에 의하면, "물체 안의 한 점에 작용하는 두 힘의 외적 효과는 그 두 힘을 두 변으로 하는 平行四邊形의 그 두 변 사이에 낀 대각선이 나타내는 한 힘의 효과와 같다."

즉, 그림 1.2에서 물체 안의 한 점 O에 작용하는 두 힘 P_1과 P_2가 있을 때, 이들의 벡터 $\overrightarrow{OA}$와 $\overrightarrow{OB}$를 두 변으로 하는 평행사변형 OACB를 그리고 그 대각선 $\overrightarrow{OC}$가 나타내는 힘을 R라 하면, 이 물체에 P_1과 P_2가 동시에 작용할 때에 이 물체에 주는 외적 효과는 R가 홀로 작용할 때의 그것과 같다.

위의 평행사변형을 **힘의 平行四邊形**(parallelogram of forces)이라 하고,

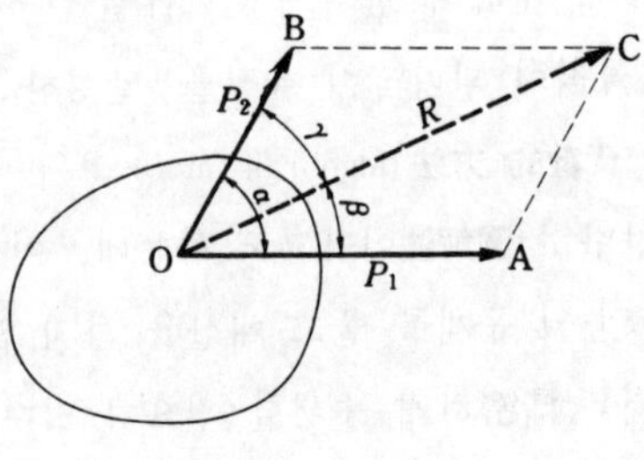

그림 1.2

이 법칙을 힘의 平行四邊形의 法則(law of the parallelogram of forces) 이라고 한다. 이 법칙은 한 점에 작용하는 두 힘의 合力을 구하는 길을 마련해 준다.

1.6.2 두 힘의 平衡條件

그림 1.2 에서, $\alpha=\pi$이고 $P_1=P_2$인 경우에는 $R=0$으로 된다. 이러한 두 힘 P_1과 P_2는 어느 한 물체에 작용하더라도 마치 그들이 작용하지 않는 것과 같다. 그러므로, "이러한 두 힘 곧 한 점에 작용하는 等反의(equal and opposite) 두 힘은 어느 力系에 덧붙여도 또 어느 力系로부터 빼어도 그 力系의 外的效果를 변화시키지 않는다." 또한 위와 같은 두 힘이 平衡力系를 이루고 있다는 것은 平衡力系의 정의에 의해 분명하다. 한 점에 작용하는 두 힘이 平衡力系로 되는 것은 위와 같은 경우 밖에는 없으므로 그 역도 성립한다. 곧 "한 점에 작용하는 두 힘만의 작용을 받는 물체가 平衡狀態에 있을 때에는 그 두 힘은 반드시 크기를 같이 하고 향하는 쪽을 반대로 해야 한다."

1.6.3 힘의 移動可能性의 法則

마지막으로 남은 경험법칙인 힘의 移動可能性의 法則(law of transmissibility of a force)은 "한 힘의 外的效果는 그 크기와 方向을 바꾸지

않은 채로 그 着力點을 그 作用線 위의 어느 점으로 이동해도 변하지 않는다"는 사실을 가리킨다.

힘의 移動可能性의 法則에 의해 1.6.2의 두 定理를 각각 다음과 같은 조금 더 일반적인 定理로 바꾸어 나타낼 수 있다:

"한 力系의 外的效果는 크기와 作用線을 같이 하고 향하는 쪽을 반대로 하는 두 힘을 이에 덧붙여도 또 이로부터 빼어도 변하지 않는다."

"두 힘의 작용을 받는 물체가 平衡狀態에 있다면 그들 두 힘은 반드시 크기와 作用線을 같이 하고 향하는 쪽을 반대로 해야 한다."

먼저 定理는 非同點力系를 圖解法으로 합성할 때 편리하게 사용된다. 나중 定理에서와 같이 두 힘의 작용을 받으면서 平衡狀態에 있는 물체를 간단히 二力片(two-force piece)이라고 부를 때가 있다. 이 낱말은 위의 定理를 상기시키기 위해 사용된다.

1.7 外力과 內力

平衡力系는 그것이 작용하는 물체에 아무런 外的效果도 주지 않으나 內的效果는 발휘한다. 한 예로서 그림 1.3의 경우를 생각한다. 柱

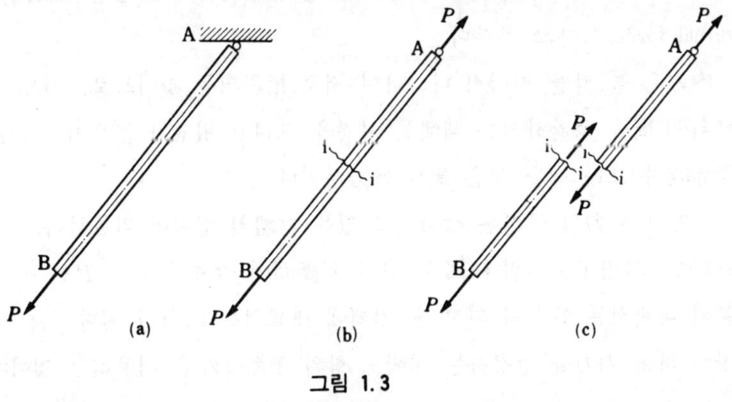

그림 1.3

狀棒 AB를, 그림 1.3(a)와 같이, 一端 A에서 돌쩌귀로 단단한 천정에 연결하고 他端 B에 힘 P를 가하여 잡아 당기면, 棒 AB는 힘 P의 방향과 일치하는 위치에서 平衡狀態에 있게 된다. 이 사실은 그림 1.3(b)와 같은 自由物體圖를 그려보면 더 뚜렷해진다. 곧 棒 AB는 二力片으로 되며 따라서 점 A에 작용하는 힘은 P와 작용선을 共有하고 그것은 A와 B를 연결하는 直線과 一致해야 하기 때문이다.

그림 1.3(b)와 같은 棒은 **引張**(tension)을 받고 있다고 말한다. 반대로 힘 P가 B를 누르는 때에는 棒은 **壓縮**(compression)을 받는다고 말한다. 引張을 받는 棒을 斷面 i-i로 兩斷하여 그 한편 부분의 平衡을 생각하면, 그림 1.3(c)에 보인 바와 같이, 그 斷面에는 다른 편부분으로부터 크기 P의 힘이 작용함을 안다. 이 힘을 **引張力**(tensile force)이라고 부른다.

일반적으로 여러 힘의 작용을 받으면서 平衡狀態에 있는 물체 안의 한 切斷面을 생각하면 이 斷面으로 나뉘는 두 부분은 이 切斷面을 통해 서로 힘의 작용을 주고 받고 한다. 이와 같은 힘을 그 斷面에서의 **內力**(internal force)이라고 일컫는다. 引張力은 內力의 일종이다. 壓縮을 받는 棒에 작용하는 內力은 **壓縮力**(compressive force)이다. 內力에 대해 다른 물체로부터 생각하고 있는 물체에 작용하는 힘을 **外力**(external force)이라고 부른다.

內力은 늘 짝을 지어서 나타나며 서로 相殺되는 것이므로, 어느 物體의 平衡을 생각하려는 때에는 이것을 고려할 필요가 없으며, 自由物體圖에 그려 넣을 힘은 물론 外力만이다.

內力과 外力의 구별은 생각하고 있는 物體의 범위에 의존한다. 이를테면, 그림 1.3(c)의 棒部分 iB의 i 斷面에 작용하는 힘 P는 이 부분에 대해서는 外力이 되고 棒 전체에 대해서는 內力이 된다. 이 사실에 의해 內力을 결정하는 데에도 힘의 平衡條件을 이용하는 것이다.

힘의 移動可能性의 法則은 힘의 外的効果에 관해서만 성립하는 것이고, 着力點을 옮기면 물론 內的効果는 변한다.

1.8 힘의 分解法

힘을 分解하는 問題 가운데 한 힘 R를 그 作用線 위의 한 점에서 만나는 두 分力 P와 Q로 分解하려는 경우가 가장 많다. 이 문제는 힘의 平行四邊形의 法則에 의해 해결된다. 이 때 다음의 4가지 가능한 경우가 일어난다.

(1) 두 分力의 方向이 지정되어 있는 때에 그들의 크기를 구하려는 경우

이를테면, 그림 1.4(a)에서 한 힘 $R=\overrightarrow{ab}$를 두 직선 ac′와 ad′ 위에 작용하는 두 分力으로 분해하려는 경우이다. 이 때에는 점 b로부터 지정된 직선에 평행한 선을 그어 평행사변형 acbd를 그리면 두分力이 $P=\overrightarrow{ac}$, $Q=\overrightarrow{ad}$로서 결정된다. 이 결과는 그림 1.4(b)와 같이 삼각형 abc를 그림으로써도 얻어진다.

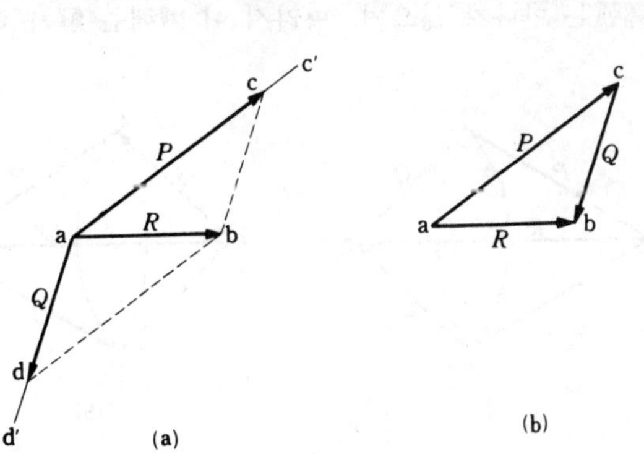

그림 1.4

이 경우의 특수한 경우로서 지정된 두 방향이 서로 직교하는 때에는 그 두 分力을 특히 **直角分力**(rectangular components)이라고 부른다.

(2) 한 分力의 크기와 方向이 지정되어 있는 때에 나머지 한 分力의 크기와 方向을 구하려는 경우

이를테면, 그림 1.4(a)에서 $R=\overrightarrow{\mathrm{ab}}$의 한 分力이 $P=\overrightarrow{\mathrm{ac}}$로서 지정되어 있는 때에 나머지 分力 Q를 구하려는 경우이다. 이 때에는 선분 cb에 평행하고 같게 선분 ad를 그으면 벡터 $\overrightarrow{\mathrm{ad}}$가 Q로 된다.

(3) 두 分力의 크기가 지정되어 있는 때에 그들의 方向을 구하려는 경우

그림 1.5(a) 또는 (b)와 같이, R의 벡터 $\overrightarrow{\mathrm{ab}}$의 兩端을 중심으로 하고 지정된 두 分力의 크기에 상당한 길이를 반지름으로 하는 圓弧를 그린다. 이들이, 그림의 경우와 같이, 두 점 c와 d에서 만난다면 두 개의 解를 얻는다. 그림 1.5(a)와 (b)는 똑같은 결과를 준다. 지정된 두 分力의 크기의 合 또는 差가 R의 크기와 같은 때에는 두 圓弧는 서로 접하며 解는 하나만으로 된다. 만일 지정된 두 分力의 크기의 합이 R의 크기보다 작거나 또는 그들의 차가 R의 크기보다 크거나 하면, 두 圓弧는 만나지 않으며, 따라서 이 때에는 解가 하나도 없다.

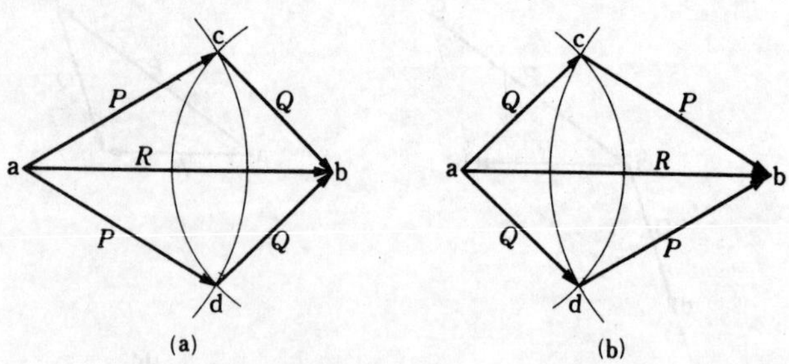

그림 1.5

(4) 한 分力의 方向과 다른 分力의 크기가 지정되어 있는 때에 전자의 크기와 후자의 方向을 구하려는 경우

그림 1.6에서, $R=\overrightarrow{ab}$의 한 分力 P의 方向이 직선 ac′에 의해 지정되어 있다고 할 때, b를 중심으로 하고 다른 分力 Q의 지정된 크기에 상당한 길이를 반지름으로 하는 圓弧를 그리어 직선 ac′와의 교점 c와 d를 구하면, $P=\overrightarrow{ac}$, $Q=\overrightarrow{cb}$ 또는 $P=\overrightarrow{ad}$, $Q=\overrightarrow{db}$의 두 가지 解를 얻는다. 圓弧가 직선 ac′에 접하는 경우에는 解가 하나로 되고, 圓弧가 그 직선과 만나지 않는 경우에는 解가 하나도 없다.

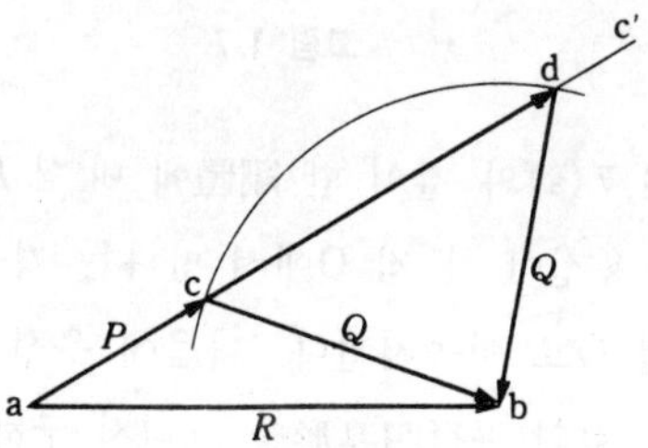

그림 1.6

이상 4가지 경우 가운데 (1)의 경우가 가장 중요하다. 그리고 한 힘을 이와 만나는 3개 이상의 分力으로 分解하는 문제는 不定으로 된다. 곧 解가 무수히 많다.

1.9 同點力系의 合成法

1.9.1 圖解法

여러 힘이 한 剛體에 작용하는 때에, 그들의 작용선이 모두 한 점에서 만나는 경우에는 힘의 平行四邊形의 法則을 거듭 적용함으로써 그 合力을 圖式的으로 구할 수 있다.

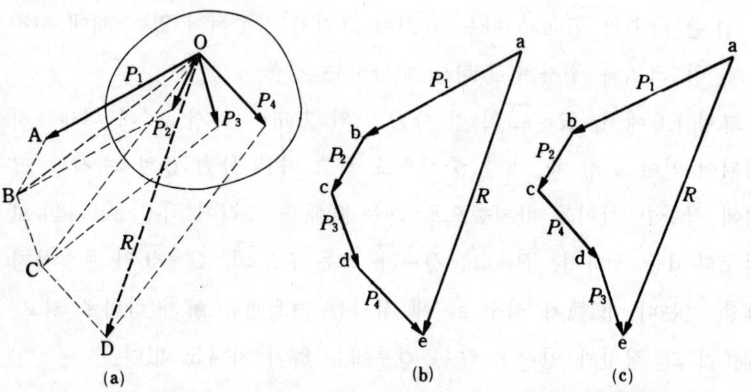

그림 1.7

예로서 그림 1.7(a)와 같이 한 剛體에 네 힘 P_1, P_2, P_3, P_4가 작용하고 이들의 작용선이 한 점 O에서 만나는 경우를 든다. 먼저 모든 힘의 着力點을 점 O로 이동시킨다. 다음에 우선 임의의 두 힘 P_1과 P_2의 合力 $\overrightarrow{OB}$를 힘의 平行四邊形을 그려서 구하고, 다음에 $\overrightarrow{OB}$와 P_3의 合力 $\overrightarrow{OC}$를, 끝으로 $\overrightarrow{OC}$와 P_4의 合力 $R=\overrightarrow{OD}$를 마찬가지로 하여 구하면, 이것이 구하려는 合力이 된다.

이 결과는, 그림 1.7(b)와 같이, 임의의 점 a를 취하여 a로부터 P_1의 크기와 方向에 같게 벡터 $\overrightarrow{ab}$를 긋고, b로부터 P_2의 크기와 方向에 같게 $\overrightarrow{bc}$를, c로부터 P_3의 크기와 方向에 같게 $\overrightarrow{cd}$를, d로부터 P_4의 크기와 方向에 같게 $\overrightarrow{de}$를 그어서도 구할 수 있다. 즉 이 때 얻어지는 다각형 abcde는 그림 1.7(a)의 다각형 OABCD와 똑같으므로, $\overrightarrow{ae}$가 구하려는 合力 R의 크기와 方向을 준다. 그 着力點은 물론 공통의 着力點인 O점이다.

그림 1.7(b)의 다각형 abcde를 힘의 **多角形**(polygon of forces, force polygon)이라 하고, a를 그 始點, e를 그 終點이라 한다. 힘의 다각형의 각 변을 이루는 벡터는 着力點과는 무관하므로 이들을 각각 自由

벡터(free vector)라고 하는 때가 있다.

힘의 다각형을 그릴 때에 취하는 힘의 순서에는 여러 가지가 있으나, 그 순서에 관계없이 똑같은 결과가 얻어진다. 이를테면, 그림 1.7(c)와 같이 P_1, P_2, P_4, P_3의 순으로 힘의 다각형을 그려도 그 始點과 終點을 연결해서 얻어지는 벡터 $R=\overrightarrow{ae}$는 먼저 것과 똑같다.

同線力系 때에는 힘의 다각형이 직선으로 된다. 이것을 힘의 **直線**(line of forces)이라 한다.

만일 힘의 다각형에 있어서 그 終點이 始點과 일치한다면 合力의 크기는 0으로 된다. 이것은 그 同點力系가 平衡力系임을 의미한다. 始點과 終點이 일치하는 것을 힘의 多角形이 **閉合한다**(to be closed)고 한다. 폐합된 힘의 多角形에서는 모든 벡터가 순환적으로 같은 쪽을 향하고 있다.

1.9.2 射影의 定理

同點力系의 圖式的 合成法으로부터 바로 다음의 定理를 결론할 수

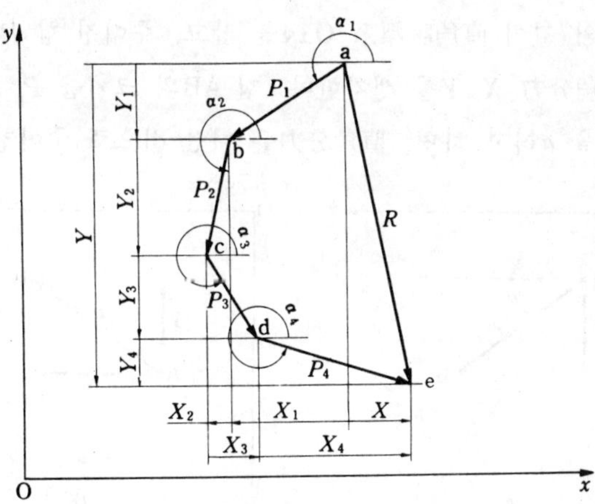

그림 1.8

있다:

"여러 힘의 어느 한 方向의 分力의 대수적 합은 그들의 合力의 그 方向의 分力과 같다."

이를테면, 그림 1.8에서 P_1, P_2, P_3, P_4의 合力을 R라 하고, 그들의 x軸 方向의 分力을 각각 X_1, X_2, X_3, X_4 및 X라고 하면, 이 그림으로부터 명백한 바와 같이,

$$X_1+X_2+X_3+X_4=X$$

로 된다. 여기서 이들의 分力이 x軸의 음의 쪽을 향할 때에는 음의 값을 잡게 한다. 위의 정리를 **射影의 定理**(theorem of projections)라 한다.

1.9.3 代數的 方法

射影의 定理는 同點力系의 代數的 合成法의 근거를 마련해 준다. 서로 독립된 두 方向에 대해 이 定理를 적용하면 合力의 크기와 方向을 결정할 수 있다. 독립된 두 方向으로서는 이를 어떠한 方向으로 잡더라도 상관없으나 서로 직교하도록 잡는 것이 보통이고 또 편리하다.

그림 1.9와 같이 直角座標系 Oxy를 잡고, 주어진 힘 $P=\overrightarrow{AB}$의 이에 관한 直角分力 X, Y를 생각한다. 힘 $\overrightarrow{AB}$의 크기를 P, $\overrightarrow{AB}$가 x軸과 짓는 角을 α라고 하면, 直角分力은 다음 식으로 주어진다:

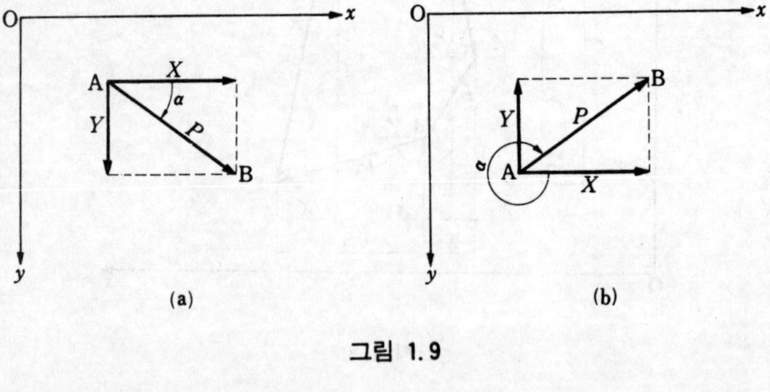

그림 1.9

$$X = P\cos\alpha, \qquad Y = P\sin\alpha \tag{1.1}$$

여기서 α는 그림 1.9에 보인 바와 같이 x軸으로부터 y軸으로 도는 方向으로 잰다. 만일 α를 반대 방향으로 잰다면 α에 음의 부호를 가지게 해야 한다.

위와 같이 하여, 한 힘의 크기 P와 方向角 α가 주어지면, 식 (1.1)로 정해지는 한 쌍의 實數 X, Y가 얻어진다. 반대로 한 쌍의 실수인 直角分力 X, Y가 주어지면, 힘 $\overrightarrow{AB}$의 크기 P와 方向角 α가 다음 식으로 결정된다:

$$P = \sqrt{X^2 + Y^2}, \qquad \tan\alpha = Y/X \tag{1.2}$$

위의 둘째 식만으로는 힘 $\overrightarrow{AB}$의 方向밖에 정해지지 않으나, X와 Y의 부호를 고려하면 $\overrightarrow{AB}$의 향하는 쪽도 정해진다.

만일 그림 1.9의 점 A에 여러 개의 힘 P_1, P_2, $\cdots$, P_n이 작용한다면, 그들의 合力 R의 直角分力 X와 Y는 射影의 定理에 의해 다음과 같이 정해진다:

$$X = X_1 + X_2 + \cdots + X_n \tag{1.3}$$

$$Y = Y_1 + Y_2 + \cdots + Y_n \tag{1.4}$$

여기서

$$X_i = P_i\cos\alpha_i, \quad Y_i = P_i\sin\alpha_i, \quad i = 1, 2, \cdots, n \tag{1.5}$$

이고, α_i는 힘 P_i의 方向角이다. 그러므로 R의 크기와 方向角 α는다음 식으로 정해진다:

$$R = \sqrt{X^2 + Y^2}, \qquad \tan\alpha = Y/X \tag{1.6}$$

그리고 合力 R의 着力點은 물론 공통의 着力點 A이다.

만일 앞의 경우에

$$\begin{aligned} X &= X_1 + X_2 + \cdots + X_n = 0 \\ Y &= Y_1 + Y_2 + \cdots + Y_n = 0 \end{aligned} \tag{1.7}$$

으로 된다면 $R = 0$으로 된다. 곧 식 (1.7)을 만족시키는 힘 P_1, P_2, …, P_n은 平衡力系로 된다.

1.10 平行한 두 힘의 合成法

1.10.1 非同點力系의 圖式的 合成

非同點力系의 合力도, 그들의 作用線이 平行하지 않은 한, 힘의 移動可能性의 法則과 힘의 平行四邊形의 法則을 거듭 써서 구할 수 있다. 이를테면, 그림 1.10에 보인 바와 같이, 네 힘 P_1, P_2, P_3, P_4가 주어져 있을 때, 그들의 合力 R를 구하건대, 우선 P_1과 P_2의 合力 R_1을 구한다. R_1의 크기와 方向은 힘의 삼각형 abc에 의해 정해지고 그 作用線은 P_1과 P_2의 作用線의 교점 s를 지난다. 다음에 R_1과 P_3의 合力 R_2를 같은 방법으로 구하고, 끝으로 R_2와 P_4의 合力 R를 구

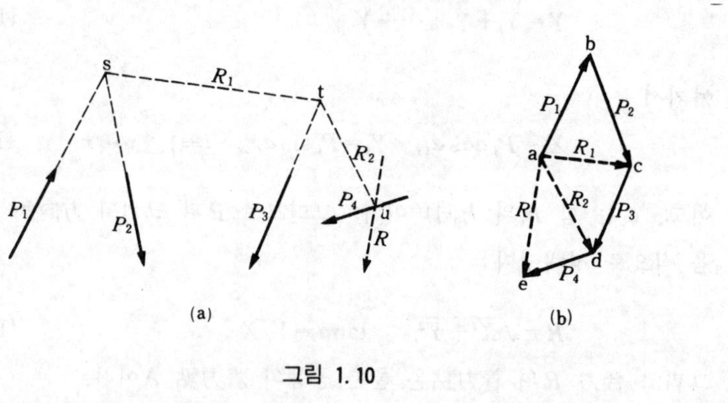

그림 1.10

하면 이것이 구하려는 合力으로 된다.

여기서 주의할 점은 그림 1.10(b)의 힘의 多角形은 同點力系 때의 그것과 똑같다는 점이다. 곧 非同點力系의 合力의 크기와 方向은 同點力系의 경우와 마찬가지로 힘의 多角形을 그림으로써 구해진다.

위와 같은 方法으로 非同點力系의 合力을 일반적으로 구할 수 있으나, 모든 힘의 作用線이 평행하든가 또는 이 방법을 써 나가는 도중 또는 마지막에 평행한 두 힘이 나타나든가 하는 경우에는 이 방법으로는 목적을 이루지 못한다. 非同點力系를 실패없이 圖式的으로 合成하려면 후술하는 連力圖에 의해야 한다.

1.10.2 平行한 두 힘의 合力

두 힘의 作用線이 平行하든가 또는 平行에 가깝든가 하는 경우에는 그들의 交點을 圖面 안에서 구할 수 없으므로 그들의 合力의 作用線의 위치가 직접적으로는 결정되지 않는다. 이러한 경우에 合力의 위치를 결정하기 위해서는 1.6.3항에서 말한 첫째 定理 곧 한 力系의 外的效果는 平衡狀態에 있는 두 힘을 이에 덧붙여도 또 이로부터 빼어도 변하지 않는다는 定理를 이용한다.

平行한 두 힘 P와 Q가 그림 1.11(a) 또는 (b)와 같이 각각 A와

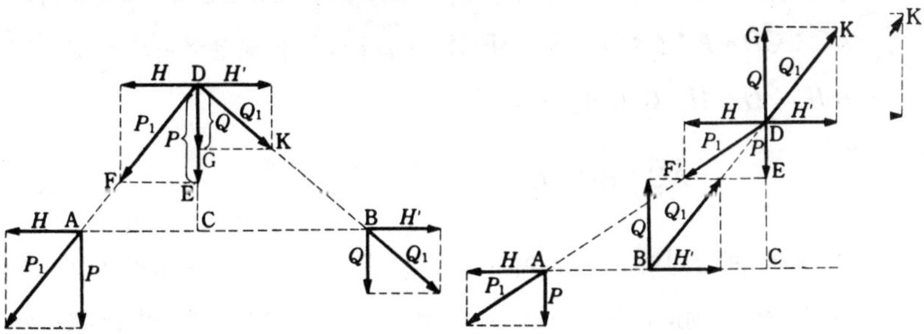

(a) (b)

그림 1.11

B점에 작용하는 경우에 그들의 合力 R을 구하려고 한다. 그러기 위하여 두 점 A와 B를 연결하는 직선을 作用線으로 하는 等反의 두 힘 H와 H'를 각각 A와 B점에 작용시켜 주고, 먼저 P와 H의 合力 P_1과 Q와 H'의 合力 Q_1을 구한다. H 또는 H'의 크기는 임의로 정할 수 있으므로 이것을 적당히 잡으면 P_1과 Q_1의 作用線이 圖面 안에서 만나게 할 수 있다. 그 교점을 D라 하고 P_1과 Q_1의 着力點을 D점으로 이동시킨 다음에 이들을 다시 H와 P의 方向으로 각각 分解한다. D점에 작용하는 H와 H'는 平衡狀態에 있으므로 이들을 제거할 수 있으며, 그러면 한 직선 DC에 작용하는 두 힘 P와 Q가 남게 된다. 이들의 合力은 바로 구할 수 있으며, 이것이 곧 구하려는 合力으로 됨은 뚜렷하다. 그 크기 R는

$$R=P+Q \tag{1.8}$$

이 식에서 P와 Q의 값에 부호를 가지게 하면, 이 식은 그림 1.11의 두 경우에 대해 통용된다.

合力 R의 作用線은 주어진 힘 P 또는 Q의 作用線과 물론 평행하고, 그들의 着力點 A와 B 사이의 거리를 그들의 크기의 逆比로 나누는 점 C를 지난다. 왜냐하면, △ACD와 △FED가 닮은꼴이므로 $\overline{AC}:\overline{CD}=H:P$이고, 또 △BCD와 △KGD가 닮은꼴이므로 $\overline{BC}:\overline{CD}=H':Q=H:Q$이며, 따라서

$$\overline{AC}:\overline{BC}=Q:P \tag{1.9}$$

로 되기 때문이다. 다만 여기서 그림 1.11(a)의 경우에는 C가 AB를 식 (1.9)의 比로 內分하는 점이 되고 그림 1.11(b)의 경우에는 外分點이 된다는 점에 주의해야 한다.

1.10.3 偶　力

그림 1.11(b)의 경우에 P와 Q의 크기가 서로 같을 때에는 H의 크기를 어떻게 잡더라도 P_1과 Q_1의 作用線도 평행하게 되어 그 合力을 구할 수 없다. 이러한 두 힘은 다른 어떠한 方法에 의해서도 한 힘으로 합성할 수 없는 것으로, 이러한 두 힘을 **偶力**(힘쌍, couple)이라고 부른다. 이에 대하여 이제까지 생각해 오던 힘을 **單一力**(홑힘, single force)이라고 부를 때가 있다.

偶力은 單一力과 마찬가지로 가장 간단한 力系의 하나로서, 모든 同面力系는 그 合力이 單一力으로 되든가 偶力으로 되든가 또는 平衡力系로 된다. 合力이 單一力으로 될 때는 그 合力을 **合單一力**(resultant single force)이라고 불러야 하겠지만, 보통은 이것을 **合力**(resultant force)으로 약칭한다. 그러므로 合力이라는 말이 나올 때에는 문맥상 그것이 廣義의 것(resultant)을 가리키는 것인지 또는 狹義의 것(resultant force)을 가리키는 것인지를 판별할 필요가 있다. 合力이 偶力으로 될 때에는 이것을 **合偶力**(resultant couple)이라고 부른다.

同點力系는 그 合力이 合單一力으로 되든가 또는 平衡力系로 됨을 앞에서 보았다. 空間力系의 合力은 일반적으로 合單一力과 合偶力으로 이루어지고, 그 특수 경우로서 合偶力이 0으로 되고 合單一力만으로 되는 때와 合單一力이 0으로 되고 合偶力만으로 되는 때와 둘 다 0으로 되는 때가 있을 수 있다. 마지막 경우는 그 空間力系가 平衡力系로 되는 때이다.

偶力을 형성하는 두 힘의 作用線은 서로 평행하므로 이들은 한 평면을 결정한다. 이 평면을 **偶力의 平面**(plane of the couple)이라고 한다.

1.11 힘의 모멘트

1.11.1 單一力의 모멘트

어느 한 점 O로부터 어느 한 힘 P의 作用線에 내린 수선의 길이를, 그림 1.12에 보인 바와 같이, l이라고 할 때에, P와 l의 곱

$$M = Pl \tag{1.10}$$

을 點O에 대한 힘 P의 모멘트(moment of the force P about the point O)라 한다. 그리고 O를 모멘트中心(moment center), l을 점 O에 대한 힘 P의 팔(arm)이라 한다.

그림 1.12의 경우와 이 그림에서 화살촉이 B 대신에 A에 붙은 경우를 구별하기 위하여 식 (1.10)의 M의 값에 부호를 가지게 한다. 本書에서는, 그림 1.12에 나타낸 바와 같이, P가 O에 대해 時計方向으로(clockwise) 있을 때에 양, 反時計方向으로(counter-clockwise) 있을 때에 음으로 규약한다.

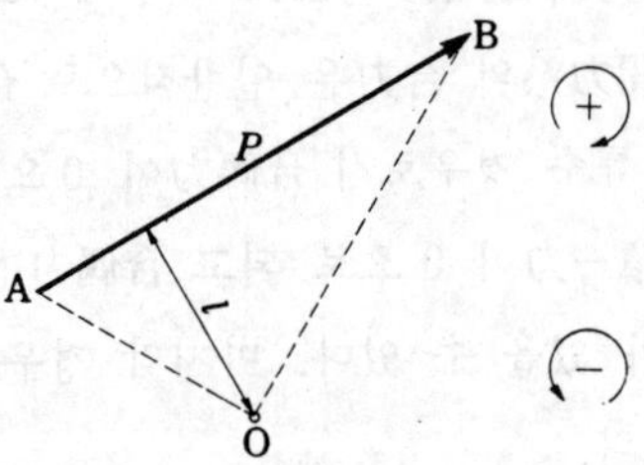

그림 1.12

定義에 의해, 점 O에 대한 힘 P의 모멘트는 P의 着力點이 그 作用線 위의 어느 점에 있더라도 같음을 안다.

힘의 모멘트의 크기는 힘의 크기에 길이를 곱한 것이므로, kg-m,

t-m 등의 단위를 가진다. 그림 위에서는 힘의 크기가 선분의 길이로 표시되므로, 힘의 모멘트의 크기는 面積으로 표시된다. 곧, 그림 1.12에서는 점 O에 대한 힘 P의 모멘트의 크기가 △OAB의 面積의 2倍로 표시된다.

1.11.2 偶力의 모멘트

그림 1.13에 보인 바와 같이 偶力 (P, P')가 있을 때, 그 偶力의 평면 위의 임의의 점 O에 대한 이들의 모멘트의 合 M을 생각하면,

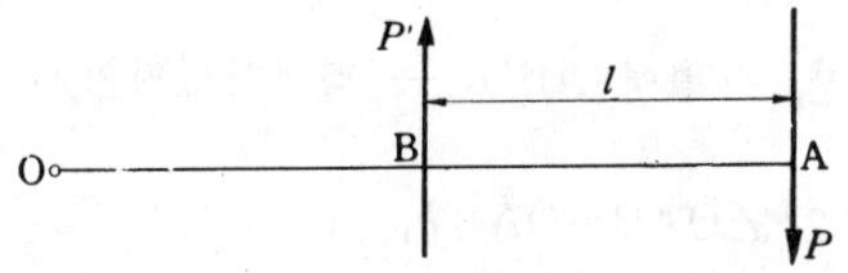

그림 1.13

$$M = P \cdot \overline{\mathrm{OA}} - P' \cdot \overline{\mathrm{OB}} = P(\overline{\mathrm{OA}} - \overline{\mathrm{OB}}) = Pl \qquad (1.11)$$

로 되어, M의 값은 모멘트中心 O의 위치에는 관계 없고, P 또는 P'의 크기와 그들 사이의 거리 l과의 곱과 같다. 이것을 **偶力의 모멘트**(moment of a couple)라 하고, l을 **偶力의 팔**(arm of a couple)이라 한다. 偶力의 모멘트의 부호도 힘의 모멘트의 부호의 규약을 따른다.

1.11.3 모멘트의 定理

"한 점에 작용하는 두 힘의 어느 한 점에 대한 모멘트의 合은 그들의 合力의 그 점에 대한 모멘트와 같다."

바리뇽의 定理(Varignon's theorem)라고 불리는 위의 사실은 힘의 平行四邊形의 法則과 힘의 모멘트의 定義로부터 다음과 같이 증명된다. 곧 그림 1.14(a)에서, 한 점 A에 작용하는 두 힘 $P_1 = \overrightarrow{\mathrm{AB}}$와 $P_2 = \overrightarrow{\mathrm{AC}}$의 合力을 $R = \overrightarrow{\mathrm{AD}}$라 하고, 이들의 점 O에 대한 모멘트를 각각 M_1,

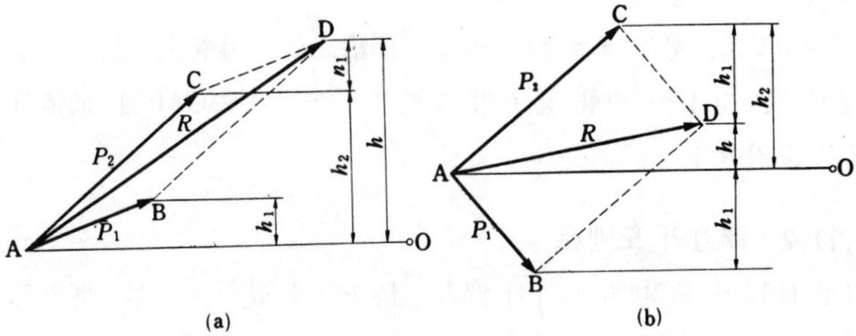

그림 1. 14

M_2 및 M이라 하면, 사변형 ABDC는 평행사변형이고,

$$M_1 = 2\times\triangle OAB = \overline{OA}\times h_1$$
$$M_2 = 2\times\triangle OAC = \overline{OA}\times h_2$$
$$M = 2\times\triangle OAD = \overline{OA}\times h$$

로 된다. 여기서 h_1, h_2, h는 각각 B, C, D로부터 직선 OA에 내린 수선의 길이로서, 이들 사이에는

$$h_1 + h_2 = h$$

의 관계가 있다. 그러므로

$$M_1 + M_2 = M \tag{1.12}$$

위의 경우는 M_1과 M_2가 같은 부호를 가지는 경우인데, 이들의 부호가 다른 그림 1.14(b)의 경우에는,

$$M_1 = -2\times\triangle OAB = -\overline{OA}\times h_1$$
$$M_2 = 2\times\triangle OAC = \overline{OA}\times h_2$$
$$M = 2\times\triangle OAD = \overline{OA}\times h$$

로 되는데, 한편

$$h = h_2 - h_1$$

이므로, 이 때에도 식 (1. 12)가 代數的으로 성립함을 안다.

바리뇽의 定理는 평행한 두 힘에 관해서도 성립함을 밝힐 수 있다. 곧 그림 1.15에서, R을 평행한 두 힘 P_1과 P_2의 合力이라 하고, M, M_1, M_2를 각각 그들의 점 O에 대한 모멘트라고 하면,

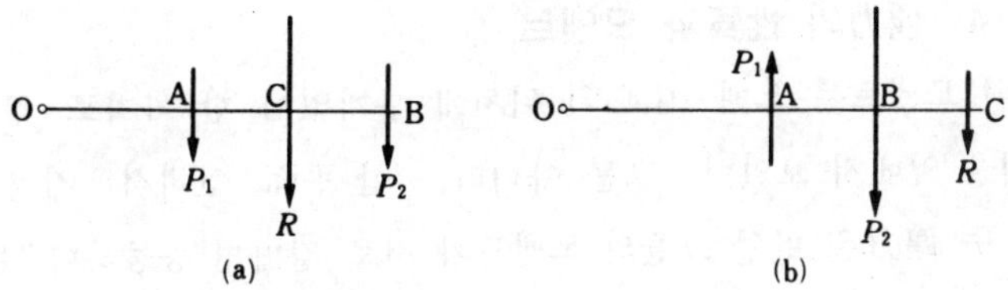

그림 1. 15

$$M = R \times \overline{\mathrm{OC}},\ M_1 = P_1 \times \overline{\mathrm{OA}},\ M_2 = P_2 \times \overline{\mathrm{OB}}$$

이고,

$$R = P_1 + P_2$$

로 되는데, 한편 식 (1. 9)에 따라

$$\overline{\mathrm{AC}} : \overline{\mathrm{CB}} = P_2 : P_1$$

으로 되므로,

$$\begin{aligned} M &= R \times \overline{\mathrm{OC}} = P_1 \times (\overline{\mathrm{OA}} + \overline{\mathrm{AC}}) + P_2 \times \overline{\mathrm{OC}} \\ &= P_1 \times \overline{\mathrm{OA}} + P_1 \times \overline{\mathrm{CB}} \times \frac{P_2}{P_1} + P_2 \times \overline{\mathrm{OC}} = M_1 + M_2 \end{aligned}$$

로 되어, 이 때에도 식 (1. 12) 가 성립함을 안다.

여러 힘으로 이루어진 同面力系의 合力은 두 힘씩을 合成해 나감으로써 구할 수 있으므로, 그 도중의 각 단계에 바리뇽의 定理를 적용하면, 여러 개의 平面力에 관해서도 위와 같은 관계가 성립함을 안다. 바리뇽의 定理를 이와 같이 확장한 것을 **모멘트의 定理**(theorem of moments)라 한다. 이것은 다음과 같이 표현된다:

"여러 개의 平面力의 어느 한 점에 대한 모멘트의 代數的 合은 그들의 合力의 그 점에 대한 모멘트와 같다."

1.11.4 偶力의 性質과 모멘트

偶力의 모멘트는 모멘트中心의 위치에 관계없이 한 가지로 정해진다는 것을 앞에서 보았다. 그뿐 아니라, "한 平面 안에서 작용하는 임의의 두 偶力은 만일 그들의 모멘트가 서로 같다면 동등하다"는 것을 쉽게 밝힐 수 있다.

모멘트가 M인 偶力은 크기가 M과 같고 方向이 偶力의 平面에 垂直한 벡터로 나타낼 수 있다. 이것을 **모멘트 벡터**(moment vector)라고 한다. 모멘트 벡터의 화살촉은, 오른손 나사의 법칙에 따라 정해지는 쪽에, 곧 오른손 나사를 그 모멘트의 方向으로 돌릴 때 그것이 진행하는 쪽에 붙이되, 보통 二重화살촉을 사용한다. 그러나 平面問題에서는 벡터를 사용하는 대신에 그림 1.16(a)에서와 같이, 圓弧에 화살촉을 붙인 것이 사용된다. 모멘트 벡터 또는 화살촉이 붙은 圓弧에 의해 대표되는 量을 **모멘트**(moment)라 한다. 모멘트는 한 偶力을 형성하는 等反의 두 힘 사이의 거리를 무한소로 접근시키고 그 대신에 두 힘의 크기를 무한대로 접근시켜서 그 偶力의 모멘트가 일정한 채로 남게 한 것이라고 볼 수 있다.

1.11.5 힘과 偶力의 合力

한 偶力은 그보다 더 간단한 力系로 합성되지 않지만, 한 偶力과

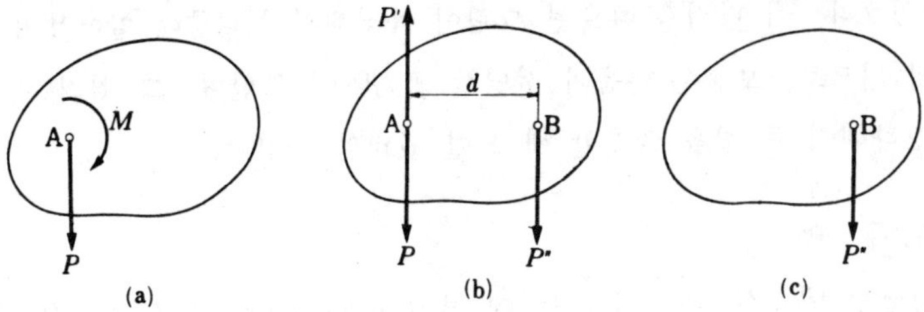

그림 1. 16

그 偶力의 平面 안에 있는 한 힘은 서로 합성되어 주어진 힘을 평행으로 이동시킨 힘으로 된다. 곧 그림 1.16(a)에서 한 剛體에 모멘트가 M인 偶力과 한 점 A를 着力點으로 하는 힘 P가 작용하는 경우에, 모멘트 M을, 그림 1.16(b)에 보인 바와 같이, 크기가 P와 같은 偶力 (P', P'')로 대치하고, 그 중 한 힘 P'를 P와 反對되는 方向으로 P의 着力點 A에 작용시키면, 偶力의 나머지 힘 P''는 P와 똑같은 方向으로 작용하고 그 作用線은 점 A로부터 $d=M/P$만큼 떨어진 곳에 온다. 그런데 P와 P'는 等反의 두 힘이므로 이것을 이 力系로부터 빼면 결국 그림 1.16(c)와 같이 점 B에 작용하는 힘 P''만 남게 된다. 이 힘 P''가 偶力 M과 힘 P의 合力임은 분명하다.

반대로 그림 1.16에서 한 점 B에 작용하는 힘 P''를 점 A에 작용하는 힘 P와 모멘트가 $M=P''d$인 偶力으로 분해할 수 있다. 이 사실을 한 힘 P''를 거리 d만큼 평행이동시키면 $M=P''d$만큼의 모멘트가 발생한다는 말로 표현하는 일이 있다.

1.12 非同點力系의 合成法

1.12.1 圖解法 — 連力圖

同面非同點力系의 合力은 1.10.1항에서 설명한 방법으로 구할 수는 있으나, 이 방법을 따르면 그림이 복잡해져서 나중에 알아보기 힘들게 되므로, 보통은 다음에 설명할 連力圖에 의한다. 그 원리는 1. 10. 2항에서 두 힘을 合成할 때 쓰던 원리와 똑같다.

(1) 原　理

간단한 예로서, 그림 1.17(a)에 보인 바와 같이, 세 힘 P_1, P_2, P_3이 있을 때, 서로 비기는 두 힘 H와 H'를 이에 덧붙여서 생각한다. 먼저 H와 P_1을 合成하면, 그 合力은 크기와 방향이 그림 1.17(b)의 힘의 삼각형 Oab의 한 변 $\overrightarrow{\mathrm{Ob}}$에 의해 주어지고 作用線은 H와 P_1의 교점 s를 지난다. 마찬가지 방법으로 위의 합력 $H \nrightarrow P_1$에다 P_2를 합성시키고, 그 결과에 다시 P_3을 합성시켜서 $H \nrightarrow P_1 \nrightarrow P_2 \nrightarrow P_3$을 결정하고, 끝으로 이 결과에다 H'를 더 합성시키면,

$$H \nrightarrow P_1 \nrightarrow P_2 \nrightarrow P_3 \nrightarrow H' = P_1 \nrightarrow P_2 \nrightarrow P_3 = R$$

로 되어, 구하려는 합력 R이 결정된다.

위의 作圖에서 알 수 있는 바와 같이, 합력 R의 크기와 방향은 그림 1.17(b)의 힘의 多角形 abcd에 의해 결정되고, R의 作用線이 지나야 할 점 v는 그림 1.17(a)의 다각형 stuv를 그림으로써 결정된다.

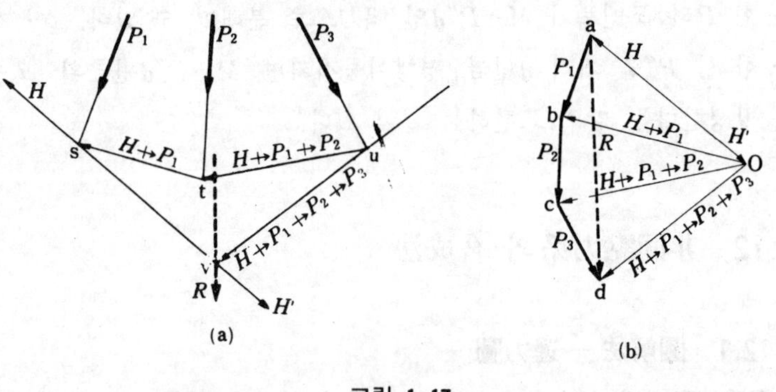

그림 1. 17

이 다각형을 **連力圖**(funicular polygon)라 부르고, 그 변들을 **連力線** 또는 **邊**(side or string)이라고 부른다. 連力圖의 변들은 그림 1.17(b)의 점 O와 힘의 다각형의 정점을 잇는 직선 Oa, Ob 등에 평행함을 안다. 이 점 O를 **極**(pole)이라 하고, Oa, Ob 등을 **極射線**(polar rays)이라 한다.

힘의 다각형은 경우에 따라 힘의 삼각형으로도 되고 힘의 직선으로도 되므로, 이들을 총칭하는 말로서 **示力圖**(force diagram)가 사용된다. 示力圖는 힘의 縮尺에 따라 정밀하게 그려야 하고, 連力圖는 길이의 縮尺에 따라 정밀하게 그려야 한다.

(2) 作圖法

위에서는 어떻게 해서 連力圖라는 着想에 이르게 되었는가를 설명하였는데, 실지로 이것을 그릴 때에는 다음 순서로 한다. 한 예로서 그림 1.18(a)에 보인 세 힘 P_1, P_2, P_3의 合力 R을 구하건대, i) 그림 1.18(b)에 보인 바와 같이 P_1, P_2, P_3에 대한 示力圖 abcd를그려서 R의 크기와 방향을 정하고, ii) 極 O를 적당히 잡아 極射線 i, ii, iii, iv를 긋고, iii) 그림 1.18(a)에서 P_1의 作用線 위의 임의의 점 s를 지나 극사선 i에 平行한 連力線 I과 ii에 평행한 連力線 II를 긋고,

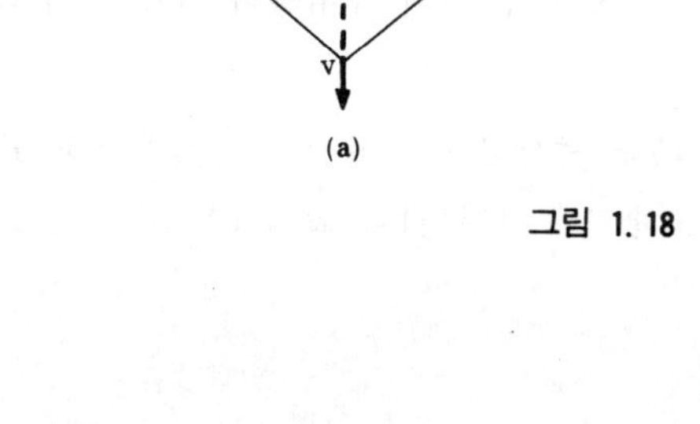

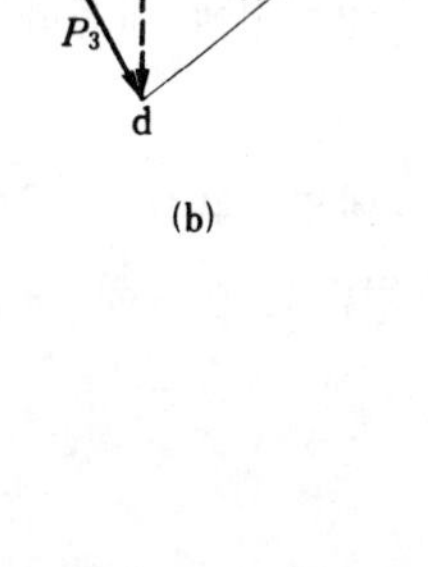

그림 1.18

iv) Ⅱ와 P_2의 교점 t를 지나 iii에 평행한 連力線 Ⅲ을 긋고, 마찬가지 방법으로 iv에 대응하는 連力線 Ⅳ를 긋고, v) 連力圖의 始邊(first side) Ⅰ과 終邊(last side) Ⅳ의 교점 v를 정하면 이것이 R의 作用線이 지나야 할 점으로 된다.

위의 作圖에서 極 O로서는 힘의 다각형의 내부 또는 외부의 어느 점을 잡더라도 좋으나, 다만 그 변 위의 점을 잡아서는 안 된다. 그 까닭은 連力圖의 原理를 잠깐 생각해 보면 알 수 있을 것이다.

(3) 連力圖의 다른 解釋

連力圖에 의한 힘의 合成法은 다음과 같이 해석할 수도 있다. 곧 그림 1.18에서 連力圖의 변 Ⅰ, Ⅱ, Ⅲ, Ⅳ 위에, 그림에 보인 바와 같이, 각각 힘 $\overrightarrow{aO}$; $\overrightarrow{Ob}$, $\overrightarrow{bO}$; $\overrightarrow{Oc}$, $\overrightarrow{cO}$; $\overrightarrow{Od}$가 작용하는 것으로 생각하면, P_1은 $\overrightarrow{aO}$, $\overrightarrow{Ob}$의 합력, P_2는 $\overrightarrow{bO}$, $\overrightarrow{Oc}$의 합력, P_3는 $\overrightarrow{cO}$, $\overrightarrow{Od}$의 합력이 되며, 따라서 P_1, P_2, P_3의 合力 R은 이들 6개의 힘의 합력과 같다. 그런데 이들 가운데 $\overrightarrow{Ob}$와 $\overrightarrow{bO}$ 및 $\overrightarrow{Oc}$와 $\overrightarrow{cO}$는 서로 비기므로, 결국 R은 $\overrightarrow{aO}$와 $\overrightarrow{Od}$의 합력과 같다. 따라서 R의 作用線은 $\overrightarrow{aO}$와 $\overrightarrow{Od}$의 作用線의 교점 곧 변 Ⅰ과 Ⅳ의 교점을 지난다.

(4) 連力圖와 示力圖 사이의 關係

示力圖와 連力圖를 대조하여 보면 이들 사이에 다음과 같은 관계가 있음을 안다:

"임의의 두 極射線에 끼인 힘의 作用線은 그 두 극사선에 대응하는 두 連力線의 교점을 지나고, 반대로 임의의 두 連力線의 교점은 그 두 연력선에 대응하는 극사선에 끼인 힘의 作用線이 지날 점이 된다."

이를테면, 그림 1.18에서 P_2는 극사선 ii와 iii 사이에 있으므로 P_2의 作用線은 이들에 대응하는 連力線 Ⅱ와 Ⅲ의 교점 t를 지난다. 그

뿐만 아니라, P_2와 P_3의 합력은 그 크기와 방향이 힘의 다각형에서 $\overrightarrow{bd}$로서 결정되고 그 作用線이 $\overrightarrow{bd}$를 끼고 있는 극사선 ii와 iv에 대응하는 변 II와 IV의 교점을 지나는 힘이라는 것도 알 수 있다.

위의 관계를 명심해 두면 連力圖를 그릴 때에 일어나기 쉬운 혼란을 피할 수 있다. 특히 향하는 쪽이 모두는 같지 않은 平行力系의 합력을 구하려는 때에 그렇다. 그림 1.19는 그 한 예이다.

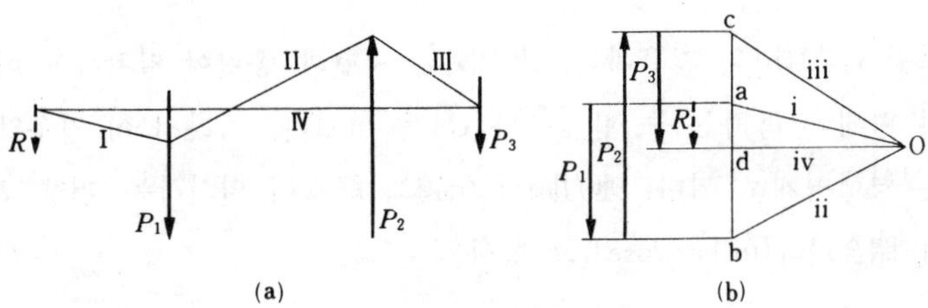

그림 1.19

(5) 閉合된 連力圖

力系에 따라서는 그에 대한 示力圖가 閉合한다. 그 때에는 始極射線과 終極射線이 일치하므로, 連力圖의 始邊과 終邊이 평행하든가 또는 일치한다. 먼저 경우에는 그 力系의 合力이 偶力으로 되고, 나중 경우에는 그 力系가 平衡力系로 된다.

위의 두 경우를 예시하면 그림 1.20과 같다. 그림 1.20(c)는 세 힘

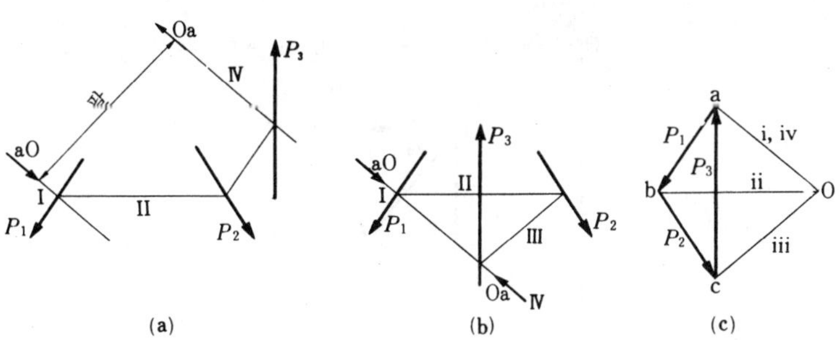

그림 1.20

P_1, P_2, P_3에 대한 示力圖를 보인다. 이것은 폐합하고 있으며 따라서 極射線 i과 iv가 일치한다. 그림 1.20(a)의 경우에는 連力圖의 始邊 Ⅰ과 終邊 Ⅳ가 평행하나 일치하지는 않는다. 그러므로 이들의 변을 따라 작용하는 힘 $\overrightarrow{aO}$와 $\overrightarrow{Oa}$는 偶力을 이루고 이 偶力이 이 경우의 合力으로 된다. 그 모멘트는 극사선 i의 길이 aO를 힘의 축척으로 잰 값과, 시변과 종변 사이의 거리를 길이의 축척으로 잰 값과의 곱과 같다.

그림 1.20(b)의 경우에는, 連力圖의 시변과 종변이 일치하고 이 일치된 변에 작용하는 두 힘 $\overrightarrow{aO}$와 $\overrightarrow{Oa}$는 비긴다. 따라서 이 경우의 세 힘은 평형역계로 된다. 連力圖의 始邊과 終邊이 일치하는 것을 連力圖가 閉合한다(to be closed)고 한다.

1.12.2 힘의 代數的 表示法

한 힘의 크기와 方向은 지정된 두 방향의 分力을 알면 결정된다는 것을 1.9.3항에서 알았다. 한편 着力點의 위치, 또는 더 적당히 말하여, 作用線의 위치는 어느 지정된 점에 대한 그 힘의 모멘트를 알면 결정된다는 것은 명백하다. 이 때 지정된 점에 座標原點을 두고 지정된 두 방향으로 座標軸을 가지는 座標系를 생각하면 편리하다. 이것을 準據座標系(reference co-ordinate system)라고 한다. 준거좌표계로

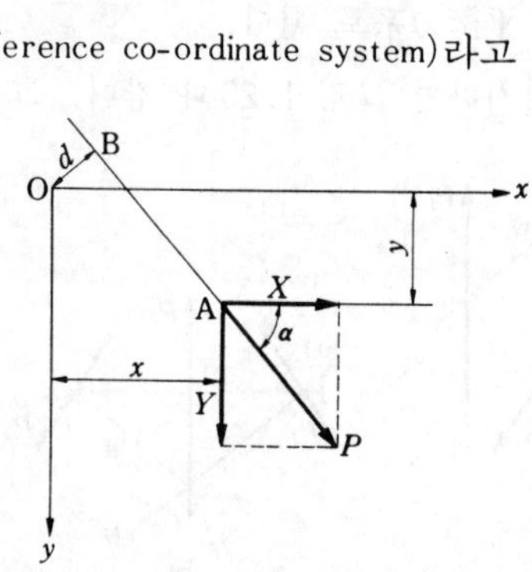

그림 1.21

서는 보통 그림 1.21에 보인 바와 같은 直角座標系가 쓰인다.

그림 1.21에서 한 힘 P가 주어지면, 그 힘의 크기 P, 그 힘의 방향이 x軸과 짓는 각 α, 원점 O로부터 그 작용선까지의 거리 d를 알게 되므로, 이 힘의 x, y 방향의 분력 X, Y 및 이 힘의 원점에 대한 모멘트 M이 다음과 같이 一義的으로 정해진다:

$$X = P\cos\alpha, \quad Y = P\sin\alpha, \quad M = Pd \tag{1.13}$$

이들 3개의 量은 모두 부호를 가지는 실수이다. 반대로 이들 3개의 量을 알면, P, α, d가 다음과 같이 정해진다:

$$P = \sqrt{X^2 + Y^2}, \ \alpha = \tan^{-1}\frac{Y}{X}, \ d = \frac{M}{\sqrt{X^2 + Y^2}} \tag{1.14}$$

한 힘 P의 着力點 A의 座標를 (x, y)라고 하면, M은

$$M = Yx - Xy \tag{1.15}$$

에 의해서 계산할 수도 있다. 힘 P의 着力點 A를 그 作用線 위로 이동시켜 가면, (x, y)의 값은 변하나 M의 값은 변하지 않는다. 그러므로 식 (1.15)는 (x, y)를 流通座標로 보면 P의 作用線을 나타낸다.

1.12.3 代數的 方法

이제는 同面非同點力系 $P_1, P_2, \cdots, P_n$의 합력 R을 代數的으로 구하는 준비가 다 되었다. 곧 힘의 平面 안에 적당한 直角座標系 Oxy를 설정하고, 낱낱의 힘 $P_i (i=1, 2, \cdots, n)$의 座標軸方向의 分力을 X_i, Y_i, 원점 O에 대한 모멘트를 M_i라 하고, R에 관한 이들을 각각 X, Y, M이라 하면, 射影의 定理와 모멘트의 定理에 의하여,

$$X=X_1+X_2+\cdots+X_n=\sum_{i=1}^{n} X_i$$
$$Y=Y_1+Y_2+\cdots+Y_n=\sum_{i=1}^{n} Y_i \qquad (1.16)$$
$$M=M_1+M_2+\cdots+M_n=\sum_{i=1}^{n} M_i$$

그러면 합력의 크기 R와 방향각 α 및 작용선은 다음 식으로 결정된다:

$$R=\sqrt{X^2+Y^2},\ \tan\alpha=Y/X, \qquad (1.17)$$
$$Yx-Xy=M$$

만일 위의 경우에

$$X_1+X_2+\cdots+X_n=\sum_{i=1}^{n} X_i=0$$
$$Y_1+Y_2+\cdots+Y_n=\sum_{i=1}^{n} Y_i=0 \qquad (1.18)$$
$$M_1+M_2+\cdots+M_n=\sum_{i=1}^{n} M_i=0$$

으로 된다면 주어진 力系 P_1, P_2, …, P_n이 平衡力系로 된다.

1.13 힘의 平衡條件

1.9절과 1.12절에서 각각 同點力系와 非同點力系를 합성하는 방법을 알았고, 동시에 어떠한 경우에 이들이 각각 平衡力系로 되는가를 알아보았다. 곧 同點力系의 경우에는 合力의 크기가 0으로 될 때, 그리고 이 때에만, 그 力系가 平衡力系로 되고, 非同點力系의 경우에는 合力의 크기와 合偶力의 모멘트가 동시에 0으로 될 때, 그리고이 때에만, 그 力系가 平衡力系로 된다. 그러므로 다음의 힘의 平衡條件이 성립함은 명백하다. 곧, "同點力系의 작용을 받는 剛體가 平衡狀

態에 있기 위해서는 그 力系의 合力의 크기가 0으로 되어야 하고, 非同點力系의 작용을 받는 剛體가 平衡狀態에 있으려면 그 力系의 合力의 크기와 合偶力의 모멘트가 동시에 0으로 되어야 한다." 이것을 圖式的과 代數的으로 표현하면 다음과 같다.

圖式的 平衡條件

"同點力系가 平衡狀態에 있으려면 그 示力圖가 閉合해야 한다."

"非同點力系가 平衡狀態에 있으려면 그 示力圖와 連力圖가 동시에 閉合해야 한다."

代數的 平衡條件

同點力系에 대해서는 다음 두 식이 성립하여야 한다:

$$\sum_{i=1}^{n} X_i = 0, \qquad \sum_{i=1}^{n} Y_i = 0 \tag{1.19}$$

非同點力系에 대해서는 다음 세 식이 성립하여야 한다:

$$\sum_{i=1}^{n} X_i = 0, \qquad \sum_{i=1}^{n} Y_i = 0, \qquad \sum_{i=1}^{n} M_i = 0 \tag{1.20}$$

이들은 모두 平衡에 대한 필요하고 충분한 조건이다. 식 (1.19)와 (1.20)의 기호들의 뜻은 각각 1.9절과 1.12절에서 사용한 기호들의 뜻과 똑같다. 이들의 식을 **平衡條件式** 또는 **平衡方程式** (equations of equilibrium)이라고 부른다. 이들은 剛體靜力學의 기본방정식을 이룬다. 이들의 식에서 合記號는 한 剛體에 작용하는 모든 외력에 대한 총합을 의미한다.

同面同點力系의 平衡條件式으로서 식 (1.19) 대신에

$$\sum_{i=1}^{n} M_{B,i} = 0, \qquad \sum_{i=1}^{n} M_{C,i} = 0 \tag{1.21}$$

을 사용할 수 있다. 여기서 $M_{B,i}$와 $M_{C,i}$는 각각 힘 P_i의 점 B와 C에 대한 모멘트이고, 점 B와 C는 그림 1.22에 보인 바와 같이 공통의

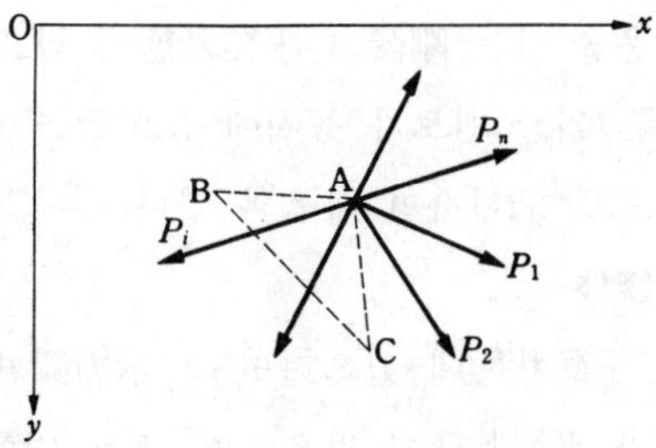

그림 1.22

착력점 A와 함께 같은 직선 위에 있지 않은 임의의 두 점이다. 그 증명은 다음과 같다. 곧, 식 (1.21)의 제 1 식이 성립하면, 合力은 0이 되든가 그렇지 않으면 직선 AB를 작용선으로 하는 힘이다. 그러므로 식 (1.21)의 제 1 식과 제 2 식이 동시에 성립하면 合力은 0으로 밖에는 안 된다.

식 (1.19)와 식 (1.21)이 서로 독립된 것이 아니라는 점에 유의해야 한다. 이 사실을 밝히기 위해, 그림 1.22에서 적당한 좌표계 Oxy를 설정하고, 점 A, B, C의 좌표를 각각 (x_1, y_1), (x_2, y_2), (x_3, y_3)이라고 하자. 그러면

$$M_{B,i}=Y_i(x_1-x_2)-X_i(y_1-y_2), \quad i=1, 2, \cdots, n$$
$$M_{C,i}=Y_i(x_1-x_3)-X_i(y_1-y_3), \quad i=1, 2, \cdots, n$$

으로 되므로,

$$\begin{aligned}\sum M_{B,i}&=(x_1-x_2)\sum Y_i-(y_1-y_2)\sum X_i\\ \sum M_{C,i}&=(x_1-x_3)\sum Y_i-(y_1-y_3)\sum X_i\end{aligned} \qquad (1.22)$$

를 얻고, 이로부터 다음을 얻는다:

$$\sum X_i = \frac{\begin{vmatrix} \sum M_{B,i} & x_1 - x_2 \\ \sum M_{C,i} & x_1 - x_3 \end{vmatrix}}{\begin{vmatrix} x_1 - x_2 & y_1 - y_2 \\ x_1 - x_3 & y_1 - y_3 \end{vmatrix}}, \quad \sum Y_i = \frac{\begin{vmatrix} \sum M_{B,i} & y_1 - y_2 \\ \sum M_{C,i} & y_1 - y_3 \end{vmatrix}}{\begin{vmatrix} x_1 - x_2 & y_1 - y_2 \\ x_1 - x_3 & y_1 - y_3 \end{vmatrix}} \quad (1.23)$$

그러므로 식 (1.22)에 의하여 식 (1.19)가 성립하면 식 (1.21)이 성립함을 알고, 식 (1.23)으로부터 식 (1.21)이 성립하면 식 (1.19)가 성립함을 안다. 그러나 만일 A, B, C가 한 직선 위에 있다면

$$\frac{y_1 - y_2}{x_1 - x_2} = \frac{y_1 - y_3}{x_1 - x_3}$$

으로 되어 식 (1.23)의 분모가 0으로 되므로, 이 때에는 식 (1.21)이 성립하더라도 $\sum X_i$, $\sum Y_i$는 부정으로 되어, 식 (1.19)가 성립한다고 말할 수 없다.

마찬가지로 하여 同面非同點力系의 평형조건식으로서 식 (1.20) 대신에

$$\sum_{i=1}^{n} M_{A,i} = 0, \ \sum_{i=1}^{n} M_{B,i} = 0, \ \sum_{i=1}^{n} M_{C,i} = 0 \quad (1.24)$$

을 사용할 수 있음을 밝힐 수 있다. 여기서 모멘트중심 A, B, C는 한 직선 위에 있지 않은 임의의 세 점이다.

식 (1.24)가 식 (1.20)으로부터 유도됨을 다음과 같이 밝힐 수 있다. 힘의 작용면 위에 좌표계 Oxy를 설정하고, 점 A, B, C의 좌표를 각각 (x_1, y_1), (x_2, y_2), (x_3, y_3)으로, P_i $(i=1, 2, \cdots, n)$의 작용선상의 임의의 한 점을 (x, y)로 나타내면,

$$M_{A,i} = Y_i(x - x_1) - X_i(y - y_1) = M_i + X_i y_1 - Y_i x_1$$
$$M_{B,i} = Y_i(x - x_2) - X_i(y - y_2) = M_i + X_i y_2 - Y_i x_2$$
$$M_{C,i} = Y_i(x - x_3) - X_i(y - y_3) = M_i + X_i y_3 - Y_i x_3$$

으로 되므로,

$$\begin{aligned}\sum M_{A,i} &= \sum M_i + y_1 \sum X_i - x_1 \sum Y_i \\ \sum M_{B,i} &= \sum M_i + y_2 \sum X_i - x_2 \sum Y_i \\ \sum M_{C,i} &= \sum M_i + y_3 \sum X_i - x_3 \sum Y_i\end{aligned} \tag{1.25}$$

를 얻는다. 이로부터 식 (1.20)이 성립하면 식 (1.24)가 성립함을 안다. 또한 식 (1.25)를 $\sum X_i$, $\sum Y_i$, $\sum M_i$에 관하여 풀어서

$$\sum X_i = \frac{\begin{vmatrix} 1 & \sum M_{A,i} & -x_1 \\ 1 & \sum M_{B,i} & -x_2 \\ 1 & \sum M_{C,i} & -x_3 \end{vmatrix}}{\begin{vmatrix} 1 & y_1 & -x_1 \\ 1 & y_2 & -x_2 \\ 1 & y_3 & -x_3 \end{vmatrix}}, \qquad \sum Y_i = \frac{\begin{vmatrix} 1 & y_1 & \sum M_{A,i} \\ 1 & y_2 & \sum M_{B,i} \\ 1 & y_3 & \sum M_{C,i} \end{vmatrix}}{\begin{vmatrix} 1 & y_1 & -x_1 \\ 1 & y_2 & -x_2 \\ 1 & y_3 & -x_3 \end{vmatrix}}$$

$$\sum M_i = \frac{\begin{vmatrix} \sum M_{A,i} & y_1 & -x_1 \\ \sum M_{B,i} & y_2 & -x_2 \\ \sum M_{C,i} & y_3 & -x_3 \end{vmatrix}}{\begin{vmatrix} 1 & y_1 & -x_1 \\ 1 & y_2 & -x_2 \\ 1 & y_3 & -x_3 \end{vmatrix}} \tag{1.26}$$

을 얻으므로, 이로부터 식 (1.24)가 성립하면 식 (1.20)이 성립함을 안다.

同面非同點力系의 平衡條件式으로서는

$$\sum_{i=1}^{n} M_{A,i} = 0, \quad \sum_{i=1}^{n} M_{B,i} = 0, \quad \sum_{i=1}^{n} X_i = 0 \tag{1.27}$$

을 사용할 수도 있다. 여기서 모멘트중심 A와 B는 직선 AB가 x軸에 수직하지 않은 한 임의로 잡을 수 있다.

同面非同點力系에 대한 平衡條件式으로서는 식 (1.20), (1.24), (1.27)

가운데 어느 것을 사용해도 좋다. 問題에 따라 편리한 것을 골라서 쓸 수 있다. 그러나 同面非同點力系에 대한 독립된 平衡條件式의 수는 3개 밖에 없다는 것을 명심해 두어야 한다.

1.14 假想일의 原理

일의 概念을 導入함으로써 平衡條件을 다른 형식으로 나타낼 수 있다. 일은 다음과 같이 정의된다. 곧 그림 1.23에서와 같이 한 質點 A가 일정한 힘 P의 작용을 받으면서 變位 s를 일으켰을 때에 變位 s와 힘 P의 變位方向의 分力 $P\cos\alpha$와의 곱을 힘 P가 變位 s에 대해 한 일(work)이라 한다. 곧 이 일을 W로 적어 나타내면,

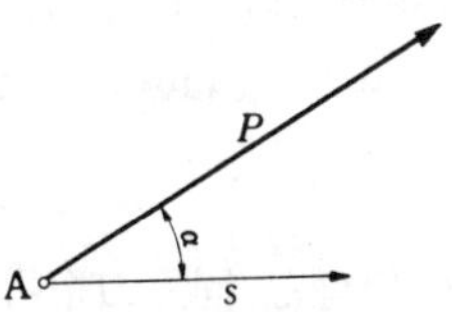

그림 1.23

$$W = Ps\cos\alpha \tag{1.28}$$

여기서 α는 힘의 方向과 變位의 方向 사이의 각이다. 특히 $|\alpha| = \frac{\pi}{2}$인 때에는 일이 0으로 되고, $\frac{\pi}{2} < |\alpha| < \pi$인 때에는 일이 음의 값으로 된다.

한 질점이 여러 힘 $P_1, P_2, \cdots, P_n$의 작용을 받으면서 변위 s를 일으키는 때에 모든 힘이 하는 일의 대수적 합 W는, s가 공통이므로,

$$W = \sum_{i=1}^{n} P_i s\cos\alpha_i = s\sum_{i=1}^{n} P_i\cos\alpha_i \tag{1.29}$$

로 된다. 그러므로 모든 P_i의 합력을 R, 그 변위 s 方向의 직각분력

을 $R\cos\alpha$라고 하면, 射影의 定理에 의해,

$$W=s\sum_{i=1}^{n}P_i\cos\alpha_i=Rs\cos\alpha \tag{1.30}$$

로 된다. 곧 "한 質點에 작용하는 여러 힘이 하는 일의 총합은 그들의 合力이 하는 일과 같다." 특히 그들이 平衡力系를 이룬다면 이 일은 0으로 된다. 그러므로 다음 결론을 얻는다:

"平衡狀態에 있는 質點에 임의의 微小變位를 주는 때에 이 質點에 작용하는 모든 힘이 하는 일의 총합은 0과 같다."

이 微小變位는 실제로 일어난 변위가 아니더라도 좋다. 이 변위에 의해 힘들의 크기와 방향이 변하지 않을 만큼 微小하고, 실제로 일어날 수 있는 것이라면, 이 微小變位는 전연 임의로 잡을 수 있다. 그래서 이 微小變位를 **假想變位**(virtual displacement), 힘들이 이에 대해 하는 일을 **假想일**(virtual work)이라 하고, 위의 사실을 **假想일의 原理**(principle of virtual work) 또는 **假想變位의 原理**(principle of virtual displacement)라고 한다.

위에서 말한 假想일의 原理는 同點力系에 대한 平衡條件式 (1.19)와 완전히 동등하다. 왜냐하면, 명백히는 말하지 않았으나 위에서는 식 (1.19)로부터 假想일의 原理를 유도한 것으로 볼 수 있는데, 반대로 이 원리로부터 식 (1.19)를 유도할 수 있기 때문이다. 곧 假想變位는 전연 임의로 잡을 수 있으므로 이것을 x 방향으로 잡고 dx로 나타내면, 平衡狀態에 있는 質點에 작용하는 힘 P_1, F_2, $\cdots$, P_n에 대해 假想일의 原理에 의해

$$\sum P_i\,dx\cos\alpha_i=dx\sum P_i\cos\alpha_i=0$$

이 성립한다. 여기서 α_i 등은 P_i 등이 x軸과 짓는 각이다. 그런데 $dx \neq 0$이므로, $P_i\cos\alpha_i$가 P_i의 x 방향의 분력 X_i임을 고려하면,

$$\sum P_i \cos\alpha_i = \sum X_i = 0$$

이라야 한다. 마찬가지로 y 방향으로 미소변위 dy를 잡으면,

$$\sum Y_i = 0$$

을 얻는다. dx와 dy 사이에는 아무런 관계도 없으므로 위의 두 식은 서로 독립된 식이다. 또 임의의 미소변위 ds는 dx와 dy의 비를 적당히 취하여 이들을 합성함으로써 얻어지는 것이므로, 위의 두 식과 독립된 다른 식이 더 얻어지지는 않는다. 위의 두 식은 식 (1.19)와 일치한다.

假想일의 原理는 同點力系에 대한 平衡條件式과 동등할 뿐만 아니라, 이 원리를 剛體에 대해 확장하면, 이것은 또 非同點力系에 대한 平衡條件式 (1.20)과도 동등하다. 모든 물체는 여러 개의 質點으로 이루어진 質點系라고 생각할 수 있는 고로, 假想일의 原理는 어떠한 물체에 대해서도 바로 확장될 수 있다는 이점이 있다. 특히 剛體에서는 그것을 구성하고 있다고 생각되는 모든 質點들 사이의 거리가 변하지 않으므로, 剛體가 全體로서 일으키는 변위만이 가능하고, 이 때에 內力이 하는 일은 늘 0으로 된다. 따라서 이 경우에는 內力이 하는 일은 전연 생각할 필요가 없으며, 假想일의 原理는 다음과 같이 표언된다:

"平衡狀態에 있는 剛體에 임의의 假想變位를 주는 때에 이 剛體에 작용하는 모든 外力이 하는 일의 총합은 0과 같다."

剛體의 運動은 並進과 廻轉으로 나누어 생각할 수 있으므로, 임의의 微小變位는 x, y 방향의 微小變位 dx, dy와 原點 둘레의 微小角變位 $d\theta$를 합성하여 얻어진다. 이들의 變位成分에 각각 식 (1.20)의 세 식을 그 차례대로 곱하여 합함으로써 위의 원리를 얻는다. 반대로 假

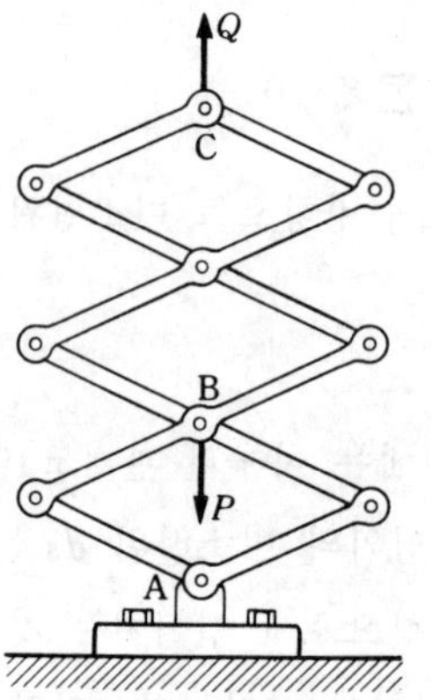

그림 1.24

想變位로서 차례차례로 dx, dy, $d\theta$를 잡으면 假想일의 原理로부터 식 (1.20)의 세 식이 각각 얻어진다. 그러므로 이들은 서로 동등하다.

剛體에 대한 假想일의 原理는 平衡條件과 똑같은 내용을 가지는 것이므로, 平衡條件을 적용하여 해결할 수 있는 문제라면 어떠한 종류의 문제이든 假想일의 原理의 적용으로도 해결할 수 있다. 특히 복잡한 構造物에 대해서는 假想일의 原理에 의해 보다 간편하게 풀 수 있는 경우가 많다. 또 이 原理는 그림 1.24와 같은 可動系에는 아주 편리하게 응용된다. 이 系는 剛體棒으로 이루어져 있고 그들의 連結點에는 전연 摩擦이 작용하지 않는 것으로 가정한다. 이 系는 上下運動만이 가능하고, 이 運動은 한 개의 量, 이를테면, B점의 鉛直變位 dx에 의해 완전히 결정된다. 3개의 菱形이 모두 같은 크기인 때에는 점 C의 變位는 $3dx$로 된다. 만일 이들 두 점에 각각 힘 P와 Q가 작용하면서 이 系가 平衡狀態에 있다면, 假想일의 原理에 의해

$$Pdx - Q(3\,dx) = 0 \quad 곧 \quad P = 3Q$$

의 관계가 있어야 함을 안다.

演習問題

構造力學은 그 자체로서도 재미있는 학문으로서 工學의 여러 분야의 기초이론을 이루고 있을 뿐만 아니라, 構造物의 安全度를 검토하는 데 중요한 구실을 한다는 점에 있어서 실제적으로도 중요한 학문이다. 그러므로 이러한 분야의 工學徒는 構造力學에 능통해야 하고 동시에 계산을 정확하게 수행하는 習慣을 길러 두어야 한다. 이러한 일은 演習問題를 푸는 일을 통해서만 달성되는 것이므로 문제를 푸는 일에 시간과 노력을 아껴서는 안 된다.

本章에서는 例題를 싣지 않았는데, 그것은 本章이 너무 길어져서 지루한 감을 줄까 두려워 해서도 그렇게 했지만 靜力學을 정리하는 마당에서는 그럴 필요가 없다고 보았기 때문이다. 第 2章부터 第 5章까지에서 다루는 문제들을 本章의 직접적인 例題라고 생각할 수 있다.

問 1.1 W kgf는 몇 newton인가? 또 350kgf, 750kgf, 1.25tf의 힘을 newton 단위로 나타내어라. 重力加速度는 9.81m/s² 으로 보아라.

問 1.2 미국과 영국에서는, 힘의 단위로 파운드(封度, pound, lb, #), 길이의 단위로 푸트(呎, foot, ft, ′)를 사용한다. 1lb는 0.4536kg에 해당하고, 1ft는 0.3048m에 해당한다. 그러면 1kg은 몇 lbs이고 1m는 몇 ft인가?

問 1.3 다음 量을 kg數는 lbs數로, lbs數는 kg數로 환산하여라:

214kg, 725kg, 1750kg, 12.3t, 25.9t; 458lbs, 928lbs, 2 270lbs, 37 500lbs, 729 000lbs.

問 1.4 다음 量을 m數는 ft數로, ft數는 m數로 환산하여라:

14. 1 m, 25. 7 m, 43. 6 m, 114 m, 256 m ; 37. 7 ft, 48. 3 ft, 72. 5 ft, 182 ft, 374 ft.

問 1.5 1 ton은 영국에서는 2240 lbs를, 미국에서는 2000 lbs를 가리키며, 이들을 각각 英톤(English ton) 및 美톤(American ton)이라 한다. 이에 대해 1000 kg을 미트릭톤(metric ton)이라 한다. 그러면 1 Eng. ton 및 1 Am. ton은 몇 metric ton에 해당하는가?

問 1.6 다음 각을 度 단위의 것은 rad 數로, rad 단위의 것은 度 단위의 수치로 환산하여라:

23°, 41. 5°, 90°, 178°, 1°30′05″, 2°08′22″ ; $\pi/4$, $\pi/3$, 0.0131, 0.0003, 0.000 005.

問 1.7 그림 1.2에서 다음 관계가 성립함을 밝혀라:

$$R=\sqrt{P_1^2+P_2^2+2P_1P_2\cos\alpha},\quad \sin\beta=\frac{P_2}{R}\sin\alpha,\quad \sin\gamma=\frac{P_1}{R}\sin\alpha.$$

問 1.8 그림과 같은 同點力系의 합력을 구하고 그 水平分力과 鉛直分力을 구하여라.

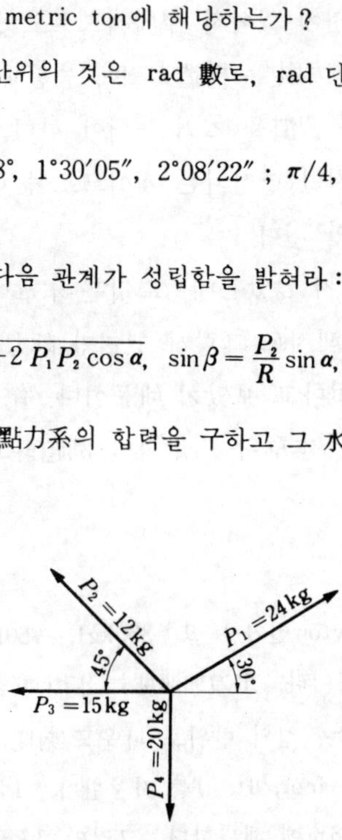

問 1.9 그림과 같은 力系 P_1, P_2, P_3과 동등한 다음 力系를 구하여라:

(a) 한 힘

(b) 직선 OA와 OB를 작용선으로 하는 두 힘

(c) 직선 OC를 作用線으로 하는 힘과 크기가 30 kg인 힘

(d) 크기가 각각 25 kg 및 40 kg인 두 힘

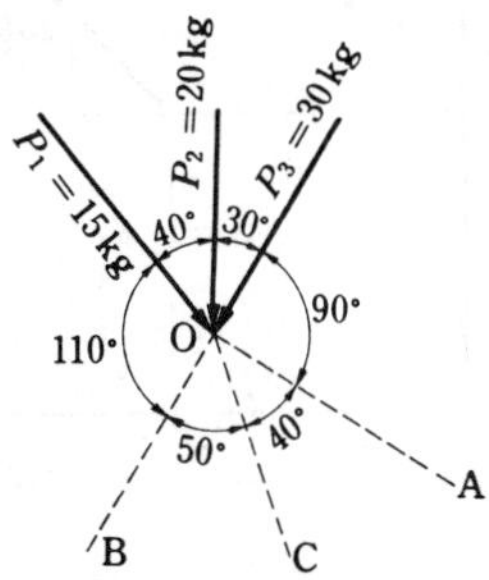

問 1. 10　그림에 보인 同點力系의 합력을 각각 구하여라.

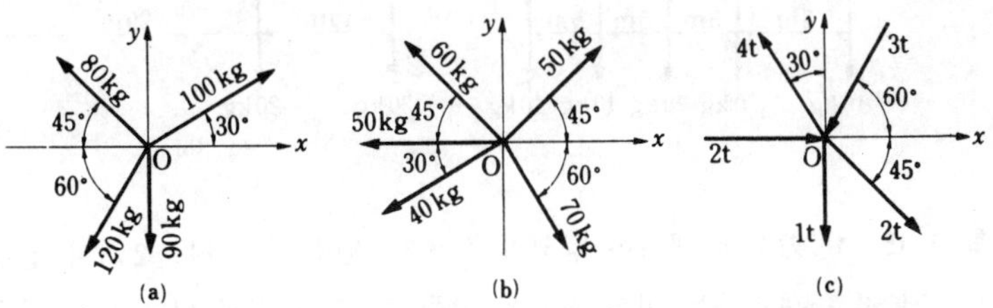

問 1. 11　임의의 5개의 힘으로 이루어진 非同點非平行力系를 그리고 그 合力을 圖式的으로 구하여라.

問 1. 12　한 힘 P를 그림과 같이 이에 평행한 두 분력 Q와 Q'로 분해했을 때에 Q와 Q'의 크기를 결정하여라. 여기서 P와 Q 및 Q' 사이의 거리는 각각 a 및 b이다.

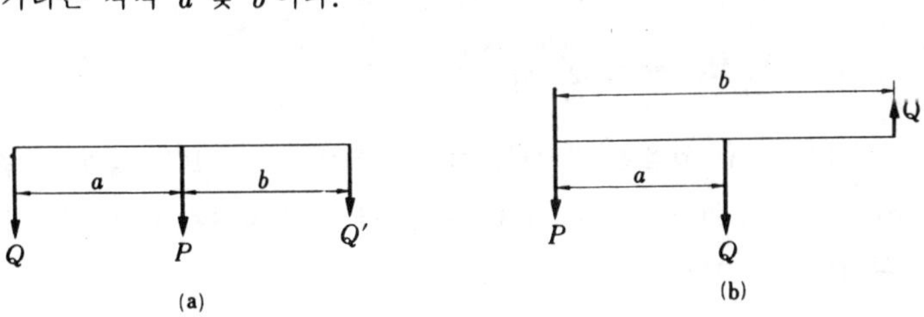

問 1. 13　그림과 같은 平面力系의 합력을 구하여라.

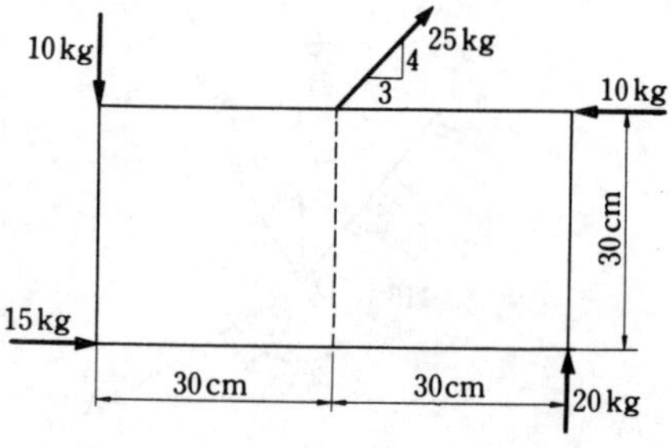

問 1.14 그림과 같은 平行力系의 합력을 구하여라.

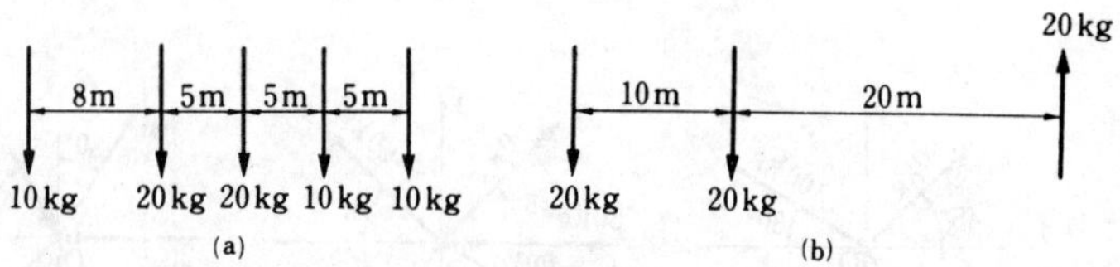

問 1.15 한 力系에 대하여 임의의 2개의 極에 대응하는 2개의 連力圖에서 서로 대응하는 변의 교점은 모두 한 직선 위에 있고 그 직선은 위의 두 極을 연결하는 직선에 평행함을 밝혀라. 이 직선을 쿨만線(Culmann line)이라 한다.

問 1.16 3개의 힘이 平衡狀態에 있으려면 적어도 그들의 作用線이 한 점에서 만나야 함을 밝혀라.

問 1.17 同面同點力系의 平衡條件式으로서

$$\sum_{i=1}^{n} M_{B,i}=0, \quad \sum_{i=1}^{n} X_i=0$$

을 사용할 수 있음을 밝혀라. 여기서 모멘트中心 B는 공통의 着力點 A 이외의 임의의 점이고 X_i는 직선 AB에 수직하지 않은 임의의 방향의 P_i의 分力이다.

問 1.18 그림과 같은 4개의 同點力 P_1, P_2, P_3, P_4가 平衡狀態에 있을 때 P_4의 크기와 방향을 代數的 方法과 圖解法으로 구하여라.

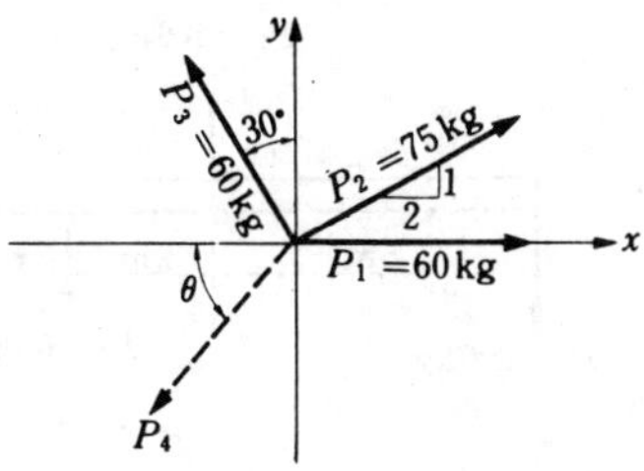

問 1.19 그림과 같은 4개의 同點力이 平衡狀態에 있을 때 P_3와 P_4의 크기를 代數的 方法과 圖解法으로 구하여라.

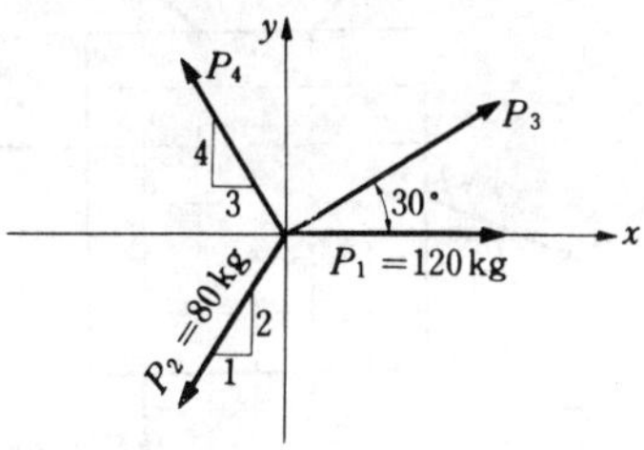

問 1.20 그림과 같은 4개의 同點力이 平衡狀態에 있을 때 P_3의 크기와 P_4의 방향을 代數的 方法과 圖解法으로 구하여라.

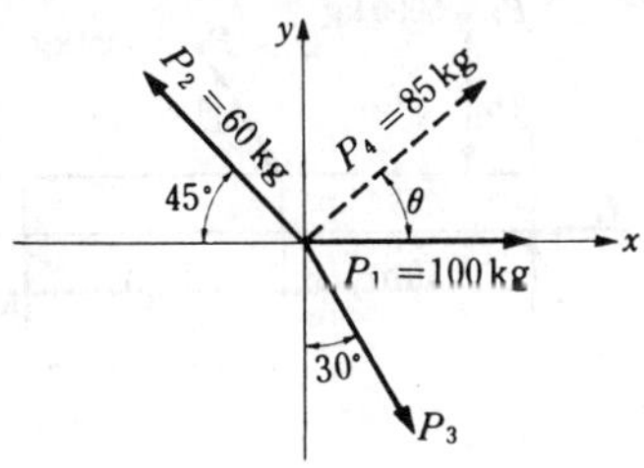

問 1.21 그림과 같은 4개의 平行力이 平衡狀態에 있을 때 P_4의 크기와 位置를 代數的 方法과 圖解法으로 구하여라.

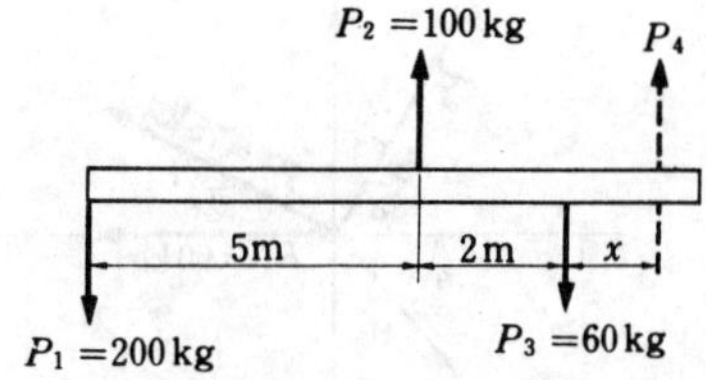

問 1.22 그림과 같은 5개의 平面力이 平衡狀態에 있을 때 P_3, P_4, P_5 의 크기를 代數的 方法과 圖解法으로 구하여라.

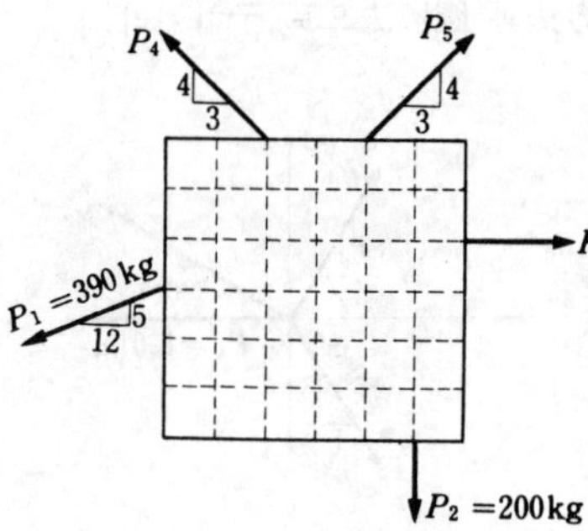

問 1.23 그림과 같은 同面力系가 平衡狀態에 있을 때 H, V, R의 크기를 구하여라.

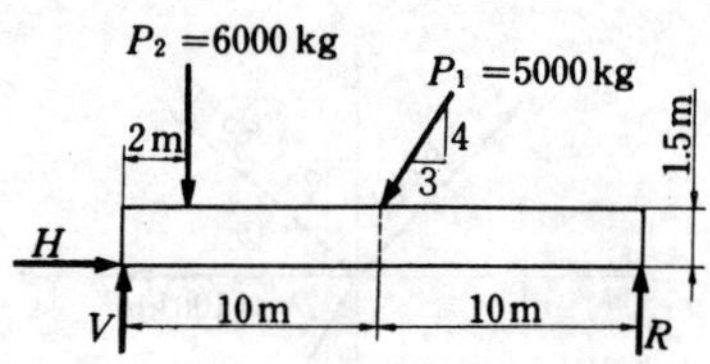

2

靜定構造物의 反力

2.1 構 造 物

橋梁, 建築物, 塔, 水槽 등과 같이, 여러 가지 形狀을 가지는 固體材料를 그 목적에 따라 적당히 연결하고 地盤으로 받치어 작용할 가능성이 있는 모든 外力에 안전하게 견딜 수 있도록 만들어진 물건을 **構造物**(structure)이라 하고, 그것을 구성하는 여러 가지 形狀의 固體材料를 **部材**(member, structural member)라고 한다. 部材의 形狀에는 가늘고 긴 것, 얇고 넓은 것, 덩어리로 된 것이 있다.

덩어리로 된 部材 곧 塊狀體로 구성된 構造物에는 콘크리트 블록(concrete block)을 쌓아 올려서 만든 岸壁, 防波堤, 擁壁 등이 있고, 콘크리트重力댐(gravity dam of concrete)은 그 전체가 한 덩어리로 되어 있다.

얇고 넓은 部材는 그것이 平面狀을 이루는가 또는 曲面狀을 이루는가에 따라 **平板**(plate) 또는 **曲面板**(殼, shell)이라고 불린다. 鐵筋콘크리트 建物에서 마루를 콘크리트 슬래브(concrete slab)로 形成케 하는 것이 보통인데, 이런 것이 平板이다. 도움(dome)을 連續體로 만든다면 그것은 曲面板으로 된다.

가늘고 긴 部材는, 이것이 세로 놓여 있을 때에는 **기둥**(column),

가로 놓여 있을 때에는 **들보**(beam)라고 하듯이, 그 機能에 따라 여러 명칭을 가진다. 이러한 棒狀의 部材를 엮어서 만든 構造物을 **뼈대構造物**(framed structure, skeletal structure) 또는 간단히 **뼈대**(骨組, frame or skeleton)라고 부른다.

構造力學(theory of structures, structural analysis)에서는 주로 이 뼈대구조물만을 취급한다. 그러므로 앞으로는 그냥 구조물이라고 하면 그것은 뼈대구조물을 가리키고 그냥 部材라고 하면 棒狀의 것을 가리키는 것으로 한다.

한 구조물의 모든 部材가 한 평면 안에 있고 이에 작용하는 모든 外力의 作用線도 그 평면 안에 있을 때에는 그 구조물을 **平面構造物**(plane structure)이라고 부르고, 그렇지 않을 때에는 **立體構造物**(space structure)이라고 부른다. 실제의 구조물은 대개 立體구조물에 속하지만, 이것을 여러 개의 平面구조물로 분해해서 생각할 수 있는 경우가 많다. 本書에서 그냥 구조물이라고만 하면 그것은 平面구조물을 가리키는 것으로 한다.

뼈대구조물에서 部材들이 서로 연결된 **점을 節點**(joint)이라고 부른다. 보통 節點은 **滑節**(hinge, hinged joint)이 아니면 **剛節**(rigid joint)인 것으로 본다. 滑節은 그 점에 모이는 部材들이 그 점 둘레로 자유로이 회전할 수 있는 節點을 가리키고, 剛節은 그 점에 모이는 部材들의 交角이 전연 변하지 않는 節點을 가리킨다.

뼈대구조물은, 그 모든 節點이 滑節로 되어 있을 때에는 **滑節뼈대**(pin-jointed frame)라 불리고, 적어도 한 개의 剛節을 품고 있을 때에는 **剛節뼈대**(rigid-jointed frame)라고 불린다. 제 4 장에서 취급되는 **트러스**(truss)가 滑節뼈대이고, 제 3 장에서 나오는 **라멘**(rigid frame, Rahmen)은 剛節뼈대에 속한다.

트러스와 라멘은 **直線部材**로 이루어져 있고, 제 3 장에서 나오는 아치(arch)는 **曲線部材**로 이루어져 있다.

구조물은 그 **主體**(main body)와 이것을 地盤 또는 다른 구조물에 연결하는 부분으로 나눌 수 있다. 후자를 **支點**(support, supporting point)이라고 부른다.

구조물을 만드는 목적에는 여러 가지가 있으나, 그 중요한 것의 하나는 구조물 밑에 **自由空間**(clearance)을 남겨두는 일이다. 이 自由空間의 한쪽 方向의 길이는 支點과 支點 사이의 거리에 의해 지배된다. 이 거리를 **스팬**(span) 또는 **支間**이라 한다. 支間은 또 支點들 사이의 空間 자체를 가리키기도 한다. 이것과 혼동을 일으킬 우려가 있을 때에는 **支間長**(span length)이란 말을 사용한다.

2.2 構造物에 作用하는 外力

2.2.1 荷重과 反力

構造物은 그 종류에 따라 列車, 自動車, 사람, 家具 등의 여러 가지 物體를 받치고 있다. 이들의 物體는 그 무게로서의 힘 곧 荷重의 작용을 그 구조물에 끼친다. 모든 구조물은 또 그 자체의 무게 곧 **自重**(own weight)에도 견디어야 하고 때에 따라서는 큰 風壓도 받는다. 어느 종류의 구조물은 水壓 또는 土壓을 받는다. **荷重**(load) 이라 함은, 비단 물체의 무게 뿐만 아니라, 그 밖에 自重, 風壓, 水壓, 土壓 등, 무릇 構造物에 능동적으로 작용하는 모든 外力을 뜻한다. 따라서 荷重은 힘의 3要素가 다 확정된 힘 곧 旣知의 힘이다.

구조물이 荷重의 작용을 받으면서도 움직이지 않는 것은 그 支點에 적당한 힘이 荷重에 따라 수동적으로 일어나서 이것과 荷重이 한 平衡力系를 이루기 때문이다. 支點에 수동적으로 일어나는 이 힘을 **反力**(reaction)이라고 한다. 이것은 미지의 힘이다. 反力은 地盤으로부터 생각하고 있는 구조물에 작용하는 힘이므로, 이것도 그 구조물에 작용하는 外力이 된다.

거듭 말하면, 구조물에 작용하는 外力에는 荷重과 反力의 두 종류가 있다. 전자는 구조물에 능동적으로 작용하는 外力이고, 후자는 荷重에 따라 수동적으로 일어나는 外力이다.

모든 荷重이 없어지면 反力도 사라진다. 따라서 反力은 荷重의 函數라고 볼 수 있다. 이 函數關係를 구하는 것이 구조역학의 중요한 목적의 하나가 된다. 이것을 구하기 위해서는 힘의 平衡條件을 적용한다. 그러나 이 함수 관계가 힘의 평형조건만으로는 구해지지 않는 경우도 있다(不靜定構造物의 경우). 이러한 경우에도 모든 荷重과 反力은 平衡力系를 이루어야 함은 물론이다.

2.2.2 荷重의 種類

荷重은, 그것이 늘 일정한 자리에 작용하는가 또는 구조물 위를 이동하면서 작용하는가에 따라, **固定荷重**(fixed load) 또는 **死荷重**(dead load)과 **移動荷重**(travelling or moving load) 또는 **活荷重**(live load)으로 나뉜다. 移動荷重 가운데 列車荷重이나 自動車荷重과 같이 간격이 일정한 여러 개의 荷重으로 이루어진 것을 특히 **連行移動荷重**(travelling load system)이라고 한다.

荷重이 구조물에 갑자기 작용하면 구조물에 衝擊과 振動의 영향을 끼친다. 이러한 荷重을 **動**(力學的) **荷重**(dynamic load)이라 한다. 이에 대해 그 크기가 0에서부터 차차로 커져서 最終値에 이른 것으로 생각되는 荷重을 **靜**(力學的) **荷重**(static load)이라고 부른다. 물론 固定荷重은 靜荷重에 속하고 移動荷重은 動荷重에 속한다. 그러나 活荷重 가운데 家具荷重이나 群衆荷重과 같이 動力學的 影響이 작은 것은 특히 **可動荷重**(movable load)이라 불리고 靜荷重으로 취급된다. 또 動力學的 影響이 큰 移動荷重일지라도, 構造力學에서는 그 영향을 靜

荷重으로 적당히 환산하여 그것을 靜荷重으로서 취급한다.

荷重은 또, 한 점에 몰려서 작용하는가 또는 어느 넓이에 퍼져서 작용하는가에 따라, **集中荷重**(concentrated load)과 **分布荷重**(distributed load)으로 나뉜다. 이 밖에 荷重이 偶力을 형성하여 작용하는 일이 있다. 이것을 **作用모멘트**(active or applied moment)라고 부른다.

本書에서 생각하는 分布荷重은 대개 연속적으로 분포된 平行力系이다. 그리고 특히 그 着力點이 연속적인 曲線을 이루는 分布荷重이다. 이 曲線을 **着力線**(line of application)이라고 부른다. 이러한 分布荷重은 그 着力線에 沿하는 單位길이마다의 荷重의 크기에 의해 완전히 특성지어진다. 이것을 **荷重의 強度**(intensity of load)라 한다.

荷重의 強度가 着力線에 연하여 변하지 않는 分布荷重을 **等分布荷重**(uniformly distributed load, uniform load)이라 하고, 直線的으로 변하는 것을 **等變分布荷重**(uniformly varying load)이라 한다. 이들은 分布荷重 가운데 실제적으로 가장 중요한 것들로서, 雪荷重, 風荷重, 群衆荷重 등은 等分布荷重으로 취급되고, 水壓이나 土壓은 等變分布荷重에 속한다.

構造物을 설계할 때에 荷重을 어떻게 잡을 것인가 하는 것은 극히 중요한 문제이다. 중요한 종류의 構造物에 대해서는 그 設計示方書 또는 基準에서 荷重을 규정한다. 그러나 이 때에도 그 규정을 어떻게 적용할 것인가 하는 것이 중요한 문제로 등장한다. 이러한 문제는 構造工學에서 다루게 되고 構造力學에서는 荷重이 결정된 후부터의 일을 다룬다.

2.2.3 支點의 種類와 反力

反力이 일어나는 방법은 支點의 構造에 따라 다르다. 支點의 構造에는 여러 가지가 있으나 平面구조물에 사용되는 支點 가운데 실제적으로 중요한 것은 다음의 3 가지이다.

(1) **移動端** (roller end)

이것은, 그림 2.1(a)와 같이, 구조물이 핀(pin)의 中心 A 둘레로 자유롭게 회전할 수 있고 또 여러 개의 로울러(roller)에 의해 支持臺 BC 위를 자유롭게 이동할 수는 있으나 지지대 BC에 수직한 방향으로는 움직이지 못하게 만들어진 支點이다. 여기서 자유롭게라는 말에는 摩擦이 전혀 없다는 뜻이 포함된다. 그러므로 이러한 支點에 일어나는 反力은 반드시 점 A를 지나고 지지대 BC에 수직하다. 그리고 移動端은 그 점에서 構造物이 地盤을 향해 움직이지 못할 뿐더러 지반으로부터 떨어지지도 못하게 되어 있다. 그러므로 이 지점에 일어나는 反力은 크기와 향하는 쪽이 미지이다. 이것은 代數的으로는 한 개의 미지수로 표시된다. 이 사실을 移動端에서의 **反力要素**(reactive element)는 1개라는 말로 나타낸다. 곧 어느 支點에서의 反力을 확정하기 위해 결정해야 할 미지의 힘의 요소를 反力要素라고 한다.

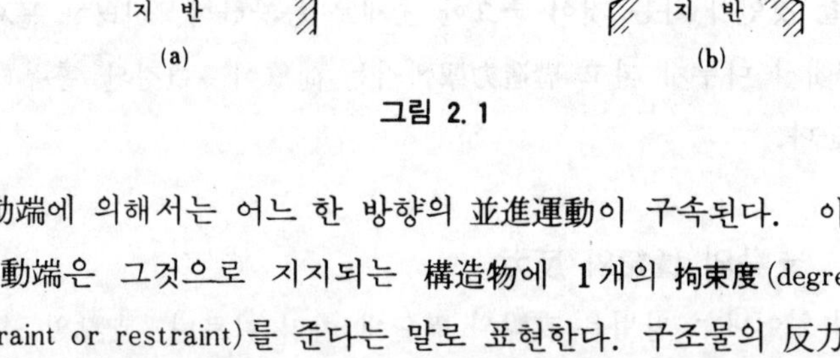

그림 2.1

移動端에 의해서는 어느 한 방향의 並進運動이 구속된다. 이 사실을 移動端은 그것으로 지지되는 構造物에 1개의 **拘束度**(degree of constraint or restraint)를 준다는 말로 표현한다. 구조물의 反力은 구조물의 운동을 구속하기 때문에 일어나는 것으로, 한 구조물에서 反

力要素의 수효와 拘束度는 항상 일치한다.

구조물을 그림 2.1(b)와 같이 지지해도 위와 똑같은 방법으로 反力이 일어난다. 여기서는 一端 A를 구조물에 他端 B를 地盤에 각각 滑節로 연결한 棒으로 구조물을 받치고 있다. 棒 AB는 그 兩端에서만 힘의 작용을 받는 二力片이므로 이러한 支點에 일어나는 反力은 A와 B를 연결하는 직선 위에 작용한다. 이러한 棒을 **支持棒**(supporting bar or link)이라 하고, 이러한 지점을 **링크支點**(link support)이라 한다.

移動端을 간단히 도시하기 위해 그림 2.2와 같은 略圖가 사용된다.

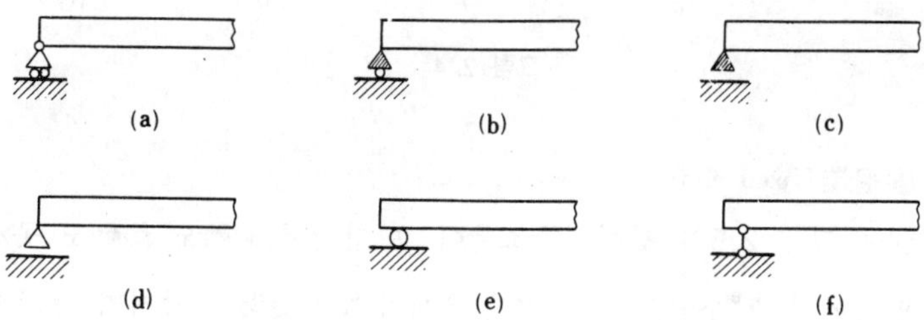

그림 2. 2

(2) 廻轉端 (hinged end)

이것은, 그림 2.3(a)와 같이, 구조물이 핀의 中心 A 둘레로 자유로이 회전할 수는 있으나 이동은 못하도록 만들어진 支點이다. 곧 廻

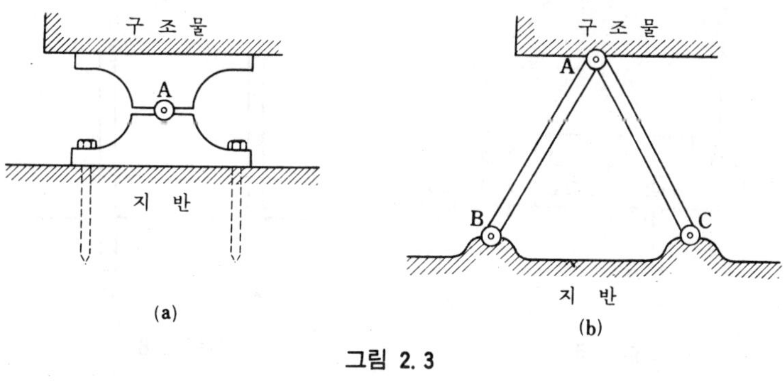

그림 2. 3

轉端은 그것으로 지지된 구조물에 2개의 拘束度를 부여한다. 그러므로 廻轉端에 일어나는 反力은 반드시 점 A를 지나나 그 크기와 方向은 荷重에 따라 변한다. 이 때의 反力要素는 2개로서, 廻轉端에 일어나는 反力은 旣知의 2방향의 分力으로 분해해서 생각할 수 있다. 그림 2.3(b)와 같이 두 개의 支持棒 AB와 AC로 구조물을 支持해도 똑같은 종류의 反力이 일어난다. 그림 2.4는 모두 廻轉端을 나타낸다.

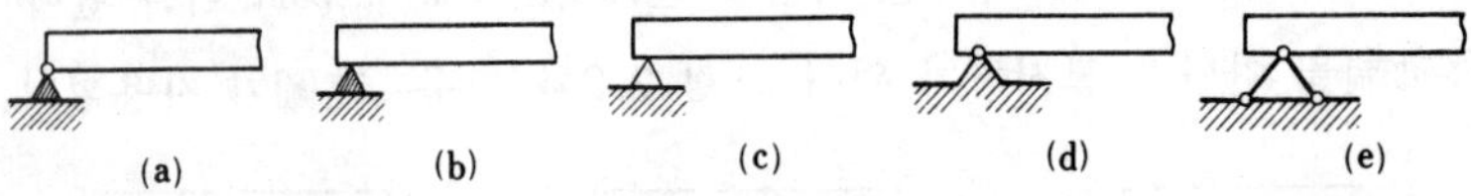

그림 2.4

(3) 固定端 (fixed end)

이것은, 그림 2.5와 같이, 구조물이 그 점에서 廻轉도 移動도 못하도록 만들어진 支點이다. 이 支點은 3개의 反力要素를 가지며, 구조물에 3개의 拘束度를 부여한다. 곧 이 支點에 일어나는 反力은 그 크기, 방향 및 着力點이 모두 미지로 된다. 이 反力을 그 支點에 작용하는 旣知의 두 방향의 분력과 한 개의 모멘트로 대치할 수 있다. 위의 모멘트를 **固定모멘트**(fixing moment) 또는 **反力모멘트**(reactive moment)라고 한다. 그림 2.6은 固定端의 略圖를 나타낸다.

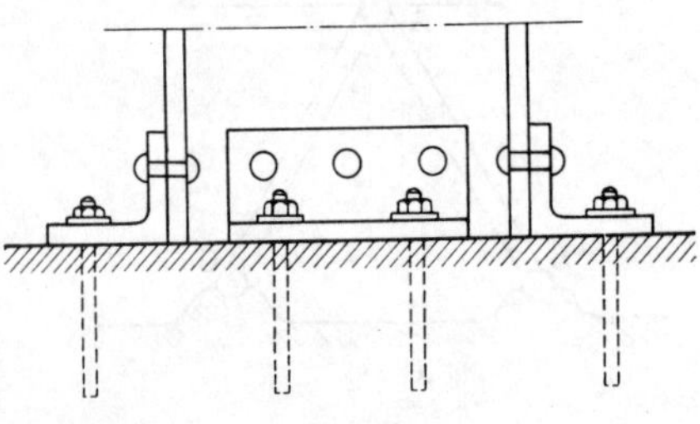

그림 2.5

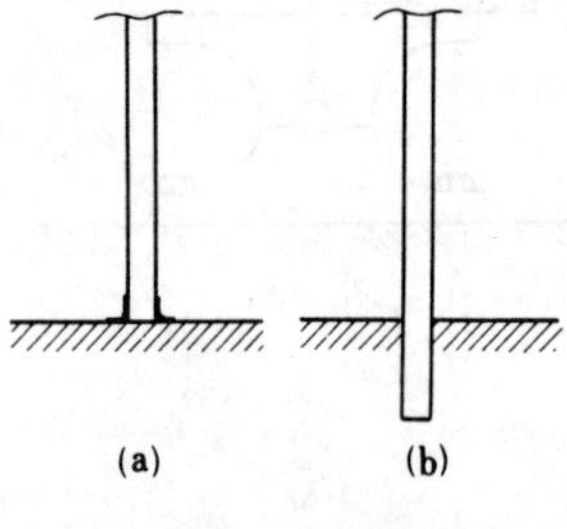

그림 2.6

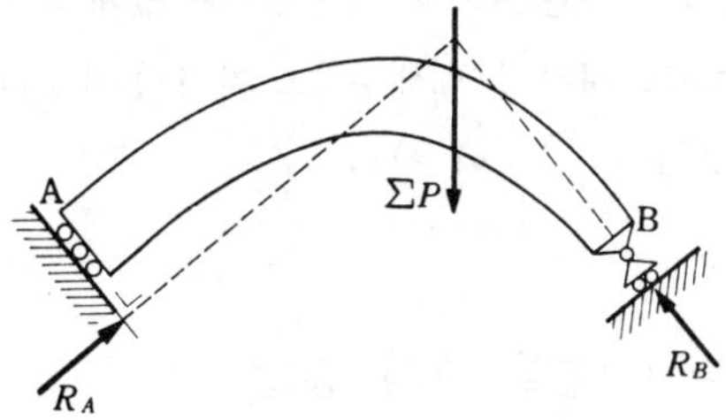

그림 2.7

이상의 3가지 支持方法 이외에 그림 2.7의 A端과 같이 여러 개의 로울러로 구조물을 받치는 방법도 생각할 수 있다. 이 때에는 反力의 방향은 旣知이고 크기와 着力點이 미지로 된다. 이러한 支點은 실지로 사용되는 예가 드므나, 구조계산을 하는 과정에서 이러한 支點을 생각하게 되는 경우가 더러 있다. 이를테면, 兩端이 고정된 들보에 가로방향의 荷重만이 작용하는 경우에 흔히 길이방향의 反力成分을 무시하는데, 이것은 그림 2.8에 보인 바와 같이 한 쪽 固定端을 이러한 종류의 支點으로 대치하는 것과 마찬가지이다. 이러한 支點은 **可動非廻轉端**(guided end)이라고 부를 수 있다.

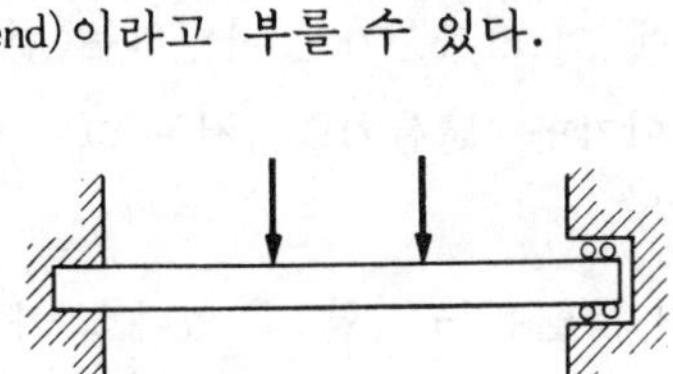

그림 2.8

移動端, 廻轉端 및 固定端은 각각 **移動支點**(roller support), **廻轉支點**(hinged support) 및 **固定支點**(fixed support)으로도 불린다.

위의 3가지 支點은 이상적인 것이고, 전연 摩擦이 없는 廻轉端이나 移動端을 실지로 만들기도 어렵거니와 전연 회전하지 않는 固定端을 만들기도 어렵다. 그러나 위와 같은 이상적인 支點을 생각함으로써 구조물의 反力을 一意的으로 산출할 수 있게 되는 것이므로, 실지로 支點을 설계하고 제작할 때에는 그 지점의 이상적 조건을 될 수 있는 대로 만족시키도록 힘써야 한다.

2.3 反力을 算定할 때의 假定

構造物의 反力을 算定하는 일은 극히 중요한 일이다. 이것을 잘못 산정하면 平衡狀態에 있지 않은 外力系를 생각하는 것이 되므로 그 이후의 構造計算이 모두 헛수고로 돌아가기 때문이다.

構造物의 反力을 산정하려는 때에는 다음 3가지 가정을 둔다. 첫째로, 각 支點은 前節에서 설명한 것과 같은 理想化된 것이라고 가정한다. 크고 중요한 구조물에서는 그 支點을 실지로 이상화 조건을 만족시키도록 제작하므로 각 支點이 前節에서 설명한 3가지 支點 가운데 어느 것에 해당하는가를 판단하기 쉬우나, 작은 구조물의 경우에는 그렇지 못할 때가 많다. 이 때 실지의 지점이 이상화된 3가지 支點 가운데 어느 것에 더 가까운가를 판단하는 것은 실제적 문제에서는 극히 중요한 일이지만, 構造力學에서는 그것이 판단된 후부터의 일을 다룬다.

둘째로, 構造物의 自重은 무시할 수 있다고 가정한다. 구조물에 작용하는 荷重은 보통 自重에 비해 상당히 크므로, 自重을 무시해도 큰 오차는 일어나지 않는다. 그러므로 이 가정은 대개의 경우에 타당하다. 만일 自重을 무시할 수 없는 경우가 있다면 이 때에는 自重이 荷重으로서 주어지게 된다.

끝으로 힘의 平衡條件을 적용할 때에는 構造物의 變形을 무시할 수 있다고 가정한다. 構造力學에서는 보통 구조물의 변형이 극히 작은 경우만을 다루므로 이 가정으로 인한 오차는 극히 작다. 실지로는 荷

重이 작용하면 구조물은 다소간의 변형을 일으키고 변형된 상태에서 平衡狀態에 있게 되므로, 변형된 구조물에 대해서 힘의 平衡條件을 적용하는 것이 옳다. 이와 같이 하는 構造解析을 **2次解析**(second-order analysis)이라 하고, 이에 대하여 힘의 平衡條件을 적용할 때 구조물의 변형을 무시하는 보통의 解析을 **1次解析**(first-order analysis)이라 한다. 本書에서는 후자만을 다룬다.

2.4 構造物의 安定問題

어느 構造物에 관해 構造計算을 시작하기 전에 먼저 그 구조물이 안정한가 어떤가를 판단하여야 한다.

구조물의 安定問題는 이것을 內的과 外的으로 나누어 생각할 수 있다. 어느 구조물의 主體가 어느 범위 안의 크기의 어떠한 荷重의 작용을 받더라도 그 形狀이 허무러지지 않을 때 그 구조물은 **內的으로 安定하다**(to be internally stable)고 하고 內的으로 安定한 구조물의 主體를 어느 범위 안의 크기의 어떠한 荷重에 의해서도 움직이지 않게 지지했을 때 그 구조물은 **外的으로 安定하다**(to be externally stable) 고 한다. 內的으로 不安定한 구조물일지라도 이것을 적당하게 지지하면 **全體的으로 安定하게**(to be stable as a whole) 만들 수 있다.

내적으로 안정한 平面구조물의 主體는, 그것이 滑節구조물이든 또는 剛節구조물이든 간에, 그 변형을 무시하고 있으므로 한 개의 剛體平板과 같다. 剛體平板의 平面運動은 並進과 廻轉으로 나누어 생각할 수 있는데 並進은 다시 독립된 두 방향의 成分으로 나누어 생각할 수 있다. 그러므로 平面운동을 하는 강체평판은 3개의 **自由度**(degrees of freedom)를 가진다. 여기서 自由度라 함은 일어날 수 있는 독립된 變位成分의 수효를 가리킨다.

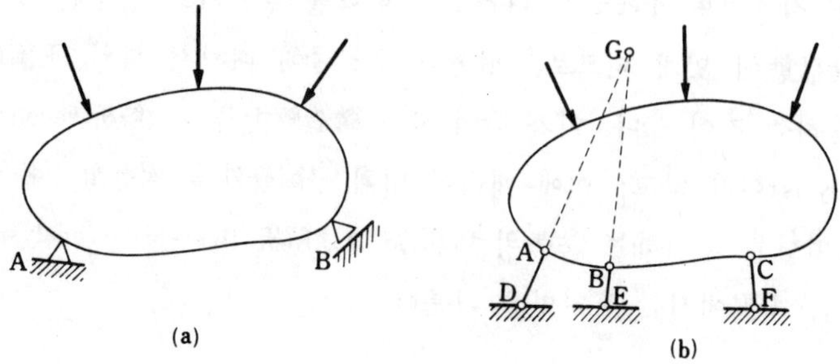

그림 2.9

만일 平板을 그림 2.9(a)와 같이 廻轉端 A로 지반에 연결하면 그 並進운동이 구속되고 점 A 둘레의 廻轉만이 가능하게 된다. 拘束度는 그 구속에 의해 일어나게 되는 反力要素의 수효와 같고 自由度는 그만큼 줄게 되는데, 위의 경우에는 廻轉端에 일어나는 力反要素의 수효가 2이며 따라서 自由度는 3에서 1로 준다. 이것을 다시 移動端 B로 지반에 연결하면 A 둘레의 회전도 방지되고 그 평면운동이 완전히 구속되고 만다. 곧 그 自由度가 0으로 된다. 강체평판을 한 개의 固定端으로 지반에 연결해도 그 평면운동이 완전히 구속된다.

그림 2.9(b)와 같이 한 점에서 만나지 않는 3개의 支持棒으로 지지해도 平板의 평면운동을 완전히 구속시킬 수 있다. 평판이 2개의 支持棒 AD와 BE만으로 지지되어 있다면, 점 A와 B는 각각 직선 AD와 BE에 수직하게 움직일 수 있다. 그 결과 이 평판은 AD와 BE의 교점인 G를 瞬間的 廻轉中心으로 하여 회전할 수 있다. 그러므로 이것을 다시 支持棒 CF로 지반에 연결하면 모든 가능한 평면운동이 구속된다. 이 예에서 보는 바와 같이 서로 만나는 2개의 支持棒은 그 교점에 있는 한 개의 廻轉端과 똑같은 구실을 한다. 그래서 2개의 지지봉의 교점을 假想廻轉端(imaginary hinged end)이라고 부른다.

일반적으로 어느 剛體에 대하여 독립된 平衡條件式은 그 강체의 自由度와 같은 수효만큼 세울 수 있다. 이를테면, 한 개의 剛體平板의 경우에는 自由度가 3개이므로 3개의 독립된 평형조건식을 세울 수 있다. 한편 反力要素는 拘束度와 같은 수효만큼 일어난다. 그러므로 어느 구조물에 대하여 만일 反力要素의 수효가 적용할 수 있는 독립된 평형조건식의 수효보다 적다면 그 구조물은 그 差만큼의 自由度를 가지며 따라서 반드시 外的으로 不安定하게 된다.

反力要素의 수효와 적용할 수 있는 독립된 평형조건식의 수효가 같은 경우에는 外的으로 安定하게 되는 때도 있고 不安定하게 되는 때도 있다. 만일 어느 구조물이 外的으로 安定하고 이 구조물에 일어나는 反力要素의 수효와 이 구조물에 적용될 독립된 평형조건식의 수효가 같다면, 그 反力要素를 평형조건식만으로 결정할 수 있다. 이러한 구조물을 **外的으로 靜定한 構造物**(externally statically determinate structure)이라고 한다.

그림 2.10은 한 剛體平板을 3개의 反力要素가 일어나도록 支持했는데도 불구하고 外的으로 不安定으로 되는 예를 보여 준다. 그림 2.10(a)는 平板을 한 점 G에서 만나는 3개의 支持棒으로 支持한 것으로 이 경우에는 점 G 둘레의 회전이 어느 범위 안에서 가능하다. 또 그림 2.10(b)와 같이 3개의 支持棒이 서로 평행한 경우에는 곧 無限

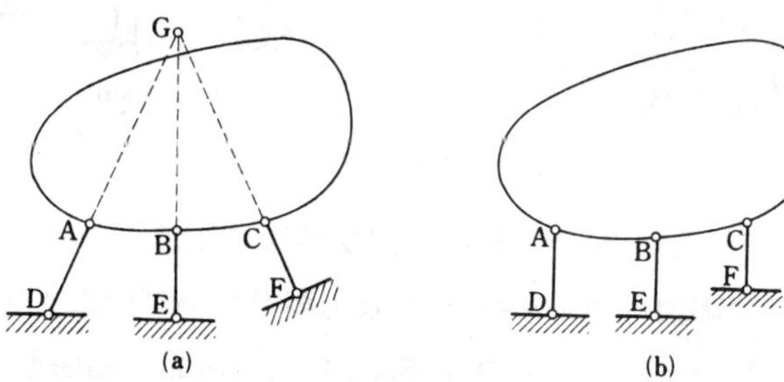

그림 2.10

遠에서 만나는 경우에는 그들에 수직한 방향의 병진이 가능하다. 그러므로 이들의 경우에는 구조물이 1개의 自由度를 가지며 따라서 外的으로 不安定으로 된다. 이와 같이 3개의 反力要素가 일어나도록 支持했는 데도 불구하고 配置가 적당하지 못해서 外的으로 不安定으로 되는 구조물을 **幾何學的으로 外的으로 不安定한**(geometrically externally unstable) 구조물이라고 한다.

한 강체평판을 安定하게 지지하기 위해서는 적어도 3개의 支持棒이 필요하고 이들을 한 점에서 만나지 않도록 배치하면 그것으로 충분함을 위에서 알았다. 安定하기에 필요하고도 충분한 支持棒보다 더 많은 支持棒이 있을 때 그것을 **餘冗支持棒**(redundant supporting bar)이라 한다. 이를테면, 그림 2.11(a)의 경우에는 4개의 支持棒 가운데 어느 하나를 없애도 구조물은 安定하며, 따라서 그들 가운데 임의의 한 지지봉이 여용지지봉으로 된다. 그림 2.11(b)의 경우에는 3개의 연직한 지지봉 가운데 임의의 하나가 여용지지봉으로 되나 DH는 여용지지봉으로 될 수 없다.

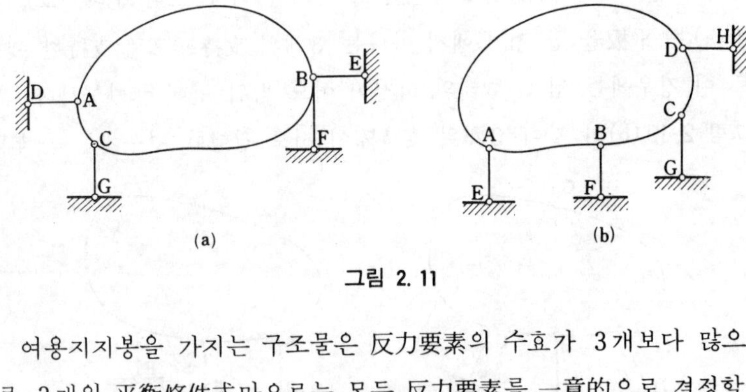

그림 2.11

여용지지봉을 가지는 구조물은 反力要素의 수효가 3개보다 많으므로 3개의 平衡條件式만으로는 모든 反力要素를 一意的으로 결정할수 없다. 이러한 구조물을 **外的으로 不靜定한**(externally statically indeterminate) 구조물이라 하고, 여용지지봉의 수효 곧 反力要素의 수효에서 적용할 수 있는 독립된 平衡條件式의 수효를 뺀 수를 外的不靜定次數 (degrees of externally statical indeterminacy)라고 한다.

幾何學的으로 不安定하게 支持된 구조물은 어느 특수한 荷重에 대해서만 平衡狀態에 있게 된다. 이를테면, 그림 2.10(a)의 경우에는 모든 荷重이 G점을 지날 때에만, 또 그림 2.10(b)의 경우에는 모든 荷重이 AD에 평행할 때에만, 평형상태에 있게 된다. 그런데 이 때에는 동시에 不靜定問題로 된다.

2.5 靜定構造物의 反力의 算定法

內的으로 安定한 구조물 곧 剛體平板을 外的으로 靜定하게 支持하면 3개의 反力要素가 일어나서 이들을 3개의 平衡條件式만으로 결정할 수 있음을 앞에서 보았다. 이 때 平衡條件式은 일반적으로 3개의 未知反力要素에 관한 3원 1차 연립방정식으로 된다. 그러나 平衡條件式을 적절하게 세우면 각 식 안에 1개씩의 未知反力要素가 들도록 할 수 있고, 이와 같이 하면 3원 연립방정식을 푸는 노력을 덜 수 있다.

한 개의 剛體平板을 外的으로 靜定하게 支持하는 방법으로서는, 적당히 배치된 3개의 移動端으로 支持하는 방법, 1개의 移動端과 1개의 廻轉端으로 支持하는 방법 및 1개의 固定端으로 支持하는 방법이 있음을 앞에서 보았다. 이하 이들을 따로따로 생각하기로 한다.

2.5.1 3개의 移動端으로 支持한 경우

1개의 剛體平板을 3개의 移動端으로 支持한 경우에는 3개의 反力이 각각 크기만이 未知이고 作用線이 旣知인 힘으로 된다. 이들의 作用線이 그림 2.12(a)와 같이 한 점에서 만나지도 않고 어느 둘이

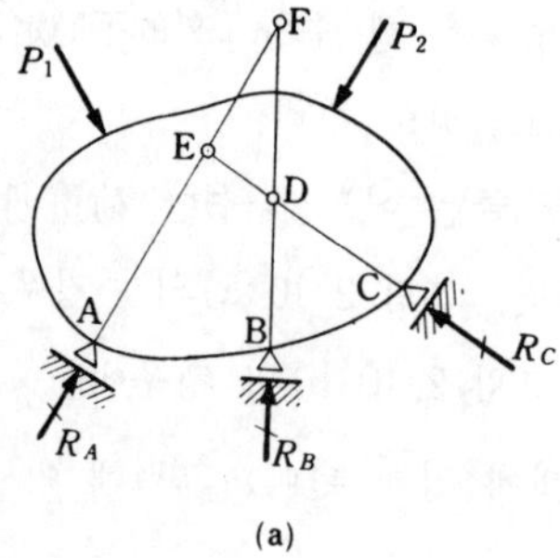

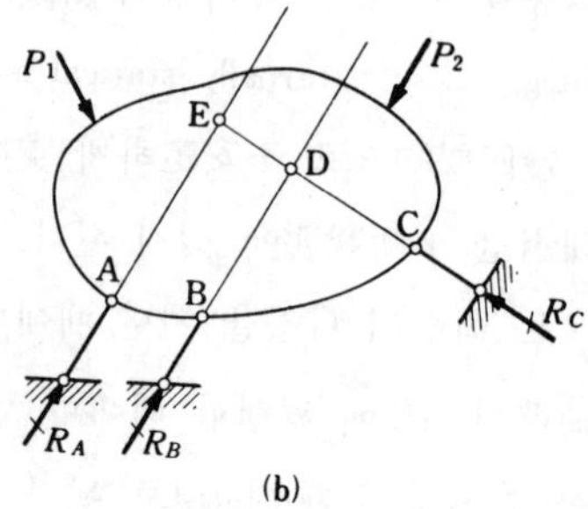

그림 2. 12

평행하지도 않을 때에는, 그들의 3개의 교점 D, E, F를 모멘트中心으로 잡아서 식 (1. 24)를 적용하는 것이 이들의 反力을 산정하는 데 가장 간편하다. 곧

$$\sum M_D = 0, \quad \sum M_E = 0, \quad \sum M_F = 0 \qquad (2.1)$$

이와 같이 하면 각 식 안에는 反力要素가 1개씩만 들게 된다.

이들의 식을 세울 때 反力의 향하는 쪽을 미리 가정해 둘 필요가 있다. 그 결과 어느 反力의 값이 陰으로 나왔다면, 그 反力은 이 값의 絶對値를 크기로 하고 가정한 쪽과 반대되는 쪽을 향하는 힘으로 된다.

그림 2. 12(b)와 같이 2개의 反力의 作用線이 평행한 때에는 2개의 교점 D, E와 한 支點 A(또는 B)를 모멘트中心으로 잡고 前記의 식을 적용한다. 곧

$$\sum M_D = 0, \quad \sum M_E = 0, \quad \sum M_A = 0 \qquad (2.2)$$

그러면 제3 식 안에는 2개의 未知量 R_B와 R_C가 들게 되지만, R_B는 제1 식으로부터 결정되므로, 이 경우에도 역시 식 (2. 2)를 연립시켜서 푸는 복잡성을 면할 수 있다.

식 (2.1)이나 (2.2)와 같은 平衡條件式을 실지로 세울 때에 가장 중요한 점은 생각하고 있는 剛體平板에 작용하는 外力을 하나도 빠뜨리지 않고 모두 고려에 넣어야 한다는 점이다. 그러기 위해서는 익숙해질 때까지는 반드시 自由物體圖를 그려서 생각하는 것이 좋다.

그림 2.12(b)의 경우에 만일 荷重의 合力이 R_A나 R_B에 평행하게 된다면 R_C는 0으로 된다. 왜냐?

이 경우에 圖式的으로 反力을 결정하기 위해서는 그림 2.13과 같이 하면 된다. 즉, 먼저 荷重의 合力 $\sum P$를 구한다. 두 反力 R_A와 R_B의 合力 R_{AB}를 생각하면, 이것은 그들의 作用線의 교점인 D를 지날 것이며, 동시에 세 힘의 平衡條件에 따라 $\sum P$와 R_C의 作用線의 교점 E를 지날 것이다. 따라서 R_{AB}의 作用線은 직선 DE로 된다. 이에 의해 그림 2.13(b)와 같이 힘의 三角形 abc를 그리면, R_{AB}와 R_C가 결정되고, 다시 R_{AB}를 R_A와 R_B로 分解하면 모든 反力이 결정된다.

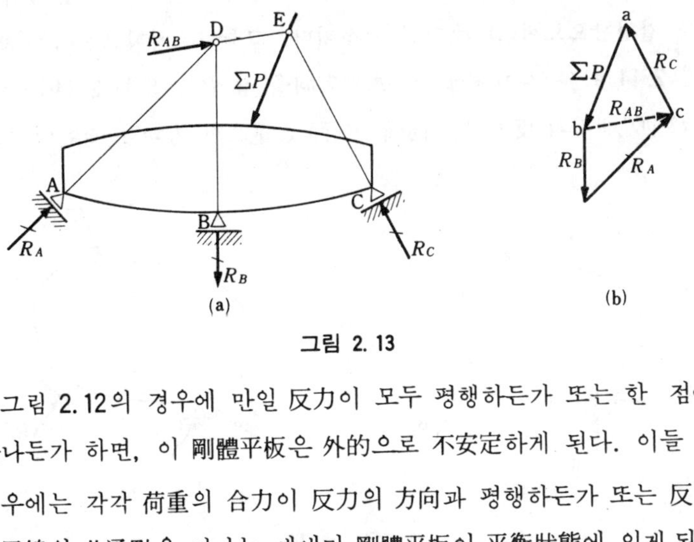

그림 2.13

그림 2.12의 경우에 만일 反力이 모두 평행하든가 또는 한 점에서 만나든가 하면, 이 剛體平板은 外的으로 不安定하게 된다. 이들 두 경우에는 각각 荷重의 合力이 反力의 方向과 평행하든가 또는 反力의 作用線의 共通點을 지나는 때에만 剛體平板이 平衡狀態에 있게 되는데

동시에 不靜定한 문제로 된다.

本書에서는, 그림 2.12와 2.13에서 보는 바와 같이, 反力을 나타내는 벡터에는 그 줄기의 가운데를 가로질러 짧은 선분을 그어서, 이것을 荷重을 나타내는 벡터로부터 구별하기로 한다.

실지로 한 구조물을 3개의 移動端으로 支持하는 예는 거의 없다. 그러나 트러스(제 4 장)의 解析過程에서 이러한 문제에 자주 부닥치게 된다.

2.5.2 廻轉端과 移動端으로 支持한 경우

실지로는 이와 같은 支持方法이 가장 많이 사용된다. 한 들보를 이와 같이 지지한 것을 **單純들보**(simple beam)라고 하므로, 이러한 지지방법을 간단히 단순들보식 支持方法이라고 할 수 있다. 또 이와 같이 지지된 구조물을 **단순히 支持된**(simply supported) 구조물이라고 한다.

廻轉端에 일어나는 反力은 크기와 함께 방향도 未知인데, 만일 이것을 어느 두 방향의 分力으로 분해하여 생각하면, 그 두 分力의 크기를 결정함으로써 그 反力이 확정된다. 그들 두 방향으로서는 보통, 그림 2.14(a)와 같이 鉛直 및 水平方向을 잡거나, 또는 2.14(b)와 같이 移動端에서의 反力의 方向에 平行 및 垂直한 方向을 잡는다. 그러

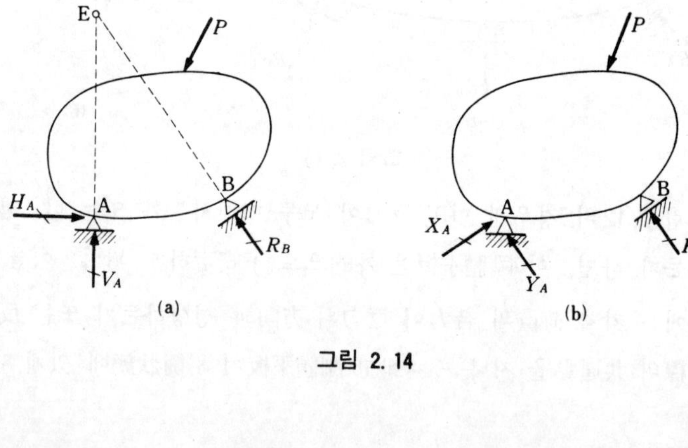

그림 2.14

면 먼저 경우는 그림 2.12(a)의 경우와 같게 되고. 나중 경우는 그림 2.12(b)의 경우와 같게 된다. 따라서 그림 2.12의 경우에 적용했던 방법을 그대로 적용해서 이 경우의 反力을 결정할 수 있다.

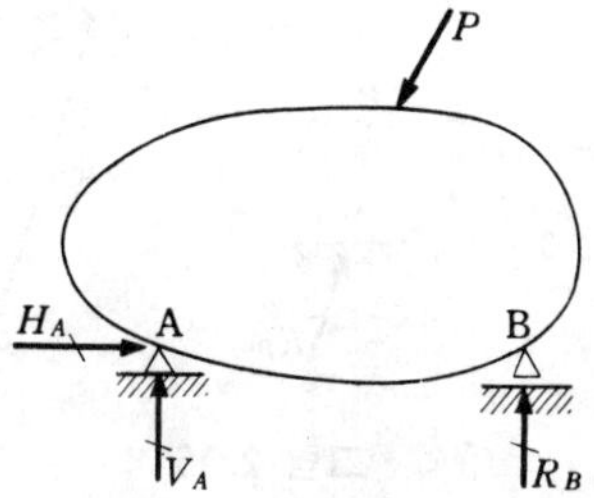

그림 2.15

특히 그림 2.15에 보인 바와 같이 移動端 B에서의 反力 R_B의 方向이 鉛直한 때에는 廻轉端 A에서의 反力 R_A를 분해하는 위의 두 方法은 일치한다. 그러나 이것은 그림 2.14(b)와 같이 분해하는 것에 더 가깝다. 그림 2.14(b) 또는 그림 2.15의 경우에는, 그림 2.12(b)의 경우에 적용했던 식 (2.2) 또는 식 (1.24)를 사용하는 것보다 식 (1.20)을 사용하는 것이 더 편리하다. 곧

$$\sum X=0, \quad \sum Y=0, \quad \sum M_A=0 \tag{2.3}$$

그러면, 제 1 식으로 H_A가, 제 3 식으로 R_B가 결정되고 제 2 식으로 V_A가 결정된다. 특히 두 지점 A와 B가 같은 水平線 위에 있을 때에는 식 (1.27) 곧

$$\sum M_B=0, \quad \sum M_A=0, \quad \sum X=0 \tag{2.4}$$

으로 反力을 결정하는 것이 가장 편리하다.

단순들보식으로 지지된 구조물의 反力을 도식적으로 구하기 위해서는, 그림 2.13의 경우와 마찬가지로 먼저 荷重의 合力을 구한 다음에

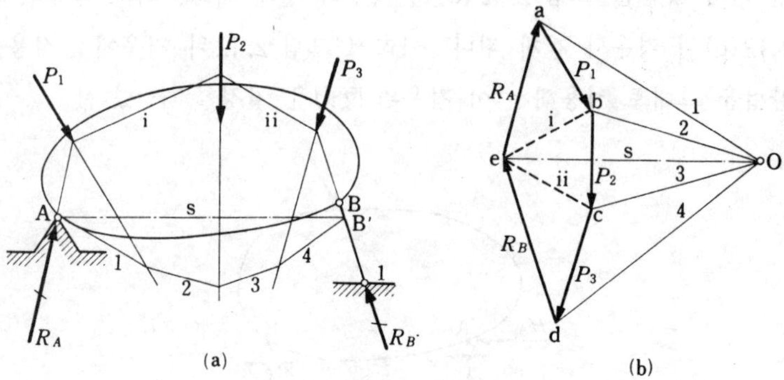

그림 2. 16

反力을 결정하는 방법에 의할 수도 있으나, 그림 2.16과 같이 連力圖에 의하는 것이 보통이다. 이 방법에서는, 먼저 그림 2.16(b)와 같이 荷重만으로 힘의 多角形 abcd를 그리고, 임의의 점 O를 極으로 잡아 極射線 1, 2, 3, 4를 긋는다. 다음에 連力圖를 그림 2.16(a)와 같이 그리되, 連力邊 1이 廻轉端 A를 지나도록 1부터 시작하여 그리고 閉合連力邊(連力邊 4와 R_B의 作用線과의 交點 B′와 A를 연결하는 線) s를 긋는다. 끝으로 示力圖 위에서 連力邊 s에 대응하는 極射線 s를 긋고, 이것과 힘의 多角形의 終點으로부터 R_B의 方向으로 그은 直線과의 交點 e를 결정하여 힘의 多角形을 閉合시킨다. 그러면 反力 R_B와 R_A가 그림과 같이 결정된다. 그 까닭은 잠간 생각해 보면 알 수 있을 것이다.

위의 경우에 示力圖에서 R_A와 R_B의 交點 e를 極으로 하는 極射線을 긋고, 이에 대응하는 連力圖를 始邊(또는 終邊)이 점 A(또는 B)를 지나도록 그리면 終邊(또는 始邊)이 반드시 점 B(또는 A)를 지나게 되며, 임의의 한 連力邊은 그보다 왼쪽 또는 오른쪽에 있는 모든 外力의 合力의 作用線을 나타내고 그 合力의 크기는 그 連力邊에 대응하는 極射線으로 표시된다. 이러한 連力圖를 특히 **合力線**(pressure line)이라고 부른다. 이것을 그림으로써 作圖의 精密度가 검증된다.

2.5.3 固定端으로 支持한 경우

이 경우에는, 그림 2.17에 보인 바와 같이, 모든 荷重의 合力 $\sum P$를 구하면, 固定端 A에 일어나는 反力 R_A는, 두 힘의 平衡條件에 따라, $\sum P$와 等反의 힘으로서 결정된다. 이 反力은 보통 A점에 작용하는 2개의 反力成分 $H_A=R_A\cos\alpha$, $V_A=R_A\sin\alpha$와 反力모멘트 $M_A=R_A c$로 분해된다.

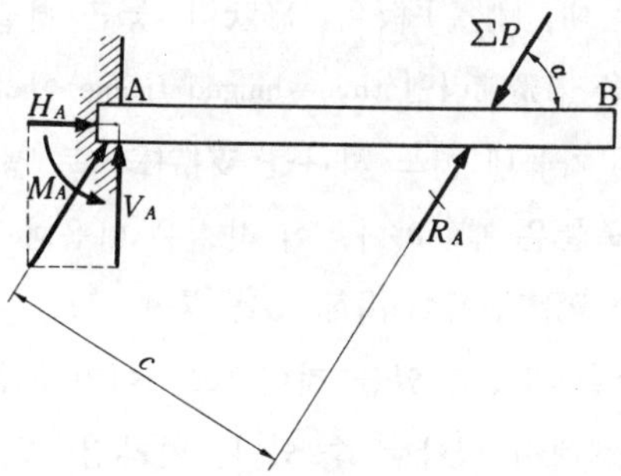

그림 2.17

이러한 型式으로 지지된 들보를 **캔틸레버**(cantilever)라 하고, 지지되지 않은 材端을 **自由端**(free end)이라 한다. 이에 따라 이러한 支持方法을 캔틸레버式 支持方法이라고 하는 때가 있다.

2.6 3滑節아치의 反力의 算定法

2.6.1 3滑節아치

前節에서는 內的으로 安定한 구조물을 外的으로 靜定하게 支持하는 가능한 3가지 支持方法을 생각했는데, 그들 가운데 실지로 사용되는 것은 단순들보式과 캔틸레버式 支持方法의 2가지이다. 이들과 本節에서 설명할 **3滑節아치**(three-hinged arch)는 外的 靜定구조물의 3가지 基本型을 이룬다. 실지로 사용되는 外的 靜定구조물은 거의 모두가 이들 3가지 가운데 어느 하나가 아니면 이들 3가지를 결합한 것이다.

3滑節아치는 2개의 剛體平板을 1개의 滑節로 연결하고, 그림 2.18(a)와 같이 2개의 廻轉端으로 支持한 平面구조물을 가리킨다. 이러한 構造樣式은 支間이 큰 建物, 특히 屋內體育場이나 格納庫의 뼈대로 많이 실용되는데, 剛體平板의 形狀이 둥근 것을 아치라 하고, ㄱ字形으로 된 것을 **3滑節라멘**(three-hinged frame)이라고 부른다.

2개의 剛體平板 가운데 어느 하나를 支持棒으로 생각하면 바로 알 수 있듯이, 이 구조물은 靜定하다. 이 사실은 다음과 같이 하여서도 알 수 있다. 곧 두 剛體平板이 滑節 G를 통해 서로 작용하고 있는 힘은 반드시 이 滑節을 지나고 있을 것이므로, 이것을 鉛直分力 V_G와 水平分力 H_G로 분해해서 생각할 수 있다. 따라서 그림 2.18(b)와 같이, 각 剛體平板에 대한 自由物體圖를 그려서 생각하면, 未知의 反力要素가 H_A, V_A, H_B, V_B, H_G, V_G의 6개로 됨을 안다. 한편 平衡條件式도 각 平板에 대해 3개씩, 도합 6개만큼 세울 수 있다. 그러므로 反力要素를 모두 平衡條件式만으로 결정할 수 있으며 따라서 이

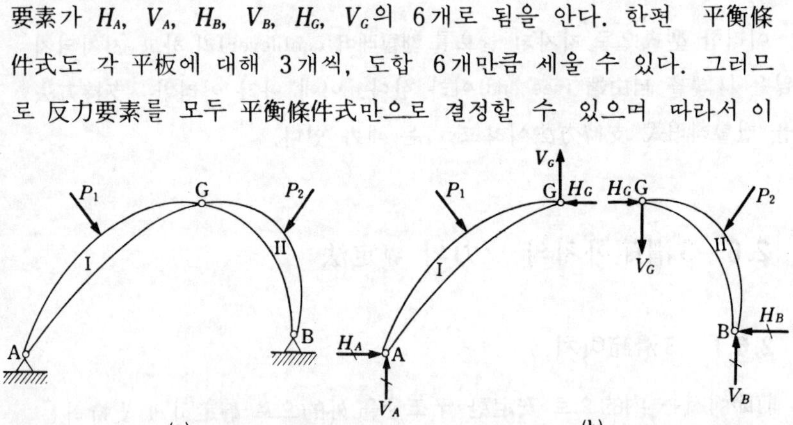

그림 2.18

구조물은 정정하다.

그림 2.19는 工場建物의 뼈대로서 실지로 많이 사용되는 구조양식인데, 얼른 보아서는 복잡한 것 같지만, 3개의 3滑節라멘을 결합한 것으로 역시 정정한 구조물이다. 먼저 平板 Ⅰ과 Ⅱ로 이루어지는 구조물을 생각하면 이것이 3滑節라멘이라는 것은 명백하다. 그러므로 이것은 정정하며 따라서 이 라멘에 연결된 滑節 H_1은 地盤 위에 설치된 廻轉端과 마찬가지이다. 그런 고로 다음에 平板 Ⅲ과 Ⅳ를 생각하면 이것도 3滑節라멘이 된다. 따라서 그 위에 연결된 滑節 H_2도 지반에 설치된 廻轉端과 마찬가지이다. 그러므로 平板 Ⅴ와 Ⅵ도 3滑節라멘을 이룬다. 고로 이 구조물 전체가 靜定하다.

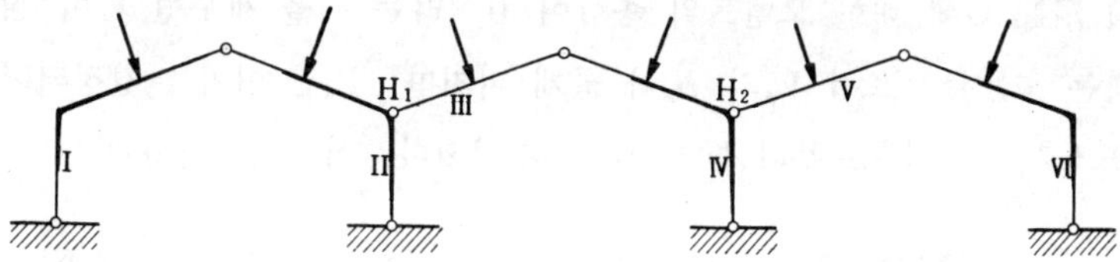

그림 2.19

2.6.2 代數的 方法

그림 2.18(b)와 같은 自由物體圖를 생각함에 의해서도 反力을 구할 수 있으나, 보통은 그림 2.20에 보인 바와 같이 兩端에 일어나는 反

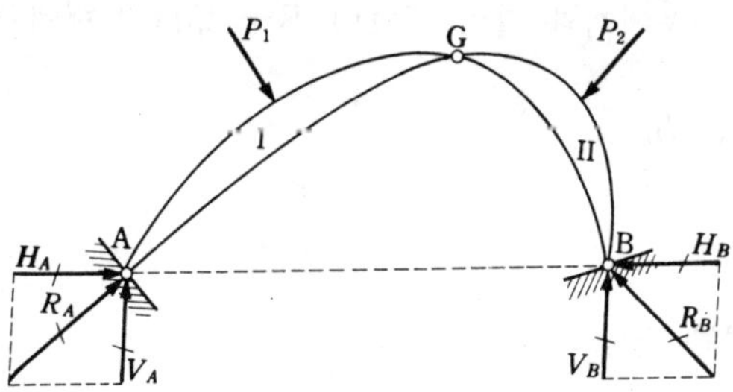

그림 2.20

力을 鉛直方向과 兩端을 잇는 직선의 방향의 分力으로 분해해서 생각한다. 後者(H_A와 H_B)를 특히 推力(thrust)이라고 하는 때가 있다. 이 구조물 전체가 平衡狀態에 있으므로 두 平板에 작용하는 모든 外力의 점 B 및 A에 대한 모멘트의 總合은 각각 0으로 된다. 곧

$$\sum M_B = 0, \quad \sum M_A = 0 \tag{2.5}$$

위의 제1식은 未知量으로서 V_A만을 품고 있으므로 이 식으로부터 V_A가 결정된다. 마찬가지 이유로 제2식으로부터 V_B가 결정된다. 다음에 平板 I만을 생각한다. 이것도 물론 平衡狀態에 있으므로, 平板 I에만 작용하는 모든 外力은 平衡條件을 만족시킨다. 平衡條件式으로서 滑節 G에 대한 모멘트의 총합이 0이라는 식을 세우면, 이 식 안에는 未知量으로서 V_A와 H_A가 들게 되지만, V_A는 이미 결정되어 있으므로, 이 식으로부터 推力 H_A가 결정된다. 이 식을 간단히

$$\sum_{\mathrm{I}} M_G = 0 \tag{2.6}$$

으로 적는다. 마찬가지로, 추력 H_B는 平板 II에 대한 평형조건식

$$\sum_{\mathrm{II}} M_G = 0 \tag{2.7}$$

으로부터 결정된다.

특히 보통의 경우에서와 같이 荷重이 모두 鉛直한 때에는

$$H_A = H_B \tag{2.8}$$

로 된다. 왜냐?

2.6.3 圖式的 方法

다음에 圖解法을 생각한다. 먼저 그림 2.21(a)와 같이 平板 I에만

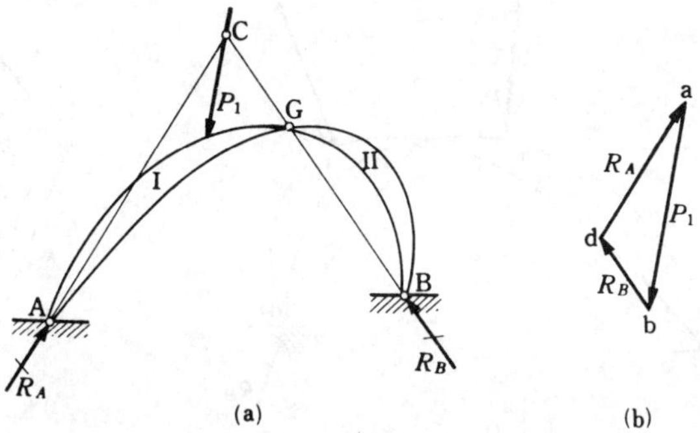

그림 2.21

荷重 P_1이 작용하고 平板 Ⅱ에는 荷重이 하나도 작용하지 않는 경우를 생각한다. 이러한 경우에는 평판 Ⅱ는 支持棒의 구실을 한다. 곧 B에서의 反力 R_B의 작용선은 직선 BG와 일치한다. 그러므로 세 힘의 平衡條件에 따라 R_A는 BG와 P_1의 作用線의 교점 C를 지나야 한다. 이 조건으로부터 R_A의 작용선도 결정된다. 따라서 그림 2.21(b)와 같이 폐합된 힘의 三角形을 작성하면 反力 R_A와 R_B가 결정된다.

平板 Ⅱ에만 荷重 P_2가 작용하는 경우에도 위와 마찬가지로 하여 反力을 구할 수 있다.

두 剛體平板에 각각 P_1과 P_2가 동시에 작용하는 경우에는, 그림 2.22에 보인 바와 같이, 먼저 平板 Ⅰ에만 P_1이 작용하는 때의 反力 R_{A1}과 R_{B1}을 구하고, 다음에 평판 Ⅱ에만 P_2가 작용하는 때의 反力 R_{A2}와 R_{B2}를 구한 후에, 끝으로 이들을 각각 합성함으로써 反力 R_A와 R_B를 결정할 수 있다.

이 作圖過程에 관해서는, 그림 2.22(b)에서 dbef가 平行四邊形이라는 것을 제외하고는 더 설명할 것이 없을 것으로 보지만, 그림 2.22에 合力線(그림 2.16 참조)을 그려 넣으면(鎖線) 作圖의 精密度가 검증된다는 것을 첨언해 둔다.

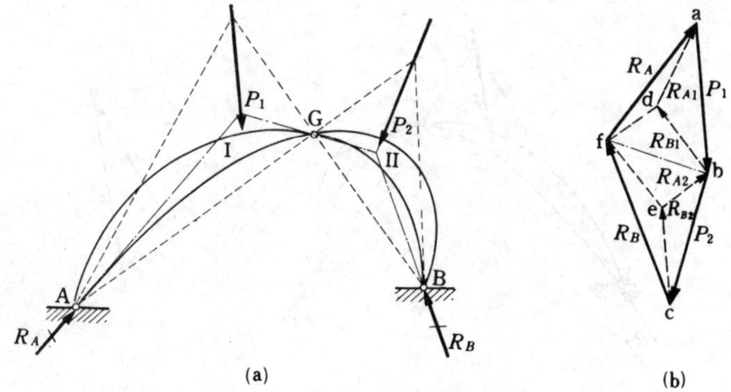

그림 2.22

위의 방법은 P_1 또는 P_2가 각각 직선 BG 또는 AG에 평행한 경우에는 무효로 돌아간다. 이러한 경우에도 유효하며 따라서 널리 사용되는 圖解法은 그림 2.23에 보인 바와 같은 것이다. 이 방법에서는 먼저 평판 Ⅰ에 작용하는 荷重 P_1을, 그 作用線 위의 임의의 적당한 점 C를 지나는 두 직선 CA와 CG를 作用線으로 하는, 두 分力 P_1'와 P_1''로 분해하고, 마찬가지로 P_2를 DB와 DG에 연하는 分力 P_2'와 P_2''로 분해한다. P_1'만이 작용하는 때에는 支點 A에만 反力이 일어나고 그것은 P_1'의 향하는 쪽만을 바꾼 것과 같다. 마찬가지로 P_2' 만에 의한 反力은 支點 B에 일어나는 것 뿐이고 이것은 P_2'와 향하는 쪽만

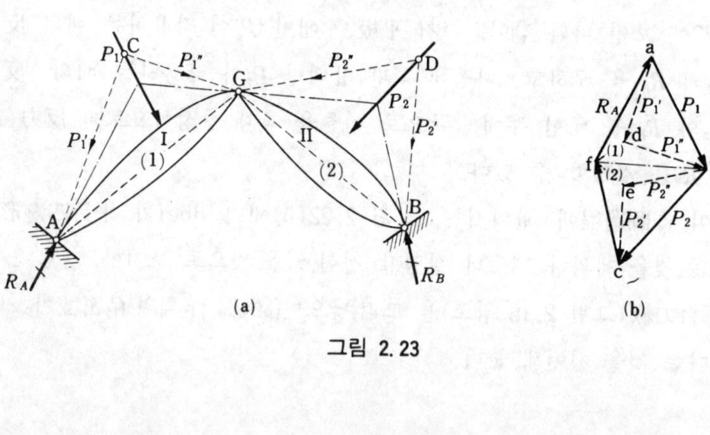

그림 2.23

을 反對로 한다. P_1''와 P_2''는 滑節 G에 작용하는데, 이러한 힘에 의해서는 직선 GA와 GB에 연하는 反力이 일어나고, 이들은 그림 2.23 (b)에서 폐합된 힘의 多角形 dbefd에 의해 결정된다. 그러므로 이들의 分力이 모두 동시에 작용하는 때의 反力 R_A와 R_B는 그림 2.23 (b)에서 각각 벡터 fa와 cf로서 결정된다. 이 그림에도 合力線을 역시 鎖線으로 그려 넣었다.

특히 이 방법에 의하면 滑節 G에도 荷重 P_G가 작용하는 때의 反力도 용이하게 구할 수 있다. 그림 2.24는 이런 경우의 反力을 구한 것을 보인다. 이 때의 合力線은 滑節 G에서 꺾어진다.

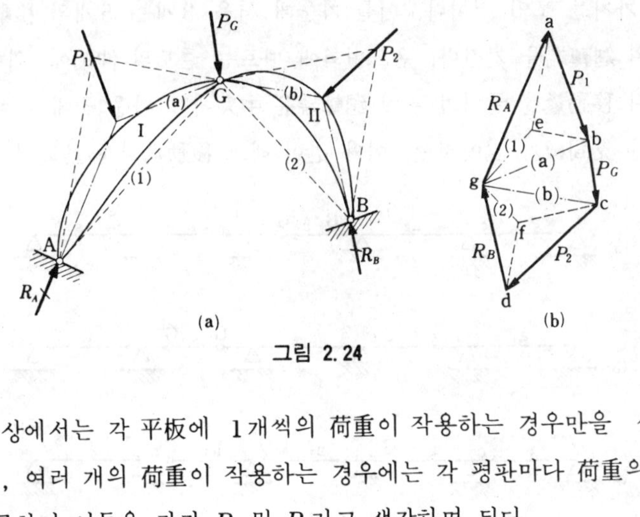

(a) (b)

그림 2.24

이상에서는 각 平板에 1개씩의 荷重이 작용하는 경우만을 생각했는데, 여러 개의 荷重이 작용하는 경우에는 각 평판마다 荷重의 合力을 구하여 이들을 각각 P_1 및 P_2라고 생각하면 된다.

그림 2.19와 같은, 3개의 3滑節아치가 결합된 구조물의 反力을 구하기 위해서는, 먼저 平板 V와 VI으로 이루어진 3활절아치의 反力을 전술한 방법으로 구하고, 다음에 H_2에서의 反力과 等反이 되는 힘을 평판 III과 IV로 이루어진 3활절아치에 작용하는 荷重으로 보고 이것과 이 아치에 직접 작용하는 荷重에 의한 이 아치의 反力

을 구하고, 끝으로 마찬가지로 하여 평판 Ⅰ과 Ⅱ로 이루어진 3활절 아치의 反力을 구하면 된다.

2.7 게르버들보의 反力의 算定法

3개 이상의 支點으로 支持된 들보로서 적당한 위치에 滑節을 支間의 수효보다 하나 적은 수효만큼 배치하여 外的으로 靜定하게 만든 것을 게르버들보(Gerber beam, cantilever girder)라고 한다.

그림 2.25는 5支間의 게르버들보의 있을 수 있는 여러 樣式 가운데 5가지를 보인 것이다. 이들 가운데 처음 3개는 5개의 移動端과 1개의 廻轉端을 가진다. 온도변화에 따르는 들보의 伸縮에 의한 移動端의 移動量을 줄이기 위해 廻轉端은 中央에 가까운 곳에 배치된다. 그러나 支間數가 많아지면, 이와 같이 해도 移動端의 移動量이 커지

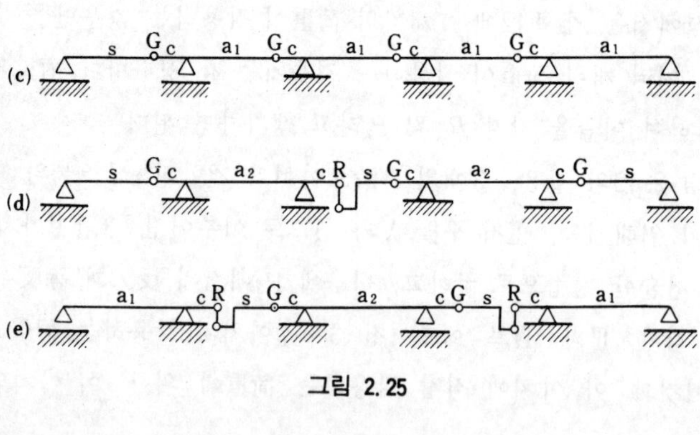

그림 2.25

는데, 이것을 줄이기 위해서는 滑節을 **可動滑節**(movable hinge)로 바꾼다. 可動滑節은 그 節點에 모이는 두 部材가 그 점 둘레로 相對廻轉을 할 수 있을 뿐만 아니라 그 점에서 相對移動도 할 수 있도록 만들어진 節點이다.

그림 2.25의 처음 3개에서는 4개의 滑節 G가 있는데, 그림 (d)에서는 그 중 1개가 可動滑節 R로 바뀌어 있고 그 대신에 移動端이 1개 廻轉端으로 바뀌어 있다. 그림 2.25(e)에서는 可動滑節을 2개 사용하고 3개의 廻轉端을 배치함으로써 連續的으로 熱膨脹을 할 수 있는 부분의 길이를 감소시키고 있다.

게르버들보는 단순들보와 캔틸레버를 결합시킨 構造型式으로서, 그림 2.25에서 c가 기입된 부분이 캔틸레버에 해당하고 그 나머지는 모두 단순들보이다. 캔틸레버에 해당한 부분을 게르버들보의 **캔틸레버部**(cantilever arm)라 부르고, 단순들보들 가운데 캔틸레버部를 하나만 가진 것(그림에서 a_1이 기입된 부분)을 **單碇着支間**(single anchor span), 양쪽에 다 가진 것(a_2가 기입된 부분)을 **複碇着支間**(double anchor span), 하나도 가지지 않은 것(s부분)을 **걸린支間**(suspended span)이라 부른다. 單碇着支間과 複碇着支間을 總称하여 **碇着支間**(anchor span)이라고 한다.

걸린支間에 작용하는 荷重의 영향은 碇着支間에도 미치지만, 걸린支間은 다른 支間에 작용하는 荷重의 영향을 받지 않는다. 그래서 게르버들보의 反力을 구하기 위해서는, 먼저 걸린支間의 反力을 구하고, 이 反力의 反作用을 碇着支間에 가외로 더 작용시켜서 이 支間의 反力을 구하는 순서로 계산을 진행시킨다.

그러나 게르버들보의 反力은 假想일의 原理에 의해 가장 간편하게 구해진다. 예로서 그림 2.26(a)와 같은 3支間의 게르버들보의 支點 B에 일어나는 反力 R_B를 구해 보기로 한다. 먼저 그 支點을 제거하고 그 점에 反力 R_B를 작용시킨다. 이와 같이 하면 可動系를 얻는데

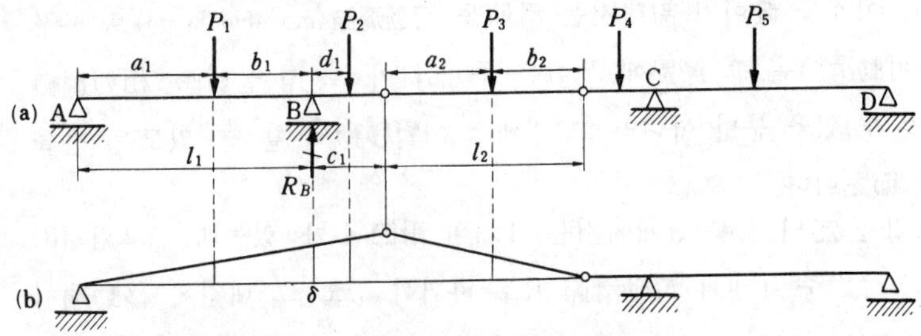

그림 2.26

그래도 力學的狀態 곧 平衡狀態는 변하지 않는다. 이 可動系에 平衡狀態를 바꾸지 않을 만큼 작은 변형을 주면 그림 2.26(b)와 같은 形狀으로 될 것이다. R_B의 着力點의 R_B方向의 假想變位를 δ라고 하면, 이를테면 P_1에 대응하는 變位는 $-\delta a_1/l_1$으로 된다. 따라서 假想일의 原理에 의하여 다음 式을 얻는다:

$$R_B\delta - P_1\delta\frac{a_1}{l_1} - P_2\delta\frac{l_1+d_1}{l_1} - P_3\delta\frac{l_1+c_1}{l_1}\cdot\frac{b_2}{l_2} = 0$$

이로부터

$$R_B = \frac{P_1 a_1}{l_1} + \frac{P_2(l_1+d_1)}{l_1} + \frac{P_3(l_1+c_1)b_2}{l_1 l_2} \tag{2.9}$$

다른 支點의 鉛直反力도 마찬가지로 하여 구할 수 있다. 廻轉端에 일어나는 水平反力을 구하기 위해서는 그것을 移動端으로 바꾸고 水平方向의 假想變位를 일으켜 준 다음에 假想일의 原理를 적용한다.

2.8 剛體平板列의 外的安定問題

構造物의 外的安定問題에 관해서는 2.4절에서 일반적으로 생각했지만 그것은 구조물의 주체가 1개의 剛體平板을 이루는 경우에 대한 것이었다. 3滑節아치는 그 주체가 2개의 평판을 1개의 滑節로 연결한 것이고, 게르버들보는 그 주체가 滑節 또는 可動滑節로 연결된 여러 개의 평판으로 이루어져 있다. 本節에서는 일반적으로 m개의 平板을 $(m-1)$개의 滑節로 一列로 연결한 平板列을 安定하게 지지하는 방법을 생각한다.

2개의 平板을 1개의 滑節로 연결한 平板列은 그 중 1개의 平板의 운동을 완전히 구속하더라도 나머지 한 平板의 廻轉에 대한 自由度가 1개 남는다. 그러므로 이러한 平板列은 4개의 自由度를 가짐을 안다. 마찬가지로 생각하여 일반적으로 m개의 平板으로 이루어진 平板列은 $(m+2)$개의 自由度를 가짐을 안다.

그림 2.27과 같이, 2개의 平板 I과 II가 1개의 滑節에 의해서가 아니라 2개의 剛體平板 또는 링크 AB와 CD에 의해 연결되는 경우에는, 양 平板은 AB와 CD의 交點인 G를 瞬間的 廻轉中心으로 하여 상대적으로 회전할 수 있다. 그러므로 이러한 경우에도 2개의 平板 I과 II는 1개의 滑節로 연결된 것으로 볼 수 있다. 이 때 廻轉中心 G를 **假想滑節**(imaginary hinge)이라고 부른다.

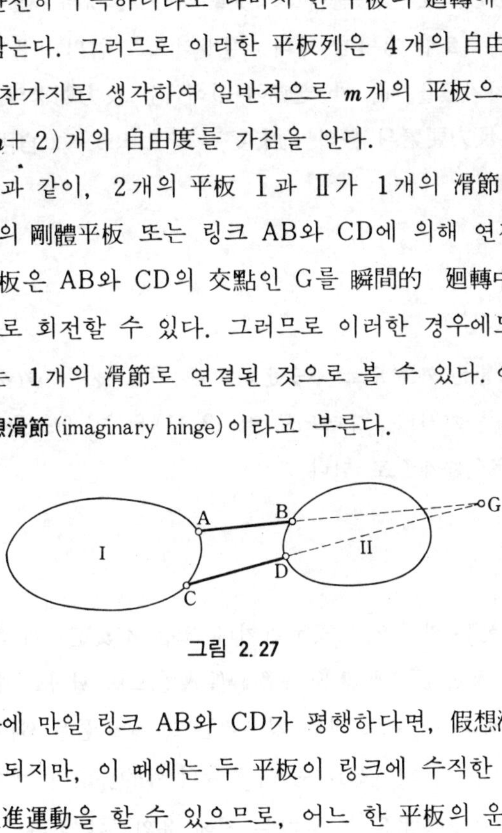

그림 2.27

위의 경우에 만일 링크 AB와 CD가 평행하다면, 假想滑節을 생각할 수 없게 되지만, 이 때에는 두 平板이 링크에 수직한 방향으로 상대적으로 並進運動을 할 수 있으므로, 어느 한 平板의 운동을 구속했을 때에 남는 自由度는 이 때에도 역시 1개로 된다.

위의 平板에 대하여 각 自由度에 대응하는 假想變位를 잡고 假想일의 原理를 적용하면, 自由度와 같은 수효의 독립된 平衡條件式을 얻는다. 그러므로 위의 平板列에 적용할 수 있는 독립된 평형조건식의 數 c는 다음과 같다:

$$c = m + 2 \tag{2.10}$$

$(m+2)$개의 自由度를 가지는 平板列을 1개의 廻轉端으로 地盤에 연결하면 自由度는 2만큼 준다. 그것을 다시 1개의 移動端으로 지지하면 自由度는 도합 3만큼 준다. 일반적으로 위의 平板列을 몇 개의 支點으로 지지했을 때, 각 支點에 일어나는 反力要素의 數의 合計를 r라 하면, 反力要素의 數와 拘束度는 같으므로, 그 自由度는 r개만큼 줄어든다.

그러므로 만일

$$r < c \tag{2.11}$$

라면, 이 구조물은 外的으로 不安定하고 적어도 $(c-r)=(m+2-r)$개만큼의 自由度를 가진다. 그러므로 식 (2.11)은 그 구조물의 外的不安定에 대한 完全條件으로 된다.

만일

$$r = c \tag{2.12}$$

라면, 그 구조물은 外的으로 安定하거나 또는 不安定하게 되는데, 전자의 경우에는 모든 反力要素를 平衡條件式만으로 결정할 수 있다. 곧 外的으로 安定하고 $r=c$로 되는 경우에는 그 구조물은 外的으로 靜定한 구조물로 된다. 식 (2.12)는 구조물의 外的靜定에 대한 必要條件이기는 하나 完全條件은 못 된다는 점에 유의해야 한다.

만일

$$r > c \tag{2.13}$$

라면, 이 때에도 그 구조물은 外的으로 不安定하게 되는 일도 있고 安定하게 되는 일도 있는데, 후자의 경우에는 그 구조물은 外的으로 不静定하게 되고, 전자의 경우는 幾何學的으로 不安定한 경우이다.

이하 식 (2.12)가 성립하는 몇 가지 예를 생각한다. 먼저 2개의 平板으로 이루어진 列을 생각한다. 이 때에는 $m=2$이므로 이것을 外的으로 静定하게 지지하기 위해서는 4개의 反力要素가 일어나도록 해야 한다. 3滑節아치는 그 한 예이다. 그러나 그림 2.28과 같이 滑節이 2개의 廻轉端을 잇는 직선 위에 오게 하면 不安定하게 된다.

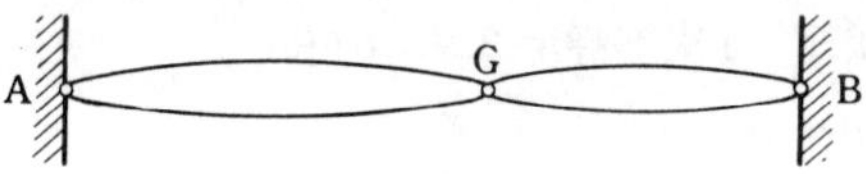

그림 2.28

3滑節아치는 2개의 廻轉端을 사용하여 4개의 反力要素가 일어나도록 한 것인데, 1개씩의 固定端과 移動端을 사용해서도 4개의 反力要素가 일어나도록 할 수 있다. 그러나 이것은 캔틸레버와 단순들보를 결합한 것에 지나지 않는다. 또 그림 2.29에 보인 바와 같이, 4개의 移動端 또는 支持棒을 사용해서도 4개의 反力要素가 일어나도록 할 수 있다. 이러한 支持方法으로 支持된 구조물을 위처트 트러스

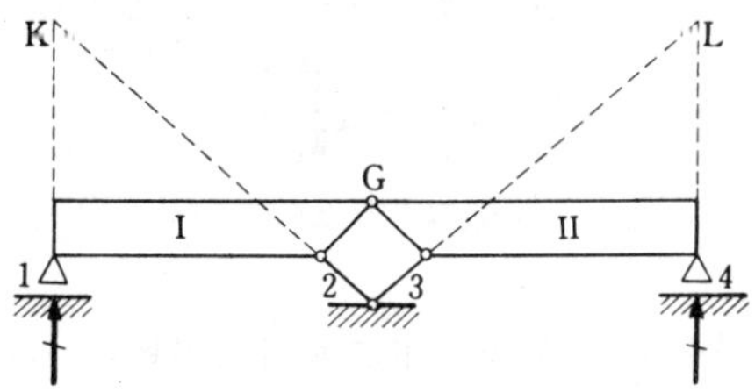

그림 2.29

(Wichert truss)라고 부른다. 이것은 反力要素 1과 2의 作用線의 交點인 K와, 3과 4의 作用線의 交點인 L을 각각 假想廻轉端으로 하는 3滑節아아치에 해당하며, 따라서 平板 I과 II를 연결하는 滑節 G가 이들과 함께 한 직선 위에 있을 때에는 不安定으로 된다.

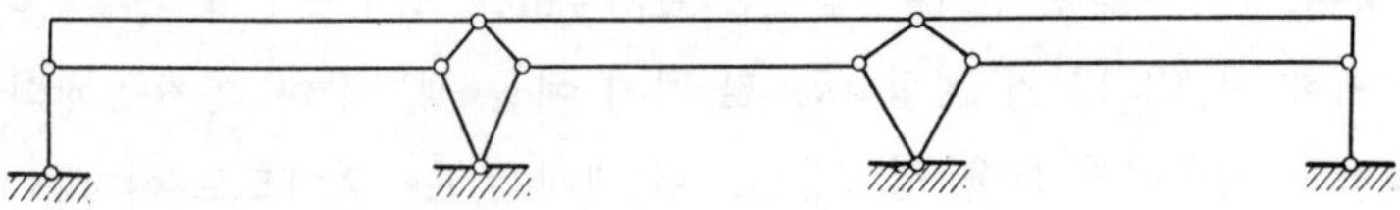

그림 2.30

위처트 트러스式 支持方法은 3 또는 그 이상의 支間에 대해서도 사용된다. 그림 2.30은 3支間에 대한 것인데 이 때에는 $m=3$, $r=6$이므로 外的으로 1次不靜定으로 된다.

演 習 問 題

問 2.1 무게가 W인 반지름 a의 圓板을 그림과 같이 3개의 支持棒 1, 2, 3으로 支持했을 때에 각 支持棒에 일어나는 引張力 또는 壓縮力을 구하여라.

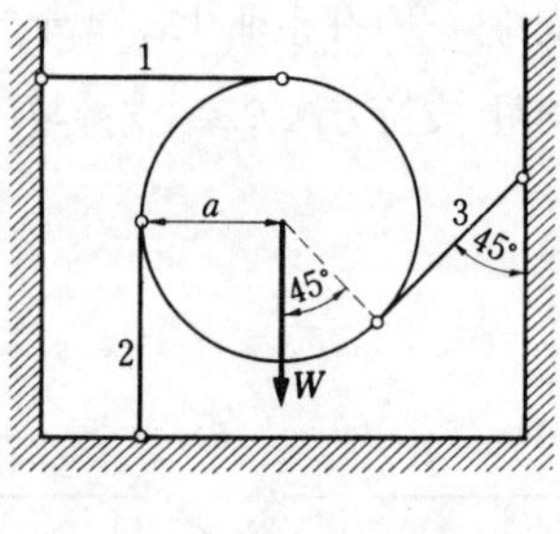

問 2.2 그림과 같은 荷重을 받는 構造物의 支持棒에 일어나는 引張力 또는 壓縮力을 구하여라.

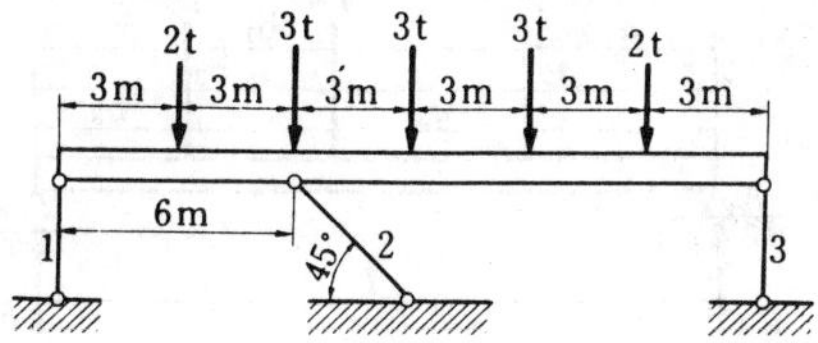

問 2.3 前問의 경우에 材軸方向에도 왼쪽으로부터 오른쪽으로 향하는 水平荷重 5t이 동시에 작용하는 때에는 어떻게 되는가?

問 2.4 그림에서 斜線을 그은 部分은 한 개의 剛體平板이다. 이것을 그림과 같이 支持棒 1, 2, 3으로 받치고 있다. 그림과 같은 荷重에 의해 각 支持棒에 일어나는 引張力 또는 壓縮力을 구하여라.

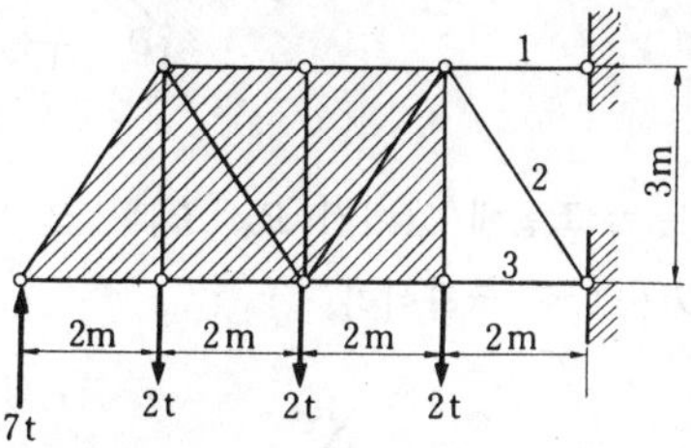

問 2.5 그림과 같은 構造物에 있어서 한 개의 鉛直한 荷重 P에 의한 兩端의 反力 R_A, R_B를 圖解法과 代數的 方法으로 구하여라.

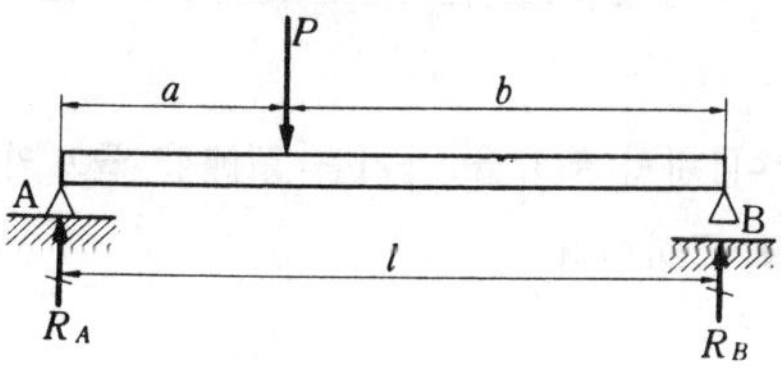

問 2.6 그림의 경우에 反力을 구하여라.

問 2.7 前問을 連力圖에 의해 圖式的으로 풀어라. (이런 때에는 合力線이 존재하지 않는다.)

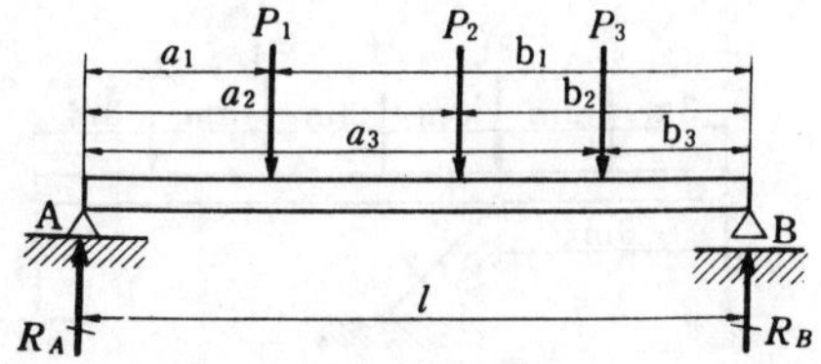

그림 問 2.6, 問 2.7

問 2.8 問 2.6의 경우에 $P_1=120$ kg, $P_2=60$ kg, $P_3=90$ kg, $l=12$ m, $a_1=5$ m, $a_2=8$ m, $a_3=100$ m 인 때 反力을 구하여라.

問 2.9 그림의 경우에 A端에 일어나는 水平反力 H_A와 鉛直反力 V_A를 구하고, 支持棒 CD에 일어나는 內力 S를 구하여라.

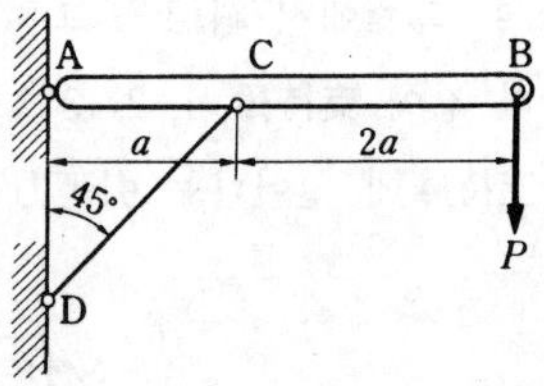

問 2.10 그림과 같은 구조물에 있어서 R_A, R_B의 크기와 R_B의 방향을 圖解法과 代數的 方法으로 구하여라.

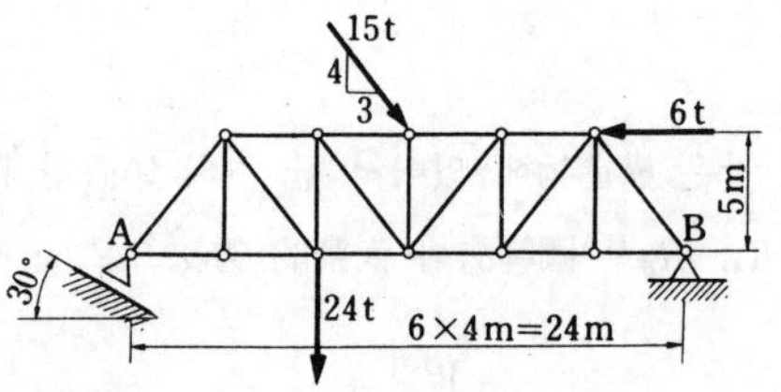

問 2.11 그림과 같이 내민 部分을 가지는 單純한 들보의 反力을 圖解法과 代數的 方法으로 구하여라.

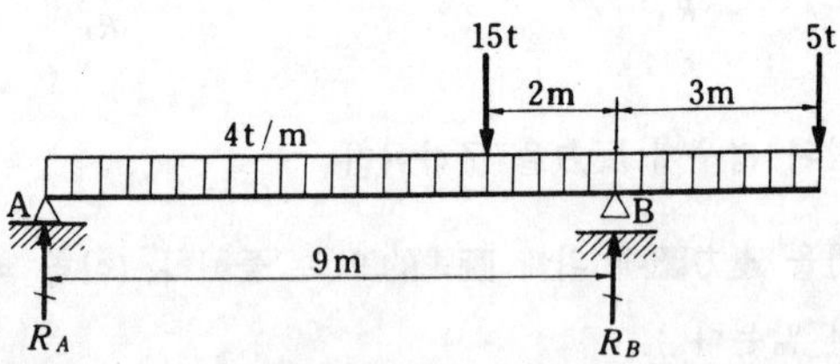

問 2.12 그림과 같은 단순한 들보가 모멘트 16t·m의 偶力의 작용을 받을 때 反力 R_A와 R_B를 구하여라.

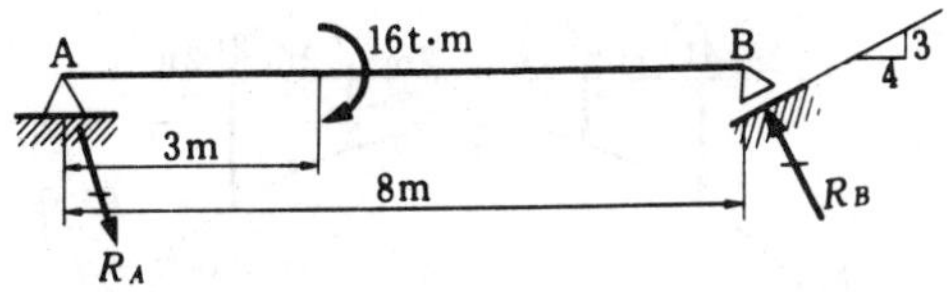

問 2.13 그림과 같은 3滑節아치의 反力을 구하여라(먼저 f의 값을 내어라. 그러면 $f=(6-4\tan 20°)\cos 20°=4.27\text{m}$).

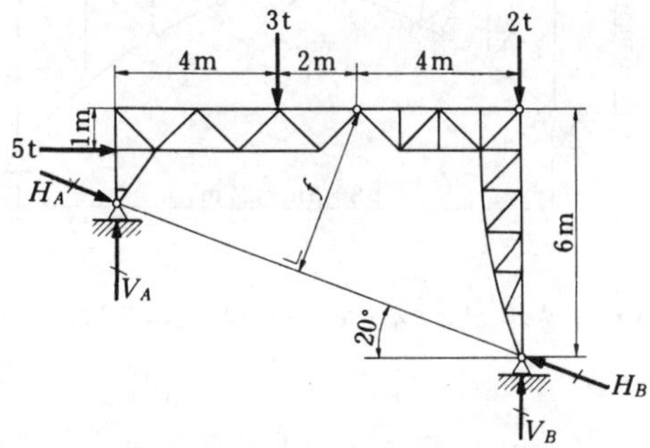

問 2.14 그림과 같은 3滑節아치에 있어서

$$H_A=H_B=\frac{Pa}{2f},\quad V_A=\frac{P(l-a)}{l},\quad V_B=\frac{Pa}{l}$$

로 됨을 밝혀라.

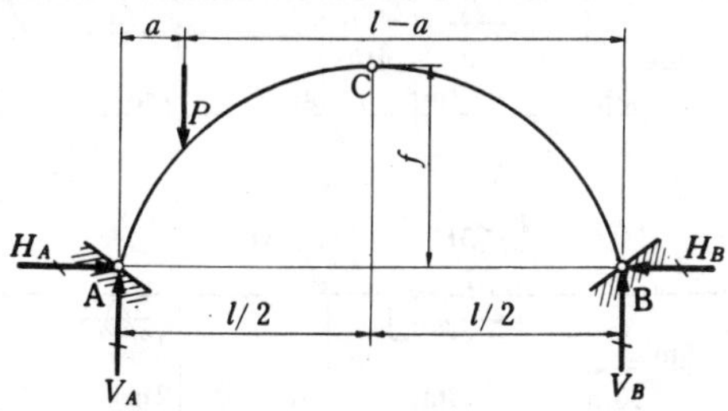

問 2.15 다음 두 그림과 같은 3滑節아치의 兩端의 反力의 水平과 鉛直 成分을 代數的 方法과 圖解法으로 각각 구하여라.

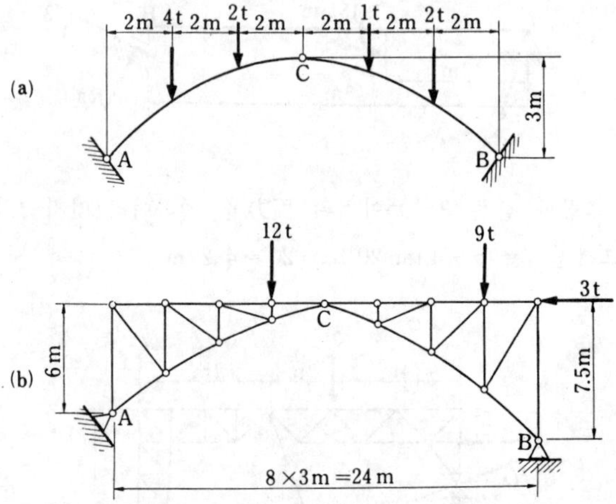

問 2.16 다음 네 그림과 같은 게르버 들보의 모든 반력을 각각 구하여라.

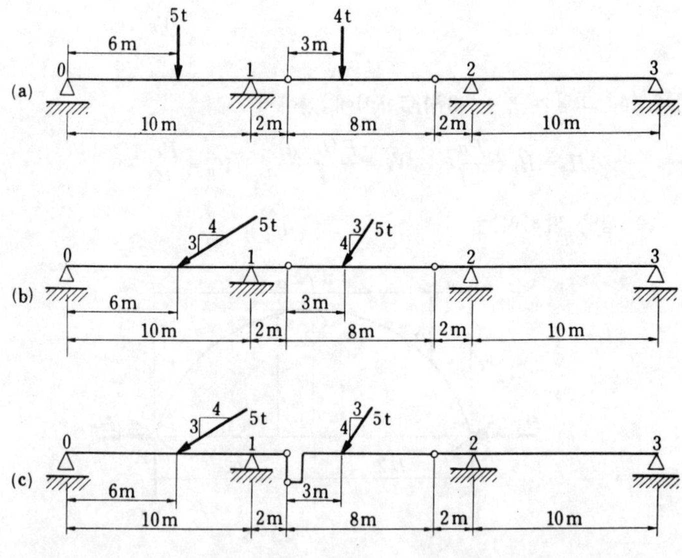

(d)

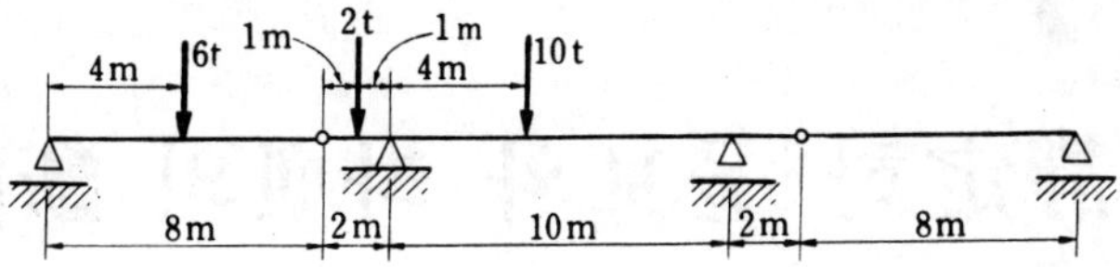

3

靜定한 들보와 라멘의 斷面力

3.1 斷 面 力

固體材料는 어떠한 종류이든 어느 한도 안에서는 임의의 外力에 저항할 수 있다. 이것은 固體가 그 形狀을 보존하려는 성질을 가지고 있기 때문이다. 橋梁에 의해 河川 위를 건너는 列車의 무게를 兩岸에 전달시킨다든가 軸에 의해 發動機의 動力을 機械에 전달시킨다든가 하는 것은 固體材料의 이러한 성질을 이용한 것이다. 이에 대해 流體는 밀폐된 용기 안에 있을 때에만 그리고 壓力만을 전달시킬 수 있다. 그러므로 한 物體를 임의의 平面으로 두 部分으로 나누었다고 생각할 때, 이 假想斷面을 통해 어느 한쪽 부분이 다른쪽 부분에 작용시키고 있는 힘은 反作用의 法則에 의해 서로 같은 크기의 것일 터인데, 이러한 힘이 정지하고 있는 流體에서는 반드시 그 假想斷面에 수직하게 일어나지만 固體에서는 일반적으로 그렇지 않다.

假想斷面으로 兩斷된 구조물 또는 그 構成部材의 한쪽 부분이 가상단면을 통해 다른쪽 부분에 서로 작용시키고 있는 힘은 물론 面力이며 가상단면 위에 연속적으로 분포하여 작용한다. 그러나 구조물이 그 支持荷重을 전달시키고 있는 狀態를 알고자 하는 때에는 그 合力을 생각하는 것이 편리하다. 이 합력을 **斷面力**(stress resultant, Schnittkraft)이라고 한다. 곧 構造物 또는 그 構成部材를 한 平面에 의해 두 부분으로 절단했다고 생각할 때, 그 假想斷面을 통해 한쪽 부분이 다른쪽 부분에 서로 작용시키고 있는 힘을 그 斷面에서의 斷面力이라고 부른다.

斷面力은 구조물 전체에 대해서는 물론 內力이 된다. 그러나 구조물의 한 부분만을 주목할 때에는 이 부분이 다른 부분으로부터 받는 斷面力은 이 부분에 작용하는 外力으로 생각해야 한다. 이 斷面力을 이 부분에 작용시킴으로써 이 부분의 力學的 狀態가 절단되기 전과 같게 되는 것이다. 따라서, 구조물이 정지하고 있다면 그 어느 부분도 정지상태에 있어야 하므로, 그 구조물의 어느 한 부분에 작용하는 모든 外力과 斷面力은 平衡條件을 만족시켜야 한다. 모든 外力이 다 旣知라면 이 조건에 의해 斷面力이 결정된다.

斷面力의 槪念은 部材 곧 가늘고 긴 構造要素에 대해 특히 중요하다. 이 경우에는 斷面力을 다음과 같이 定義되는 材軸에 관련하여 정해지는 分力으로 분해해서 생각하는 것이 간명하다.

어느 한 部材의 **材軸**(axis[of a member])이라 함은 그 부재의 측면 위의 각 점을 지나는 斷面 가운데 斷面積이 최소인 斷面의 圖心을 연결하여 얻어지는 曲線을 가리킨다. 斷面이 一樣한 곧은 部材에 대해서는 **그 材軸은 단순히 단면적이 최소인 한 斷面의 圖心을 지나고 그 斷面에 수직한 직선으로 된다.**

斷面力만을 생각하는 한, 部材의 斷面形과 斷面積은 생각하지 않아도 좋으므로, 이 때에는 한 部材를 그 材軸으로 대치하여 생각할 수 있다. 곧 材軸은 그 部材의 實質이 몰려 있다고 생각되는 曲線을 가리키는 것이라고도 말할 수 있다.

材軸이 직선인 部材를 **直線部材**(straight member)라 하고, 曲線을 이루는 部材를 **曲線部材**(curved member)라고 한다.

部材의 斷面力을 생각할 때에는 材軸에 수직한 斷面에 일어나는 그것을 생각하는 것이 보통이다. 이하 部材의 斷面이라고 할 때에는 언제나 그 材軸에 수직한 斷面을 가리키는 것으로 한다.

어느 斷面에 작용하는 斷面力은, 가장 일반적으로 생각하여, 그 斷面의 圖心에 작용하는 單一力과 圖心을 지나는 어느 軸 둘레의 모멘트로 된다. 그 單一力의 材軸方向의 成分을 **軸方向力**(axial force) 이라 하고, 斷面에 접하는 방향의 성분을 **剪斷力**(shearing force)이라고 한다. 모멘트도 材軸 둘레의 성분과 材軸에 수직한 軸 둘레의 성분으로 분해할 수 있는데, 전자를 **비틂모멘트**(twisting moment, torque moment), 후자를 **휨모멘트**(bending moment)라고 한다. 剪斷力과 휨모멘트는 다시 서로 직교하는 지정된 두 방향의 성분으로 분해할 수 있다. 그러므로 가장 일반적인 경우에 斷面力은 6개의 성분을 가진다.

그림 3.1은 斷面力의 성분을 보이는 것으로, N은 軸方向力, Q는 剪斷力, M은 휨모멘트, T는 비틂모멘트를 나타낸다.

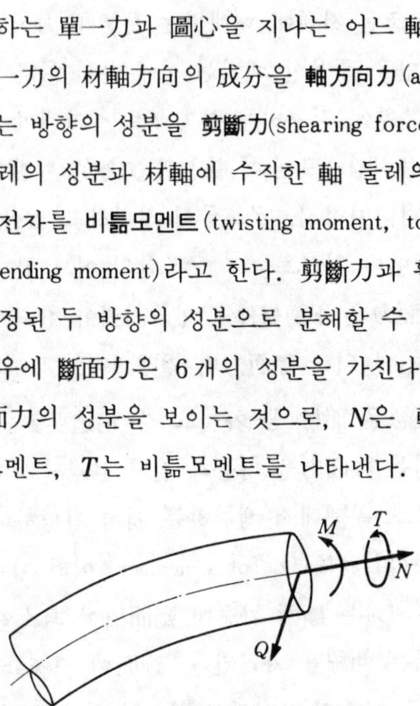

그림 3. 1

3.2 部材의 種類와 斷面力의 成分

斷面力의 성분에 대해 前節에서 붙인 이름은 그들의 특성이나 효과를 암시해 준다. 각 성분의 효과와 이들이 部材 안을 傳達하는 상태는 그 낱낱이 홀로 일어나는 경우를 생각하면 명확하게 알 수 있다.

軸方向力은 文字 그대로 斷面力의 材軸方向의 성분으로서, 直線部

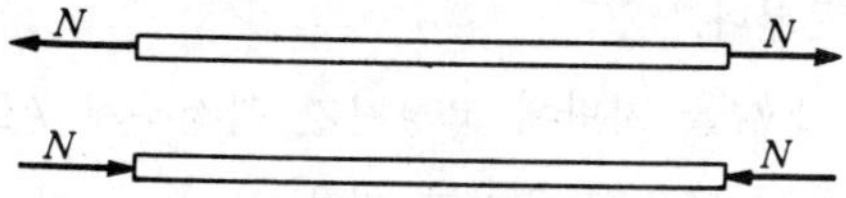

그림 3.2

材의 兩端에 그림 3.2와 같이 材軸方向으로 等反의 두 힘 N이 작용하는 때에는 그 部材의 임의의 斷面에서의 斷面力은 크기 N의 軸方向力만으로 된다. 1.7節에 의해 軸方向力에는 引張力과 壓縮力의 구별이 있음을 안다. 주로 引張力을 받는 部材를 **引張部材**(tension member) 또는 **繫材**(tie)라 하고, 주로 壓縮力을 받는 부재를 **壓縮部材**(compression member) 또는 **기둥**(柱, column)이라 한다.

그림 3.3은 壓縮部材가 軸方向力을 전달시키는 상태를 보여준다. 곧 地盤 위에 세운 直線部材 AB를 그 上端 A에 荷重 P를 실어서 누르면, P는 이 部材에 의해 지반으로 전달된다. 그리고 부재를 여러 개의 단면으로 잘라 여러 개의 작은 토막으로 나누었을 때 그 임의의 한 토막 CD는 그 上部와 下部로부터 P와 같은 크기의 壓縮力 N을 받는다. CD의 길이가 아무리 작더라도 마찬가지 상태에 있다. 이와 같이 固體材料가 힘을 전달시키는 때에는 그 內部 어느 斷面에

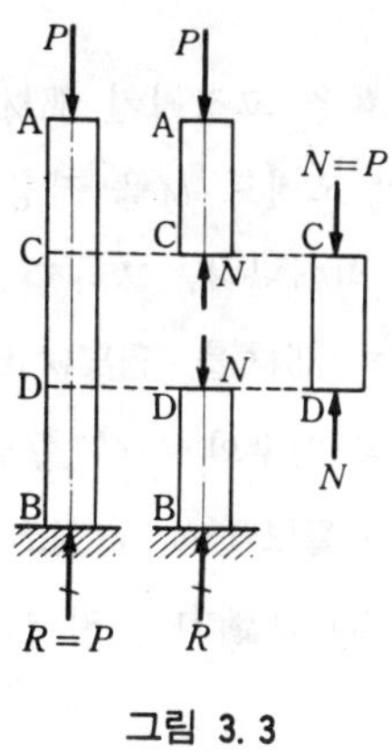

그림 3.3

도 內力이 유발된다.

그림 3.4는 下端을 지반에 고정시킨 직선부재 AB의 上端 A에 材軸 둘레의 모멘트 *M*을 작용시킨 것을 보인다. 이 때에는 모든 斷面에 비틂모멘트만이 유발된다. 임의의 부분 CD는 그 上下의 부재부분으로부터 *M*과 같은 크기의 비틂모멘트 *T*를 받는다. 그리고 부재는 비틀린다. 이러한 부재를 **비틂部材**(torsion member) 또는 **軸**(shaft)이라 한다. 軸은 가장 간단한 구조물의 하나이지만 平面구조물이 아니다. 그리고 平面구조물의 構成部材에는 비틂모멘트가 일어나지 않는다. 그러므로 本書에서는 앞으로 비틂모멘트라는 用語가 다시 나타나는 일이 없을 것이다.

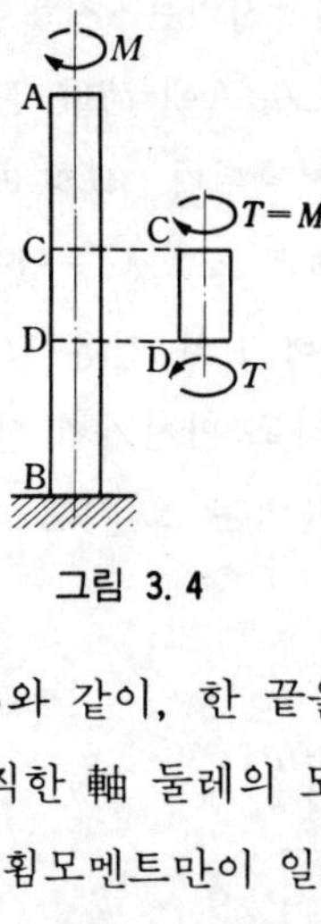

그림 3.4

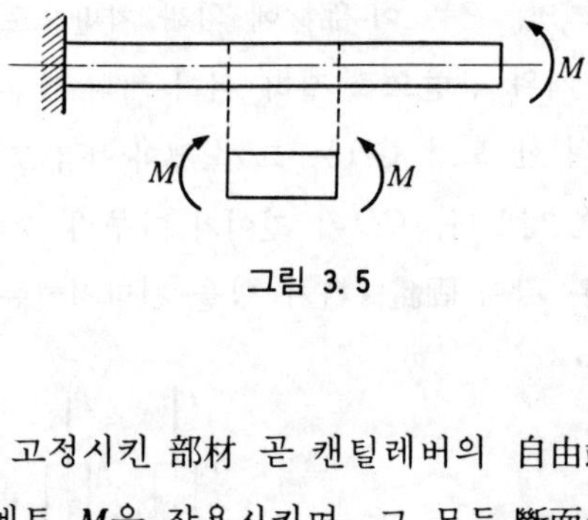

그림 3.5

그림 3.5와 같이, 한 끝을 고정시킨 部材 곧 캔틸레버의 自由端에 材軸에 수직한 軸 둘레의 모멘트 *M*을 작용시키면, 그 모든 斷面에는 크기 *M*의 휨모멘트만이 일어난다. 그리고 부재는 휜다. 일반적으로 휨모멘트의 작용을 받는 部材를 **휨部材**(bending member) 또는 **들보**(beam)라 하고, 특히 위의 경우와 같이 휨모멘트만의 작용을 받는 들보를 **純粹한 휨狀態에 있는 들보**(beam in pure bending)라 한다. 들보에서는 보통 휨모멘트와 함께 剪斷力이 일어나고 때로는 軸方向力도 동시에 일어난다.

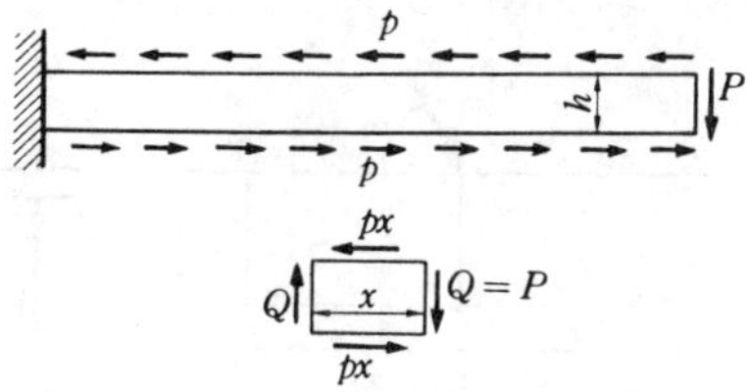

그림 3. 6

보통의 경우에 部材의 단면에 剪斷力이 홀로 일어나는 일은 없으며 반드시 휨모멘트와 함께 일어난다. 그러나 그림 3.6과 같이, 한 끝이 고정된 직선부재의 다른 끝에 하중 P가 작용하는 때에, 部材의 上下面에 그림과 같은 방향으로 一様하게 분포된 接面力 $p=P/h$를 동시에 작용시켜줌으로써, 어느 斷面에도 剪斷力만이 일어나게 할 수는 있다. 여기서 h는 部材의 높이이다. 이 때 이 부재는 **純粹한 剪斷**(pure shear)의 상태에 있다고 한다. 임의의 단면에서의 剪斷力 Q가 P와 같음을 알 수 있다.

3.3 斷面力의 算定法

斷面力을 算定하는 방법은 斷面力의 定義로부터 저절로 나온다. 먼저 그 計算順序를 그림 3.7과 같은 간단한 예에 붙여서 설명하고, 다음에 斷面力의 算定法에 대하여 일반적인 고찰을 가하기로 한다.

그림 3.7(a)는 단순한 들보 AB에 荷重 P가 작용하는 것을 보여준다. 이제 $P=10\,\mathrm{t}$, $\alpha=60°$, $l=12\,\mathrm{m}$, $a=5\,\mathrm{m}$, $b=7\,\mathrm{m}$라 하고, 지점 A부터 $x=3\,\mathrm{m}$의 거리에 있는 斷面 C에서의 斷面力成分 N_C, Q_C, M_C를 구하려고 한다. 그러기 위해 먼저 反力 R_A, V_B, H_B를 구한다. 그러면

$$R_A=\frac{b}{l}P\sin\alpha=\frac{7}{12}\times10\times\frac{\sqrt{3}}{2}=5.05\,\mathrm{t}$$

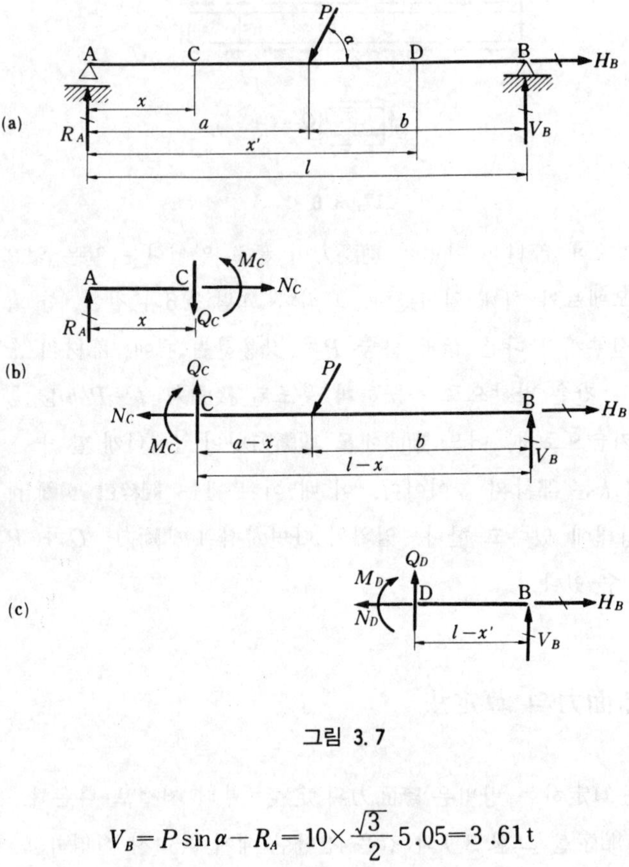

그림 3.7

$$V_B = P\sin\alpha - R_A = 10\times\frac{\sqrt{3}}{2}\,5.05 = 3.61\,\mathrm{t}$$

$$H_B = P\cos\alpha = 10\times\frac{1}{2} = 5.00\,\mathrm{t}$$

이로써 들보 AB에 작용하는 모든 外力이 알려졌으므로 다음에 C에서의 斷面力을 구한다. 그러기 위해서는 들보 AB를 斷面 C로 兩斷하고 그 한 부분 AC 또는 BC의 平衡을 생각한다. 정말로 斷面 C로 자르면 이 단면에서의 斷面力이 없어져 버리겠지만, 斷面 C로 잘랐다고 생각하고 그 대신에 자르기 전에 이 斷面을 통해 兩 부분이 서로 주고받고 하던 斷面力을 그대로 이 兩 부분에 작용시켜 주는 것이다. 이와 같이 하면 양단된 들보의 두 부분의 力學的 狀態는 잘리기 전과 달라지지 않을 것이다. 잘리기 전에는 AC 부분도 BC 부분도 平衡狀態에 있었으므로, 部材部分 AC 또는 BC에 작용하는 外力은 斷面力과 함께 平衡力系를 이루어야 한다. 이 平衡條件으로부터 斷面力 成分이 결정되는 것이다. 斷面力 成分 N_C, Q_C, M_C의 향하는 쪽을 그림 3.7(b)와 같이 가정한다. AC 부분에 작용하는 斷面力과 BC 부분에 작용하는 그것은 反作用의 法則에 따라 향하는 쪽만을 달리한다. AC 부분의 平衡을 생각하면,

$$\sum H \equiv N_C = 0 \text{ 으로부터} \qquad N_C = 0$$
$$\sum V \equiv -R_A + Q_C = 0 \text{ 으로부터} \qquad Q_C = R_A = 5.05\,\mathrm{t}$$
$$\sum M \equiv R_A x - M_C = 0 \text{ 으로부터} \qquad M_C = R_A x = 5.05 \times 3 = 15.15\,\mathrm{t \cdot m}$$

를 얻는다. 이들의 값은 BC 부분의 平衡을 생각해서도 구할 수 있고, 그 결과는 물론 먼저 얻은 결과와 일치한다. 곧

$$\sum H \equiv -N_C - P\cos\alpha + H_B = 0, \quad N_C = H_B - P\cos\alpha = 0$$
$$\sum V \equiv -Q_C + P\sin\alpha - V_B = 0, \quad Q_C = P\sin\alpha - V_B = R_A = 5.05\,\mathrm{t}$$
$$\sum M \equiv M_C + P\sin\alpha(a - x) - V_B(l - x) = 0,$$
$$M_C = (P\sin\alpha - V_B)x + V_B l - P\sin\alpha \cdot a$$
$$= R_A x + 0 = 15.15\,\mathrm{t \cdot m}$$

이상의 계산 결과에 만일 陰의 값이 나타났다면, 그것은 향하는 쪽이 가정한 것과 반대임을 의미한다. 이를테면, 斷面 D($x' = 9\,\mathrm{m}$)에서의 斷面力을 구하기 위해 그 성분의 향하는 쪽을 그림 3.7(c)와 같이 가정하면,

$$\sum H \equiv -N_D + H_B = 0, \quad N_D = H_B = 5.00\,\mathrm{t}$$

$$\sum V \equiv -Q_D - V_B = 0, \qquad Q_D = -V_B = -3.61\,\mathrm{t}$$
$$\sum M \equiv M_D - V_B(l-x') = 0, \quad M_D = V_B(l-x') = 3.61 \times 3 = 10.83\,\mathrm{t \cdot m}$$

로 되어. Q_D가 음으로 되는데, 이것은 3.61t의 크기의 剪斷力이 그림에 보인 쪽과 반대되는 쪽으로 작용함을 의미한다.

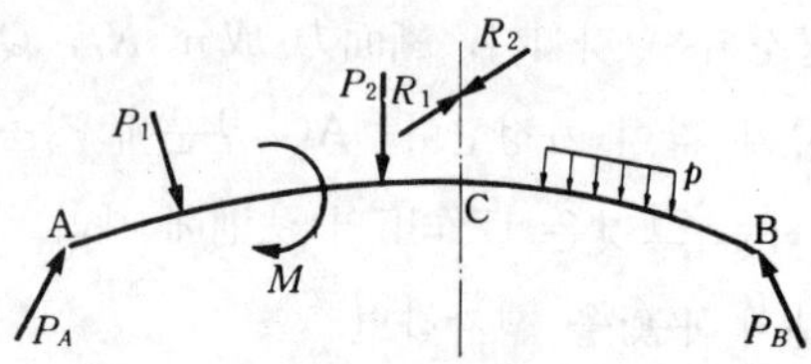

그림 3.8

다음에 平衡力系의 작용을 받는 部材의 斷面力을 平面問題의 범위 안에서 일반적으로 생각해 보기로 한다. 그림 3.8에서 部材 AB가 각종 外力의 작용을 받으면서 平衡狀態에 있다고 할 때에 임의의 斷面 C에서의 斷面力을 생각한다. 이것을 구하기 위해서는 斷面 C로 部材 AB를 兩斷하고 어느 한쪽 部分에 힘의 平衡條件을 적용하면 된다. 部材部分 AC에 平衡條件을 적용하여 C에서의 斷面力 R_2가 구해졌다고 하자. 그러면 R_2의 材軸方向의 成分, 材軸에 수직한 방향의 成分 및 C에 대한 모멘트가 각각 斷面 C에서의 軸方向力, 剪斷力 및 휨모멘트로 된다. 이제 AC 부분에 작용하는 모든 外力의 合力을 R_1이라고 하면, R_2는 R_1과 물론 비기는 힘이 된다. 그런데 한 平衡力系를 2개의 力系로 가르면, 각 力系의 合力은 서로 비기는 두 힘으로 되므로, BC 部分에 작용하는 모든 外力의 合力이 또 R_1과 비기는 힘으로 된다. 따라서 R_2는 실은 BC 部分에 작용하는 모든 外力의 合力과 같다. 마찬가지 이유로 R_1은 AC 部分이 BC 部分에 작용시키고 있는 斷面力이 된다. 이상의 사실을 다음과 같이 종합할 수 있다:

“한 斷面으로 兩斷된 한 部材의 두 部分 가운데 어느 한쪽 部分이 그 斷面을 통해 다른쪽 部分에 작용시키고 있는 斷面力은 먼저 部分에 작용하는 모든 外力의 合力과 같다.”

이것을, 射影의 定理와 모멘트의 定理에 의해, 斷面力 成分에 관한 定理로 고쳐 쓸 수 있다. 즉

“한 斷面으로 兩斷된 한 部材의 두 部分 가운데 어느 한쪽 部分이 그 斷面을 통해 다른쪽 部分에 작용시키고 있는 軸方向力, 剪斷力 및 휨모멘트는 각각 먼저 部分에 작용하는 모든 外力의 그 斷面에서의 材軸方向의 成分, 이에 수직한 方向의 成分 및 그 斷面에 대한 모멘트의 代數的 合과 같다.”

이 定理에 의해 平衡條件式을 세우지 않고서도 斷面力 成分을 직접적으로 구할 수 있다.

3.4 斷面力 成分의 符號의 規約

한 部材 안에 일어나는 斷面力은 일반적으로 斷面의 위치에 따라 변한다. 直線部材의 경우에 材軸의 方向으로 x軸을 잡으면, 斷面의 위치는 座標 x에 의해 정해진다. 따라서, 外力의 상태가 일정한 때에는, 斷面 x에서의 斷面力 成分이 x만의 函數로 된다. 대개의 경우에 斷面力 成分은 x의 整式으로 표시된다. 이와 같이 斷面力 成分을 x에 관한 식으로 나타내려는 때에는 그 부호를 미리 정해 두어야 한다.

軸方向力의 부호는, 引張力인 때를 陽, 壓縮力인 때를 陰으로 정한다. 이것은 수평하게 놓인 直線部材에 대해 斷面의 왼쪽 部分이 오른쪽 部分으로부터 받는 軸方向力이 오른쪽을 향할 때 陽, 왼쪽을 향할 때 陰으로 정하는 것과 같다.

剪斷力의 부호는, 斷面의 왼쪽에 있는 部分이 오른쪽에 있는 部分

으로부터 받는 剪斷力이 아래를 향할 때 陽으로, 위를 향할 때 陰으로 정한다.

휨모멘트의 부호는, 斷面의 왼쪽에 있는 部分이 오른쪽에 있는 部分으로부터 받는 휨모멘트가 反時計方向일 때 陽, 時計方向일 때 陰으로 정한다.

斷面의 왼쪽 部材部分으로부터 오른쪽 部材部分에 작용하는 斷面力 成分에 대해서 생각할 때에는 물론 위와 반대로 된다. 그림 3.9에 보인 斷面力 成分은 모두 陽이다.

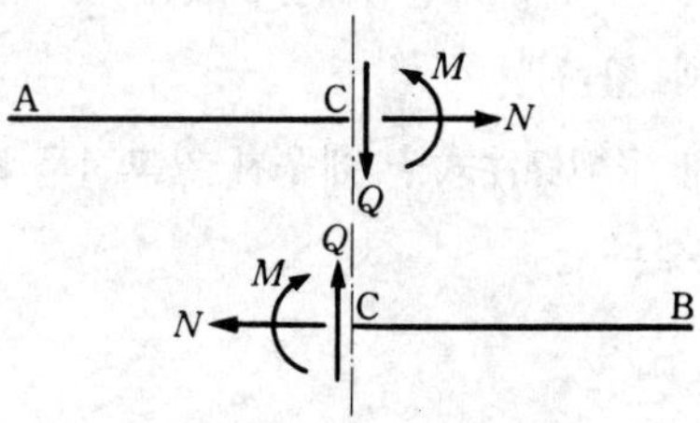

그림 3.9

斷面力은 內力이므로 그 成分의 부호의 規約은 힘 또는 힘의 모멘트의 부호의 規約과 본질적으로는 아무런 관계가 없다. 內力은 物體의 변형에 관계되는 것이므로 斷面力 成分의 부호는 오히려 다음과 같이 部材의 변형과 관련지어서 規約하는 것이 인상적이고 명확하다.

이제 斷面力 成分이 모두 陽인 곳에서 인접하는 두 斷面 C와 C′로 部材를 잘라내어, 이 部材토막에 대한 自由物體圖를 그리면 그림 3.10과 같이 될 것이다. 여기서 이 토막에 직접 작용하는 外力은 없고,

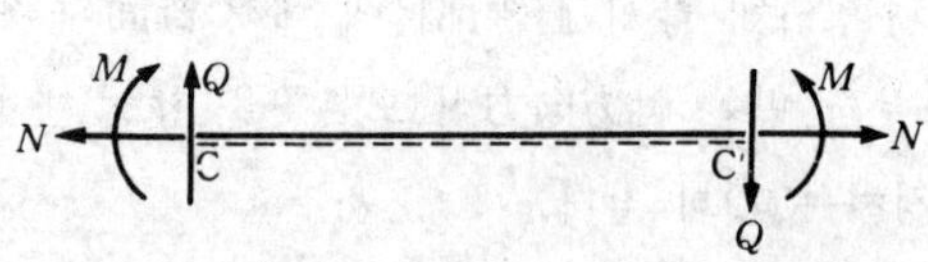

그림 3.10

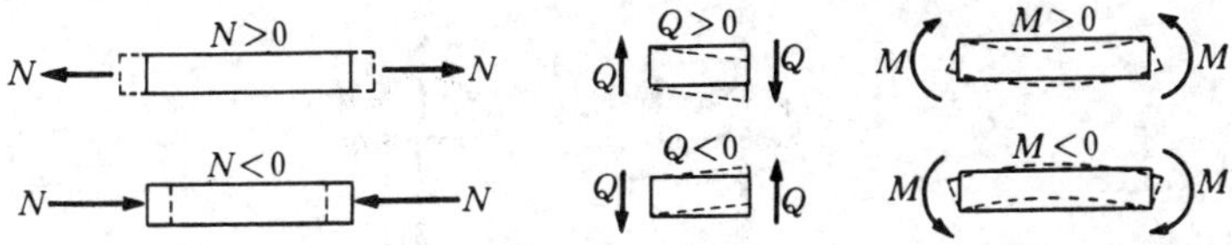

그림 3.11

斷面 C와 C′에서의 斷面力 成分의 差는 극히 작아서 무시할 만한 것으로 가정한다. 그러면 이 토막은, 그림 3.11에 보인 바와 같이, 陽의 軸方向力 N에 의해서는 늘어나고, 陽의 剪斷力 Q에 의해서는 時計方向으로 씰그러지며, 陽의 휨모멘트 M에 의해서는 아래로 볼록하게 휠 것이다. 이 변형을 생각하여 위의 부호의 규약을 다음과 같이 나타낼 수 있다.

軸方向力은 그 작용에 의해 部材토막이 늘어날 때 陽, 줄어들 때 陰으로 정한다. 剪斷力은 그 작용에 의해 部材토막이 시계방향으로 씰그러질 때 陽, 반시계방향으로 씰그러질 때 陰으로 정한다. 휨모멘트는 그 작용에 의해 部材토막이 아래로 볼록하게 휠 때 陽, 위로 볼록하게 휠 때 陰으로 정한다.

이상은 水平하게 놓인 部材에 대해서였는데, 그렇지 않은 部材에 대해서도 軸方向力과 剪斷力의 부호는 위의 규약에 따라 정할 수 있다. 그러나 휨모멘트의 부호에 대해서는 이 경우 위의 규약을 적용할 수 없다. 이 경우에는 위 아래라는 말을 쓸 수 없기 때문이다. 그래서 이런 경우에는 部材의 한편에 그림 3.12와 같이 미리 破線을 그어두고, 破線이 붙은 쪽이 볼록이 되도록 휘게 하는 휨모멘트를 陽으로 정하도록 한다. 그림 3.12의 두 그림은 모두 斷面力 成分이 陽인 경우를 나타낸다.

부호의 규약은 원래 임의적인 것이므로 위와 반대로 약속해 둘 수도 있다. 그러므로 斷面力 成分의 부호의 규약은 필요할 때마다 명기

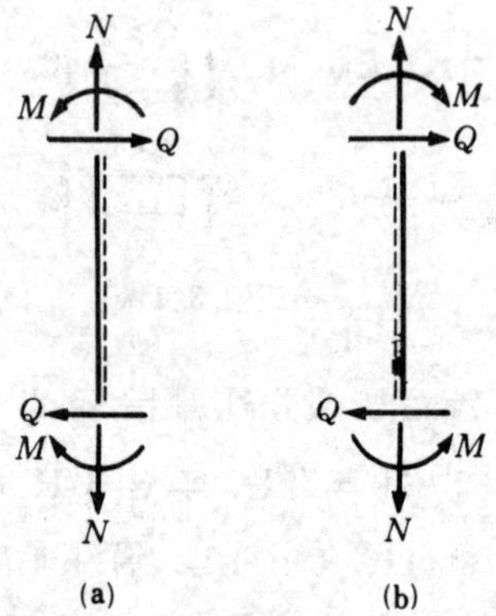

그림 3.12

하는 것이 좋다. 本書에서는 特記하지 않는 한, 그림 3.12에 보인 방향으로 작용하는 斷面力 成分을 陽의 값으로 나타낸다.

3.5 剪斷力圖와 휨모멘트圖

그림 3.13(a)에 보인, 支間 l의 單純들보 AB가 그 移動端 A로부터 a의 거리에 있는 점 C에 작용하는 荷重 P를 받치고 있는 경우의 斷面力을 생각한다. P는 材軸과 α의 角을 짓고 있다. 이것은 3.3절에서의 예와 같다.

먼저 反力을 구하면 다음과 같다:

$$R_A = \frac{Pb}{l}\sin\alpha$$

$$V_B = \frac{Pa}{l}\sin\alpha$$

$$H_B = P\cos\alpha$$

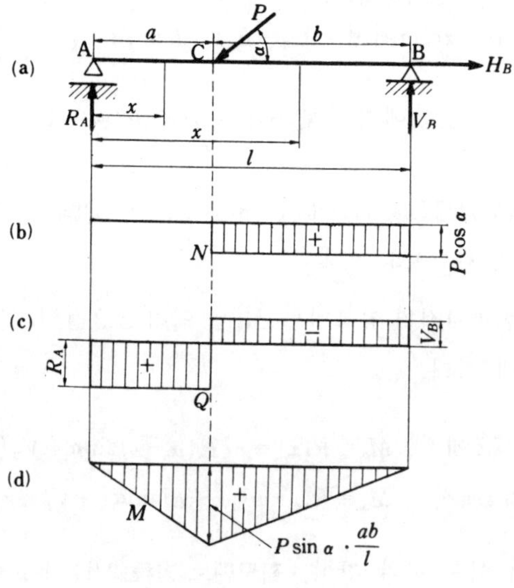

그림 3. 13

다음에 軸方向力을 구하건대, 지점 A부터 임의의 거리 x에 있는 斷面에서의 軸方向力 N_x는, 3.3절의 定理와 3.4절의 부호의 규약에 따라, x斷面보다 왼쪽에 있는 모든 外力의 水平分力(左向이 陽)의 代數的 合 또는 x斷面보다 오른쪽에 있는 모든 外力의 水平分力(右向이 陽)의 代數的 合과 같으므로,

$$0 \leqq x < a \text{에서} \qquad N_x = 0\ (= -P\cos\alpha + H_B)$$
$$a < x \leqq l \text{에서} \qquad N_x = P\cos\alpha\ (= H_B)$$

즉 A~C 사이에서는 N_x는 0과 같고, C~B 사이에서는 常數 $P\cos\alpha$와 같다. 이것을 도시하면 그림 3. 13(b)와 같다. 이 그림 곧 N_x의 그래프를 **軸方向力圖**(axial force diagram)라고 한다.

x斷面에서의 剪斷力 Q_x도 마찬가지로 생각하여 구할 수 있다. 그 결과 다음의 **剪斷力方程式**(shearing force equation)이 얻어진다:

$$0 \leqq x < a \text{에서} \quad Q_x = R_A (= P\sin\alpha - V_B) = \frac{Pb}{l}\sin\alpha$$

$$a < x \leqq l \text{에서} \quad Q_x = R_A - P\sin\alpha (= -V_B) = -\frac{Pa}{l}\sin\alpha$$

이에 따라 **剪斷力圖**(shearing force diagram) 곧 剪斷力 Q_x의 그래프를 그리면 그림 3.13(c)와 같다.

끝으로 x 斷面에서의 휨모멘트 M_x는 역시 3.3절의 定理와 3.4절의 부호의 규약에 따라,

$$0 \leqq x \leqq a \text{에서} \quad M_x = R_A x [= -P(a-x)\sin\alpha + V_B(l-x)]$$
$$a \leqq x \leqq l \text{에서} \quad M_x = R_A x - P(x-a)\sin\alpha [= V_B(l-x)]$$

이것으로부터 아는 바와 같이, **휨모멘트 方程式**(bending moment equation)은 x에 관한 1次式이고, 그 그래프인 **휨모멘트圖**는, 그림 3.13(d)에 보인 바와 같이, 2개의 직선으로 이루어진다. 軸方向力圖와 剪斷力圖는 荷重의 着力點에서 不連續으로 되나 휨모멘트圖는 連續임을 알 수 있다.

위의 예에서 보는 바와 같이, 일반적으로 直線部材에서는, 軸方向力은 外力의 材軸方向의 分力에만 관계되고, 한편 剪斷力과 휨모멘트는 外力의 材軸에 수직한 分力에만 관계된다.

휨모멘트圖 등을 그릴 때, 그림 3.13(b)~(d)에서와 같이, 陽의 縱距를 基準線에서 아래로 잡는 것이 보통이다. 그러나 그 반대로 잡아도 무방하다. 그래서 어느 쪽이 陽이고 어느 쪽이 陰인가를 확실히 하기 위해 그림 안에 부호를 적어 두는 것이 좋다.

3.6 剪斷力과 휨모멘트 사이의 關係

그림 3.13의 경우에 外力이 작용하지 않는 구간 A~C 또는 B~C 에서는 剪斷力의 크기가 일정하고 휨모멘트가 직선적으로 변한다. 이러한 관계가 일반적으로 성립함을 다음과 같이 하여 밝힐 수 있다.

임의의 外力의 작용을 받으면서 平衡狀態에 있는 直線部材로부터,

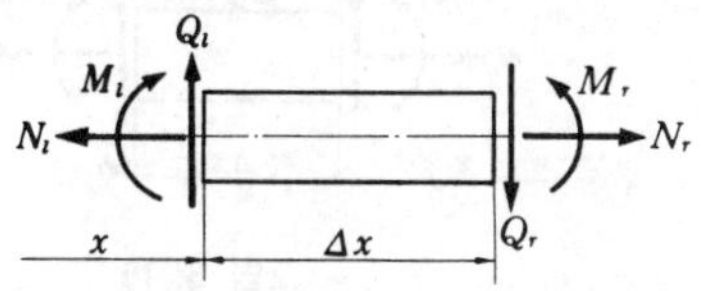

그림 3.14

그림 3.14와 같이, x 斷面과 $(x+\Delta x)$ 斷面으로 잘라낸 部材토막을 생각한다. 만약 이 部材토막에 직접적으로 작용하는 荷重이 없다면, 이 部材토막의 兩端에 작용하는 斷面力은 平衡力系를 이루어야 한다. 그러므로 兩端에서의 斷面力 成分을 그림과 같이 적어서 나타내면, 平衡條件으로부터

$$N_r = N_l$$

$$Q_r = Q_l \tag{3.1}$$

$$M_r = M_l + Q_l \Delta_x \tag{3.2}$$

를 얻는다.

위의 式에서 토막의 길이 Δx는 그 토막에 外力이 직접적으로 작용하지 않는 한 임의로 잡을 수 있으므로, 이 式으로부터 外力이 작용하지 않는 구간에서는 軸方向力과 剪斷力은 一樣하고 휨모멘트는 Δx에 비례해서 증가함을 안다. 그리고 휨모멘트가 느는 率은 剪斷力과

같음을 안다. 곧

$$\frac{\Delta M}{\Delta x}=\frac{M_r-M_l}{\Delta x}=Q_l=Q_r \tag{3.3}$$

Q_l의 값이 0보다 작을 때에는 물론 휨모멘트는 x의 증가에 따라 감소한다.

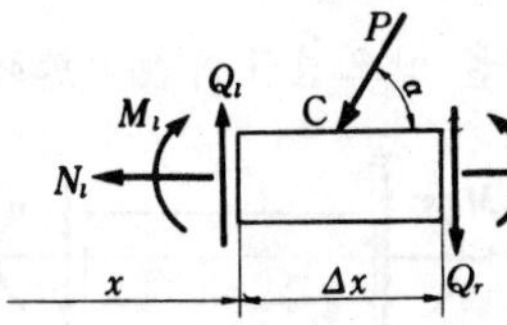

그림 3. 15

다음에 그림 3.13의 경우에 荷重의 着力點 C를 품는 微小部分의 平衡을 생각한다. 그림 3.15는 이 微小部分에 대한 自由物體圖이다. 여기서는 Δx가 극히 작다고 본다. 따라서 P와 Q_l의 오른쪽 斷面에 대한 모멘트는 M_l이나 M_r에 비해 무시할 수 있는 것으로 본다. 그러므로 이 部分에 平衡條件을 적용하면 다음을 얻는다:

$$N_r=N_l+P\cos\alpha \tag{3.4}$$

$$Q_r=Q_l-P\sin\alpha \tag{3.5}$$

$$M_r=M_l \tag{3.6}$$

이들의 식으로부터 集中荷重이 作用하는 斷面에서는 軸方向力과 剪斷力은 갑자기 階段的으로 변하고 휨모멘트는 변하지 않음을 안다. 그리고 휨모멘트圖는, 그 기울기인 剪斷力이 不連續的으로 변하므로, 이 점에서 角點을 이룬다.

剪斷力이 不連續的으로 변하는 곳에서도 휨모멘트는 連續的으로 변하므로, 材軸을 따라 왼쪽에서 오른쪽으로 進行할 때 만일 어느 斷面

에서 剪斷力이 陽의 값으로부터 陰의 값으로 변한다면, 휨모멘트는 x의 증가에 따라 증가하다가 그 斷面을 넘어서면 감소하게 되며, 따라서 휨모멘트는 그 斷面에서 極大值를 취한다. 이러한 관계를 그림 3.13에 붙여 살펴보는 것은 이들의 관계를 이해하는 데 도움이 될 것이다. 반대로 이들의 관계를 일단 이해해 두면 剪斷力圖와 휨모멘트圖를 그리는 데 큰 도움이 될 것이다.

예제 3.1 그림 3.16과 같이 단순들보 AB에 같은 크기의 두 荷重 P가 兩端에서 같은 거리 a만큼 떨어진 곳에 작용하는 때에 剪斷力圖와 휨모멘트圖를 작성하여라.

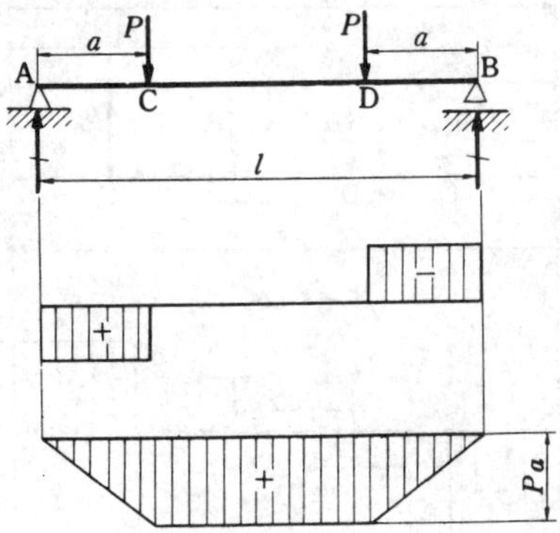

그림 3.16

(풀이) 反力 R_A와 R_B는 명백히 다 P와 같다. 剪斷力은 A~C 사이에서는 R_A 곧 P와 같고 그 부호는 陽이다. 오른쪽으로 진행하면서 C를 넘어서면 剪斷力이 P만큼 감소하여 0으로 되고, D를 넘어서면 또 P만큼 감소하여 $-P$로 된다. 이에 의하여 剪斷力圖를 그리면 그림과 같다.

휨모멘트는 支點 A에서 0이고, A부터 C까지는 直線的으로 변하여

最大值 Pa에 달한다. C~D 사이에서는 剪斷力이 0이므로 휨모멘트는 일정하다. D부터 B까지는 直線的으로 감소하여 B에서 도로 0으로 된다.

이 경우에는 剪斷力이 C~D 사이에서 0이고 그 전후에서 부호가 陽으로부터 陰으로 변하므로, 휨모멘트는 C~D 사이에서 일정한 極大值 Pa를 취한다.

예제 3.2 그림 3.17과 같이 支間 l의 단순들보 AB에 4개의 集中荷重 P_1, P_2, P_3, P_4가 작용하는 때에 剪斷力圖와 휨모멘트圖를 작성하여라.

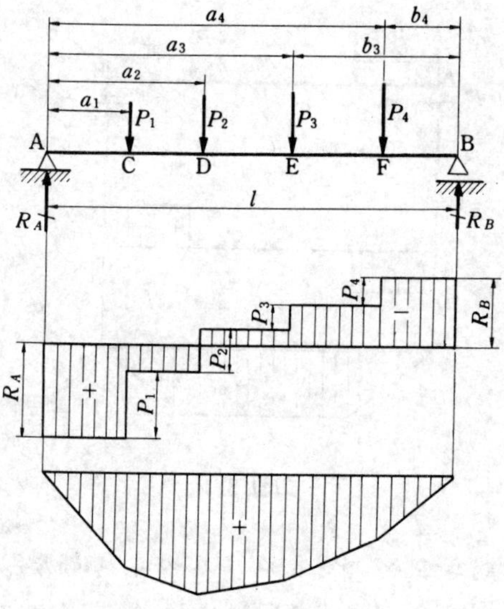

그림 3.17

(풀이) 荷重의 着力點 C, D, E, F의 A 및 B로부터의 거리를 각각 a_1, a_2, a_3, a_4 및 b_1, b_2, b_3, b_4로 적으면, 反力은

$$R_A = \frac{1}{l}(P_1 b_1 + P_2 b_2 + P_3 b_3 + P_4 b_4)$$

$$R_B = \frac{1}{l}(P_1 a_1 + P_2 a_2 + P_3 a_3 + P_4 a_4)$$

剪斷力은, A~C 사이에서는 R_A, C~D 사이에서는 $R_A - P_1$, D~E 사이에서는 $R_A - P_1 - P_2$, E~F 사이에서는 $R_A - P_1 - P_2 - P_3$, F~B 사이에서는 $R_A - P_1 - P_2 - P_3 - P_4 = -R_B$로 된다. 이에 의해 剪斷力圖와 휨모멘트圖를 작성하면 그림과 같다. 이 그림에서는 P_2의 着力點 D에서 剪斷力의 부호가 바뀌므로 이 점에서 휨모멘트가 極大値를 취한다.

휨모멘트圖를 그릴 때 다음의 성질을 이용하면 편리하다. 그림 3.18 (a)의 휨모멘트圖 A′C″D″E″F″B′는 그림 3.17의 것을 옮겨 놓은 것인데, A′C″의 延長線과 B 점을 지나는 鉛直線과의 交點을 C_2라고 하

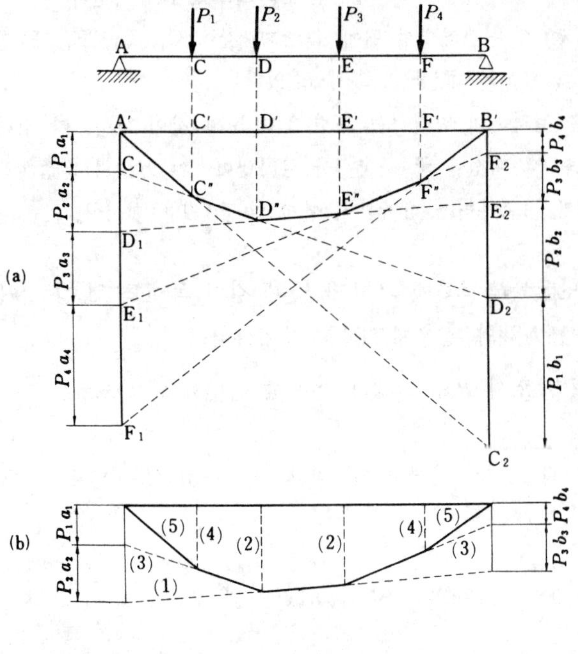

그림 3. 18

면, 선분 $B'C_2$의 길이는 $R_A l$ 곧 $P_1 b_1 + P_2 b_2 + P_3 b_3 + P_4 b_4$와 같다. 왜냐하면, A~C 사이에서의 휨모멘트는 $R_A x$로 표시되고, 직선 $A'C''C_2$는 그 그래프이므로, 이 직선의 B′에서의 縱距인 $\overline{B'C_2}$는 $x=l$에서의 $R_A x$의 값 곧 $R_A l$이기 때문이다. 또 직선 $C''D''$는 C~D 사이에서의 휨모멘트 方程式인 $R_A x - P_1(x-a_1)$의 그래프이고, 따라서 이 직선의 B′에서의 縱距 $B'D_2$는 $x=l$에서의 이 식의 값 $R_A l - P_1(l-a_1)$ 곧 $P_2 b_2 + P_3 b_3 + P_4 b_4$와 같다. 이하 마찬가지이다. 이 사실을 이용하면 휨모멘트圖를 다음과 같이 손쉽게 그릴 수 있다. 곧 基線 위의 점 B′를 지나는 鉛直線을 긋고, 그 위에 $B'F_2 = P_4 b_4$, $F_2E_2 = P_3 b_3$, $E_2D_2 = P_2 b_2$, $D_2C_2 = P_1 b_1$이 되도록 점 F_2, E_2, D_2, C_2를 차례차례로 찍고, 다음에 A′와 C_2를 연결하고, 이 직선과 C를 지나는 鉛直線과의 交點 C''와 D_2를 연결하고, 이 직선과 D를 지나는 鉛直線과의 交點 D''와 E_2를 연결하고, 이하 이렇게 해 나가면 휨모멘트圖가 얻어진다.

점 A′를 지나는 연직선 위에 그림과 같이 C_1, D_1, E_1, F_1를 찍고 이에 의해 휨모멘트圖를 그릴 수도 있다.

紙面을 절약하기 위해서는 그림 3.18(b)와 같이 한다. 각 직선에 붙인 부호는 그 직선을 긋는 순서를 나타낸다. 이 方法의 妥當性은 그림 3.18(a)와 비교하면서 생각하면 쉽게 알 수 있을 것이다.

예제 3.3 단순들보 AB에 그림 3.19와 같이 모멘트 M_O가 작용하는 경우에 剪斷力圖와 휨모멘트圖를 작성하여라.

(풀이) 反力 R_A와 R_B는 그림과 같은 쪽을 향하고 그 크기는 다 M_O/l과 같다.

剪斷力 Q는 어느 단면에서나 같고, $Q=-M_O/l$로 된다.

휨모멘트 M은

$$0 \leqq x < a \text{에서} \qquad M = -R_A x = -\frac{M_O}{l} x$$

$$a < x \leqq l \text{에서} \qquad M = -R_A x + M_O = \frac{M_O(l-x)}{l}$$

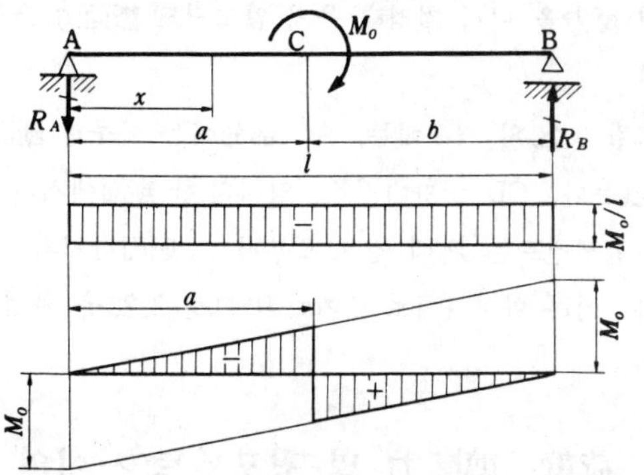

그림 3. 19

이상에 의해 剪斷力圖와 휨모멘트圖를 그리면 그림과 같다. 이것으로 아는 바와 같이, 모멘트가 작용하는 경우에는, 그 着力點에서 휨모멘트가 갑자기 변하지만, 휨모멘트圖의 기울기 곧 剪斷力은 변하지 않는다.

예제 3.4 캔틸레버 AB에 그림 3.20과 같이 2개의 集中荷重 P_1, P_2가 작용하는 경우에 剪斷力圖와 휨모멘트圖를 작성하여라.

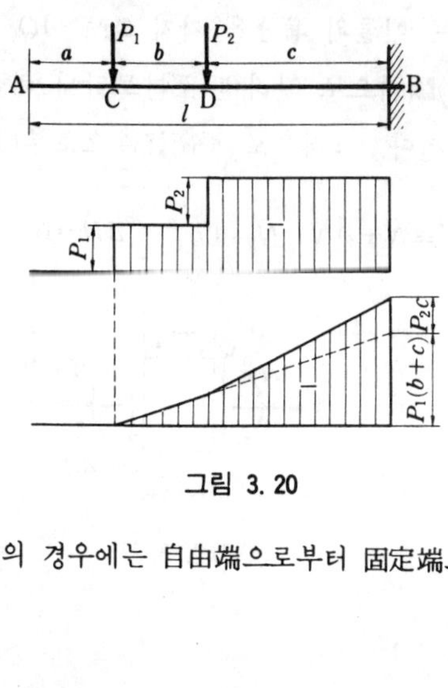

그림 3. 20

(풀이) 캔틸레버의 경우에는 自由端으로부터 固定端으로 향해 생각해 나

가면 反力을 미리 결정해 두지 않고서도 斷面力 成分을 구해 나갈 수 있다.

그림 3.20의 경우에는, AC 部分에는 아무런 斷面力도 전연 작용하지 않는다. CD 구간에서는, 임의의 한 斷面에서의 剪斷力이 $-P_1$과 같고, 휨모멘트는 P_1에 점 C로부터 그 斷面까지의 거리를 곱한 크기로 된다. 이하 마찬가지로 생각하여 그림 3.20을 완성할 수 있다.

3.7 荷重, 剪斷力 및 휨모멘트 사이의 關係

前節에서는 集中荷重의 작용을 받는 直線部材에 일어나는 剪斷力과 휨모멘트 사이의 관계를 살펴보았는데, 여기서는 分布荷重이 작용하는 경우에 대해 그러한 관계를 일반적으로 살펴보기로 한다.

x軸을 材軸으로 하는 임의의 直線部材에 分布荷重이 材軸에 수직하게 작용하는 경우를 생각한다. 荷重의 強度 p는 일반적으로 x의 函數로 되지만 Δx가 충분히 작으면 그 안에서의 p의 變動을 무시할 수 있다. x 斷面에서의 斷面力 成分을 N, Q, M으로 나타내고, x의 增分 Δx에 대응하는 이들의 增分을 각각 ΔN, ΔQ, ΔM으로 나타내면, x 斷面과 $(x+\Delta x)$斷面으로 잘라낸 部材토막에 대한 自由物體圖는 그림 3.21과 같이 된다. 그러므로 平衡條件으로부터 다음을 얻는다:

$$\sum H \equiv N+\Delta N-N=0, \qquad \Delta N=0$$

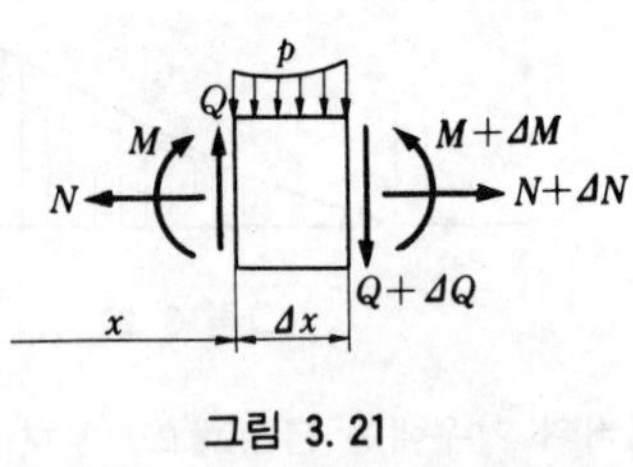

그림 3. 21

$$\sum V \equiv Q + \Delta Q + p\Delta x - Q = 0, \quad \Delta Q = -p\Delta x$$
$$\sum M \equiv M + \Delta M - Q\Delta x + p\Delta x \frac{\Delta x}{2} - M = 0,$$
$$\Delta M = Q\Delta x - \frac{1}{2}p(\Delta x)^2$$

여기서 제 3 식은 Δx 部分에 작용하는 모든 힘의 오른쪽 斷面에 대한 모멘트의 總合을 취한 것이고, 分布荷重의 이 斷面에 대한 모멘트는, 그 合力의 크기가 $p\Delta x$와 같고 그 作用線이 Δx의 中點을 지나므로, $p\Delta x \frac{\Delta x}{2}$와 같다.

위의 3개의 式의 兩邊을 각각 Δx로 나누고 Δx를 0으로 접근시키면 다음을 얻는다.

$$\frac{dN}{dx} = 0, \qquad \frac{dQ}{dx} = -p, \qquad \frac{dM}{dx} = Q \tag{3.7}$$

식 (3.7)의 제1 식은 材軸에 수직한 荷重만이 작용하는 곳에서는 軸方向力이 일정함을 나타낸다. 제2 식은 剪斷力의 기울기 곧 剪斷力의 變化率이 荷重의 強度에 비례함을 나타낸다. 이것은 荷重이 鉛直下方을 향할 때 오른쪽 斷面으로 감에 따라 剪斷力이 감소함을 나타내는 것으로, 제2 식을 적용할 때에는 鉛直下方으로 작용하는 荷重을 陽으로 잡아야 한다는 점에 유의해야 한다. 제3 식은 어느 斷面에서의 휨모멘트의 변화율이 그 斷面에서의 剪斷力과 같음을 나타낸다.

식 (3.7)의 나중 두 식으로부터 다음의 두 定理가 성립함을 바로 알 수 있다:

"荷重이 작용하지 않는 區間에서는 剪斷力이 常數로 되고 휨모멘트가 直線的으로 변한다."

"어느 斷面에서 剪斷力이 0으로 되고 그 전후에서 剪斷力의 부호가 바뀐다면 휨모멘트는 그 斷面에서 極大 또는 極小로 된다."

위의 두 定理 가운데 먼저 것은 이미 前節에서 살펴 본 바 있는 기지의 사실이고, 나중 것도 그 特殊境遇에 대해서는 前節에서 기술한 바 있다.

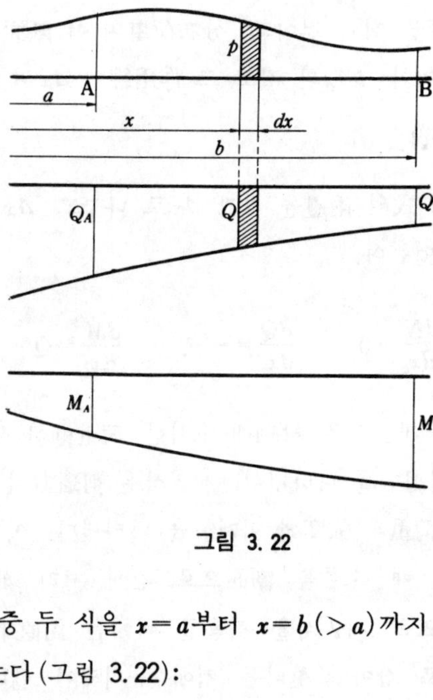

그림 3.22

식 (3.7)의 나중 두 식을 $x=a$부터 $x=b\,(>a)$까지 積分함으로써 다음 관계를 얻는다(그림 3.22):

$$Q_B-Q_A=-\int_a^b p\,dx \tag{3.8}$$

$$M_B-M_A=\int_a^b Q\,dx \tag{3.9}$$

또는

$$Q_B=Q_A-\int_a^b p\,dx \tag{3.10}$$

$$M_B=M_A+\int_a^b Q\,dx \tag{3.11}$$

곧 直線部材에서 임의의 한 斷面 A에서의 剪斷力 Q_A를 알고 있으면 그보다 오른쪽에 있는 임의의 斷面 B에서의 剪斷力 Q_B는 Q_A로부터 A와 B 사이에 있는 全 荷重(下向)을 뺀 것과 같다. 또 M_B는 剪斷力圖의 A와 B 사이에 끼어 있는 部分의 面積을 M_A에 보태준 것과 같다.

식 (3.10)은 식 (3.5)를 감안하면 다음과 같이 점 A와 B 사이에 集中荷重도 있는 경우로 확장할 수 있다:

$$Q_B = Q_A - \int_a^b p dx - \sum_A^B P \tag{3.12}$$

鉛直荷重의 작용을 받는 단순들보 AB의 兩端 A와 B에서는 휨모멘트가 0이므로, 이 들보의 支間을 l이라고 하면 식 (3.11)에서 $M_A = M_B = 0$, $a = 0$, $b = l$로 되며, 따라서 이 식으로부터

$$\int_o^l Q dx = 0 \tag{3.13}$$

을 얻는다. 이것은 鉛直荷重의 작용을 받는 단순들보에서는 剪斷力圖의 縱距가 陽인 부분의 면적과 陰인 부분의 면적이 같음을 나타낸다.

3.8 分布荷重에 의한 剪斷力과 휨모멘트

前節에서 기술한 定理나 지적한 사실들을 활용하면 여러 가지 특수 경우에 剪斷力圖와 휨모멘트圖를 신속하고 정확하게 작성할 수 있다.

먼저 強度 p의 等分布荷重이, 그림 3.23에 보인 바와 같이, 들보 AB의 全 支間에 滿載되어 있는 경우를 생각한다. 이 等分布荷重의合力은 크기가 pl이고 支間의 中點에 작용하므로, 反力 R_A와 R_B는 다 $\frac{1}{2}pl$과 같다. 斷面 x에서의 剪斷力 Q는 그 단면보다 왼쪽에 있는 部分에 작용하는 外力을 생각하여 다음과 같이 얻어진다:

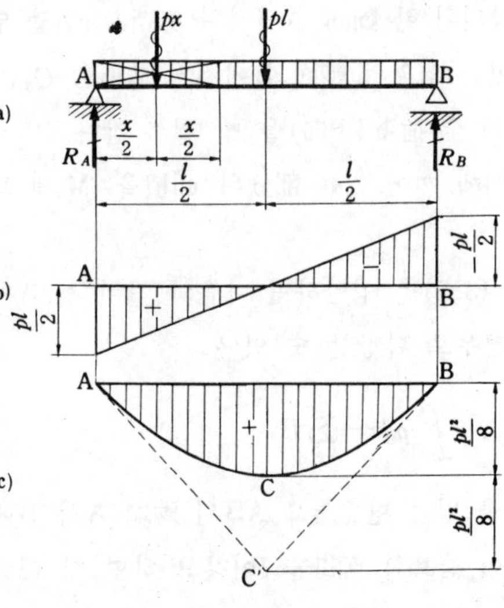

그림 3.23

$$Q=R_A-px=p\left(\frac{l}{2}-x\right) \tag{3.14}$$

斷面 x에서의 휨모멘트 M도 그 단면보다 왼쪽에 있는 部分에 작용하는 外力을 생각하여 다음과 같이 얻어진다:

$$M=R_A x-\frac{1}{2}px^2=\frac{p}{2}x(l-x) \tag{3.15}$$

식 (3.14)와 (3.15)에 따라 剪斷力圖와 휨모멘트圖를 그리면, 각각 그림 3.23(b) 및 (c)와 같다. 전자는 基線 AB를 中點에서 자르는 직선이고, 후자는 AB의 中點을 지나는 연직선 위에 頂點 C를 가지는 抛物線이다.

$x=\dfrac{l}{2}$에서 $Q=0$으로 되고 그 전후에서 Q의 부호가 陽으로부터 陰으로 바뀌므로 휨모멘트는 확실히 $x=\dfrac{l}{2}$에서 極大로 되며, 그 값은

$$M_{max}=\frac{1}{8}pl^2 \tag{3.16}$$

으로 된다. 이 값은, 等分布荷重과 靜力學的으로 동등한 크기 $P=pl$의 集中荷重이 작용하는 때의 最大휨모멘트의 값의 半과 같다. 이 集中荷重에 의한 휨모멘트圖는 그림 3.23(c)에서 點線 AC′B로 표시되어 있는데, 직선 AC′와 BC′는 等分布荷重에 의한 휨모멘트圖인 포물선 ACB에 각각 점 A와 B에서 접한다.

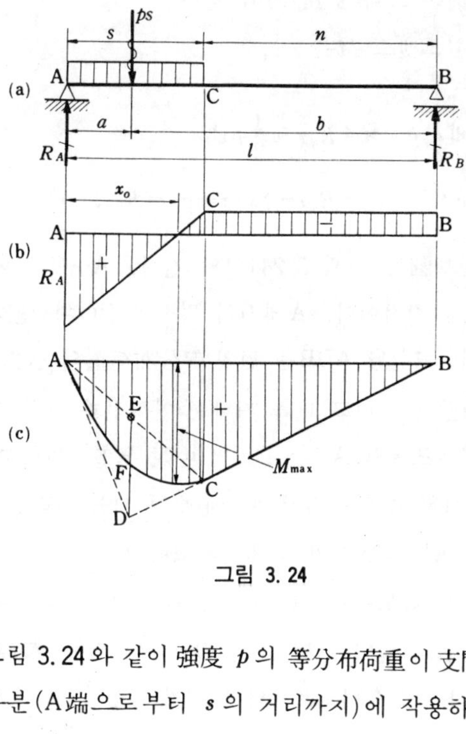

그림 3.24

다음에 그림 3.24와 같이 強度 p의 等分布荷重이 支間 l의 단순들보 AB의 한 부분(A端으로부터 s의 거리까지)에 작용하는 경우를 생각한다. 그 合力의 크기는 ps이고 그 着力點의 兩端으로부터의 거리 a 및 b는 $a=\frac{s}{2}$, $b=n+\frac{s}{2}$이므로 反力 R_A 및 R_B는 각각 다음과 같다:

$$R_A = ps\frac{b}{l} = \frac{ps}{2l}(2n+s)$$

$$R_B = ps\frac{a}{l} = \frac{ps^2}{2l}$$

斷面 x에서의 剪斷力 Q는

$$\begin{aligned} &0 \leqq x < s \text{에서} \quad Q = R_A - px \\ &s < x \leqq l \text{에서} \quad Q = R_A - ps = -R_B \end{aligned} \qquad (3.17)$$

로 되고, 剪斷力圖는 그림 3.24(b)와 같다.

x 斷面에서의 휨모멘트 M은

$$\begin{aligned} &0 \leqq x < s \text{에서} \quad M = R_A x - \frac{1}{2}px^2 \\ &s < x \leqq l \text{에서} \quad M = R_A x - ps(x-a) = R_B(l-x) \end{aligned} \qquad (3.18)$$

로 되고, 휨모멘트圖는 그림 3.24(c)와 같다. A~C 사이는 포물선이고 C~B 사이는 직선이다. A에서의 접선과 BC의 연장선과의 交點을 D라고 하면, 三角形 ADB는 위의 等分布荷重의 合力에 의한 휨모멘트圖를 나타낸다. 그리고 D를 지나는 연직선과 직선 AC와의 交點을 E라고 하면, 포물선 AC는 DE의 中點 F를 지나고, 포물선 AC 위의 점 F에서의 접선은 직선 AC에 平行하다. 이러한 사실을 이용하면 위의 휨모멘트도를 쉽게 그릴 수 있다.

위의 경우에 最大 휨모멘트 M_{max}의 값과 이것이 일어나는 斷面의 위치를 구하면 다음과 같다. M_{max}은 $Q=0$이 되는 斷面에서 일어나므로, 그 단면까지의 A端으로부터의 거리 x_0는

$$x_0 = \frac{R_A}{p} = \frac{s(2n+s)}{2l} \qquad (3.19)$$

로 되고, $x_0 < s$이므로 이 값을 (3.18)의 제1식에 대입하면,

$$M_{\max}=\frac{ps^2(2n+s)^2}{8l^2}=\frac{psab}{l}\left(1-\frac{s}{2l}\right) \tag{3.20}$$

로 된다. 이 값은 이것이 剪斷力圖의 陽의 部分의 面積과 같다는 사실로부터도 구할 수 있다. 이 식에서 $s=l,\ a=b=\frac{l}{2}$로 놓으면 그 결과는 식 (3.16)과 일치한다.

식 (3.20)의 우변의 第1 因子는 크기 ps의 集中荷重에 의한 최대 휨모멘트와 같으므로, 이 식에 의하여 荷重이 퍼져서 작용하면 최대 휨모멘트가 얼마로 감소하는가를 알 수 있다.

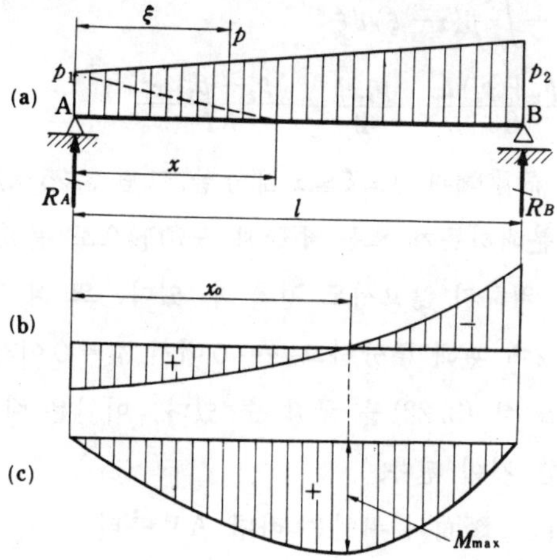

그림 3.25

끝으로 그림 3.25와 같이 단순들보 AB에 等變分布荷重이 작용하는 경우를 생각한다. 점 A 및 B에서의 荷重強度를 각각 p_1 및 p_2라고 하면, 좌단으로부터 ξ의 거리의 곳에서의 強度 p는

$$p=p_1+\frac{p_2-p_1}{l}\xi$$

로 된다.

이 때의 反力은 다음과 같이 계산된다:

$$R_A=\frac{1}{l}\int_o^l p(l-\xi)\,d\xi=\frac{(2p_1+p_2)\,l}{6}$$

$$R_B=\frac{1}{l}\int_o^l p\xi d\xi=\frac{(p_1+2p_2)\,l}{6}$$

斷面 x에서의 剪斷力 Q와 휨모멘트 M은 각각 다음과 같다:

$$Q=R_A-\int_o^x pd\xi=\frac{(2p_1+p_2)\,l}{6}-p_1x-\frac{(p_2-p_1)\,x^2}{2l} \tag{3.21}$$

$$M=R_Ax-\int_0^x p(x-\xi)\,d\xi$$

$$=\frac{(2p_1+p_2)\,lx}{6}-\frac{p_1x^2}{2}-\frac{(p_2-p_1)\,x^3}{6l} \tag{3.22}$$

이들의 결과는, 荷重圖의 $0\leqq\xi\leqq x$ 部分을 그림 3.25(a)와 같이 2개의 三角形으로 분해하든가 또는 矩形과 三角形으로 분해해서 생각하면, 積分計算에 의하지 않고서도 얻을 수 있다. 또 식 (3.21)이 구해졌으면 이것을 x에 관해 積分하고 $x=0$에서 $M=0$이라는 조건을 적용함에 의해서도 식 (3.22)를 구할 수 있다. 이것은 식 (3.9) 또는 (3.11)을 적용한 것이 된다.

$Q=0$으로 되는 斷面의 위치는 좌단 A로부터

$$x_o=\frac{\sqrt{\frac{1}{3}(p_1^2+p_1p_2+p_2^2)}-p_1}{p_2-p_1}\,l \tag{3.23}$$

의 거리에 있으며, 이 斷面에서 휨모멘트가 최대로 되고 그 값은

$$M_{\max}=\left\{2\sqrt{\frac{1}{3}(p_1^2+p_1p_2+p_2^2)}+p_1\right\}\frac{x_o^2}{6} \tag{3.24}$$

으로 된다.

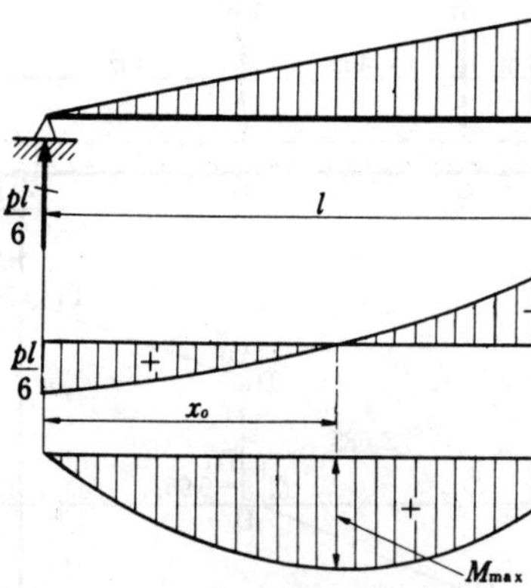

그림 3.26

특히 $p_1=0$ 인 때에는, $p_2=p$로 놓으면(그림 3.26), 다음과 같이 된다:

$$R_A=\frac{pl}{6},\quad R_B=\frac{pl}{3}$$

$$Q=\frac{pl}{6}\left(1-3\frac{x^2}{l^2}\right)$$

$$M=\frac{pl^2}{6}\left(\frac{x}{l}-\frac{x^3}{l^3}\right) \tag{3.25}$$

$$M_{\max}=\frac{pl^2}{9\sqrt{3}}$$

$$x_o=\frac{l}{\sqrt{3}}$$

예제 3.5 그림 3.27(a)에 보인, 내민부분(overhanging part)을 가지는 단순들보에 대하여 剪斷力圖와 휨모멘트圖를 작성하여라.

(풀이) 먼저 平衡條件式 $\sum M_B=0$과 $\sum M_A=0$으로부터 反力을 결정하면,

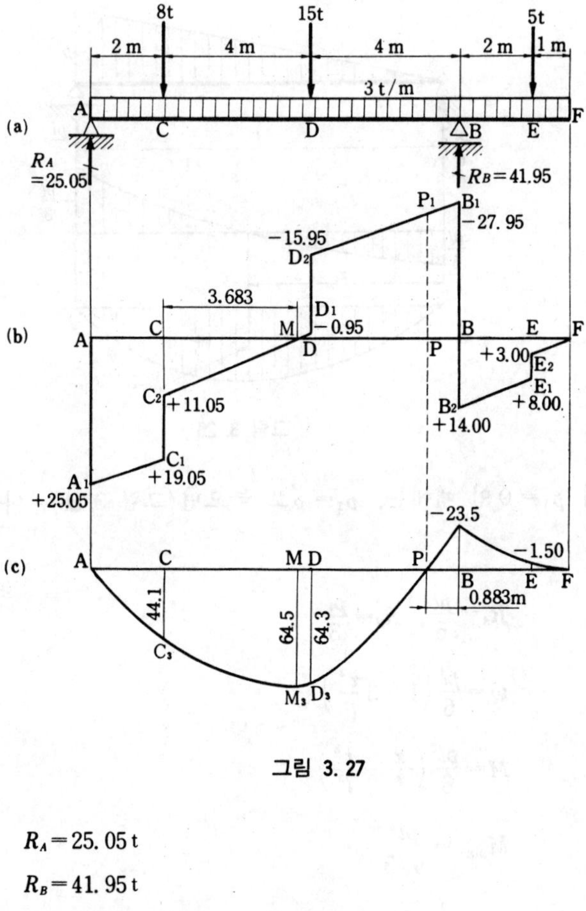

그림 3. 27

$R_A = 25.05\,\text{t}$

$R_B = 41.95\,\text{t}$

다음에 剪斷力圖를 그리건대, 좌단 A로부터 시작하여 오른쪽으로 생각해 나가면, 그림 3.27(b)를 얻는다. 곧

$Q_A = \text{AA}_1 = R_A = 25.05\,\text{t}$

$Q_{C-} = \text{CC}_1 = 25.05 - 3\times 2 = 19.05\,\text{t}$

$Q_{C+} = \text{CC}_2 = 19.05 - 8 = 11.05\,\text{t}$

$Q_{D-} = \text{DD}_1 = 11.05 - 3\times 4 = -0.95\,\text{t}$

$$Q_{D+}=\mathrm{DD_2}=-0.95-15=-15.95\,\mathrm{t}$$

$$Q_{B-}=\mathrm{BB_1}=-15.95-3\times4=-27.95\,\mathrm{t}$$

$$Q_{B+}=\mathrm{BB_2}=-27.95+41.95=14.00\,\mathrm{t}$$

$$Q_{E-}=\mathrm{EE_1}=14.00-3\times2=8.00\,\mathrm{t}$$

$$Q_{E+}=\mathrm{EE_2}=8.00-5=3.00\,\mathrm{t}$$

$$Q_F=3.00-3\times1=0$$

위에서, 이를테면, Q_{C-}는 C의 바로 왼쪽 단면에서의 전단력을, Q_{C+}는 C의 바로 오른쪽 단면에서의 전단력을 나타낸다.

위의 계산에서 끝으로 $Q_F=0$을 얻었는데, 이것은 그 자체로서 위의 계산에 대한 검산이 된다.

剪斷力이 0으로 되는 중간 단면 M의 위치는

$$\overline{\mathrm{CM}}=\frac{11.05}{3}=3.683\,\mathrm{m}$$

로 정해진다.

다음에 휨모멘트圖를 그리기 위해 먼저 剪斷力圖의 각 부분의 면적을 계산해 두면 다음과 같다.

$$\mathrm{AA_1C_1C}=\frac{1}{2}(25.05+19.05)\times2=44.1\,\mathrm{t\cdot m}$$

$$\mathrm{CC_2M}=\frac{1}{2}\times11.05\times3.683=20.4\,\mathrm{t\cdot m}$$

$$\mathrm{MDD_1}=-\frac{1}{2}\times0.95\times0.317=-0.2\,\mathrm{t\cdot m}$$

$$\mathrm{DD_2B_1B}=-\frac{1}{2}(15.95+27.95)\times4=-87.8\,\mathrm{t\cdot m}$$

$$\mathrm{BB_2E_1E}=\frac{1}{2}(14.00+8.00)\times2=22.0\,\mathrm{t\cdot m}$$

$$\mathrm{EE_2F}=\frac{1}{2}\times3.00\times1=1.5\,\mathrm{t\cdot m}$$

위의 계산 결과로부터 剪斷力圖의 陽의 부분의 면적과 陰의 부분의 면적이 같음을 확인할 수 있다. 이것은 兩端 A와 F에서의 휨모멘트가 0이므로 마땅히 그러해야 할 사실로서, 이것이 계산 결과에 대한 검산이 된다. 휨모멘트를 좌단으로부터 시작하여 오른쪽 단면으로 나가면서 계산해 가면 다음과 같다:

$$M_A = 0$$
$$M_C = M_A + 44.1 = 44.1\,\mathrm{t\cdot m}$$
$$M_M = M_C + 20.4 = 64.5\,\mathrm{t\cdot m}$$
$$M_D = M_M - 0.2 = 64.3\,\mathrm{t\cdot m}$$
$$M_B = M_D - 87.8 = -23.5\,\mathrm{t\cdot m}$$
$$M_E = M_B + 22.0 = -1.5\,\mathrm{t\cdot m}$$
$$M_F = M_E + 1.5 = 0$$

위의 결과에 따라 縱距 CC_3, MM_3 등을 세우고 剪斷力圖를 참고하면서 휨모멘트圖를 그리면 그림 3.27(c)와 같이 된다.

휨모멘트가 0으로 되고 그 전후에서 휨모멘트의 부호가 바뀌는 점 P를 **反曲點**(point of inflection)이라고 하는데, 이 점의 위치를 결정하는 것이 실제적으로 중요할 때가 있다.

$$M_B - M_P = \text{剪斷力圖의 } PP_1B_1B \text{ 부분의 面積}$$

이므로, $\overline{PB} = x_1$으로 놓으면, 다음 방정식을 얻는다:

$$-23.5 - 0 = -\frac{1}{2}(27.95 + 27.95 - 3x_1)\cdot x_1$$

이로부터 $x_1 = 0.883\,\mathrm{m}$를 얻는다.

예제 3.6 그림 3.28(a)에 보인 게르버들보에 대하여 剪斷力圖와 휨모멘트圖를 작성하여라.

(풀이) 碇着支間에 작용하는 荷重의 영향은 그 支間 밖으로는 전달되지 않으므로 碇着支間에 작용하는 荷重만에 의한 휨모멘트圖는 그림 3.28

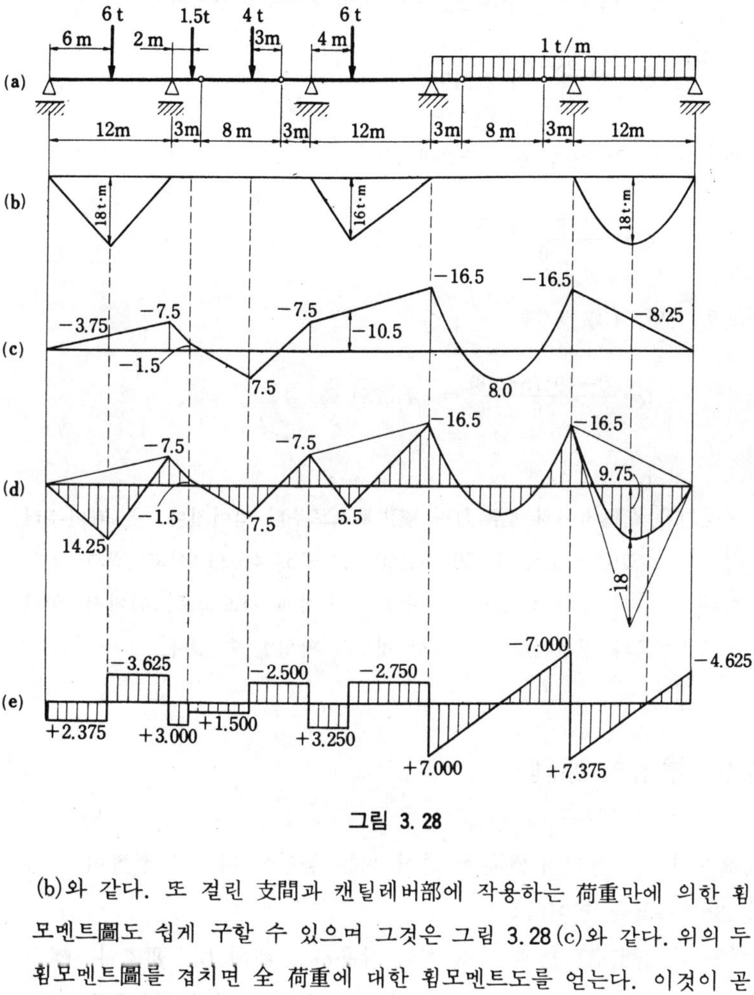

그림 3. 28

(b)와 같다. 또 걸린 支間과 캔틸레버部에 작용하는 荷重만에 의한 휨모멘트圖도 쉽게 구할 수 있으며 그것은 그림 3.28(c)와 같다. 위의 두 휨모멘트圖를 겹치면 全 荷重에 대한 휨모멘트도를 얻는다. 이것이 곧 그림 3.28(d)이다. 필요한 것은 그림 3.28(d)인데, 이것을 얻기 위해서는 먼저 그림 3.28(c)를 그리고 나서 그 위에 그림 3.28(b)를 겹쳐주면 된다.

휨모멘트도가 작성되었으면 각 단면에서의 剪斷力은 그 接線의 기울기로서 쉽게 구할 수 있다. 전단력도는 그림 3.28(e)와 같이 된다. 이

그림에서, 이를테면, 左端으로부터 6m까지의 구간에서는

$$Q=\frac{14.25-0}{6}=2.375\,\mathrm{t}$$

으로 되고, 그 다음 6m 구간에서는

$$Q=\frac{-7.5-14.25}{6}=-3.625\,\mathrm{t}$$

으로 되며, 右端에서는

$$Q=\frac{0-(9.75+18)}{6}=-4.625\,\mathrm{t}$$

으로 된다.

反力은 支點에서의 剪斷力의 變化量으로부터 얻어진다. 곧 좌단부터 차례로 2.375, 6.625, 5.750, 9.750, 14.375, 4.625 t이고, 모두 上向이다. 이들의 합은 43.50 t으로서 荷重의 합과 같으므로, 위에서 구한 휨모멘트도와 전단력도가 정당한 것임을 확인할 수 있다.

3.9 겹침의 原理

前章부터 이제까지의 例題를 풀어 보는 동안에 다음의 事實이 성립함을 발견하였을 것이다:

"어느 한 靜定構造物에 여러 힘이 작용하는 때의 反力要素나 斷面力 成分은 그들 여러 힘이 하나씩 홀로 작용하는 때의 反力要素나 斷面力 成分을 代數的으로 합한 것과 같다."

이 사실은 剛體에 작용하는 여러 힘에 관해 성립되는 射影의 定理와 모멘트의 定理로부터 1次解析의 경우에는 당연히 귀결되는 것으로, 이것을 **겹침의 原理**(principle of superposition)라고 부른다. 이 原理

는 彈性變形에 관해서도 성립하며, 構造力學이나 彈性體力學에서 가장 보편적으로 성립하는 原理의 하나이다. 그러나 2次解析의 경우에는 물론 이 原理가 성립하지 않는다.

靜定構造物의 反力이나 斷面力에 관해 이 原理가 성립하는 것은, 이들을 산정할 때에는 구조물을 剛體로 볼 수 있다는 假定이 許容되기 때문이다. 환언하면 한 구조물의 전체 또는 한 부분에 平衡條件을 적용할 때에는 變形을 전혀 무시할 수 있다는 假定이 허용되기 때문이다. 이 假定이 실제로 허용되는 것은 그림 3.29와 같은 간단한 예를

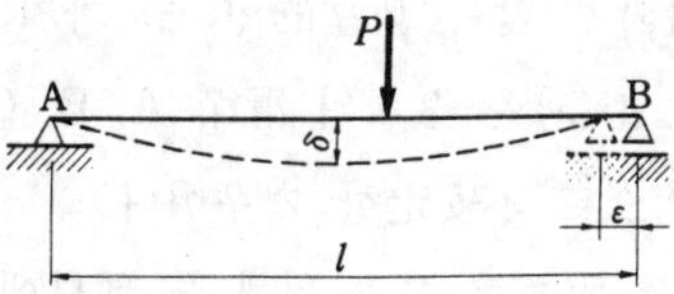

그림 3.29

생각하면 이해할 수 있다. 이 그림은 단순들보에 荷重 P가 작용하는 것을 보이는데, 들보는 하중의 작용에 따라 점선과 같이 변형할 것이고, 이에 따라 移動端 B는 ε만큼 이동하고 P의 着力點도 ε정도만큼 가로 方向으로 이동할 것이다. 들보는 이와 같이 변형된 形狀을 가지고 平衡하게 되는 것이므로, 反力과 斷面力은 이 狀態에서 平衡條件을 적용하여 산정하는 것이 정당할 것이다. 그러나 들보의 최대 變位를 δ라고 할 때 ε/l은 δ/l의 自乘 정도이고 δ/l은 실제적으로 보통 1/600 이내로 제한되므로, 그 算定結果는 들보를 剛體로 보고 산정한 결과와 실질적으로 같게 된다. 그 결과, 射影의 定理와 모멘트의 定理에 의하여 反力이나 斷面力은 荷重들의 1次函數로 되며 따라서 겹침의 原理가 성립하는 것이다.

구조물의 彈性變形에 관해서도 또 不靜定구조물에 관해서도 겹침의 原理가 성립하는 것은 제 8 장에 가서 알게 될 것이다.

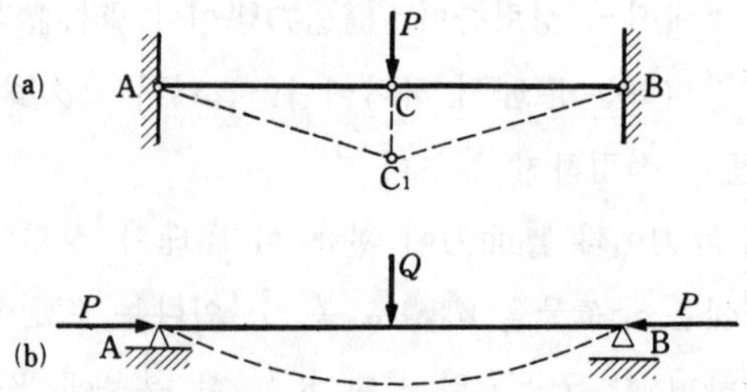

그림 3. 30

겹침의 原理가 성립되지 않는 典型的인 두 가지 예를 들면 그림 3.30과 같다. 그림 3.30(a)는 3개의 滑節 A, B, C가 한 직선 위에 있는, 이른바 幾何學的으로 不安定한 경우이다.

滑節 C에 작용하는 鉛直荷重 P에 의해 두 部材에 일어나는 軸方向力을 보통의 방법대로 구한다면 그것은 無限大로 될 것이다. 그러나 部材들은 그 軸方向力이 무한대로 되기 전에 상당한 量만큼 늘어나서 점선과 같은 形狀을 취하여 平衡狀態에 있게 될 것이므로, 이런 때에는 變形 후의 形狀에 대하여 平衡條件을 적용해야 하며, 따라서 겹침의 原理가 성립되지 않는다.

그림 3.30(b)에서는 들보가 變形을 일으키면 P에 의해서도 휨모멘트가 일어난다. P가 작은 동안은 그 영향은 무시할 만한 정도 밖에 안 되지만, P가 상당히 커지면 Q의 크기가 작더라도 P에 의한 휨모멘트를 무시할 수 없게 된다. P에 의한 휨모멘트를 산정하려면 들보의 변형을 고려해야 하며, 따라서 휨모멘트와 P 사이에는 1次函數關係가 성립되지 않는다. 곧 겹침의 原理가 성립되지 않는다. 그림 3.30(b)의 경우에 P가 어느 限界値에 달하면 P의 작은 증가에도 불구하고 큰 변형이 일어나서 들보가 파괴된다. 이 때 들보는 **彈性的으로 不安定한**(elastically unstable) 狀態에 있다고 한다.

이상을 요약하여, 1次解析의 結果는 겹침의 原理를 좇는다고 말할 수 있다. 그런데 幾何學的으로 不安定한 構造物은 실지로 사용할 수 없고, 彈性的으로 不安定한 狀態는 荷重의 크기에 제한을 가하여 이것이 일어나는 것을 피해야 하므로, 대개의 실제적 문제에서는 1次解析으로 만족스러운 결과가 얻어지며 따라서 겹침의 原理가 성립한다고 보아도 무방하다.

3.10 間接荷重에 의한 斷面力

支間이 긴 들보에 活荷重을 직접 작용시키는 일은 거의 없고, 보통은 그림 3.31에 보인 바와 같이 한다. 活荷重을 직접 받치고 있는 것은 **縱桁**(stringer)이라 불리는 짧은 支間의 여러 개의 들보, 01, 12, 23, …이고, 이들은 **橫桁**(floor beam, cross beam)이라 불리는 가로방향의 들보 0, 1, 2, … 으로 支持되며, 이들의 橫桁은 큰 들보 AB에 의해 받쳐진다. 이 때 들보 AB를 특히 **主桁**(main girder)이라고 부른다. 橫桁의 主桁에의 連結點 0, 1, 2, … 을 **格點**(panel point)이라 하고, 인접하는 두 格點 사이에 있는 主桁部分을 **格間**(panel)이라 한다. 그리고 위와 같은 구조로 된 구조물에 작용하는 荷重을 특히 主桁에 대해서 말할 때에는 **間接荷重**(indirect load)이라고 부른다. 이에 대해 한 部材에 직접 작용하는 荷重을 **直接荷重**(direct load)이라고 부를 때가 있다.

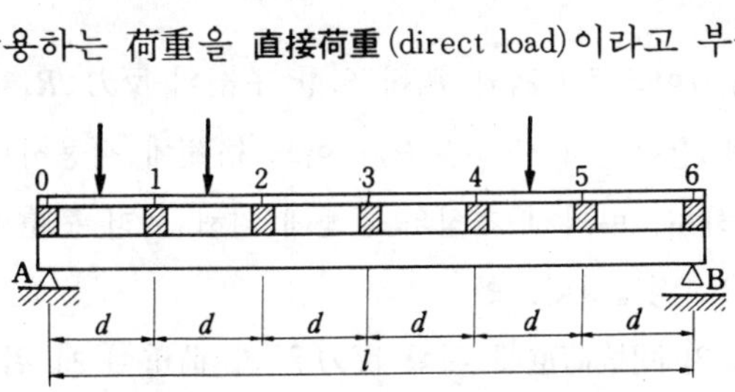

그림 3.31

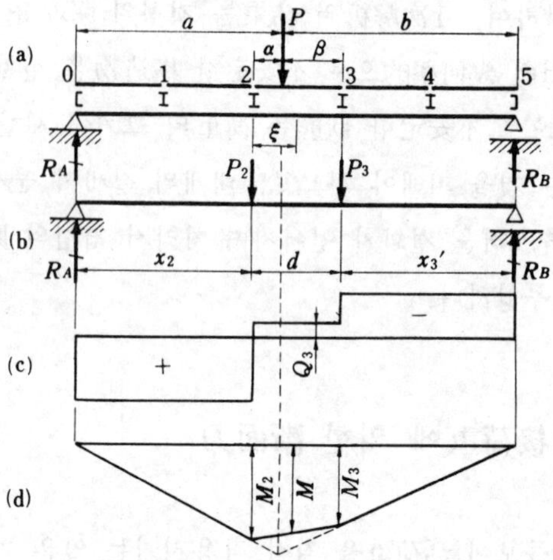

그림 3. 32

縱桁과 橫桁은 보통 단순들보와 같이 지지된 것으로 가정한다.

한 개의 集中荷重 P가, 그림 3.32(a)와 같이, 格點 2와 3 사이에 작용한다면, 主桁에 직접적으로 작용하는 荷重은 格點 2와 3에 작용하는 集中荷重 P_2와 P_3으로 되고, 이들의 크기는 縱桁에 작용하는 反力의 크기와 같다. 그러므로

$$P_2=\frac{P\beta}{d}, \qquad P_3=\frac{P\alpha}{d} \tag{3.26}$$

이들은 P의 分力이므로, P_2와 P_3에 의한 主桁의 反力 R_A와 R_B는 P에 의한 反力과 같다. 이 사실은 P가 어느 格間에 작용하더라도 마찬가지로 성립하며, 따라서 겹침의 原理에 의해 여러 荷重이 동시에 작용하는 때에도 성립한다. 곧

"어느 구조물의 間接荷重에 의한 反力은 각 荷重이 제 위치에서 그 구조물에 직접적으로 작용하는 때의 反力과 같다."

그림 3.32의 경우에 格點 2와 3에서의 휨모멘트 M_2와 M_3은

$$M_2 = R_A x_2, \qquad M_3 = R_B x_3' \tag{3.27}$$

로 되어, 이들도 荷重 P가 主桁에 직접 작용하는 때의 값과 같음을 안다. 이 사실은 다른 格間에도 荷重이 동시에 작용하는 경우에도 일반적으로 성립함을 밝힐 수 있으며, 따라서 다음과 같이 말할 수 있다:

"어느 구조물의 間接荷重에 의한 格點에서의 휨모멘트는 각 荷重이 그 구조물에 직접 작용하는 때의 값과 같다."

그리고 格間에서는, 그 위에 직접적으로 작용하는 荷重이 없으므로, 휨모멘트가 直線的으로 변한다. 그러므로 間接荷重에 대한 휨모멘트도는 각 荷重을 直接荷重으로 보고 작성한 휨모멘트도로부터 그 위의 각 格點에 대응하는 점을 직선으로 연결함으로써 얻어진다.

그림 3.32(a)의 경우에 대한 휨모멘트도는 그림 3.32(d)와 같고, 格點 2로부터 $\xi\,(<d)$의 거리에 있는 斷面에서의 휨모멘트 M은 다음과 같다:

$$M = M_2 \frac{d-\xi}{d} + M_3 \frac{\xi}{d} = M_2 + (M_3 - M_2)\frac{\xi}{d} \tag{3.28}$$

格間에는 직접 작용하는 荷重이 없으므로, 剪斷力은 각 格間 안에서 변하지 않는다. 그래서 이러한 때에는 한 斷面에서의 剪斷力이라는 말 대신에 **格間剪斷力**(shearing force in a panel)이라는 말이 자주 사용된다.

한 格間에서의 剪斷力은 식 (3.2)에 따라 그 格間의 兩端에서의 휨모멘트의 差를 그 格間의 길이로 나눔으로써 얻어진다. 이를테면, 그림 3.32의 경우에 荷重이 작용하는 格間에서의 剪斷力 Q_3은

$$Q_3 = \frac{M_3 - M_2}{d} \tag{3.29}$$

로 된다. 그림 3.32(c)는 이 경우에 대한 剪斷力圖를 나타낸다.

3.11 휨모멘트圖와 剪斷力圖의 圖式的 作成法

때로는, 특히 支間이 길고 荷重이 모두 鉛直方向으로 작용하나 복잡한 때에는, 圖式的으로 휨모멘트도를 작성하는 것이 더 간편하다. 그 作成法은 連力圖의 다음에 설명하는 성질을 이용한 것이다.

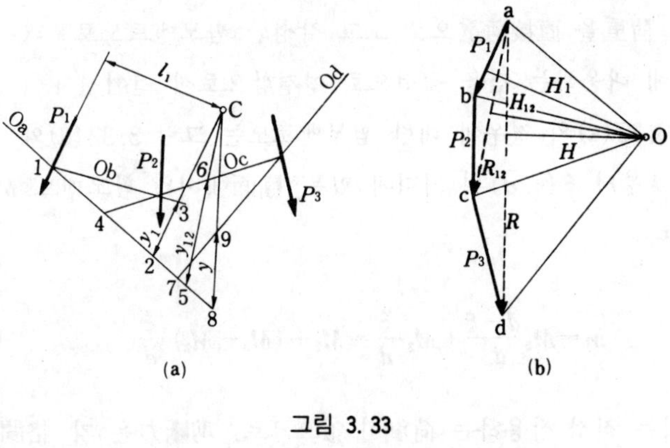

그림 3. 33

그림 3.33(a)와 (b)는 각각 서로 대응하는 連力圖와 示力圖를 나타낸다. 連力圖上의 어느 한 점 C로부터 P_1에 내린 수선의 길이를 l_1, C를 지나서 P_1에 平行하게 그은 직선이 P_1의 作用線 위에서 만나는 두 連力線 Oa와 Ob 또는 그들의 延長線에 의해서 잘리는 截片 $\overline{23}$의 길이를 y_1이라 하고, 示力圖上에서 極 O로부터 P_1에 내린 垂線의 길이를 H_1이라 하면, P_1의 C 점에 대한 모멘트 M_1은

$$M_1 = P_1 l_1 = H_1 y_1 \tag{3.30}$$

으로 된다는 관계가 성립한다. 그 까닭은 △123과 △Oab가 相似形이 되므로,

$$y_1 : l_1 = P_1 : H_1 \tag{3.31}$$

으로 되기 때문이다.

또 P_1과 P_2의 合力 R_{12}는 連力線 Oa와 Oc의 交點 4를 지날 것인데, R_{12}의 C에 대한 모멘트는, C를 지나서 R_{12}에 平行하게 그은 직선이 連力線 Oa와 Oc에 의해 잘리는 截片을 $\overline{56}=y_{12}$, 極 O에서 R_{12}에 내린 垂線의 길이를 H_{12}라고 하면, $H_{12}y_{12}$와 같다.

마찬가지로, P_1, P_2, P_3의 合力 R에 O로부터 내린 垂線의 길이를 H, C를 지나고 R에 平行한 직선이 連力線 Oa와 Od에 의해서 잘리는 截片을 $\overline{89}=y$라고 하면, R의 C에 대한 모멘트는 Hy와 같다.

極 O로부터 낱낱의 힘의 벡터에 내린 垂線의 길이 H_1, H_{12}, H 등을 **極距離**(pole distance)라고 한다. 그림 3.33의 경우에, 특히 P_1, P_2, P_3가 서로 平行하다면, 示力圖는 힘의 직선으로 되고, 極距離는 모든 힘에 대하여 같게 된다. 이러한 때에는 어느 한 힘의 점 C에 대한 모멘트를 구하기 위해서는 C를 지나고 힘의 직선에 平行한 직선의 그 힘에 대응하는 截片의 길이만을 측정하면 된다.

極距離는 示力圖 위의 길이이므로 힘의 縮尺으로 재어야 하고, 截片은 連力圖(空間圖) 위의 길이이므로 길이의 縮尺으로 재어야 함은 말할 나위도 없다.

이상의 사실을 알면, 그림 3.34와 같이 鉛直荷重의 작용을 받는 단순들보에 대하여 그 反力을 결정하기 위해 그린 連力圖가 바로 휨모멘트도로 된다는 것을 깨닫게 될 것이다. 이 경우의 連力圖는 始邊

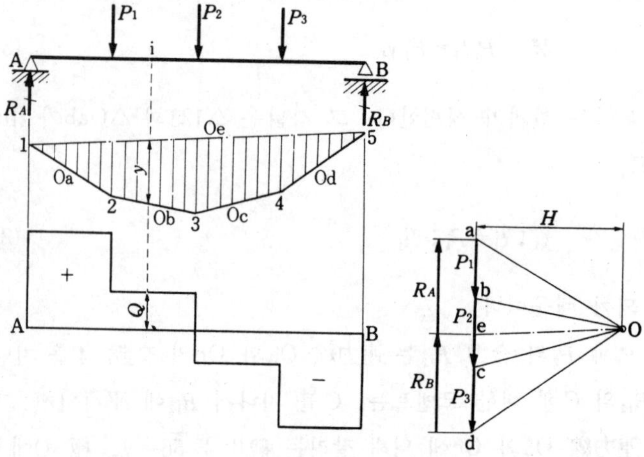

그림 3.34

Oa가 廻轉端 A를 지나도록 그리지 않아도 좋다. A를 지나는 鉛直線 위의 임의의 점 1을 지나기만 하면 된다. 連力圖가 작성되었으면 임의의 斷面 i에서의 휨모멘트 M은 i를 지나는 鉛直線의 連力線으로 잘리는 截片 y와 極距離 H의 곱으로서 주어진다. 곧

$$M = Hy \tag{3.32}$$

이 사실은, i 斷面에서의 휨모멘트 M이 R_A와 P_1의 合力의 i에 대한 모멘트와 같고, 그 合力은 示力圖 위에서 $\overrightarrow{eb}$로 주어지는데, 이것을 끼고 있는 極射線 Oe와 Ob에 대응하는 連力線 Oe와 Ob 사이에 y가 끼이어 있다는 사실로부터, 명백히 알 수 있는 일이다. 따라서 그림 3.34의 連力圖는 각 斷面에서의 휨모멘트의 $1/H$을 나타낸다. 그러므로 이 連力圖를 휨모멘트도로 볼 수 있다.

그림 3.34에서는 終邊 Oe가 휨모멘트도의 基線으로 되는데, 이것을 水平하게 잡으려면, 示力圖 위에서 점 e로부터 水平線 $eO_1 = H$를 그어서 점 O_1을 결정하고, O_1을 새 極點으로 하여 連力圖를 다시 그

리면 된다.

또 그림 3.34에는 剪斷力圖도 그려 놓았는데, 그 作圖法은 그 그림으로부터 분명할 것이므로, 이에 관해서는 특히 설명을 덧붙일 필요가 없을 것이다.

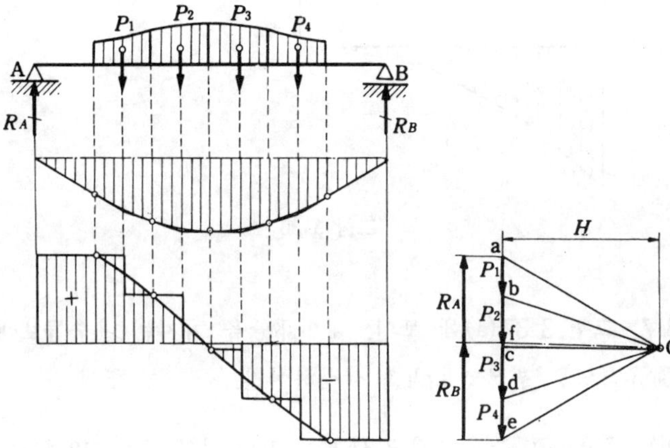

그림 3.35

分布荷重이 작용하는 경우에는, 그림 3.35와 같이, 이것을 임의의 수효의 部分으로 나누어, 먼저 각 部分의 合力 P_1, P_2, P_3,… 에 대하여 휨모멘트도와 剪斷力圖를 작성하고, 다음에 이들 위의 荷重分割點에 대응하는 점들을 미끄러운 曲線으로 연결하면 된다. 荷重의 分割을 더 잘게 하면 더 좋은 결과를 얻을 수 있고, 또 충분히 細分하였을 때에는 미끄러운 曲線으로 연결하는 절차를 생략할 수 있다.

캔틸레버의 경우에는, 그림 3.36과 같이, 自由端에 가까운 荷重부터 차례로 취하여 示力圖를 그리고, 그 始點을 지나는 水平線 위에 極點 O를 정하여 作圖하면 된다. 그림 3.36에서 自由端과 固定端이 맞바뀌어 있는 경우에 대해서도 剪斷力圖와 휨모멘트를 圖式的으로 작성해 보는 것은 이 방법을 이해하는 데 도움이 될 것이다.

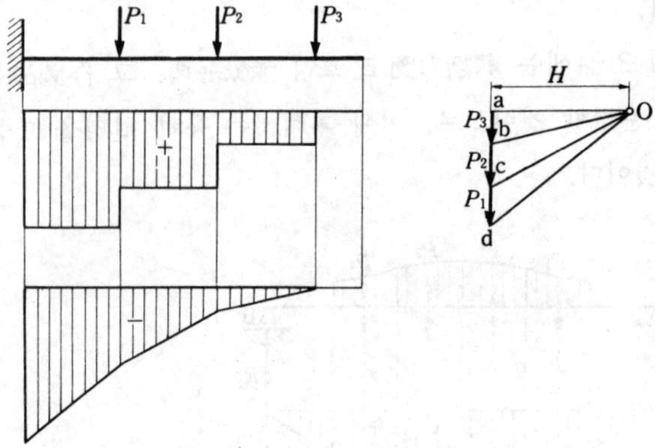

그림 3. 36

예제 3.7　그림 3.37(a)에 보인, 내민部分을 가지는 단순들보에 대하여 圖解法으로 휨모멘트圖를 작성하여라.

(풀이)　等分布荷重을, 그림 3.37(b)에 보인 바와 같이, 12개의 集中荷重으로 대치한 다음에, 그림 3.37(c)에 보인 바와 같이 힘의 직선 ab …p를 그리고, 極距離를 $H=20\,\mathrm{t}$으로 잡아서 極點 O를 정한다. 그림 3.37(d)에 보인 바와 같이, 廻轉端 A를 지나는 鉛直線 위의 임의의 한 점을 始邊 Oa가 지나도록, 極點 O에 대응하는 連力圖 Oa, Ob, …, Op를 그리고, 連力線 Op와 移動端 B에서의 反力의 作用線과의 交點을 정하여 閉合邊 Oq를 결정한다. 다음에 閉合邊 Oq에 대응하는 極射線 Oq를 그어 示力圖 위에서 q점의 위치를 결정한다. 그러면 支點 A와 B에서의 反力이 각각 $\overrightarrow{qa}$와 $\overrightarrow{pq}$로서 정해지고, 그림 3.37(d)가 구하려는 휨모멘트도로 된다. 이를테면, 점 D에서의 휨모멘트 M_D는 截片 $y_D=2.0\,\mathrm{m}$를 잼으로써 얻어진다. 곧

$$M_D=y_DH=2.0\times20=40\,\mathrm{t\cdot m}$$

이 값은 계산으로 얻어지는 정확한 값 39.2 t·m와 2%의 誤差밖에

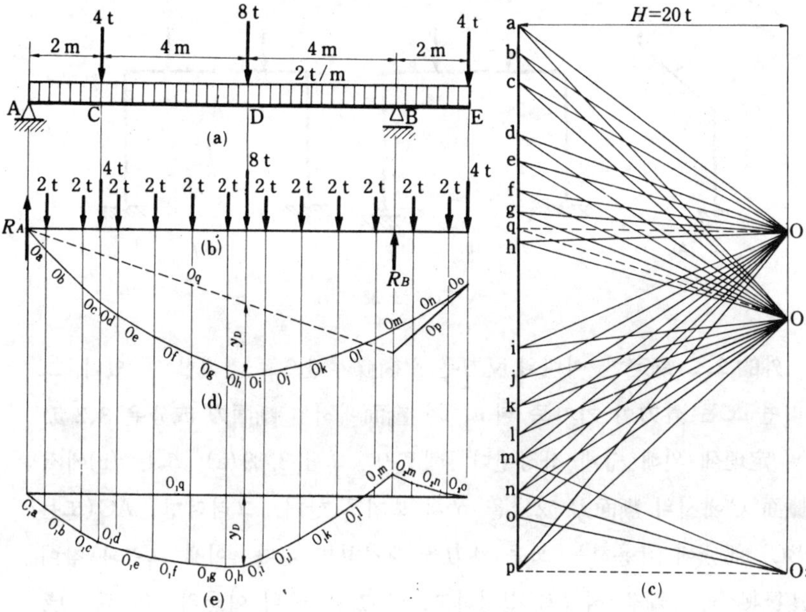

그림 3. 37

없다.

휨모멘트도의 基線을 水平하게 바로잡으려면, 그림 3.37(e)와 같이 極點 O_1과 O_2를 각각 q와 p와 같은 水平線 위에 있도록 새로 정하고 이들에 대응하는 連力圖를 그리면 된다.

3.12 라멘과 아치의 斷面力

라멘이나 아치는 대부분이 不靜定構造物에 속하지만, 특히 그림 3.38에 보인 것들은 靜定하다. 이들 가운데 (a)와 (c)는 많이 실용되는 구조양식이다. 그리고 이들 셋의 어느 것도 不靜定 構造物의 解析 도중에 나타날 수 있는 구조물이다.

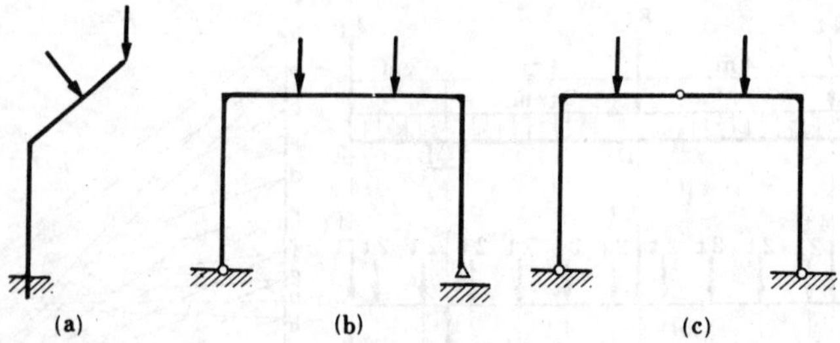

그림 3. 38

外的으로 靜定한 뼈대의 反力은 平衡條件만으로 결정할 수 있다. 그러면 모든 外力이 기지로 되고, 각 斷面에서의 斷面力 成分은 3.3 節의 定理에 의해 쉽게 산정된다. 예로서 그림 3.39(a) 또는 (b)에서 斷面 C에서의 斷面力 成分을 구해 보기로 한다. 그러려면 AC(또는 BC) 部分에 작용하는 모든 外力을 생각하면 된다. 이제 그림과 같이 座標軸 x, y軸을 적당히 설정하고, 外力 P_1 등의 이들의 方向의 成分을 각각 X_1, Y_1 등으로, 斷面 C의 座標를 (x_c, y_c)로, 外力 P_1 등의 着力點의 座標를 (x_1, y_1) 등으로 적으면, 斷面 C에서의 휨모멘트 M_C는

$$M_C=\sum_A^C Y_1(x_c-x_1)-\sum_A^C X_1(y_c-y_1) \tag{3.33}$$

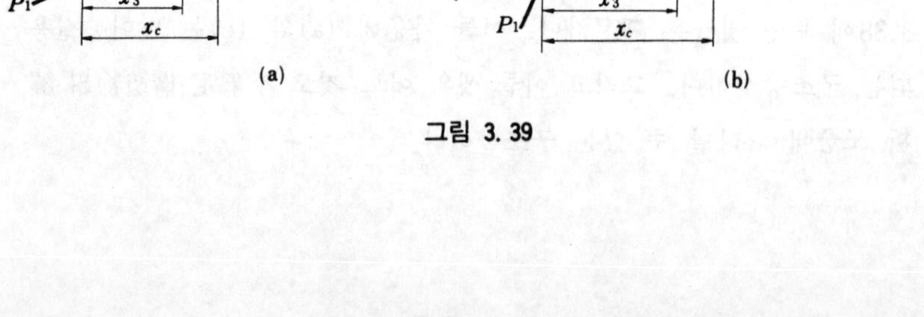

그림 3. 39

으로 된다. 다음에 斷面 C에서의 材軸의 接線 t와 x軸 사이의 각을 ϕ라고 하면, AC 部分에 작용하는 모든 外力의 x, y 方向의 分力의 총합 X, Y가

$$X=\sum_{A}^{C} X_1, \qquad Y=\sum_{A}^{C} Y_1 \tag{3.34}$$

으로 되므로, C에서의 剪斷力 Q_C와 軸方向力 N_C는 다음과 같이 된다:

$$Q_C=-X\sin\phi+Y\cos\phi \tag{3.35}$$

$$N_C=-X\cos\phi-Y\sin\phi \tag{3.36}$$

外的으로 不靜定한 뼈대일지라도, 모든 反力要素를 어떠한 방법에 의해서든지 일단 결정하고 나면, 각 斷面에서의 斷面力 成分은 위와 마찬가지로 하여 산정할 수 있다. 그러나 그림 3.40(a)와 같이 部材들이 閉合形으로 연결된 뼈대에 대해서는 위와 같이 해서는 斷面力이 산정되지 않는다. 이것은 內的으로도 不靜定한 구조물이기 때문이다. 같은 閉合形이라도 그림 3.40(b)와 같이 3滑節아치式으로 연결된 뼈대는 內的으로 정정하므로 물론 平衡條件만으로 斷面力 成分을 결정할 수 있다.

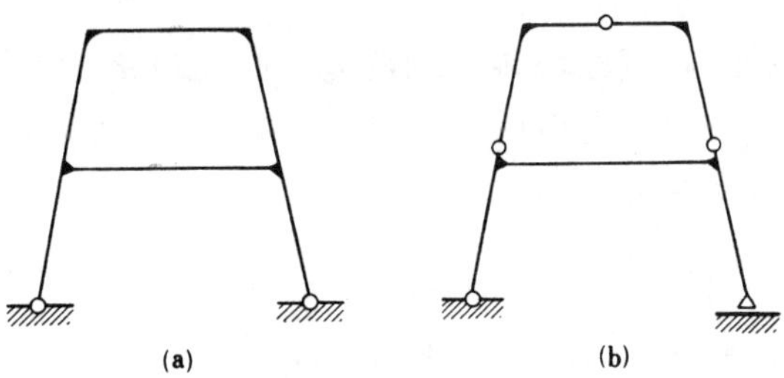

(a) (b)

그림 3.40

예제 3.8 그림 3.41(a)와 같이 캔틸레버式으로 지지된 라멘에 그림과 같은 荷重이 작용할 때 각 斷面에서의 斷面力 成分을 구하여라.

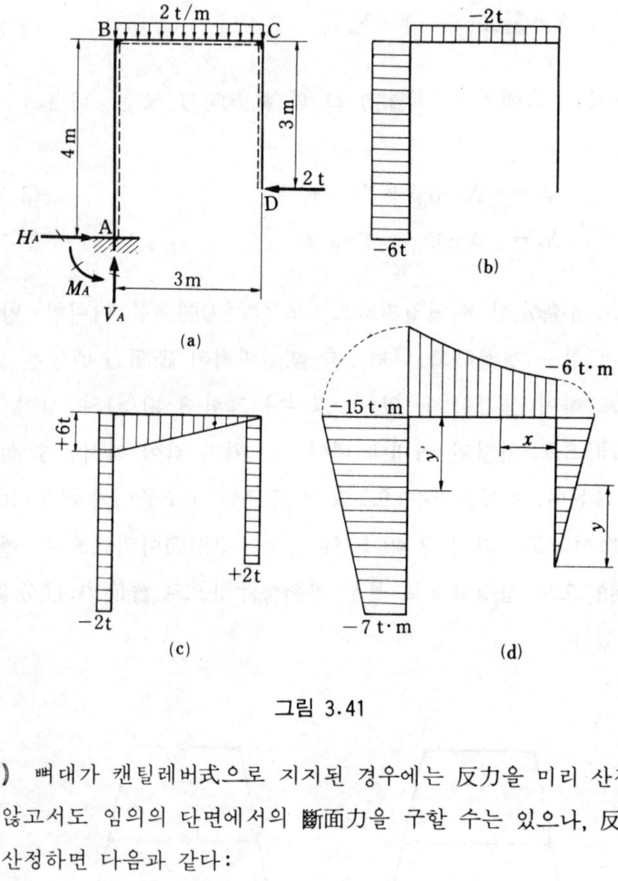

그림 3.41

(풀이) 뼈대가 캔틸레버式으로 지지된 경우에는 反力을 미리 산정해 두지 않고서도 임의의 단면에서의 斷面力을 구할 수는 있으나, 反力成分을 산정하면 다음과 같다:

$$H_A = 2\ \mathrm{t}, \quad V_A = 2\times 3 = 6\ \mathrm{t}$$

$$M_A = 2\times 3\times 1.5 - 2\times(4-3) = 7\ \mathrm{t\cdot m}$$

軸方向力 N은 각 部材마다 일정한 값으로 되며 다음과 같다:

$$N_{CD}=0,\ N_{BC}=-2\,\mathrm{t},\ N_{AB}=-6\,\mathrm{t}$$

剪斷力 Q는 部材 CD와 AB에서는 일정한 값

$$Q_{CD}=+2\,\mathrm{t},\ Q_{AB}=-2\,\mathrm{t}$$

으로 되고, BC에서는 直線的으로 변하며, 점 C로부터 왼쪽으로 x의 거리에 있는 단면에서의 剪斷力은

$$Q=+2x\,(\mathrm{t})$$

으로 된다.

휨모멘트는 그림과 같이 안쪽에 破線을 그어두고 그림과 같은 座標를 사용하면, 다음과 같이 된다:

D~C 사이에서 $M=-2y\,(\mathrm{t\cdot m})$

C~B 사이에서 $M=-6-\dfrac{2x^2}{2}\,(\mathrm{t\cdot m})$

B~A 사이에서 $M=-9-2(3-y')\ \ (\mathrm{t\cdot m})$

이상에 의해 軸方向力圖, 剪斷力圖, 휨모멘트圖를 그리면, 각각 그림 3.41(b), (c), (d)와 같다.

휨모멘트圖를 그릴 때, 그림과 같이 그 縱距를 材軸이 변형 후에 볼록해지는 쪽에 세우는 것이 보통이다. 이와 반대되는 쪽에 縱距를 세워도 무방하나, 하여간 이러한 규약을 미리 정해 두고 그 규약에 따라 휨모멘트圖를 그리면, 이로부터 材軸이 변형 후에 어느 쪽으로 휘는가를 바로 알 수 있게 된다. 이하 本書에서는 그림 3.41(d)를 그릴 때의 규약을 고수한다. 이러한 규약에 따라 휨모멘트도를 그린다면, 휨모멘트式을 세우지 않는 한, 휨모멘트의 부호와 破線에 관한 규약은 필요없게 된다.

演 習 問 題

問 3.1 예제 3.2의 경우에, $P_1 = 5$ t, $P_2 = 4$ t, $P_3 = 6$ t, $P_4 = 7$ t, $l = 15$ m, $a_1 = 3$ m, $a_2 = 5$ m, $a_3 = 8$ m, $a_4 = 12$ m인 때, 最大휨모멘트가 일어나는 斷面의 위치를 구하고 그 크기를 산정하여라.

問 3.2 그림의 각 경우에 대해 휨모멘트도와 전단력도를 작성하여라.

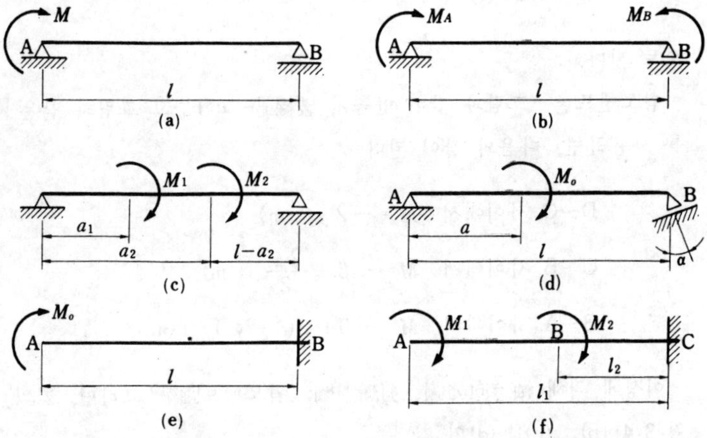

問 3.3 내민부분을 가지는 단순들보에 그림과 같은 荷重이 작용하는 각 경우에 대해 전단력도와 휨모멘트도를 작성하여라.

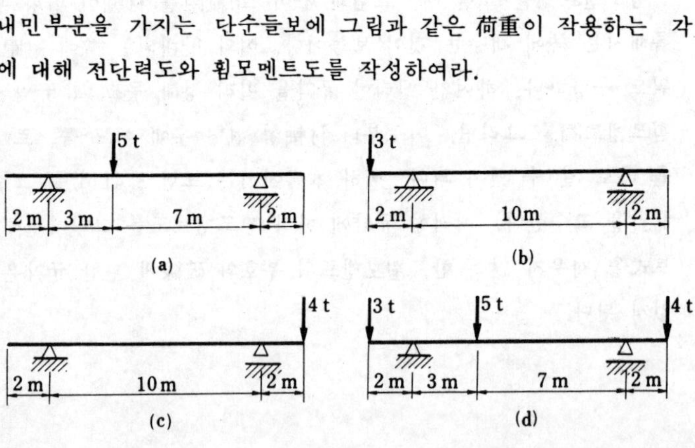

問 3.4 支間 8 m의 단순들보에 強度 $p=3\,\mathrm{t \cdot m}$의 等分布荷重이 만재되어 있다. 전단력도와 휨모멘트도를 작성하고 최대전단력과 최대휨모멘트의 값을 구하여라.

問 3.5 그림과 같은 치수의 물빈지(flash-board)가 있다. 이 물빈지는 같은 크기의 6개의 널판으로 만들어져 있고, 각 널판은 支間 3.2 m의 단순들보로 볼 수 있다. 맨아래 널판에 작용하는 최대휨모멘트를 구하여라. 물의 單位重量은 $1000\,\mathrm{kg/m^3}$으로 볼 수 있고, 한 널판에 작용하는 水壓은 그 널판의 높이의 中點에서의 水壓을 가지고 等分布한다고 볼 수 있다.

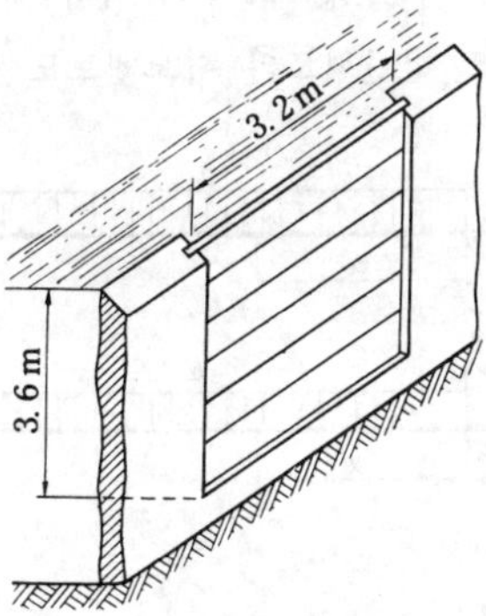

問 3.6 前問의 경우에 6개의 널판에 각각 같은 크기의 최대휨모멘트가 작용하도록 하려면, 각 널판의 幅을 어떻게 잡아 주어야 하는가?

問 3.7 그림과 같은 각 경우에 전단력도와 휨모멘트도를 작성하고, 최대휨모멘트의 값을 구하여라.

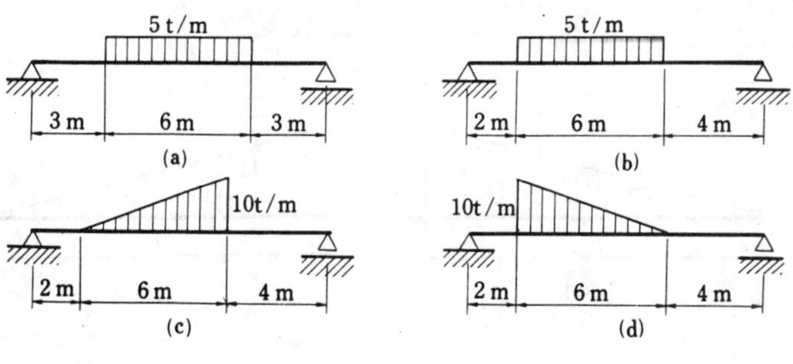

問 3.8 그림과 같은 경우에도 최대휨모멘트가 식 (3.15)로 표시됨을 밝혀라.

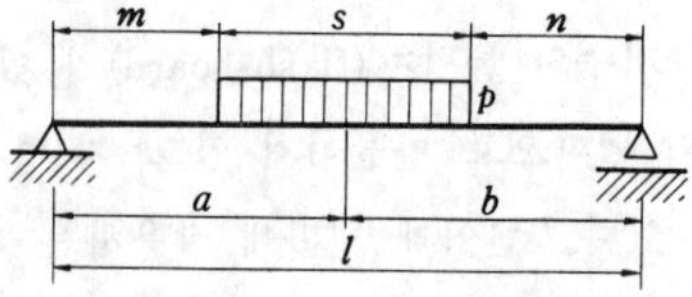

問 3.9 強度 p의 等布荷重이 만재된 캔틸레버에 대하여, x를 그림에 보인 바와 같이 自由端과 固定端으로부터 각각 재어서 剪斷力式과 휨모멘트式을 구하여라. 또 전단력도와 휨모멘트도를 작성하여라.

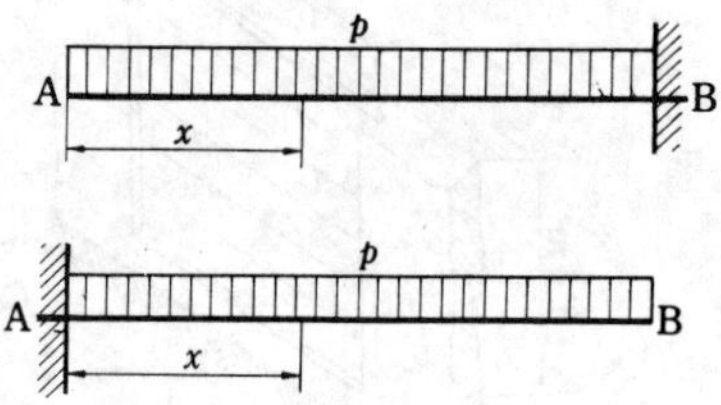

問 3.10 다음 각 그림의 캔틸레버에 대하여 自由端으로부터 임의의 단면까지의 거리를 x로 적어서 剪斷力式과 휨모멘트式을 구하고, 전단력도와 휨모멘트도를 작성하여라.

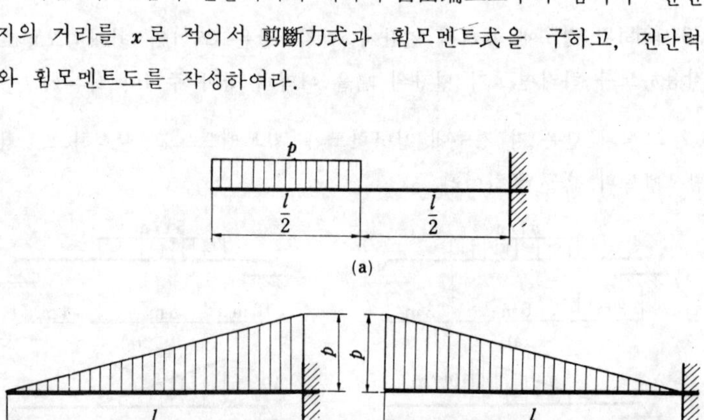

(a)

(b) (c)

問 3.11 그림의 들보에 대하여 전단력도와 휨모멘트도를 작성하여라.

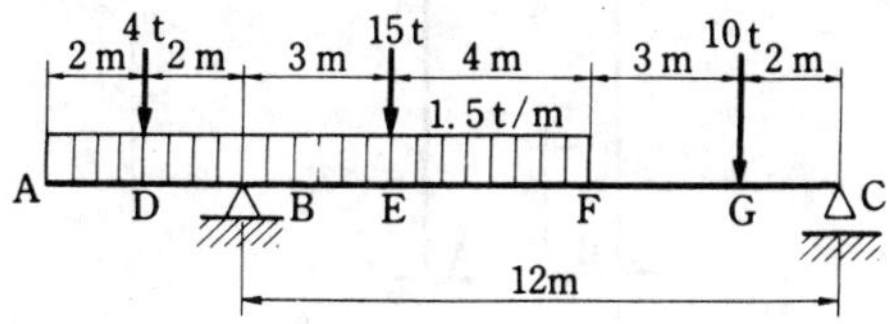

問 3.12 다음 각 그림의 구조물에 대하여 軸方向力圖, 剪斷力圖, 및 휨모멘트圖를 작성하여라.

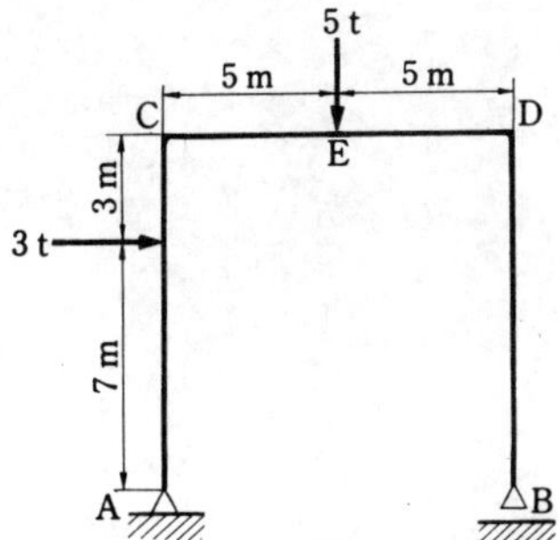

(a)

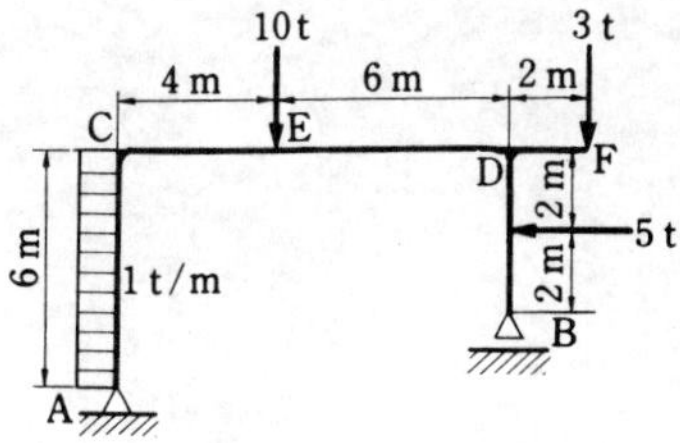

(b)

(c)

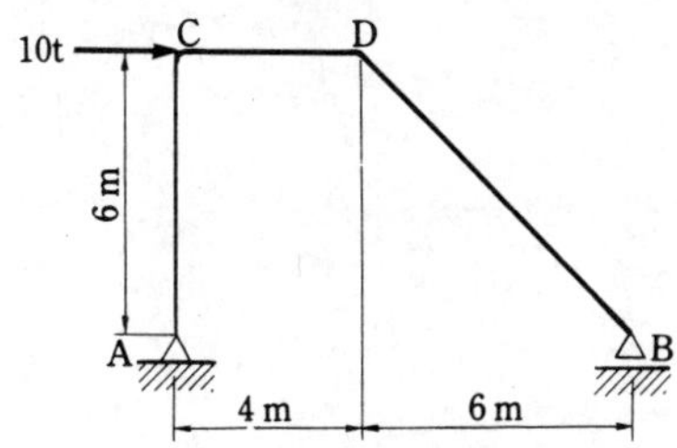

(d)

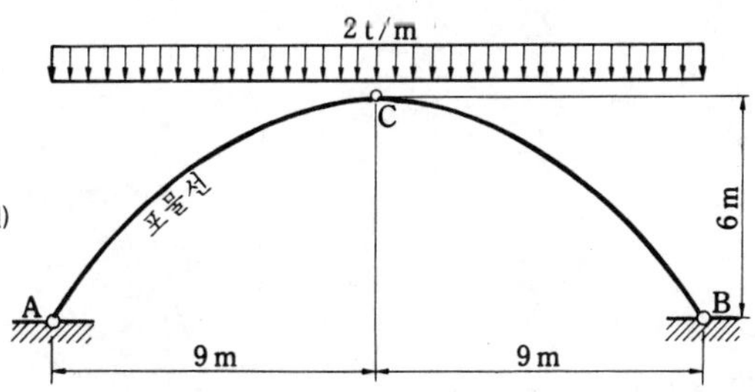

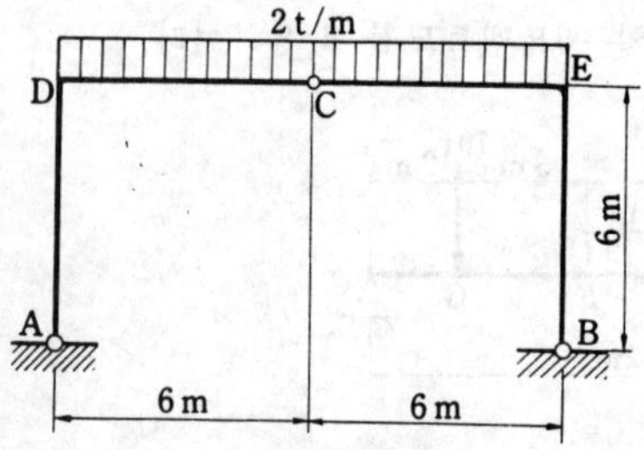

(e)

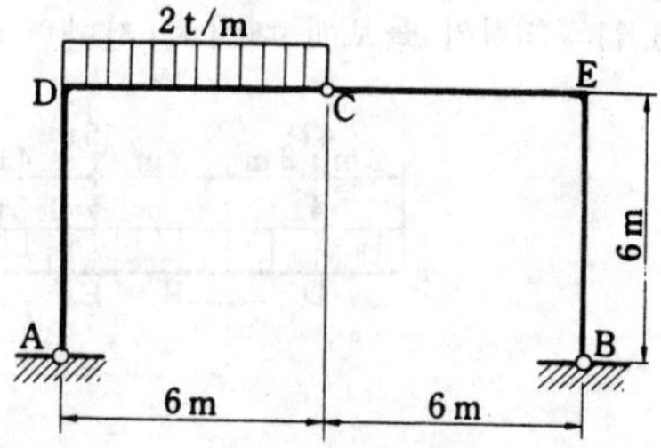

(f)

4

靜定트러스의 部材內力

4.1 트 러 스

여러 개의 直線部材를 그들의 兩端에서 서로 적절하게 연결하여 그들의 連結點 곧 節點에 작용하는 어느 크기의 범위 안의 임의의 荷重群에 견딜 수 있도록 만들어진 구조물을 **트러스**(truss)라고 일컫는다. 이러한 종류의 구조물은 로마 시대에도 建造되었으나, 큰 支間의 트러스를 처음으로 만든 분은 르네상스 시대의 이탈리아의 유명한 건축가 Andrea Palladio(1518~1580)라고 전해져 오고 있으며, 현재는 橋梁트러스, 지붕트러스, 送電塔 등으로 실지로 많이 사용되고 있다.

어느 한 트러스를 구성하는 모든 部材가 이에 작용하는 모든 外力의 作用線과 함께 한 平面 안에 있을 때 그 트러스를 **平面트러스**(plane truss)라 하고, 그렇지 않은 것을 **立體트러스**(space truss)라고 한다. 교량트러스와 지붕트러스는 平面트러스에 속하고, 送電塔이나 도움에 사용되는 트러스는 立體트러스에 속한다. 本章에서는 平面트러스만을 다루고 立體트러스는 제6장에서 다루기로 한다.

실지로 많이 사용되는 교량트러스의 대표적인 형식과 그 이름을 들면 그림 4.1과 같다. 이들 가운데서도 와렌(Warren)트러스와 프래트(Pratt)트러스가 가장 많이 사용된다. 이들의 그림에서 實線은 部材의

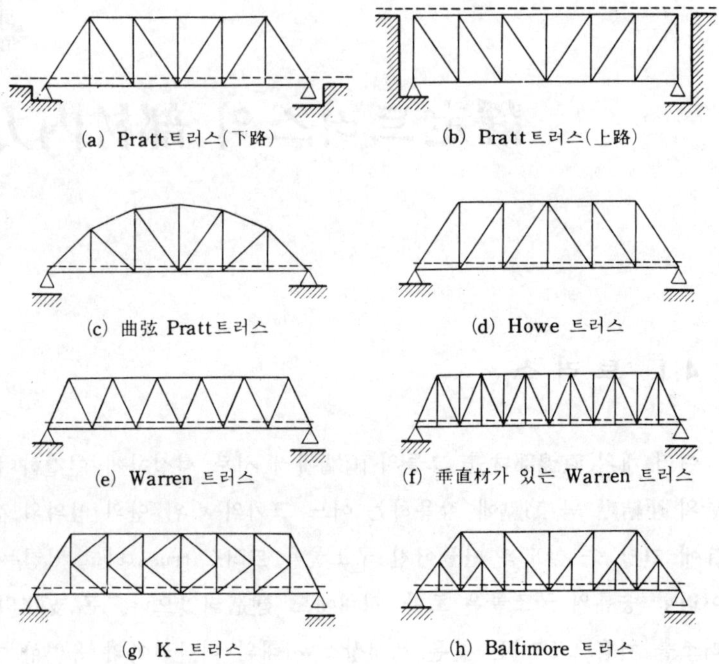

(a) Pratt트러스(下路)　(b) Pratt트러스(上路)

(c) 曲弦 Pratt트러스　(d) Howe 트러스

(e) Warren 트러스　(f) 垂直材가 있는 Warren 트러스

(g) K-트러스　(h) Baltimore 트러스

그림 4.1

材軸을 나타내고, 點線은 路面의 位置를 나타낸다.

한 트러스의 外廓을 형성하는 部材를 **弦材**(chord member)라 하고, 그 안에 있는 나머지 部材를 **腹部材**(web member)라고 한다. 弦材 가운데 위에 있는 것을 **上弦材**(upper chord), 아래에 있는 것을 **下弦材**(lower chord), 兩端에 있는 것을 **端柱**(end post)라고 부른다. 端柱는 가끔 上弦材 또는 下弦材에 포함시키는 일이 있다. 腹部材도 그것이 鉛直한가 그렇지 않은가에 따라 **垂直材**(vertical member)와 **斜材**(diagonal member)로 나뉘어 불린다.

上弦材와 下弦材가 平行한 트러스를 **直弦** 또는 **平行弦트러스**(parallel chord truss)라 하고 그렇지 않은 것을 **曲弦트러스**(curved chord truss)

라고 한다. 그림 4.1에서는 (c)만 曲弦트러스이고 나머지는 모두 直弦트러스이다.

上下 兩弦 가운데 路面施設物을 직접 받치고 있는 것을 **載荷弦**(loaded chord)이라 한다. 그림 4.1에서 (b)는 上弦이 載荷弦으로 되어 있는데 이러한 트러스를 **上路트러스**(deck truss)라고 한다. (b) 이외의 트러스는 모두 下弦이 載荷弦으로 되어 있다. 이러한 트러스를 **下路트러스**(through truss)라고 한다.

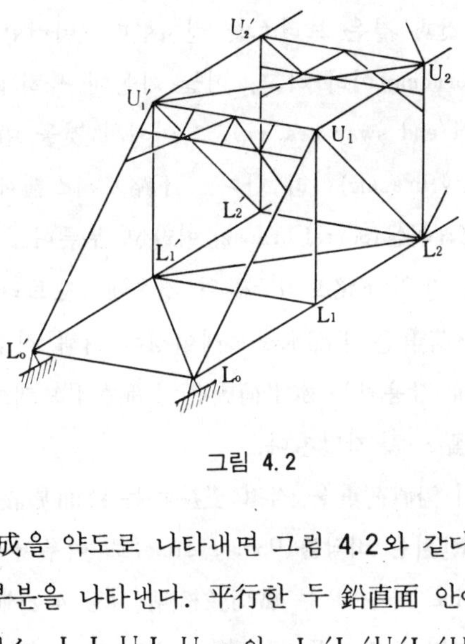

그림 4.2

트러스橋의 構成을 약도로 나타내면 그림 4.2와 같다. 이것은 下路트러스橋의 한 부분을 나타낸다. 平行한 두 鉛直面 안에 나란히 있는 2개의 교량트러스 $L_0L_1U_1L_2U_2\cdots$와 $L_0'L_1'U_1'L_2'U_2'\cdots$는 트러스橋에서 가장 중요한 構造部分으로서 이들을 **主트러스**(main truss) 라고 한다. 主트러스는 鉛直荷重에 대해서는 강하지만 트러스面에 수직한 水平荷重에 대해서는 抵抗能力이 거의 없다. 橋梁이 風荷重과 같은 水平荷重에도 견딜 수 있게 하기 위해 L_0L_0', U_1U_1', L_1L_1'와 같은 **支材**(strut)와 L_0L_1', $U_1'U_2$와 같은 斜材로 兩 主트러스를 서로 연결해 준다. 그러면 上部에 있는 支材와 斜材는 主트러스의 上弦材와 함께 하나의 平面트러스를 형성하고 下部에 있는 支材와 斜材는 主트러스의 下弦材와 함께 또 하나의 平面트러스를 형성한다. 이들을 각각 **上部水平브레이싱**(upper lateral bracing) 및 **下部水平브레이싱**(lower lateral bracing)이라고 부른다.

두 개의 主트러스와 두 개의 水平브레이싱으로 箱子形의 구조물이 얻어지는데 이들만으로는 그 箱子形의 形狀을 유지하기 어렵다. 그 형상이 찌그러지는 것을 막기 위해 그림 4.2에서 矩形 $U_2L_2L_2'U_2'$ 안의 上部에 있는 것과 같은 트러스를 설치한다. 이러한 트러스를 **垂直브레이싱**(sway bracing)이라 하고, 이들 가운데 특히 兩端部에 있는 것을 **端垂直브레이싱**(end sway bracing), 그 이외의 것을 **中間垂直브레이싱**(intermediate sway bracing)이라 한다. 下路트러스橋에서는 端垂直브레이싱을 **橋門브레이싱**(portal bracing)이라고 부른다.

그림 4.2와 같은 下路트러스橋의 경우에, 主트러스의 下弦節點에 작용하는 水平荷重은 下部水平브레이싱에 의해 직접 支點으로 전달되고, 上弦節點에 작용하는 水平荷重은 上部水平브레이싱과 橋門브레이싱을 통해 支點으로 전달된다.

交通物 등의 鉛直荷重을 직접 支持하는 路面施設物은 **바닥板**(floor)과 바닥板을 받치는 **바닥틀**(floor system)로 이루어진다. 바닥틀은 兩主트러스의 서로 마주 보는 載荷弦格點(그림 4.2에서 L_0와 L_0', L_1과 L_1',…)에 연결되는 橫桁들과 橫桁에 의해 支持되는 縱桁들로 이루어진다. 橫桁은 그 곳에 있어야 할 支材의 구실을 겸하게 된다. 이와 같이 하여 모든 鉛直荷重은 바닥板과 바닥틀을 통해 間接 集中荷重으로서 主트러스의 載荷弦格點에 작용하게 된다.

그림 4.3은 실지로 많이 사용되는 지붕트러스의 대표적인 형식을 보인 것이다. 한 지붕을 형성하려면 여러 개의 똑같은 트러스가 필요하게 된다. 이들은 等間隔으로 平行하게 壁體위에 놓이게 되고, 브레

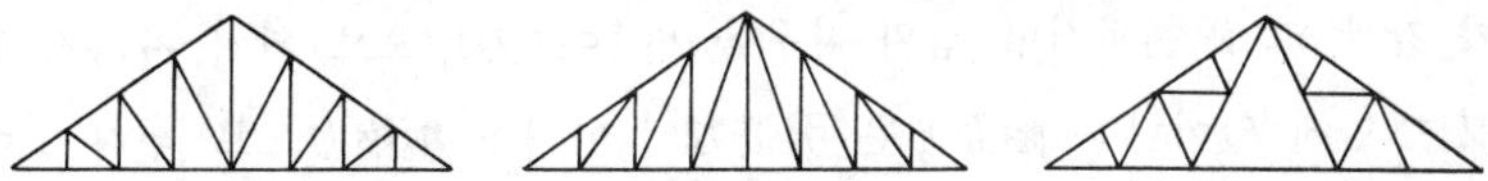

(a) Howe 트러스 (b) Pratt 트러스 (c) Fink 트러스

그림 4.3

이싱으로 서로 연결된다. 지붕은 지붕트러스의 上弦格點에 의해 支持되는 水平部材인 도리(purlin)와 이 水平部材들에 의해 지지되는 서까래(rafter)를 配置한 다음에 그 위에 지붕널을 깔고 그 위를 지붕잇기로 덮음으로써 완성된다. 그러므로 지붕에 작용하는 風荷重이나 雪荷重도 지붕트러스에는 上弦格點에 集中荷重으로서 작용하게 된다.

트러스의 특징은, 위에서 든 교량트러스와 지붕트러스의 실례로부터 알 수 있는 바와 같이, 그것이 三角形網狀으로 연결된 여러 개의 直線部材로 이루어져 있다는 점과 이에 작용하는 荷重이 그 節點에만 작용한다는 점인다. 그 결과 트러스의 構成部材 안에 일어나는 斷面力成分 가운데 트러스 全體로서의 力學的 擧動에 주된 영향을 끼치는 成分은 軸方向力이 된다. 이에 비하면 휨모멘트와 剪斷力은 2次的인 영향밖에 주지 않는다. 그래서 트러스의 力學的 擧動을 조사하려는 때에는 트러스部材에는 휨모멘트와 剪斷力이 전혀 일어나지 않는 것으로 가정하는 것이 보통이다.

만일 트러스가 다음 조건을 만족시킨다면 그 트러스의 모든 部材는 軸方向力의 작용만을 받게 될 것이다:

(1) 모든 部材의 材軸은 완전한 직선이고 이들은 각 節點에서 한 점에서 만난다.

(2) 모든 節點은 滑節이다.

(3) 모든 外力은 節點에만 작용하고 모든 部材의 自重은 무시할 수 있다.

위의 3개의 조건을 만족시키는 理想的인 트러스에서는 모든 部材

가 각각 그 兩端에서만 힘의 작용을 받는 二力片으로 되며, 따라서 각 部材 안에 일어나는 斷面力은 引張力이 아니면 壓縮力으로 된다. 이 引張力 또는 壓縮力은 軸方向力에 속하지만, 한 트러스部材에서는 이 것이 斷面의 位置에 관계없이 일정한 값을 잡으므로, 이것을 특히 **部材內力**(member stress, bar force)이라고 부른다. 주어진 荷重에 대하여 靜定한 트러스의 部材內力을 구하는 방법을 살펴보는 것이 本章의 주된 목적이다. 앞으로 部材內力은 이것이 引張力일 때 陽, 壓縮力일 때 陰의 값을 잡는 것으로 약속한다.

위에서 말한 理想的인 트러스를 실지로 만들기는 어렵지만, 위의 3조건을 보다 근사하게 만족시키는 트러스가 보다 큰 剛性을 가지게 되므로, 실지로 트러스를 設計하고 製作할 때에는 위의 3조건을 될 수 있는 대로 충실히 만족시키도록 애써야 한다. 그러나 아무리 애쓰더라도 部材의 自重을 없앨 수는 없고 또 조건 (2)를 충족시키기는 어렵다.

部材의 自重은 트러스에 작용하는 全荷重에 비하여 극히 작으므로 이것을 무시하거나 또는 이것을 兩分하여 그 部材의 兩端에 集中해서 작용하는 것으로 보거나 하더라도 큰 오차는 일어나지 않는다.

조건 (2)를 충족시킬 수는 없으며 따라서 실제의 트러스의 節點에는 剛性이 남게 되고 그것은 滑節이라기보다는 오히려 剛節에 가깝다. 그 결과 실제의 트러스에서는 軸方向力에 의한 應力(單位面積마다의 內力)에 휨에 의한 應力이 부가된다. 이 부가되는 휨應力을 **2次應力**(secondary stress)이라 하고, 이에 대해 部材內力에 의한 應力을 **1次應力**(primary stress)이라 한다. 2次應力은 별도로 다룰 수 있으므로, 이에 관한 것은 9.9節로 미루고 本章에서는 이것을 전혀 생각하지 않기로 한다. 따라서 本章 나머지에서 말하는 트러스는 모두 이상적인 트러스를 가리킨다.

4.2 靜定트러스의 種類

여러 개의 直線部材를 滑節로 연결해서 이루어지는 트러스가 전체로서 外力에 저항할 수 있으려면 트러스의 形狀이 어느 한도 안의 어떠한 荷重에 의해서도 허물어지지 않아야 한다. 트러스의 構成部材를 모두 剛體라고 생각할 때 어떠한 힘에 의해서도 형상이 허물어지지 않는 트러스를 內的으로 安定한 트러스라고 한다. 內的으로 安定한 트러스는 한 개의 剛體平板과 같으므로, 이것을 外的으로 安定하게 지지하면 전체적으로 安定한 트러스가 된다. 물론 內的으로 不安定한 트러스라도 이것을 적당하게 지지하면 全體的으로 安定한 트러스로 만들 수 있다. 本節에서는 먼저 靜定한 트러스의 基本的인 構成方法을 논하고, 다음에 그 밖의 構成方法으로 엮어진 靜定한 트러스를 記述한다.

4.2.1 單純트러스

먼저 그림 4.4와 같은 2개의 간단한 트러스를 생각한다. 그림 4.4 (a)의 矩形트러스는 그림과 같은 두 힘 P의 작용에 의해 點線으로 보인 바와 같은 형상으로 허물어진다. 이 形狀의 崩壞는 힘 P의 크

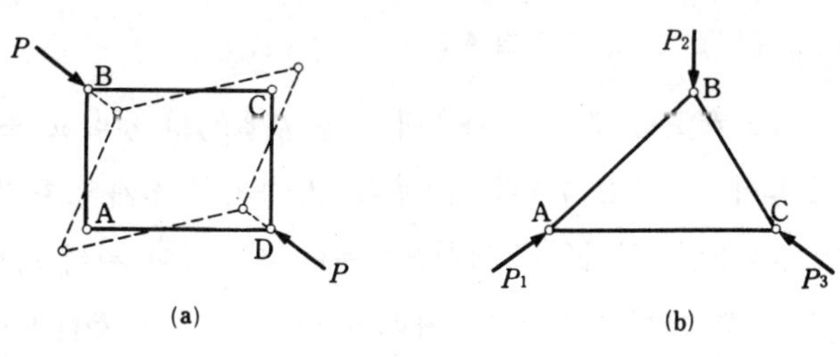

그림 4.4

기가 작더라도 일어나고 部材의 길이의 변화를 동반하지 않는다. 이 사실은 임의의 4각형의 트러스에서도 또 4개 이상의 部材를 1개의 多角形으로 연결함으로써 얻어지는 어떠한 트러스에서도 마찬가지로 성립한다. 그런데 그림 4.4(b)의 3角形트러스는 그 頂點에 작용하는 어떠한 平衡力系에 의해서도 그 형상이 허물어지지 않는다. 그러므로 이것은 가장 간단한 內的으로 安定한 트러스이다.

3角形트러스 全體를 한 部材라고 생각하면, 여기에 그림 4.5와 같이 두 部材 BD와 CD를 덧붙여서 새로 節點 D를 만듦으로써 얻어지는 트러스 ABCD가 역시 內的으로 安定함을 안다. 여기에 다시 두 部材 AE와 DE를 덧붙여서 새로 節點 E를 만들면 더 큰 內的으로 安定한 트러스가 얻어진다. 이것을 거듭해 나가면 여러 가지 형상의 內的으로 安定한 트러스가 얻어진다. 이렇게 해서 형성되는 트러스를 **單純트러스**(simple truss)라고 한다.

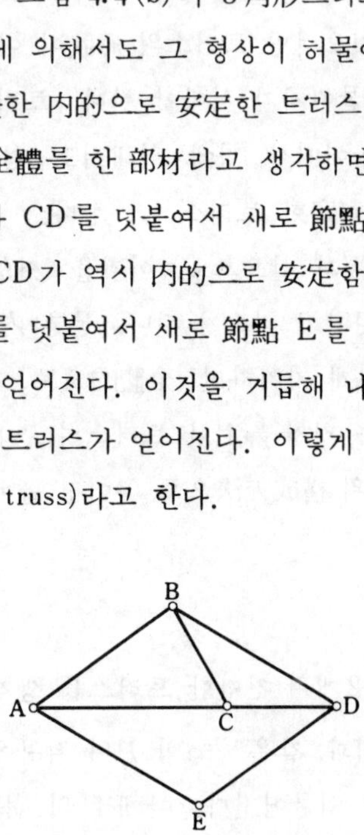

그림 4.5

單純트러스는 安定한 트러스 가운데 가장 基本的인 것이고 또 실용적으로도 중요하다. 그림 4.1의 (a)부터 (f)까지의 6개의 형식의 트러스는 모두 그 안의 임의의 3각형으로부터 시작하여 위의 방법으로 구성된 것으로 생각할 수 있으며, 따라서 이들은 모두 單純트러스이다. 그림 4.1의 (g)는 가운데에 있는 두 개의 3각형 가운데 어느 하나를 出發3角形으로 하여 위의 방법으로 구성된 單純트러스이다. 그림 4.3의 (a)와 (b)가 單純트러스임은 분명하다.

단순트러스에서는 部材의 수효 m과 節點의 수효 j 사이에 일정한 관계가 있음을 쉽게 알 수 있다. 곧 단순트러스를 구성할 때의 출발 3각형을 제외하면 한 節點에 대응하여 2개의 部材가 존재하므로,

$$m-3=2(j-3)$$

이 성립하고, 이로부터 다음을 얻는다:

$$m=2j-3 \tag{4.1}$$

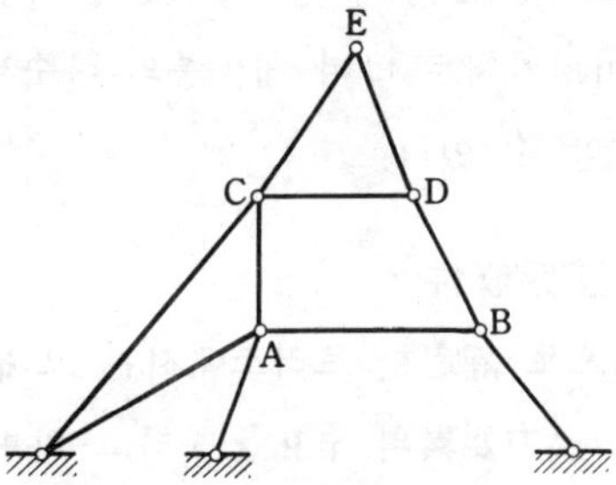

그림 4.6

그림 4.6에 보인 트러스는 출발 3각형으로부터 시작하는 대신에 地盤 또는 다른 안정한 構造物로부터 시작하여 上記의 방법으로 節點이 A, B, C, D, E의 順으로 구성된 것으로 單純트러스의 일종이다. 이 경우에는 地盤 또는 다른 안정한 구조물에의 連結點을 제외한 節點의 수효 j와 部材의 수효 m 사이에 다음의 관계가 있다:

$$m=2j \tag{4.2}$$

앞으로 그림 4.6과 같은 종류의 트러스를 **第2種의 單純트러스**(simple truss of the second kind), 그림 4.5와 같은 종류의 것을 **第1種의 單純**

트러스(simple truss of the first kind)라고 부르기로 하되, 그냥 單純트러스라고 할 때에는 그것은 第1 種의 것을 가리키는 것으로 한다.

제1 종의 단순트러스를 外的으로 靜定하게 支持하면 3개의 未知反力要素가 나타난다. 그러므로 이러한 트러스에서는 m개의 未知部材內力과 함께 도합 $(m+3)$개의 未知量이 존재하게 된다. 한편 트러스에 작용하는 荷重과 反力은 節點에만 작용하므로, 모든 節點을 고립시켜서 平衡條件을 적용하면 $2j$개의 서로 독립된 平衡條件式을 세울 수 있다. 그런데 식 (4.1)에 따라 $m+3=2j$이므로, 이 경우에는 平衡條件式만으로 未知反力要素와 함께 모든 部材內力을 결정할 수 있다. 이것으로 보아 제1 종의 단순트러스는 內的으로 靜定한 구조물임을 안다. 또 마찬가지로 하여 제2 종의 단순트러스가 전체적으로 靜定하다는 것을 알 수 있다.

4.2.2 트러스의 安定條件

일반적으로 全體的으로 靜定한 트러스에서는 그 構成部材의 수효를 m, 節點의 수효를 j, 反力要素의 수효를 r라고 하면,

$$m+r=2j \tag{4.3}$$

의 관계가 성립하여야 한다. $(m+r)$은 未知量의 수효이고, $2j$는 독립된 平衡條件式의 수효인데, 靜定한 트러스에서는 곧 모든 部材內力과 모든 反力要素가 平衡條件만으로 결정되는 트러스에서는 이들이 서로 같아야 하기 때문이다. 그러나 식 (4.3)을 만족시키는 데도 불구하고 不安定한 트러스가 있을 수 있다. 곧 식 (4.3)은 어느 트러스가 전체적으로 靜定이 되기 위한 必要條件이고 充分條件은 못 된다. 이 점은 여기서도 지적해 둘 만한 가치가 있다.

어느 트러스가 전체적으로 靜定이 되기 위한 完全條件은 그 트러스가 安定하고 식 (4.3)이 만족될 것이라고 말해야 한다. 어느 트러스

가 安定하다는 것은 그 形狀이 허물어지지 않고(內的安定), 그 位置가 변하지 않는(外的安定) 것을 의미한다.

전체적으로 安定한 트러스에서는

$$m+r>2j \tag{4.4}$$

일 수도 있다. 이 때에는 모든 部材內力과 反力要素를 平衡條件만으로는 결정할 수 없다. 곧 그 트러스는 전체적으로 不靜定이다. 그러나 만일

$$m+r<2j \tag{4.5}$$

이라면 그 트러스는 언제나 전체적으로 不安定하다. 곧 식 (4.5)는 트러스의 不安定에 대한 完全條件이다.

어느 트러스는 식 (4.3)이나 (4.4)를 만족시키는 데도 불구하고 不安定으로 되는 일이 있다. 이것은 部材의 配置가 적절하지 못한 경우에 일어나는 일로서 이 때 그 트러스는 幾何學的으로 不安定하다고 한다.

전체적으로 靜定한 트러스에서는 반드시 식 (4.3)이 만족되어야 하는데, 이 때 만일 $r=3$이라면 그 트러스는 內的으로도 靜定하고, $r \geq 4$이라면 內的으로 不安定하게 된다. $r=3$은 한 剛體平板(곧 內的으로 安定한 구조물)을 外的으로 靜定하게 支持하기 위한 必要條件이므로, 전체적으로 靜定한 트러스에서 $r=3$이라면 그 트러스가 內的으로 靜定하다는 것은 뚜렷하다. 그러므로 식 (4.1)은 트러스의 內的靜定에 대한 必要條件을 나타낸다.

그림 4.6과 같은 제2 종의 단순트러스에서는 地盤에 연결된 部材를 支持棒으로 보고 그 個數를 r, 나머지 部材의 수효를 m'라고 하면, $m=m'+r$로 되어, 식 (4.2)가 트러스의 全體的 靜定에 대한

必要條件인 식 (4.3)과 일치함을 안다. 그림 4.6의 경우에는 $m'=6$, $r=4$로 되어, 이 트러스가 內的으로 不安定임을 안다.

4.2.3 複合트러스

제1 종의 단순트러스는 剛體平板과 같으므로 2개 또는 그 이상의 단순트러스를, 그림 4.7과 같이, 相對變位가 일어나는 것을 방지하는 데 필요하고 충분한 連結方法으로 서로 연결하면, 새로운 內的靜定트러스를 얻을 수 있다. 이러한 트러스를 **複合트러스**(compound truss) 라고 부른다. 그림 4.7(a)와 (b)는 두 개의 단순트러스를 3개의 서로 평행하지도 않고 한 점에서 만나지도 않는 3개의 部材로 연결하거나 또는 이와 동등한 방법으로 연결한 것이고, 그림 (c)는 3개의 단순트러스와 4개의 部材를 단순트러스를 구성하는 방법으로 연결한 것으로, 모두 內的으로 靜定한 트러스이다. 실지로 部材의 수효와 節點의 수효를 세어 보면 모두 식 (4.1)을 만족시키고 있음을 안다.

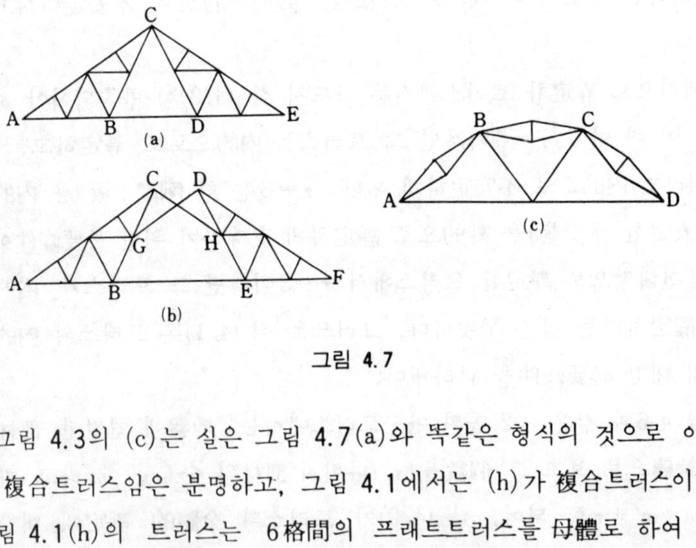

그림 4.7

그림 4.3의 (c)는 실은 그림 4.7(a)와 똑같은 형식의 것으로 이것이 複合트러스임은 분명하고, 그림 4.1에서는 (h)가 複合트러스이다. 그림 4.1(h)의 트러스는 6格間의 프래트트러스를 母體로 하여 그

의 모든 格間을 等分함으로써 12格間으로 되게 만들어진 트러스로서 **分割格間트러스**(分格트러스, truss with subdivided panels)라고 불린다. 鋼트러스橋에서 적당한 格間長의 한도는 7~8 m이다. 格間長이 이 한도를 넘게 되면 분할격간트러스가 쓰인다. 支間이 더 긴 트러스橋에서는 主格間을 3등분한 분할격간트러스도 사용하게 된다. 이러한 분할격간트러스는 대개 복합트러스로 된다.

4.2.4 複雜트러스

단순트러스에도 복합트러스에도 속하지 않는 內的으로 靜定한 트러스가 가끔 사용되는 일이 있다. 이러한 트러스를 **複雜트러스**(complex truss)라고 부른다. 그림 4.8(a)는 그것의 한 예를 보인다. 그림 4.8(b)와 같이 AD部材를 제거하고 그 대신에 CF部材를 삽입하면 單純트러스가 얻어진다. 일반적으로 複雜트러스는 그 안의 몇 개의 部材를 같은 수효의 다른 部材로 적당히 치환하면 單純트러스나 또는 複合트러스로 된다. 따라서 複雜트러스에서도 部材의 수효와 節點의 수효 사이에 식 (4.1)의 관계가 성립한다.

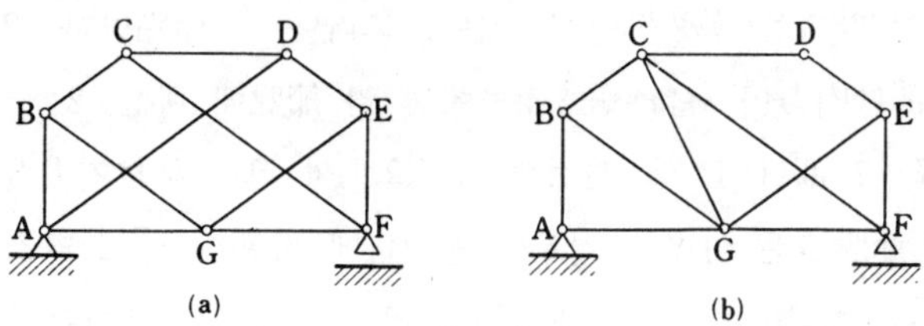

그림 4.8

4.3 트러스의 解析方法

주어진 荷重에 대하여 트러스의 部材內力을 구하는 것을 트러스의

解析(analysis of trusses)이라고 한다. 靜定한 트러스의 解析方法에는 여러 가지 방법이 있는데 그 중에서 가장 기본적인 것은 **節點法**(method of joints)과 **斷面法**(method of sections)이다.

節點法은 트러스의 모든 節點을 고립시키고 이들에 대해 平衡條件을 적용함으로써 部材內力을 결정하는 방법이다. 平面트러스의 한 節點을 고립시키면 이에 작용하는 荷重과 部材內力은 同面同點平衡力系를 형성한다. 그러므로 이들은 2개의 독립된 평형조건식을 만족시켜야 한다. 각 節點마다 2개씩의 조건식이 얻어지므로 j개의 節點을 가지는 트러스에서는 도합 $2j$개의 서로 독립된 조건식이 세워진다. 전체적으로 靜定한 트러스에서는 部材의 수효 m과 反力要素의 수효 r의 합이 $2j$와 같으므로 (식 (4.3)), 위의 $2j$개의 조건식을 연립시켜서 풀면 m개의 部材內力과 r개의 反力要素가 동시에 결정된다. 이와 같이 하면 靜定한 트러스는 어떠한 종류이든 모두 이 方法으로 解析할 수 있다. 그렇지만 컴퓨터에 의하지 않고 卓上칼큘레이터나 가지고 손으로 연립방정식을 풀려는 경우에는 3元까지가 한도이고, 4元 이상으로 되면 聯立方程式을 푸는 데 시간과 노력이 너무 많이 걸려서 이 방법은 실용적이 못 된다. 그러나 각 節點마다 2개만의 未知의 部材內力이 나타나는 경우에는 각 節點에 대한 2개의 평형조건식으로 그 部材內力을 결정해 나감으로써 모든 部材內力을 구할 수 있다. 節點法은 이러한 경우에 편리하게 사용되고, 트러스의 內力解析에서 節點法이라고 할 때에는 그것은 이렇게 사용되는 협의의 節點法을 가리킨다.

단순트러스는 內的으로 정정하므로 그것을 전체적으로 정정이 되게 하려면 外的으로도 정정하게 지지해야 한다. 이러한 경우에는 部材內力의 산정에 앞서 먼저 모든 反力要素를 평형조건만으로 결정할 수 있다. 그러면 모든 外力이 旣知로 된다. 한편 單純트러스에서는 이것이

4.2.1項에서 설명한 순서로 구성된다고 볼 때 마지막으로 형성되는 節點에는 2개만의 部材가 연결된다. 그러므로 이 節點으로부터 시작하여 4.2.1項에서 설명한 단순트러스의 구성 순서와 반대의 순으로 차례차례로 다음 節點으로 옮겨가면서 각 節點에 2개씩의 평형조건식을 적용해 나가면 節點法으로 모든 部材內力을 결정할 수 있다.

斷面法에서는 한 假想斷面으로 트러스를 兩分하고 어느 한쪽 部分에 平衡條件을 적용한다. 한쪽 部分에 작용하는 外力과 部材內力은 同面非同點平衡力系를 형성하므로 이들은 3개의 독립된 평형조건식을 만족시켜야 한다. 그러므로 만일 假想斷面으로 트러스를 양분했을 때 3개만의 미지의 부재내력이 나타난다면, 이들을 평형조건으로부터 산정할 수 있다.

複合트러스에서는 그 構成要素인 單純트러스들을 연결하는 部材들의 內力을 斷面法으로 먼저 산정하면 나머지 部材內力은 모두 節點法만으로 결정할 수 있다. 물론 단순트러스나 복합트러스의 모든 部材內力을 斷面法만으로 결정할 수도 있다. 그러나 이들의 방법을 효과적으로 병용하는 것이 능률적이다.

節點法에도 斷面法에도 代數的方法과 圖式的方法이 있다. **代數的 節點法**(algebraic method of joints)에는 그것을 대표할 만한 방법에 특수한 이름이 붙은 것이 없으나, **圖式的 節點法**(graphic method of joints)은 **크레모나의 方法**(Cremona's method) 또는 **맥스웰의 方法**(Maxwell's method)에 의해 대표된다. 그러나 어느 특수한 경우에만 적용할 수있는 **指標內力法**(method of index stresses)과 주로 立體트러스에 적용되는 **引張係數法**(method of tension coefficients)은 代數的 節點法에 속한다. **代數的 斷面法**의 대표적인 것은 **리터의 方法**(Ritter's method) 또는 **모멘트의 方法**(method of moments)이고, **圖式的 斷面法**(graphic method of sections)은 **쿨만의 方法**(Culmann's method)이라고 불린다.

節點法과 斷面法은 트러스의 解析을 위한 일반적인 방법인데 대하여, 複雜트러스의 解析을 위하여 특별히 고안된 방법으로서 **部材置換法**(method of replacing members) 또는 **헨네베르히의 方法**(Henneberg's method)이라는 것이 있다. 또 트러스의 解析을 위해서도 假想일의 原理를 사용할 수 있는데, 이 방법을 **假想變位法**(method of virtual displacements)이라고 부른다. 이하 節을 바꾸어 가면서 차례로 이들의 方法을 예를 들어서 설명하기로 한다.

트러스의 解析에 관한 최초의 책을 쓴 분은 美國의 Squire Whipple 이고 그것은 1847년의 일이었다. Whipple은 그 책에서 代數的 및 圖式的 節點法을 거의 완전하게 논술했다. 英國의 James Clerk Maxwell과 이탈리아의 Cremona가 그들의 방법을 발표한 것은 각각 1864년과 1872년이었다. 독일의 August Ritter는 1862년에, 스위스의 Karl Culmann은 1866년에 각각 그들의 방법을 발표했다. 이와 같이 트러스의 解析方法은 19세기 후반에 접어들면서 완성되어 갔다. 그 후 1874년에 독일의 Mohr에 의해 처음으로 정정한 트러스의 解析에 假想일의 原理가 응용되었고, 1886년에 역시 독일의 L. Henneberg에 의해 部材置換法이 제안되었다. 立體트러스의 한 解析方法으로서의 引張係數法은 1920년에 英國의 Southwell에 의해 제시된 것인데, 平面트러스의 解析에도 물론 적용된다.

4.4 代數的 節點法

4.4.1 一般的인 方法

이 방법의 要點에 대해서는 이미 前節에서 충분히 설명하였다고 보므로, 여기서는 몇 가지 예에 붙여서 바로 이 方法을 적용해 가면서 補充說明을 하기로 한다. 먼저 그림 4.9(a)와 같은 보기를 든다.

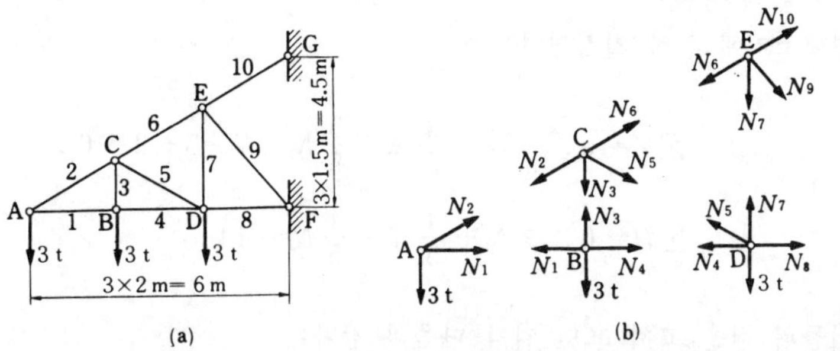

그림 4.9

이것은 제 2종의 단순트러스로서, 節點 A에는 2개의 部材만 모이고 있으므로, 먼저 節點 A에 平衡條件을 적용할 수 있다. 그 전에 모든 部材에 그림과 같이 一連番號를 붙인다. 그리고 i番 部材의 部材內力을 N_i로 적어서 나타내기로 한다. 그러면 모든 節點을 고립시켰을 때 그람 4.9(b)와 같은 5개의 自由物體圖를 얻을 것이다. 이 때 모든 部材內力은 引張力인 것으로 가정한다. 이들 가운데 節點 A에 대한 自由物體圖에 평형조건을 적용하면 다음을 얻는다:

$$\sum V = 0 : \frac{3}{5} N_2 = 3\text{ t} \qquad \therefore N_2 = 5\text{ t}$$

$$\sum H = 0 : N_1 + \frac{4}{5} N_2 = 0 \qquad \therefore N_1 = -4\text{ t}$$

다음에 節點 B로 가면 N_1은 이미 결정되어 있으므로 未知의 部材內力은 N_3과 N_4만으로 된다. 그러므로 이들을 2개의 평형조건으로부터 결정할 수 있다. 곧

$$\sum V = 0 : N_3 = 3\text{ t}$$
$$\sum H = 0 : N_4 = N_1 = -4\text{ t}$$

다음에 節點 C로 옮겨가면 N_5와 N_6만 未知이고, 이들은 다음의 평형조건에 의해 결정된다:

$$\sum V=0:\ \frac{3}{5}N_6-\frac{3}{5}N_5=\frac{3}{5}N_2+N_3=3+3=6\,\mathrm{t}$$

$$\sum H=0:\ \frac{4}{5}N_6+\frac{4}{5}N_5=\frac{4}{5}N_2=4\,\mathrm{t}$$

이들의 식을 고쳐 쓰면 각각 다음과 같다:

$$N_6-N_5=10\,\mathrm{t}$$
$$N_6+N_5=5\,\mathrm{t}$$

그러므로 이들로부터 $N_5=-2.5\,\mathrm{t}$, $N_6=7.5\,\mathrm{t}$을 얻는다.

다음에 節點 D에 평형조건을 적용함으로써

$$N_7=3-\frac{3}{5}N_5=3-(-1.5)=4.5\,\mathrm{t}$$

$$N_8=N_4+\frac{4}{5}N_5=-4-2=-6\,\mathrm{t}$$

끝으로 節點 E에 평행조건을 적용하면,

$$\sum V=0:\ \frac{3}{5}N_{10}-\frac{3}{\sqrt{13}}N_9=\frac{3}{5}N_6+N_7=4.5+4.5=9\,\mathrm{t}$$

$$\sum H=0:\ \frac{4}{5}N_{10}+\frac{2}{\sqrt{13}}N_9=\frac{4}{5}N_6=6\,\mathrm{t}$$

이들의 식을 각각 다음과 같이 고쳐 쓸 수 있다:

$$N_{10}-\frac{5}{\sqrt{13}}N_9=15\,\mathrm{t}$$

$$N_{10}+\frac{2.5}{\sqrt{13}}N_9=7.5\,\mathrm{t}$$

이들로부터 $N_9=-\frac{\sqrt{13}}{7.5}\times 7.5=-\sqrt{13}=-3.61\,\text{t}$, $N_{10}=\frac{30}{3}=10\,\text{t}$

위와 같이 평형조건식을 세울 때, 한 部材內力의 어느 한 方向의 成分은 그 部材內力에다 그 部材의 그 方向의 射影을 그 部材의 길이로 나눈 比를 곱한 것과 같다는 점에 유의하면 편리하다.

이상의 절차는 代數的 節點法을 原理的으로 설명하기 위한 것이었는데, 실지로 이 방법을 적용할 때에는 많은 부분의 筆算을 생략하고서도 평형조건을 적용한 결과를 암산으로 알아낼 수 있는 경우가 많다. 이와 같이 암산을 겸용해서 部材內力을 결정해 나갈 수 있는 때에는 그 결과를 트러스의 뼈대線 위에 적어 두는 것이 편리하다. 그림 4.9(a)의 예를 다시 들어서 이것을 구체적으로 예시하면 그림 4.10과 같다. 이 그림에서는 각 부재의 部材內力을 鉛直成分과 水平成分으로 분해해서 이들을 먼저 평형조건으로부터 구해 나가고, 나중에 이들을 합성하여 部材內力을 결정한다. 節點 A와 B에 평형조건을 적용한 결과는 뼈대線 위에 바로 적어 넣을 수 있다. 곧 節點 A에 평형조건 $\sum V=0$을 적용하면, AC 部材의 內力이 引張力이라는 것과 그 鉛直成分이 3 t이라는 것을 알 수 있다(이 때 그림 4.9(b)의 節點

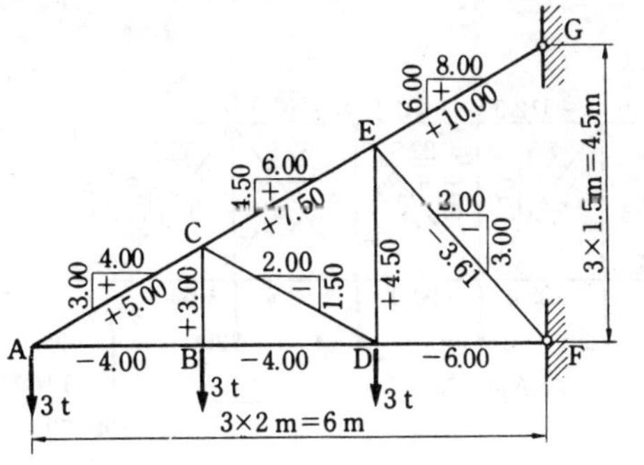

節點 C에서

$$\begin{cases} X_{CE}+X_{CD}=4.00 \\ \frac{3}{4}X_{CE}-\frac{3}{4}X_{CD}=3.00+3.00 \end{cases}$$

$$\therefore\ X_{CE}=6.00,\quad X_{CD}=-2.00$$

節點 E에서

$$\begin{cases} X_{EG}+X_{EF}=6.00 \\ \frac{3}{4}X_{EG}-\frac{3}{2}X_{EF}=4.50+4.50 \end{cases}$$

$$\therefore\ X_{EG}=8.00,\quad X_{EF}=-2.00$$

그림 4.10

A에 대한 自由物體圖를 머리 속에 그리면서 평형조건을 적용하는 것이다). 이들의 판단 결과는 그림 4.10에서 각각 부호 +와 짧은 鉛直線 옆에 적어 넣은 數字 3.00으로 표시된다. AC 部材의 內力의 鉛直成分이 3 t이면 그 水平成分은 4 t임을 알므로, 이것을 짧은 水平線 위에 적어 넣는다. 그러면 $\sum H=0$에 의해 AB 部材의 內力이 4 t의 壓縮力임을 알므로, AB線 아래에 -4.00을 기입한다. 節點 B에 대해서도 마찬가지이다. 節點 C에 가서는 筆算의 도움을 받아야 한다. 이 보조적인 계산은 그림 4.10의 오른쪽 여백에 기입되어 있다. 여기서 이를테면 X_{CE}는 CE 部材의 部材內力의 水平成分을 나타내며, 따라서 그 部材內力의 鉛直成分은 $\frac{3}{4}X_{CE}$로 표시된다. 이 여백의 "節點 C에서" 밑의 두 式은, 그림 4.9(b)의 節點 C에 대한 自由物體圖를 머리 속에 그리면서 세운 평형조건식 $\sum H=0$ 과 $\sum V=0$이다. 이상의 설명은 그림 4.10의 뜻을 읽어나가는 데 충분한 지식을 제공해 줄 것으로 믿는다.

다음 예로서 그림 4.11에 보인 프래트트러스를 생각한다. 荷重은 그림에 보인 바와 같이 下弦節點에만 작용한다. 이 荷重에 의한 모든 部材內力을 직접 이 도면 위에서 구하기로 한다. 斜材의 길이는 10m이다.

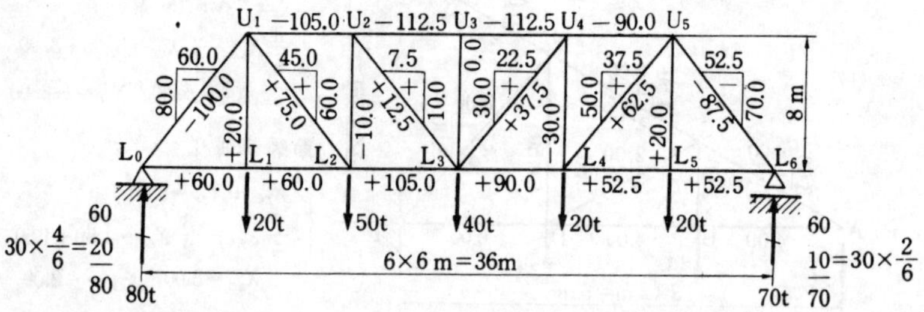

그림 4.11

이 트러스는 제1종의 단순트러스로서 먼저 反力을 구할 필요가 있다. 節點 L_2에 작용하는 荷重을 20t과 30t으로 나누어서 생각하면 兩端의 鉛直反力은 그림에 보인 바와 같이 산정된다. 節點 L_0을 고립시키고 $\sum V=0$을 적용하면 L_0U_1 部材의 內力의 鉛直成分이 80t임을 안다. 따라서 그 水平成分은 60t으로 되고, $\sum H=0$으로부터 L_0L_1의 部材內力이 60t의 引張力임을 안다. 다음에 L_1을 고립시키고 이에 평형조건을 적용하면 L_1L_2, L_1U_1 部材의 內力이 그림과 같이 결정된다. 다음에 U_1을 고립시키고 이에 평형조건을 적용시키되, L_0에서와 마찬가지로 먼저 $\sum V=0$을 사용한다. 그러면 U_1L_2 안의 部材內力이 75t으로 결정되고, 다음에 $\sum H=0$을 적용함으로써 U_1U_2 안의 部材內力이 -105t으로 결정된다. 이와 같이 2개의 평행조건식의 적용순서를 적당히 선정하면 이들을 연립시켜서 풀 필요가 없으며 따라서 보조적인 계산이 필요없게 된다. 이하 L_2, U_2, U_3, L_3, U_4, L_4의 순으로 각 節點에 평형조건을 적용하면, 3개의 部材 L_5U_5, L_5L_6, U_5L_6 안의 部材內力을 남겨 놓고 그 이외의 모든 部材의 內力이 결정된다. L_4 다음으로는 L_5로 갈 수도 있고 U_5로 갈 수도 있다. 만일 L_5로 가서 이 節點에 평형조건을 적용하면 U_5L_6 안의 部材內力을 제외하고 모든 部材內力이 결정된다. 다음에 U_5로 가서 $\sum H=0$ 또는 $\sum V=0$을 적용하면 U_5L_6 안의 部材內力도 결정된다. 나머지 한 조건식 $\sum V=0$ 또는 $\sum H=0$과 節點 L_6에 대한 2개의 조건식은 필요없게 되지만, 이들은 계산 결과의 검사으로 사용될 수 있다. 이러한 일은 反力을 결정하기 위해 구조물 전체에 대한 3개의 평형조건식을 미리 사용한 경우에는 항상 일어나는 사실로서, 이로부터 反力과 部材內力을 결정하기 위해 사용될 수 있는 독립된 평형조건식의 수효는 절점의 수효의 2배와 같다는 것을 알 수 있다.

위와 같이 평형조건식을 적용해 나가는 節點의 순서를 도시하면 그

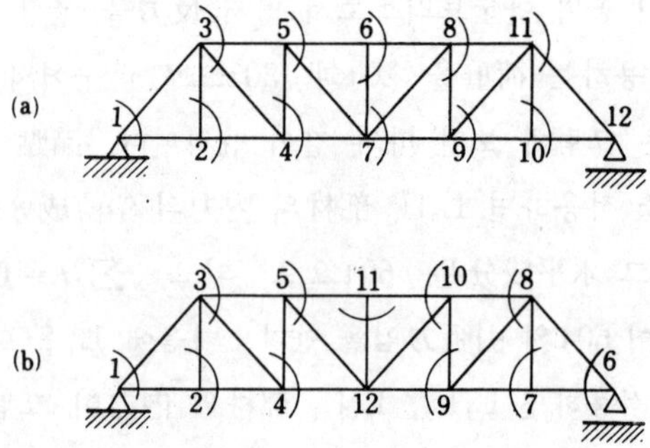

그림 4.12

림 4.12(a)와 같다. 이 그림에서 각 節點에 대한 평형조건으로부터 部材內力이 결정되는 部材는 圓弧에 의해 잘려져 있다. 1～10까지는 2개씩의 部材가 잘려져 있는데, 이것은 이들의 절점에서 각각 2개의 未知 部材內力이 2개의 평형조건식으로 결정됨을 나타내고 있다. 11번째 절점에서는 1개의 部材가 잘려져 있는데 이것은 未知 部材內力이 이 절점에 와서는 하나밖에 남지 않았음을 의미한다. 計算誤差의 累積을 감소시키기 위해 그림 4.12(b)에 보인 순서로 평형조건식을 적용해 나가는 일이 많다. 어느 경우에도 마지막 2개의 절점 (11과 12)에 대해 적용할 수 있는 도합 4개의 평형조건식 가운데 마지막으로 남은 한 개의 미지 部材內力(11-12 부재의 內力)을 결정하는데는 1개만이 필요하다. 이것은, 이미 말한 바와 같이, 독립된 2×(절점의 수효)만큼의 평형조건식 가운데 3개를 反力을 구하기 위해 미리 사용했기 때문에 일어나는 일로서, 마지막 2개의 절점에 적용될 4개의 조건식 가운데 나머지 3개는 部材內力을 결정하기 위해서는 필요없는 것이다. 그러나 이미 결정된 部材內力과 反力이 이들 3개의 조건식도 만족시켜야 할 것은 물론이며, 이 사실에 의해 계산 결과의 正誤가 판단된다.

4.4.2 引張係數法

이 방법은 본질적으로는 節點法에 속하지만 불규칙한 형상의 트러스나 立體트러스에 대해서는 다른 어떠한 古典的 方法보다도 더 유력한 방법으로 된다. 이 방법은 원래 立體트러스의 解析方法으로서 개발된 것이지만 平面트러스의 해석에도 물론 적용될 수 있다. 여기서는 평면트러스의 경우를 생각한다.

이 방법에서는 먼저 모든 部材의 서로 直交하는 어느 2方向의 射影의 길이를 정한다. 이를테면, 部材 AB의 x 및 y方向의 射影을, 그림 4.13에 보인 바와 같이, x_{AB} 및 y_{AB}로 적어 놓았다고 하자. 이 그림에서 x軸과 y軸은 임의로 적당하게 설정된 準據座標軸이다(실지 문제로서 복잡한 형상의 트러스에서는 각 부재의 水平 및 鉛直方向의 射影이 주어지는 것이 보통이다). 그러면 그 부재의 길이 l_{AB}는 $l_{AB}=\sqrt{x_{AB}^2+y_{AB}^2}$로서 주어진다.

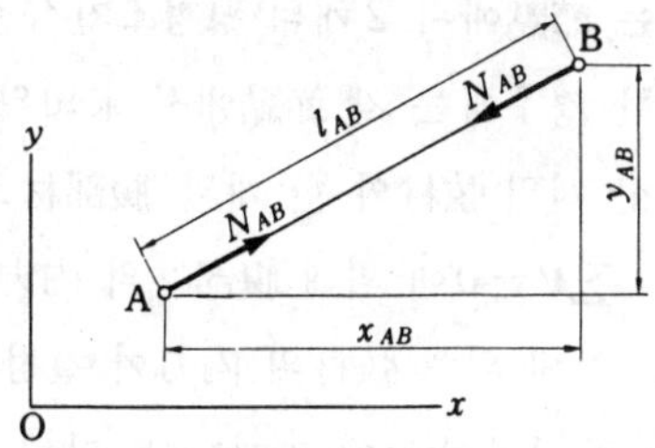

그림 4.13

이제 節點 A에 2개의 평형조건식

$$\sum X=0 \text{ 및 } \sum Y=0$$

을 세웠을 때 部材 AB의 內力 N_{AB}의 이들의 式에 대한 寄與를 생각하면, 첫째 식에는 N_{AB}의 x方向의 成分 $N_{AB}\dfrac{x_{AB}}{l_{AB}}$가 들게 되고, 둘째

식에는 y方向의 成分 $N_{AB}\frac{y_{AB}}{l_{AB}}$가 들게 됨을 안다. 그러므로 이제

$$t_{AB}=N_{AB}/l_{AB} \tag{4.6}$$

로 놓으면, 이들의 기여는 각각 $x_{AB}t_{AB}$ 및 $y_{AB}t_{AB}$로 된다.

식 (4.6)으로 정의되는 t_{AB}를 AB部材의 引張係數(tension coefficient)라 하고, 節點平衡條件式을 세울 때 部材內力 자체보다 引張係數를 사용하는 해석방법을 引張係數法이라 한다. 그러므로 이 방법은 節點法에서 한 치도 벗어나는 것이 아니다. 그러나 이 방법에 따르면 節點平衡方程式을 쉽게 따라서 틀리지 않게 세울 수 있다. 이들을 풀면 각 부재의 引張係數가 얻어지고, 이에 각 부재의 길이를 곱하면 部材內力이 얻어진다.

4.4.3 特殊한 方法

그림 4.11에서 본 바와 같이, 平行弦트러스에 鉛直荷重만이 작용하는 경우에는, 모든 節點에서 2개의 평형조건식을 연립시켜서 풀 필요가 없었다. 이러한 경우에는 각 節點에서 未知의 部材內力을 가지는 두 部材는 반드시 한 개의 弦材와 한 개의 腹部材로 이루어지는데, 그 중에서 먼저 조건식 $\sum V=0$에 의해 腹部材의 內力의 鉛直成分이 결정된다. 다음에 $\sum H=0$에 의해 弦材의 內力이 결정되며, 따라서 弦材의 內力은 斜材의 內力의 水平成分에 관계한다. 만일 모든 格間의 길이가 같다면, 모든 斜材의 경사가 같게 되고, 모든 斜材의 內力의 水平成分과 鉛直成分의 比가 같게 되므로, 각 節點에서 $\sum H=0$을 적용할 때 斜材 안의 內力의 水平成分 대신에 임시로 연직성분의 값을 사용할 수 있다. 이렇게 하면, 弦材의 內力으로서 얻어지는 값은 實內力과 같지는 않으나, 이들의 값과 實內力과의 比는 일정하다. 이 比는 斜材內力의 鉛直成分에 대한 水平成分의 比와 같다. 이와 같이 실지의 部材

内力을 얻기 위하여 어느 일정한 계수로 곱해져야 할 임시의 弦材内力을 弦材에 대한 **指標内力**(index stress)이라고 부른다. 마찬가지로 腹部材内力의 鉛直成分도 腹部材에 대한 指標内力이라고 부를 수 있다.

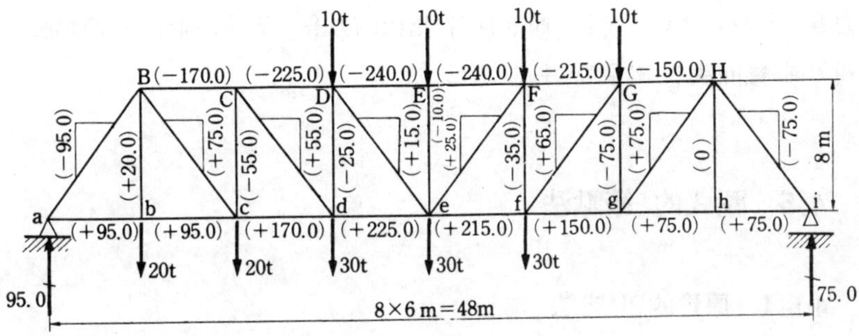

그림 4.14

그림 4.14는 위와 같은 생각으로 모든 部材의 指標内力을 구해 놓은 예를 보여준다. 이것은 8格間의 프래트트러스에 鉛直荷重이 작용하는 경우로서 모든 斜材内力의 鉛直成分에 대한 水平成分의 比는 3/4이다. 括弧 안의 數字가 指標内力인데, 먼저 節點法에 의해 $\sum V=0$의 적용으로 모든 腹部材의 指標内力을 구하고 그 다음에 $\sum H=0$의 적용으로 弦材의 指標内力을 구한다. 일단 모든 部材에 대하여 指標内力이 결정되었으면, 弦材内力은 3/4을, 斜材内力은 5/4를, 垂直

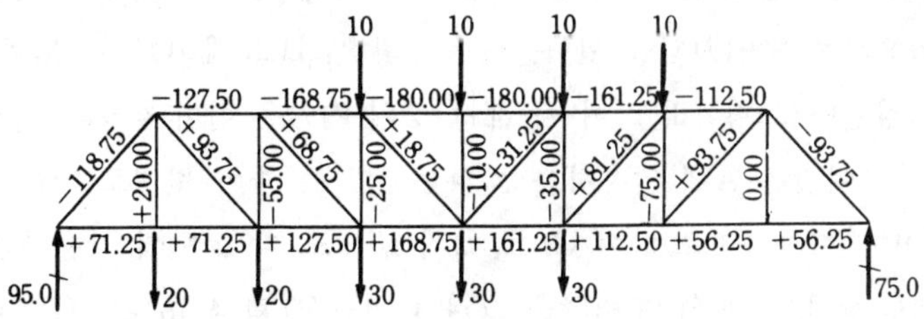

그림 4.15

材內力은 1을 각각 그 指標內力에 곱해줌으로써 얻어진다. 그 결과는 그림 4.15와 같다.

위와 같은 방법을 **指標內力法**이라고 부르는데, 이 方法이 적용되는 경우에는 이 方法이 다른 어떠한 方法보다도 더 신속하게 部材內力을 결정해 준다. 모든 腹部材의 指標內力을 구할 때에는 節點法 대신에 斷面法을 적용할 수도 있다.

4.5 圖式的 節點法

4.5.1 原理的인 方法

同點力系에 대한 圖式的 平衡條件은 그 力系를 구성하는 모든 힘이 閉合된 힘의 多角形을 형성할 것이다. 이 조건에 의해 作用線을 알고 있는 未知의 두 힘의 크기를 도식적으로 결정할 수 있다. 그러므로 단순트러스의 경우에 前節에서 말한 節點順序로 각 節點에 차례차례로 이 조건을 적용해 나감으로써 모든 部材內力을 도식적으로 결정할 수 있다.

그림 4.16(a)에 보인 단순트러스를 예로 잡아 그 部材內力을 도식적으로 결정해 보기로 한다. 먼저 反力 R_A와 R_B를 결정한다(그림 4.16(b)). 다음에 節點 A의 평형을 생각하여 N_1과 N_2를 결정한다(그림 4.16(c)). N_1은 節點 A를 끌고 있으므로 引張力이고 N_2는 그것을 밀고 있으므로 壓縮力임을 안다. 다음에 節點 D로 옮겨가서 N_3과 N_4를 결정한다(그림 (d)). 이 때 部材 2의 內力은 이미 결정된 N_2로 치환한다. 이것은 A에 작용하는 N_2와는 향하는 쪽이 반대로 되는 힘이다 이하 마찬가지로 하여 C, E, B의 順으로 각 節點에 작용하는 힘에 대한 폐합된 힘의 多角形을 그려 나가면(그림 4.16(e), (f), (g)), 모든 部材內力이 결정된다. 이와 같이 하여 도식적으로 결정된 部材

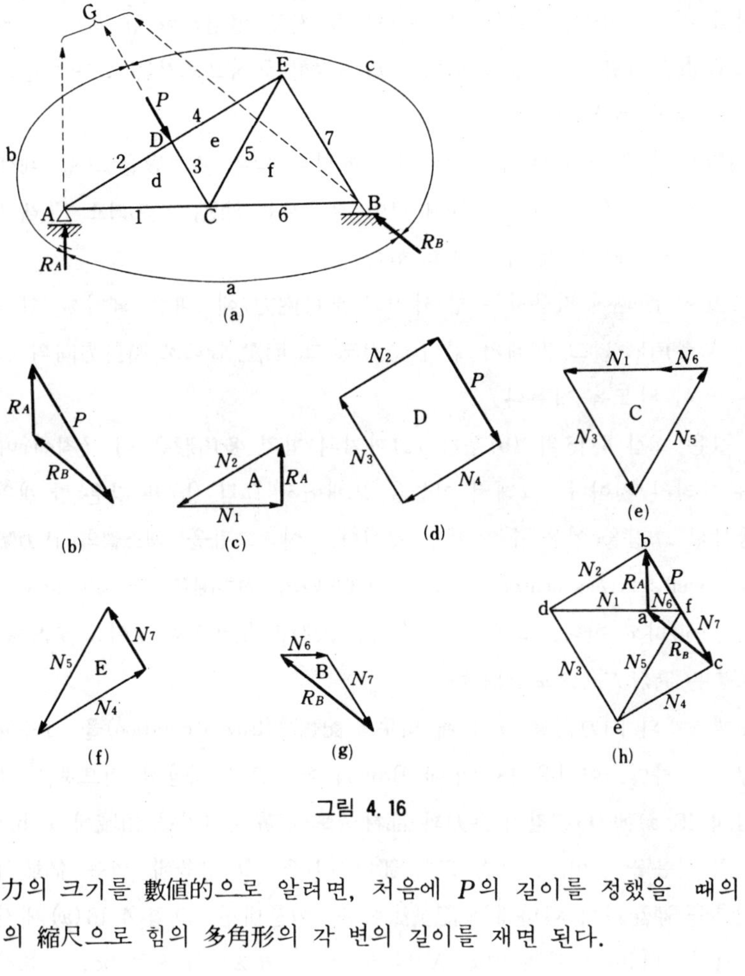

그림 4. 16

内力의 크기를 數値的으로 알려면, 처음에 P의 길이를 정했을 때의 힘의 縮尺으로 힘의 多角形의 각 변의 길이를 재면 된다.

4.5.2 맥스웰의 圖解法

이상은 圖式的 節點法의 原理的인 설명인데, 그림 4. 16의 (b)～(g)의 6개의 힘의 多角形을 살펴보면 外力과 部材内力이 모두 두 번씩 나타나 있음을 안다. 그래서, 만일 이들의 힘의 多角形을 그릴 때에 힘의 순서를 어느 일정한 규칙 밑에 잡는다면, 그림 4. 16(h)에 보인 바와 같이, 이들 6개의 힘의 多角形을 서로 연결하여 한 개의 그림으로 重合시킬 수 있을 것이다. 그 일정한 규칙으로서는 보통 다음과 같은 것이 채택된다:

(1) 外力(곧 荷重과 反力)에 대한 폐합된 힘의 多角形을 그릴 때에 잡는 힘의 순서는 그들의 힘이 작용하는 節點이 트러스 둘레로 시계 방향의 順이 되도록 한다.

(2) 각 節點에 작용하는 힘(外力과 部材內力)에 대한 폐합된 힘의 多角形을 그릴 때의 힘의 순서도 그 節點 둘레로 時計方向의 순이 되도록 잡는다.

실은 그림 4.16의 (b)부터 (g)까지의 힘의 多角形은 이 규칙에 따라 그려진 것이다. 그래서 이들을 포개어서 그림 (h)와 같은 한 개의 중합된 그림을 얻을 수 있었던 것이다. 이 그림을 **맥스웰의 內力圖** (Maxwell's stress diagram) 또는 **크레모나의 內力圖**(Cremona's stress diagram)라고 한다. 물론 힘의 순서는 反時計方向으로 잡아도 좋으나, 보통은 時計方向으로 잡는다.

맥스웰의 內力圖를 그릴 때 **바우의 記號法**(Bow's notation)을 사용하면 편리하다. 이것은 1873年에 Bow가 처음으로 사용한 것으로, 그림 4.16(a)에서와 같이 外力과 部材들로 境界지어지는 領域에 a, b, c 등의 이름을 붙이고, 外力 또는 部材內力을 그 양쪽에 있는 領域의 이름을 連記하여 나타내는 記號法이다. 이를테면, 그림 4.16(a)에서 部材 3 또는 그 안의 內力 N_3은 de 또는 ed로, 힘 P는 bc로 표시되고, 部材內力 N_3과 荷重 P는 그림 4.16(h)에서 각각 벡터 $\overrightarrow{de}$와 $\overrightarrow{bc}$로 표시된다. 이들의 벡터의 方向은, 外力에 대해서는 트러스 둘레로, 內力에 대해서는 節點 둘레로 時計方向으로 돌 때, 먼저 나타나는 領域의 記號로부터 나중에 나타나는 領域의 기호로 향하는 方向으로 잡는다. 그러므로 部材內力 N_3은 節點 C에 대해서는 $\overrightarrow{de}$로 표시되지만, 節點 D에 대해서는 $\overrightarrow{\mathrm{ed}}$로 표시된다.

이 記號法에 따라 맥스웰의 內力圖를 작성하면, 그림 4.16(a)와 같은 空間圖 안의 어느 한 領域이 그림 4.16(h)와 같은 內力圖 안의 어느 한 點에 대응하고, 반대로 맥스웰의 內力圖 안의 어느 한 多角形이 空間圖 위의 어느 한 節點에 대응하게 된다. 이러한 뜻으로 맥스웰의 內力圖를 **相反圖**(reciprocal figure)라고도 한다.

이상의 知識으로 맥스웰의 內力圖를 언제나 손쉽게 그릴 수 있을 것이다. 예로서 그림 4.17(a)의 지붕트러스의 解析을 맥스웰의 方法으로 수행한다. 각 領域에 기호를 적어 넣고, 反力을 구한 다음에, 外力에 대한 폐합된 힘의 多角形(이 경우에는 힘의 直線) abcdefga를 그린다(그림 4.17(b)). 節點 1의 平衡을 생각하건대, 反力 $\overrightarrow{\mathrm{ga}}$와 荷重 $\overrightarrow{\mathrm{ab}}$는 旣知의 힘이고 그들의 合力은 $\overrightarrow{\mathrm{gb}}$이다. 그림 (b)에서 점 b부터 部材 bh에 平行하게 또 점 g부터 部材 gh에 平行하게 두 직선을 그어 그들의 交點 h를 결정하면 節點 1에 작용하는 힘들에 대한 폐합된 힘의 多角形이 만들어지며, 따라서 部材 bh와 hg의 內力이 결정된다. 바꾸어 말하면, 그림 (a)에서 節點 1에 평형조건을 적용하여 未知의

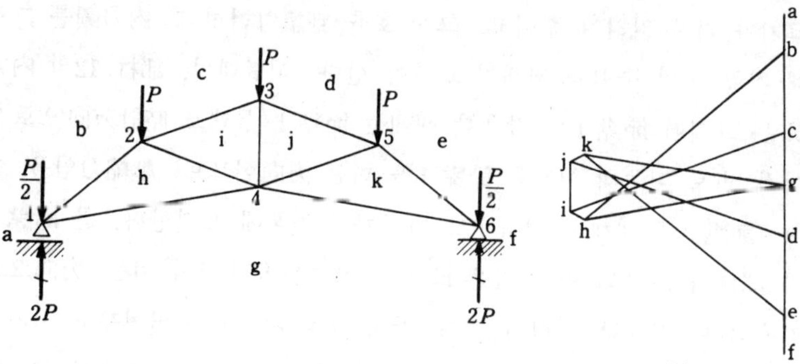

그림 4.17

部材內力 $\overrightarrow{bh}$와 $\overrightarrow{hg}$를 결정한다는 것은 그들 두 部材 bh와 hg 사이에 끼어 있는 領域 h에 대응하는 점 h를, 그림 (b) 위에서 이미 정해져 있는 두 점 b와 g로부터 각각 部材 bh와 hg에 平行한 直線을 그어서 그들의 交點으로서, 결정한다는 것과 마찬가지라고 말할 수 있다. 다음에 節點 2에 와서는 領域 i에 대응하는 점 i를 그림 (b) 위에서 결정하기만 하면 된다. 그러기 위해서는 領域 i에 접해 있는 두 領域 c와 h에 대응하는 점 c와 h로부터 각각 部材 ci와 ih에 平行한 직선을 그어 그들의 交點을 결정한다. 이 交點이 i이다. 그러면 節點 2에 평형조건을 적용하여 두 部材內力 $\overrightarrow{ci}$와 $\overrightarrow{ih}$를 결정한 셈이 된다. 이하 마찬가지로 해 나가서 그림 4.17(b)에 보인 맥스웰의 內力圖를 완성할 수 있다.

맥스웰의 內力圖는 示力圖의 일종이므로 거기서의 선분의 길이는 힘의 크기를 나타내며, 따라서 이것을 작성할 때에는 힘의 縮尺을 미리 정할 필요가 있고, 또 이것을 맥스웰의 內力圖 옆에 그려 넣어 둘 필요가 있다.

그림 4.17(b)에 보인 대로의 맥스웰의 內力圖로부터는 部材內力의 크기가 바로 읽혀질 뿐이고, 그 부호를 判讀하려면 그 內力圖를 그릴 때 취한 힘의 순서를 되새겨 보아야 한다. 이를테면, 部材 12의 內力 bh는 그것이 節點 1에 작용할 때에는 節點 1 둘레로 時計方向으로 읽어서 $\overrightarrow{bh}$로 되는데 이것은 節點 1을 미는 方向이므로 壓縮力임을 안다. 節點 2에 대해서 생각해도 마찬가지 결론에 도달한다. 곧 節點 2가 部材 12로부터 받는 힘은 $\overrightarrow{hb}$이며 이것은 節點 2를 미는 方向으로 작용한다. 필요할 때마다 이와 같이 판독하는 것은 번거롭고 시간이 걸리므로, 나중에 그 부호를 바로 識別할 수 있도록 맥스웰의 內力圖를 그린 다음에 한번 판독한 부호에 따라 引張力은 가는 선으로 壓縮力은 굵은 선으로 修正하여 나타내는 것이 편리하다. 또 引張力은 青

色으로 壓縮力은 赤色으로 그리는 일도 있다.

4.6 斷 面 法

4.6.1 쿨만의 方法

바로 앞 節에서 圖式的 節點法을 설명하였으므로 거기에 이어서 圖式的 斷面法인 쿨만의 方法을 먼저 설명하기로 한다. 그러기 위해 그림 4.18(a)의 트러스를 예로 들어서, i-i 斷面으로 잘린 3部材의 內力 U, D, L을 도식적으로 구해 보기로 한다. 먼저 주어진 荷重 P_1, P_2, P_3, P_4에 대한 示力圖를 그림 4.18(b)와 같이 그리고 적당하게 잡은 極點 0에 대응하는 連力圖를 그림 4.18(c)와 같이 그려서 反力 R_A와 R_B를 결정해 둔다. 그러면 i-i 斷面으로 양분된 트러스의 두 부분 가운데 왼쪽 부분에 작용하는 모든 外力의 合力 Q의 크기와 方向이 示力圖 위에서 결정되고 그 作用線의 위치가 連力圖 위에서 결정된다. 이 힘 Q는 3部材의 內力 U, D, L과 平衡狀態에 있어야 하므로 이 조건으로부터 U, D, L이 결정된다. 곧 D와 L의 合力 S를

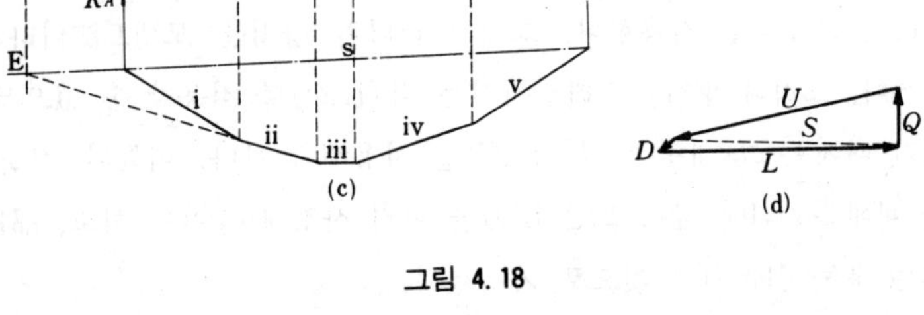

그림 4.18

생각하면 S는 D와 L의 교점 C를 지나야 하고 동시에 U와 Q의 교점 F를 지나야 하므로, 그림 4.18(d)에 보인 바와 같이 폐합된 힘의 3角形을 그릴 수 있으며, 따라서 이 힘의 3角形으로부터 U와 S의 크기가 결정된다. 그런 다음에 S를 D와 L로 분해하면 구하려는 部材內力이 모두 결정된 셈이 된다. 위의 결과는 오른쪽 트러스 부분의 平衡을 생각해서도 그대로 얻어진다. 다만 Q, U, D, L의 향하는 쪽만 반대로 된다.

橋梁트러스에서와 같이 水平方向으로 긴 트러스에 荷重과 反力이 모두 鉛直方向으로 작용하는 경우에는, Q의 크기는 이 트러스를 들보로 보았을 때의 그 斷面에서의 剪斷力과 일치한다. 그래서 쿨만의 방법을 剪斷力法(method of shearing forces)이라고 부를 때가 있다. 이 경우에 특히 上下弦이 평행한 때에는 腹部材의 內力을 구하는 데 이 방법이 가장 간편하다. 그 까닭은 Q의 作用線의 위치를 모르더라도 Q의 크기 곧 剪斷力으로부터 바로 腹部材의 內力 D를 구할 수 있기 때문이다.

4.6.2 리터의 方法

이것은 代數的 斷面法으로서, 4.3節에서 설명한 바와 같이, 한 斷面으로 양단된 트러스의 두 부분 가운데 어느 한쪽에 3개의 독립된 평형조건식을 적용함으로써 그 斷面으로 잘린 3개의 部材의 內力을 결정하는 방법이다. 평형조건식으로서는 일반적으로는 식 (1.24) 곧 한 직선 위에 있지 않은 임의의 3점에 대한 모멘트의 총합이 각각 0이라는 조건식을 사용한다. 그래서 리터의 방법을 모멘트法이라고도 부른다. 그러나 平行弦트러스에서는 식(1.24)를 적용할 수 없으므로, 이런 때에는 그 대신에 식 (1.27)을 사용해야 한다. 이들의 식을 세울 때에는, 이에 앞서 모든 反力을 미리 산정해 놓아야 하고, 部材內力은 모두 引張力인 것으로 가정한다.

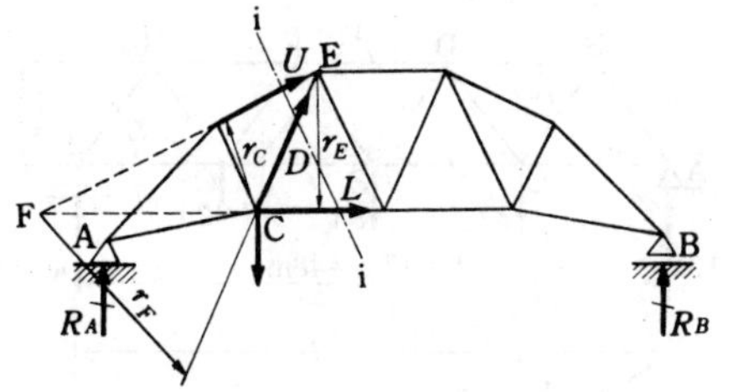

그림 4.19

한 예로서 그림 4.19의 경우를 생각한다. i-i 斷面으로 잘린 3部材의 內力 U, D, L을 구하려고 한다. 그러기 위해서는 節點 C와 E 그리고 U와 L의 교점 F를 모멘트 중심으로 잡고, i-i 斷面보다 왼쪽에 작용하는 모든 外力의 이들의 점에 대한 모멘트 M_C, M_E 및 M_F를 산정한다. 그러면 평형조건식 (1.24)로부터 다음을 얻는다:

$$U=-\frac{M_C}{r_C},\qquad L=\frac{M_E}{r_E},\qquad D=\frac{M_F}{r_F} \tag{4.7}$$

여기서 r_C, r_E, r_F는 각각 점 C, E, F로부터 U, L, D의 作用線에 내린 垂線의 길이이고, 모멘트 M_C, M_E, M_F는 時計方向의 것을 陽으로 잡는다.

식 (4.7)로부터 알 수 있는 바와 같이, 리터의 방법에서는 3개의 평형조건식을 연립시켜서 풀 필요가 없으며, 따라서 弦材 또는 腹部材의 內力을 單獨的으로 구할 수 있는데, 리터의 방법은 특히 弦材의 內力을 구하는 데에 편리한 방법이다.

다음 예로서 그림 4.20(a)에 보인 와렌트러스를 든다. 먼저 이 트러스의 上弦材 DF의 內力 N_{DF}를 구하려 한다고 하자. 그러기 위해서는 먼저 이 부재와 함께 다른 2부재를 한 斷面으로 잘라서 트러스를 양분해야 한다. 그러한 斷面으로서는 그림에 보인 바와 같이 i-i

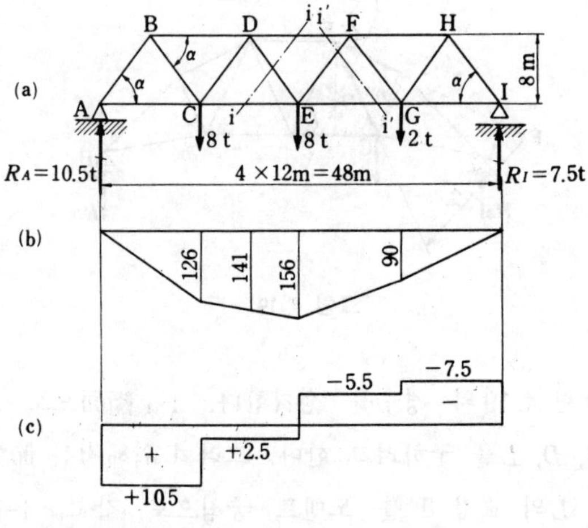

그림 4.20

와 i′-i′의 2개가 있는데, 이들 가운데 어느 斷面으로 트러스를 양분하더라도, 그 斷面으로 잘린 3부재 가운데 DF 이외의 2부재가 만나는 점은 다 같이 節點 E와 일치한다. i-i 또는 i′-i′ 斷面보다 왼쪽에 있는 外力의 E점에 대한 모멘트의 합 M_E는

$$M_E = 10.5 \times 24 - 8 \times 12 = 156 \text{ t·m}$$

와 같다. 그러므로

$$N_{DF} = -\frac{156}{8} = -19.50 \text{ t}$$

여기서 陰符號를 붙인 것은, N_{DF}가 引張力인 것으로 가정할 때 트러스의 왼쪽 부분에 작용하는 N_{DF}의 E점에 대한 모멘트는 $+N_{DF} \times 8$이고, 이것과 M_E의 합이 평형조건에 의해 0으로 되기 때문에이고, N_{DF}가 −19.5 t이라는 것은 N_{DF}가 19.5 t의 壓縮力이라는 것을 가리킨다.

마찬가지로 하여 CE부재의 內力 N_{CE}를 구하면,

$$N_{CE}=+\frac{M_D}{8}=\frac{1}{8}(10.5\times18-8\times6)=\frac{141}{8}=17.625\,\mathrm{t}$$

위에서 M_E와 M_D는 실은 트러스를 들보라고 보았을 때의 그 단면에서의 휨모멘트와 같다. 그래서 이 예에서와 같이 트러스에 작용하는 荷重과 反力이 모두 鉛直方向을 향할 때에는, 그림 4.20(b)와 같이, 휨모멘트도를 작성해 두면 弦材內力을 구하기가 쉬워진다.

다음에 그림 4.20(a)의 트러스의 부재 DE의 內力 N_{DE}를 구해 보기로 한다. 그러기 위해서는, 그 부재를 포함하여 3개의 부재가 잘리는 斷面 i-i로 트러스를 양단하고, 그 왼쪽 부분에 대해 鉛直方向의 分力의 총합이 0으로 되어야 한다는 평형조건을 적용한다. 그러면

$$10.5-8.0-N_{DE}\sin\alpha=0$$

을 얻는데, $\sin\alpha=\frac{8}{10}=0.8$이므로, 이로부터 다음을 얻는다:

$$N_{DE}=+\frac{2.5}{0.8}=3.125\,\mathrm{t}$$

바로 앞의 식의 우변의 분자 +2.5는 실은 이 트러스를 들보로 보았을 때의 단면 D와 E 사이에서의 剪斷力과 같다. 그래서 트러스에 작용하는 荷重과 反力이 모두 연직방향인 때에는, 그림 4.20(c)와 같이, 剪斷力圖를 작성해 놓으면 腹部材의 內力을 구하기가 편리하다.

4.7 節點法과 斷面法의 應用

單純트러스의 內力解析은 節點法만으로 수행할 수 있고, 複合트러

스의 內力解析도 몇 개의 部材內力만 斷面法으로 먼저 결정하고 나면 나머지는 節點法만으로 수행할 수 있다. 그러나 節點法이 편리한 것은 한 節點에 대한 2개의 平衡條件式 가운데 어느 하나로 그 節點에 작용하는 2개의 未知 部材內力 중의 어느 하나를 결정할 수 있는 때이고, 2개의 平衡條件式을 연립시켜서 풀어야 할 경우에는 斷面法을 병용하는 것이 계산 수고를 덜어준다. 曲弦트러스가 이러한 경우이다. 또 平行弦트러스에서와 같이 節點法만으로 모든 部材內力을 편리하게 결정할 수 있는 경우라 할지라도, 節點法만 사용하면 計算誤差가 누적될 우려가 있으므로, 오차의 누적을 막기 위해 斷面法을 병용하는 것이 좋다. 節點法과 斷面法을 어떻게 결합하여 사용하는 것이 효과적인가 하는 것은 문제에 따라 다르다. 이하에서는 몇 가지 전형적인 문제를 예제로 들어서 그 풀이를 제시함으로써 이 점에 대한 설명으로 삼겠다. 물론 두 방법의 효과적인 결합방법은 여러 가지가 있을 수 있고 이하의 예제의 풀이가 유일한 것은 아님을 미리 말해둔다.

예제 4.1 그림 4.21에 보인 曲弦프래트트러스의 모든 부재내력을 구하여라.

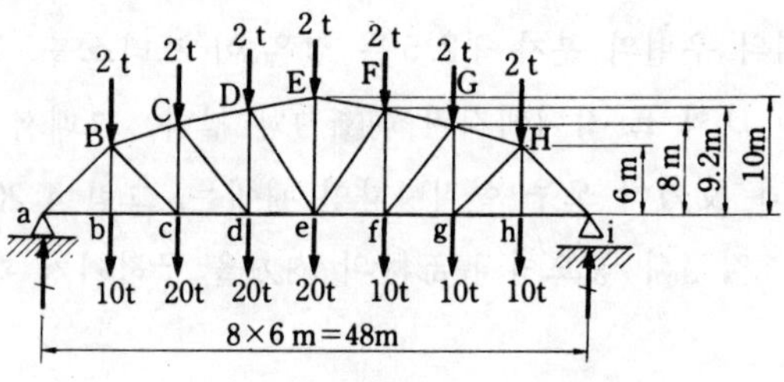

그림 4.21

(풀이) 먼저 反力을 산정하고, 그 결과를 그림 4.22(a)에 기입한다. 다음에 그림 4.22(b)와 같이 剪斷力圖를 작성한다. 荷重과 反力이 모두

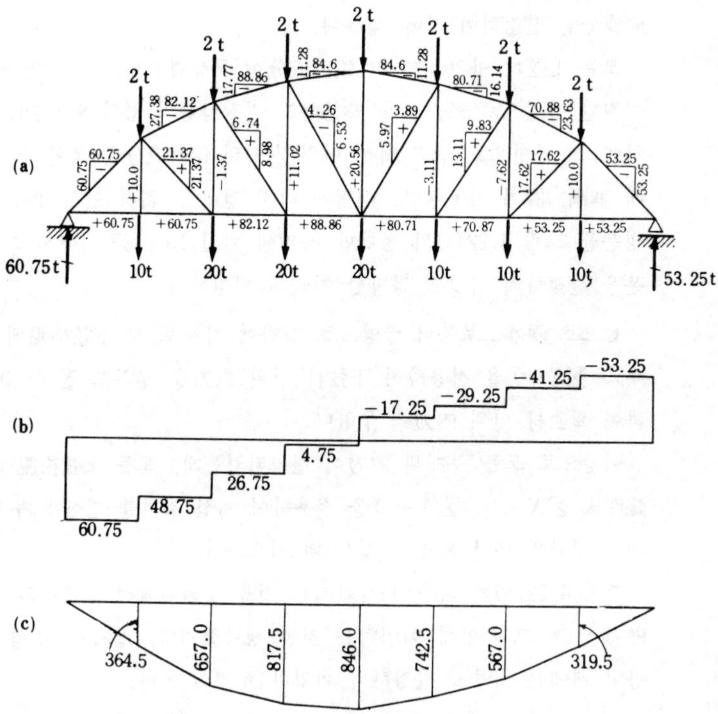

그림 4.22

鉛直이므로 剪斷力圖를 작성하기는 아주 쉽다.

다음에 그림 4.22(c)와 같이 휨모멘트도를 작성한다. 이것도 아주 쉬운 일이다. 곧 左端에서의 값 0으로부터 차례차례로 剪斷力이 일정한 區間의 剪斷力圖의 面積을 더해 가기만 하면 된다.

이상의 준비가 되었으면, 먼저 한 格間을 지나는 연직한 斷面으로 트러스를 양분하고 정당한 下弦格點을 모멘트 中心으로 잡아 上弦材 안의 內力의 水平成分을 산정한다. 이 계산은 단순히 각 格點에서의 휨모멘트를 높이로 나누는 것에 지나지 않는다. 이렇게 해서 얻어진 값을 그림 4.22(a)의 정당한 자리에 기입하고, 바로 이어서 이에 대응하는 鉛直成分을 산정하여 적어 넣는다.

모든 上弦材 안의 內力의 鉛直成分이 구해졌으면, 한 格間을 지나는 연직한 단면으로 트러스를 양분하고 연직방향의 힘의 平衡條件을 적용하여 그 단면으로 잘린 斜材 안의 內力의 鉛直成分을 구할 수 있다. 이때 剪斷力圖가 사용된다. 이렇게 해서 얻어진 斜材 안의 內力의 연직성분을 그림 4.22(a)의 정당한 자리에 기입하고, 곧 이어서 그 수평성분을 산정하여 이것도 정당한 자리에 기입한다.

끝으로 兩端으로부터 중앙으로 향하여 차례로 각 下弦格點에 平衡條件式 $\sum X=0$ 을 적용하여 下弦材 안의 內力을 구하고 $\sum Y=0$을 적용하여 垂直材 안의 內力을 구한다.

이상으로 모든 부재의 內力이 결정되었는데, 모든 上弦格點에 平衡條件式 $\sum X=0$, $\sum Y=0$을 적용하여 계산 결과를 검산해 두는 것이 계산 결과에 대한 확신을 얻는 데 긴요하다.

그림 4.22(a)가 너무 복잡해지는 것을 두려워해서 上弦材와 斜材의 內力을 그 그림 안에 기입하는 것을 생략했지만, 실지로 이 방법을 운용할 때에는 이들을 산정하여 기입하는 것이 좋다.

예제 4.2 그림 4.23(a)에 보인 平行弦프래트트러스의 모든 부재내력을 구하여라.

(풀이) 먼저 反力을 산정한 다음에, 端柱 안의 內力의 鉛直成分을 구하고, 이들의 값을 그림 4.23(b) 안에 적어 넣는다.

둘째로 剪斷力法을 적용하여 각 斜材 안의 內力의 鉛直成分을 구한다. 이 경우에는 휨모멘트도를 작성할 필요가 없으므로 剪斷力圖도 그릴 필요가 없다. 剪斷力圖를 미리 그려 놓지 않더라도 각 格間에서의 剪斷力을 구하기가 쉽기 때문이다.

세째로 모든 斜材內力의 水平成分을 구한다.

네째로 下弦格點에, $\sum X=0$을 적용하여 下弦材內力을 구하고, $\sum Y$

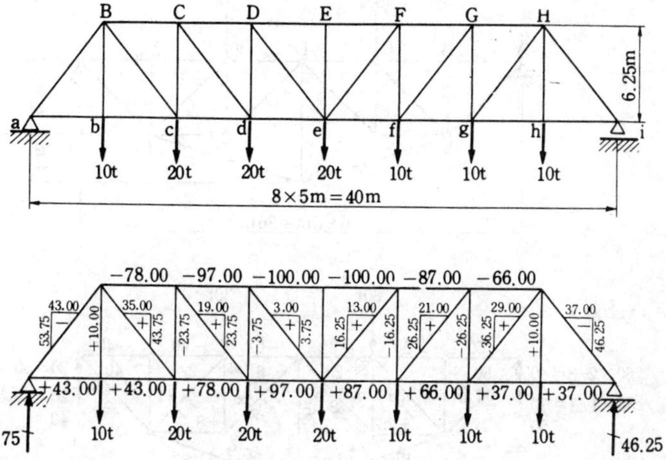

그림 4.23

$= 0$을 적용하여 垂直材內力을 구한다.

끝으로 上弦格點에 $\sum X = 0$을 적용하여 上弦材內力을 구하고, $\sum Y = 0$이 만족되고 있는가를 살펴본다.

예제 4.3 그림 4.24(a)에 보인 트러스의 모든 부재내력을 구하여라.

(풀이) 먼저 反力을 산정한다. 그리고 나서 節點法을 적용하건대, A, B, G, F의 4節點까지는 성공적으로 節點法을 적용할 수 있으나 그 이상으로는 진행할 수 없다. 이 트러스는 복합트러스로서 적어도 한 번은 반드시 斷面法을 써야 한다. CD, cD, bd의 3部材를 자르는 斷面으로 이 트러스를 兩斷하고 그 왼쪽 부분에 대해 平衡條件式 $\sum M_D = 0$을 적용하여 bd部材의 內力을 결정한다. 곧 bd部材의 內力의 水平分力 X는 다음과 같이 얻어진다:

$$X = \frac{1}{(6+4)}(50\times 18 - 60\times 6) = 54$$

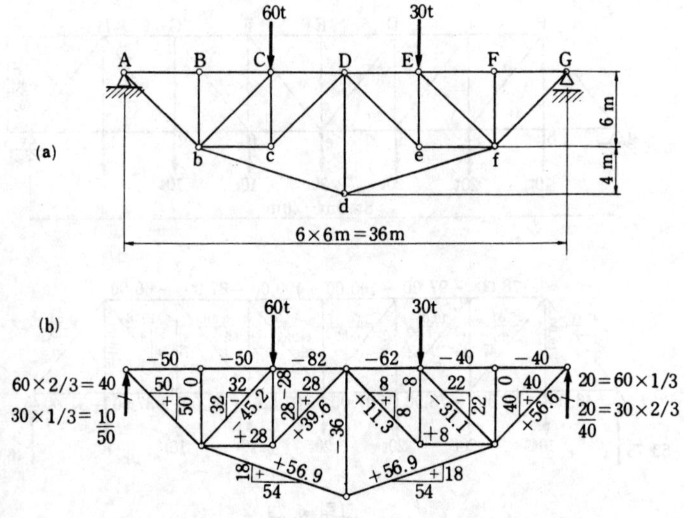

그림 4.24

이것이 결정되면 나머지 계산은 그림 4.24(b)와같이 절점법만으로 완결할 수 있다.

4.8 部材置換法

그림 4.25(a)에 보인 트러스는 $m=11$, $j=7$로서 $m+3=2j$의 조건식을 만족시키지만, 2部材가 모인 節點이 하나도 없어서 節點法을

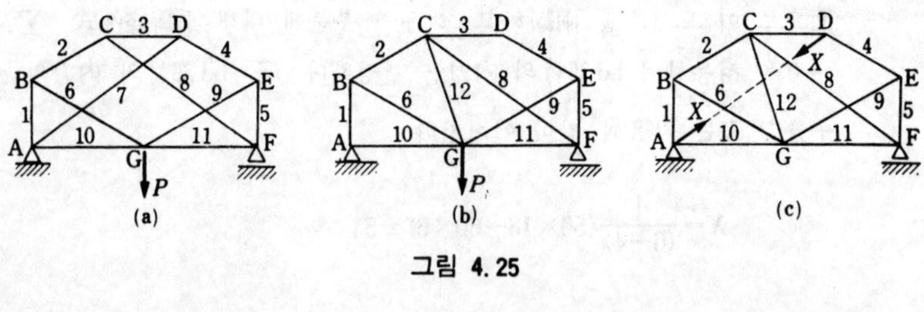

그림 4.25

적용할 수도 없고, 3部材가 잘리는 斷面을 찾아낼 수가 없어서 斷面法을 적용할 수도 없다. 물론 $2j$개의 平衡方程式을 연립시켜서 풀면 문제는 해결되지만, 손으로 푼다면 이것은 실제적으로 불가능하다.

이러한 경우에는, 3部材가 모이는 節點 가운데 임의의 하나, 이를테면 A를 택하여, 그 節點에 모이는 3部材 가운데 적당한 어느 하나, 이를테면 A와 D 사이에 있는 7番 部材를 제거하고, 그 대신에 假想의 部材 12를 적당한 두 節點(이를테면 C와 G) 사이에 挿入하면, 그림 4.25(b)와 같은 單純트러스가 얻어진다. 그래서 이에 대해서는 주어진 荷重에 대하여 內力解析을 할 수 있다. 그 결과 얻어지는 i番 部材의 內力을 $N_{i,0}$라고 하자. 이 때 $N_{7,0}$은 물론 0이다. 다음에 그림 4.25(c)와 같이 A와 D節點에 單位크기의 서로 비기는 힘을 작용시키고 이에 의한 部材內力 $n_{i,1}$을 구해둔다. 그러면 A와 D에 작용하는 힘이 單位크기가 아니라 X인 때의 i番 部材의 內力은 $n_{i,1}X$로 되고, 이것과 농시에 주어진 荷重이 작용하는 때의 i番 部材의 內力 N_i는

$$N_i = N_{i,0} + n_{i,1}X \tag{4.8}$$

와 같이 될 것이고, 假想部材의 內力 N_{12}는

$$N_{12} = N_{12,0} + n_{12,1}X \tag{4.9}$$

로 될 것이다. 여기서 만일 X가 그림 4.25(a)의 실지의 트러스에서 7番 部材에 일어나는 內力과 같다면, 이 실지의 트러스에서는 假想部材가 存在하지 않으므로 식 (4.9)로 算定되는 內力은 0으로 되어야 한다. 곧

$$N_{12,0} + n_{12,1}X = 0 \tag{4.10}$$

이로부터 X가

$$X = -\frac{N_{12,0}}{n_{12,1}} \tag{4.11}$$

와 같이 결정되고, 나머지 部材의 內力은 식 (4.8)에 의해 산정된다.

위의 방법이 4.3節에서 소개한 部材置換法이다. 이 방법은, 그림 4.26(a)와 같이, 2개의 部材를 치환함으로써 그림 4.26(b)와 같은 單純트러스가 얻어지는 경우에도 사용할 수 있다. 제거된 部材의 제거되

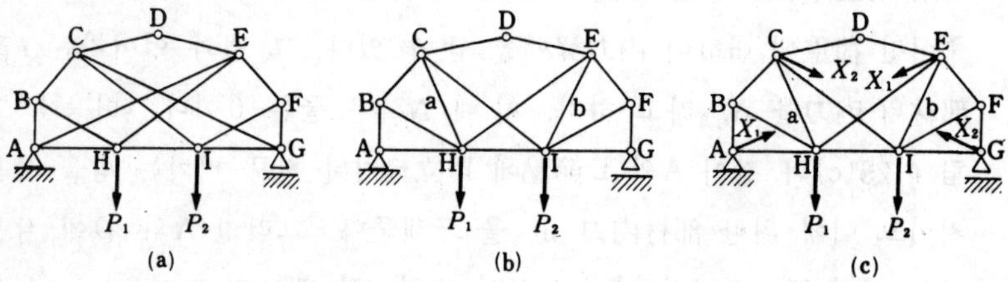

그림 4.26

기 전의 內力을 X_1, X_2(引張力인 것으로 가정함)라 하면, 그림 4.26(c)와 같이 치환된 單純트러스에서 荷重과 함께 X_1, X_2가 동시에 작용하면 치환된 두 部材 a와 b 안의 內力은 0으로 될 것이다. X_1, X_2의 값은 이 조건에 의해 결정된다. 먼저 그림 4.26(b)와 같이 치환된 트러스에 荷重만이 작용하는 때의 部材內力 $N_{i,0}$를 구하고, 다음에 $X_1 = 1$만이 작용하는 때와 $X_2 = 1$만이 작용하는 때의 部材內力 $n_{i,1}$과 $n_{i,2}$를 산정한다. 그러면 그림 4.26(a)의 트러스의 部材內力 N_i는

$$N_i = N_{i,0} + n_{i,1} X_1 + n_{i,2} X_2 \tag{4.12}$$

로 된다. 그런데 部材 a와 b 안의 內力은 0이어야 하므로

$$\begin{aligned} N_a &= N_{a,0} + n_{a,1} X_1 + n_{a,2} X_2 = 0 \\ N_b &= N_{b,0} + n_{b,1} X_1 + n_{b,2} X_2 = 0 \end{aligned} \tag{4.13}$$

이로부터

$$X_1 = \frac{n_{b,2}N_{a,0} - n_{a,2}N_{b,0}}{n_{b,1}n_{a,2} - n_{a,1}n_{b,2}}$$
$$X_2 = \frac{n_{b,1}N_{a,0} - n_{a,1}N_{b,0}}{n_{a,1}n_{b,2} - n_{b,1}n_{a,2}} \tag{4.14}$$

이와 같이 하여 X_1, X_2가 결정되었으면 이들의 값을 식 (4.12)에 대입함으로써 다른 모든 部材의 內力을 구할 수 있다.

複雜트러스가 靜定한가 그렇지 않으면 幾何學的으로 不安定한가를 視察에 의해서 판단하기 어려운 때가 많다. 이러한 때에는 위와 같은 部材置換法을 실지로 적용해 보아야 한다. 이 때 만일 식 (4.11)이나 (4.14)의 분모가 0으로 된다면 그 트러스는 幾何學的으로 不安定으로 되고, 그렇지 않다면 靜定하다.

4.9 假想變位法

1.14節에서 말한 바와 같이, 剛體에 대한 假想일의 原理는 平衡條件과 동등하므로, 이 原理를 사용하여 靜定트러스의 內力解析을 할 수 있다. 이 原理를 적용하면 한 번에 한 部材의 內力이 決定된다. 그러므로 이 방법은 어느 특정된 한 部材의 內力을 결정하는 데 편리하게 사용된다. 어느 靜定트러스의 어느 특정된 부재를 제거하고 그 대신에 그 부재내력을 그 부재의 兩端의 節點에 작용시킨다. 그러면 自由度가 1개인 可動系를 얻는데, 그래도 力學的 狀態 곧 平衡狀態는 변하지 않는다. 이 可動系의 어느 한 節點에 임의의 가능한 假想變位를 주면 다른 節點들도 이에 적합한 假想變位를 일으키어 각 節點에 작용하는 힘들이 假想일을 하게 된다. 이 假想일의 總合을 0으로 놓음으로써 그 部材의 內力을 구할 수 있다.

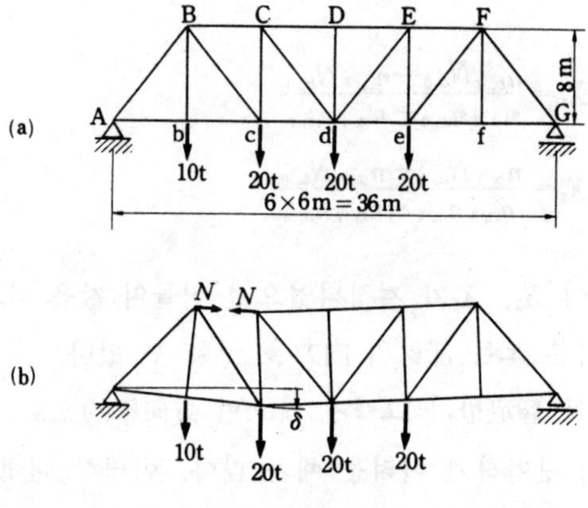

그림 4.27

한 예로서 그림 4.27(a)에 보인 트러스에서 BC 部材의 內力을 구해 보기로 한다. 그림 4.27(b)와 같이, 이 部材를 除去하고 그 部材內力 N을 B와 C에 작용시킨 다음, 節點 c에 鉛直方向의 假想變位 δ를 준다. 그러면 節點 b, d, e는 각각 $\frac{1}{2}\delta$, $\frac{3}{4}\delta$, $\frac{1}{2}\delta$만큼의 變位를 일으키고, 節點 B와 C 사이의 거리는 $\left(\frac{\delta}{12}+\frac{\delta}{24}\right)8=\delta$만큼 짧아진다. 그러므로 假想일의 原理에 의해

$$N\delta+10\frac{1}{2}\delta+20\left(\delta+\frac{3}{4}\delta+\frac{1}{2}\delta\right)=0$$

$$\therefore N=-50\,\mathrm{t}$$

이 假想變位法은 單純트러스나 複合트러스에 적용하더라도 별로 큰 도움을 얻지 못하는 데 반해, 複雜트러스에 적용하면 큰 도움을 얻는다. 複雜트러스의 몇 개의(그림 4.25의 경우에는 1개, 그림 4.26의 경우에는 2개의) 部材內力을 이 方法으로 구하고 나면, 나머지 部材內力은 節點法과 斷面法으로 구할 수 있기 때문이다.

假想變位法을 적용할 때에는 임의의 한 節點에 임의의 假想變位를 준 다음에 外力이 작용하는 모든 節點의 假想變位를 위의 假想變位에 適合하도록 결정해야 한다. 이것은 때로는 상당히 많은 計算量으로 된다. 이러한 경우에 다음에 說明할 變位圖를 사용하면 편리할 것이다.

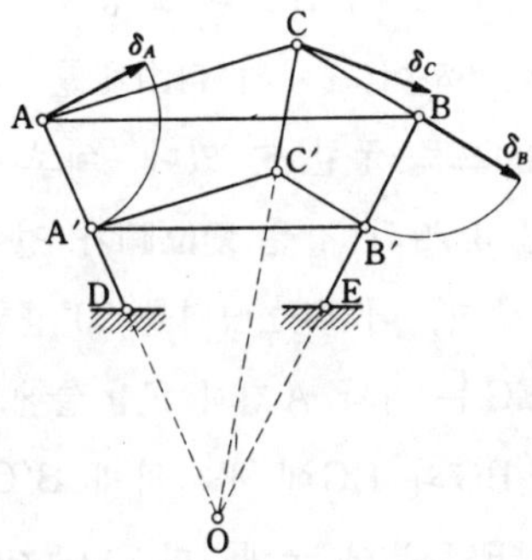

그림 4.28

그림 4.28에서 한 部材 AB가 2部材 AD와 BE에 의해 지지되고 있다면, 이 系는 1개의 自由度를 가지며, AB는 AD와 BE의 延長線의 교점 O를 瞬間的 廻轉中心으로 하여 廻轉할 수 있다. 그러므로 A와 B는 각각 AD와 BE에 垂直한 方向으로 變位를 일으킬 수 있다. 이제 점 A에 假想變位 δ_A를 주었을 때 B點이 일으키는 變位 δ_B를 圖式的으로 구해 보기로 한다. 만일 變位벡터 δ_A와 δ_B를 그림과 같이 90°만큼 廻轉시켜서 A′와 B′를 점찍으면 A′B′는 AB에 平行하게 될 것이다. 왜냐하면,

$$\overline{BB'}=\delta_B=\delta_A\frac{\overline{OB}}{\overline{OA}}=\overline{AA'}\frac{\overline{OB}}{\overline{OA}}$$

이므로,

$$\overline{BB'}:\overline{AA'}=\overline{OB}:\overline{OA}$$

로 되기 때문이다. 그러므로 δ_A를 주고 δ_B를 구하려면, δ_A에 대응하는 점 A′로부터 AB에 平行한 선 A′B′를 그어서 그것이 OB와 만나는 점 B′를 구하기만 하면 된다. 그리고 A와 B가 剛體平板 ABC 위의 두 점이라면 그 平板 위의 한 점 C의 變位도 그림과 같이 平行線 A′C′(∥AC)와 B′C′(∥BC)의 교점 C′를 구함으로써 결정된다.

이상의 사실을 이용하여 1개의 自由度를 가지는 可動系의 모든 節點의 變位를 圖式的으로 구할 수 있다. 예로서 그림 4.25의 複雜트러스를 들면, 그림 4.29와 같은 變位圖가 얻어진다. 節點 G에 임의의 假想變位 δ를 주고, 이 變位벡터를 90°만큼 돌리면 점 G′를 얻는다. 部材 BG와 EG는 각각 A점과 F점 둘레로 회전하므로 B점과 E점의 變位는 각각 BG와 EG에 平行하게 B′G′와 E′G′를 그음으로써 얻어지는 점 B′와 E′로부터 구해진다. 다음에 C점의 變位는 BC에 平行하게 B′C′를 그음으로써 얻어지는 점 C′로부터 구해지고, 끝으로 D점의 變位는 각각 CD와 DE에 平行한 직선 C′D′와 D′E′의 교점 D′로부터 구해진다. 모든 節點의 變位가 얻어졌으므로 未知의 部材內力 N은 먼저와 같이 假想일의 原理를 적용함으로써 구해진다. 이 경우에는 모든 變位가 90°만큼 회전되어 있으므로 각 힘의 假想일은 점 D′와 G′에 대한 그들의 모멘트를 취함으로써 얻어진다. 이를테면,

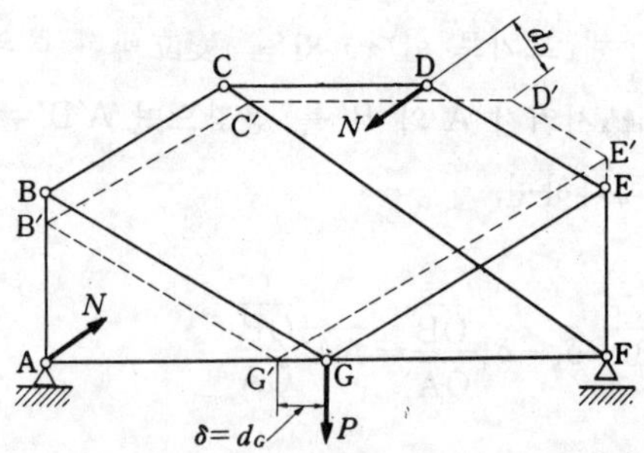

그림 4.29

힘 P가 하는 假想일은 P의 G′에 대한 모멘트와 같고 N이 하는 假想일은 N의 D′에 대한 모멘트와 같다. 그러므로 假想일의 原理로부터

$$-Pd_G+Nd_D=0 \tag{4.15}$$

이로부터

$$N=\frac{Pd_G}{d_D} \tag{4.16}$$

이 경우에도 만일 d_D가 0으로 되면 N이 無限大로 되어 그 트러스가 幾可學的으로 不安定으로 됨을 안다. 이에 따라 變位圖를 그려봄으로써 트러스의 幾何學的 不安定을 판단할 수 있다. 곧 그림 4.29의 경우에, C′D′와 D′E′가 N의 作用線 곧 제거된 部材 AD 위에서 만나게 되면 그 트러스는 기하학적으로 불안정으로 되고, 그렇지 않으면 靜定으로 된다.

演 習 問 題

問 4.1 그림의 각 트러스에 대하여 그것이 단순, 복합 또는 복합트러스인가 판단하여라.

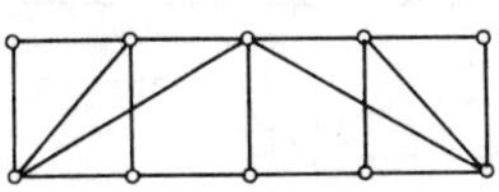

(a)

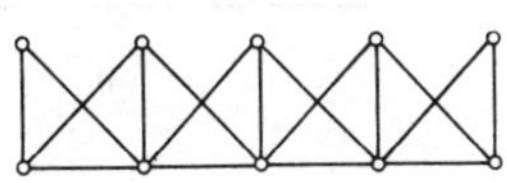

(b)

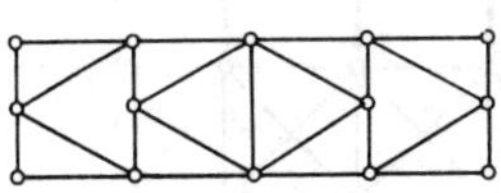

(c)

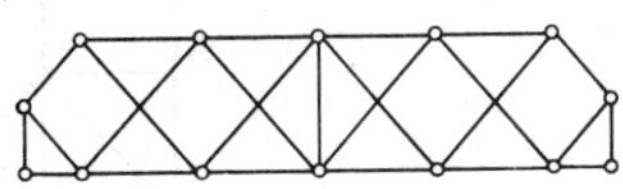

(d)

(e)

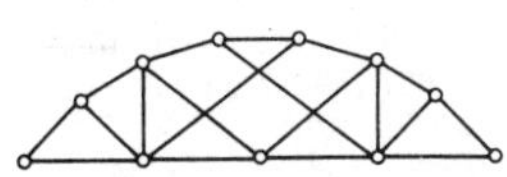

(f)

問 4.2 그림의 각 트러스에 대하여 모든 部材內力을 구하여라.

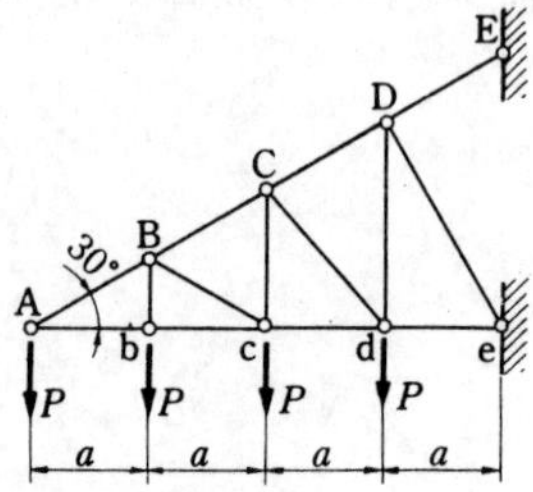

(a)

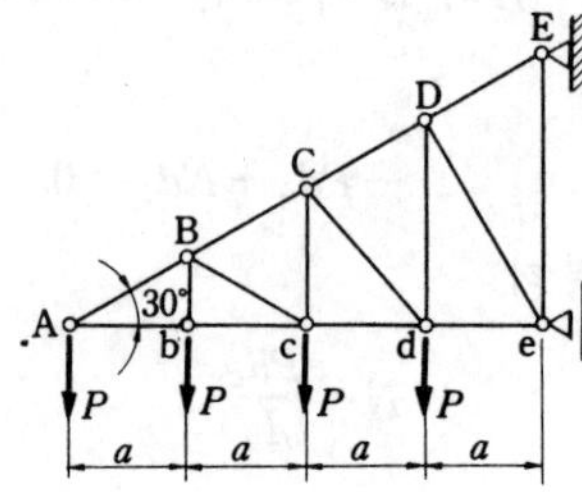

(b)

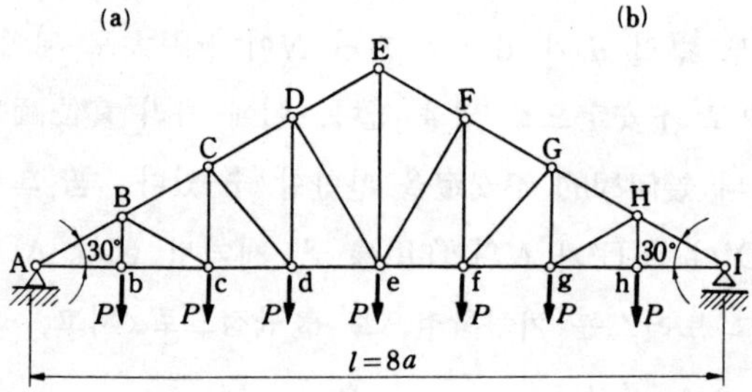

(c)

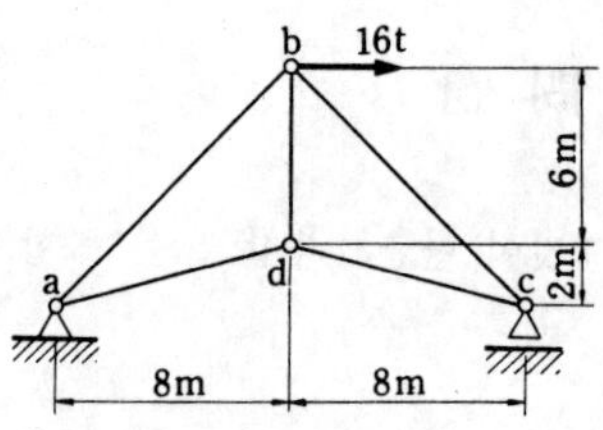

(d)

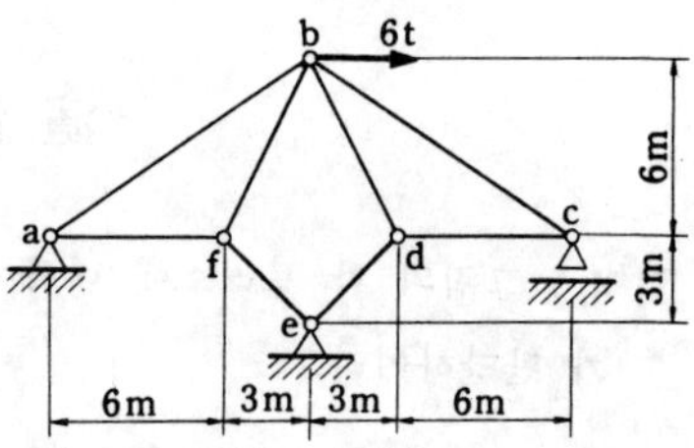

(e)

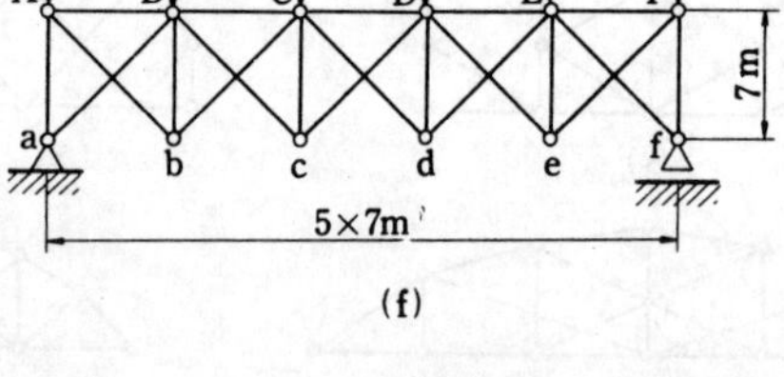

(f)

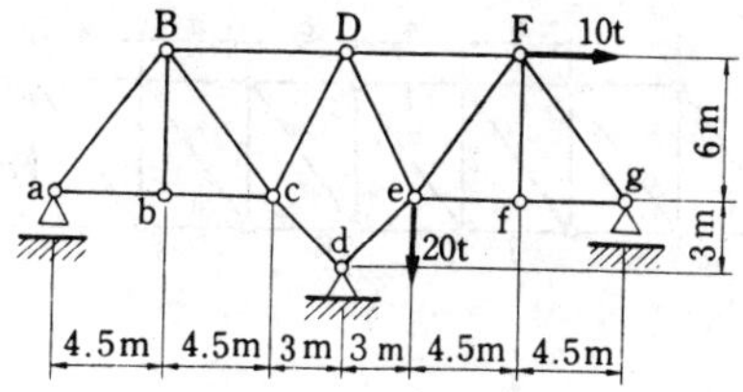

(g)

問 4.3 그림의 각 트러스에 대하여 맥스웰의 內力圖를 작성하여라.

(a)

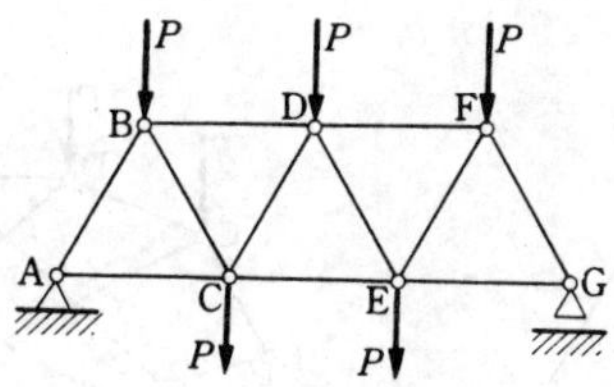

(b)

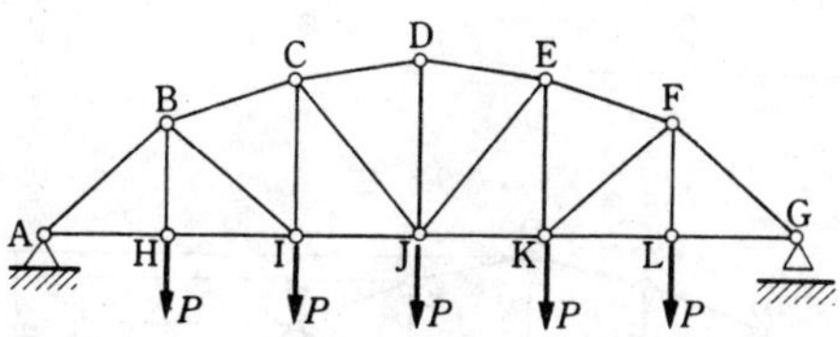

問 4.4 그림의 각 트러스에 대하여 斷面法을 사용하여 部材 1, 2, 3 의 內力을 구하여라.

(a)

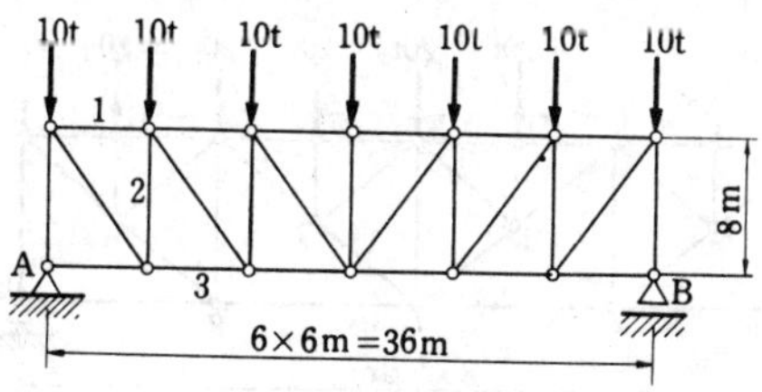

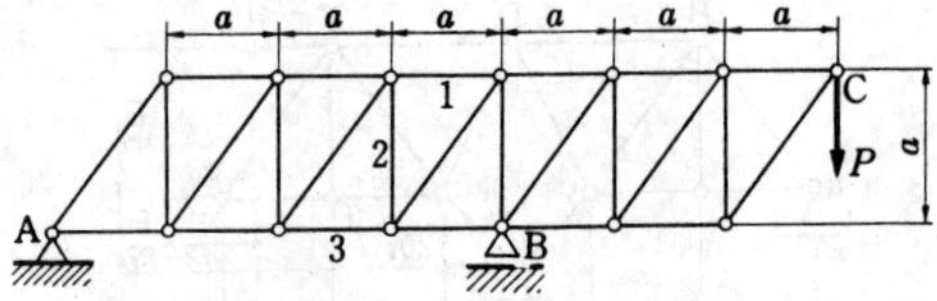

(b)

問 4.5　그림의 각 트러스에 대하여 모든 部材內力을 구하여라. 그림 (b)에서 多角形 ABCDEFGH는 正 12角形의 일부이다.

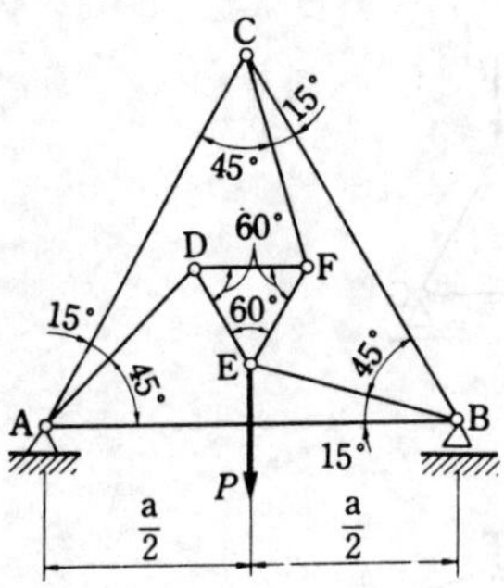

(a)

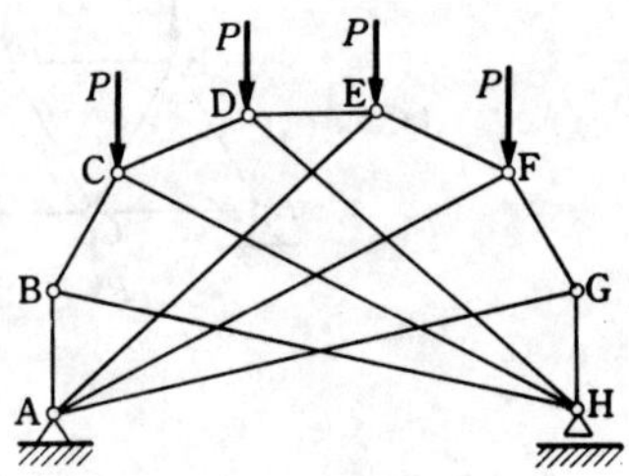

(b)

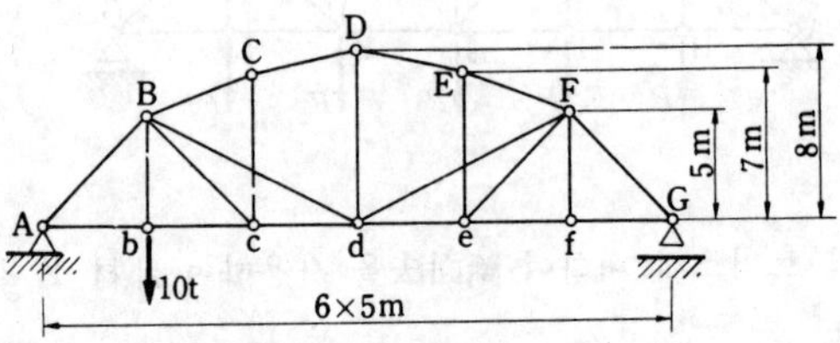

(c)

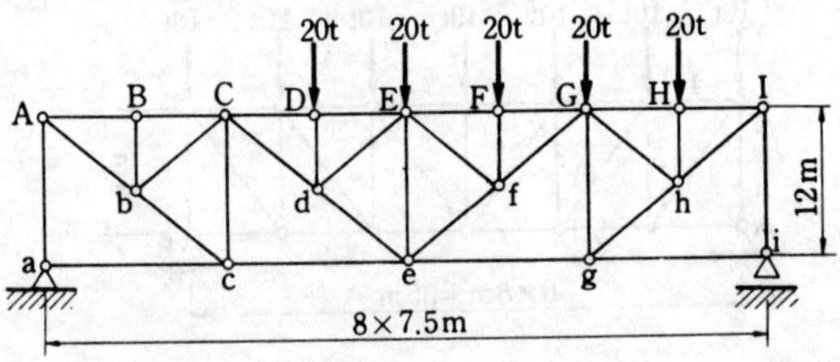

(d)

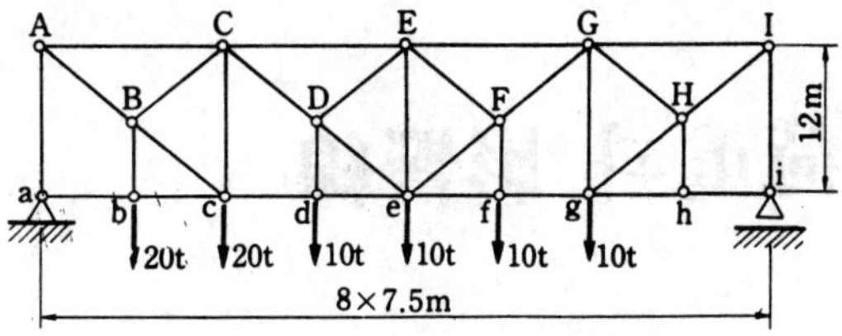

(e)

5

移動荷重과 影響線

5.1 移動荷重의 影響

앞의 세 章에서는 각종의 靜定한 뼈대 구조물에 임의의 荷重이 작용하는 때에 일어나는 反力과 斷面力 또는 部材内力을 算定하였다. 이들을 산정하는 일이 중요한 것은 물론이거니와 구조물에 固定荷重만이 작용하는 때에는 이것만으로도 충분하다. 그러나 移動荷重이 작용하는 경우에는, 固定荷重만이 작용하는 때에는 일어나지 않던 두 개의 문제가 새로 일어난다.

그 하나는 衝擊, 振動 등의 動力學的 영향이다. 이에 의해 移動荷重은 같은 곳에 靜止하고 있을 때보다 더 큰 應力을 일으키게 한다. 이것은 荷重의 급격한 작용에도 기인하는 것이지만, 이 밖에 床面의 피할 수 없는 凹凸, 驅動車輪의 不完全한 均衡, 車輪의 偏心, 車輛의 가로방향의 動搖 등도 그 원인이 되므로, 動力學的 영향을 산정하는 것은 극히 어렵다. 그러므로 設計 때에는 移動荷重을 靜荷重으로 보고 應力 등을 산정한 다음에, 그 몇 %를 動力學的 영향으로서 이에 가산한다. 이 가산될 應力을 **衝擊應力**(impact stress)이라 하고, 이것을 얻기 위해 靜力學的 應力에 곱해 줄 係數를 **衝擊係數**(impact coefficient)라고 한다. 곧 靜力學的으로 작용한다고 보는 때의 移動荷重에

의한 應力을 S, 衝擊應力을 I, 衝擊係數를 i라고 하면,

$$I = iS \tag{5.1}$$

이고, 動力學的 영향을 고려한 全應力 T는

$$T = S + I = (1 + i)S \tag{5.2}$$

로 된다. i의 값은 각종의 構造物의 設計示方書에 나와 있는 算出公式에 의해 산정할 수 있다.

구조물에 移動荷重이 작용하는 때에 새로 일어나는 또 하나의 문제는, 移動荷重이 靜力學的으로 작용한다 하더라도 이에 의한 應力이 荷重의 위치에 따라 변하며, 따라서 가장 불리한 荷重의 위치를 찾아내어야 한다는 점이다. 本章에서 생각할 것은 이 문제에 관한 것이다.

5.2 影 響 線

5.2.1 影響線의 定義

荷重이 構造物 위의 어느 위치에 놓일 때에 어느 特定된 斷面에 가장 큰 斷面力이 일어나는가 하는 것은 때로는 直觀으로 결정할 수 있고 때로는 試算法으로 결정할 수 있으며 어느 경우에는 數學的 極値判斷法으로 결정할 수 있으나, 어느 경우에도 다음에 설명할 **影響線**(influence line)을 사용하여 결정하는 방법이 가장 편리하다. 이것은 獨逸의 E. Winkler(1835~1888)에 의해 1867년에 처음으로 創案되고 Weyrauch, Müller-Breslau 등에 의해 널리 사용된 방법이다.

影響線이라 함은 單位 크기의 一定한 方向의(보통은 鉛直方向의) 荷重이 구조물 위를 이동할 때 그 구조물 위의 어느 특정된 점에 일어나는 그 荷重의 影響이 변화하는 상태를 나타내는 曲線이다. 여기서

影響이라고 한 것은 反力, 剪斷力, 휨모멘트 또는 部材內力일 수도 있고, 또 後述하는 처짐(deflection)일 수도 있다.

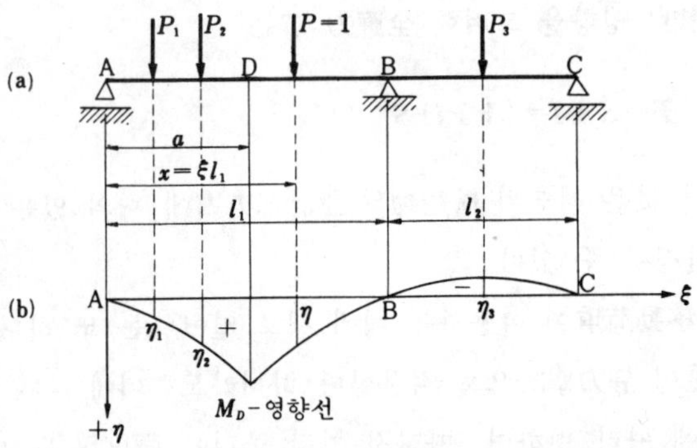

그림 5.1

그림 5.1(b)는, 그림 5.1(a)에 보인 2스팬의 連續들보의 左端부터 a의 거리에 있는 D 斷面에 일어나는 휨모멘트 M_D에 대한 영향선을 보인다. 單位荷重 $P=1$이 左端으로부터 $x=\xi l_1$의 거리에 있는 점에 작용할 때 M_D를 산정하여 그 값을 η라고 하면, η는 일반적으로 x 또는 ξ만의 函數로 된다. 곧

$$\eta=f(x)=f_1(\xi) \tag{5.3}$$

이 函數關係를 그래프로 나타낸 것이 곧 M_D에 대한 영향선이다. 이 때에 η를 **影響線縱距**(ordinate of the influence line)라 하고, ξ軸과 영향선 사이의 面積을 **影響線面積**(area of the influence line)이라 한다.

5.2.2 影響線의 利用

어느 구조물에 대해서 영향선이 이용되기 위해서는 다음 두 개의 조건이 만족되어야 한다:

(1) 그 구조물에 대해 겹침의 原理가 성립할 것

(2) 荷重이 항상 그리고 모두 一定한 方向으로 작용할 것

위의 두 조건은 平衡條件을 적용할 때 變形을 무시할 수 있는 構造物에 列車荷重이나 自動車荷重이나 또는 群衆荷重과 같은 移動荷重이 작용하는 많은 실제적인 경우에 만족된다. 이들의 조건이 만족되면, 그림 5.1(a)와 같이, 여러 개의 集中荷重 $P_1, P_2, \cdots$ 이 작용하는 때에 각 荷重의 着力點에서의 영향선종거를 각각 η_1, η_2, …이라고 하면, 이들 여러 개의 荷重에 의한 M_D 또는 일반적으로 어느 影響 X는

$$M_D = X = P_1\eta_1 + P_2\eta_2 + \cdots = \sum P_i\eta_i \tag{5.4}$$

에 의해 산정된다. 또 그림 5.2와 같이 等分布荷重 p가 $b \leqq x \leqq c$ 사이에 작용한다면,

$$M_D = X = \int_b^c p dx \cdot \eta = p\int_b^c \eta dx$$

로 되는데, 우변의 積分은 $x = b \sim c$ 사이의 영향선 面積으로서 이것을 A로 적어서 나타내면,

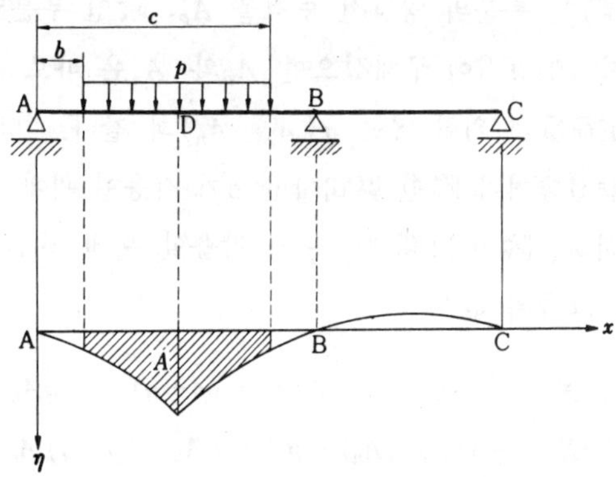

그림 5.2

$$M_D = X = pA \tag{5.5}$$

이상에 의해 한 구조물에 대하여 어느 量 X에 대한 영향선을 구해 두면, 식 (5.4)와 (5.5)로부터 여러 가지 荷重狀態에 의한 X를 바로 구할 수 있음을 안다.

影響線의 보다 더 중요한 應用은 移動荷重 특히 連行移動荷重이 구조물 위의 어느 위치에 올 때에 量 X가 最大로 되는가를 결정하려는 때에 찾아볼 수 있다. 이 荷重의 위치는 X가 일어나고 있는 구조물 부분에 대해서 가장 불리한 위치로서, 이 때만을 고려해서 그 구조물 부분을 안전하게 설계하면, 그 荷重이 다른 어떠한 위치에 있을 때에도 그 부분이 X에 대해 안전할 것은 뚜렷하다. 가장 불리한 荷重의 위치는 물론 量 X의 종류에 따라 다르다. 그러므로 이것은 각 경우마다에 대해 생각할 필요가 있다. 그러나 等分布荷重이 작용하는 경우에는 다음의 사실이 언제나 성립한다.

이제 全 支間에 強度 q의 等分布固定荷重이 작용하는 그림 5.1(a)와 같은 구조물에 強度 p의 等分布移動荷重이 작용하는 경우를 생각한다. 이 구조물의 어느 量 X에 대한 영향선이 그림과 같다고 하고, 그 종거가 陽인 부분의 영향선 면적을 A_p, 陰인 부분의 그것을 A_n이라고 하자. 영향선이 구해졌으면 A_p와 A_n은 바로 산정할 수 있다. 그러면 固定荷重에 의한 X는 $q(A_p - A_n)$과 같다. 만일 이 값이 陽이라면 영향선종거가 陽인 區間에만 p가 작용할 때에 X가 그 最大値 X_{max}을 취하고, 陰인 區間에만 p가 작용할 때에 最小値 X_{min}을 취한다. 그리고 그들의 값은

$$\begin{aligned} X_{max} &= q(A_p - A_n) + pA_p = (p+q)A_p - qA_n \\ X_{min} &= q(A_p - A_n) - pA_n = qA_p - (p+q)A_n \end{aligned} \tag{5.6}$$

로 된다.

5.2.3 間接荷重에 대한 影響線

荷重이 그림 5.3과 같이 主桁에 간접으로 작용하는 경우에는 縱桁에 직접으로 작용하는 荷重의 종류에 관계없이 主桁에 대해서는 늘 格點에 集中荷重으로서 작용한다. 이제 縱桁이 모두 單純들보型으로 格點에서 支持된 경우를 생각한다. 荷重이 직접으로 작용할 때의 영향선은 그림의 點線과 같이 구해져 있고, n 및 n+1번째 格點에서의 영향선종거가 각각 η_n 및 η_{n+1}이라고 하자. 그러면 單位荷重 $P=1$이 格點 n과 n+1 사이의 縱桁 위에 올 때에는 主桁에는 그 分力인

$$P_n=\frac{d-x}{d}, \qquad P_{n+1}=\frac{x}{d}$$

가 각각 格點 n과 n+1에 작용하게 되므로, 이 荷重位置에 대응하는 영향선종거 η는

$$\eta=\frac{d-x}{d}\eta_n+\frac{x}{d}\eta_{n+1}=\eta_n+\frac{\eta_{n+1}-\eta_n}{d}x \tag{5.7}$$

로 된다. 이것은 直線의 方程式이고 $x=0$ 및 $x=d$에서는 η가 각각 η_n 및 η_{n+1}과 일치한다. 위의 사실은 어떠한 종류의 영향선에 대해서

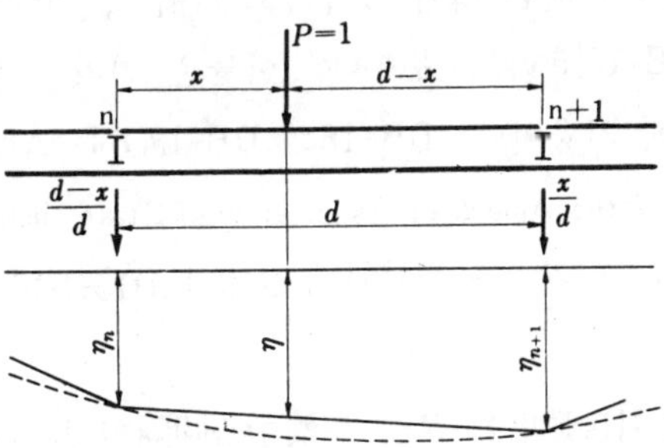

그림 5.3

도 성립되므로 다음과 같이 말할 수 있다:

"間接荷重에 대한 각종의 영향선은 모두 直接荷重에 대한 영향선으로부터 그 위의 각 格點에 대응하는 점을 直線으로 연결함으로써 언어진다."

5.3 橋梁의 移動荷重

本節에서는 현재 道路橋와 鐵道橋를 設計할 때에 실지로 사용되는 移動荷重에 관해 앞으로 나오는 문제를 이해하는 데 충분한 정도의 간단한 解說을 摘要해 둔다.

5.3.1 道路橋의 移動荷重

道路橋는 鋼橋이든 鐵筋콘크리트橋이든 모두 1962년에 국토건설청(현 건설부)에서 처음으로 制定되고 1978년과 1983년에 改定된 道路橋 設計 標準示方書에서 規定한 표준트럭하중과 **車線荷重**(lane load)에 대해 안전하도록 설계되어야 한다. 표준트럭하중은 *DB* 荷重이라고도 불리는데, 이것은 세미트레일러(後曳車, semi-trailer)를 가지는 牽引自動車(tractor truck)를 나타내는 것으로, 견인자동차의 重量 *W*가 24, 18 및 13.5t이 되는 것의 3가지로 나뉘고, 이들을 각각 DB-24, DB-18 및 DB-13.5라고 부른다. 이들은 각각 一等橋, 二等橋 및 三等橋의 설계에 사용된다. DB-18과 DB-13.5는 AASHTO 示方書(Specifications of the American Association of State Highway and Transportation Officials)에서 규정한 H20-S16과 H15-S12 荷重에 해당한다.

DB荷重의 牽引自動車는 모두 車輪中心間隔이 1.8m, 車軸中心 距離가 4.2m이고, 두 개씩의 前車輪과 後車輪에 걸리는 重量은 각각

0.1W와 0.4W이다.

DB하중의 세미트레일러 荷重은 트럭의 後車軸부터 뒤로 4.2~9.0 m의 거리를 두고 구르는 두 개의 크기 0.4W의 車輪荷重으로 이루어진다. 그러므로 DB하중의 총중량은 1.8W로 되고, DB-24하중의 총중량은 43.2t으로 된다.

길이가 긴 道路橋를 설계하려는 때에는 DB하중을 사용하는 대신에 1개 또는 2개의 集中荷重과 等價等分布荷重(equivalent uniform load)을 결합시킨 車線荷重을 사용할 수 있다. 이 등가등분포하중은 실제의 트럭集中荷重의 列과 거의 똑같은 斷面力을 일으키게 하는 等分布荷重으로서 斷面力을 계산할 때의 노력을 덜기 위해 사용된다.

DB-24하중에 대응하는 車線荷重을 DL-24로 나타내는데, 이것은 1車線(one traffic lane)의 1m마다 1.27t의 등분포하중과 집중하중으로 이루어진다. 이 集中荷重은 휨모멘트를 계산하려는 때에는 10.8t, 剪斷力을 계산하려는 때에는 15.6t으로 규정되어 있다. DB-18에 대응하는 차선하중 DL-18에 대한 위의 값은 각각 0.95t/m, 8.1t, 11.7t이고, DL-13.5에 대한 것은 0.71t/m, 6.08t, 8.78t이다. 連續들보에서는 2개의 集中荷重을 사용할 수 있는데 이들은 構造物에 最大應力을 일으키도록 놓인다.

이상의 荷重은 1車線에 대한 것을 單位로 하고, 車線數가 整數인 경우만을 생각하여 응력을 계산한다. 車線荷重은 3m의 幅에 걸쳐 분포된 것으로 본다.

5.3.2 鐵道橋의 移動荷重

鐵道橋의 設計때 사용되는 移動荷重은 鐵道廳 制定 鋼鐵道橋 設計標準示方書에서 規定되어 있는 LS荷重이다. 이것은 L荷重과 S荷重으로 이루어진다. L荷重은 두 개의 炭水車가 달린 機關車의 車軸荷重(axle load)과 이에 뒤따르는 客貨車荷重을 나타내는 等分布荷重으로 이

루어져 있고, S荷重은 2m의 거리를 가지는 두 개의 車軸荷重으로 이루어져 있다. LS荷重에는 여러 가지 등급이 있는데 그 중에서 LS-18荷重을 圖示하면 그림 5.4와 같다. 車輪에는 그것을 나타내는 圓안에 왼쪽부터 오른쪽으로 일련번호를 붙여 놓았고, 그들 사이의 거리는 그 아래에 m 單位의 數値로 적어 넣었다. 車輪番號 위에 있는 數値는 t 單位로 나타낸 그 車輪의 車軸荷重을 나타낸다. 이에 뒤따르는 等分布荷重의 強度는 그림에서 보는 바와 같이 6t/m이다. S-18하중은 그림 5.4(b)에 보인 바와 같이 2개의 22t 車軸荷重으로 이루어지고 있다. 車輪荷重 (wheel load)은 車軸荷重의 半이다.

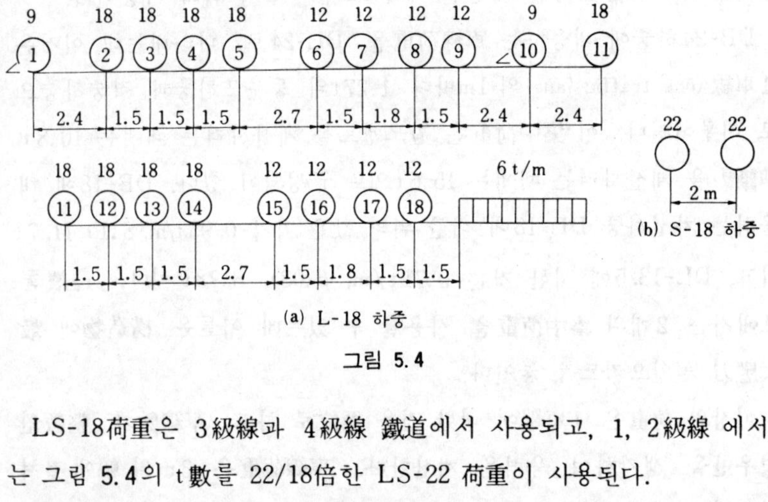

(a) L-18 하중 (b) S-18 하중

그림 5.4

LS-18荷重은 3級線과 4級線 鐵道에서 사용되고, 1, 2級線 에서는 그림 5.4의 t數를 22/18倍한 LS-22 荷重이 사용된다.

L荷重과 S荷重 가운데 큰 應力을 주는 쪽을 사용해야 하는데, 일반적으로 支間이 3.7m 이상 되는 교량에서는 L荷重이 지배적이다.

LS荷重은 원래 美國의 Theodore Cooper가 1894년에 처음으로 提唱한 Cooper E-40 荷重을 基準으로 하여 制定된 것인데, 이것은 거의 國際的인 標準列車荷重으로 되어 있다. 이 荷重의 名称 가운데 Cooper는 물론 提唱者의 이름, E는 engine의 頭文字이고, 40은 驅動

車軸 위의 kilopound 單位의 荷重의 數値로서 當時 가장 무거웠던 기관차의 그것에 해당한다. 現在 AREA(American Railway Engineering Association)의 示方書에서는 Cooper E-72 또는 7 ft만큼 떨어져 있는 각각 90 kilopounds의 2개의 車軸荷重 가운데 큰 應力을 일으키는 것을 사용하도록 요구하고 있다.

LS荷重 또는 Cooper 荷重에서는 車輪의 配置를 늘 一定한 것으로 보고 있으나, 현금의 機關車는 Cooper 시대의 Consolidation型 機關車와는 많이 달라졌다. 그래서 車軸荷重과 車軸距離를 現今의 기관차에 합치시키려는 企圖도 있고 또 실지로 그렇게 하고 있는 예도 있으나, **Cooper 하중은 橋梁의 容量을 비교하는 데 좋은 기준이 되는 것이므로 아직도 가장 널리 사용되고 있다.**

L荷重과 같이 여러 개의 集中荷重으로 이루어진 連行移動荷重에 대해서는 다음 面에 실린 것과 같은 모멘트表(moment table)를 미리 마련해 놓으면, 이 荷重系에 의한 反力이나 휨모멘트를 계산하는 데 퍽 도움이 된다. 이 표에서 처음 3行은 그림 5.4(a)가 표시하는 내용과 똑같은 것이고, 다음 行은 車輪 ①에서 각 車輪까지의 거리를, 그 다음 行은 列車의 先端부터 각 車輪까지의 거리를 나타낸다. 第6行은 車輪 ①부터 각 車輪까지의 輪荷重의 합을, 第7行은 列車의 先端부터 각 車輪까지의 輪荷重의 합을 나타낸다. 第8行은 列車의 先端부터 그 앞에 있는 임의의 車輪까지의 輪荷重의 그 先端에 대한 모멘트의 합을 나타낸다. 이를테면, 車輪 ⑱, ⑰, ⑯의 이 先端에 대한 모멘트의 합은 55.8 t-m이고, ⑱부터 ⑩까지의 모든 輪荷重의 이 점에 대한 모멘트의 합은 570 t-m이다. 第9行은 車輪 ⑱부터 그 앞에 있는 임의의 車輪까지의 輪荷重의 車輪 ⑱에 대한 모멘트의 합을 나타내고, 이하 마찬가지이다. 다음 몇 節에서 이 모멘트표를 사용할 것이다.

		①	②	③	④	⑤	⑥	⑦	⑧	⑨	⑩	⑪	⑫	⑬	⑭	⑮	⑯	⑰	⑱	
車輪荷重(t)		4.5	9	9	9	9	6	6	6	6	4.5	9	9	9	9	6	6	6	6	3t/m
車輪番號		∠①	②	③	④	⑤	⑥	⑦	⑧	⑨	∠⑩	⑪	⑫	⑬	⑭	⑮	⑯	⑰	⑱	
車輪間隔(m)		2.4	1.5	1.5	1.5	2.7	1.5	1.8	1.5	2.4	2.4	1.5	1.5	1.5	2.7	1.5	1.8	1.5	1.5	
累加距離(m)		0	2.4	3.9	5.4	6.9	9.6	11.1	12.9	14.4	16.8	19.2	20.7	22.2	23.7	26.4	27.9	29.7	31.2	32.7
		32.7	30.3	28.8	27.3	25.8	23.1	21.6	19.8	18.3	15.9	13.5	12.0	10.5	9.0	6.3	4.8	3.0	1.5	0
累加荷重(t)		4.5	13.5	22.5	31.5	40.5	46.5	52.5	58.5	64.5	69.0	78.0	87.0	96.0	105.0	111.0	117.0	123.0	129.0	129.0
		129.0	124.5	115.5	106.5	97.5	88.5	82.5	76.5	70.5	64.5	60.0	51.0	42.0	33.0	24.0	18.0	12.0	6.0	0
모멘트 (t·m)	客貨車先端	2224	2077	1804	1545	1299	1067	928	799	680	570	499	377	269.1	174.6	93.6	55.8	27.0	9.00	
모멘트中心으로 잡은 車輪의 番號	18	2030	1890	1631	1385	1153	934	805	684	574	473	409	301	206.1	125.1	57.6	28.8	9.00		
	17	1846	1712	1467	1234	1016	810	690	578	477	386	328	233.1	152.1	84.6	30.6	10.80			
	16	1635	1510	1280	1064	862	673	563	462	372	291.2	241.2	162.9	98.1	46.8	9.00				
	15	1469	1350	1124	932	742	567	466	374	293.4	221.4	178.2	113.4	62.1	24.30					
	14	1185	1079	887	709	544	393	308	232.7	167.9	112.1	81.0	40.5	13.5						
	13	1041	941	763	599	447	310	234.0	167.4	111.6	64.8	40.5	13.5							
	12	911	818	653	502	364	239.9	173.3	115.7	68.9	31.1	13.5								
	11	794	707	556	419	294.3	183.6	126.0	77.4	39.6	10.8									
	10	628	553	423	307	204.3	115.2	72.0	37.8	14.4										
	9	473	409	301	206.1	125.1	57.6	28.8	9.00											
	8	386	328	233.1	152.1	84.6	30.6	10.8												
	7	291.1	241.2	162.9	98.1	46.8	9.00													
	6	221.4	178.2	113.4	62.1	24.3														
	5	112.1	81.0	40.5	13.5															
	4	64.8	40.5	13.5																
	3	31.05	13.5																	
	2	10.80																		
	1																			

5.4 反力에 대한 影響線과 그 利用

먼저 單純들보의 反力에 대한 영향선을 구하기로 한다. 그림 5.5에서 左端 A부터 x의 거리에 작용하는 $P=1$에 의한 反力은

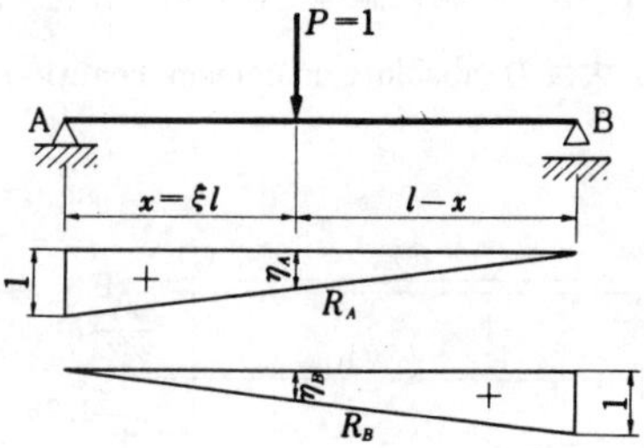

그림 5.5

$$R_A=1\cdot\frac{l-x}{l}=1-\xi,\quad R_B=1\cdot\frac{x}{l}=\xi \tag{5.8}$$

이다. 그러므로 R_A, R_B에 대한 영향선종거는 각각

$$\eta_A=1-\xi,\qquad \eta_B=\xi \tag{5.9}$$

로 되고, 따라서 이들에 대한 영향선은 그림 5.5에 보인 바와 같은 直線으로 된다.

한 개의 集中荷重 P가 이동하는 때에는 P가 A端 또는 B端에 오는 때에 각각

$$R_{A,\max}=P \text{ 또는 } R_{B,\max}=P \tag{5.10}$$

로 되고, 強度 p의 等分布荷重이 작용하는 경우에는 荷重이 全스팬

에 滿載되는 때에

$$R_{A,\max}=R_{B,\max}=p\frac{l}{2} \tag{5.11}$$

로 됨을 영향선으로부터 바로 알 수 있다.

連行移動荷重의 작용을 받는 경우에는 각 荷重이 A 또는 B端에 올 때마다 각각 R_A 또는 R_B가 極大値를 취한다. 이들 가운데 가장 큰 것을 그 들보의 **絶對最大反力**(absolute maximum reaction of the beam)이라고 부른다.

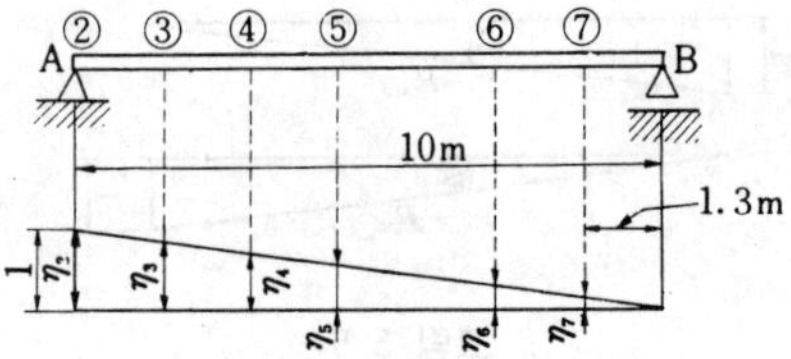

그림 5.6

이를테면, 그림 5,4(a)의 L荷重이 그림 5.6과 같이 單純들보 AB 위를 지나는 때에는, A端의 反力 R_A는 각 車輪이 A端 위에 올 때마다 極大로 되고, 車輪 ①이 A를 지나고 ②가 마침 A 위에 올 때에 R_A가 最大로 됨을 R_A에 대한 影響線으로부터 알 수 있다. 荷重의 位置가 이와 같이 결정되면 이 때의 R_A의 값은 쉽게 산출된다. 그 算出法에 두 가지가 있다. 하나는 영향선종거 η_2, η_3, …을 구하여 公式 (5.4) 곧

$$R_A=\sum P_i\eta_i \tag{5.12}$$

를 사용하는 것이고, 다른 하나는 모멘트표를 사용하여 구하는 방법이다. 後者가 더 간단하고 정확한 방법이다. 이 방법에서는 영향선은 가장 불리한 荷重의 位置를 결정하는 데에만 사용되고, R_A의 算定에

는 모든 外力의 점 B에 대한 모멘트의 총합이 0으로 된다는 條件을 사용한다. 곧 들보 위의 모든 荷重의 점 B에 대한 모멘트의 합을 $\sum M_B$로 적으면,

$$R_A = \frac{1}{l}\sum M_B \tag{5.13}$$

여기서 $\sum M_B$의 計算에 모멘트표를 사용하는 것이다. 그러기 위해서는, 들보 위에 있는 모든 荷重의 합을 $\sum P$로, 이들의 車輪 ⑦에 대한 모멘트의 합을 $\sum M_{⑦}$로, 車輪 ⑦과 점 B 사이의 거리를 x로 적어서, $\sum M_B$를

$$\sum M_B = \sum M_{⑦} + x\sum P \tag{5.14}$$

로 바꾸어 쓴다. 이 들보에 작용하는 荷重이 L-18荷重이라면 이 荷重에 대한 모멘트표로부터 바로

$$\sum P = 48\,\mathrm{t},\quad \sum M_{⑦} = 241.2\,\mathrm{t{\cdot}m}$$

임을 안다. $l=10\,\mathrm{m}$이므로 $x=1.3\,\mathrm{m}$로 되고, 따라서

$$R_A = \frac{241.2 + 48 \times 1.3}{10} = 30.36\,\mathrm{t}$$

위의 계산은 橋梁이 2개의 主桁으로 構成되어 있고, 그 橋梁에 한 軌道만이 있다는 가정하에 한 것이다.

다음에 그림 5.7에 보인 바와 같은 내민 部分을 가지는 單純들보의 경우를 생각한다. 이 경우에도 單位 크기의 移動荷重에 의한 反力에 대한 식 (5.8)이 그대로 성립한다. 그러나 이 경우에는 x가 0에서부터 $l+a$까지 변동하므로 그림 5.7에 보인 바와 같은 影響線이 얻어진다. x가 l과 $l+a$ 사이에 있을 때에는, R_A에 대한 영향선종거는 陰

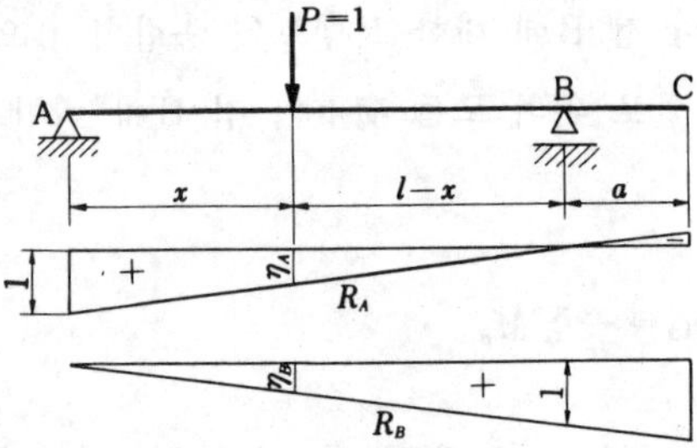

그림 5.7

으로 되고, R_B에 대한 그것은 1보다 커진다.

靜定구조물의 反力이나 斷面力에 대한 영향선은 한 개 또는 몇 개의 直線으로 이루어진다. 이 점을 감안하면 그림 5.7의 영향선을, 식(5.8)과 같은 식을 세워보지 않고서도, 손쉽게 그릴 수 있다. 곧 그림 5.7의 경우에 R_A에 대한 영향선을 구하려면, 먼저 單位荷重을 A와 B端에 놓아보고 그 때의 R_A의 값 1과 0을 視察로 구한 다음, 이들의 값을 가지는 영향선종거를 세우고 그들의 先端을 直線으로 連結하고 延長하기만 하면 된다.

위의 방법은 그림 5.8과 같은 게르버들보의 경우에 편리하게 사용된다. 이를테면, 支點 A에 일어나는 反力 R_A에 대한 영향선은 單位

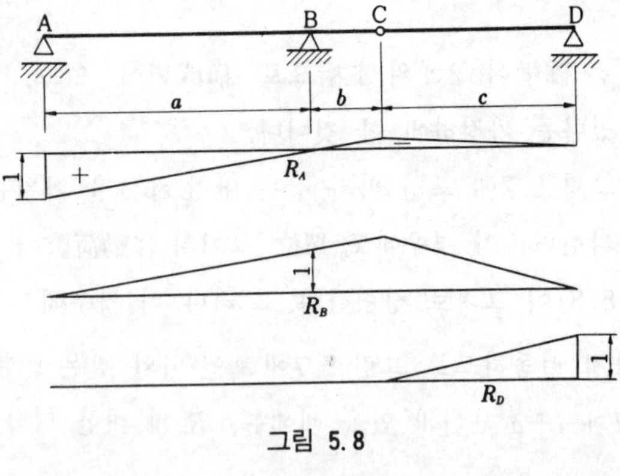

그림 5.8

荷重 $P=1$을 A, B 및 D점에 놓았을 때의 R_A의 값 1.0 및 0으로부터 그림과 같이 얻어진다. 支點 B와 D에 일어나는 反力 R_B와 R_D에 대한 영향선도 마찬가지로 하여 얻어진다. 이들의 영향선으로부터, 이 들보가 等分布荷重의 作用을 받는 경우, R_A는 荷重이 A~B 사이에 실릴 때 最大, R_B는 荷重이 A~D 사이에 滿載될 때 最大로 되고, R_D는 A~C 사이에 있는 荷重의 영향을 받지 않는다는 등의 사실을 알아낼 수 있다.

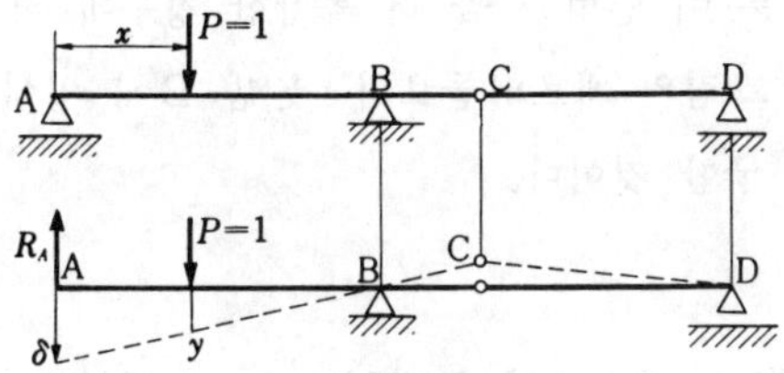

그림 5.9

假想일의 原理는 反力에 대한 영향선을 구하는 데도 편리하게 사용된다. 이를테면, 그림 5.9와 같은 들보에서 A지점에 일어나는 反力 R_A에 대한 영향선을 구하려면, 支點 A의 拘束을 제거하고 그 대신에 左端으로부터 x의 거리에 있는 單位荷重 $P=1$에 의한 反力 R_A를 이 점에 작용시킨 다음에 A점에 임의의 假想變位 δ를 준다. 그러면 이 들보 위의 각 점은 點線의 位置까지 變位를 일으키고, R_A는 $-R_A\delta$만큼의; $P=1$은 $1\cdot y$만큼의 假想일을 하게 되어, 假想일의 原理로부터

$$-R_A\delta+1\cdot y=0$$

을 얻는다. 이로부터

$$R_A=\frac{y}{\delta}=\eta \tag{5.15}$$

이 식으로부터 $\delta=1$로 취했을 때의 點線이 바로 R_A에 대한 영향선

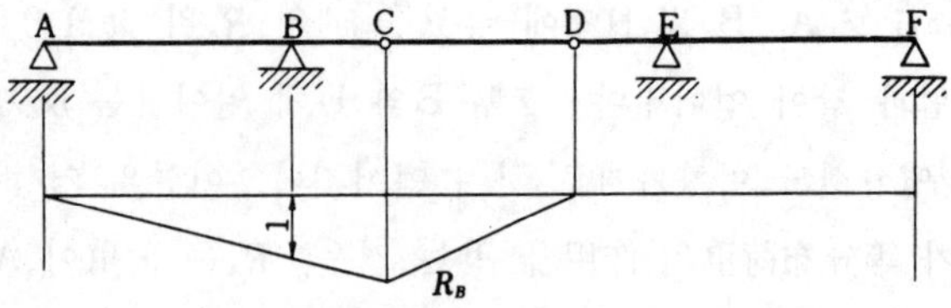

그림 5.10

과 같다는 것을 알 수 있다.

그림 5.10은 이 방법을 좀 더 복잡한 경우에 적용한 예를 보여 준다. 이 예는 그림의 게르버들보의 支點 B에 일어나는 反力 R에 대한 영향선을 구한 것이다.

5.5 剪斷力에 대한 影響線과 그 利用

그림 5.11(a)에 보인 單純들보 AB의 어느 特定된 斷面 C에서의 剪斷力 Q_C에 대한 影響線을 구하기로 한다. Q_C는 單位荷重이 A~C 사이에 있을 때에는 $-R_B$와 같고, C~B 사이에 있을 때에는 $+R_A$와 같으므로, Q_C의 영향선종거 η_Q는

$$\begin{aligned} &\text{A}\sim\text{C}: \ \eta_Q = -\xi \\ &\text{C}\sim\text{B}: \ \eta_Q = 1-\xi \end{aligned} \tag{5.16}$$

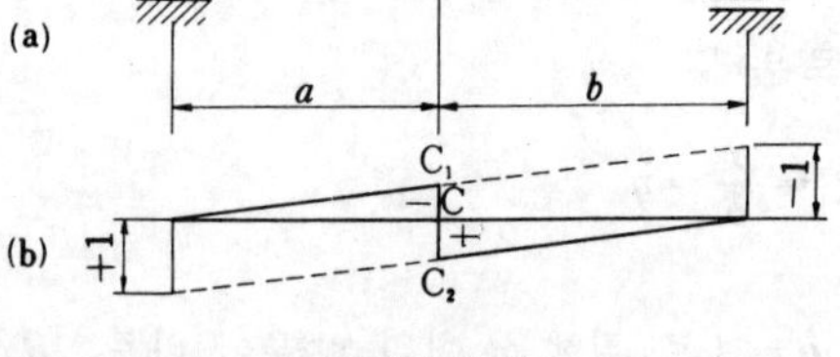

그림 5.11

로 된다. 따라서 그 영향선은 그림 5.11(b)와 같이 된다.

이 영향선으로부터 한 개의 集中荷重 P가 이동하는 경우에는 P가 C의 바로 오른쪽 또는 왼쪽에 있을 때에 Q_C가 最大 또는 最小로 되고, 그들의 값이 각각

$$Q_{C,\,\max}=+\frac{Pb}{l}, \qquad Q_{C,\,\min}=-\frac{Pa}{l} \tag{5.17}$$

로 됨을 안다. 또 強度 p의 等分布荷重이 이동하는 경우에는, p가 C~B 또는 A~C 사이에 連續해서 실리는 때에 Q_C가 最大 또는 最小로 되고, 그들의 값은 각각

$$Q_{C,\,\max}=+\frac{pb^2}{2l}, \qquad Q_{C,\,\min}=-\frac{pa^2}{2l} \tag{5.18}$$

로 된다.

剪斷力에 대해서는 그 부호의 차이는 실제적인 차이를 가지고 오지 않는다. 그러므로 식 (5.17) 또는 (5.18)에서 設計 때에 중요한 것은 絶對値의 큰 것이다. 絶對値가 最大인 것을 $Q_{C,\,\max}$으로 적으면, 그리고 $a>b$ 이라면 위의 두 경우에는 각각

$$Q_{C,\,\max}=\frac{Pa}{l}, \qquad Q_{C,\,\max}=\frac{pa^2}{2l} \tag{5.19}$$

으로 된다.

連行移動荷重의 경우에는 주어진 斷面에서의 剪斷力을 最大로 하는 荷重의 위치를 바로는 알 수 없으나, 이것을 알아내는 일반적 判定法을 전개할 수 있다. 예로서 그림 5.4(a)의 L荷重이 그림 5.12(a)에 보인 單純들보 AB 위를 오른쪽으로부터 왼쪽으로 건너는 경우를 생각한다. 車輪 ①이 斷面C에 도달하기 직전까지는 C에서의 陽의 剪斷力 Q_C는 繼續的으로 증가하고, 車輪 ①이 C를 넘으면 Q_C는 車輪 ①

5. 移動荷重과 影響線

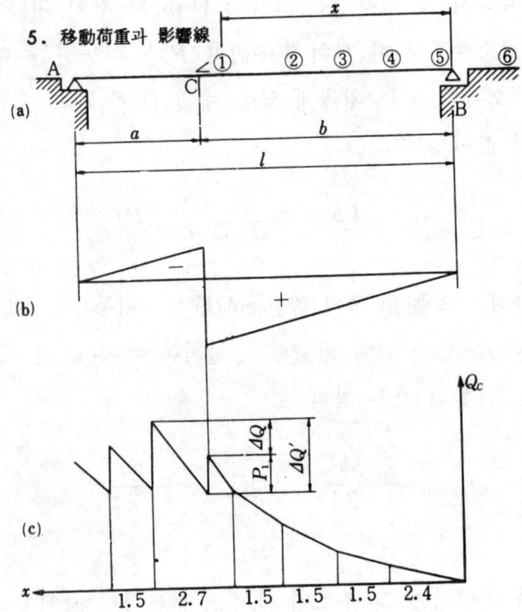

그림 5.12

의 荷重 P_1만큼 급격히 감소하나, 列車의 進行에 따라 Q_C가 다시 漸進的으로 증가함을 Q_C에 대한 영향선으로부터 알 수 있다. 列車의 進行에 따라 車輪 ②가 C를 넘게 되면, Q_C는 또 P_2만큼 급격히 감소한다. Q_C의 변화하는 모양을, 車輪 ①의 위치 x를 橫座標, Q_C의 값을 縱座標로 하여, 그래프로 나타내면 그림 5.12(c)와 같다. 이 그래프로부터 각 車輪이 斷面 C 위에 올 때마다 Q_C가 極大로 됨을 안다. 이들의 極大値 중에서 絶對値가 가장 큰 것을 C斷面에서의 **絶對最大剪斷力**(absolute maximum shearing force at section C)이라고 부른다.

支點 A 또는 B에 일어나는 絶對最大反力도 마찬가지로 하여 구할 수 있다. 이것을 이 들보의 **絶對最大反力**이라고 부른다.

어느 車輪이 C 위에 올 때 Q_C가 最大로 되는가 하는 것은, 車輪 ①

이 C의 바로 왼쪽에 왔을 때부터 시작하여, 後續하는 각 車輪이 順次로 그 곳에 올 때까지마다 일어나는 Q_c의 變化를 생각하여 결정할 수 있다. 그림 5.12(c)로부터 어느 2개의 인접하는 極大値의 差 ΔQ는 斷面 C를 넘는 車輪 m의 荷重 P_m과 같은 크기의 急激한 減少와 다음 車輪 m+1이 C에 도달하기 직전까지의 漸進的 增加 $\Delta Q'$로 이루어짐을 안다. 곧

$$\Delta Q = \Delta Q' - P_m \tag{5.20}$$

$\Delta Q'$의 값은, 列車가 車輪 m과 m+1 사이의 間隔 s만큼 이동하는 동안에 들보로부터 떨어져 가는 荷重도 또 새로 들보 위로 들어 오는 荷重도 없는 경우에는, 용이하게 산정된다. 곧 列車가 오른쪽으로부터 왼쪽으로 거리 s만큼 이동하면, 각 荷重 아래 影響線縱距는 모두 같은 크기 $\Delta\eta = \frac{s}{l}$만큼 증가하게 되므로, 들보 위의 모든 荷重의 크기의 합을 $\sum P$로 적어서 나타내면

$$\Delta Q' = \frac{s}{l}\sum P \tag{5.21}$$

로 된다. 이것을 식 (5.20)에 대입하면

$$\Delta Q = \frac{s}{l}\sum P - P_m \tag{5.22}$$

로 된다.

그림 5.13(a)와 (b)에 보인 바와 같이, 列車가 s만큼 進行하는 동안에 荷重 P'가 들보 밖으로 나가고 새로 荷重 P''가 들보 위로 들어오는 경우에는, P_m(그림에서는 P_3)이 斷面 C 위에 있을 때에 들보 위에 있던 모든 荷重의 合을 $\sum P$라 하고, 列車가 그 때부터 s만큼 進行함에 따라 P'가 A를 넘어서 t만큼, P''가 B를 넘어서 u만큼 進行했다면,

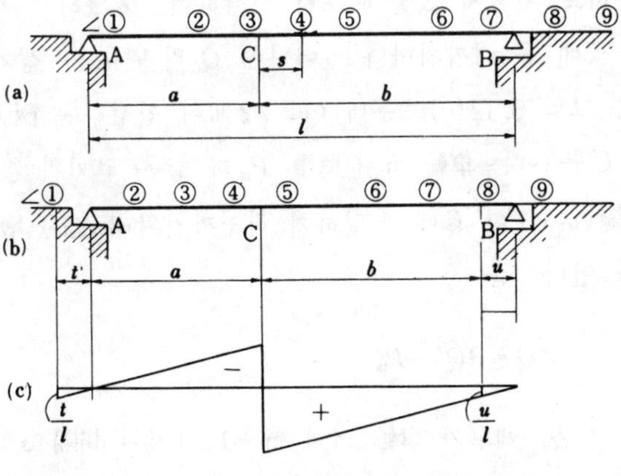

그림 5.13

$$\Delta Q'=\frac{s}{l}\sum P-P'\frac{t}{l}+P''\frac{u}{l} \tag{5.23}$$

이 식에서, 제 1항은 영향선이 A 밖으로 연장되어 있다고 가정했을 때의 Q_c의 增分이고, 제 2항은 들보의 스팬 밖에서는 영향선종거가 실은 0이라는 사실에 대한 補正이며, 제 3항은 荷重 P''의 出現에 의한 Q_c의 增分을 나타낸다(그림 5.13(c) 참고). 식 (5.23)을 (5.20)에 대입하면

$$\Delta Q=\frac{s}{l}\sum P-P_m-P'\frac{t}{l}+P''\frac{u}{l} \tag{5.24}$$

로 된다. 이 식에서 마지막 두 항의 합은 대개의 경우에 그 앞의 항에 비해 극히 작다. 이러한 경우에는 이들을 무시할 수 있으며, 그러면 이것은 식 (5.22)와 일치하게 된다.

식 (5.22) 또는 (5.24)로 산정되는 量 ΔQ가 陽이라면, 이것은 荷重 P_m이 斷面 C를 넘고 P_{m+1}이 C에 오기 직전까지 Q_c가 이 量만큼 증가함을 의미한다. 따라서 이 경우에는 P_m이 斷面 C의 바로 오른쪽에 있을 때의 Q_c의 極大值는 最大가 못 된다. 이와 같이 하여 ΔQ를 차례차례로 계산해 나가다가, 만일 荷重 P_m이 斷面 C의 바로 오른쪽에 있을 때부터 P_{m+1}이 그 곳에 올 때까지의 ΔQ가 처음으로 陰으로 되었다면, P_m이 斷面 C의 바로 오른쪽에 있을 때에 Q_c가 最大로 된다고 말할 수 있다. 대개의 경우에 連行移動荷重의 先端荷重 또는 第2荷重이 C 斷面에 접근했을 때에 Q_c가 最大로 되고, 그렇지 않을 때라도 第3荷重이 C 斷面에 접근했을 때에 Q_c가 最大로 된다. 그러므로 ΔQ의 계산은 대개 2번이면 족하고 그렇지 않을 때라도 3번이면 족하다.

이상은 陽의 剪斷力을 생각한 것인데, 陰의 剪斷力에 대해서도, 다만 列車의 進行方向만을 반대로 하면, 전연 위와 마찬가지로 취급할 수 있다.

C 斷面에서의 絶對最大剪斷力의 값은 C 斷面의 位置에 따라 변하고, 이들 가운데 가장 큰 것은 支點 바로 옆의 斷面에서 일어난다. 그 들 가운데서도 絶對值가 가장 큰 것을 그 들보의 **絶對最大剪斷力**(absolute maximum shearing force of the beam)이라고 부른다.

예제 5.1 스팬의 길이가 22m인 單純들보 AB의 A端부터 6m의 거리에 있는 斷面 C에 일어나는, L-18荷重에 의한 最大剪斷力을 구하여라(그림 5.14).

(풀이) 車輪 ①이 C 斷面을 지나고 ②가 C 斷面 직전까지 왔을 때

$$\Delta Q=\frac{64.5\times2.4}{22}-4.5+\frac{4.5\times1.6}{22}=+2.863\,\mathrm{t}$$

다음에 車輪 ②가 C 斷面을 지나고 ③이 C 斷面 직전까지 왔을 때

$$\Delta Q=\frac{69.0\times1.5}{22}-9.0+\frac{9.0\times0.7}{22}=-4.009\,\mathrm{t}$$

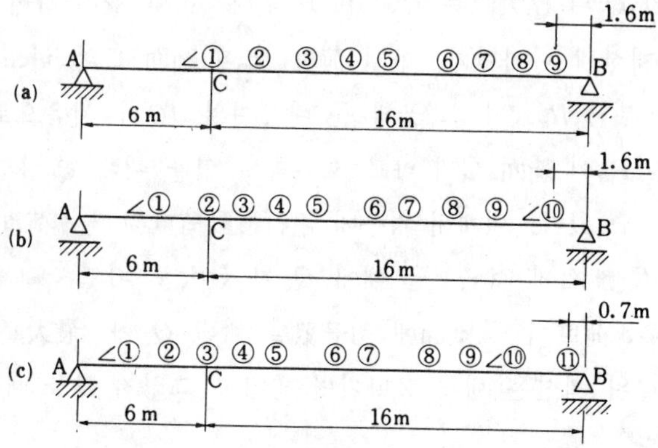

그림 5.14

그러므로 그림 5.14(b)와 같이 車輪 ②가 C 斷面의 바로 오른쪽에 있을 때 Q_C가 最大로 됨을 안다. 그리고 그 값은

$$Q_C = R_A - P_1 = \frac{M_{10} + 69.0 \times 1.6}{22} - 4.5$$

$$= \frac{628 + 110.4}{22} - 4.5 = 29.06\,\text{t}$$

假想일의 原理는 剪斷力에 대한 영향선을 구하는 데에도 사용할 수 있다. 예로서 그림 5.15(a)에 보인 단순들보 AB의 C 斷面에서의 剪斷力에 대한 영향선을 구하려고 한다고 하자. 그러기 위해 먼저 들보 AB를 C 斷面으로 兩斷하고, 그 작은 틈새에 그림 5.15(b)와 같이 여러 개의 작은 로울러를 삽입한다. 그러면 支點으로 치면 그림 2.7의 A 端과 똑같은 機能을 가지는 節點이 얻어진다. 곧 이 節點에서는 滑動은 일어날 수 있으나 廻轉은 일어날 수 없다. 말하자면 이것은 可動非廻轉節點이다. 左右로 연속되어 있는 C 斷面에 이러한 節點을 삽입하는 것을 C 斷面에 "剪斷力에 대한 切斷을 넣는다"라는 말로 표현하면 편리할 것 같으므로 앞으로 이러한 표현을 사용하기로 한다.

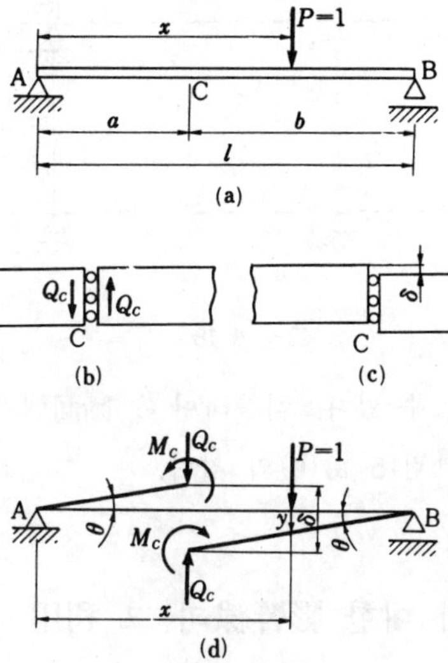

그림 5.15

이와 같이 하면 自由度가 1인 可動系를 얻는데, 여기에 剪斷力 Q_c 를 作用시켜 주면 力學的 狀態는 먼저와 같게 된다. 이 可動系에 그림 5.15(c)와 같이 微小假想變位 δ를 일으켜 준다. 그러면 兩部分은 그림 5.15(d)에 보인 바와 같이 變位가 일어난 다음에도 서로 평행하게 된다. 다만 이 그림에서는 δ를 아주 크게 擴大했다. 單位荷重 $P=1$의 着力點의 δ에 의한 變位를 y라고 하면, 假想일의 原理에 의해

$$-Q_c\delta+M_c\theta-M_c\theta+1\cdot y=0$$

을 얻고, 이로부터

$$Q_c=\frac{y}{\delta}=\eta \tag{5.25}$$

그러므로 δ를 1로 잡으면 그림 5.15(d)가 영향선으로 됨을 안다.

위의 방법은 아주 일반적인 방법으로서 그림 5.16(a)와 같은 좀 복

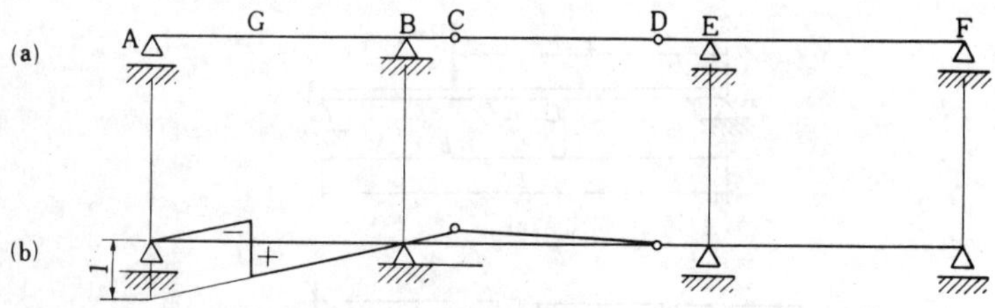

그림 5.16

잡한 경우에도 적용할 수 있다. 이를테면 G 斷面에서의 剪斷力에 대한 영향선을 구하면 그림 5.16(b)와 같다.

5.6 휨모멘트에 대한 影響線과 그 利用

連行移動荷重이 들보 위를 지날 때 어느 특정된 斷面에서의 휨모멘트가 어떻게 變動하는가 하는 것을 알아내는 것은 실제적으로 가장 중요하다. 그러기 위해서는 그 단면에서의 휨모멘트에 대한 영향선을 이용하는 것이 편리하다.

그림 5.17에서 특정된 斷面 C에 일어나는 휨모멘트 M_c는, 單位荷

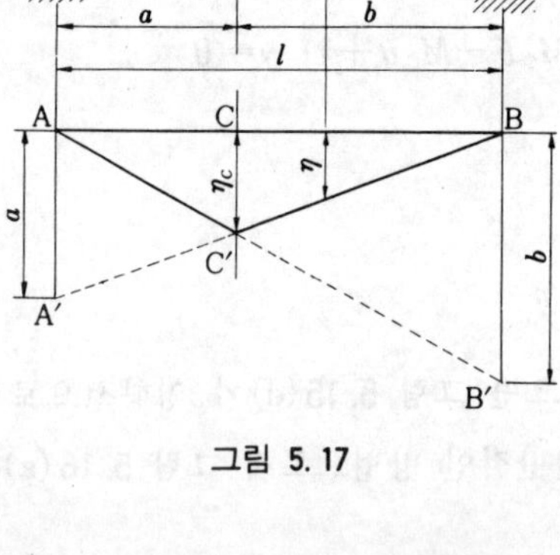

그림 5.17

重 $P=1$이 A~C 사이에 있을 때에는 $R_B b$와 같고, $P=1$이 C~B 사이에 있을 때에는 $R_A a$와 같다. 그러므로 M_C에 대한 영향선종거 η_M은

$$\begin{aligned} &\text{A}\sim\text{C}:\ \eta_M=b\xi \\ &\text{C}\sim\text{B}:\ \eta_M=a(1-\xi) \end{aligned} \tag{5.26}$$

로 되며, 따라서 영향선은 그림 5.17(b)와 같이 된다.

最大영향선종거는 C 점에서 일어나고, 그 값은

$$\eta_C=\frac{ab}{l} \tag{5.27}$$

그러므로 한 개의 移動集中荷重 P에 대해서는 P가 C 위에 올 때

$$M_{C,\max}=P\eta_C=\frac{Pab}{l} \tag{5.28}$$

로 되고, 等分布荷重 p에 대해서는 p가 들보에 만재되었을 때

$$M_{C,\max}=p\frac{\eta_C l}{2}=\frac{1}{2}pab \tag{5.29}$$

로 된다.

위의 두 경우에 있어서 a 또는 b를 變數로 생각하면,

$$\eta_C=\frac{a(l-a)}{l} \qquad \frac{d\eta_C}{da}=\frac{l-2a}{l}$$

이므로, $d\eta_C/da=0$으로 되는 a의 값 $l/2$에서 (5.28)과 (5.29)의 값이 最大로 되고, 그들의 값은 각각 周知의 값 $Pl/4$과 $pl^2/8$으로 된다.

다음에 連行移動荷重이 통과하는 경우를 생각한다. 그림 5.18에 보인 바와 같은 荷重의 位置에 대해서는

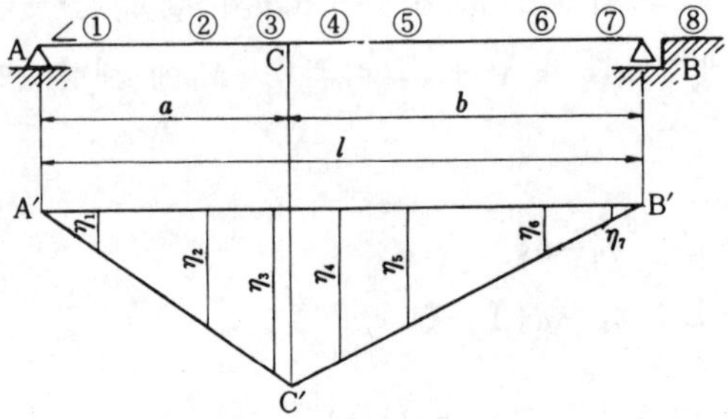

그림 5.18

$$M_C = P_1\eta_1 + P_2\eta_2 + \cdots + P_n\eta_n$$

으로 되는데, 이제 荷重이 이 位置로부터 왼쪽으로 작은 距離 Δx 만큼 進行했을 때에 일어나는 M_C의 變化 ΔM_C를 생각하면

$$\Delta M_C = P_1\Delta\eta_1 + P_2\Delta\eta_2 + \cdots + P_n\Delta\eta_n$$

으로 된다. 그런데 $\Delta\eta_i$ 등은 影響線이 2개의 直線으로 이루어져 있으므로, A~C 사이에서와 C~B 사이에서는 각각 일정하며, 그들의 값은 각각 $-\dfrac{b}{l}\Delta x$와 $+\dfrac{a}{l}\Delta x$로 된다. 그러므로 A~C 사이에 있는 荷重의 合을 $\sum P_l$로, C~B 사이에 있는 그것을 $\sum P_r$로 나타내면

$$\Delta M_C = (a\sum P_r - b\sum P_l)\frac{\Delta x}{l} = \left(\frac{\sum P_r}{b} - \frac{\sum P_l}{a}\right)\frac{ab}{l}\Delta x \qquad (5.30)$$

로 된다. 이 식으로부터, 荷重系가 Δx만큼의 이동을 하는 동안에 $\sum P_l$과 $\sum P_r$의 값이 변하지 않는다면, ΔM_C는 Δx에 비례함을 안다.

식 (5.30)에서 $\sum P_r/b$와 $\sum P_l/a$는 각각 오른쪽 부분과 왼쪽 부분에서의 平均荷重이라고 부를 수 있다. 그래서

$$\frac{\sum P_r}{b} > \frac{\sum P_l}{a} \qquad (5.31)$$

이 성립하는 한, 곧 오른쪽 부분에서의 平均荷重이 왼쪽 부분에서의 그것보다 큰 한, C 斷面에서의 휨모멘트 M_C는 荷重의 左向進行에 따라 증가한다고, 식 (5.30)으로부터 결론할 수 있다.

連行移動荷重이 스팬의 右端부터 왼쪽으로 진입해 들어올 때 처음 당분간은 부등식 (5.31)이 성립함은 명백하다. 荷重의 左向進行에 따라 새 荷重이 스팬 안에 들어오면 $\sum P_r/b$가 증가하고, 先端에 있는 荷重이 스팬 밖으로 나가면 $\sum P_l/a$가 감소하므로, 식 (5.31)이 그대로 계속적으로 성립한다. 그러나 한 荷重이 斷面 C를 넘으면 $\sum P_l/a$는 증가하고 동시에 $\sum P_r/b$는 감소하게 되므로, 이 때에는 식 (5.31)의 부등호의 쪽이 반대로 될 가능성이 있다. 그러므로, 連行移動荷重 안의 어느 한 荷重이 C 斷面의 바로 오른쪽에 있을 때에는 식 (5.31)이 성립하고 그 荷重이 C의 바로 왼쪽에 있을 때에는 식 (5.31)의 부등호가 반대로 된다면 그 荷重이 C 위에 있을 때에 M_C가 極大値를 취한다고 말할 수 있다. 한 개의 連行移動荷重에 대해 極大値가 여러 개 있을 수 있다. 이러한 때에는 모든 極大値를 다 산출하여 그들 가운데 最大의 것을 設計에 사용해야 한다. 이것을 C 斷面에서의 **絶對最大휨모멘트**(absolute maximum bending moment at section C) 라고 부른다.

예제 5.2 스팬 12.6m의 單純들보의 左端부터 5.4m의 거리에 있는 斷面 C에 일어나는, L-18 荷重에 의한 最大휨모멘트를 구하여라.

(풀이) 휨모멘트에 대한 영향선으로부터 스팬 위에 荷重이 될 수 있는 대로 많이 놓이는 경우에 최대 휨모멘트가 일어날 것임을 안다. 그래서 먼저 그림 5.19에 보인 荷重의 位置에 대해서부터 생각한다. 車輪 ③이 C 바로 오른쪽에 있을 때에는

$$\frac{\sum P_r}{b}=\frac{39}{7.2}=5.42>\frac{\sum P_l}{a}=\frac{13.5}{5.4}=2.50$$

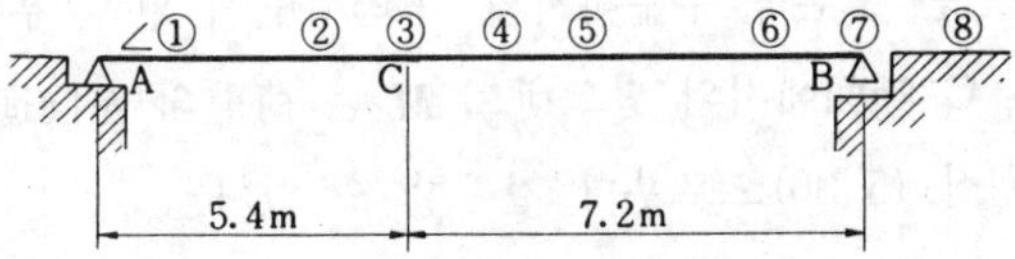

그림 5.19

으로 되고, ③이 C를 넘으면

$$\frac{\sum P_r}{b}=\frac{30}{7.2}=4.17=\frac{\sum P_l}{a}=\frac{22.5}{5.4}=4.17$$

나중 관계는 車輪 ④가 C에 접근할 때까지 성립되며, 이것은 그 동안에 M_C가 변하지 않음을 뜻한다. ④가 C를 넘으면

$$\frac{\sum P_r}{b}=\frac{21}{7.2}=2.92<\frac{\sum P_l}{a}=\frac{31.5}{5.4}=5.83$$

으로 되어 M_C가 감소하기 시작함을 안다. 그러므로 M_C는 車輪 ③이 C를 지나고 ④가 C에 오는 동안 常數인 極大値를 취하며, 그 값은 車輪 ③ 또는 ④가 C 위에 있는 荷重의 位置에 대해 계산된다. 그 값 $M_{C,\max}=93.7\,\text{t}\cdot\text{m}$는 모멘트표를 사용하여 쉽게 산출된다.

휨모멘트에 대한 영향선도 假想일의 原理를 적용하여 구할 수 있다. 이를테면, 그림 5.17의 들보 AB의 C 斷面에서의 휨모멘트에 대한 영향선을 구하려 한다면, C 斷面에 滑節을 삽입하고 그 대신에 A端부터 x의 거리에 있는 單位荷重 $P=1$에 의한 휨모멘트 M_C를 양쪽에 가해 준다. 그러면, 그림 5.20에 보인 바와 같이, 1개의 自由度를 가지는 可動系가 얻어지는데 力學的 狀態는 먼저와 똑같게 된다. 이 可動系에 假想角變位 $\delta\theta$를 그림과 같이 부여하고, 單位荷重 $P=1$의 着力點의 대응하는 變位를 y로 적으면, 假想일의 原理에 의해

$$-M_C\,\delta\theta+1\cdot y=0$$

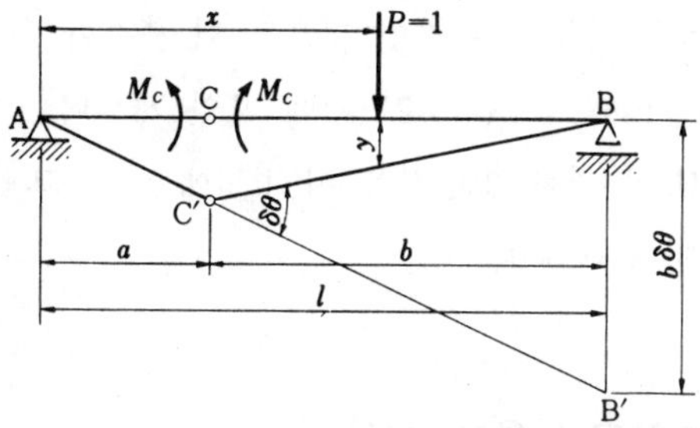

그림 5.20

을 얻고, 이로부터

$$M_C = \frac{y}{\delta\theta} = \eta \tag{5.32}$$

를 얻는다. 그러므로 M_C에 대한 영향선종거는 $y/\delta\theta$와 같고 이것이 y에 비례함을 안다. 따라서 假想變位를 일으킨 후에 들보가 취하는 形狀 AC′B는 영향선과 같은 形狀이라는 것을 알 수 있고, AC′B를 영향선 대신으로 사용할 수 있음을 안다. 그러기 위해서는 다만 여기서 얻어지는 종거 y를 $1/\delta\theta$배 해 주면 된다.

그림 5.20에서 $\delta\theta$가 실은 아주 작은 角이라는 것을 상기하면, AC′의 延長線이 B를 지나는 鉛直線과 만나는 점을 B′라고 할 때 BB′$=b\delta\theta$로 됨을 안다. 이에 $1/\delta\theta$를 곱해 주면 b를 얻으므로, 그림 5.20의 三角形 AC′B의 종거를 $1/\delta\theta$배로 확대한 것은 그림 5.17(b)의 三角形 AC′B와 똑같다는 것을 알 수 있다.

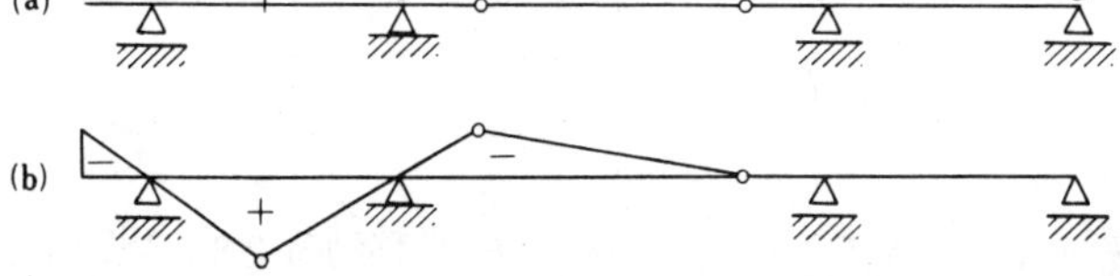

그림 5.21

위의 방법은 아주 일반적인 것으로 더 복잡한 경우에 유리하게 사용된다. 이를테면, 그림 5.21(a)에 보인 게르버들보의 H 단면에서의 휨모멘트 M_H에 대한 영향선은 이 방법에 따라 그림 5.21(b)와 같이 아주 손쉽게 구해진다.

5.7 絶對最大휨모멘트

前節에서는 移動荷重에 의한 어느 한 斷面에서의 絶對最大휨모멘트를 구하는 방법을 강구했는데, 이번에는 그들 가운데서도 가장 큰 것이 어느 斷面에서 일어나는가 그리고 그 값은 얼마인가를 알아내는 방법을 생각하기로 한다. 그 斷面을 **危險斷面**(dangerous section)이라 부르고, 그 斷面에서의 絶對最大휨모멘트를 그 **들보의 絶對最大휨모멘트**(absolute maximum bending moment of the beam)라고 부른다.

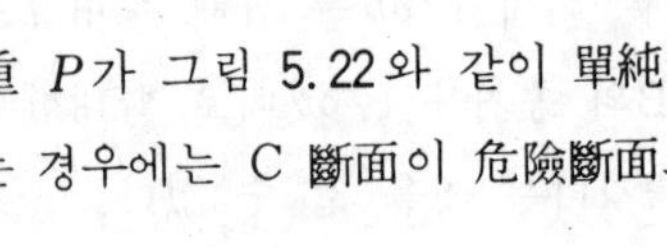

그림 5.22

한 개의 集中荷重 P가 그림 5.22와 같이 單純들보 AB의 固定된 位置 C에 작용하는 경우에는 C 斷面이 危險斷面으로 되고 그 斷面에서의 휨모멘트

$$M_C = \frac{P(l-x)x}{l} \tag{5.33}$$

가 最大휨모멘트로 된다. 그러나 P가 移動荷重인 경우에는 M_C가 荷重의 位置 x에 따라 변동하고 $dM_C/dx = 0$을 만족시키는 x의 값에서

最大로 된다. 이 조건으로부터 $x=l/2$을 얻는다. 곧 中央斷面이 危險斷面으로 되고 絶對最大휨모멘트는 $Pl/4$로 된다.

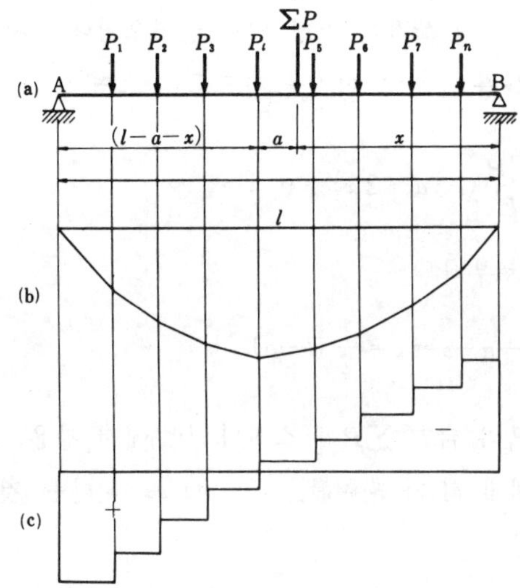

그림 5.23

다음에 그림 5.23(a)와 같이 連行移動荷重이 작용하는 좀더 일반적인 경우를 생각한다. 스팬 안의 모든 荷重이 모든 斷面에서 陽의 휨모멘트를 일으키게 하므로, 絶對最大휨모멘트를 얻기 위해서는 무거운 荷重을 가능한 한 많이 스팬 위에 올려 놓아야 함을 안다. 이제 荷重이 그림의 位置 구방에 왔을 때에 絶對最大휨모멘트가 일어난다고 가정하면, 그것은 剪斷力의 부호가 바뀌는 점에서 일어날 것이다. 그 점이 荷重 P_i의 着力點이라고 가정하고, 스팬 위에 있는 모든 荷重의 合力을 $\sum P$로, $\sum P$의 B端으로부터의 거리를 x로, $\sum P$와 P_i 사이의 거리를 a로, P_i보다 왼쪽에 있는 모든 荷重의 P_i의 着力點에 대한 모멘트를 M으로 나타내면 P_i의 着力點에서의 휨모멘트는

$$M_A=\frac{\sum P}{l}x(l-a-x)-M \tag{5.34}$$

으로 된다. 여기서 x를 다소 변동시키더라도 스팬 위에 있는 荷重이 밖으로 나가거나 새 荷重이 스팬 위로 들어오거나 하지 않는다는 가정하에 dM_A/dx를 구하고 이것을 0으로 놓으면

$$\frac{\sum P}{l}(l-a-2x)=0$$

을 얻는데, 이로부터

$$l-a-x=x=\frac{1}{2}(l-a) \tag{5.35}$$

이것은 荷重 P_i와 合力 $\sum P$가 스팬의 中點에서 같은 거리 $a/2$만큼 떨어져 있을 때에 M_A가 絶對最大휨모멘트로 된다는 것을 의미한다. 그리고 그 값은

$$M_A=\frac{\sum P}{4l}(l-a)^2-M \tag{5.36}$$

으로 된다.

위의 判定法을 적용할 때 주의해야 할 점은 이 判定法만으로는 긴 荷重列이 들보 위를 통과할 때 각 荷重이 스팬의 中央部에 올 때마다 값이 다른 絶對最大휨모멘트가 얻어질 수 있다는 사실이다. 그래서 참된 絶對最大휨모멘트를 얻기 위해서는 이들을 모두 구한 다음에 이들을 비교해서 찾아내어야 할 것이다. 이것은 퍽 힘드는 일이다. 그러나 絶對最大휨모멘트가 일어나는 斷面 곧 危險斷面은 中央斷面으로부터 멀리 벗어나지 않을 것이라는 점에 착목하면 이 難點을 극복할 수 있다. 곧 前節의 방법으로 먼저 中央斷面에서 絶對最大휨모멘트가 일어나도록 하는 荷重의 位置를 찾아낸 다음에 本節의 判定法을

적용하면 노력을 많이 줄일 수 있다.

예제 5.3 스팬 44m의 單純들보에 대하여 DB-24 荷重과 DL-24 荷重에 의한 絶對最大휨모멘트를 각각 구하여라.

(풀이) 견인자동차의 後車軸과 세미트레일러의 車軸 사이의 거리는 4.2 ~9.0m 사이에서 변동할 수 있는데, 단순들보에 대해서는 4.2m인 때에 가장 불리한 영향을 끼친다. W=24t인 때 荷重의 合力은 1.8W= 43.2t으로 되고 그것은 後車軸부터 1.4m되는 곳에 작용한다. 그러므로 絶對最大휨모멘트는 그림 5.24(a)와 같이 荷重을 놓을 때 後車輪이 닿는 곳 C에서 일어나고, 그 값은 식 (3.36)으로부터

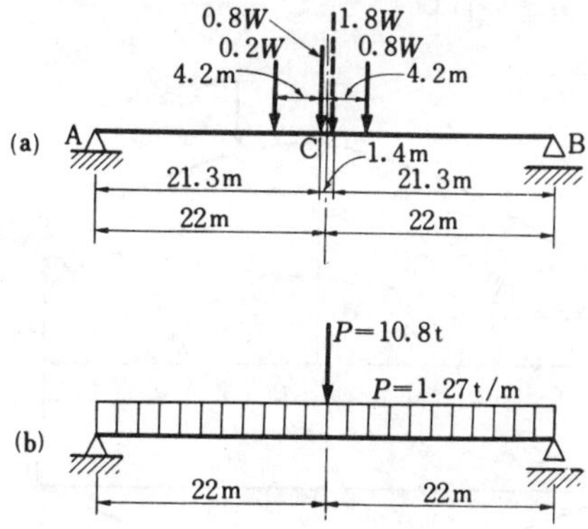

그림 5.24

$$M_A=\frac{43.2}{4\times44}(44-1.4)^2-4.8\times4.2=445.44-20.16=425.28\ \mathrm{t\cdot m}$$

DL荷重에 대해서는 이것을 그림 5.24(b)와 같이 놓을 때 中央斷面에서 絶對最大휨모멘트가 일어날 것은 명백하다. 그러므로

$$M_A=\frac{10.8\times44}{4}+\frac{1.27\times44^2}{8}=118.80+307.34=426.14\ \mathrm{t\cdot m}$$

5.8　3滑節아치에 대한 影響線

前節까지에서는 靜定한 들보에 일어나는 反力, 剪斷力 및 휨모멘트에 대한 영향선을 구하는 방법을 논술하고 그 利用法을 기술하였다. 影響線의 이용법은 들보가 아닌 다른 구조물에 대해서도 마찬가지이므로, 앞으로는 여러 가지 정정구조물에 대한 영향선을 구하는 방법만을 논하기로 한다.

먼저 그림 5.25(a)에 보인 바와 같은 비대칭 3활절아치에 鉛直荷重이 작용하는 경우에 대한 영향선을 구하기로 하고 우선 反力에 대한 영향선을 구하기로 한다.

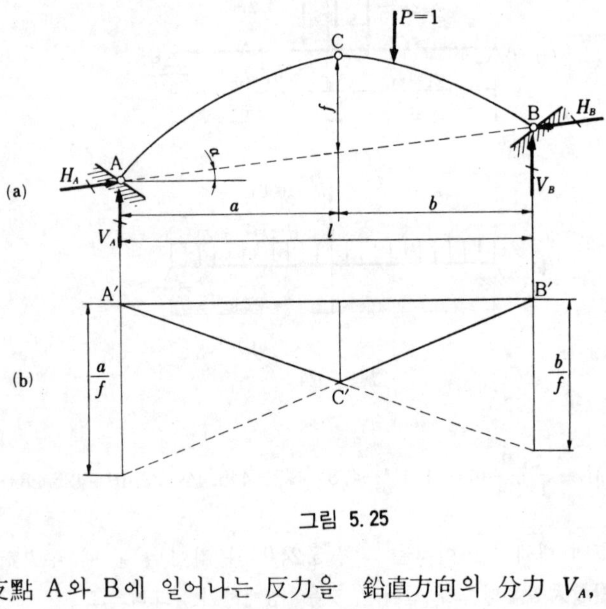

그림 5.25

支點 A와 B에 일어나는 反力을 鉛直方向의 分力 V_A, V_B와 直線 AB方向의 分力 H_A, H_B로 分解한다. 그러면 이 구조물에 작용하는 모든 外力의 B점과 A점에 대한 모멘트의 합을 각각 0으로 놓음으로써 V_A와 V_B가 얻어지므로, 이들은 支間 l의 單純들보의 反力과 같다. 따라서 이들에 대한 영향선도 支間이 l인 單純들보의 反力에 대한 영향선과 같다.

다음에 反力成分 H_A와 H_B를 생각한건대 이들은 鉛直荷重만이 작용하는 경우에는 항상 서로 같음을 안다. 그리고 이들의 水平成分을 **水平推力**(horizontal thrust)이라고 부르는데, 이것을 H로 적으면,

$$H = H_A \cos \alpha = H_B \cos \alpha$$

또는

$$H_A = H_B = H / \cos \alpha \tag{5.37}$$

로 된다. H를 구하기 위해서는 荷重 $P=1$이 CB 부분에 작용하는 경우에는 AC 부분을 고립시켜서 이 부분에 작용하는 모든 外力의 滑節 C에 대한 모멘트의 합을 0으로 놓는다. 그러면

$$V_A a - H_A f \cos \alpha = 0$$

을 얻고, 이로부터

$$H_A \cos \alpha = H = V_A \frac{a}{f} \tag{5.38}$$

를 얻는다. 여기서 f는 節點 C로부터 내린 鉛直線이 直線 AB로 잘린 부분의 길이로서 라이즈(rise)라고 불린다.

식 (5.38)에서 $V_A a$는 支間 l의 단순들보의 左端으로부터 a의 거리에 있는 斷面에서의 휨모멘트와 같으므로, 그림 5.25(b)에 보인 바와 같이, 支間 l의 단순들보의 C 단면에서의 휨모멘트에 대한 영향선에서 종거를 f로 나누면 H에 대한 영향선이 얻어짐을 안다.

어느 連行移動荷重에 의한 絶對最大水平推力을 얻기 위해서는 단순들보의 C 斷面에서의 絶對最大휨모멘트를 구하는 방법을 적용하면

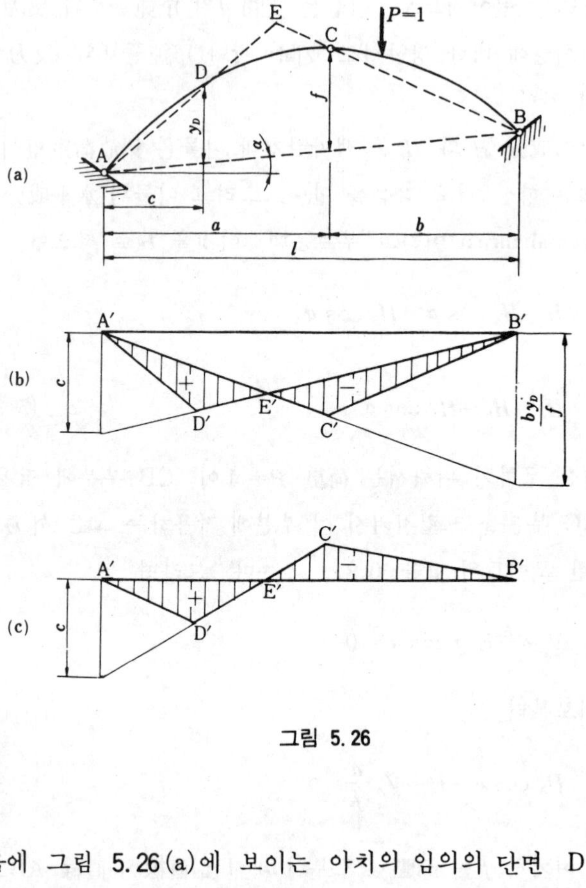

그림 5.26

된다.

다음에 그림 5.26(a)에 보이는 아치의 임의의 단면 D에서의 휨모멘트 M_D에 대한 영향선을 구한다. D점의 A端으로부터의 水平距離를 c, 直線 AB까지의 鉛直距離를 y_D로 적으면,

$$M_D = V_A c - H y_D \tag{5.39}$$

로 됨은 뚜렷하다. 이 식에서 우변의 제1 항은 支間 l의 單純들보의 對應하는 斷面에서의 휨모멘트와 같고, 제2 항은 水平推力에 의한 휨모멘트의 감소를 나타낸다. 그러므로 M_D에 대한 영향선종거는 단순

들보의 D단면에서의 휨모멘트에 대한 영향선의 종거로부터 H에 대한 영향선의 종거에 y_D를 곱한 것을 빼줌으로써 얻어진다. 그림 5.26(b)는 위와 같이 해서 얻어진 영향선을 나타낸다.

그림 5.26(b)의 영향선에서 종거가 0으로 되는 점 E′가 直線 AD와 BC의 交點 E와 함께 같은 鉛直線 위에 있다는 사실을 깨달으면, 이 영향선을 그림 5.26(c)와 같이 손쉽게, 그리고 E′를 지나는 水平線을 基線으로 해서 그릴 수 있다. 위의 사실은 荷重 $P=1$이 E를 지나는 鉛直線 위에 오면 A端에 일어나는 反力 R_A의 作用線이 直線 ADE와 일치하게 되어 M_D가 0으로 되기 때문에 명백한 일이다. 그리고 C′와 D′는 각각 C와 D를 지나는 鉛直線 위에 있다는 점에 유의하면, A′에서의 종거 c만 세워 가지고 영향선을 그림과 같이 완성할 수 있음을 안다.

다음에 D 斷面에서의 剪斷力에 대한 영향선의 作圖法을 생각한다. 單位荷重 $P=1$이 D 斷面보다 오른쪽에 있을 때 D 斷面에서의 剪斷力 Q_D는

$$\begin{aligned} Q_D &= V_A \cos\phi - H_A \sin(\phi-\alpha) \\ &= V_A \cos\phi - H\frac{\sin(\phi-\alpha)}{\cos\alpha} \end{aligned} \tag{5.40}$$

로 된다. 여기서 ϕ는 D 斷面에서 材軸에 접하는 接線이 水平線과 짓는 角이다. 이 식의 우변의 제1 항은 支間 l의 단순들보의 D에 대응하는 斷面에서의 剪斷力에 $\cos\phi$를 곱한 것을 나타내고, 제 2항은 水平推力 H의 寄與를 나타낸다. 그러므로 D단면에서의 剪斷力에 대한 영향선의 종거는 單純들보의 剪斷力에 대한 영향선종거에 $\cos\phi$를 곱한 것으로부터 水平推力 H에 대한 영향선종거에 $\sin(\phi-\alpha)/\cos\alpha$를 곱한 것을 빼줌으로써 얻어진다. 그림 5.27(b)에서 $A'D_2D'D_1B'$는 단

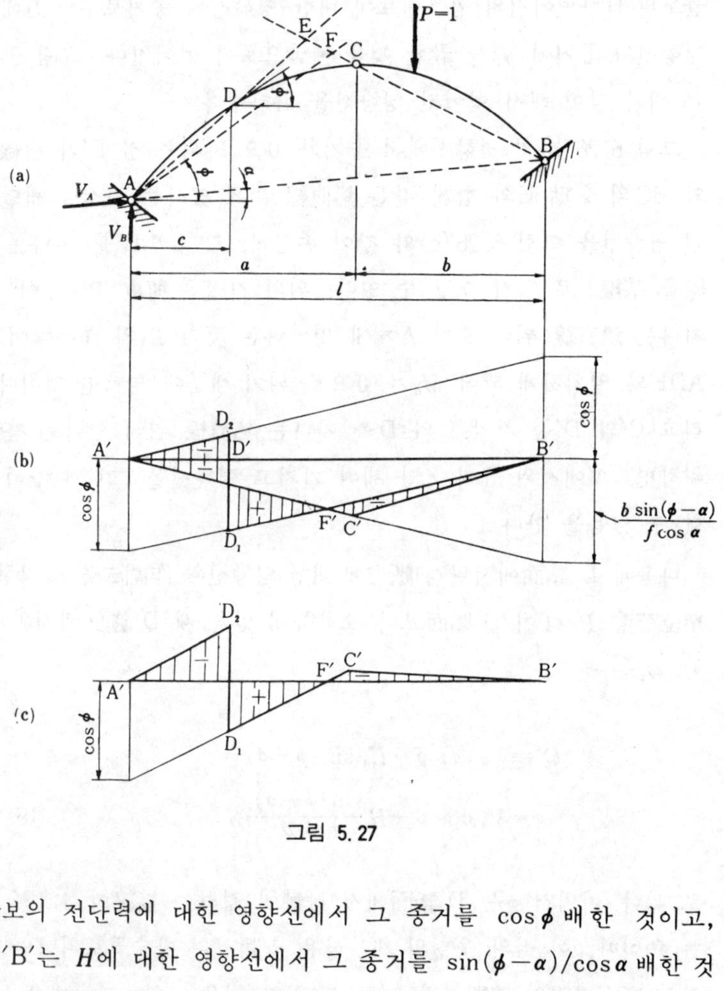

그림 5.27

순들보의 전단력에 대한 영향선에서 그 종거를 $\cos\phi$ 배한 것이고, A′C′B′는 H에 대한 영향선에서 그 종거를 $\sin(\phi-\alpha)/\cos\alpha$ 배한 것으로, 전자에서 후자를 빼면 陰影을 붙인 부분이 남는데 이것이 Q_D에 대한 영향선으로 된다. 이 그림에서 종거가 0으로 되는 점 F′는 A점을 지나고 水平線과 ϕ의 각을 짓는 직선과 직선 BC와의 交點 F와 함께 같은 鉛直線 위에 있게 된다. 그 까닭은 $P=1$의 作用線이 F점을 지날 때에는 A端에서의 反力 R_A (V_A와 H_A의 合力)의 作用線

도 F점을 지나게 되어 D斷面에서의 剪斷力이 0으로 되기 때문이다. 이 사실을 이용하면 그림 5.27(c)와 같이 그 영향선을 손쉽게 그릴 수 있다. 곧 먼저 基線 A′F′B′를 긋고, A′에서 종거 $\cos\phi$를 세운 다음에 그 끝점과 F′를 直線으로 연결하고 이 直線을 다시 C점을 지나는 鉛直線과 만나는 점 C′까지 연장한다. 다음에 이 直線에 平行한 직선을 A′를 지나도록 긋고 D를 지나는 鉛直線을 그어 그들의 교점 D_2와 D_1점을 정한다. 끝으로 B′와 C′를 연결하면 영향선이 완성된다.

아치의 設計에서는 斷面力成分 가운데 軸方向力이 휨모멘트나 剪斷力보다 더 지배적인 것이 보통이다. D斷面에서의 軸方向力 N_D는

$$
\begin{aligned}
N_D &= -V_A \sin\phi - H_A \cos(\phi-\alpha) \\
&= -V_A \sin\phi - H\frac{\cos(\phi-\alpha)}{\cos\alpha}
\end{aligned}
\qquad (5.41)
$$

위의 식의 우벼의 각 항은 식 (5.40)의 우변의 각 항에서 V_A와 H_A에 곱해진 係數만 다를 뿐이므로 다음과 같이 말할 수 있다. N_D에 대한 영향선종거는 V_A에 대한 영향선종거에 $\sin\phi$를 곱한 것과 H에 대한 영향선종거에 $\cos(\phi-\alpha)/\cos\alpha$를 곱한 것과의 합에 -1을 곱한 것과 같다고. 그림 5.28(a)에서 $A'D_1D'D_2B'$는 V_A에 대한 영향선종거에 $-\sin\phi$를 곱해서 얻어지는 영향선이고, A′C′B′는 H에 대한 영향선종거에 $\cos(\phi-\alpha)/\cos\alpha$를 곱해서 얻어지는 영향선으로서, 陰影을 붙인 부분이 N_D에 대한 영향선으로 된다. 영향선을 이와 같이 하여 구하면 그 基線이 A′C′B′로 되어 절선으로 된다. 基線을 水平線으로 잡으려면 그림 5.28(b)와 같이 하면 된다. N_D에 대한 영향선으로부터, $b\cos(\phi-\alpha)/f\cos\alpha$가 $\sin\phi$보다 크다면, 鉛直荷重이 어디에 오더라도 N_D는 언제나 壓縮力으로 됨을 안다. 그리고 $b\cos(\phi-\alpha)/f\cos\alpha$가 $\sin\phi$보다 작은 경우라도 N_D가 引張으로 되는 載荷範

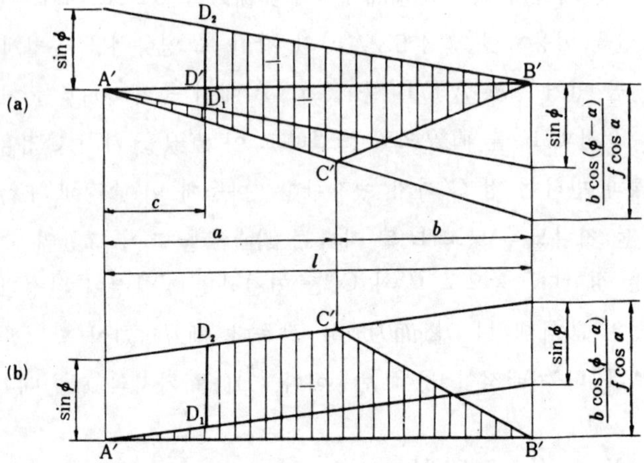

sin φ
A′
D₂
D′
D₁
B′
(a)
sin φ
b cos(φ−α) / f cos α
C′
c
a
b
l
(b)
sin φ
D₂
C′
D₁
A′
B′
sin φ
b cos(φ−α) / f cos α

그림 5.28

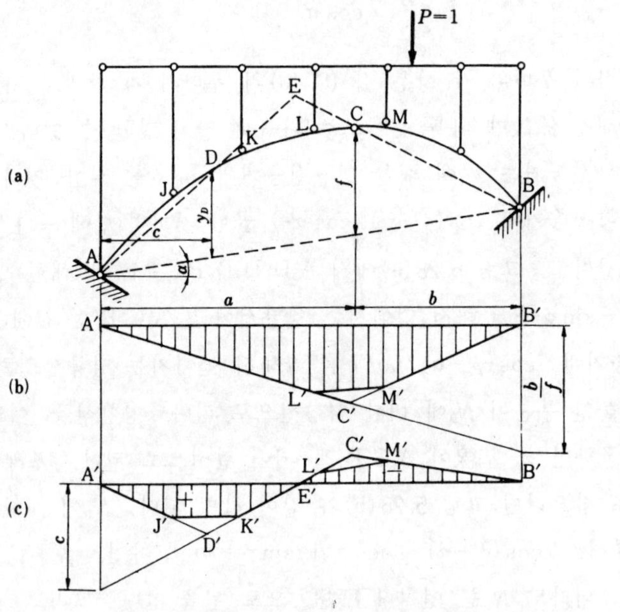

P=1
E
C
M
L
K
D
J
(a)
f
y_D
c
A
α
B
a
b
A′
B′
(b)
L′
M′
C′
b/f
C′
M′
L′
A′
B′
(c)
E′
J′
K′
D′
c

그림 5.29

圍는 좁고 그 때의 引張力의 크기는 작을 것이라는 것을 알 수 있다.

3滑節아치의 2개의 平板이 曲線狀의 가늘고 긴 部材로 이루어졌을 때 이들을 아치 리브(arch rib)라고 부르는데, 活荷重을 이 리브에 직접 작용시키는 일은 거의 없고, 그림 5.29(a)에 보인 바와 같이, 活荷重은 縱桁과 橫桁을 통해 간접적으로 리브에 작용하도록 설계하는 것이 보통이다. 이러한 경우에는 물론 5.2.3항에서 설명한 방법을 적용해서 위에서 얻은 영향선을 수정해야 한다. 이를테면, 그림 5.25 및 그림 5.26에서 얻은 영향선은 각각 그림 5.29의 (b) 및 (c)와 같이 수정된다.

5.9 트러스의 部材內力에 대한 影響線

靜定하게 지지된 트러스의 反力에 대한 영향선은 單純들보의 反力에 대한 영향선과 같다. 여기서는 部材內力에 대한 영향선을 생각한다. 트러스의 설계 때에는 낱낱의 部材에 대하여 가장 불리한 活荷重의 位置를 찾아내고 그 때의 部材內力을 산정해야 한다. 이 때 영향선을 이용하면 편리하다.

먼저 그림 5.30(a)에 보인 下弦에 載荷되는 와렌트러스의 部材內力에 대한 영향선을 구해 보기로 한다. 어느 切斷面 i-i로 잘리는 上弦材, 下弦材 및 斜材의 內力 U, L 및 D는 식 (4.7)에 의해

$$U=-\frac{M_j}{r_j},\quad L=\frac{M_n}{r_n},\quad D=\frac{M_d}{r_d} \tag{5.42}$$

여기서 M_j, M_n 및 M_d는 각각 i-i 斷面의 왼쪽에 있는 部分에 작용하는 모든 外力의 j, n 및 d에 대한 모멘트로서 時計方向인 때 陽으로 잡고, r_j, r_n 및 r_d는 각각 j, n 및 d로부터 U, L 및 D의 作用

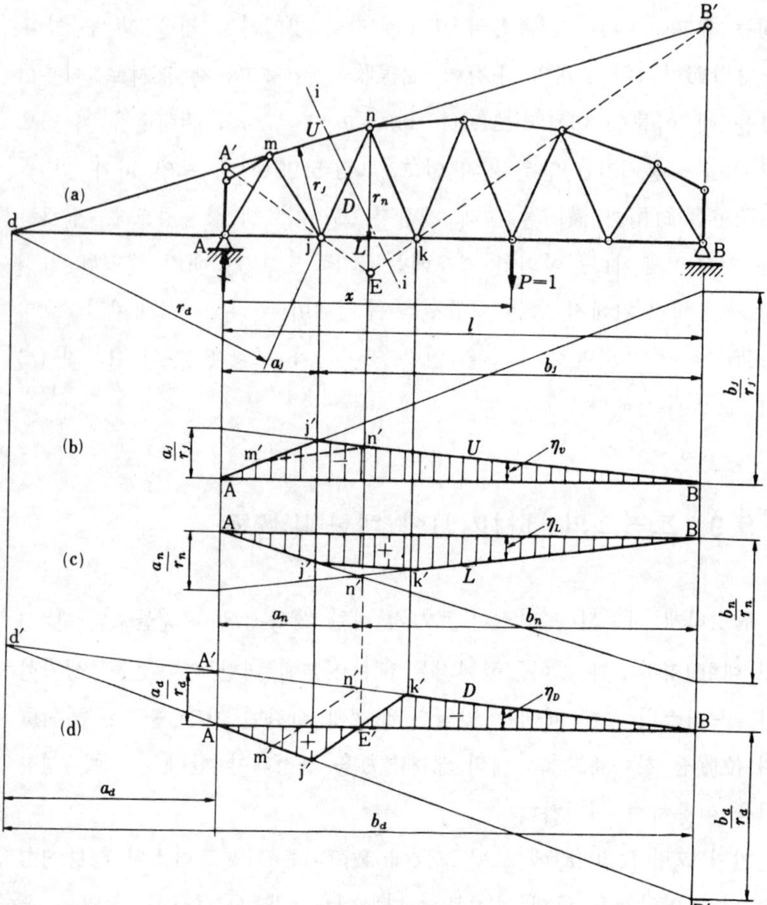

그림 5.30

線에 내린 垂線의 길이다.

모든 外力이 鉛直方向으로 작용하는 경우에는 M_j와 M_n은 支間 l의 단순들보 AB의 j와 n에 대응하는 점에서의 휨모멘트와 같으므로, U와 L에 대한 영향선은 각각 M_j와 M_n에 대한 영향선으로부터 그 종거를 $-r_j$와 r_n으로 나누어줌으로써 얻어진다. 이와 같이 해서 그림 5.30의 (b)와 (c)가 얻어진다. 여기서 트러스에서는 荷重이 항상 間

接荷重으로서 格點에만 작용한다는 것을 감안하여 載荷弦의 각 格間에서는 영향선이 直線이 되도록 해 주어야 한다. 이것으로 미루어 보아 트러스의 部材內力에 대한 영향선은 載荷弦의 위치에 따라 달라짐을 안다.

다음에 D인데, $P=1$이 k보다 오른쪽에 있을 때에는

$$M_d=-R_A a_d=-1\cdot\frac{l-x}{l}a_d=-\frac{a_d}{l}(l-x) \qquad (5.43)$$

로 되고, $P=1$이 j보다 왼쪽에 있을 때에는

$$\begin{aligned} M_d&=-R_A a_d+P(a_d+x)=R_B a_d+Px \\ &=1\cdot\frac{x}{l}a_d+1\cdot x=\frac{b_d}{l}x \end{aligned} \qquad (5.44)$$

로 되므로, D에 대한 영향선종거는

$$\begin{aligned} &\text{A}\sim\text{j에서} \quad \eta_D=\frac{b_d}{r_d}\frac{x}{l} \\ &\text{k}\sim\text{B에서} \quad \eta_D=-\frac{a_d}{r_d}\frac{l-x}{l} \end{aligned} \qquad (5.45)$$

로 되고, j~k 사이에서 直線的으로 변화한다. 따라서 D에 대한 영향선은 그림 5.30(d)와 같이 된다. 이 때 AA′ : BB′$=a_d : b_d$로 되므로 두 直線 BA′와 B′A의 연장선의 交點 d'는 d와 함께 같은 鉛直線 위에 있다. 그리고 η_D가 0으로 되는 점 E′와, 그림 5.30(a)에서와 같이 하여 구한 점 E가 같은 鉛直線 위에 있음을 밝힐 수 있다.

만일 그림 5.30에서 上弦을 載荷弦으로 한다면, U에 대한 영향선은 그림 (b)에서 Am′n′B로, L에 대한 영향선은 (c)에서 An′B로, D에 대한 영향선은 (d)에서 Am′n′B로 되었을 것이다.

다음에 上弦을 載荷弦으로 하는, 그림 5.31(a)와 같은, 曲弦하우

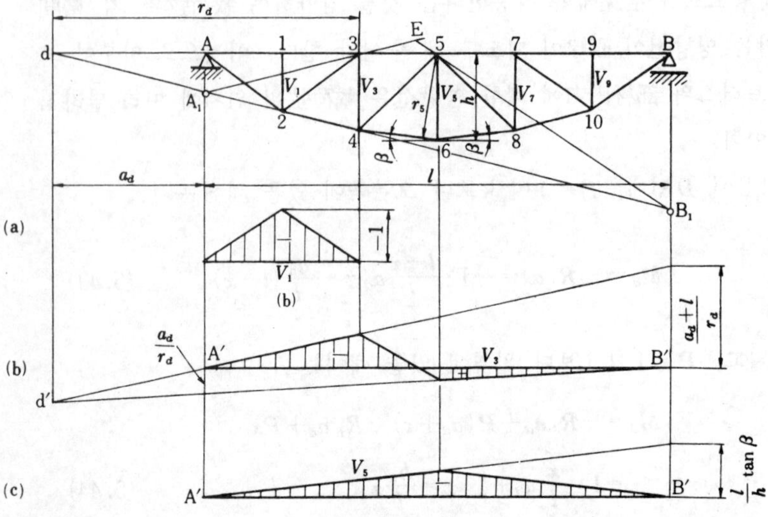

그림 5. 31

트러스를 예로 든다. 그 弦材와 斜材의 內力에 대한 영향선은 그림 5. 30의 경우와 똑같이 하여 구할 수 있다. 그러나 鉛直材 V_1, V_3, V_5, V_7, V_9의 內力에 대한 영향선은 鉛直材의 위치에 따라 그 형상이 달라지므로 따로따로 생각해야 한다. V_3과 V_7의 內力에 대한 영향선은 그림 5. 30의 斜材의 內力에 대한 것과 똑같이 하여 구할 수 있다. 곧 그림 5. 31(c)와 같이 된다. 鉛直材 V_1 안의 內力 V_1은 節點 1의 平衡條件을 생각하면 바로 알 수 있듯이 節點 1에 작용하는 荷重과 같은 크기의 壓縮力으로 되므로, V_1에 대한 영향선은 그림 5. 31(b)와 같이 된다. V_5는 節點 6에 대한 平衡條件으로부터

$$V_5 = -2L\sin\beta \tag{5.46}$$

로 된다. 여기서 L은 下弦材 4-6 또는 6-8의 內力으로서 鉛直荷重下에서는 이들이 서로 같고, 그 값은

$$L=\frac{M_5}{r_5}=\frac{M_5}{h\cos\beta} \tag{5.47}$$

로 되므로,

$$V_5=-\frac{2M_5}{h}\tan\beta \tag{5.48}$$

로 된다. 여기서 M_5는 支間 l의 단순들보의 節點 5에 대응하는 점에서의 휨모멘트를 나타내며, 따라서 V_5에 대한 영향선은 그림 5.31(d)와 같이 된다.

平行弦트러스의 경우에는 그 腹部材의 內力에 대한 영향선을 위의 방법으로는 구할 수 없다. 예로서, 그림 5.32(a)에 보인 平行弦프래트트러스의 斜材 D와 鉛直材 V에 일어나는 內力 D와 V에 대한 영향선을 구해 보기로 한다. 切斷面 i-i를 생각하고 그 왼쪽에 있는 부분에 작용하는 모든 外力의 總合을 $Q_{j\sim k}$로 적으면

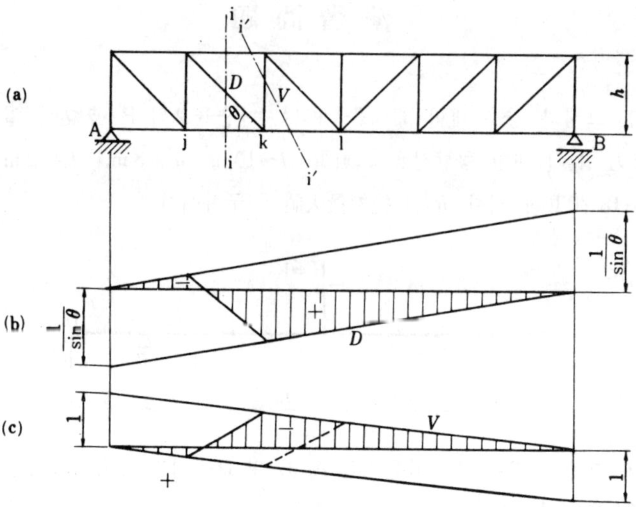

그림 5.32

$$D=\frac{Q_{j\sim k}}{\sin\theta} \tag{5.49}$$

로 된다. 그런데 外力은 모두 鉛直方向으로 作用하므로, $Q_{j\sim k}$는 AB를 단순들보라고 볼 때 格間 j~k 사이의 剪斷力과 같다. 그러므로 D에 대한 영향선은 格間 剪斷力 $Q_{j\sim k}$에 대한 영향선으로부터 그 종거를 $1/\sin\theta$로 곱해줌으로써 그림 5.32(b)와 같이 얻어진다. 또 切斷面 i′-i′를 생각하면 V는

$$\begin{array}{ll}\text{上弦載荷인 때} & V=-Q_{j\sim k}\\ \text{下弦載荷인 때} & V=-Q_{k\sim l}\end{array} \tag{5.50}$$

로 되므로, V에 대한 영향선은 전자의 경우 그림 5.32(c)와 같이 된다. 그리고 후자의 경우에는 점선과 같이 된다.

演 習 問 題

問 5.1 그림과 같은 내민 部分을 가지는 단순들보의 B 支點에 일어나는 反力 R_B에 대한 영향선을 그리고, $l=10\text{m}$, $a=3\text{ m}$, $b=2\text{ m}$인 때, L-18 荷重에 의한 R_B의 絶對最大値를 구하여라.

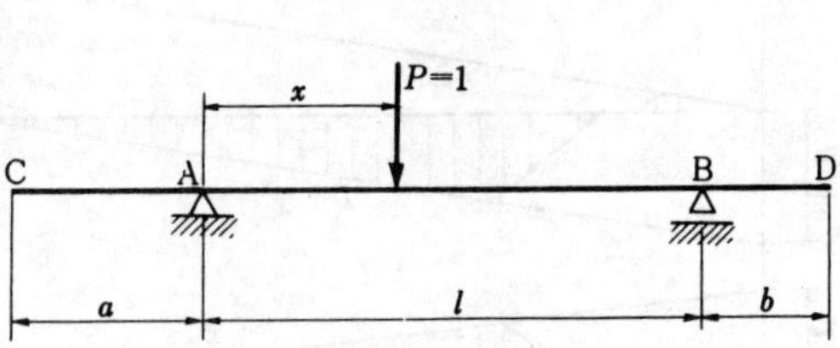

問 5.2 그림과 같은 게르버들보의 A, B 및 D에서의 反力 R_A, R_B 및 R_D에 대한 영향선을 구하고, $l=12\text{m}$, $c=2\text{ m}$, $l_1=10\text{m}$인 때 L-18荷重에 의한 R_D의 絶對最大値를 구하여라.

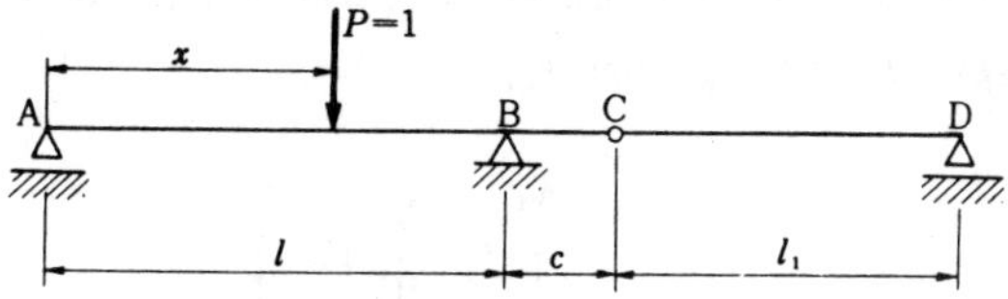

問 5.3 前問에서 DB-24에 의한 R_A의 絶對最大値를 구하여라.

問 5.4 스팬 6m의 단순들보에 일어나는 LS-18荷重에 의한 絶對最大剪斷力을 구하고, 이 剪斷力이 일어나는 斷面을 가리키어라.

問 5.5 스팬 30m의 단순들보의 左端으로부터 6m되는 斷面에서의 剪斷力에 대한 영향선을 그리고, L-18荷重에 의한 그 斷面에서의 剪斷力의 絶對最大値를 구하여라.

問 5.6 問 5.2의 게르버들보에서 滑節 C에서의 剪斷力에 대한 영향선을 구하고, L-18荷重에 의한 이 滑節에서의 剪斷力의 絶對最大値를 구하여라.

問 5.7 다음 두 그림의 게르버들보에서 斷面 H와 I에서의 휨모멘트에 대한 영향선을 각각 구하여라.

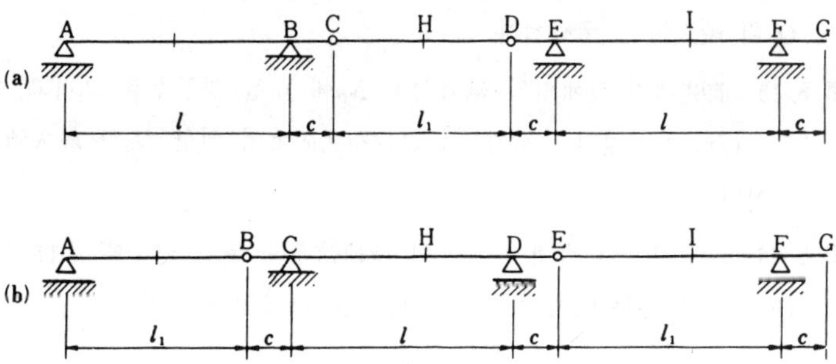

問 5.8 스팬 20m의 단순들보가 있다. L-18荷重이 通過할 때 스팬의 3等分點과 中點에서 일어나는 휨모멘트의 絶對最大値와 이 들보의 絶對最大휨모멘트를 구하여라.

問 5.9 그림과 같은 連行移動荷重이 스팬 6 m의 단순들보 AB 위를 지날 때 絶對最大휨모멘트를 구하여라.

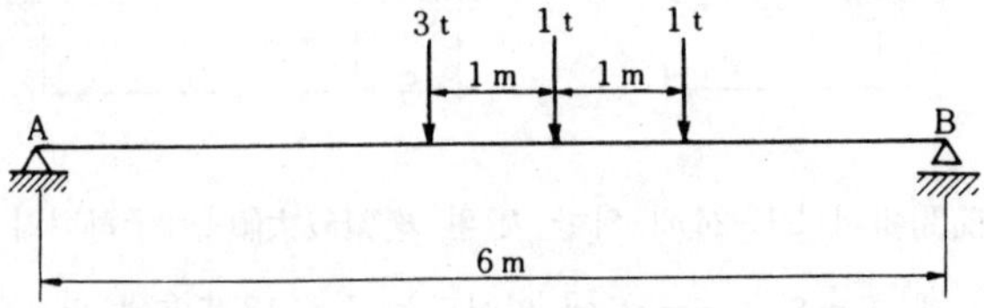

問 5.10 그림 5.25(a)에서 $\alpha=0$, $a=b=30\,\text{m}$, $f=8\,\text{m}$인 때 水平推力 H에 대한 영향선을 그려라. 이 영향선을 사용하여 強度가 $q=1\,\text{t/m}$인 等分布荷重이 全支間에 만재되었을 때의 H를 구하여라.

問 5.11 그림 5.26(a)에서 $\alpha=0$, $a=b=l/2$이고, 아치 리브의 材軸이 抛物線을 이룰 때 強度 q의 等分布活荷重에 의한 D 斷面에서의 最大휨모멘트를 구하여라. 그림 5.26(c)에서 $\overline{\text{A}'\text{E}'}$의 길이가 $l^2/(3l-2c)$로 됨에 착목하여라.

問 5.12 그림 5.27(a)에서 $l=60\text{m}$, $f=15\text{m}$이고 아아치 리브가 對稱抛物線을 이룰 때 $c=15\text{m}$되는 斷面 D에서의 剪斷力 Q_D에 대한 영향선을 작성하고, 強度 $q=1\,\text{t/m}$(水平길이 1 m당)의 等分布活荷重에 의한 Q_D의 最大値를 구하여라.

問 5.13 前問에서 D에서의 軸方向力 N_D에 대한 영향선을 그리고, 強度 $q=1\,\text{t/m}$(水平길이 1 m당)의 等分布活荷重에 의한 N_D의 最大値를 구하여라.

問 5.14 그림의 트러스에서 下弦이 載荷弦으로 되는 경우에 部材 AB, Ab, Bc에 일어나는 內力에 대한 영향선을 각각 구하여라.

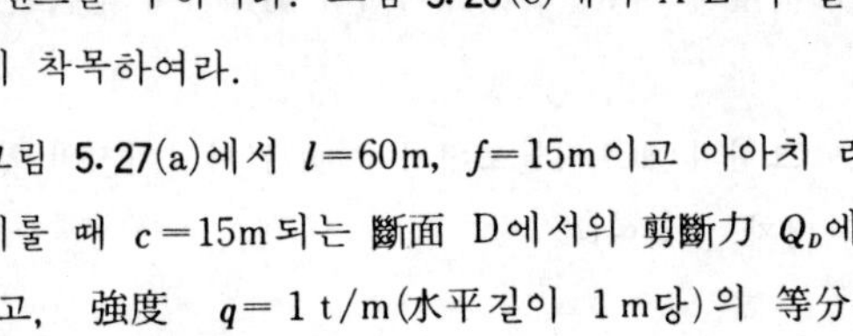

問 5.15 그림의 휘플(Whipple)트러스에서 上弦材 1, 斜材 2, 垂直材 3에 일어나는 內力 N_1, N_2, N_3에 대한 영향선을 구하여라. 그림에서 $P=1$이 작용하고 있는 上弦이 載荷弦이다.

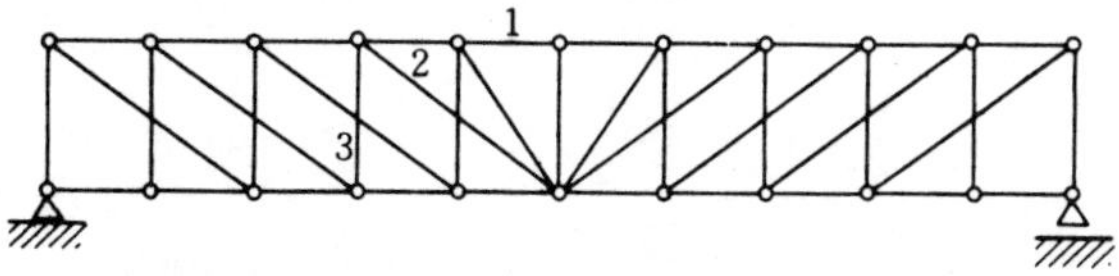

問 5.16 問 4.4의 트러스에서 部材 1, 2, 3의 內力 N_1, N_2, N_3의 대한 영향선을 上弦을 載荷弦으로 하였을 때와 下弦을 載荷弦으로 하였을때에 대하여 각각 구하여라.

問 5.17 問 4.5(c)의 트러스에서 部材 CD, Cc, Bc, Bd의 內力에 대한 영향선을 작성하여라. 여기서 下弦이 載荷弦이다.

問 5.18 그림과 같은 K-트러스(K-truss)의 部材 1, 2, 3, 4, 5에 일어나는 內力에 대한 영향선을 구하여라. 上弦과 下弦을 각각 載荷弦으로본다.

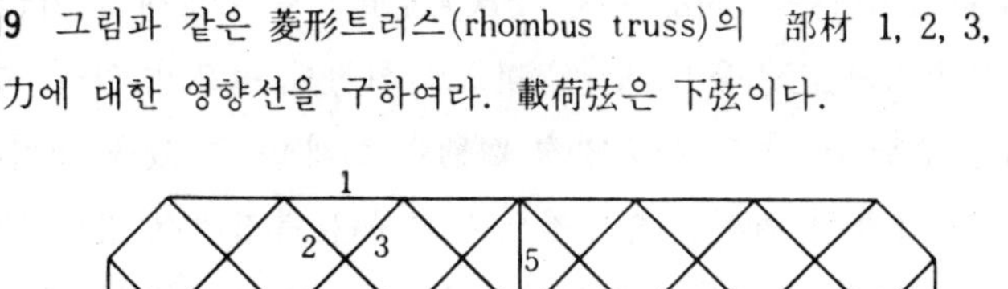

問 5.19 그림과 같은 菱形트러스(rhombus truss)의 部材 1, 2, 3, 4, 5의 內力에 대한 영향선을 구하여라. 載荷弦은 下弦이다.

6

靜定한 立體트러스

6.1 立體構造物과 空間力

本書에서는 本章에서만 유일하게 立體구조물을 생각한다. 실제의 구조물은 立體구조물에 속하지만 이것을 여러 개의 平面구조물로 분해해서 생각할 수 있는 경우가 많다. 그러나 送電塔이나 도움의 뼈대로 사용되는 트러스는 그렇게 할 수 없으며, 이러한 경우에는 구조물 전체를 立體的으로 생각해야 한다.

立體구조물에 作用하는 外力은 非同面力系 곧 空間力系를 이룬다. 제1 장에서는 주로 同面力系에 관해서만 논했지만, 거기서 기술한 힘의 效果나 힘에 관한 經驗法則 등은 물론 同面力系에 한정된 말은 아니고 空間力系에도 해당되는 말이다. 그러나 힘의 合成法이라든가 偶力의 性質이라든가 하는 것은 2次元空間으로 한정해서 기술하였으므로 그 方法과 記述을 3次元空間으로 확장할 필요가 있다. 그렇게 하여야만 立體구조물의 靜力學的 擧動을 이해할 수 있을 것이다.

立體구조물의 解析은 일반적으로 너무나 복잡해서 컴퓨터의 도움을 빌리지 않고 수동계산으로 수행하기는 곤란하다. 이하 本章에서는 立體구조물 중에서는 간단한 것에 속하는 立體트러스에 관해 單純트러스의 構成方法과 靜定트러스의 判斷法을 논하고, 이에 앞서 空間力系

의 合成法과 平衡條件을 展開한다. 그러므로 本章은 구조물의 靜力學的 擧動을 立體的으로 考察하는 能力을 배양하는 데 도움을 줄 것이다.

立體트러스의 解析法에 대해서도 節點法(引張係數法을 포함해서)과 斷面法이 있는데, 컴퓨터가 나온 오늘날 간단한 경우를 제외하고는 立體트러스를 수동계산으로 푸는 일은 거의 없을 것이므로, 이들에 관한 구체적인 설명은 생략한다.

6.2 空間同點力系의 合成法과 平衡條件

공간 안에 어느 力系가 있을 때, 만일 그것을 구성하는 모든 힘의 作用線이 한 점에서 만난다면, 힘의 平行四邊形의 法則을 거듭 적용해서, 그 力系를 항상 1개의 힘으로 합성할 수 있다. 예로서 그림 6.1(a)에 보인 바와 같이 物體 안의 어느 한 점 O에 3개의 힘 $P_1=\overrightarrow{OA}$, $P_2=\overrightarrow{OB}$, $P_3=\overrightarrow{OC}$가 作用하고 있다고 생각하자. 먼저 P_1과 P_2에 平行四邊形의 法則을 적용하면 平面 OAB에 작용하는 그들의 合力 $\overrightarrow{OD}$를 얻는다. P_1과 P_2를 $\overrightarrow{OD}$로 대치하고 $\overrightarrow{OD}$와 P_3에 또다시 平

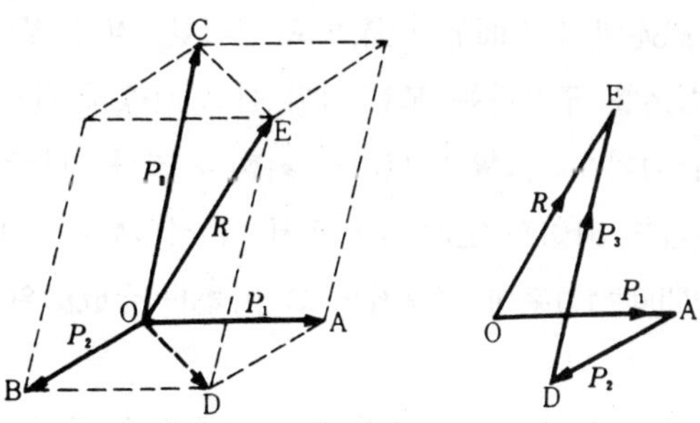

그림 6.1

行四邊形의 法則을 적용하면 平面 OCD에 작용하는 3힘의 合力 $\boldsymbol{R}=\overrightarrow{\mathrm{OE}}$를 얻는다. 그림 6.1(b)와 같이(空間 안에서) 힘의 多角形을 그림으로써도 똑같은 결과를 얻는다.

그림 6.1은 3개의 同點力의 合成法을 나타내는 것이지만, 이 방법으로 여러 개의 힘으로 구성된 空間同點力系의 合力도 구할 수 있음은 명백하다.

그림 6.1(a)의 平行六面體와 (b)의 空間多角形을 어느 平面, 이를테면 水平面 위에 投影하면 그림 6.2(a)와 같은 平面同點力系와 (b)와 같은 平面多角形을 얻는다. 그림 6.2의 양쪽에 있는 서로 대응하는 벡터는 실은 서로 같다. 그러므로 空間 안에 있는 힘 P_1, P_2, P_3의 어느 平面에 던져진 射影 P_1', P_2', P_3'의 合力 R'는 P_1, P_2, P_3의 合力 $\boldsymbol{R}$의 그 平面에 던져진 射影과 같다고 말할 수 있다.

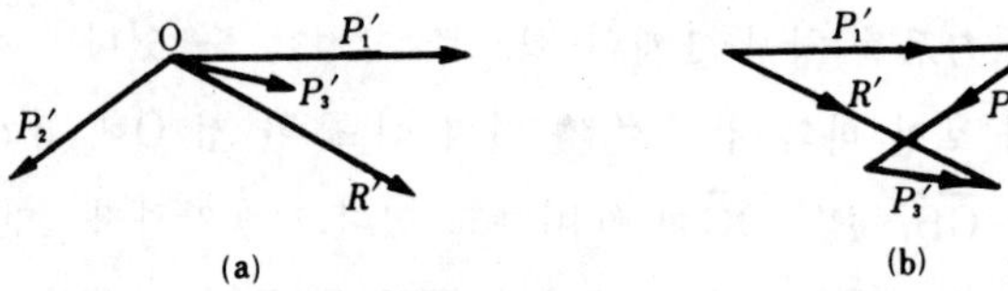

그림 6.2

그림 6.2의 벡터들을 그 平面 안에 있는 한 直線 위에 投影해 보면, 위의 記述에서 平面을 直線으로 대치한 것이 성립함을 안다. 곧 空間同點力系를 구성하는 모든 힘의 어느 直線에 던져진 射影의 代數的 合은 合力의 그 直線에 던져진 射影과 같다. 바꾸어 말하면 空間力의 경우에도 射影의 定理(1.9.2項)가 성립한다. 그러므로 射影의 定理는 空間同點力系에 대해서도 그 代數的 合成法의 근거를 마련해 준다.

空間 안에 있는 어느 힘 P의 크기와 方向을 알면 直角座標軸 x, y, z에 던져진 그 힘의 射影 X, Y, Z를 알 수 있고, 거꾸로 X, Y, Z

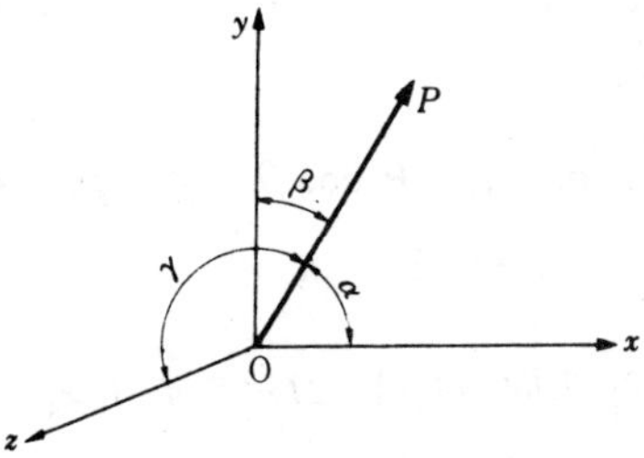

그림 6.3

를 알면 P의 크기와 方向을 알 수 있다. 곧 그림 6.3에서 P의 크기와 그것이 x, y, z軸과 짓는 角 α, β, γ를 알고 있다면, 直角分力 X, Y, Z는

$$X = P\cos\alpha, \quad Y = P\cos\beta, \quad Z = P\cos\gamma \tag{6.1}$$

로 구할 수 있고, X, Y, Z를 알고 있다면,

$$P = \sqrt{X^2 + Y^2 + Z^2} \tag{6.2}$$

$$\cos\alpha = \frac{X}{P}, \quad \cos\beta = \frac{Y}{P}, \quad \cos\gamma = \frac{Z}{P} \tag{6.3}$$

로부터 P의 크기와 方向角을 구할 수 있다. 여기서 α, β, γ는 다음 관계를 만족시켜야 한다:

$$\cos^2\alpha + \cos^2\beta + \cos^2\gamma = 1 \tag{6.4}$$

만일 그림 6.3의 점 O에 여러 개의 힘 $P_1, P_2, \cdots, P_n$이 작용하고 있다면, 그들의 合力 R의 直角分力 X, Y, Z는 射影의 定理에 의해 다음과 같이 정해진다:

$$\begin{aligned} X &= X_1 + X_2 + \cdots + X_n = \sum X_i \\ Y &= Y_1 + Y_2 + \cdots + Y_n = \sum Y_i \\ Z &= Z_1 + Z_2 + \cdots + Z_n = \sum Z_i \end{aligned} \tag{6.5}$$

여기서

$$X_i = P_i \cos \alpha_i, \quad Y_i = P_i \cos \beta_i, \quad Z_i = P_i \cos \gamma; \quad i = 1, 2, \cdots, n \tag{6.6}$$

이고, α_i, β_i, γ_i는 P_i의 方向角이다. 그러므로 R의 크기와 方向角 α, β, γ는 (6.2)와 (6.3)을 사용하여 구할 수 있다. 그리고 合力 R의 着力點은 물론 공통의 着力點 O이다.

만일 위의 경우에

$$\begin{aligned} X &= X_1 + X_2 + \cdots + X_n = \sum X_i = 0 \\ Y &= Y_1 + Y_2 + \cdots + Y_n = \sum Y_i = 0 \\ Z &= Z_1 + Z_2 + \cdots + Z_n = \sum Z_i = 0 \end{aligned} \tag{6.7}$$

으로 된다면 $R=0$으로 된다. 곧 식 (6.7)을 만족시키는 힘 P_1, P_2, $P_2, \cdots$, P_n은 平衡力系로 된다. 그리고 식 (6.7)이 만족되는 경우에만 그 力系가 平衡力系로 되므로 다음 平衡條件이 성립한다. 곧 "空間同點力系의 作用을 받는 剛體가 平衡狀態에 있으려면 식 (6.7)이 성립하여야 한다." 그래서 식 (6.7)을 空間同點力系에 대한 平衡條件式 또는 平衡方程式이라고 부른다.

6.3 모멘트의 定理와 偶力의 性質

6.3.1 모멘트의 定理

1.11.3항에서 증명한 모멘트의 定理는 同面力系에 관한 것이지만, 이것을 非同面力系에 관한 것으로 확장할 수 있다. 그러기 위해 먼저 空間力의 모멘트를 정의할 필요가 있다. 空間力의 경우에는 어느 축

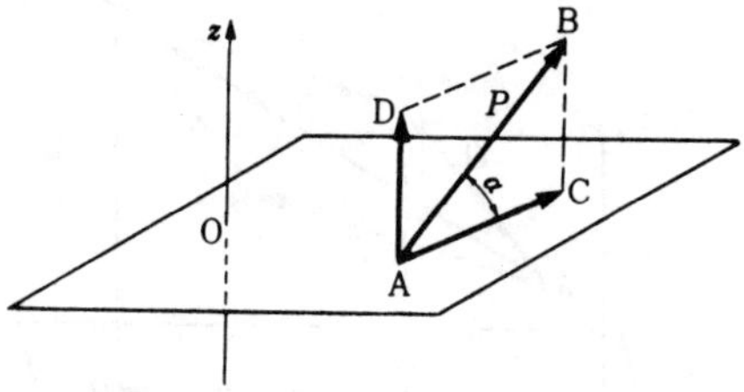

그림 6.4

에 관한 모멘트가 정의될 수 있다. 그림 6.4에 보인 바와 같이, Oz축 둘레로 자유롭게 회전할 수 있는 物體가 그 안의 한 점 A에 작용하는 힘 $P=\overrightarrow{AB}$의 작용을 받고 있을 때, A를 품고 z軸에 수직한 平面 OAC에 관해, 힘 P를 이 平面에 수직한 分力 $\overrightarrow{AD}=P\sin\alpha$와 이 平面 안에 있는 分力 $\overrightarrow{AC}=P\cos\alpha$로 分解하면, 後者만 이 物體의 회전운동에 寄與할 것이다. 그래서 $\overrightarrow{AC}$의 점 O에 대한 모멘트를 **힘 P의 Oz軸에 대한 모멘트**(moment of the force P with respect to the axis Oz)라고 부른다. 곧 점 O에서 AC에 내린 垂線의 길이를 d라고 하면, 힘 P의 z軸에 대한 모멘트 M_z는

$$M_z=P\cos\alpha\cdot d \tag{6.8}$$

로 된다. M_z의 부호는 오른손나사를 M_z의 方向으로 돌릴 때 나사가 진행하는 方向이 z軸의 陽의 쪽과 일치하면 陽인 것으로 규약한다.

空間力의 모멘트를 위와 같이 軸에 관한 것으로 정의하면, 空間力의 모멘트에 대해서도 **바리뇽의 定理**가 성립함을 바로 알 수 있다. 곧 그림 6.5에서 $P=\overrightarrow{AB}$, $Q=\overrightarrow{AC}$와 그들의 合力 $R=\overrightarrow{AD}$의 z軸에 수직한 平面에 던져진 射影을 각각 P', Q', R'라고 하면, R'는 P'와 Q'의 合力으로 된다. 따라서 平面力에 대한 바리뇽의 定理와 위의 모멘트의 정의로부터, P와 Q의 어느 軸에 대한 모멘트의 代數的 合은 그

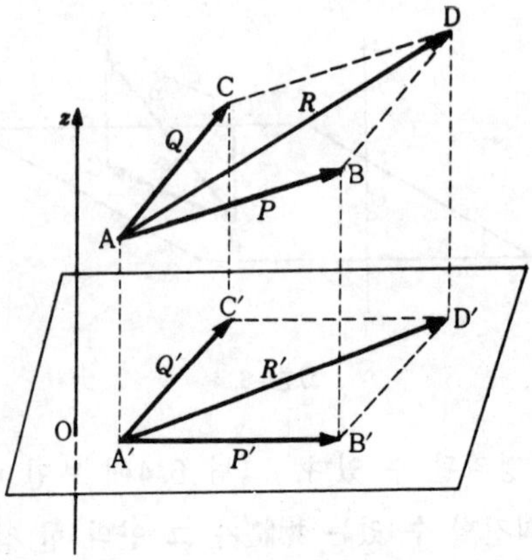

그림 6.5

들의 合力 R의 그 軸에 대한 모멘트와 같다고 말할 수 있다.

前節에서 말한 바와 같이, 힘의 平行四邊形의 法則을 거듭 적용하면 여러 개의 힘으로 이루어진 空間同點力系의 合力을 구할 수 있으므로, 그 때마다 바리뇽의 定理를 적용하면, 空間同點力系에 관하여 모멘트의 定理가 성립함을 안다.

위와 마찬가지로 하여 空間 안에서 平行한 두 힘과 그 合力에 관해서 바리뇽의 定理가 성립함을 밝힐 수 있다. 그러므로 모멘트의 定理는 同點力系에 대해서만이 아니라 어떠한 力系에 대해서도 성립함을 안다. 곧 "어느 力系를 구성하는 모든 힘의 어느 軸에 대한 모멘트의 代數的 合은 그 力系의 合力의 그 軸에 대한 모멘트와 같다."

6.3.2 偶力의 性質

偶力은, 1.11.4項에서 본 바와 같이, 그 모멘트의 값만 변하지 않는다면 그 偶力의 平面 안의 어느 곳에 있더라도 그 外的 效果가 같다. 그 뿐 아니라 偶力의 平面을 그 자신에 平行하게 이동시키더라도 그 外的 效果가 변하지 않음을 다음과 같이 하여 밝힐 수 있다. 이제

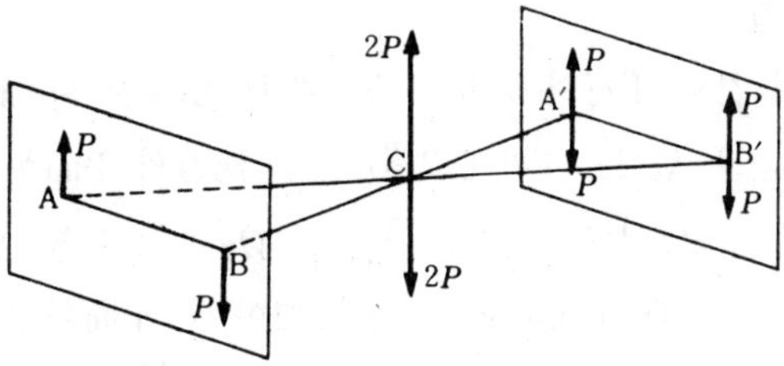

그림 6.6

그림 6.6에서 서로 平行한 두 平面 위에 각각 線分 AB와 A′B′를 긋되 이들이 서로 平行하고 같게 되도록 긋고, 점 A와 B에 偶力(P, P)가 작용하고 있다고 하자. 이 偶力의 外的 効果는 점 A′와 B′에 각각 等反의 두 힘 P를 부가하여 작용시키더라도 변하지 않는다. 바꾸어 말하면, A, B에 작용하는 偶力과 A, B, A′, B′에 작용하는 6개의 힘으로 이루어진 力系는 서로 동등하다. 直線 AB′와 BA′의 交點을 C라고 하면, A와 B′에 작용하는 上向의 두 힘의 合力 $2P$ 및 B와 A′에 작용하는 下向의 두 힘의 合力 $2P$는 C에 작용하고 서로 비긴다. 그러므로 위의 力系에서 그 外的 効果를 변화시킴이 없이 이들을 제거할 수 있고, 그러면 A′와 B′에 작용하는 偶力(P, P)만 남게 된다. 그러므로 A, B에 작용하는 偶力(P, P)는 A′, B′에 작용하는 偶力(P, P)와 동등하다.

이상에 의해, 偶力은 그 모멘트의 크기, 偶力의 平面의 法線의 方向, 偶力의 회전하는 쪽의 3要素에 의해 완전히 정해진다는 것을 알 수 있다. 이 3要素는, 偶力의 平面 안의 임의의 한 점을 지나서 모멘트의 크기에 상당한 길이의 선분을 偶力의 平面에 수직하게 긋고, 偶力의 廻轉方向으로 오른손나사를 돌릴 때 그 나사가 진행하는 쪽으로 화살촉을 그 선분 위에 그려 넣어서 얻어지는, 벡터에 의해 완전히 표시된다. 이것이 곧 모멘트 벡터이다.

6.3.3 合偶力

偶力의 平面이 서로 平行하지 않은 두 偶力 $M_1=Pd$와 $M_2=Qe$의 合力을 구해 보기로 한다. 그림 6.7(a)에 두 偶力의 平面이 角 θ를 지으면서 만나고 있고, Pd는 왼쪽 平面에, Qe는 오른쪽 平面에 작용하고 있다고 하자. 偶力 Pd를 그 한쪽 힘이 두 平面의 交線 위에 오도록 놓을 수 있다. 그리고 偶力 Qe의 팔을 $e\dfrac{Q}{P}$로 바꾸고 힘을 P로 바꾼 다음에 한쪽 힘 P를 역시 交線 위에 오도록 하여 交線 위에 있는 두 힘이 서로 비기도록 배치할 수 있다. 그런 다음에 서로 비기는 두 힘을 제거하면, 팔을 l로 하는 偶力이 남게 된다. 그러므로 "두 偶力의 合力은 역시 偶力으로 된다"는 것을 알 수 있다. 合偶力의 모멘트 M은

$$M=Pl=P\sqrt{d^2+\left(e\frac{Q}{P}\right)^2-2de\frac{Q}{P}\cos\theta}$$
$$=\sqrt{M_1^2+M_2^2-2M_1M_2\cos\theta} \qquad (6.9)$$

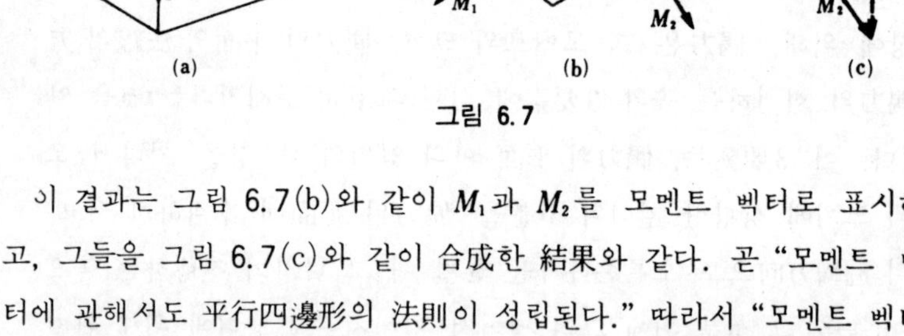

그림 6.7

이 결과는 그림 6.7(b)와 같이 M_1과 M_2를 모멘트 벡터로 표시하고, 그들을 그림 6.7(c)와 같이 合成한 結果와 같다. 곧 "모멘트 벡터에 관해서도 平行四邊形의 法則이 성립된다." 따라서 "모멘트 벡터에 관해서도 射影의 定理가 성립함을 미루어 알 수 있다. 그런데 모

멘트 벡터에 관한 射影의 定理는 바로 6.3節에서 밝힌 모멘트의 定理와 내용에 있어서 똑같다.

그림 6.7(a)에서 두 平面이 直交하는 경우에는 식 (6.9)가

$$M=\sqrt{M_1^2+M_2^2} \tag{6.10}$$

으로 된다. 만일 M_1에도 M_2에도 直交하는 제 3의 偶力 M_3이 있다면, 그들의 合偶力 M은

$$M=\sqrt{M_1^2+M_2^2+M_3^2} \tag{6.11}$$

으로 된다. 그리고 모멘트 벡터 M과 M_1, M_2, M_3 사이의 角 α, β, γ는 각각 다음과 같이 됨은 뚜렷하다:

$$\cos\alpha=\frac{M_1}{M},\quad \cos\beta=\frac{M_2}{M},\quad \cos\gamma=\frac{M_3}{M} \tag{6.12}$$

위에서는 M을 M_1, M_2, M_3의 合偶力으로 보았는데 거꾸로 M_1, M_2, M_3을 모멘트 벡터 M의 直角成分으로 볼 수 있다. 이를테면, 그림 6.8에서 어느 한 모멘트 벡터 M_i가 있을 때, 이것을 準據座標軸 x, y, z方向의 成分으로 分解하면, 식 (6.12)로부터

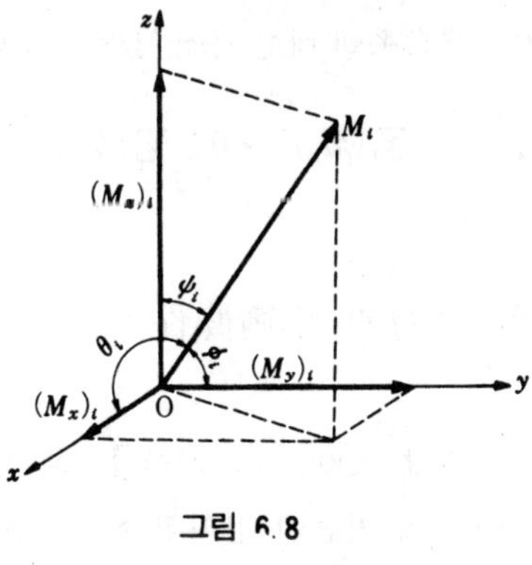

그림 6.8

$$(M_x)_i = M_i \cos\theta_i$$
$$(M_y)_i = M_i \cos\phi_i \qquad (6.13)$$
$$(M_z)_i = M_i \cos\psi_i$$

로 된다.

힘의 벡터에서는 그 始點 또는 終點을 着力點과 일치하도록 지정해야 하지만, 모멘트벡터는 위에서 본 바와 같이 자유벡터에 속한다. 그러므로 空間 안에 여러 개의 偶力이 있을 때 그들의 모멘트벡터를 모두 같은 한 점을 始點으로 하여 나타낼 수 있다. 그러므로 同點力系를 합성하는 방법으로 이들을 합성할 수 있다. 이를테면, 모멘트벡터 M_1, $M_2, \cdots, M_n$으로 표시되는 偶力系가 있을 때, 모든 모멘트벡터를 그 始點이 그림 6.8의 原點 O에 오도록 나타낸 다음에 각 벡터를 식 (6.13)에 따라 座標軸方向의 成分으로 분해한다. 그러면 合偶力 M의 成分 M_x, M_y, M_z는 모멘트의 定理(또는 射影의 定理)에 따라

$$M_x = \sum (M_x)_i,\ M_y = \sum (M_y)_i,\ M_z = \sum (M_z)_i \qquad (6.14)$$

로 되고, 合偶力의 모멘트의 크기 M은 식 (6.11)로부터, 그 方向角 α, β, γ는 식 (6.12)로부터 결정할 수 있다.

식 (6.14)의 우변이 0으로 되면 그리고 이 때에만 그 偶力系는 平衡狀態에 있게 되므로, 偶力系에 대한 平衡條件式이 다음과 같이 된다:

$$\sum (M_x)_i = 0,\ \sum (M_y)_i = 0,\ \sum (M_z)_i = 0 \qquad (6.15)$$

6.4 一般力系의 合力과 平衡條件

非同面非同點力系 곧 가장 일반적인 力系를 생각한다. 이 力系를 구성하는 힘 P_1, P_2, $\cdots$, P_n 가운데 임의의 한 힘 $P_1 = \overrightarrow{AB}$만을 그림

6.9에 그려 놓았는데, 이것은 이것을 座標原點 O로 平行移動시킨 힘 P_1'와 偶力(P_1, P_1'')로 이루어지는 力系와 동등하다. 이 偶力의 모멘트는 P_1의 점 O에 대한 모멘트와 같고 平面 OAB에 수직하게 세운 모멘트벡터 M_1으로 표시할 수 있다. 곧 A에 작용하는 힘 P_1은 O에 작용하는 힘 P_1'와 偶力 M_1으로 분해된다. 모든 힘을 이와 같이 분해하면 原點 O에 작용하는 同點力系 P_1', P_2', …, P_n'와 偶力系 M_1, M_2, …, M_n을 얻는다. 前者의 合力은 식 (6.5), (6.6), (6.2) 및 (6.3)으로 산정되는 合單一力 R로 되고, 後者의 合力은 식 (6.13), (6.14), (6.11) 및 (6.12)로 산정되는 合偶力 M으로 된다. 이와 같이 일반의 空間力系의 合力은, 1.10.3項에서도 말한 바와 같이, 合單一力과 合偶力으로 이루어진다.

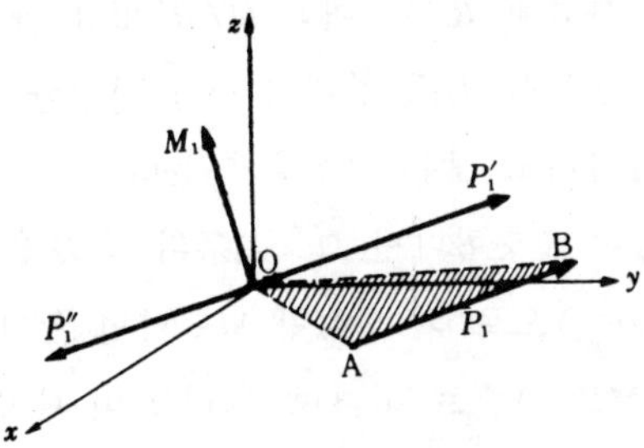

그림 6.9

合力 R에 대한 힘의 벡터와 合偶力 M에 대한 모멘트 벡터는 한 平面을 결정한다. 그 平面 인에서 모멘트벡터 M을, 그림 6.10에 보인 바와 같이, R의 방향과 이에 수직한 방향의 成分 M'와 M''로 분해할 수 있다. 그러면 R와 M''를 합성할 수 있다. 그 合力은 O에서 $OO'=M''/R$ 만큼 떨어진 점 O'에 작용하는 힘 R'로 된다. 모멘트벡터 M'는 자유롭게 O' 점으로 옮겨 놓을 수 있으므로 결국 空間力系의 合力은 O' 점에 작용하는 合力 R'와 R'의 作用線에 수직한 平面 안

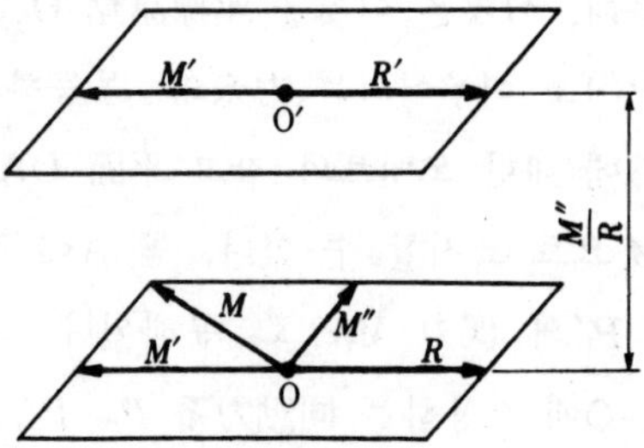

그림 6.10

에 있는 合偶力 M'로 된다. 이와 같은 合單一力과 合偶力을 한말로 비틀어당김(wrench)이라고 부를 때가 있다.

그림 6.10에서 R를 M의 방향과 이에 수직한 방향의 分力 R'와 R''로 분해한 다음에 R''를 거리 M/R''만큼 平行移動시키면, 어느 한 空間力系와 동등한 力系 중에서 가장 간단한 力系로서 서로 만나지도 않고 平行하지도 않은 2힘을 얻는다.

만일 R와 M이 直交한다면 그 力系의 合力은 合單一力만으로 될 것이다. 또 R가 0으로 되고 M만 남는다면 合力은 合偶力만으로 될 것이다. R도 M도 0으로 된다면, 그리고 이 때에만, 그 力系는 平衡力系로 된다. 그러므로 가장 일반적인 力系에 대한 平衡條件은 식 (6.7)과 (6.15)가 동시에 만족될 것이라고 말할 수 있다. 곧

$$\begin{aligned} &\sum X_i = 0, \quad \sum Y_i = 0, \quad \sum Z_i = 0 \\ &\sum (M_x)_i = 0, \ \sum (M_y)_i = 0, \ \sum (M_z)_i = 0 \end{aligned} \tag{6.16}$$

이 6개의 平衡條件式은 어떠한 力系에 대해서도 적용할 수 있고, 어느 특수 경우에 대한 平衡條件式을 이로부터 얻을 수 있다. 이를테면, 同面非同點力系의 경우에는 힘의 平面을 xy面으로 잡으면, 식 (6.16)의 제3, 제4, 제5식이 恒等的으로 만족되므로, 이로부터 식

(1.20)이 얻어진다.

예제 6.1 그림 6.9에서 P_1의 座標軸方向의 分力을 X_1, Y_1, Z_1로 적고, 점 A의 座標를 (x_1, y_1, z_1)이라고 하면, P_1의 座標軸 둘레의 모멘트 $(M_x)_1$, $(M_y)_1$, $(M_z)_1$은

$$\begin{aligned}(M_x)_1 &= Z_1 y_1 - Y_1 z_1\\ (M_y)_1 &= X_1 z_1 - Z_1 x_1\\ (M_z)_1 &= Y_1 x_1 - X_1 y_1\end{aligned} \tag{6.17}$$

로 된다. 이 식을 식 (6.13) 대신에 사용할 수 있다. $(M_x)_1$, $(M_y)_1$, $(M_z)_1$을 合成하면 P_1의 점 O에 대한 모멘트, 곧 偶力(P_1, P_1'')의 모멘트 M_1이 얻어짐을 밝혀라.

(풀이) 이 예제는 本文을 補充하기 위한 것이다. 그림 6.9에서 P_1의方向餘弦을 $(l_1, m_1, n_1)=(\cos\alpha_1, \cos\beta_1, \cos\gamma_1)$로 적으면 $X_1=P_1 l_1$, $Y_1=P_1 m_1$, $Z_1=P_1 n_1$로 되고, O에서 P_1의 作用線에 내린 垂線의 길이 L은

$$L=\sqrt{(l_1 y_1-m_1 x_1)^2+(m_1 z_1-n_1 y_1)^2+(n_1 x_1-l_1 z_1)^2}$$

으로 된다. 그러므로 $(M_x)_1=P_1(n_1 y_1-m_1 z_1)$, $(M_y)_1=P_1(l_1 z_1-n_1 x_1)$, $(M_z)_1=P_1(m_1 x_1-l_1 y_1)$로 되고 $M_1=P_1 L$로 되며, 따라서

$$M_1^2=(M_x)_1^2+(M_y)_1^2+(M_z)_1^2$$

그리고 이 경우 M_1의 方向餘弦은 $(M_x)_1/M_1=(n_1 y_1-m_1 z_1)/L$, $(M_y)_1/M_1=(l_1 z_1-n_1 x_1)/L$, $(M_z)_1/M_1=(m_1 x_1-l_1 y_1)/L$로 되므로

$$l_1(n_1 y_1-m_1 z_1)+m_1(l_1 z_1-n_1 x_1)+n_1(m_1 x_1-l_1 y_1)=0$$

으로 되어 P_1과 M_1의 벡터가 서로 直交함을 확인할 수 있다.

6.5 外的으로 靜定한 構造物의 反力

먼저 空間 안에 있는 한 점의 운동을 완전히 구속하는 문제를 생각한다. 그림 6.11(a)에서와 같이 한 점 D를 2개의 支持棒 AD와 BD로 地盤에 연결하면, D점의 平面 ABD 안에서의 운동은 구속되지만 軸 AB 둘레의 廻轉의 自由度가 남는다. 이 自由度를 구속하기 위해서는, 그림 6.11(b)에 보인 바와 같이, 平面 ABD 위에 있지 않은 支持棒 CD가 더 필요하다. 만일 CD가, 그림 6.11(c)에 보인 바와 같이, 平面 ABD 위에 있다면, 점 D는 이 平面에 垂直한 方向으로 얼마간 움직일 수 있고, 또 그림 6.11(d)에 보인 바와 같이 A, B, C가 한 直線 위에 있다면 D는 이 直線 둘레로 자유롭게 회전할 수 있을 것이다. 이상에 의해, 空間 안의 한 점을 완전히 구속하려면 한 平面 안에 있지 않은 3개의 支持棒으로 그 점을 地盤에 연결해야 한다는 것을 알 수 있다.

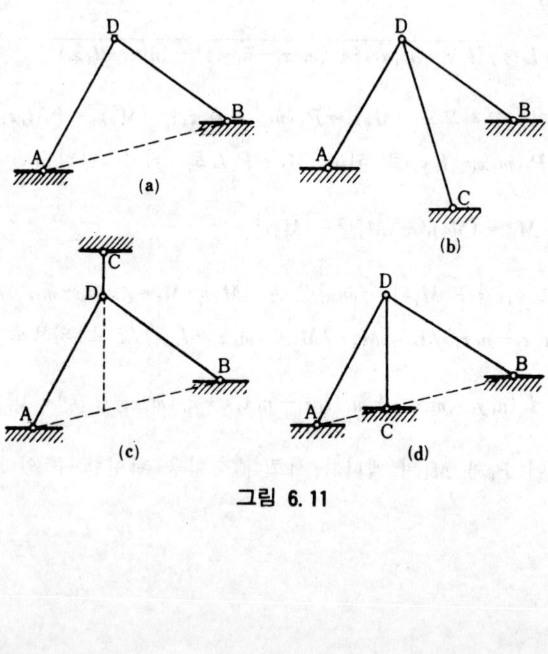

그림 6.11

(1.20)이 얻어진다.

예제 6.1 그림 6.9에서 P_1의 座標軸方向의 分力을 X_1, Y_1, Z_1로 적고, 점 A의 座標를 (x_1, y_1, z_1)이라고 하면, P_1의 座標軸 둘레의 모멘트 $(M_x)_1$, $(M_y)_1$, $(M_z)_1$은

$$\begin{aligned}(M_x)_1 &= Z_1 y_1 - Y_1 z_1 \\ (M_y)_1 &= X_1 z_1 - Z_1 x_1 \\ (M_z)_1 &= Y_1 x_1 - X_1 y_1\end{aligned} \tag{6.17}$$

로 된다. 이 식을 식 (6.13) 대신에 사용할 수 있다. $(M_x)_1$, $(M_y)_1$, $(M_z)_1$을 合成하면 P_1의 점 O에 대한 모멘트, 곧 偶力(P_1, P_1'')의 모멘트 M_1이 얻어짐을 밝혀라.

(풀이) 이 예제는 本文을 補充하기 위한 것이다. 그림 6.9에서 P_1의 方向餘弦을 $(l_1, m_1, n_1) = (\cos\alpha_1, \cos\beta_1, \cos\gamma_1)$로 적으면 $X_1 = P_1 l_1$, $Y_1 = P_1 m_1$, $Z_1 = P_1 n_1$로 되고, O에서 P_1의 作用線에 내린 垂線의 길이 L은

$$L = \sqrt{(l_1 y_1 - m_1 x_1)^2 + (m_1 z_1 - n_1 y_1)^2 + (n_1 x_1 - l_1 z_1)^2}$$

으로 된다. 그러므로 $(M_x)_1 = P_1(n_1 y_1 - m_1 z_1)$, $(M_y)_1 = P_1(l_1 z_1 - n_1 x_1)$, $(M_z)_1 = P_1(m_1 x_1 - l_1 y_1)$로 되고 $M_1 = P_1 L$로 되며, 따라서

$$M_1^2 = (M_x)_1^2 + (M_y)_1^2 + (M_z)_1^2$$

그리고 이 경우 M_1의 方向餘弦은 $(M_x)_1/M_1 = (n_1 y_1 - m_1 z_1)/L$, $(M_y)_1/M_1 = (l_1 z_1 - n_1 x_1)/L$, $(M_z)_1/M_1 = (m_1 x_1 - l_1 y_1)/L$로 되므로

$$l_1(n_1 y_1 - m_1 z_1) + m_1(l_1 z_1 - n_1 x_1) + n_1(m_1 x_1 - l_1 y_1) = 0$$

으로 되어 P_1과 M_1의 벡터가 서로 直交함을 확인할 수 있다.

6.5 外的으로 靜定한 構造物의 反力

먼저 空間 안에 있는 한 점의 운동을 완전히 구속하는 문제를 생각한다. 그림 6.11(a)에서와 같이 한 점 D를 2개의 支持棒 AD와 BD로 地盤에 연결하면, D점의 平面 ABD 안에서의 운동은 구속되지만 軸 AB 둘레의 廻轉의 自由度가 남는다. 이 自由度를 구속하기 위해서는, 그림 6.11(b)에 보인 바와 같이, 平面 ABD 위에 있지 않은 支持棒 CD가 더 필요하다. 만일 CD가, 그림 6.11(c)에 보인 바와 같이, 平面 ABD 위에 있다면, 점 D는 이 平面에 垂直한 方向으로 얼마간 움직일 수 있고, 또 그림 6.11(d)에 보인 바와 같이 A, B, C가 한 直線 위에 있다면 D는 이 直線 둘레로 자유롭게 회전할 수 있을 것이다. 이상에 의해, 空間 안의 한 점을 완전히 구속하려면 한 平面 안에 있지 않은 3개의 支持棒으로 그 점을 地盤에 연결해야 한다는 것을 알 수 있다.

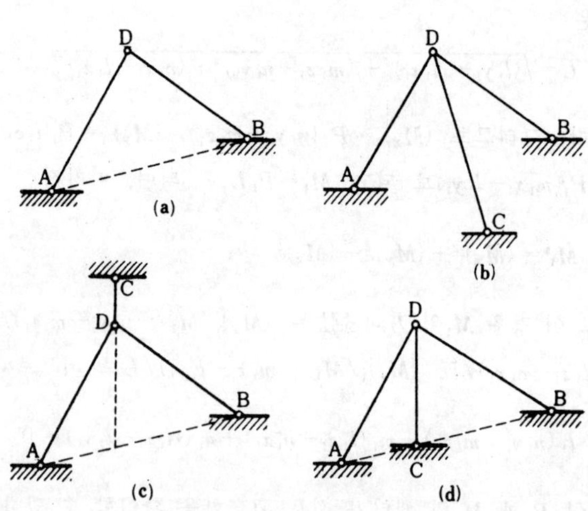

그림 6.11

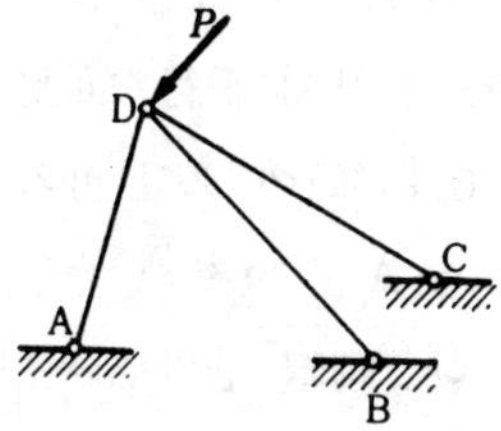

그림 6.12

그림 6.12에 보인 바와 같이, 완전히 구속된 점 D에 힘 P가 작용한다면, 각 支持棒에 內力 N_1, N_2, N_3이 유발될 것이고, 점 D를 고립시키고 보면 D는 平衡狀態에 있는 同點力系의 작용을 받고 있음을 안다. 그러므로 同點力系에 대한 平衡條件式 (6.7)을 적용하여 3개의 未知內力을 산정할 수 있다. 따라서 그림 6.12와 같은 구조물은 靜定하다. 만일 그림 6.12에 있는 支持棒보다 더 많은 支持棒으로 D점을 地盤에 연결했다면, 곧 餘冗支持棒이 있다면, 그 구조물은 不靜定으로 될 것이다.

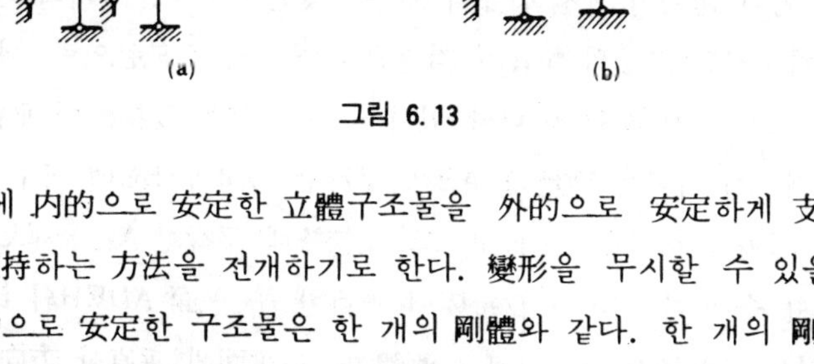

그림 6.13

다음에 內的으로 安定한 立體구조물을 外的으로 安定하게 支持棒으로 支持하는 方法을 전개하기로 한다. 變形을 무시할 수 있을 때엔 內的으로 安定한 구조물은 한 개의 剛體와 같다. 한 개의 剛體는 6개의 自由度를 갖는다. 곧 서로 平行하지 않은 3方向으로 並進運

動을 할 수 있고, 서로 平行하지 않은 3개의 軸 둘레로 회전할 수 있다. 예로서 그림 6.13에 보인 平行六面體로 된 剛體를 들어서 말을 잇기로 한다. 그림 6.13(a)에 보인 바와 같이, 한 점 A를 3개의 支持棒으로 支持하면, 점 A는 완전히 구속되고 剛體는 이 점 둘레의 廻轉運動만을 할 수 있다. 剛體 안의 임의의 한 점은 그 점과 A점 사이의 거리를 반지름으로 하고 A를 中心으로 하는 球面 위를 자유롭게 움직일 수 있다. 다시 剛體 안의 임의의 한 점, 이를테면, B점을 이 球面上에서의 運動을 할 수 없도록 완전히 구속할 수 있다. 곧 AB에 垂直한 2개의 支持棒으로 B점을 地盤에 연결시키면 된다. 그러면 이 剛體는 軸 AB 둘레의 회전만이 가능하다. 그러므로 제3의 점 C를 AB와 만나지도 않고 AB에 平行하지도 않은 支持棒으로 지반에 연결하면, 이 剛體는 완전히 구속된다. 그래서 한 剛體를 空間에서 완전히 구속시키려면 6개의 支持棒이 필요함을 안다. 그러나 이 6개의 支持棒을 반드시 그림 6.13(a)와 같이 配置해야만 완전한 구속이 얻어진다는 것은 아니다. 이를테면, 그림 6.13(a)에서 A점에 있는 한 支持棒을 E 점으로 平行移動시키고 B 점에 있는 한 支持棒을 G 점으로 平行移動시키면, 그림 6.13(b)를 얻는데, 이와 같이 해도 그 剛體는 완전히 구속된다.

그렇다고 해서 6개의 支持棒만 있으면 이것을 어떻게 配置하더라도 剛體의 運動이 완전히 구속된다는 것은 아니다. 6개의 支持棒을 사용하고서도 그들의 配置가 적당하지 못해서 不安定으로 되는 대표적인 예가 그림 6.14에 나와 있다. (a)는 모든 支持棒이 平行한 경우로서, 이 때에는 剛體가 AB에 平行한 方向과 BC에 平行한 方向으로 얼마간 이동할 수 있고 또 支持棒에 平行한 軸 둘레로 얼마간 회전할 수 있다. (b)는 支持棒이 平行한 두 平面 ADEH와 BCFG 안에 있는 경우로서, 이 때에는 剛體가 그 平面에 垂直한 方向으로 얼

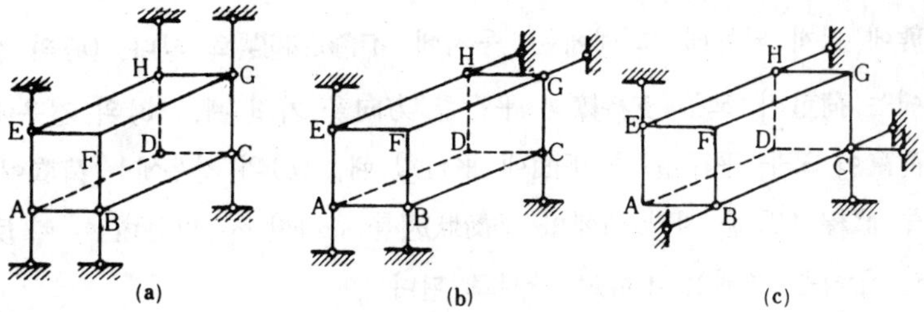

그림 6.14

마간 이동할 수 있고 또 AE에 平行한 軸 둘레로 얼마간 회전할 수 있다. 支持棒이 모두 한 平面 안에 있어도 얼마간 움직일 수 있고, 또 支持棒이 3개의 서로 平行한 平面 안에 나뉘어 있어도 얼마간 움직일 수 있다. (c)는 支持棒이 C와 E의 두 점에 모이게 배치된 경우로서, 이 때에는 剛體가 直線 CE 둘레로 얼마간 회전할 수 있다. 모든 支持棒이 한 점에 모이도록 배치되는 경우에는 그 점 둘레의 회전이 얼마간 가능하게 되고, 또 支持棒이 한 直線 위에 있는 3개의 점에 모이도록 배치된 경우에도 그 直線 둘레의 회전이 얼마간 가능하게 된다. 일반적으로 모든 支持棒의 材軸이 어느 한 直線과 만나도록 支持棒을 배치하면, 剛體가 그 直線 둘레로 얼마간 회전할 수 있으며, 따라서 그러한 支持方法으로 지지된 剛體는 外的으로 不安定하다고 말할 수 있다. 이러한 不安定을 幾何學的 不安定이라고 한다.

그림 6.13과 같이 지지된 剛體에 外力이 작용하면 支持棒 안에 內力이 유발된다. 支持棒을 자르고 그 대신에 支持棒으로부터 剛體에 작용하는 反力을 작용시켜 주면, 剛體에 대한 自由物體圖를 얻는다. 反力은 모두 支持棒의 方向으로 작용하므로 도합 6개의 未知反力要素가 있게 되고, 이들을 식 (6.16)의 6개의 平衡方程式으로부터 결정할 수 있다. 그러므로 그 剛體는 外的으로 靜定하다. 만일 이 剛體를 가외로 餘冗支持棒으로 支持한다면 外的으로 不靜定한 경우를 얻는다. 그림 6.14의 경우에는 어느 특수한 荷重群에 대해서만 平衡狀

態에 있게 되는데 그 때에는 동시에 不靜定問題로 된다. (a)의 경우에는 荷重이 모두 支持棒과 平行한 方向을 가질 때, (b)의 경우에는 荷重이 모두 平行한 두 平面에 平行할 때, (c)의 경우에는 荷重이 모두 直線 CE를 지날 때에만 平衡狀態를 유지할 수 있는데 이 때 反力을 구하는 문제는 不靜定 문제로 된다.

실지로 식 (6.16)을 적용해서 反力을 산정하려는 경우에는 각 식 안에 未知量이 1 또는 2개만 들어가도록 해야 한다. 그렇게 하지 않으면 6元聯立方程式을 풀어야만 하는데 이것은 수동계산으로는 노고가 많이 드는 작업이다.

예제 6.2 능의 길이가 a, b, c인 直六面體가 그림 6.15에 보인 바와 같이 6개의 支持棒으로 지지되고 있다. HG 方向으로 作用하는 힘 $\boldsymbol{P}$에 의해 支持棒 안에 일어나는 內力을 구하여라.

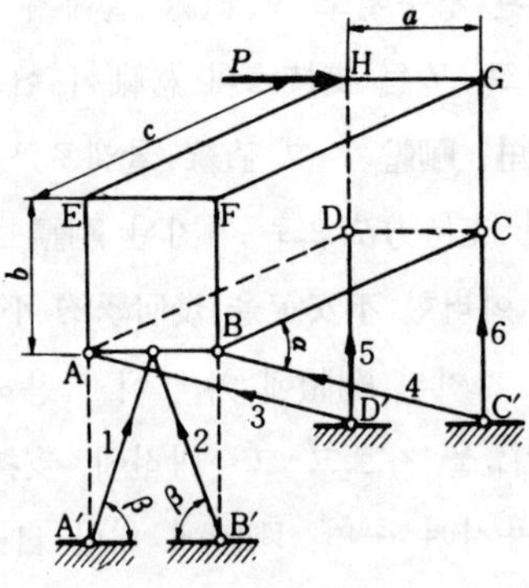

그림 6.15

(풀이) 그림에서 支持棒을 자르고 그 대신에 支持棒으로부터 六面體에 作用하는 反力 R_1, …, R_6을 작용시켜서 自由物體圖를 얻었다고 생각하자. 먼저 BF軸 둘레의 모멘트의 總合을 생각하건대, 3 이외의 모든 支持棒이 BF와 만나거나 그렇지 않으면 BF에 平行하므로,

$$R_3 \cos\alpha \cdot a - Pc = 0$$

이로부터 $R_3 = \dfrac{Pc}{a\cos\alpha}$ 를 얻는다. 마찬가지로 하여 AE軸 둘레의 모멘트를 생각하면, $R_4 = -\dfrac{Pc}{a\cos\alpha}$ 를 얻는다.

다음에 AB軸과 C′D′軸 둘레의 모멘트를 생각하여,

$$R_6 = -R_5, \qquad R_2 = -R_1$$

을 얻는다. 여기서 모든 힘의 AB方向의 分力의 總合을 0으로 놓으면,

$$R_1 \cos\beta - R_2 \cos\beta + P = 0$$

을 얻으므로, 이로부터 $R_1 = -R_2 = -\dfrac{P}{2\cos\beta}$

끝으로 AD軸 둘레의 모든 힘의 모멘트의 總合을 0으로 놓으면

$$R_1 \sin\beta \cdot \frac{a}{2} + R_2 \sin\beta \cdot \frac{a}{2} + R_4 \sin\alpha \cdot a + R_6 a - Pb = 0$$

이 식에 앞서 얻은 R_1, R_2, R_4의 값을 대입하면

$$R_6 = -R_5 = \frac{P}{a}(b + c\tan\alpha)$$

를 얻는다. 이상을 綜合해서 다시 쓰면 다음과 같다:

$$R_1 = -R_2 = -\frac{P}{2\cos\beta}, \quad R_3 = -R_4 = \frac{Pc}{a\cos\alpha}$$

$$R_5 = -R_6 = -\frac{P}{a}(b + c\tan\alpha)$$

6.6 單純立體트러스

실지의 立體트러스에서는 平面트러스에서와 마찬가지로 部材들이 리베트 接合이나 鎔接으로 연결된다. 그러므로 트러스의 節點은 결코

滑節이 아니다. 그러나 部材들의 材軸이 한 점에서 만나도록 그리고 荷重이 그 점에 作用하도록 트러스를 設計하고 製作하면 部材 안에 유발되는 斷面力은 軸方向力이 支配的으로 되고, 이에 비하면 휨모멘트나 剪斷力의 영향은 아주 작다. 그래서 節點의 剛性의 영향을 무시하고 산출한 軸方向力의 값은 엄밀한 계산 결과와 큰 差를 나타내지 않는다. 이하 本章에서는 제4 장에서와 마찬가지로 트러스의 節點은 滑節인 것으로 가정한다. 다만 平面트러스의 滑節은 한 軸 둘레의 회전이 자유로운 데 반하여 立體트러스의 그것은 3軸 둘레의 회전이 자유롭다고 보아야 한다는 점이 다르다. 엄밀히 말하면 **球狀滑節**(spherical hinge) 또는 **萬能滑節**(universal hinge)이라고 불러야 하겠지만 이하에서는 간단히 滑節이라고 부르기로 한다.

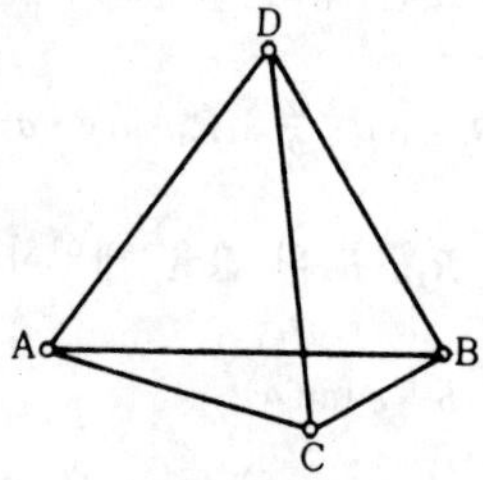

그림 6.16

形狀이 허물어지지 않는 가장 간단한 立體트러스는 그림 6.16과 같이, 6개의 部材를 四面體를 形成하도록 연결해서 얻어지는 트러스이다. 이와 같이 연결하면, A, B, C, D의 4개의 節點 가운데 어느 셋이 움직이지 않는다면 나머지 한 점도 움직이지 않음을 그림 6.11(b)에서 보았다. 이것을 出發 四面體로 하여 한 平面 안에 있지 않은 3개의 部材로 새로운 節點을 차례차례로 추가해 나가면 여러 가지 모양의 內的으로 安定한 트러스가 얻어진다. 그림 6.17에 이렇게 해서 얻어진 트러스가 예시되어 있는데, 이러한 트러스를 **單純立體트러스**

(simple space truss)라고 부른다.

單純立體트러스가 節點에 작용하는 外力의 作用을 받으면서 平衡狀態에 있을 때에는, 마지막으로 形成되는 節點부터 시작하여, 위에서 설명한 單純트러스의 構成順序와 반대의 순으로, 차례차례로 節點을 고립시키고 平衡條件式 (6.7)을 적용하면, 모든 部材內力을 구할 수 있다. 이 方法이 곧 3次元 空間으로 확장된 **節點法**이다. 그러므로 그림 6.17과 같은 單純立體트러스는 內的으로 靜定하다. 이것을 그림 6.13과 같이 外的으로도 靜定하게 支持하면 全體的으로 靜定으로 된다.

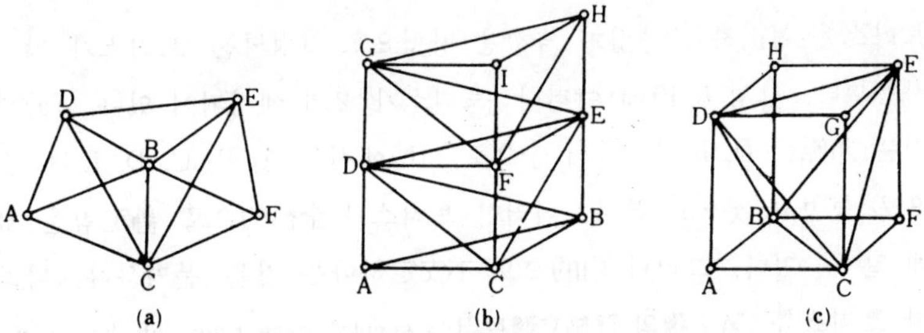

그림 6.17

立體트러스의 경우에는 出發 四面體로부터 시작하는 대신에 地盤 또는 다른 安定한 구조물로부터 시작하여, 그림 6.18과 같이 單純立體

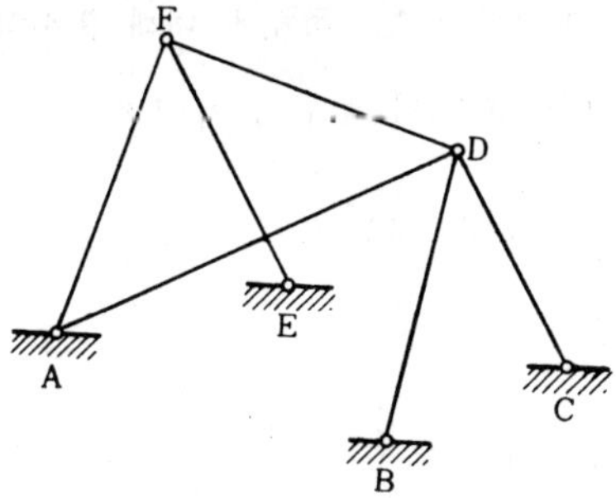

그림 6.18

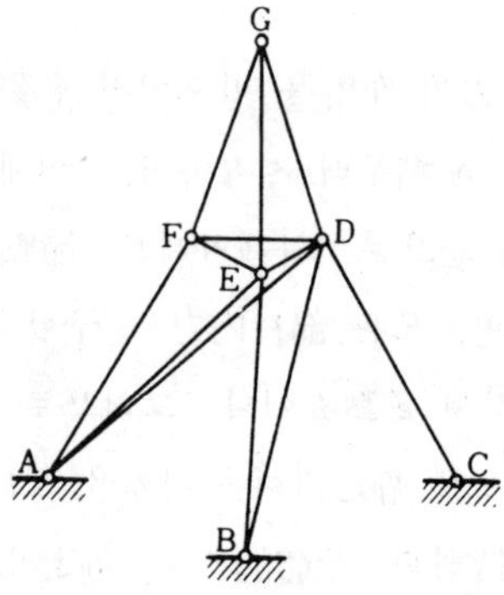

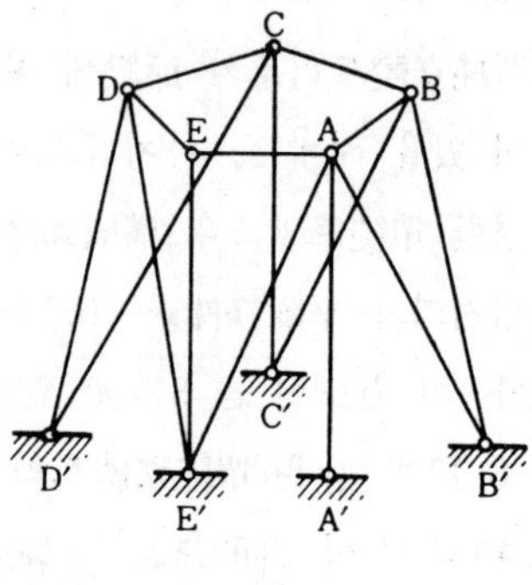

그림 6. 19

트러스를 형성하는 방법과 똑같은 방법으로 형성되는 트러스가 많이 사용된다. 그림 6. 19에 이러한 트러스가 2개 예시되어 있다. (a)에서는 節點이 D, E, F, G의 순으로, (b)에서는 A, B, C, D, E의 순으로 형성된 것으로 본다. 이러한 트러스가 全體的으로 靜定함은 쉽게 알 수 있다. 그러나 內的으로 不安定하다는 것은 분명하다. 이러한 트러스를 **第 2 種의 單純立體트러스**(simple space truss of the second kind)라고 부르고, 이에 대해 그림 6. 17과 같은 것을 **第 1 種의 單純立體트러스**(simple space truss of the first kind)라고 부르기로 한다.

第 1 種의 단순입체트러스에서는, 出發 4面體에 대한 6개의 部材와 4개의 節點을 제외하면 한 節點에 대해 3개의 部材가 존재하므로, 部材의 總數 m과 節點의 총수 j 사이에

$$m-6=3(j-4)$$

의 關係가 成立한다. 곧

$$m=3j-6 \tag{6.18}$$

그리고 第2種의 단순입체트러스에서는, 地盤에 있는 節點을 j 안에 포함시키지 않으면, 분명히 다음 관계가 성립한다:

$$m = 3j \tag{6.19}$$

第1種의 단순입체트러스가 荷重의 作用을 받을 때에는, 먼저 트러스 전체를 고립시키고 이에 대해 식 (6.16)의 6개의 平衡條件式을 적용하여 6개의 反力要素를 결정해야 한다. 그리고 나면, 前述한 바와 같이, 각 節點을 前述한 순으로 차례차례 고립시키고 식 (6.7)의 3개의 平衡條件式을 적용하여 그 節點에 모이는 3개의 未知 部材內力을 산정해 나감으로써, 모든 部材內力을 결정할 수 있다. 第2種의 단순입체트러스의 경우에는 反力을 먼저 산정할 필요가 없고 곧바로 節點法을 적용하여 모든 部材內力을 산정할 수 있다.

立體트러스를 解析할 때 이에 앞서 **不活性部材**(inactive member) 곧 어느 荷重狀態下에서 內力이 유발되지 않는 部材를 미리 찾아두면 解析을 보다 간명하게 수행할 수 있다. 이를테면, 그림 6.19(a)의 트러스에 한 개의 集中荷重 P가 D점에 작용하고 있다면, G점의 平衡을 생각해서 GD, GE, GF의 部材內力이 0임을 알고, 다음에 F점의 平衡을 생각하면 FA, FD, FE의 部材內力이 0임을 알고, 끝으로 E점의 平衡을 생각해서 EA, EB, ED의 部材內力이 0임을 알므로, 이들을 제거하고 남는 AD, BD, CD 部材로 이루어진 구조물에 대해서만 解析을 수행하면 된다.

다음 예로서, 그림 6.20에서 ABCDE와 A′B′C′D′E′가 같은 크기의 正五角形이고 서로 平行하며, 荷重 P가 E점에 작용하는 경우를 생각한다. 3개의 部材가 모이고 있는 E점의 평형부터 생각하는 것이 정당한 순서이겠지만, 이 경우에는 B점의 평형부터 생각하는 것이 유리하다. B점에는 4개의 部材가 모이고 있으나 그 중 3개는

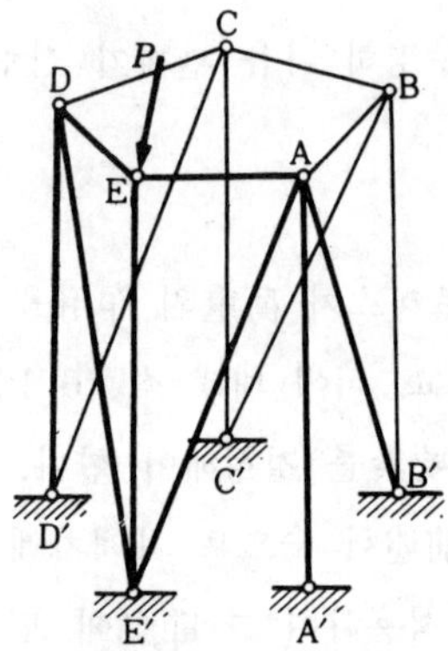

그림 6.20

한 平面 안에 있다. 그러므로 B점에는 荷重이 作用하고 있지 않은 고로 AB의 部材內力이 0으로 됨을 안다. 마찬가지 이유로 BC, CD의 部材內力도 0이다. 이들의 不活性部材를 제거했다고 생각하면, B와 C 節點에는 각각 2개의 部材만이 모이고 있다. 그러므로 이들의 部材 곧 BB′, BC′, CC′, CD′部材도 불활성으로 된다. 이들의 部材도 제거하고 나면 太線으로 된 부분만 남게 되는데 이에 대해서 해석을 수행하면 된다.

6.7 複合立體트러스와 複雜立體트러스

그림 6.21에 보인 바와 같이, 2개의 單純立體트러스를, 6.5節에서 설명한 방법으로 연결하면, 곧 6개의 部材 1, 2, …, 6으로 연결하되 이들 6개의 부재가 모두 한 直線과 만나는 일이 일어나지 않도록 하면, 內的으로 安定한 새로운 트러스를 얻는다. 單純立體트러스가 3개 또는 그 이상 있더라도 마찬가지이다. 이와 같이 하여 여러

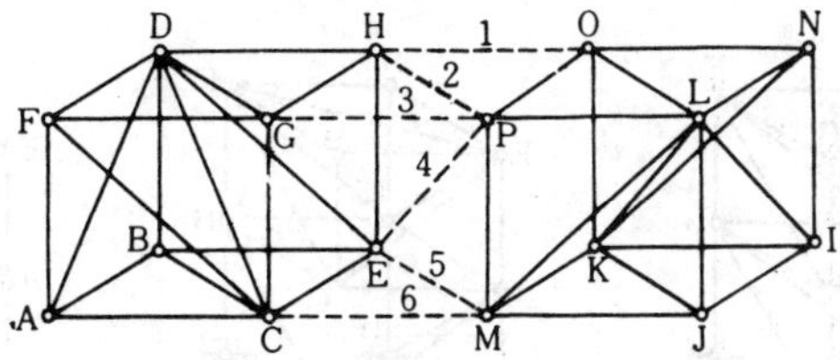

그림 6.21

가지 새로운 內的으로 安定한 트러스를 얼마든지 얻을 수 있다. 이러한 트러스를 **複合立體트러스**(compound space truss)라고 한다.

複合立體트러스에 作用하는 모든 外力을 알고 있다면, 예를 들어 그림 6.21의 트러스에 作用하는 모든 外力이 旣知라면, 部材 1, 2, …, 6을 자르는 切斷面으로 이 트러스를 兩斷하고 어느 한쪽 部分에 평형조건식 (6.16)을 적용하여, 곧 斷面法을 적용하여, 部材 1. 2, …. 6의 部材 內力을 구할 수 있다. 그러면 나머지 모든 部材의 內力을 節點法으로 구할 수 있다. 그러므로 複合立體트러스도 역시 內的으로 靜定하다. 이것을 그림 6.13과 같이 外的으로도 靜定하게 지지하면 全體的으로 靜定으로 되다.

그림 6.21에서 왼쪽에 있는 單純트러스의 部材의 수효를 m_1, 節點의 수효를 j_1, 오른쪽 것의 그들을 각각 m_2, j_2, 複合트러스인 전체 구조물에 대한 그들을 각각 m, j로 적으면, $m=m_1+m_2+6$이고 $j=j_1+j_2$로 되는데, $m_1=3j_1-6$, $m_2=3j_2-6$이므로, 複合트러스에서도 역시 다음 식이 성립한다:

$$m=3j-6 \tag{6.18}$$

식 (6.18)은 立體트러스가 內的으로 靜定으로 되는 必要條件이고, 식 (6.19)는 그것이 全體的으로 靜定으로 되는 必要條件이다. 이들의 條件이 만족되는 데도 불구하고 不安定으로 되는 일이 있다. 그러한

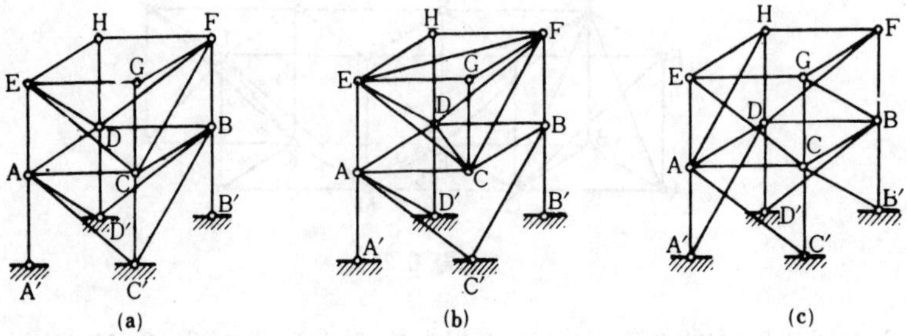

그림 6.22

일은 部材들의 配置가 不正當하든가 支持棒의 배치가 부정당한 경우에 일어나는데, 이러한 不安定을 幾何學的 不安定이라고 부른다.

이제까지 單純立體트러스와 複合立體트러스를 구성하는 方法을 기술했는데 이들이 安定한 立體트러스를 구성하는 방법의 전부가 아니다. 이를테면, 그림 6.22(a)의 第2種의 單純트러스에서 部材 CC′와 BD′를 제거하고, 그 대신에 部材 CD와 EF를 삽입하면 그림 6.22(b)에 보이는 6개의 支持棒으로 지지된 제1종의 단순트러스를 얻는다. 이 6개의 지지봉은 모두가 어느 한 直線과 만나지 않도록 배치되어 있으므로, 이 지지방법은 外的으로 靜定한 지지방법이다. 그러므로 그림 6.22(a)의 靜定한 立體트러스에서 몇 개의 부재를 적당히 치환하면 그림 6.22(b)와 같은 다른 형식의 靜定한 立體트러스를 얻을 수 있음을 안다. 이번에는 그림 6.22(a)의 트러스의 서로 마주보는 두 側面에 있는 斜材의 方向을 바꾸어 보면 그림 6.22(c)와 같은 또다른 靜定한 트러스를 얻는다. 이것은 單純트러스에도 複合트러스에도 속하지 않는다. 실제로 많이 사용되는 立體트러스는 이러한 형식의 것으로, 이러한 형식의 트러스를 **複雜立體트러스**(complex space truss)라고 부른다.

複雜立體트러스에서도 물론 部材의 수효 m과 節點의 수효 j 사이에 $m=3j$의 관계가 성립한다. 그림 6.22에서 보는 바와 같이 複雜트러스에서 部材를 적당히 치환하면 單純트러스를 얻기 때문이다. 그리고 內的으로 靜定한 複雜立體트러스에서는 물론 식 (6.18)의 관계가 성립하여야 한다.

立體트러스에서는 內部에 自由空間을 확보하기 위해 內部空間을 가로지르는 斜材를 피하는 것이 보통이다. 그러한 立體트러스를 얻기 위해서는 그것이 多面體의 形狀을 가지도록 하되, 각 面이 三角形이거나 三角形으로 분할된 것으로 하면 된다. 그러한 立體트러스는 식 (6.18)을 만족시킨다는 것을 밝힐 수 있다. 이 사실을 증명하기 위해서는 한 多面體에 관해 稜의 수효 m과 頂點의 수효 j와 面의 수효 f 사이에 成立하는 다음의 오일러(Euler)의 定理를 사용한다:

$$m=j+f-2 \tag{6.20}$$

多面體의 모든 面이 三角形이거나 또는 三角形으로 분할되어 있는 경우에는, 한 面에 대해 稜이 3개이므로 f개의 面에 대해서는 $3f$가 있게 되는데 이 때 한 稜이 2개의 面에 의해 共有되므로,

$$m=\frac{3}{2}f \tag{6.21}$$

의 관계가 있음을 안다. 이것을 식 (6.20)에 대입하면 식 (6.18)을 얻는다.

식 (6.20)이 성립함은 다음과 같이 하여 밝힐 수 있다. 多面體를 이루는 각 面은 多角形인데 多角形에서는 邊의 수효와 頂點의 수효가 같다. 이제 어느 한 多面體를 형성하는 한 面을 생각한다. 이 面에 제 2의 面을 갖다 붙이면 한 邊과 두 頂點이 두 面에 의해 共有되므로, 제 2의 面을 갖다 붙임으로써 새로 추가되는 邊, 곧 稜의 수효는 새로 추가되는 頂點의 수효보

다 하나가 더 많다. 제 1과 제 2의 面에 제 3의 面을 붙이면 2개의 稜과 3개의 頂點이 旣存의 두 面에 있는 것과 일치하게 되므로, 이 때에도 새로 추가되는 稜의 수효는 새로 추가되는 頂點의 수효보다 하나가 더 많다. 이와 같이 面을 하나 더 붙이면 그 때마다 새로 추가되는 頂點보다 한 개가 더 많은 稜이 추가된다. 이와 같이 한 多面體를 구성하는 面을 차례차례로 하나씩 이어나감으로써 그 多面體가 만들어진다고 생각할 때, 그 어느 段階에서도 稜의 수효는 頂點의 수효와 첫째 面을 제외한 面의 수효를 합한 것과 같게 된다. 이 관계는 마지막 面을 남겨 놓고 끝까지 성립한다. 끝으로 마지막 面을 부착시킬 때에는 새로 추가되는 稜도 새로 추가되는 頂點도 나타나지 않는다. 그러므로 그 多面體의 稜의 수효 m은 頂點의 수효 j에 面의 수효 f에서 첫째와 마지막 面을 뺀 나머지 수효$(f-2)$를 합한 것과 같다. 이것이 곧 식 (6.20)이다.

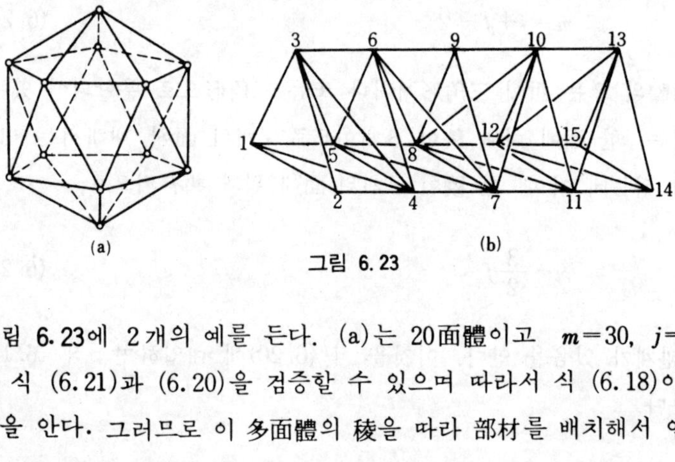

그림 6.23

그림 6.23에 2개의 예를 든다. (a)는 20面體이고 $m=30$, $j=12$로서 식 (6.21)과 (6.20)을 검증할 수 있으며 따라서 식 (6.18)이 성립함을 안다. 그러므로 이 多面體의 稜을 따라 部材를 배치해서 얻어지는 立體트러스는 安定할 것이므로 靜定하다고 결론할 수 있다. (b)는 이른바 三弦트러스(three-chord truss)로서, 橋梁트러스로 사용하면 垂直브레이싱과 한쪽 水平브레이싱을 생략할 수 있다는 경제적 利點이 있으나, 格點이 복잡한 관계로 제작상의 難點이 있어서 설계예는 있으나 아직은 실용된 예가 없다. 이것은 5面體이지만, 長方向의 3

개의 面이 각각 8개의 三角形으로 분할되어 있으므로 각 三角形을 한 面으로 보면, $f=26$, $j=15$, $m=39$로 되어, 이 때에도 식 (6.18), (6.20), (6.21)이 모두 만족됨을 안다. 먼저 예는 複雜트러스이지만, 나중 예는 4面體 1 2 3 4로부터 번호의 순으로 節點이 형성된 單純트러스에 속한다.

複雜立體트러스에 대해서는 節點法도 斷面法도 효력을 나타내지 못한다. 이에 대해서는 모든 節點에 대해 3개씩의 平衡條件式을 세워서 얻어지는 도합 $3j$개의 방정식을 연립시켜서 푸는 길에 의지하는 수 밖에 없다. 이것을 풂으로써, 그림 6.22(c)와 같은 경우에는 $m=3j$개의 모든 部材內力이 결정되고, 그림 6.23(a)와 같은 트러스에 대해서는 이것을 外的으로 靜定하게 지지하는 경우에 6개의 反力要素와 함께 모든 部材內力이 결정된다. $3j$개의 聯立方程式을 푸는 데는 컴퓨터에 의지하는 수 밖에 없다.

複雜立體트러스가 幾何學的으로 不安定한가 어떤가를 視察이나 간단한 考察에 의해서 판단하기는 간단한 트러스의 경우를 제외하고는 극히 어렵다. 그것을 판단하는 일반적인 방법은 위의 $3j$의 聯立方程式의 係數로 이루어지는 行列式이 0인가 어떤가를 가려내는 일이다. 식 (6.18) 또는 (6.19)가 성립하는 데도 불구하고 이것이 0이라면 幾何學的 不安定의 경우를 얻는다.

간단한 트러스의 경우에는 **零荷重檢査法**(zero-load test)이라는 판별법을 적용할 수 있다. 이것은 기하학적으로 不安定한 구조물은 어느 특수한 荷重狀態下에서만 平衡狀態에 있을 수 있는데 그 때에는 동시에 不靜定의 문제로 된다는 사실, 그리고 無荷重狀態는 언제나 그 특수한 荷重狀態에 속하게 된다는 사실과 不靜定구조물에서는 荷重이 작용하지 않더라도 斷面力이 일어날 수 있다는 사실에 근거를 둔 방법이다. 위의 사실에 의거하여, 식 (6.18) 또는 (6.19)를 만족시키는 트러스에 있어서 만일 零荷重下에서 각 節點에서 平衡條件을 만족시키는 0이 아닌 部材內力이 존재할 수 있다면 그 트러스는 기하학적으로 不安定하고, 그렇지 않다면 靜定하다고 결론할 수 있다. 이 판단법은 물론 平面구조물의 경우에도 적용되는 것이지만, 여기서는 立體트러스에 대한 적용예를 몇 가지 든다.

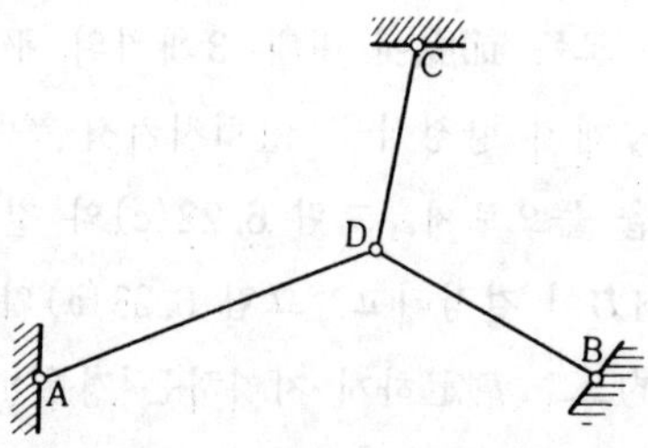

그림 6.24

첫째 예로서 그림 6.24와 같은 $m=3$, $j=1$인 가장 간단한 것을 든다. 이 구조물은 D점이 平面 ABC 밖에 있으면 靜定이고 안에 있으면 幾何學的으로 不安定임은 뚜렷하다. D가 平面 ABC 밖에 있을 때에는, 零荷重下에서는 모든 部材의 內力이 0인 때에만 平衡條件이 만족된다. 그러나 D가 그 平面 안에 있을 때에는, 零荷重下에서, 모든 部材의 內力이 0으로 되는 경우는 물론, 그 밖에 AD部材에 임의의 引張力을 일으켜 주면 BD, CD 部材에도 內力이 유발되어, 平衡條件을 만족시킨다.

다음 예로서, 그림 6.25에 보인 바와 같이, 正方形뼈대 ABCD를 8개의 支持棒으로 對稱으로 支持한 경우를 생각한다. 이 구조물은 $m=12$, $j=4$로서 $m=3j$를 만족시킨다. 이제 部材 AE에 單位크기의 引張力이, AF에 單位크기의 壓縮力이 일어났다고 가정하면, 이들의 內力으로 A점에 作用하는 힘의 合力은 平面 ABCD 안에 있게 되

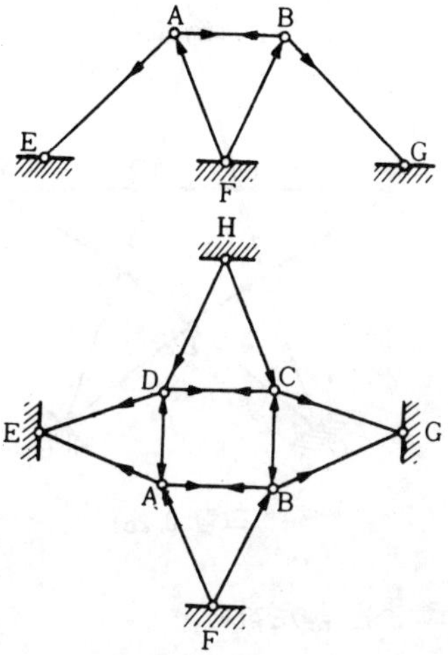

그림 6.25

고 對角線 AC에 수직한 方向을 향할 것이고, 이 合力과 平衡을 유지하게끔 AB 안에 正當한 크기의 引張力이, 그리고 AD 안에 같은 크기의 壓縮力이 일어나서, 節點 A에 대해 平衡條件이 만족된다. B, C, D점에 대해서도 위와 마찬가지로 그림과 같이 支持棒에 引張力과 壓縮力이 일어났다고 가정하면, 각 節點이 平衡條件을 만족시키는 뿐만 아니라 각 부재도 平衡條件을 만족시킨다. 그러므로 零荷重下에서 平衡條件을 만족시키는 0이 아닌 部材內力이 존재할 수 있음을 알며, 따라서 이 구조물은 幾何學的으로 不安定하다고 결론할 수 있다.

마지막 예로서 그림 6.26과 같이 正五角形 뼈대를 10개의 支持棒으로 지지한 立體트러스를 생각한다. 이 경우에도 그림 6.25에서와 마찬가지로, A, B, C, D, E의 순으로 그 節點에 연결된 2개씩의 支持棒에 각각 引張力과 壓縮力, 壓縮力과 引張力, …을 발생시키면, AE 部材가 平衡條件을 만족시키지 못함을 안다. 그러므로 이 경우에는 零荷重下에서 平衡條件을 만족시키는 0 이외의 部材內力이 없으

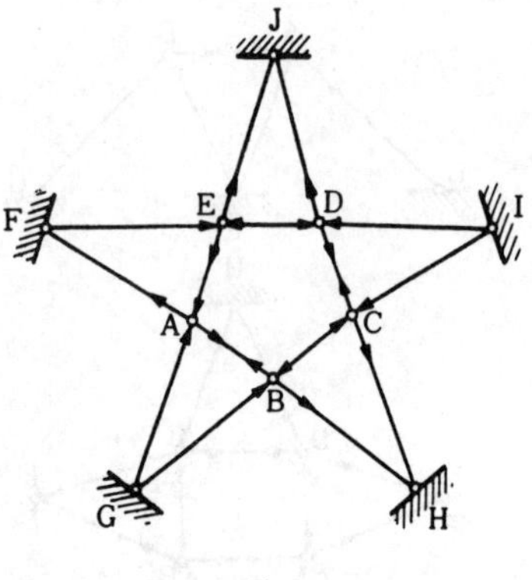

그림 6.26

며, 따라서 이 구조물은 靜定하다.

일반적으로 正多角形뼈대를 그림 6.25 또는 6.26과 같이 支持한 立體트러스는, 그 正多角形의 頂點의 수가 奇數인 때 靜定, 偶數인 때 幾何學的 不安定으로 된다.

예제 6.3 그림 6.27에 보인 立體트러스가 靜定인가 어떤가 零荷重檢査法으로 판정하여라. 여기서 A, B, C, D와 E, F, G, H는 각각 한 平面 위에 있고, 그 두 平面은 서로 平行하며 그들 사이의 垂直距離는 4 m이다.

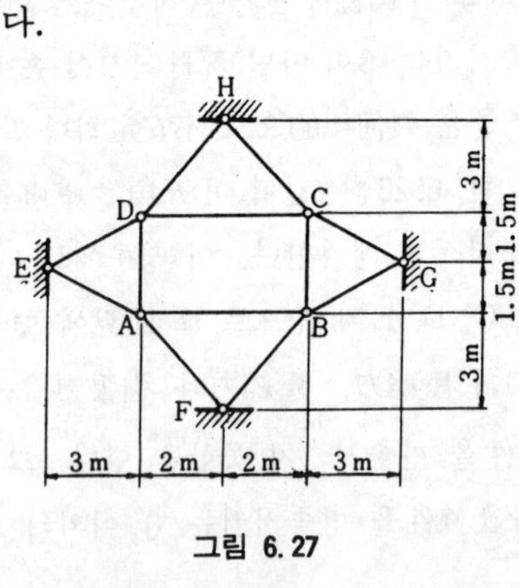

그림 6.27

(풀이) 部材 AE에 單位 크기의 引張力이 일어났다고 가정하고 이로 인해 다른 部材에 있어나는 內力을 산정한다. 먼저 A점에 평형조건을 적용하여 AD, AF, AB의 部材內力을 산정하고, 다음에 B점의 평형을 고려하여 BF, BG, BC의 部材內力을, C점의 평형을 고려하며 CG, CH, CD의 部材內力을, D점의 평형을 고려하여 DH, DE, DA의 部材內力을 산정한 다음에, 끝으로 산정된 DA의 部材內力이 처음에 산정된 AD의 部材內力과 일치하는가 어떤가 살펴보자. 이들이 일치한다면 零荷重下에서 平衡狀態에 있는 0이 아닌 部材內力이 존재한다는 것이 되므로 이 구조물이 幾何學的으로 不安定하다고 판정할 수 있다. 이상의 계산 결과를 表로 나타낸 것이 아래의 表이다. 이 表의 첫째란에는 부재의 이름이 적혀 있다. 제 2, 제 3, 제 4 란에는 각각 各 部材의 AB方向, AD方向, 紙面에 垂直한 Z方向의 射影의 길이 l_x, l_y, l_z가 기입된다. 제 5 란에는 이들로부터 계산된 部材의 길이 l이 들어가고, 다음 3개의 란에는 $\lambda=l_x/l$, $\mu=l_y/l$, $\nu=l_z/l$이 계산되어 기입된다. 다음 4개의 란은 部材內力 N과 그 成分 N_x, N_y, N_z를 기입하기 위해 마련해 둔다. N의 난에 제일 먼저 들어가는 것은 AE 部材에 대한 +1.0이다. 다음에 그것의 成分 0.5747, 0.2873, 0.7663을 기입한다. A 점에 모이는 部材들 가운데 z方向의 射影을

부재	l_x	l_x	l_z	l	λ	μ	ν	N_x	N_y	N_z	N
AB	4	0	0	4	1	0	0	.9579	0	0	+0.9579
BC	0	3	0	3	0	1	0	0	.8620	0	−0.8620
CD	4	0	0	4	1	0	0	.9579	0	0	+0.9579
DA	0	3	0	3	0	1	0	0	.8620	0	−0.8620
AE	3	1.5	4	5.220	.5747	.2873	.7663	.5747	.2873	.7663	+1.0000
AF	2	3	4	5.385	.3714	.5571	.7428	.3832	.5747	.7663	−1.0316
BF	2	3	4	5.385	.3714	.5571	.7428	.3832	.5747	.7663	−1.0316
BG	3	1.5	4	5.220	.5747	.2873	.7663	.5747	.2873	.7663	+1.0000
CG	3	1.5	4	5.220	.5747	.2873	.7663	.5747	.2873	.7663	+1.0000
CH	2	3	4	5.385	.3714	.5571	.7428	.3832	.5747	.7663	−1.0316
DH	2	3	4	5.385	.3714	.5571	.7428	.3832	.5747	.7663	−1.0316
DE	3	1.5	4	5.220	.5747	.2873	.7663	.5747	.2873	.7663	+1.0000

가지는 것은 AE와 AF의 두 部材밖에 없으므로, 두 部材에 대한 N_z는 서로 같다. 그래서 AF의 行에 0.7663를 기입한다. 이것을 $\nu=0.7428$로 나누면 $N_{AF}=1.0316$(壓縮)을 얻는다. 여기에 λ, μ를 곱해준 값 0.3832, 0.5747을 각각 N_x, N_y 난에 기입한다. 다음에 $\sum X=0$을 고려하여 $N_{AB}=0.5747+0.3832=0.9579$, 또 $\sum Y=0$을 고려하여 $N_{AD}=-(0.2873+0.5747)=-0.8620$임을 안다. N_{AF}, N_{AB}, N_{AD}의 값을 부호를 고려하여 N 난에 기입한다.

다음에 B점을 고립시키고 平衡條件을 적용한다. 곧

$$\sum X=0: \ (\lambda N)_{BG}-(\lambda N)_{BF}=N_{AB},$$

$$0.5747\,N_{BG}-0.3714\,N_{BF}=0.9579$$

$$\sum Z=0: \ (\nu N)_{BG}+(\nu N)_{BF}=0,$$

$$N_{BF}=-\frac{0.7663}{0.7428}N_{BG}=-1.0316\,N_{BG}$$

이들로부터 $N_{BG}=1.0$, $N_{BF}=-1.0316$을 얻고, 이 결과와 $\sum Y=0$으로부터 $N_{BC}=-0.8620$을 얻는다. 평형조건식을 세울 때에는 N을 모두 引張力인 것으로 가정한다. 이하 C와 D에도 위와 같이 평형조건식을 세우고 그것을 푼 결과로써 빈 칸을 메워서 표를 완성한 것이 앞의 표이다. 이 결과로부터 이 구조물은 기하학적으로 불안정함을 안다.

演 習 問 題

問 6.1 OA, OB, OC를 作用線으로 하는 세 힘 $P_1=5$ t, $P_2=2$ t, $P_3=3$ t이 한 剛體에 作用하고 있다. 그림과 같이 座標軸을 잡을 때 A, B, C의 座標는 각각 cm 單位로 (20, 30, 0), (40, −10, 20), (10, 0, 35)이다. 이들의 合力 R의 크기와 그 方向角 α, β, γ를 구하여라.

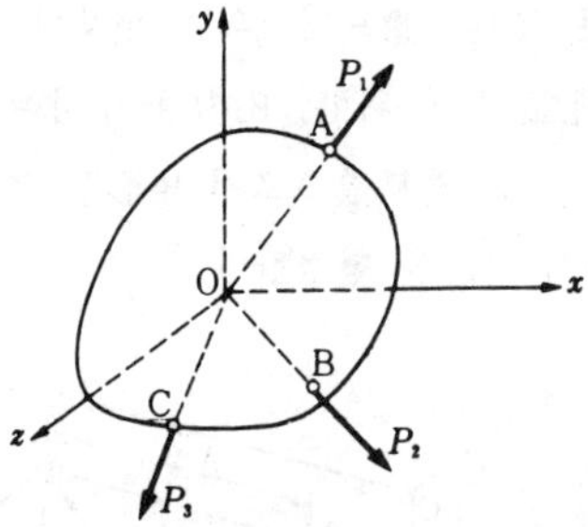

問 6.2 水平面 안에 있고 서로 直交하는 같은 크기의 두 힘 P가, 그림과 같이, 電柱 AB의 A점에 作用하고 있다. 電柱에 휨모멘트가 일어나는 것을 막기 위해, 두 힘 P 사이의 角을 2등분하는 鉛直面 안에 턴버클(turnbuckle) D가 붙어 있는 張索(guy wire) AC가 사용된다. 턴버클을 조절해서 AC 안의 引張力 N_1을 얼마만큼으로 하면 電柱에 휨모멘트가 일어나지 않을까? 또 이 때 電柱 안의 壓縮力 N_2는 얼마이겠는가?

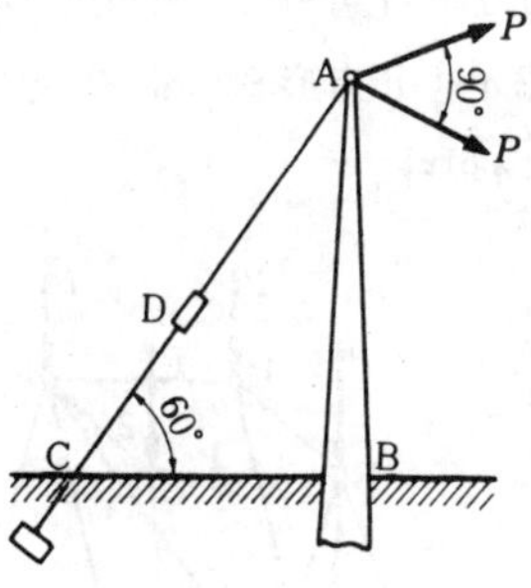

問 6.3 다음 두 그림과 같은 剛體直六面體를 지지하고 있는 6개의 支持棒에 水平力 P에 의해 일어나는 內力을 각각 구하여라.

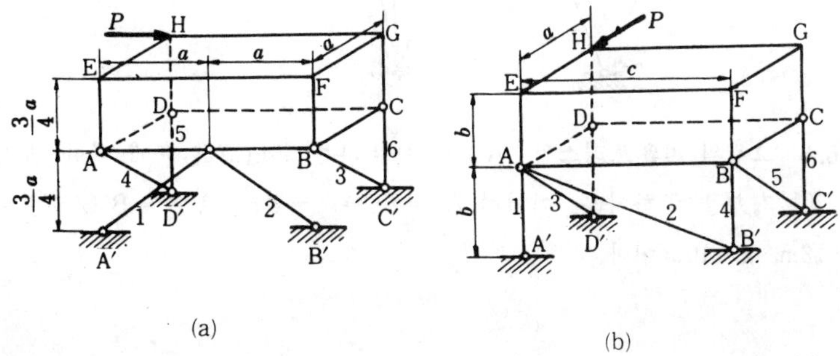

問 6.4 그림과 같은 單純立體트러스의 1번부터 6번까지의 部材의, F에 작용하는 鉛直荷重 P에 의한, 內力을 구하여라. 여기서 A, B, C, D는 鉛直壁 위에 있는 廻轉端으로서 矩形을 형성하고, A, B, E, F는 한 水平面 위에서 矩形을 형성한다.

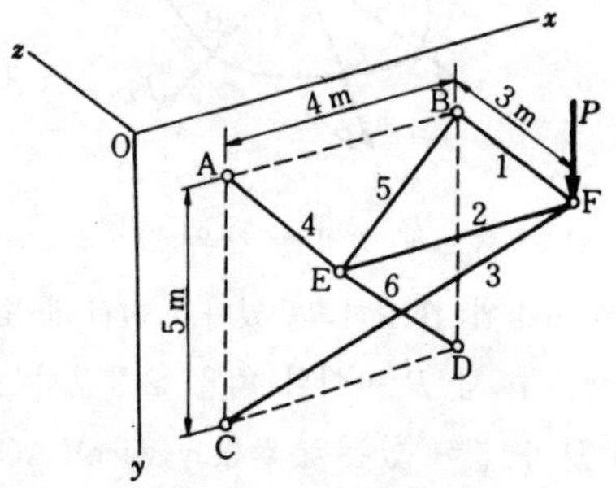

問 6.5 그림의 單純트러스에서 1번부터 6번까지의 部材의, 4개의 鉛直荷重 P에 의한, 內力을 구하여라. 여기서 EGFH와 ABCD는 1변의 길이가 각각 a와 $2a$인 正方形으로서 각 변이 서로 平行하고, 그들 사이의 연직거리는 $2a$이다.

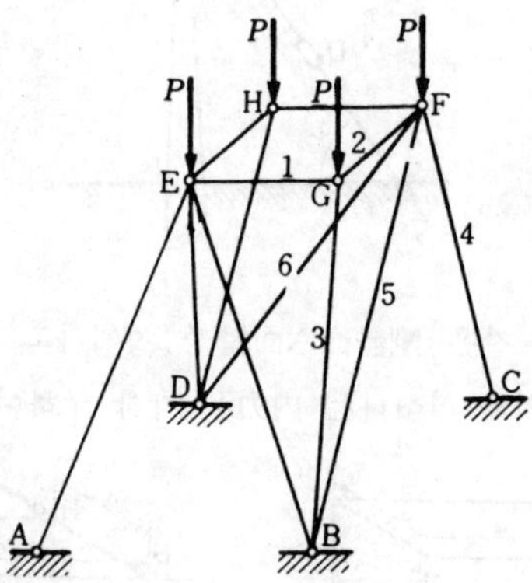

問 6.6 그림의 複雜트러스의, A점에 作用하는 鉛直荷重 P에 의한, 모든 部材內力을 구하여라. 여기서 AB=BC=…=8 m, A′B′=B′C′=…=12m, h=10m 이다.

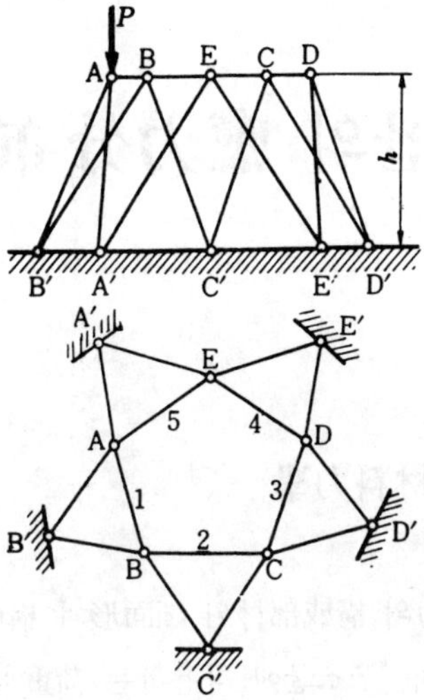

【힌트】 荷重이 作用하고 있지 않은 B점의 평형을 고려해서 $N_1=-N_2$임을 안다. 마찬가지로 C, D, E점의 평형을 고려해서 $N_1=-N_2=N_3=-N_4=N_5$, 곧 $N_1=N_5$. 이 사실을 감안하여 A점에 평형조건을 적용하면 문제가 해결된다.

問 6.7 그림 6.27에서 D점만 C쪽으로 다가가서 CD의 길이가 3 m로 되었을 때, 예제 6.3과 똑같은 解析을 진행시켜서, 그러한 立體트러스가 幾何學的으로 不安定한가 또는 靜定한가 판단하여라.

7

單一部材 안의 應力分布와 變形

7.1 構造力學과 材料力學

前章까지에서는 構造物의 構成部材의 斷面形과 構成材料의 性質을 전혀 생각하지 않고, 다만 구조물에 작용하는 荷重이 구조물에 의해 어떻게 地盤으로 전달되는가를 생각해 왔다. 거기서는 구조물을 剛體로 이루어진 것으로 가정할 수 있었으며, 따라서 거기서는 剛體靜力學의 지식만이 基礎理論으로서 필요했다. 이제까지 다루어 온 구조물이 靜定구조물이었기 때문에 그렇게 가정할 수 있었으나, 剛體는 實在하지 않는 材料이고 實在하는 固體材料는 어떠한 種類이든 힘에 의해 변형되지 않는 것도 없고 過大한 힘에 의해 破壞되지 않는 것도 없다. 靜定구조물일지라도, 만일 그 어느 한 部分이 파괴된다면 그 구조물은 荷重을 전달시키는 機能을 잃게 될 것이고, 또 구조물이 너무 큰 변형을 일으킨다면 그 구조물은 실용 목적에 적합하지 못한 것이 될 수도 있다. 그러므로 構造物은 荷重을 안전하게 支持할 만큼 충분한 強度를 가져야 하고, 동시에 그 변형이 구조물의 사용 목적에 적합한 범위 안에 있을 만큼 충분한 剛性을 가져야 한다. 이 두 점이 構造物을 設計할 때의 要諦가 된다. 構造物이 충분한 強度와 剛性을 가지는가 어떤가를 판단하기 위해서는 **材料力學**(strength of materials)

의 지식이 필요하게 된다. 또 不靜定구조물에서는 이 지식 없이는 힘의 전달상태도 알아낼 수 없다.

材料力學은 固體材料의 力學的 性質에 관한 實驗結果와 이 實驗結果로부터 力學과 數學을 應用해서 誘導되는 보다 普遍的인 結果를 바탕으로 해서 이루어지는 廣範圍한 學問으로서 工學의 基礎理論을 형성하고, 彈性體力學과 같이 數學的 嚴密性을 까다롭게 따지지 않는 實用的인 學問이다. 그 起源은 木材캔틸레버의 破壞에 관한 實驗과 이에 대한 考察이 그 한 部分으로서 記述되어 있는 Galileo Galilei (1564~1642, 伊)의 著書 "두 개의 새로운 科學"이 發刊된 1638년에 두는 분도 있으나, 그의 業績은 아무에게도 계승되지 않은 채 100여년이 흐르고 말았다. 또 美國의 H. M. Westergaard(1928)는 C. A. Coulomb (1736~1806, 佛)의 한 論文이 佛蘭西 學術院에서 發刊된 1776년을 材料力學의 起點으로 보고 있다. 이 論文에서 Coulomb은 工學的으로 중요한 많은 問題를 다루었을 뿐만 아니라 들보의 휨應力의 계산에 대한 올바른 방법을 제시한 것이다. 이 때문에 Westergaard는 Coulomb을 마땅히 材料力學의 元祖라고 불러야 한다고 말한다. 그런데 어찌된 일인지, 그 후에도 材料力學에 관한 지식이 많이 축적되어 왔는 데도 불구하고, Coulomb의 휨應力의 계산 방법에 주목을 끈 분은 그 당시 한 분도 없었다. 1798년에 材料力學에 관한 最初의 著書가 佛蘭西의 P. S. Girard에 의해 出版된 이래 1806년에는 英國의 O. Gregory에 의해, 1808년에는 獨逸의 J. A. Eytelwein에 의해, 그리고 1820년에는 다시 佛蘭西의 A. Duleau에 의해 材料力學 내지는 構造力學에 관한 著書가 잇달아 出版되었는데, 이들은 모두 휨應力의 算定法에 대해서는 誤謬를 범하고 있는 것이다.

휨應力의 정당한 계산 방법은 Coulomb보다 50년 후인 1826년에 C. L. M. N. Navier (1785~1836, 佛)에 의해 再發見된다. Navier는

1804년에 École Polytechnique(理工科學校)를, 그리고 1808년에 École des Ponts et Chaussées(土木工學校)를 卒業하고, 1819년부터 1830년에 理工科學校의 教授로 부임해 갈 때까지 土木工學校에서 材料力學의 講義를 맡고 있었는데, 1826년에 그의 講義録 第1版이 나온 것이다. 이 講義録 안에 휨應力의 계산 방법이 있는데 그것은 오늘날의 방법과 동일한 것이다. 今世紀의 材料力學의 巨星 S.P.Timoshenko(1878~1972, 露, 美)의 "材料力學史"를 통해 이 講義録의 一端을 읽어보면 現代的인 냄새가 물신 난다. 이런 점으로 미루어 보아 이 講義録은 그 후에 나온 材料力學과 構造力學의 教科書들의 본보기가 된 것이 확실하다. 또 Navier는 그를 崇拜한 Barré de Saint-Venant(1797~1886, 佛)과 같은 偉大한 工學者를 키워내었고, Saint-Venant은 J.V.Boussinesq(1842~1929, 佛), M.Lévy(1838~1910, 佛) 등의 훌륭한 제자를 배출시켰으므로, Navier의 업적은 제자들에 의해 계승되고 더욱 발전되었다고 말할 수 있다. 이런 점으로 볼 때 Navier를 材料力學과 構造力學의 元祖라고 부르고 1826년을 材料力學의 出帆의 해라고 불러도 무방할 것이다.

材料力學이란 이런 것이다라고 한 마디로 정의하기는 정말로 어렵다. 그것은 出帆 이래 研究分野와 研究對象을 자꾸 넓혀 가면서 성장해 온 工學의 基礎的인 科目이고 현재도 끊임없이 발달하고 있기 때문이다. 또 材料力學과 歷史的으로 起源을 같이하고 있는 構造力學도 쉴새없이 새로운 研究方法을 개발하고 研究對象을 넓혀 가고 있다. 이것은 構造力學에 속하는 문제이고 저것은 材料力學에 관한 문제라고 구분이 분명한 경우도 많지만, 出發點이 같고 研究方法과 研究對象이 거의 같은 관계로 그 구분이 분명하지 못한 경우도 많다. 그러나 本書가 기도하는 범위 안에서 말한다면, 構造力學에서는 構成部材의 斷面力과 節點의 變位를 구하는 것을 窮極的인 목적으로 하고, 이들의 결과로부터 낱낱의 部材 안의 應力分布와 變形을 구하는 것은 材料力學의 문제라고 할 수 있다.

앞으로 本章에서는, 構造用材料의 기본적인 力學的性質을 기술하고, 斷面力이 주어졌을 때 部材 안에 일어나는 應力分布와 部材의 變形을 결정하는 문제를 생각한다. 곧 한 部材에 引張力이나 壓縮力이 작용하는 경우와 들보에 여러 가지 荷重이 작용하는 경우에 그 部材 안에 일어나는 應力分布와 變形을 구하는 방법을 전개한다. 이러한 것들은 材料力學의 극히 작은 부분을 차지할 뿐이지만, 靜定구조물의 각 점의 變位를 산정하는 기초가 된다. 靜定구조물의 각 점의 變位를 구하는 것은, 그것이 그 구조물의 剛性의 尺度가 되므로 그 자체로서도 중요하거니와, 그것은 또 不靜定구조물의 解析을 위해서도 중요한 것이다.

7.2 彈性과 후크의 法則

物體는 相互間에 힘을 작용시키고 있는 분자들로 構成되어 있다고 가정할 수 있다. 固體는 이 分子力에 의해 그 形狀을 유지한다. 固體에 外力이 작용하면 固體는 다소 찌그러지면서 그 構成分子의 相互位置가 변한다. 동시에 分子力이 이 相互位置의 변화를 막는 방향으로 일어난다. 이와 같이 하여 相互位置의 변화는 이에 의해 誘發되는 分子力 곧 內力이 外力과 平衡할 때까지 진행하고 거기서 멈춘다. 이런 경우에 그 固體는 **變形狀態**(state of strain or deformation)에 있다고 한다. 固體가 外力의 작용으로 變形하면, 이에 따라 外力의 着力點이 變位를 일으키어 外力이 일을 하게 되고, 동시에 內力도 일을 한다. 內力이 한 일을 **變形에너지**(strain energy)라고 부른다. 다른 말로 표현하면, 外力이 한 일은 에너지保存의 原理에 의해 變形에너지로 전환

된다고 말할 수 있다. 固體에 變形을 일으키게 한 外力을 서서히 줄여가면서 제거하면, 그 固體는 완전히 또는 부분적으로 먼저 形狀으로 돌아가고, 그 동안에 固體 안에 축적되어 있던 變形에너지는 外部에 대한 일로서 소비된다.

物體가 이와 같이 그 變形을 일으키게 한 外力을 없애면 原形으로 돌아가는 性質을 **彈性**(elasticity)이라 한다. 이 때에 그 物體가 완전히 原形으로 돌아간다면 그 物體는 **完全한 彈性**(perfect elasticity)을 가진다고 말하고, 變形이 좀 남는다면 **不完全한 彈性**(imperfect elasticity)을 가진다고 말한다. 完全彈性體에서는 變形 도중에 外力이 한 일은 모두 變形에너지로 전환되고, 不完全彈性體의 경우에는 外力이 한 일의 일부가 熱의 形態로서 逸散한다.

實驗에 의하면 鋼材, 木材, 石材 등의 構造用 材料는 어느 한도까지는 完全彈性體로 볼 수 있다. 構造物에 작용하는 荷重을 알고 있으면 구조물을 항상 完全한 彈性의 狀態에 있도록 設計하는 것이 緊要하다. 이러한 狀態에서만 構造物에 대해 확실한 安全性을 기대할 수 있기 때문이다.

直線部材의 兩端을 당기든가 또는 누르든가 하면 그 部材는 늘어나든가 또는 줄어들든가 한다. 實驗에 의하면 部材의 늘어나는 길이 또는 줄어드는 길이는 어느 한도 안에서는 部材를 당기는 힘 또는 누르는 힘에 비례한다. 이 간단한 비례관계는 1678년에 Robert Hooke (英, 1635~1703)에 의해 처음으로 발표된 것으로, **후크의 法則**(Hooke's law)으로서 알려져 있다.

그림 7.1에서, 길이가 l이고 一様한 斷面積 A를 가지는 直線部材를 천천히 잡아당겨서 그 引張力의 크기가 P로 되었을 때 部材가 δ만큼 늘어났다면, 후크의 法則은 다음 식으로 표시된다:

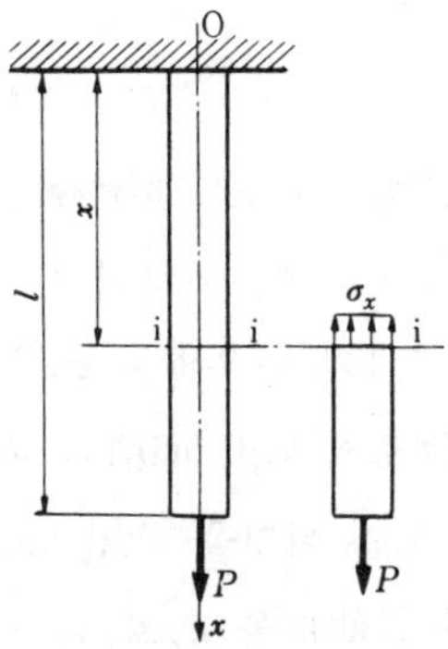

그림 7.1

$$\delta=\frac{Pl}{EA} \tag{7.1}$$

여기서 E는 比例常數로서 **縱彈性係數**(modulus of longitudinal elasticity) 또는 **양係數**(Young's modulus)라고 불린다. 실험에 의하면 같은 材料에서는 常温에서 E의 값이 일정하다. 구조용 鋼材에서는 E의 값이 약 2.1×10^6 kg/cm^{2}로 된다. 그리고 δ는 **伸長**(elongation)이라고 불린다.

그림 7.1에서 切斷面 i-i로 部材를 兩斷하고 아래 部分의 平衡을 생각해 본다. 이 部分의 下端에는 引張力 P가 작용하고 上端에는 윗部分으로부터 작용하는 分子力이 全斷面에 걸쳐 분포된다. 이것은 面力에 속하며 이러한 面力에 관해서는 單位面積마다의 힘의 크기가 중요한 뜻을 가진다. 길이 l에 비해 斷面의 치수가 작고 斷面 i-i가 下端으로부터 상당히 떨어져 있는 경우에는 斷面 위의 內力의 분포는 一樣하다고 가정할 수 있다. 이 一樣히 分布되는 內力의 單位面積마다의 크기를 σ_x로 적으면, 그 合成效果는 $\sigma_x A$로 되고 이것이 平衡條件에 의해 P와 같아야 한다. 그러므로

$$\sigma_x = \frac{P}{A} \tag{7.2}$$

를 얻는다. 이 σ_x를 **應力**(stress), **單位應力**(unit stress) 또는 **應力度**(stress intensity)라고 부르는데, 이하에서는 간단히 應力이라고 부르기로 한다. 특히 그림 7.1의 경우에는 σ_x를 **引張應力**(tensile stress)이라고 부른다. 힘의 單位로서 kgf, 面積의 單位로서 cm^2를 취하면, 應力의 單位는 kgf/cm^2 또는 이것을 줄인 kg/cm^2로 된다.

部材의 單位길이마다의 伸長을 ε_x로 나타내면

$$\varepsilon_x = \frac{\delta}{l} \tag{7.3}$$

로 된다. 이것을 **單位伸長**(unit elongation) 또는 **引張變形度**(tensile strain)라고 부른다.

식 (7.2)와 (7.3)을 사용하면 후크의 法則을 다음과 같이 나타낼 수 있다:

$$\varepsilon_x = \frac{\sigma_x}{E} \tag{7.4}$$

引張變形度 ε_x는 無名數이므로 E는 σ_x와 같은 단위를 가짐을 이 식으로부터 알 수 있다.

이상은 部材를 引張하는 경우에 대한 것인데, 식 (7.1)부터 (7.4)까지를 壓縮의 경우에도 사용할 수 있다. 다만 이 때에는 部材가 너무 가늘고 길면 **挫屈**(buckling)이 곧 가로방향으로 튕그러지는 일이 일어나는 수가 있는데, 그러한 現象이 일어나지 않을 만큼 部材가 굵고 짧아야 한다. 이 때에는 P는 壓縮力을, δ는 **收縮**(contraction)을, ε_x는 **壓縮變形度**(compressive strain) 또는 **單位收縮**(unit contraction)을, σ_x는 **壓縮應力**(compressive stress)을 나타낸다. 壓縮 때의 縱彈性係

數는 보통의 構造用 材料에서는 引張 때의 그것과 같은 값을 가진다. 그러므로 引張應力과 引張變形度를 陽의 數로, 壓縮應力과 壓縮變形度를 陰의 數로 나타내면 위의 4개의 식은 引張과 壓縮의 어느 경우에도 사용할 수 있다. 이럴 때에는 σ_x를 **垂直應力**(normal stress), ε_x를 **垂直變形度**(normal strain)라고 부른다.

다시 그림 7.1의 경우로 돌아가서 좀더 자세히 관찰하면, 部材의 材軸方向의 伸長은 가로방향의 收縮을 同伴함을 안다. 곧 x軸에 수직한 두 방향의 垂直變形度를 ε_y와 ε_z로 적으면

$$\varepsilon_y = \varepsilon_z = -\nu\varepsilon_x = -\frac{\nu\sigma_x}{E} \tag{7.5}$$

의 관계가 존재함을 안다. 이 현상은 佛蘭西의 S.D. Poisson(1781~1840)이 固體分子構造論을 적용하여 理論的으로 발견하였고, 특히 等方性彈性體에서는 $\nu=\frac{1}{4}$로 된다는 것을 결론하였으므로, 그 이름을 따서 ν를 **포아송比**(Poisson ratio)라고 부른다. 構造用鋼材에서는 대략 $\nu=0.3$으로 된다.

그림 7.1의 경우에 P의 作用下에 길이 l이 $l(1+\varepsilon_x)$로 변하고 斷面積 A가 $A(1-\nu\varepsilon_x)^2$으로 변하므로, 體積 $V=Al$은 $V+\Delta V=Al(1+\varepsilon_x)(1-\nu\varepsilon_x)^2 \fallingdotseq V(1+\varepsilon_x-2\nu\varepsilon_x)$로 변할 것이며, 따라서 **體積變形度**(volume dilatation)는

$$\frac{\Delta V}{V} = \varepsilon_x(1-2\nu) \tag{7.6}$$

로 된다. 어떠한 固體이든 引張力의 작용하에 체적이 줄어드는 일은 없을 것이므로 ν는 언제나 0.5보다 작을 것이다. 그러므로 ν의 값은 0과 0.5 사이에 있을 것이다. 실지로 고무와 같은 재료에서는 ν의 값이 0.5에 가깝고, 코르크와 같은 재료에서는 0에 가깝다. 그리

고 콘크리트에서는 0.1 내외로 된다.

P가 壓縮力인 경우에는 물론 橫方向 伸長이 일어나고 식 (7.5)가 이 때에도 그대로 성립한다.

그림 7.1에서 部材를 잡아당길 때 引張力을 0으로부터 아주 서서히 증가시켜서 最終値 P에 달하도록 하여 動力學的인 영향이 일어나지 않도록 해야 한다. 이렇게 했을 때에만 후크의 法則 (7.1)이 성립하는 것이다. 이런 때에는 伸長도 0으로부터 P에 비례하여 차차로 커져서 그 최종치 δ에 달하게 된다. 이 관계는 그림 7.2(a)의 直線 OA로 표시된다.

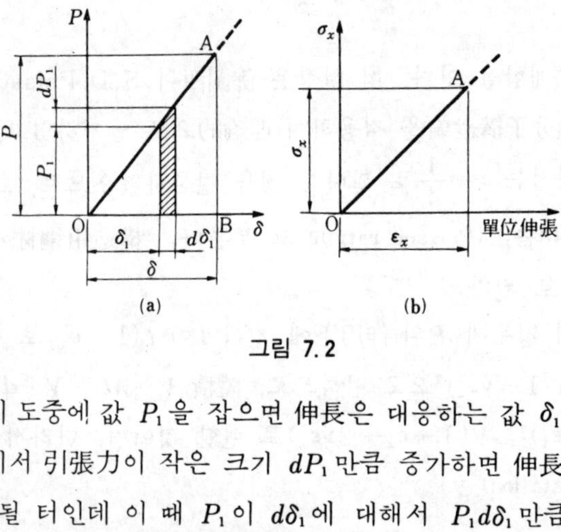

그림 7.2

引張力이 도중에 값 P_1을 잡으면 伸長은 대응하는 값 δ_1을 잡을 것이다. 여기서 引張力이 작은 크기 dP_1만큼 증가하면 伸長도 $d\delta_1$만큼 증가하게 될 터인데 이 때 P_1이 $d\delta_1$에 대해서 $P_1 d\delta_1$만큼의 일을 하게 될 것이고, 이 일은 그림에서 사선 부분의 面積으로 표시될 것이다. 그러므로 引張力이 0에서부터 서서히 커져서 최종치 P에 달하는 동안에 引張力이 하는 일 W는 △OAB의 面積으로 표시될 것이다. 곧

$$W=\frac{1}{2}P\delta \tag{7.7}$$

이것은 후크의 法則을 사용하여

$$W=\frac{P^2 l}{2EA} \quad \text{또는} \quad W=\frac{AE\delta^2}{2l} \tag{7.8}$$

으로 나타낼 수도 있다.

식 (7.7) 또는 (7.8)로 표시되는 外力 P가 한 일 W는, 前述한 바와 같이, 모두 變形에너지 U로 전환되어 部材內部에 축적되며, 이것은 內力이 한 일의 총합과 같다. 이제 그림 7.1에서 길이가 dx 이고 斷面積이 dA인 微小要素를 생각하고, 이 안에 蓄積되는 變形에너지 dU를 계산해 보기로 한다. 이 微小要素는 最終的으로 $\sigma_x dA$만큼의 內力(引張力)을 받고 $\varepsilon_x dx$ 만큼의 伸長을 일으키며, σ_x와 ε_x 사이의 관계는 식 (7.4) 또는 그림 7.2(b)로 표시되므로,

$$dU=\frac{1}{2}\sigma_x\varepsilon_x dA dx \tag{7.9}$$

로 된다. σ_x는 어느 斷面에서도 全斷面에 걸쳐 一樣하게 分布하고 ε_x도 全길이에 걸쳐 一樣하게 分布하므로 (7.9)를 積分하면

$$U=\frac{1}{2}\sigma_x\varepsilon_x Al \tag{7.10}$$

을 얻게 되는데, $\sigma_x A=P$, $\varepsilon_x l=\delta$임을 고려하면, 이것이 W와 같음을 안다. 식 (7.10)의 양변을 Al로 나누어준 값

$$u=\frac{U}{Al}=\frac{1}{2}\sigma_x\varepsilon_x=\frac{\sigma_x^2}{2E}=\frac{E\varepsilon_x^2}{2} \tag{7.11}$$

은 單位體積마다에 축적되는 變形에너지이다.

7.3 引張試驗圖와 許容應力

구조용 材料의 기본적인 力學的 性質을 알기 위해서는 보통 引張試驗을 행한다. 곧 그 材料로 標準引張試驗片을 제작하여 이것을 引張試驗機나 萬能試驗機에 걸어서 서서히 잡아당기면서 試驗片이 끊어질 때까지 그때 그때의 引張力과 試驗片에 찍어둔 두 標點 사이의 길이의 變化를 記録하는 일을 행한다. 이러한 試驗을 處女試驗이라고 하는 때가 있는데, 그것은 試驗片이 끊어지기 전에 引張力을 여러 번 增減시켜가면서 행하는 試驗과 구별하기 위하여 붙여진 이름이다.

위의 試驗記録으로부터 引張力과 伸長을 각각 처음의 斷面積과 처음의 標點間距離로 나누어서 얻어지는 引張應力 σ와 單位伸長 ε을 $\varepsilon\sigma$ 座標面 위에 점찍어가면 **引張試驗圖**(tensile test diagram)가 얻어진다. 이것을 또 **應力-變形度 曲線**(stress-strain curve)이라고도 부른다.

그림 7.3(a)는 구조용 鋼材에 대한 전형적인 引張試驗圖를 나타낸다. 점 O부터 A까지는 應力과 變形度가 비례하고, A를 넘으면 후

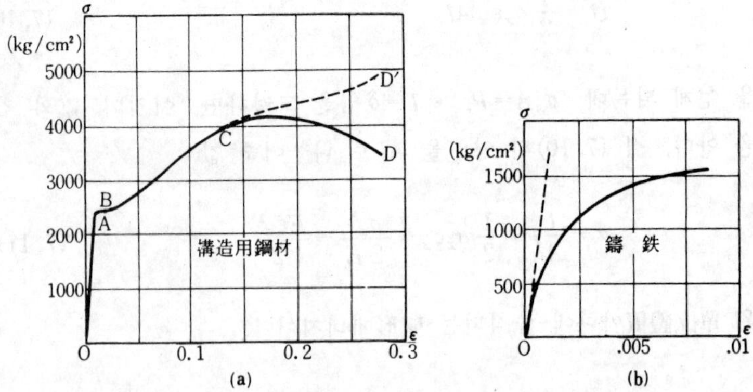

그림 7.3

크의 法則으로부터 벗어나기 시작한다. 점 A에서의 應力을 **比例限度** (proportional limit) 또는 **彈性限度** (elastic limit)라고 부른다. 比例限度와 彈性限度는 개념상으로는 뜻의 差가 있으나 실제적으로는 實驗에 의해 이들을 구별하기가 어려우므로 本書에서는 같은 뜻으로 쓰기로 한 것이다. 이 한도를 넘어서 荷重을 증가시키면 伸長이 더 빨리 증가하여 試驗圖는 曲線으로 된다. B에서는 引張力이 그다지 늘지 않는데 伸長이 급격히 는다. 이 現象을 **降伏** (yielding)이라 하고 이 때의 應力을 **降伏點** (yield point)이라고 한다. 구조용 鋼材에서는 그 등급에 따라 降伏點이 2400 내지 3300 kg/cm² 정도로 된다. 降伏點에서는 單位伸長이 약 2%로 될 때까지 變形이 進行하며, 거기서부터 材料는 다시 變形에 抵抗하기 시작하여 應力의 增加없이는 變形이 進行하지 않는다. 이런 현상을 **變形硬化** (strain hardening)라고 부른다. 그림에서 보는 바와 같이 점 C까지는 伸長에 따라 引張力이 늘고, 점 C 에서 最大値를 취한다. 이 점에 對應하는 應力을 그 材料의 **極限強度** (ultimate strength)라고 부른다. 구조용 鋼材의 極限強度는 3900 내지 5000 kg/cm² 정도이다. C를 넘어서면 引張力이 감소하면서 伸長이 증가하고 기어코 점 D에서 **破斷** (fracture or rupture)이 일어난다. 만일 점 C 이후에서 收縮된 斷面積을 사용해서 應力의 값을 낸다면 曲線은 점선과 같이 되어 점 D′는 결코 C보다 아래로 내려가지 않을 것이다. 점 C까지는 標點 사이의 모든 部分이 一様하게 늘어나고 동시에 一様하게 가늘어진다. 그러나 C를 넘어서면, 局部的으로 伸長이 커지는 곳이 생기고, 그 곳의 斷面積의 減少는 다른 部分보다 두드러지게 나타나며 破斷은 이 斷面에서 일어난다. 破斷이 일어났을 때의 單位伸長은 破斷面 근방에서는 0.5 내외로 되고 그 밖의 곳에서는 약 0.2로 되어, 平均 0.3 정도로 된다. 이 값에 100을 곱한 것을 그 材料의 **伸長百分率** (percentage elongation)이라고 부른다. 이것은 材料의

延性(ductility)을 비교하는 데 한 基準이 된다. 구조용 鋼材에서는 前記한 바와 같이 이것이 약 30%로 된다.

그림 7.3(b)는 鑄鐵에 대한 引張試驗圖를 보인다. 이 材料의 比例限度는 극히 낮으며 명확한 降伏點을 가지지 않는다. 일반적으로 降伏은 鋼材와 같이 延性이 큰 材料에서만 볼 수 있는 現象이고, 延性이 작은 鑄鐵, 콘크리이트 등과 같은 材料 곧 **脆性**(brittleness)이 큰 材料에서는 나타나지 않는다.

引張試驗圖는 材料의 力學的 性質에 관한 유익한 지식을 제공한다. 材料의 比例限度, 降伏點, 極限强度 등을 알고 있으면, 실제 문제에 부딪쳐서 安全한 應力으로 생각되는 應力의 크기를 결정할 수 있다. 이 應力을 **許容應力**(allowable stress) 또는 **使用應力**(working stress)이라고 부른다.

許容應力은 그 材料의 比例限度 이하로 취하는 것이 관례이다. 만일 구조물의 어느 部分의 應力이 比例限度를 넘으면, 그 구조물에는 荷重이 없어진 후에도 變形이 남게 된다. 이러한 變形을 **永久變形**(permanent set)이라고 부른다. 이렇게 되면 그 구조물의 구성 材料는 完全彈性體로 볼 수 없게 된다. 그래서 構造物을 彈性狀態에 있게 하고 永久變形이 일어나지 않게 하기 위해 그 材料의 許容應力을 比例限度 이하로 취하는 것이다. 그러나 比例限度를 實驗에 의해 결정하는 것은 극히 어려우며, 그 값은 測定方法에 따라 상당히 달라진다. 이 때문에 보통 降伏點 또는 極限强度를 基礎로 하여 許容應力을 決定한다.

許容應力을 σ_a로, 降伏點을 σ_y로, 極限强度를 σ_u로 나타낼 때에, 許容應力의 크기는

$$\sigma_a = \frac{\sigma_y}{n} \qquad \text{또는} \qquad \sigma_a = \frac{\sigma_u}{n_1} \tag{7.12}$$

가운데 어느 하나로 결정한다. 여기서 n과 n_1을 **安全率**(factor of safety)이라고 부른다.

구조용 鋼材와 같이 降伏現象이 나타나는 材料에서는 降伏點을, 鑄鐵, 콘크리트, 石材 등과 같은 脆性材料 및 木材에 대해서는 極限强度를 기초로 하여 許容應力을 정하는 것이 合理的이다.

安全率의 크기는, 構造物에 作用하는 荷重의 推定의 精確度와 性質, 材料의 均質性, 應力算定의 精密度, 材料의 耐久性, 製作과 施工의 精密度 등에 의해 좌우된다.

7.4 平面應力의 一般的인 경우

그림 7.1과 같이 直線部材에 引張力이 작용하면 그 部材 안에는 반드시 引張應力이 일어나는 것이라고 하는 것은 틀린 말이다. 應力은 그것이 작용하고 있는 面의 方向을 따라서 변하는 것이다. 그림 7.1의 경우에 만일 그림 7.4와 같이 材軸에 垂直하지 않은 斜斷面 i-i를 생각하면, 이 斷面 위에는 P와 같은 方向을 가지는 應力 p가 일

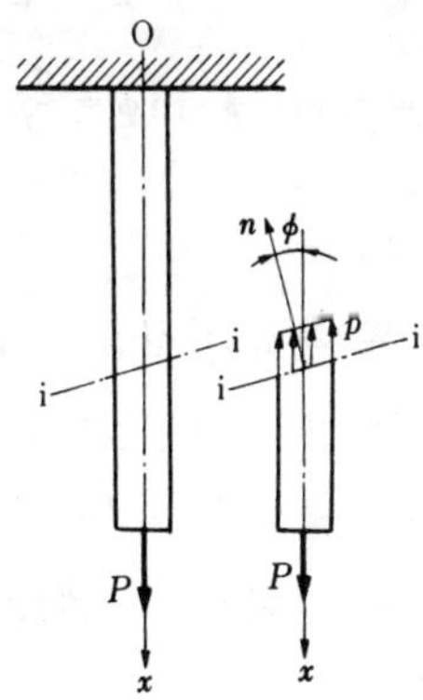

그림 7.4

어날 것이다. 이 斷面이 部材의 兩端에서 상당히 떨어져 있다면 p는 一様하게 分布할 것이고, 斜斷面의 法線 n이 材軸과 짓는 角을 ϕ라고 하면 斜斷面의 面積은 $A/\cos\phi$로 되므로, 平衡條件으로부터

$$p\frac{A}{\cos\phi}=P \text{ 곧 } p=\frac{P}{A}\cos\phi \tag{7.13}$$

를 얻는다. P/A는 正斷面에 일어나는 垂直應力 σ_x이므로 이것을 대입하면 위의 식은 다음과 같이 된다:

$$p=\sigma_x\cos\phi \tag{7.14}$$

이 식으로부터 斜斷面 위에 일어나는 應力 p는 항상 正斷面 위에 일어나는 應力 σ_x보다 작고, $\phi=\pi/2$인 때 곧 i-i 切斷面이 材軸에 平行할 때에는 p가 0으로 됨을 안다.

斜斷面 위에 일어나는 應力 p는 그 斷面의 方向에는 관계없이 늘 힘 P의 方向을 향하는데, 보통 이것을 斷面의 法線方向의 應力成分 곧 垂直應力 σ_n과 接面方向의 應力成分 τ_n으로 분해해서 생각한다. τ_n을 剪斷應力(shearing stress)이라고 부른다. 이들의 값은 각각

$$\sigma_n=p\cos\phi=\sigma_x\cos^2\phi=\frac{\sigma_x}{2}+\frac{\sigma_x}{2}\cos 2\phi \tag{7.15}$$

$$\tau_n=p\sin\phi=\sigma_x\cos\phi\,\sin\phi=\frac{\sigma_x}{2}\sin 2\phi \tag{7.16}$$

로 된다.

τ_n의 부호는 τ_n의 方向을 향하여 섰을 때 τ_n이 작용하는 面이 오른쪽에 있으면 陽, 그렇지 않으면 陰인 것으로 규약한다.

식 (7.15)로부터 最大垂直應力은 材軸에 垂直한 斷面에 일어나고 그 값은 σ_x와 같음을 안다. 그리고 그 斷面에서는 $\tau_n=0$으로 됨을 식 (7.16)으로부터 알 수 있다.

最大剪斷應力은 식 (7.16)으로부터 $\sin 2\phi = 1$인 때 곧 材軸에 45°의 角을 짓는 斷面에 일어나고 그 값은

$$\tau_{n,\max} = \frac{1}{2}\sigma_x \tag{7.17}$$

임을 안다. 最大剪斷應力은 最大垂直應力의 절반 밖에 안 되지만, 引張變形이나 壓縮變形에 대해서보다 剪斷變形에 대해 더 약한 材料에서는 이 最大剪斷應力이 실제적인 重要性을 가진다. 이를테면, 콘크리트의 壓縮試驗 때 콘크리트試驗片의 破壞가 材軸에 약 45°의 角을 짓는 面에 연하여 일어나는 것은 이 사실을 말해 주는 것이다. 그리고 鋼材의 引張試驗 때에도 引張應力이 降伏點에 달하면 試驗片의 表面에 材軸과 약 45°의 角을 이루는 뤼더스線(Lüders' line)이라고 불리는 線들이 서로 直交하면서 나타나는 것이 肉眼으로도 識別되는데, 이것은 最大剪斷應力이 일어나는 面들로부터 降伏이 시작되는 것이라고 해석된다.

固體 안에 일어나는 應力의 狀態가 좀 더 일반적인 그림 7.5(a)와 같은 경우를 생각한다. 이것은 直六面體에 x軸 方向으로 垂直應力 σ_x가, y軸 方向으로 σ_y가 작용하는 경우를 보이고 있는데, 이 때 法線이 x軸과 ϕ의 角을 짓는 斷面 AB 위에 일어나는 應力成分 σ_n과 τ_n을 구하자는 것이다. 그러기 위해서는 그림 7.5(b)와 같은 三角柱

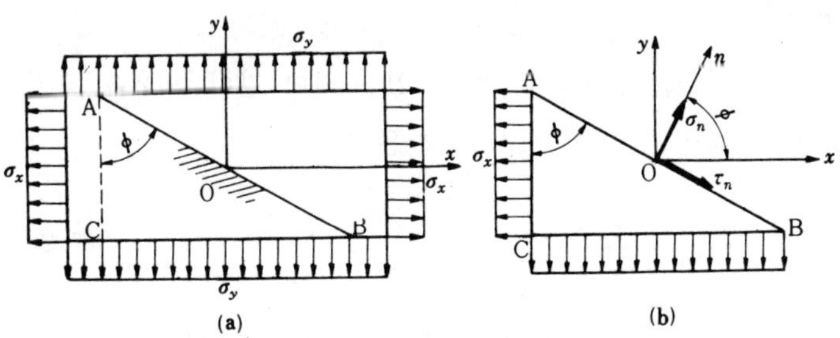

그림 7.5

에 平衡條件을 적용하면 된다. 斷面 AB의 面積을 A로 나타내면 AC와 BC의 面積은 각각 $A\cos\phi$와 $A\sin\phi$로 되므로, $\boldsymbol{n}$方向과 AB 方向의 平衡을 고려해서

$$\sigma_n A - \sigma_x A\cos^2\phi - \sigma_y A\sin^2\phi = 0$$
$$\tau_n A - \sigma_x A\cos\phi\sin\phi + \sigma_y A\sin\phi\cos\phi = 0$$

을 얻고, 이로부터 다음 관계를 얻는다:

$$\sigma_n = \sigma_x\cos^2\phi + \sigma_y\sin^2\phi = \frac{\sigma_x+\sigma_y}{2} + \frac{\sigma_x-\sigma_y}{2}\cos 2\phi \tag{7.18}$$

$$\tau_n = (\sigma_x - \sigma_y)\sin\phi\cos\phi = \frac{\sigma_x-\sigma_y}{2}\sin 2\phi \tag{7.19}$$

이들의 식이 $\sigma_y = 0$인 때에는 각각 식 (7.15), (7.16)과 일치함을 바로 알 수 있다. σ_x가 σ_y보다 代數的으로 크다면, 垂直應力은 $\cos 2\phi = 1$인 때 즉, $\phi = 0°$인 때에 最大値 $\sigma_{n,\max} = \sigma_x$를 취하고, $\cos 2\phi = -1$인 때 즉, $\phi = 90°$인 때에 最小値 $\sigma_{n,\min} = \sigma_y$를 취함을 식 (7.18)로부터 안다. 그리고 $\phi = 0°$ 또는 $90°$인 때에는 剪斷應力이 0으로 됨을 식 (7.19)로부터 안다. 最大의 垂直應力과 最小의 垂直應力을 **主應力**(principal stresses)이라 하고 이들이 작용하는 面을 **主面**(principal planes), 主面의 法線의 方向을 **主方向**(principal directions)이라고 부른다.

剪斷應力은 식 (7.19)로부터 알 수 있는 바와 같이 $\sin 2\phi = 1$인 때 곧 $\phi = 45°$인 때에 最大로 되고 그 값은

$$\tau_{n,\max} = \frac{\sigma_x - \sigma_y}{2} \tag{7.20}$$

이상에서는 σ_x도 σ_y도 引張應力이라고 보았으나. 이들의 어느 하나

또는 모두가 壓縮應力인 경우에도, 壓縮應力을 陰의 數로 나타내면, 식 (7.18), (7.19)의 관계가 그대로 성립한다.

만일 식 (7.19)에서 $\sin 2\phi=-1$ 곧 $\phi=-45°$ 또는 $\phi=135°$로 된다면 剪斷應力은 最小値

$$\tau_{n,\min}=-\frac{\sigma_x-\sigma_y}{2} \tag{7.21}$$

를 취한다. 여기서 주목해야 할 점이 있는데, 그것은 $\tau_{n,\max}$과 $\tau_{n,\min}$은 다만 부호만 다를 뿐이고 그 크기가 같다는 점과 그들이 作用하는 面이 서로 直交한다는 점이다. 그리고 $\sin 2\phi=\pm 1$인 때의 垂直應力은

$$\sigma_n=\sigma_n'=\frac{\sigma_x+\sigma_y}{2} \tag{7.22}$$

로 된다. 여기서 n과 n'는 最大와 最小의 剪斷應力이 작용하는 面의 法線을 나타낸다.

서로 直交하는 두 斷面에 작용하는 剪斷應力이 크기가 같고 부호가 반대로 된다는 사실은 일반적으로 성립되는 것으로 平衡條件으로부터 증명된다. 곧 그림 7.6(a)에 보인 바와 같은, 가장 일반적인 平面應

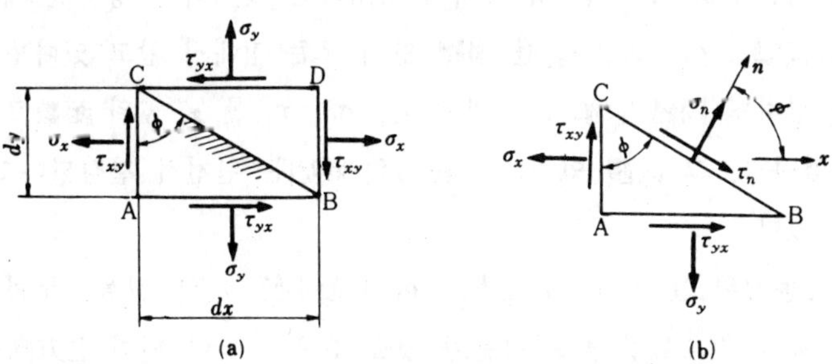

그림 7.6

力의 狀態에 놓여 있는 材料要素 ABCD에 있어서, 어느 한 頂點을 모멘트 中心으로 잡아 그 要素에 작용하는 모든 힘의 그 中心에 대한 모멘트의 總合을 0으로 놓고 $dxdy$로 나누어 주면,

$$\tau_{yx}=\tau_{xy} \tag{7.23}$$

를 얻는다. 곧 어느 剪斷應力이든 그것은 그것이 작용하는 面에 垂直한 面 위에 작용하는 크기가 같고 方向이 반대되는 剪斷應力을 반드시 동반하는 것이라고 말할 수 있다. 이들 가운데 어느 한쪽을 다른 쪽의 **相補剪斷應力** (complementary shearing stress)이라고 부른다.

그림 7.6(a)에서 dx와 dy는 임의로 잡을 수 있으며 따라서 $\angle ACB=\phi$를 임의로 잡을 수 있는데, 이 때 斷面 BC에 작용하는 垂直應力 σ_n과 剪斷應力 τ_n은, 그림 7.6(b)와 같이 三角柱 ABC를 弧立시켜서, 이에 平衡條件을 적용함으로써 구할 수 있다. 그 결과는

$$\sigma_n=\frac{\sigma_x+\sigma_y}{2}+\frac{\sigma_x-\sigma_y}{2}\cos 2\phi-\tau_{xy}\sin 2\phi \tag{7.24}$$

$$\tau_n=\frac{\sigma_x-\sigma_y}{2}\sin 2\phi+\tau_{xy}\cos 2\phi \tag{7.25}$$

로 된다. dx와 dy는 微小하므로 위의 관계는, 그림 7.6(a)에서, 固體材料 안의 어느 한 점 A에서 성립하는 것이라고 생각할 수 있다. 그러므로, σ_x, σ_y, τ_{xy}를 固體 안의 모든 점에서 알고 있다면, 바꾸어 말하면 固體의 領域 안에서 σ_x, σ_y, τ_{xy}를 x, y의 函數로서 결정하였다면, 그 固體 안의 平面應力의 狀態는 완전히 결정된다고 말할 수 있다.

主應力의 값 곧 σ_n의 最大値 σ_1과 最小値 σ_2의 값을 구하기 위해서는 식 (7.24)를 ϕ로 미분한 것을 0으로 놓아 먼저 主方向을 결정한다. 그러면

$$\tan 2\phi = \frac{-2\tau_{xy}}{\sigma_x - \sigma_y} \tag{7.26}$$

의 조건식을 얻는다. 이것을 만족시키는 0과 2π 사이의 2ϕ의 값은 두 개 있으며 그들은 π만큼의 差를 가진다. 따라서 主方向은 2개 있고 그들은 서로 直交함을 안다.

식 (7.26)을 (7.24)에 대입하면 主應力의 값이 다음과 같이 정해진다:

$$\left.\begin{aligned} \sigma_1 &= \sigma_{n,\max} \\ \sigma_2 &= \sigma_{n,\min} \end{aligned}\right\} = \frac{\sigma_x + \sigma_y}{2} \pm \sqrt{\left(\frac{\sigma_x - \sigma_y}{2}\right)^2 + \tau_{xy}^2} \tag{7.27}$$

σ_1 또는 σ_2가 두 개의 主方向 가운데 어느 方向을 향하는가 하는 것은 식 (7.26)으로부터 결정되는 두 개의 2ϕ의 값을 직접 식 (7.24)에 대입해봄으로써만 결정된다.

식 (7.26)을 (7.25)에 대입해 보면 $\tau_n = 0$으로 됨을 안다. 거꾸로 식 (7.25)의 우변을 0으로 놓으면 식 (7.26)이 얻어진다. 이것은 主面 위에서는 剪斷應力이 반드시 0으로 되고, 그 거꾸로도 성립함을 의미한다.

다음에 τ_n의 最大値를 구하기 위해 식 (7.25)를 ϕ로 미분한 것을 0으로 놓으면

$$\tan 2\phi = \frac{\sigma_x - \sigma_y}{2\tau_{xy}} \tag{7.28}$$

를 얻는다. 먼저와 마찬가지로 하여 最大剪斷應力이 일어나는 斷面은 둘 있으며 그들은 서로 直交함을 알 수 있다. 그리고 (7.26)과 (7.28)의 우변의 곱이 -1로 되므로, 이들의 식으로부터 정해지는 2ϕ의 값들은 $\pi/2$만큼의 差를 가지며, 따라서 ϕ의 값들은 $\pi/4$의 差를 가짐을 안다. 이것은 最大剪斷應力이 일어나는 斷面은 主面과 45°

의 角을 지음을 의미한다.

식 (7.28)을 (7.25)에 대입하면 $\tau_{n,\max}$의 값으로서 다음을 얻는다:

$$\tau_{n,\max}=\pm\sqrt{\left(\frac{\sigma_x-\sigma_y}{2}\right)^2+\tau_{xy}^2} \tag{7.29}$$

그림 7.5 또는 7.6의 경우에, x軸 方向의 單位伸長 ε_x를 생각하면 σ_x에 의해서는 σ_x/E만큼 늘어나고 σ_y에 의해서는 $\nu\sigma_y/E$만큼 줄어들므로, 그리고 ε_y에 대해서도 마찬가지로 말할 수 있으므로,

$$\begin{aligned}\varepsilon_x&=\frac{1}{E}(\sigma_x-\nu\sigma_y)\\ \varepsilon_y&=\frac{1}{E}(\sigma_y-\nu\sigma_x)\end{aligned} \tag{7.30}$$

로 된다. 그리고 이들을 σ_x와 σ_y에 관해서 풀면,

$$\begin{aligned}\sigma_x&=\frac{\varepsilon_x+\nu\varepsilon_y}{1-\nu^2}E\\ \sigma_y&=\frac{\varepsilon_y+\nu\varepsilon_x}{1-\nu^2}E\end{aligned} \tag{7.31}$$

를 얻는다. 이들의 식은 후크의 法則의 擴張이라고 볼 수 있다.

만일 그림 7.5의 경우에 $\sigma_y=-\sigma_x=-\sigma$로 된다면, 最大와 最小의 剪斷應力의 크기 τ는 식 (7.20)과 (7.21)에 의해

$$\tau=\sigma \tag{7.32}$$

로 되고, 이들이 작용하는 面, 곧 그림 7.7의 正方形 abcd의 변 위에는 식 (7.22)에 의해 垂直應力이 작용하지 않는다. 이와 같은 應力狀態를 純粹한 剪斷(pure shear)이라고 부른다. 이제 그림 7.7 안의 正方形 abcd의 變形을 생각하건대, 이 要素의 각 面에는 垂直應力이

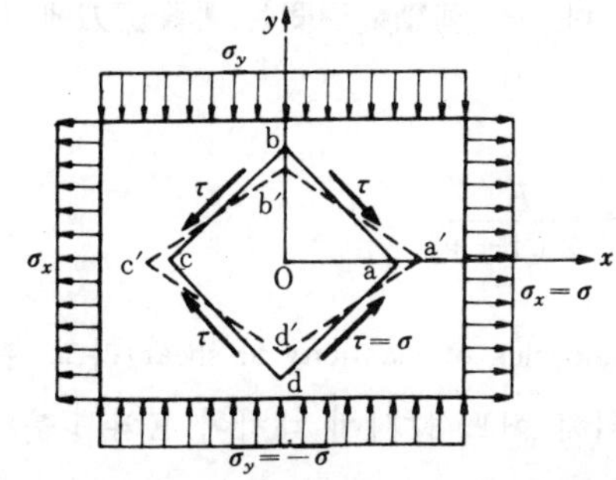

그림 7.7

작용하지 않으므로 변의 길이는 변하지 않으며, 對角線 ac는 늘어나고 bd는 줄어들어서, 正方形이 變形 후에 菱形 a′b′c′d′로 될 것이다. 이에 따라 처음에 直角이었던 ∠a는 이보다 좀 작은 角인 ∠a′=90°−γ로 되고, ∠b는 좀 커져서 ∠b′=90°+γ'로 될 것이다. 그런데 ∠a′와 ∠b′의 合은 여전히 180°로 되어야 하므로 $\gamma'=\gamma$로 된다. 이 γ를 **剪斷變形度**(shearing strain)라고 부른다.

식 (7.30)과 (7.32)에 의해 $\varepsilon_x=\dfrac{1+\nu}{E}\tau$, $\varepsilon_y=-\dfrac{1+\nu}{E}\tau=-\varepsilon_x$로 되고, $\overline{Oa'}=\overline{Oa}(1+\varepsilon_x)$, $\overline{Ob'}=\overline{Ob}(1-\varepsilon_x)=\overline{Oa}(1-\varepsilon_x)$이며, ∠Oa′b′는 $\frac{1}{2}(90°-\gamma)$이므로, 다음 관계식이 성립한다:

$$\tan\left(45°-\frac{\gamma}{2}\right)=\frac{\overline{Ob'}}{\overline{Oa'}}=\frac{1-\varepsilon_x}{1+\varepsilon_x} \tag{7.33}$$

이 관계로부터, γ가 1에 비해 극히 작다는 것을 감안하여 $\sin\frac{\gamma}{2}=\frac{\gamma}{2}$, $\cos\frac{\gamma}{2}=1$로 놓으면, $\gamma=2\varepsilon_x$의 관계를 얻는다. 이로부터

$$\gamma=\frac{2(1+\nu)}{E}\tau=\frac{\tau}{G} \tag{7.34}$$

의 관계식을 얻는다. 곧 剪斷變形度는 剪斷應力에 비례함을 안다. 그 比例常數

$$G=\frac{E}{2(1+\nu)} \tag{7.35}$$

를 **剪斷彈性係數**(modulus of elasticity in shear)라고 부른다.

식 (7.35)에 의해 어느 材料에 대하여 E와 ν를 알면 그 材料의 G를 算出할 수 있다. 構造用 鋼材에서는

$$G=\frac{2.1\times10^6}{2(1+0.3)}=0.81\times10^6\ \mathrm{kg/cm^2}$$

7.5 들보 안의 휨應力

들보에 橫方向으로 荷重이 작용하면 그 材軸에 수직한 임의의 斷面에 일반적으로 軸方向力, 剪斷力 및 휨모멘트가 일어남을 제3 장에서 보았고, 軸方向力만이 홀로 작용하는 경우에는 그 變形作用에 따라 部材內部에 分子力이 유발되어 材軸에 수직한 斷面에 垂直應力이 一樣하게 分布함을 7.2節에서 보았다. 軸方向力, 剪斷力, 휨모멘트가 동시에 작용하는 들보의 임의의 斷面에 일어나는 應力은 이들이 따로따로 작용할 때에 일어나는 應力을 합함으로써 얻어질 것이므로, 먼저 휨모멘트에 의해 유발되는 應力을, 다음에 剪斷力에 의한 應力을 생각하고, 끝으로 이들의 合應力을 생각하기로 한다.

먼저 純粹한 휨狀態에 있는 一樣한 斷面을 가지는 直線狀의 들보를 생각하고 그 材軸에 수직한 斷面 위에 일어나는 應力의 分布狀態를 알아보기로 한다. 그러기 위해서는 들보의 變形을 생각해야 한다. 만일

들보가 그 材軸을 지나는 한 平面에 대하여 對稱이고 外力이 모두 이 對稱面 안에 작용한다면 變形 후에 材軸이 취하는 曲線도 이 平面 안에 있게 될 것이다. 이러한 휨을 **對稱휨**(symmetrical bending)이라고 한다. 그렇지 않은 경우에는 복잡한 현상을 일으키어 解析上의 難點을 提起하므로, 될 수 있는 대로 對稱휨이 일어나도록 구조물을 설계하는 것이 보통이다.

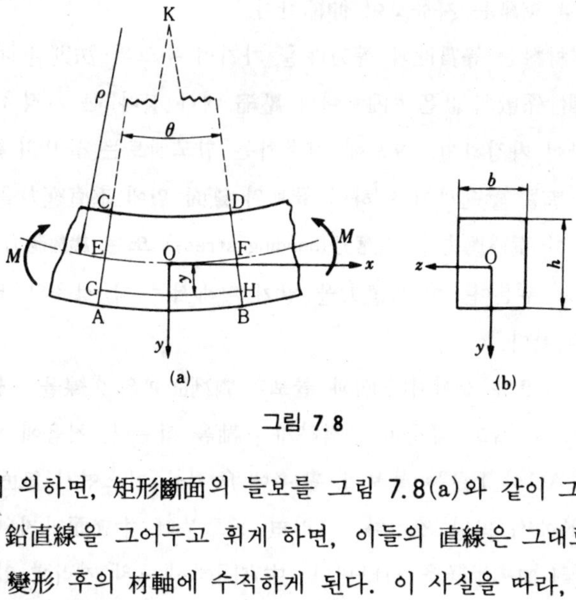

그림 7.8

實驗에 의하면, 矩形斷面의 들보를 그림 7.8(a)와 같이 그 側面에 두 개의 鉛直線을 그어두고 휘게 하면, 이들의 直線은 그대로 直線으로 되고 變形 후의 材軸에 수직하게 된다. 이 사실을 따라, 휨모멘트에 의한 應力을 산정할 때의 첫째 가정으로서 나음의 **平面維持의 假定**을 둔다:

"애초에 平面이었고 材軸에 수직했던(임의의 形狀의) 斷面은 휨變形 후에도 平面인 채로 있고 變形 후의 材軸線에 수직하다."

이 가정은 Bernoulli-Euler의 가정, Coulomb의 가정, 또는 Navier의 가정으로도 불린다.

또 實驗事實에 의하면, 그림 7.8(a)의 경우에 두 直線 AC와 BD 사이의 거리가 휜 후에 볼록해지는 AB 쪽은 늘어나고 오목해지는 CD 쪽은 줄어들며, 그 중간 EF를 지나는 平面은 늘어나지도 줄어들지도 않는다. 이 平面을 **中立面**(neutral plane)이라 하고, 이것과 斷面과의 交線을 **中立軸**(neutral axis)이라고 부른다. 편의상 材軸에 平行한 가느다란 材料要素를 **纖維**(fiber)라 하고 들보는 이 纖維들로 구성된 것으로 보는데, 이에 관하여 다음과 같은 제2의 가정을 둔다:

"들보의 각 纖維는 자유로이 伸縮한다."

이 밖에 "材料는 等質性과 等方性을 가지며 후크의 法則을 따르고, 材料의 縱彈性係數의 값은 引張 때나 壓縮 때나 같다"는 가정을 둔다.

이상과 같이 가정하면, 들보에 작용하는 휨모멘트는 들보의 纖維를 引張하거나 또는 壓縮하거나 하여 들보의 斷面 위에 垂直應力을 일으키게 한다. 이 垂直應力을 **휨應力**(bending stress) 또는 **纖維應力**(fiber stress)이라고 부른다. 이 휨應力을 알기 위해서는 각 섬유의 單位伸長을 알아야 한다.

이제 그림 7.8과 같이 中立面과 들보의 對稱面과의 交線을 x軸, 中立軸을 z軸으로 잡고 이들에 수직하게 y軸을 잡는다. 처음에 平行했던 두 斷面 AC와 BD는 들보가 휜 후에 角 θ를 지으면서 紙面에 수직한 직선 K에서 만날 것이다. 그러면 K로부터 中立面까지의 거리 ρ는 中立面의 曲率半經을 나타낸다. 中立面에서 y의 거리에 있는 임의의 섬유 GH는 처음의 길이 $EF=\rho\theta$로부터 $GH-EF=(\rho+y)\theta-\rho\theta=y\theta$만큼 늘어나며, 따라서 이 섬유의 單位伸長 ε_x는

$$\varepsilon_x=\frac{y}{\rho} \tag{7.36}$$

로 되고, 휨應力 σ_x는 후크의 法則에 의해

$$\sigma_x = \frac{E}{\rho} y \tag{7.37}$$

로 된다. 곧 휨應力은 中立軸으로부터의 거리 y에 비례하고 그 分布狀態는 그림 7.9와 같다.

이상에 의해 中立面의 位置와 中立面의 曲率을 알면 휨應力을 구할 수 있다. 그리고 이들은 그림 7.9와 같이 分布되는 휨應力의 合成効果가 M과 같아야 한다는 平衡條件으로부터 결정된다.

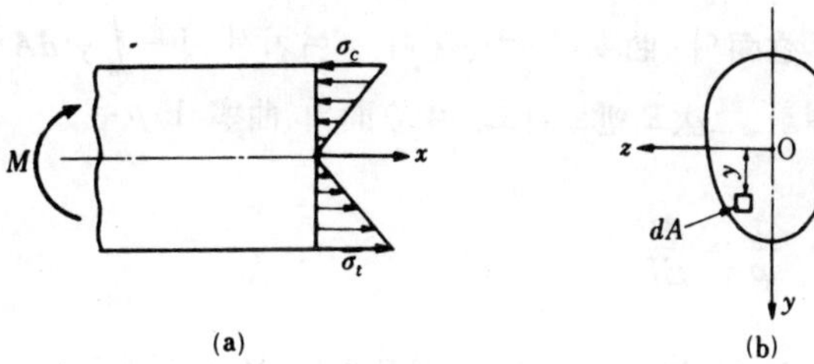

그림 7.9

그림 7.9(b)에서 中立軸으로부터 y의 거리에 있는 面素 dA에 작용하는 힘은

$$\sigma_x dA = \frac{E}{\rho} y dA \tag{7.38}$$

이고, 이들의 全斷面 A에 걸친 合은 平衡條件에 의해 軸方向力과 같아야 한다. 그런데 純粹한 휨의 경우에는 軸方向力이 0이므로,

$$\frac{E}{\rho}\int_A y dA = \frac{E}{\rho} G_z = 0 \tag{7.39}$$

을 얻는다. 이로부터 中立軸의 位置가 결정된다. 여기서 G_z는 斷面의 z축 곧 中立軸에 대한 1次모멘트를 나타내고, E와 ρ는 0이 아니므로, 위의 식은 斷面의 中立軸에 대한 1次모멘트가 0이라야 한

다는 것, 바꾸어 말하면, 中立軸은 斷面의 圖心을 지나야 한다는 것을 의미한다. 따라서 x축은 그 들보의 材軸과 일치한다.

식 (7.38)로 표시되는 面素에 작용하는 힘의 中立軸에 대한 모멘트는 이에 y를 곱해줌으로써 얻어지며, 이것을 全斷面에 걸쳐 합한 것은 平衡條件에 의해 휨모멘트 M과 같아야 한다. 곧

$$M=\frac{E}{\rho}\int_A y^2 dA=\frac{EI}{\rho} \tag{7.40}$$

이로부터 中立面의 曲率이 결정된다. 여기서 $I=\int_A y^2 dA$는 斷面의 中立軸에 대한 二次모멘트이고, 中立面의 曲率 $1/\rho$은

$$\frac{1}{\rho}=\frac{M}{EI} \tag{7.41}$$

으로 된다. 곧 中立面의 曲率은 휨모멘트 M에 비례하고 EI에 반비례한다. 量 EI를 휨剛性(flexural rigidity)이라고 부른다.

식 (7.41)을 (7.37)에 대입하면 다음을 얻는다:

$$\sigma_x=\frac{My}{I} \tag{7.42}$$

이상의 결과는 순수한 휨의 경우에 대해 유도된 것이지만, 剪斷力이 동반하는 일반적인 경우에도 이들을 적용할 수 있다. 剪斷力이 작용하면 平面維持의 가정이 엄밀하게는 성립하지 않으나, 엄밀한 해석의 결과와 평면유지의 가정을 기초로 하여 유도한 결과와의 差는, 들보의 길이가 斷面의 치수에 비해 큰 경우에는, 극히 작다. 보통의 들보에서는 斷面의 치수에 비해 길이가 아주 크므로 平面維持의 가정이 성립되는 것으로 볼 수 있다. 그러면 그림 7.8에서 길이 AB를 극히 짧게 잡으면 이 사이에서는 휨모멘트의 값이 一様하다고 볼 수 있으

며, 따라서 本節의 모든 공식이 들보의 각 斷面에서 그대로 성립한다.

이상의 결과는, 또 直線狀의 들보에 대해 논한 것이지만, 아아치와 같이 曲線울 이루는 휨部材에 대해서도 모두 그대로 적용할 수 있다. 斷面의 치수에 비해 材軸의 曲率半徑이 그렇게 크지 않은 경우에는 휨應力의 分布에 끼치는 曲率의 영향을 무시할 수 없지만, 材軸의 初期의 曲率半徑이 斷面의 높이의 5배 이상으로 되면, 初期曲率을 무시하고 계산한 결과의, 初期曲率의 영향을 고려해서 구한 결과에 대한, 誤差는 1% 이하로 된다.

길이 l의 斷面이 一樣한 들보가 그 兩端에 크기 M의 모멘트의 작용을 받으면서 曲率半徑 ρ로 휘었다면, 兩端의 斷面은 $\theta=l/\rho=\dfrac{Ml}{EI}$ 만큼의 相對廻轉을 일으키게 되어 M이 이에 대해서 일을 하게 되고, 그 일은 그 들보 안에 變形에너지로서 蓄積된다. M이 0으로부터 서서히 커져서 그 최종치 M에 달하였다면, 이 變形에너지 U는

$$U=\frac{M\theta}{2}=\frac{M^2 l}{2\,EI}=\frac{EI\theta^2}{2\,l} \tag{7.43}$$

으로 될 것이다.

식 (7.43)은 순수한 휨의 경우에 대한 것인데, 길이 l의 들보가 剪斷力을 동반하는 휨모멘트 M의 작용을 받는 일반적인 경우에는, M이 x의 函數로 되므로, 剪斷變形의 영향을 무시한, 휨 작용만에 의한 變形에너지 U는 다음과 같이 된다:

$$U=\int_0^l \frac{M^2}{2EI}\,dx=\int_0^l \frac{EI}{2\rho^2}\,dx \tag{7.44}$$

7.6 들보 안의 剪斷應力

순수한 휨의 상태에 있는 들보일지라도 材軸에 수직하지 않은 斷面

위에는 剪斷應力이 일어나고 있지만, 여기서 생각하는 剪斷應力은 剪斷力 Q에 의해서 材軸에 수직한 斷面 위에 일어나는 剪斷應力이다. 이 剪斷應力의 合成效果는 물론 Q와 같아야 하는데, 剪斷應力의 分布狀態는 斷面의 形狀에 따라 달라진다.

먼저 가장 간단한 矩形斷面의 경우를 생각한다. 이것은 木材들보에서 많이 사용되는 단면형이다. 이 때에는 그림 7.10에 보인 바와 같이, 剪斷應力 τ_{xy}가 어디서나 剪斷力 Q의 方向과 平行하고 한 斷面 위의 中立軸에 平行한 線 위에서는 一樣하다고 가정할 수 있다. 이 두 가정과 中立面에 平行한 面 위에 相補剪斷應力 τ_{yx}가 작용한다는 事實에 의해, 矩形斷面 위의 剪斷應力의 分布를 완전히 결정할 수 있다.

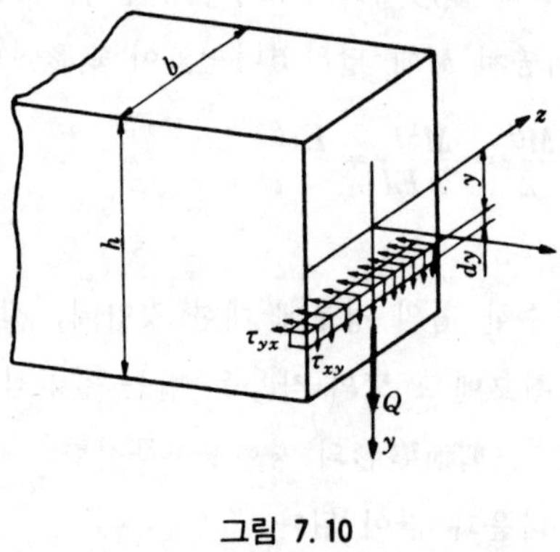

그림 7.10

中立面에 平行한 面 위에 작용하는 剪斷應力 τ_{yx}는, 그림 7.11(a)와 같이 들보를 서로 인접하는 두 斷面 AB와 CD로 자르고 이것을 다시 中立面에 平行한 平面 EF로 잘라서 斜線部分 ACEF를 고립시켜 가지고 x 방향의 平衡條件을 생각하면 쉽게 산정된다. x斷面에서의 휨모멘트를 M이라 하면 $x+dx$ 斷面에 작용하는 그것은 $M+dM$으로 되므로, AE와 CF 面에 작용하는 垂直應力은 각각 $\sigma_x=\frac{M}{I}y$와

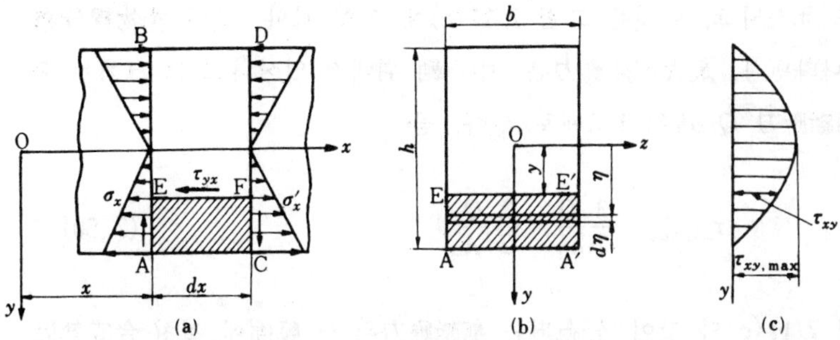

그림 7.11

$\sigma_x{}' = \dfrac{M+dM}{I} y$로 되므로, 平衡條件에 의해 다음 식을 얻는다:

$$-\tau_{yx} b dx - \int_y^{h/2} \frac{M}{I} \eta b d\eta + \int_y^{h/2} \frac{M+dM}{I} \eta b d\eta = 0 \quad (7.45)$$

이로부터

$$\tau_{yx} = \frac{dM}{dx} \frac{1}{Ib} \int_y^{h/2} \eta b d\eta \quad (7.46)$$

곧

$$\tau_{xy} = \tau_{yx} = \frac{Q}{Ib} G_z^{(y)} \quad (7.47)$$

여기서

$$G_z^{(y)} = \int_y^{h/2} \eta b d\eta = \frac{b}{2}\left(\frac{h^2}{4} - y^2\right) \quad (7.48)$$

은 그림 7.11(b)의 斜線部分 AA′EE′의 中立軸에 대한 一次모멘트이다. 그러므로 矩形斷面의 들보에서 材軸에 수직한 斷面 위의 剪斷應力의 分布는

$$\tau_{xy} = \frac{Q}{2I}\left(\frac{h^2}{4} - y^2\right) = \frac{6Q}{bh^3}\left(\frac{h^2}{4} - y^2\right) = \frac{3}{2}\frac{Q}{bh}\left\{1 - \frac{y^2}{\left(\frac{h}{2}\right)^2}\right\} \quad (7.49)$$

으로 표시되고, 이것은 그림 7.11(c)에 보인 바와 같이 抛物線分布를 나타낸다. 最大剪斷應力은 中立軸 위에서 일어나고 그 크기는 平均剪斷應力 Q/bh의 1.5배로 된다. 곧

$$\tau_{xy,\max}=\frac{3}{2}\frac{Q}{bh}=\frac{3}{2}\frac{Q}{A} \tag{7.50}$$

그림 7.11(c)와 같이 分布되는 剪斷應力의 한 斷面에 걸친 合成效果가 Q와 같게 된다는 것은 쉽게 확인할 수 있을 것이다.

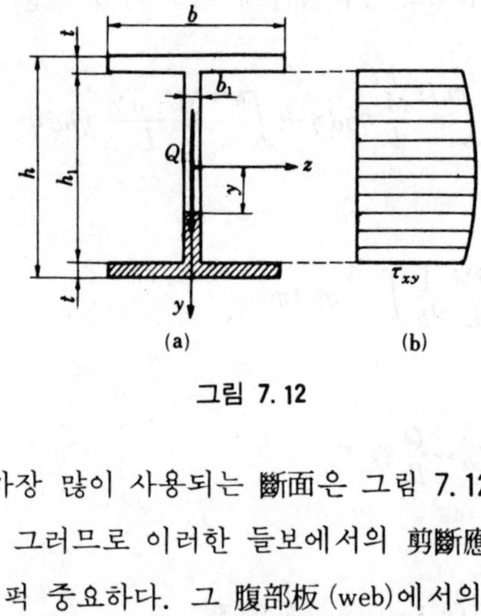

그림 7.12

鋼材들보에 가장 많이 사용되는 斷面은 그림 7.12(a)에 보인 I字形의 斷面이다. 그러므로 이러한 들보에서의 剪斷應力을 算定하는 것은 실제적으로 퍽 중요하다. 그 腹部板(web)에서의 剪斷應力을 산정하려는 때에는 矩形斷面 때와 똑같은 假定을 둘 수 있다. 그러므로 이 경우에도 식 (7.47)을 사용하여 腹部板에 分布하는 剪斷應力을 산정할 수 있다. 그러나 이 때의 $G_z^{(y)}$는 다음과 같이 계산된다:

$$G_z^{(y)}=\frac{b}{2}\left(\frac{h^2}{4}-\frac{h_1^2}{4}\right)+\frac{b_1}{2}\left(\frac{h_1^2}{4}-y^2\right) \tag{7.51}$$

그러므로 腹部板 위에 分布하는 剪斷應力 τ_{xy}는

$$\tau_{xy}=\frac{Q}{b_1 I}\left[\frac{b}{2}\left(\frac{h^2}{4}-\frac{h_1^2}{4}\right)+\frac{b_1}{2}\left(\frac{h_1^2}{4}-y^2\right)\right] \qquad (7.52)$$

로 되고, 여기서 I의 값은

$$I=2\times bt\left(\frac{h+h_1}{4}\right)^2+2\times\frac{bt^3}{12}+\frac{b_1 h_1^3}{12} \qquad (7.53)$$

과 같이 계산되는데, 제2 항은 다른 항에 비해 작으므로 이것을 무시하면,

$$I=\frac{b}{16}(h-h_1)(h+h_1)^2+\frac{b_1 h_1^3}{12} \qquad (7.54)$$

腹部板에서의 剪斷應力은 식 (7.52)로 표시되는 바와 같이 抛物線的으로 변하나, (7.52)의 우변의 대괄호 안의 제2 항은 제1 항에 비해 작으므로, 中立軸에서 일어나는 τ_{xy}의 最大値와 腹部板과 플랜지(flange)의 接合部에서 일어나는 τ_{xy}의 最小値와의 差는 작으며, τ_{xy}의 分布는 그림 7.12(b)에 보인 바와 같이 납작한 포물선으로 된다. b_1이 b에 비해 작으면 작을수록 最大値와 最小値와의 差는 더 작아지고 그림 7.12(b)의 τ_{xy}의 分布는 矩形에 가까와지며, 이 때에는

$$\tau_{xy,\max}\fallingdotseq\tau_{xy,\min}\fallingdotseq\frac{Q\dfrac{b}{2}\left(\dfrac{h^2}{4}-\dfrac{h_1^2}{4}\right)}{b_1\dfrac{b}{16}(h-h_1)(h+h_1)^2}=\frac{Q}{b_1\dfrac{h+h_1}{2}}\fallingdotseq\frac{Q}{b_1 h_1} \qquad (7.55)$$

로 놓을 수 있다.

I字形 斷面에서 플랜지 안의 剪斷應力은 Q의 방향을 향하지 않고 오히려 이에 수직한 방향을 향하고 있어서 Q의 全量을 腹部板이 전달시키고 있다고 볼 수 있다.

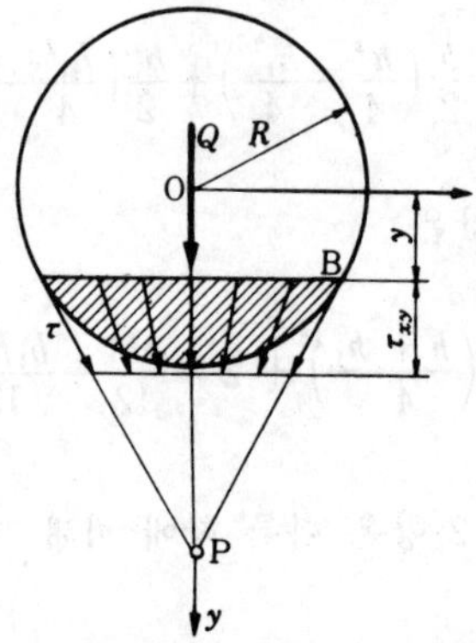

그림 7.13

圓形斷面의 들보를 사용하는 예는 드물지만 圓形斷面의 기둥이 壓縮力과 함께 휨모멘트와 剪斷力의 작용도 받는 예는 많다. 圓形斷面의 경우에는 한 斷面 위에 일어나는 剪斷應力 τ가 어디서나 剪斷力 Q의 방향에 平行하다고 가정할 수는 없다. 斷面의 주변에서는 剪斷應力이 그림 7.13에 보인 바와 같이 斷面의 境界線의 接線方向을 향하고 있어야 하기 때문이다. 그러므로 剪斷應力의 방향에 관해서는 다음과 같이 가정하는 것이 合理的이다. 곧 그림 7.13에서와 같이 中立軸인 z軸에 平行한 弦 AB 위에 작용하는 剪斷應力은 모두 弦의 兩端에서의 接線의 交點 P를 향한다고. 다음으로 한 弦에서의 剪斷應力의 Q 방향의 成分 τ_{xy}는 모두 같다고 가정한다. 그러면 이 경우에도 τ_{xy}에 관해서는 식 (7.47)이 성립한다. 곧

$$\tau_{xy}=\frac{QG_z^{(y)}}{bI} \tag{7.56}$$

여기서 b는 弦 AB의 길이이고, $G_z^{(y)}$는 斜線部分의 中立軸에 대한 一次모멘트이다.

$G_z^{(y)}$의 값은, 斷面의 반지름을 R로 나타내, 中立軸으로부터 η의

거리에 있는 弦의 길이는 $2\sqrt{R^2-\eta^2}$으로 되므로, 다음과 같이 계산된다:

$$G_z^{(y)} = \int_y^R 2\sqrt{R^2-\eta^2}\,\eta d\eta = \frac{2}{3}\left(R^2-y^2\right)^{3/2} \tag{7.57}$$

그러므로, $b=2\sqrt{R^2-y^2}$, $I=\dfrac{\pi R^4}{4}$을 사용하면

$$\tau_{xy} = \frac{4}{3}\left(1-\frac{y^2}{R^2}\right)\frac{Q}{\pi R^2} \tag{7.58}$$

를 얻는다. 한 弦 위에서는 그 兩端에서의 合成剪斷應力 τ가 최대로 되고, 그 값은

$$\tau = \tau_{xy}\frac{R}{\sqrt{R^2-y^2}} = \frac{4}{3}\sqrt{1-\frac{y^2}{R^2}}\,\frac{G}{\pi R^2} \tag{7.59}$$

로 된다. 이 식에 의해 最大剪斷應力은 中立軸 위에서 일어나고, 그 값은

$$\tau_{\max} = \tau_{xy,\max} = \frac{4}{3}\frac{Q}{\pi R^2} \tag{7.60}$$

로 되며, 中立軸 위에서는 剪斷應力이 一樣하게 분포되어 있다는 사실을 알게 된다. 또 最大剪斷應力은 平均剪斷應力의 4/3 배로 됨을 안다.

반지름이 R이고 두께가 t인 얇은 圓管들보에서도 最大剪斷應力은 中立軸 위에서 일어날 것이다. 이 圓管의 斷面積은 $2\pi Rt$이고 中立軸보다 아래 또는 위에 있는 部分의 圖心의 中立軸으로부터의 거리는 $\dfrac{2}{\pi}R$이므로 $G_z^{(0)}=\pi Rt\cdot\dfrac{2}{\pi}R=2R^2t$로 되고, $b=2t$, $I=\pi R^3t$이므로, 最大剪斷應力은

$$\tau_{\max}=\frac{QG_z^{(y=0)}}{Ib}=\frac{Q}{\pi Rt} \tag{7.61}$$

로 되고, 이 때에는 $\tau_{\max}$이 平均剪斷應力의 2배로 됨을 안다.

이상의 剪斷應力의 算出公式은 斷面이 材軸을 따라 변화하지 않는 경우에만 성립한다는 점에 유의해야 한다.

들보의 어느 한 斷面에서 휨모멘트 M과 剪斷力 Q를 알고 있으면, 그 斷面 위의 모든 점에서의 垂直應力 σ_x와 剪斷應力 τ_{xy}가 각각 식 (7.42)와 (7.47)에 의해 쉽게 계산된다. 이에 따르면, σ_x의 最大値는 中立軸에서 가장 먼 纖維에서 일어나고 거기서는 τ_{xy}가 0으로 되며, τ_{xy}의 最大値는 中立軸 위에서 일어나고 거기서는 σ_x가 0으로 된다. 그리고 M이 最大로 되는 斷面과 Q가 最大로 되는 斷面은 일반적으로 다르므로, 들보의 設計에 際하여서는 대개의 경우에 $M_{\max}$과 $Q_{\max}$을 구하고 이들을 사용하여 $\sigma_{x,\max}$과 $\tau_{xy,\max}$을 구한 다음에, 이들이 각각 許容應力 σ_a와 τ_a를 넘지 않도록, 곧

$$|\sigma_x|_{\max}\leqq\sigma_a \text{ 및 } \tau_{xy,\max}\leqq\tau_a \tag{7.62}$$

를 동시에 만족시키도록 斷面을 결정하면 된다.

때에 따라서는 許容壓縮應力 σ_{ca}가 許容引張應力 σ_{ta}보다 작게 되는 일이 있는데, 이런 때에는 垂直應力을 引張應力과 壓縮應力으로 구분해서

$$\sigma_{x,\max}\leqq\sigma_{ta}, \quad |\sigma_{x,\min}|\leqq o \tag{7.63}$$

를 만족시키도록 해야 한다.

板桁(plate girder)과 같이 긴 I字形 斷面의 들보에서는 材軸에 연하여 斷面을 변화시키는 것이 경제적이다. 그러한 경우에는 여러 개의 斷面에서 M과 Q를 산출하고 이들로부터 σ_x와 τ_{xy}를 산정할 필요가 있

다. 들보의 上下의 양변에서는 τ_{xy}가 0이므로 거기서의 σ_x 곧 **緣纖維應力**(extreme fiber stress)이 主應力으로 되는데, 이것이 그 斷面에서의 最大垂直應力 $\sigma_{\max}$으로 된다는 보장은 없다. 그것은 中立軸에서 좀 떨어진 纖維에 대해서 σ_x는 緣纖維應力보다 작지만 동시에 τ_{xy}도 작용하고 있어서 식 (7.27)로 계산되는 主應力 σ_1이 緣纖維應力보다 커질 수 있기 때문이다. τ_{xy}가 들보의 斷面의 높이에 연하여 漸次的으로 변하는 矩形 또는 圓形의 斷面에서는 위와 같은 일이 일어나지 않을 것이지만, I字形 斷面의 들보에서는 플랜지와 腹部板의 接合部에서의 σ_1은 왕왕 緣纖維應力보다 커지므로, 板桁의 設計 때에는, 특히 連續들보의 內部支點 위에서는 반드시, 이 점을 검토할 필요가 있다.

剪斷力에 의한 變形에너지에 관해서는 本章 끝에서 언급할 것이다.

7.7 들보의 처짐

本章에서 前節까지 쓴 部分은 분명히 材料力學에서만 다루어야 할 부분이다. 그러므로, 本書의 제6 장까지와 並行해서 또는 제6 장까지를 끝마친 다음에, 앞으로 本書에서 다루어야 할 部分을 理解하기 위한 先修科目으로서 材料力學을 공부한 분은 위의 部分을 생략할 수도 있고, 또 構造力學이라고 이름붙인 本書에 위의 部分을 삽입시킨 것도 우습다. 그러나 이 部分은 材料力學의 아주 적은 部分을 차지하는 뿐인 데도 불구하고 本書의 나머지 부분을 이해하는 데 큰 도움이 되는 것이므로, 예제를 달지 않고 될 수 있는 대로 짧게 끼워둔 것이다.

本章의 나머지에서는 들보의 처짐을 구하는 문제를 다루게 되는데, 이것은 材料力學에 관한 冊에서도 構造力學에 관한 冊에서도 다루어지고 있는 문제이다.

그림 7.14와 같이 支間이 l인 단순들보 AB가 어느 荷重, 이를테

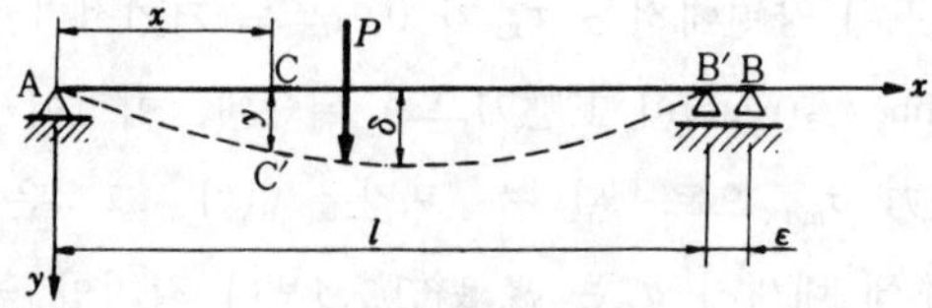

그림 7.14

면, 集中荷重 P의 작용을 받으면 들보의 材軸은 점선과 같이 변형할 것이고, 이 변형된 상태에서 들보는 平衡狀態에 있게 될 것이다. 들보 內部에 일어나는 應力이 어디서나 彈性限度 안에 있다면 이 變形을 특히 **彈性變形**(elastic deformation)이라고 부르고, 彈性變形 후에 材軸이 취하는 曲線을 **彈性曲線**(elastic curve)이라고 부른다. 이 변형에 따라 材軸 위의 임의의 한 점 C는 C′로 변위한다. 材軸의 변형에 따라 移動端 B는 B′로 이동할 것이므로 變位 $\overrightarrow{CC'}$는 일반적으로는 材軸에 수직하다고 말할 수 없다. 變位 $\overrightarrow{CC'}$가 材軸에 수직하지 않은 경우에는 材軸에 수직한 방향의 그 成分 y를 생각하는 것이 편리하다. 일반적으로 彈性變形에 의한 구조물 위의 어느 한 점의 變位의 어느 한 방향의 성분을 그 점의 그 방향의 **처짐**(deflection)이라고 부른다. 들보의 경우에는 材軸에 수직한 방향의 처짐이 중요하며 그냥 처짐이라고 하면 이 방향의 처짐을 가리킨다.

점 C의 처짐 y는 점 C의 位置를 支點 A로부터의 거리 x로 나타낼 때 x의 函數로 된다. 곧

$$y = f(x) \tag{7.64}$$

로 된다. 그리고 이 函數의 그래프를 **처짐曲線**(deflection curve)이라고 부른다.

실제의 들보에서는 처짐 y는 支間의 길이 l에 비해 극히 작다. 이러한 경우에는 y의 最大値 δ의 l에 대한 비 δ/l를 1位의 微小量이

라고 보면 移動端 B의 變位 $\overrightarrow{BB'}=\varepsilon$의 l에 대한 비 ε/l은 2位의 微小量으로 되며, 따라서 ε을 0으로 볼 수 있다. 이런 때에는 처짐曲線이 아주 납작해지고 그 위의 線素 ds를 dx와 같다고 놓을 수있다. 곧

$$ds=\sqrt{dx^2+dy^2}=dx \tag{7.65}$$

로 놓을 수 있다. 그러면 처짐 y가 全彈性變位와 같게 되고 처짐曲線은 彈性曲線과 일치하게 된다.

처짐曲線의 그 위의 점 C′에서의 接線이 變形하기 전의 方向인 x軸과 짓는 角 θ를 점 C의 기울기(slope) 또는 撓角(angular deflection)이라고 부른다. 이것은 점 C를 지나는 斷面이 變形으로 인해 廻轉한 角과 같다. 처짐曲線이 아주 납작한 경우에는 θ도 극히 작고

$$\theta=\tan\theta=\frac{dy}{dx} \tag{7.66}$$

로 놓을 수 있다. 들보의 材軸이 수평한 때에, 그림 7.14와 같이 鉛直下方의 처짐을 陽으로 잡으면, 撓角 θ는 시계방향의 것을 陽으로 잡아야 식 (7.66)이 성립한다.

어느 한 曲線의 그 위의 어느 한 점에서의 曲率 $1/\rho$은 그 점에서의 撓角 θ와 그 점에서 ds만큼 떨어진 曲線 위의 점에서의 撓角 $\theta+d\theta$와의 差 $d\theta$를 ds로 나눈 것으로 정의된다. 그러므로 납작한 曲線에서는 曲率을 식 (7.65)와 (7.66)에 의해 다음과 같이 표시할 수 있다:

$$\frac{1}{\rho}=\frac{d\theta}{ds}=\frac{d\theta}{dx}=\frac{d^2y}{dx^2} \tag{7.67}$$

이것을 사용하면 식 (7.41)은 다음과 같이 된다:

$$\frac{d^2y}{dx^2}=-\frac{M}{EI} \tag{7.68}$$

여기서 陰의 부호를 붙인 것은, 陽의 휨모멘트에 의해서는 들보가 아래로 볼록하게 휘게 되는데, 그런 曲線에서는 座標軸을 그림 7.14 와 같이 취했을 때 d^2y/dx^2의 값이 陰으로 되기 때문이다.

식 (7.68)이 들보의 처짐曲線을 구하는 데 기초가 되는 基本微分方程式이다. 식 (7.68)의 양변을 x로 거듭 微分하고 식 (3.7)을 대입하면 다음 두 식을 얻는다:

$$\frac{d^3y}{dx^3}=-\frac{Q}{EI} \tag{7.69}$$

$$\frac{d^4y}{dx^4}=\frac{p}{EI} \tag{7.70}$$

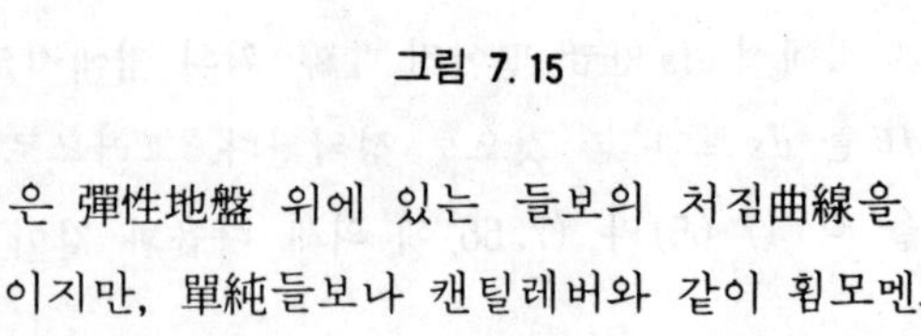

그림 7.15

식 (7.70)은 彈性地盤 위에 있는 들보의 처짐曲線을 구하는 데는 불가결의 식이지만, 單純들보나 캔틸레버와 같이 휨모멘트 M을 x의 函數로서 쉽게 구할 수 있는 경우에는 식 (7.68)을 사용하여 처짐曲線을 구하는 것이 훨씬 간편하다. 첫째 예로서 그림 7.15와 같이 支間이 l이고 斷面이 一樣한 單純들보 AB에 強度가 p인 等分布荷重이 滿載된 경우를 생각한다. 임의의 斷面 x에서의 휨모멘트 M은

$$M=\frac{pl}{2}x-\frac{p}{2}x^2 \tag{7.71}$$

이고, I가 일정하므로 식 (7.68)은 다음과 같이 된다:

$$EI\frac{d^2y}{dx^2}=\frac{p}{2}x^2-\frac{pl}{2}x \tag{7.72}$$

양변을 x로 한 번 積分하면

$$EI\frac{dy}{dx}=\frac{p}{6}x^3-\frac{pl}{4}x^2+C_1 \tag{7.73}$$

을 얻는다. 여기서 積分常數 C_1은 스팬의 中點에서 dy/dx가 0으로 된다는 조건으로부터 $pl^3/24$과 같음을 안다. 이것을 (7.73)에 대입하고 그 식을 다시 x로 積分하면

$$EIy=\frac{px^4}{24}-\frac{plx^3}{12}+\frac{pl^3x}{24}+C_2 \tag{7.74}$$

를 얻는다. 새 積分常數 C_2는 支點 A에서 처짐 y가 0이라는 조건으로부터 결정할 수 있다. 그 결과는 $C_2=0$으로 되므로, 결국 처짐 曲線의 方程式으로서 다음을 얻는다:

$$y=\frac{px}{24EI}(x^3-2lx^2+l^3) \tag{7.75}$$

最大처짐 δ는 撓角 dy/dx가 0으로 되는 스팬의 中點에서 일어나며 그 값은 위의 식에 $x=l/2$을 대입함으로써 다음과 같이 얻어진다:

$$\delta=\frac{5pl^4}{384EI} \tag{7.76}$$

다음 예로서 그림 7.16과 같이 길이가 l이고 斷面이 一樣한 캔틸

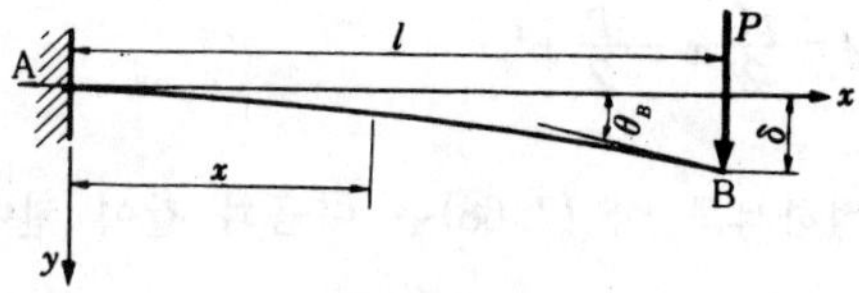

그림 7.16

레버 AB의 自由端 B에 集中荷重 P가 작용하는 경우를 생각한다. 임의의 斷面 x에서의 휨모멘트는 $M=-P(l-x)$로 되고, 이것을 (7.68)에 대입하면,

$$EI\frac{d^2y}{dx^2}=Pl-Px \tag{7.77}$$

이것을 $x=0$에서 $dy/dx=0$으로 된다는 조건하에 積分하면 다음의 撓角의 方程式을 얻는다:

$$EI\frac{dy}{dx}=Plx-\frac{P}{2}x^2 \tag{7.78}$$

이것을 또 積分하고 $x=0$에서 $y=0$이라는 조건을 적용하면 다음의 처짐의 方程式이 얻어진다:

$$EIy=\frac{Plx^2}{2}-\frac{Px^3}{6} \tag{7.79}$$

撓角도 처짐도 自由端에서 最大로 되고 그들의 값은 위의 식에 $x=l$을 대입함으로써 다음과 같이 얻어진다:

$$\theta_B=\left(\frac{dy}{dx}\right)_{\max}=\frac{Pl_2}{2EI} \tag{7.80}$$

$$\delta=\frac{Pl^3}{3EI} \tag{7.81}$$

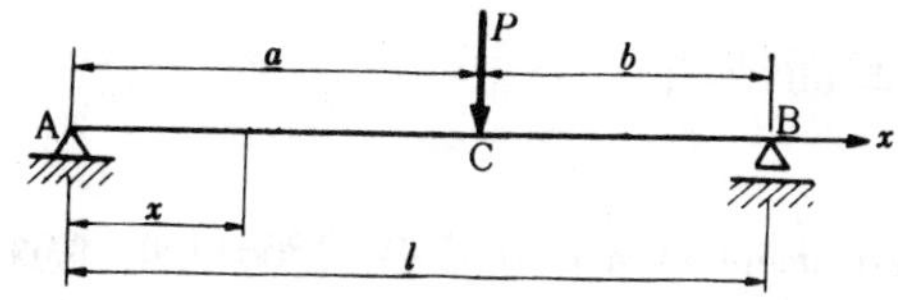

그림 7.17

위의 두 예에서는 처짐曲線의 微分方程式을 직접 積分함으로써 撓角과 처짐을 구했는데, 이 방법은 위의 두 예의 경우와 같이 휨모멘트方程式이 들보의 전길이에 걸쳐 한 개의 식으로 표시되는 경우에 한해서 편리한 방법이고, 그렇지 않은 경우에는 積分常數를 境界條件을 만족시키도록 결정하는 문제가 복잡해져서 아주 불편한 방법으로 된다. 한 예로서 그림 7.17과 같이 길이가 l인 單純들보에 한 개의 集中荷重 P가 작용하는 경우를 생각한다. 이 때에는 휨모멘트도가 三角形으로 되어 휨모멘트方程式이 AC 區間과 CB 區間에서 서로 다른 식으로 표시된다. 그 결과 처짐曲線의 微分方程式을 이 두 구간에 대해 따로따로 세워서 각각 두 번 積分해야 한다. 그러면 도합 4개의 積分常數가 나타난다. 이것을 결정하기 위해서는 兩端의 처짐이 0이라는 端條件과 荷重의 着力點 C에서 좌우 양쪽의 처짐과 撓角이 일치해야 한다는 連續條件을 적용하게 된다. 이와 같이 하여 積分常數를 구하는 작업의 量은 만만치 않다. 더우기 集中荷重이 2개 있으면 6개의 積分常數가 나타나고 n개 있으면 $2(n+1)$개의 積分常數가 나타나서 이들을 境界條件에 맞추어 결정하는 일은 대단한 것이다. 그러므로 여러 개의 集中荷重이 작용하는 경우에는 直接積分法은 實用的이 못 된다. 이에 비하면 다음 節에서 설명할 모멘트面積法은 들보의 처짐을 구하는 데 큰 힘을 발휘한다고 할 수 있다.

7.8 모멘트面積法

모멘트面積法(moment-area method)은 1868년에 獨逸의 Otto Mohr (1835~1918)에 의해 고안된 것인데, 美国에서는 Michigan大學의 C.E. Greene 教授가 1873년부터 Mohr와는 독립해서 고안한 이 방법을 教授했다고 한다.

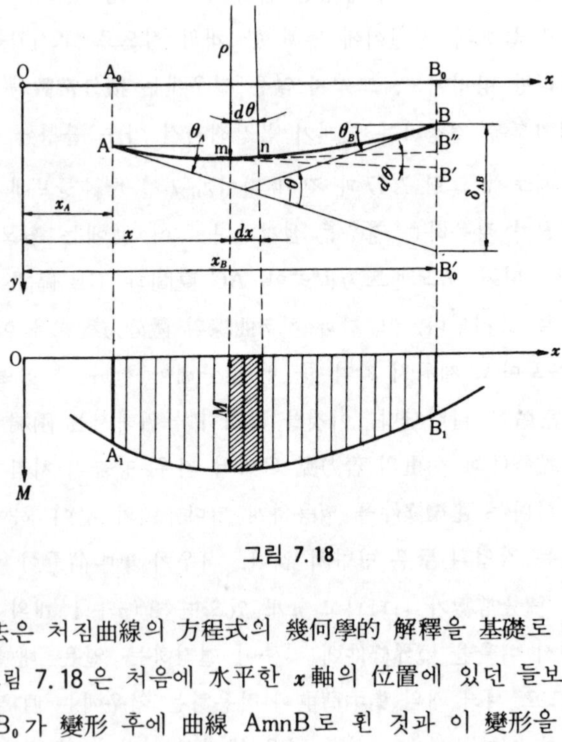

그림 7.18

이 方法은 처짐曲線의 方程式의 幾何學的 解釋을 基礎로 해서 전개된다. 그림 7.18은 처음에 水平한 x軸의 位置에 있던 들보의 임의의 部分 A_0B_0가 變形 후에 曲線 AmnB로 휜 것과 이 變形을 일으키게 한 휨모멘트圖를 보여준다. 식 (7.67)과 (7.68)을 사용하여 처짐曲線의 微分方程式을

$$d\theta = -\frac{M}{EI}dx \tag{7.82}$$

와 같이 나타낼 수 있는데, 그러면 이 식은 서로 인접하는 두 점 m과 n에서의 접선 사이의 角 $d\theta$가 휨모멘트도의 사선 부분의 面積 Mdx를 휨剛性 EI로 나눈 값과 같다는 것을 나타낸다. 만일 점 m보다 오른쪽에 있는 모든 斷面에서 휨모멘트가 0이라면, 처짐曲線은 AmB′로 되고 mB′는 직선으로 될 것이다. 또 n보다 오른쪽에 있는 모든 斷面에서 휨모멘트가 0이라면, 처짐曲線은 AmnB″로 되고 nB″는 직선으로 될 것이다. 그러므로 mn 사이에 작용하는 휨모멘트에 의해 그들의 斷面보다 오른쪽에 있는 材軸 nB_0의 방향이 식 (7.82)로 산정되는 角 $d\theta$만큼 변하고, 陽의 휨모멘트에 의해 nB_0가 반시계방향으로 $d\theta$만큼 회전함을 안다. 이 사실은 材軸 위의 모든 要素에 대해 성립하므로, 식 (7.82)를 A부터 B까지 모두 集計한 것, 곧 식 (7.82)를 x에 관해 x_A부터 x_B까지 積分한

$$\theta_B-\theta_A=\theta=-\int_{x_A}^{x_B}\frac{M}{EI}dx \tag{7.83}$$

는, 처짐曲線 위에서 점 A에서의 접선에 대해 B에서의 접선이 AB 부분에 작용하는 휨모멘트에 의해 회전한 角을 나타낸다. 특히 斷面이 一樣한 때에는

$$\theta=-\frac{1}{EI}\int_{x_A}^{x_B}Mdx \tag{7.84}$$

로 되고, 이 식의 우변에 있는 積分은 휨모멘트圖의 A와 B 사이에 있는 부분의 面積을 나타내므로, 이 식에 의해 다음과 같이 말할 수 있다:

"처짐曲線 위에서 왼쪽에 있는 점 A에서의 接線에 대해 오른쪽에 있는 점 B에서의 接線이 反時計方向으로 회전한 角은 휨모멘트圖의 A와 B 사이의 面積을 휨剛性 EI로 나눈 값과 같다."

이것을 **第1모멘트面積定理**(the first moment-area theorem)라고 한다.

다음에 처짐曲線 위에서 한 점 A에서의 접선 AB_0'에 대한 점 B의 처짐 δ_{AB}를 구하는 문제를 생각한다. 위의 고찰에 의해 mn 부분에 작용하는 휨모멘트만에 의해서는 점 B_0가 점 A에서의 접선 AB_0'에 대해

$$\overline{B'B''}=(x_B-x)\,d\theta=-(x_B-x)\frac{M}{EI}dx \tag{7.85}$$

만큼 위로 처짐을 안다. 이것을 A와 B 사이의 모든 要素에 대해 合計하면, 그림 7.18에서 θ_A도 θ_B도 실은 극히 작은 값이어서 B_0, B_0', B', B'', B는 모두 한 鉛直線 위에 있다고 생각할 수 있으므로,

$$\delta_{AB}=-\int_{x_A}^{x_B}\frac{M(x_B-x)}{EI}dx \tag{7.86}$$

를 얻는다. 특히 斷面이 一樣한 때에는

$$\delta_{AB}=-\frac{1}{EI}\int_{x_A}^{x_B}M(x_B-x)\,dx \tag{7.87}$$

로 된다. 이 식을 말로 나타내면 다음의 **第2모멘트面積定理**(the second moment-area theorem)를 얻는다. 곧 이 식의 우변의 積分은 휨모멘트도의 A와 B 사이의 부분의 面積의 B를 지나는 鉛直線에 대한 모멘트를 나타내므로 다음과 같이 말할 수 있다:

"처짐曲線 위에서 A와 B를 그 위에 있는 임의의 두 점이라고 할 때, A에서의 접선에 대해 鉛直上方으로 잰 B의 처짐은 휨모멘트圖의 A와 B 사이에 있는 部分의 面積의 B를 지나는 鉛直線에 대한 모멘트를 휨剛性 EI로 나눈 값과 같다."

위의 定理는 B점이 A점의 왼쪽에 있어도 성립한다.

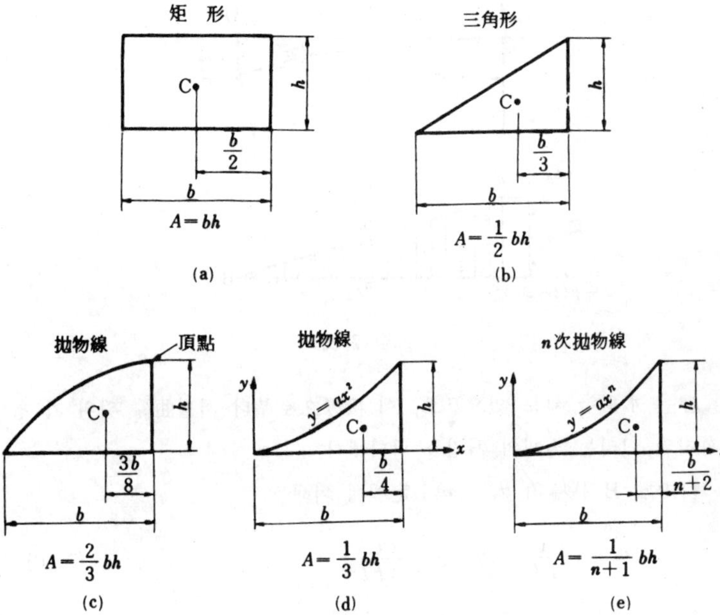

그림 7.19

대개의 경우에 휨모멘트圖는 直線과 抛物線으로 이루어진다. 이러한 경우에 대해 그 面積과 圖心의 位置를 미리 알고 있으면 撓角과 처짐을 積分計算을 하지 않고서도 구할 수 있다. 그림 7.19는 그 몇 가지 예에 대해 面積 A와 圖心 C의 位置를 나타낸 것으로 이들을 외어 두면 편리하다.

예제 7.1 그림 7.20에 보인 바와 같이, 斷面이 一樣하고 길이가 l인 캔틸레버 AB의 自由端 B에 集中荷重 P가 작용하는 때에, B 점의 撓角 θ_B와 처짐 δ 그리고 처짐曲線의 方程式을 모멘트面積法으로 구하여라.

(풀이) 휨모멘트도는 그림에서 三角形 OA_1B_1과 같다. 固定端 A에서의

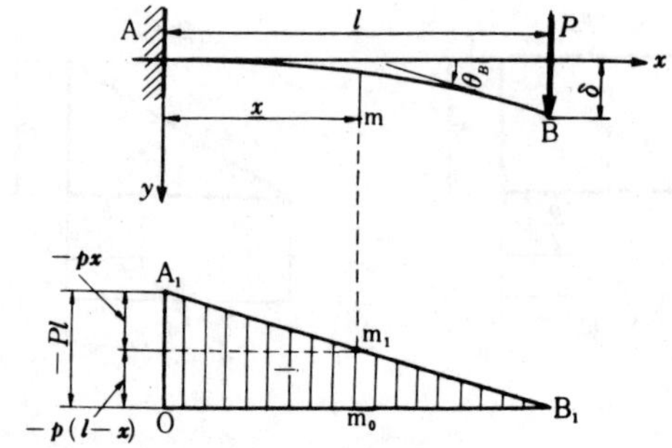

그림 7.20

接線은 水平한 채로 있으므로, 이 接線으로부터 처짐曲線 위의 각 점까지의 거리는 실제의 처짐을 나타낸다.

自由端 B의 撓角 θ_B는 第1定理에 의해

$$\theta_B = -\frac{1}{EI}(-Pl)\frac{l}{2} = \frac{Pl^2}{2EI} \tag{7.80}$$

으로 되고, 그 점의 처짐 δ는 第2定理에 의해

$$\delta = -\frac{1}{EI}\left(-Pl\frac{l}{2}\right)\left(\frac{2}{3}l\right) = \frac{Pl^3}{3EI} \tag{7.81}$$

으로 되어, 前節의 直接積分法에 의한 결과와 일치한다.

固定端 A로부터 임의의 거리 x에 있는 점 m의 撓角 θ는 휨모멘트도의 梯形 $OA_1m_1m_0$의 面積을 EI로 나눈 값과 같으므로,

$$\theta = \frac{dy}{dx} = -\frac{1}{EI}[-Pl - P(l-x)]\frac{x}{2} = \frac{Px}{2EI}(2l-x) \tag{7.78}$$

로 되고, m 점의 처짐 y는 이 梯形 $OA_1m_1m_0$의 m_1m_0에 대한 모멘트를 EI로 나눈 값과 같으므로, 이 面積을 그림과 같이 矩形과 三角形으로 나누어 생각하면 다음과 같이 된다:

$$y = -\frac{1}{EI}\left[-P(l-x)x\frac{x}{2} - Px\frac{x}{2}\ \frac{2}{3}x\right]$$

$$= \frac{Px^2}{6EI}(3l-x) \tag{7.79}$$

예제 7.2 예제 7.1에서 集中荷重을 그림 7.21과 같이 全支間에 滿載된 等分布荷重 p로 대치했을 때의 θ_B, δ, θ, y를 구하여라.

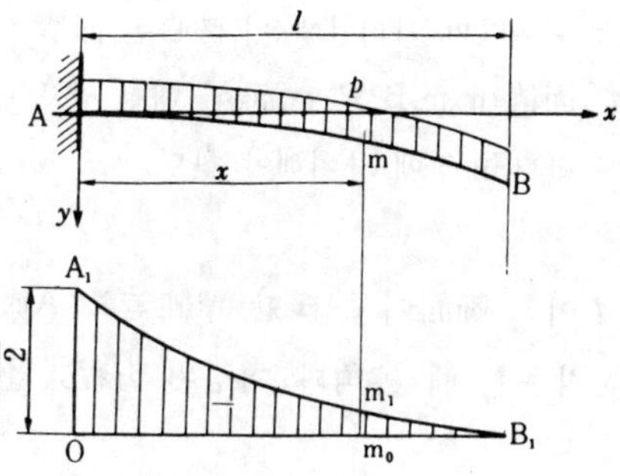

그림 7.21

(풀이) 그림 7.19(d)를 이용하여

$$\theta_B = -\frac{1}{EI}\frac{1}{3}\left(-\frac{pl^2}{2}\right)l = \frac{pl^3}{6EI} \tag{7.88}$$

$$\delta = -\frac{1}{EI}\frac{1}{3}\left(-\frac{pl^2}{2}\right)l\left(\frac{3}{4}l\right) = \frac{pl^4}{8EI} \tag{7.89}$$

θ와 y를 구하기 위해서는 휨모멘트圖의 $OA_1m_1m_0$ 部分의 面積과 그 面積의 m_1m_0에 대한 모멘트를 계산해야 하는데, 그러기 위해서는 이 部分을 抛物線 OA_1B_1에서 抛物線 $m_0m_1B_1$을 뺀 것으로 보면 된다. 곧

$$\theta = \frac{dy}{dx} = -\frac{1}{EI}\left[\frac{1}{3}\left(-\frac{pl^2}{2}\right)l - \frac{1}{3}\left(-\frac{p(l-x)^2}{2}\right)(l-x)\right]$$

$$= \frac{p}{6EI}[l^3-(l-x)^3] \tag{7.90}$$

$$y = -\frac{1}{EI}\left[\left(-\frac{pl^2}{2}\frac{l}{3}\right)\left(x-\frac{l}{4}\right) - \left(-\frac{p(l-x)^2}{2}\cdot\frac{l-x}{3}\right)\left(-\frac{l-x}{4}\right)\right]$$

$$= \frac{px^2}{24EI}(6l^2 - 4lx + x^2) \tag{7.91}$$

여기서 $\left(x-\frac{l}{4}\right)$은 抛物線 OA_1B_1의 圖心의 m_1m_0으로부터의 거리로서, 이 거리를 面積 OA_1B_1의 m_1m_0에 대한 팔로 사용할 때에는, 이 圖心이 面積 $OA_0m_1m_0$ 안에 있으므로 陽의 부호를 붙이고, $\left(\frac{l-x}{4}\right)$는 抛物線 $m_0m_1B_1$의 圖心의 m_1m_0으로부터의 거리인데 이 圖心은 面積 $OA_0m_1m_0$ 밖에 있으므로 이 거리를 面積 $m_0m_1B_1$의 m_1m_0에 대한 팔로 사용할 때에는 陰의 부호를 붙여야 한다는 점에 유의해야 한다.

예제 7.3 支間이 l이고 斷面이 一様한 單純들보 AB에 그림 7.22와 같이 集中荷重이 작용할 때 撓角과 처짐의 方程式을 구하여라.

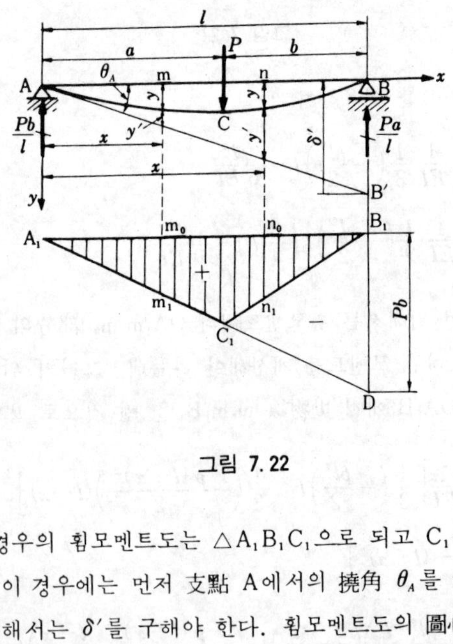

그림 7.22

(풀이) 이 경우의 휨모멘트도는 $\triangle A_1B_1C_1$으로 되고 C_1의 縱距는 Pab/l로 된다. 이 경우에는 먼저 支點 A에서의 撓角 θ_A를 구할 필요가 있다. 그러기 위해서는 δ'를 구해야 한다. 휨모멘트도의 圖心의 B_1으로부터의 거리는 $(l+b)/3$이므로,

$$\theta_A=\frac{-\delta'}{l}=\frac{1}{EIl}\frac{Pab}{l}\frac{l}{2}\frac{l+b}{3}=\frac{Pab\,(l+b)}{6\,EIl}=\frac{Pb\,(l^2-b^2)}{6\,EIl} \qquad (7.92)$$

θ_A의 값이 결정되었으므로, 임의의 점 m에서의 撓角 θ는 第一定理에 의해 다음과 같이 결정된다:

$$\theta=\theta_A-\frac{1}{EI}\int_0^x Mdx=\theta_A-\frac{1}{EI}\frac{Pbx}{l}\frac{x}{2}$$

$$=\frac{Pb}{6\,EIl}(l^2-b^2-3x^2) \qquad (7.93)$$

점 m의 처짐 y는 θ_A^*x-y'와 같고 y'는 第二定理로부터 구할 수 있으므로

$$y=\theta_A x-\frac{1}{EI}\frac{Pbx}{l}\frac{x}{2}\frac{x}{3}=\frac{Pbx}{6\,EIl}(l^2-b^2-x^2) \qquad (7.94)$$

로 되고, 荷重의 着力點보다 오른쪽에 있는 임의의 점 n의 처짐은

$$y=\theta_A x-\frac{1}{EI}\left[\frac{Pbx}{l}\frac{x}{2}\frac{x}{3}-\left(\frac{Pbx}{l}-\frac{Pa(l-x)}{l}\right)\frac{x-a}{2}\frac{x-a}{3}\right]$$

$$=\frac{Pbx}{6\,EIl}\left[l^2-b^2-x^2+\frac{l}{bx}(x-a)^3\right] \qquad (7.95)$$

로 된다.

7.9 彈性荷重法

이 방법은 처짐曲線의 微分方程式 (7.68)과 휨모멘트와 荷重 사이의 關係式 사이의 類似性에 기초를 두고 있다. 식 (3.7)의 나중 두 식으로부터

$$\frac{dM}{dx}=Q,\quad \frac{d^2M}{dx^2}=\frac{dQ}{dx}=-p\,(x) \qquad (7.96)$$

를 얻는데, 이들은 식 (7.66)과 (7.68) 곧

$$\frac{dy}{dx}=\theta,\ \frac{d^2y}{dx^2}=\frac{d\theta}{dx}=-\frac{M}{EI}=-w(x) \tag{7.97}$$

와, 사용된 기호만 다르지, 數學的 內容은 똑같다. 그러므로 w, θ, y 사이의 관계는 p, Q, M 사이의 관계와 유사하다. 바꾸어 말하면 w를 알고서 y를 구하는 문제는 荷重 p가 주어졌을 때 휨모멘트 M을 구하는 문제와 비슷하다. 이 類似性을 이용하여 撓角과 처짐을 다음 순서를 따라 구할 수 있다.

임의의 荷重의 작용을 받는 어느 들보의 撓角과 처짐을 구하자면, 먼저 그 荷重에 의한 휨모멘트 M을 구하고,

$$w=\frac{M}{EI} \tag{7.98}$$

으로 定義되는 **彈性荷重**(elastic load)을 결정한 다음에, 그 들보의 처짐에 대한 境界條件을 감안하여 결정되는 **共軛들보**(conjugate beam)에 이 彈性荷重을 작용시켜서 剪斷力과 휨모멘트를 구한다. 그러면 共軛들보의 剪斷力과 휨모멘트는 실지의 들보의 撓角과 처짐으로 된다. 陽의 휨모멘트에 대응하는 彈性荷重은 鉛直下方으로 작용하는 것으로 본다.

이와 같이 하여 들보의 撓角과 처짐을 구하는 方法을 **彈性荷重法**(elastic-load method) 또는 **共軛들보의 方法**(method of conjugate beam)이라고 부른다. 이 방법은 모멘트面積法으로부터 점차로 여러 사람의 손을 거쳐 발달되어 온 것으로 언제 누가 창안했다는 말을 文獻上 찾아 보기 어렵다. 그리고 共軛들보의 방법이라는 말은 英國의 書籍에서는 쓰이지 않는 점으로 미루어 보아서, 아마도 美國에서 彈性荷重法을 共軛들보의 방법으로 발전시킨 것 같다.

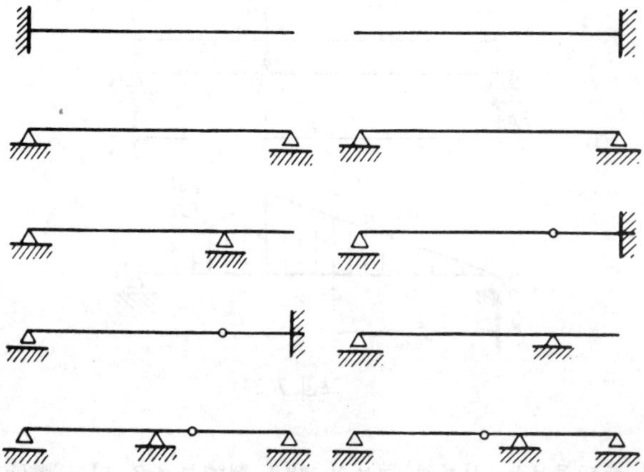

그림 7.23

共軛들보를 선정할 때에는 이것을 실지의 들보와 같은 길이로 취하고, 실지의 들보의 自由端, 移動端, 廻轉端, 固定端, 滑節에 대해서만 특별한 고찰을 하여 적합한 支持條件으로 바꾸어 주면 된다. 곧 自由端은 固定端으로, 移動端 또는 廻轉端은 移動端 또는 廻轉端으로, 固定端은 自由端으로, 中間支點은 滑節로, 滑節은 中間支點으로 바꾸어 주면 된다. 예를 들면 그림 7.23과 같다. 오른쪽에 있는 것은 왼쪽 것의 共軛들보인 동시에 그 반대로도 말할 수 있다. 이것은 靜定한 들보의 경우인데, 不靜定한 들보의 경우에는 n次 不靜定들보에 대한 共軛들보는 自由度가 n인 不安定한 들보로 된다. 그러나 彈性荷重의 作用下에서는 이 不安定한 共軛들보가 平衡狀態에 있게 되고, 휨모멘트도 곧 실지의 들보의 처짐曲線을 작성할 수 있다.

예제 7.4 길이가 l 이고 斷面이 一樣한 單純들보 AB에 그림 7.24와 같이 集中荷重 P가 작용한다. $a>b$ 인 때 最大처짐 δ와 P의 着力點 C의 처짐 δ_c를 구하여라.

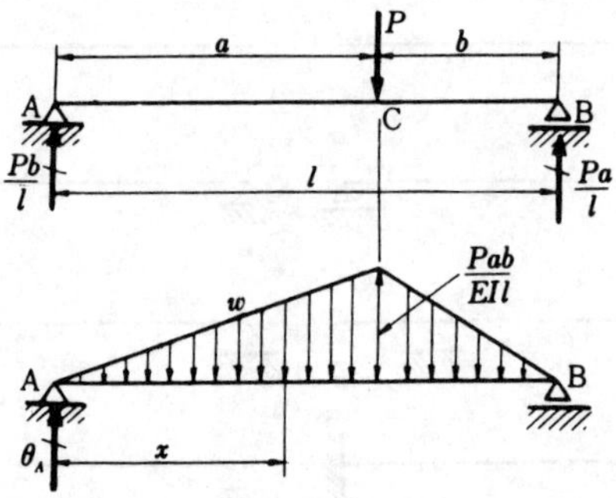

그림 7.24

(풀이) 共軛들보는 실지의 들보와 같은 單純들보로 되고 彈性荷重은 $0<x<a$의 區間에서 $w=\dfrac{Pbx}{EIl}$로 된다. 彈性荷重의 合力 W는 $W=\dfrac{Pab}{2EI}$로 되고, 그 作用線의 B支點으로부터의 거리는 $(l+b)/3$로 되므로, A支點에서의 反力 θ_A는

$$\theta_A=\frac{Pab(l+b)}{6EIl}=\frac{Pb(l^2-b^2)}{6EIl} \tag{7.92}$$

으로 되고, x점에서의 剪斷力 θ는

$$\theta=\theta_A-\frac{Pbx^2}{2EIl}=\frac{Pb}{6EIl}(l^2-b^2-3x^2) \tag{7.93}$$

共軛들보에서의 最大휨모멘트 δ는 剪斷力 θ가 0으로 되는 곳에서 일어나므로, A支點으로부터

$$x_0=\sqrt{\frac{l^2-b^2}{3}} \tag{7.99}$$

의 거리에 있는 점에서 일어난다. 그러나 이것은 x_0이 a보다 작다는 것을 前提로 하고 있으므로, $x_0<a$로 되는가를 확인해야 한다. 확실히 $x_0=\sqrt{\dfrac{a(l+b)}{3}}=\sqrt{\dfrac{a(a+2b)}{3}}\leqq\sqrt{\dfrac{a(a+2a)}{3}}=a$로 된다. 그러므로

$$\delta=\theta_A x_0-\frac{Pbx_0^2}{2EIl}\frac{x_0}{3}=\frac{Pb}{3EIl}\left(\frac{l^2-b^2}{3}\right)^{3/2} \tag{7.100}$$

한편 δ_C는

$$\delta_C = \theta_A a - \frac{Pba^2}{2\,EIl}\frac{a}{3} = \frac{Pa^2b^2}{3\,EIl} \tag{7.101}$$

예제 7.5 그림 7.25(a)와 같이 내민 部分을 가지는 單純들보의 自由端 C에 集中荷重 P가 작용하는 때에 C 점의 처짐 δ를 구하여라.

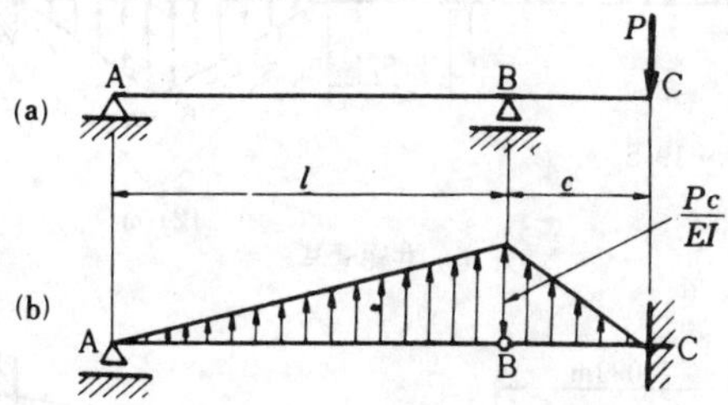

그림 7.25

(풀이) 이 문제를 풀기 위한 共軛들보와 彈性荷重은 그림 7.25(b)와 같다. 共軛들보에서 AB를 單純들보로 보았을 때의 B 점에 일어나는 反力은 $\frac{Pc}{EI}\frac{l}{2}\frac{2}{3} = \frac{Pcl}{3\,EI}$로 되고, 그 反作用이 캔틸레버 BC의 B 점에 上方으로 작용한다. 그러므로 C 점에 일어나는 휨모멘트 δ는

$$\delta = \frac{Pcl}{3\,EI}\,c + \frac{Pc^2}{2\,EI}\frac{2}{3}\,c = \frac{Pc^2}{3\,EI}(l+c) \tag{7.102}$$

로 되고, 이것은 陽이므로 실지의 들보에 일어나는 처짐은 하방으로 일어난다.

예제 7.6 그림 7.26(a)에 보인 들보에 대하여 처짐曲線을 구하여라.

(풀이) 그림 7.26(b)와 같은 共軛들보를 생각하고, 거기에 彈性荷重에 EI_0을 곱한 것을 싣고, 그림 7.26(c)와 같이 휨모멘트도를 작성하면, 이것은 실지의 들보의 처짐曲線에 EI_0을 곱한 것이 된다. 먼저 共軛들보의 支點 A와 B의 反力 $EI_0\theta_A$와 $-EI_0\theta_B$를 구하면,

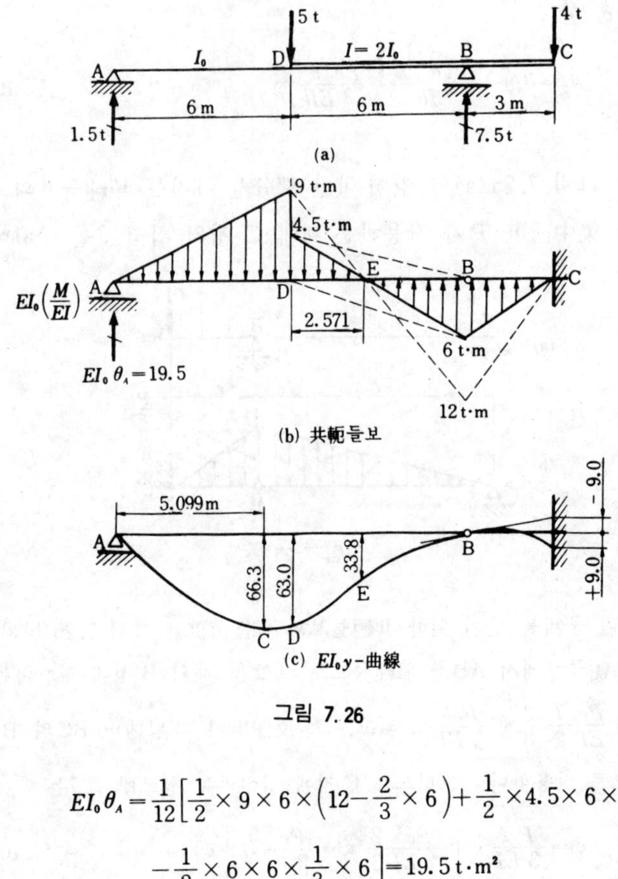

그림 7.26

$$EI_0\,\theta_A=\frac{1}{12}\left[\frac{1}{2}\times 9\times 6\times\left(12-\frac{2}{3}\times 6\right)+\frac{1}{2}\times 4.5\times 6\times\frac{2}{3}\times 6\right.$$

$$\left.-\frac{1}{2}\times 6\times 6\times\frac{1}{3}\times 6\right]=19.5\ \mathrm{t\cdot m^2}$$

$$-EI_0\,\theta_B=\frac{1}{12}\left[\frac{1}{2}\times 9\times 6\times\frac{2}{3}\times 6+\frac{1}{2}\times 4.5\times 6\times\left(12-\frac{2}{3}\times 6\right)\right.$$

$$\left.-\frac{1}{2}\times 6\times 6\times\left(12-\frac{1}{3}\times 6\right)\right]=3.0\ \mathrm{t\cdot m^2}$$

D 점에서의 휨모멘트 y_D는

$$EI_0\,y_D=19.5\times 6-\frac{1}{2}\times 9\times 6\times\frac{1}{3}\times 6=63.0\ \mathrm{t\cdot m^3}$$

B 점에서의 휨모멘트 y_B는 0으로 될 것이고, y_C는

$$EI_0 y_C = -3.0 \times 3 + \frac{1}{2} \times 6 \times 3 \times \frac{2}{3} \times 3 = 9.0\,\mathrm{t \cdot m^3}$$

$y_{\max}$은 $\theta = 0$으로 되는 점에서 일어나며 그 점의 A로부터의 거리를 x_0이라고 하면

$$EI_0 \theta = EI_0 \theta_A - \frac{1}{2}\frac{9}{6} x_0^2 = 19.5 - \frac{3}{4} x_0^2 = 0$$

이로부터 $x_0 = \sqrt{\frac{4}{3} \times 19.5} = 5.099 < 6.000\,\mathrm{m}$

로 되므로 $y_{\max}$은 A~D 사이에서 일어나고, 그 값은

$$EI_0 y_{\max} = 19.5 \times 5.099 - \frac{1}{2}\frac{9}{6} x_0^2 \frac{x_0}{3} = 66.3\,\mathrm{t \cdot m^3}$$

共軛들보의 점 E에서는 荷重이 0이고 그 전후에서 荷重의 부호가 바뀌므로 휨모멘트도는 이 점에서 反曲點을 가지며, 이 점에서의 휨모멘트 y_E는

$$EI_0 y_E = 19.5 \times (6 + 2.571) - \frac{1}{2} \times 9 \times 6 \times \left(\frac{1}{3} \times 6 + 2.571\right)$$
$$- \frac{1}{2} \times 4.5 \times 2.571 \times \frac{2}{3} \times 2.571$$
$$= 167.13 - 123.42 - 9.91 = 33.80\,\mathrm{t \cdot m^3}$$

共軛들보의 B점에서의 剪斷力 θ_B의 EI_0배는 $-3.0\,\mathrm{t \cdot m^2}$이므로 이 점에서 처짐曲線에 그은 接線은 C점에서 $-9.0/EI_0$의 縱距를 가진다. 이상에서 지적한 점을 감안하여 $EI_0 y$-曲線을 작성하면 그림 7.26(c)와 같다.

7.10 들보의 처짐에 대한 剪斷力의 影響

앞의 세 節에서는 휨모멘트만에 의한 들보의 처짐을 생각했는데, 실은 剪斷力에 의해서도 들보는 처진다. 本節에서는 剪斷力에 의한 처

짐이 어느 정도인가를 살펴 보기 위해, 剪斷力의 영향을 감안한 처짐 曲線의 微分方程式을 유도하고, 한 예로서 等分布荷重의 작용을 받는 단순들보의 처짐을 산출해 보기로 한다.

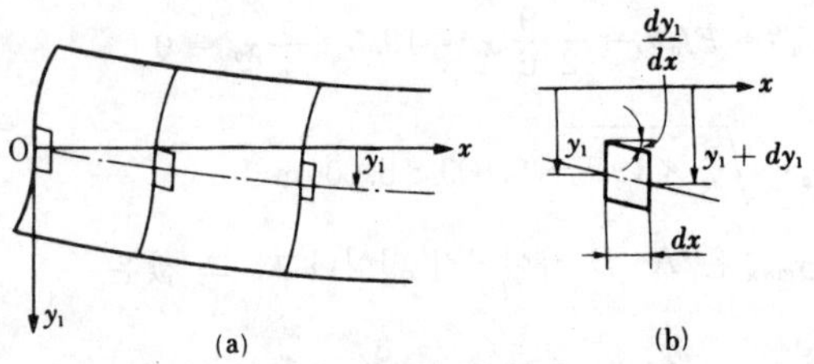

그림 7.27

剪斷應力은 한 斷面 위에서 一樣하지 않으므로 變形 전에 平面이었던 斷面은 變形 후에 그림 7.27(a)에 보인 바와 같은 曲面으로 된다. 이 그림은 剪斷應力만에 의한 變形을 나타내며, 휨應力에 의해 일어나는 인접하는 두 斷面의 相對迴轉은 제거되어 있다. 이 曲面의 그 圖心에 있는 面素의 法線은 變形 전의 방향을 그대로 향한 채 다만 인접하는 斷面에 대해 相對的인 滑動만을 일으키는 것으로 볼 수 있다. 한편 剪斷應力은 中立軸 위에서 最大로 되므로, 材軸 위에 있는 材料要素는 그림 7.27(b)와 같이 씰그러져서 들보의 材軸은 그림(a)의 鎖線과 같이 처지게 될 것이다. 그리고 剪斷應力은 斷面의 上下邊에서 0으로 되므로 曲面으로 變形된 斷面은 變形 후의 들보의 上下面과 直交하게 될 것이다. 그러므로 剪斷力에 의한 들보의 처짐은 中立面의, 곧 對稱휨의 경우에는 材軸의, 처짐을 추적함으로써 결정된다.

x 斷面에서의 剪斷力만에 의한 材軸의 처짐을 y_1으로 적으면, $(x+dx)$ 斷面에서의 그것은 y_1+dy_1으로 될 것인데, 그러면 dy_1/dx은 그림 7.27(b)에서 보는 바와 같이 中立面에서의 剪斷變形度와 같게 되며, 따라서

$$\frac{dy_1}{dx}=\frac{\tau_{\max}}{G}=\frac{kQ}{GA} \tag{7.103}$$

로 놓을 수 있다. 여기서 Q/A는 平均剪斷應力이고, k는 最大剪斷應力을 얻기 위해 平均剪斷應力에 곱해 주어야 할 係數로서, 矩形斷面에서는 1.5, 圓形斷面에서는 4/3이다. 이 식을 x로 微分하면

$$\frac{d^2y_1}{dx^2}=\frac{k}{GA}\frac{dQ}{dx}=-\frac{k}{GA}p \tag{7.104}$$

로 된다. 휨모멘트만에 의한 처짐을 y_0으로 적고 兩者에 의한 처짐을 y로 적으면, $y=y_0+y_1$로 되므로

$$\frac{d^2y}{dx^2}=-\frac{M}{EI}-\frac{kp}{GA}=-\frac{1}{EI}\left(M+\frac{kEI}{GA}p\right) \tag{7.105}$$

를 얻는다. 들보의 처짐을 구하는 데 剪斷力의 영향을 고려해야 하는 때에는 이 식을 사용해야 한다.

M/I과 kp/A가 x의 函數로서 주어져 있으면 식 (7.105)를 두 번 積分함으로써 y를 구할 수 있다. 또 M/EI 대신에 식 (7.105)의 우변을 彈性荷重으로 보면 共軛들보의 방법을 적용할 수도 있다.

한 예로서, 支間이 l이고 斷面이 一樣한 單純들보에 強度가 p인 等分布荷重이 만재된 경우를 생각한다. 식 (7.105)의 우변의 제2항 곧 $w_1=\frac{1}{EI}\left(\frac{kEI}{GA}p\right)$를 彈性荷重으로 보면 剪斷力만에 의한 처짐이 얻어질 것인데, w_1은 常數이므로 이것을 共軛들보에 만재했을 때의 最大모멘트 δ_1은

$$\delta_1=\frac{1}{8}w_1l^2=\frac{l^2}{8EI}\left(\frac{kEI}{GA}p\right) \tag{7.106}$$

로 되며, δ_0은 식 (7.76)으로부터 얻어지므로 全처짐은

$$\begin{aligned}\delta=\delta_0+\delta_1&=\frac{5pl^4}{384EI}+\frac{pl^2}{8EI}\frac{kEI}{GA}\\&=\frac{5pl^4}{384EI}\left(1+\frac{48}{5}\frac{kEI}{GAl^2}\right)\end{aligned}\qquad(7.107)$$

로 된다. 이 식의 우변의 괄호 안의 제2 항은 δ_0에 대한 δ_1의 比를 나타낸다.

특히 한 예로서 斷面이 $b\times h$의 矩形이고 材料가 鋼材인 경우에는

$$\frac{I}{A}=\frac{bh^3}{12bh}=\frac{h^2}{12},\qquad \frac{E}{G}=2(1+\nu)=2.6,\qquad k=1.5$$

이므로,

$$\begin{aligned}\delta&=\frac{5pl^4}{384EI}\left(1+\frac{48}{5}\times\frac{3}{2}\times2.6\times\frac{1}{12}\times\frac{h^2}{l^2}\right)\\&=\frac{5pl^4}{384EI}\left(1+3.12\frac{h^2}{l^2}\right)\end{aligned}\qquad(7.108)$$

으로 된다. 이 식에 의해 $h/l=1/10$인 때에는 처짐에 대한 剪斷力의 영향은 약 3%로 됨을 안다. 이 영향은 $h:l$의 比가 감소함에 따라 급속히 감소하며, 따라서 들보의 처짐을 계산할 때 剪斷力의 영향을 보통 무시하는 까닭을 이해할 수 있을 것이다.

들보의 처짐을 계산할 때 剪斷力의 영향을 무시하는 데에 발맞추어 들보의 變形에너지를 계산할 때에도 剪斷力의 영향을 무시하는 것이 보통이다. 그러나 처짐에 대한 剪斷力의 영향을 무시할 수 없는 경우에는 들보의 變形에너지를 산정할 때에 剪斷力에 의한 變形에너지 U_Q도 산출해서 이것을 휨에 의한 變形에너지에 가산해 주어야 한다.

U_Q를 계산하는 가장 간단한 근사적인 방법은, 들보의 dx만큼 떨어진 서로 인접하는 두 斷面이 식 (7.103)으로부터 계산되는

$$dy_1 = \frac{kQ}{GA}dx \tag{7.109}$$

만큼의 相對滑動을 일으키며 따라서 길이가 dx 인 이 들보 토막 안에 靜的으로 일어나는 剪斷變形으로 인해 축적되는 變形에너지 dU_Q 는

$$dU_Q = \frac{1}{2}Qdy_1 = \frac{kQ^2}{2GA}dx \tag{7.110}$$

와 같다고 보는 가정에 기초를 둔다. 이것을 들보의 全길이에 걸쳐서 모으면 U_Q 가 다음과 같이 얻어진다:

$$U_Q = \int_0^l \frac{kQ^2}{2GA}dx \tag{7.111}$$

그러나 좀더 엄밀하게는 U_Q 는

$$U_Q = \int_V \frac{\tau_{xy}\gamma_{xy}}{2}dV = \int_0^l dx\int_A \frac{\tau_{xy}^2}{2G}dA \tag{7.112}$$

에 의해 산정해야 한다. 여기서 τ_{xy} 는 식 (7.47)에 의해 주어진다. 이제

$$\tau_{xy} = \frac{Q}{I}\frac{G_z^{(y)}}{b} = \frac{A}{I}\frac{G_z^{(y)}}{b}\frac{Q}{A} = \frac{gQ}{A} \tag{7.113}$$

로 놓으면, U_Q 는

$$U_Q = \int_0^l dx\int_A \frac{g^2Q^2}{2GA^2}dA = \int_0^l \frac{\varkappa Q^2}{2GA}dx \tag{7.114}$$

로부터 계산된다. 여기서

$$\varkappa = \frac{1}{A}\int_A g^2 dA \tag{7.115}$$

예로서 矩形斷面의 경우에는, $k=1.5$인 데 반하여 κ는 식 (7.49)를 사용하여

$$\kappa=\frac{9}{4\,bh}\int_{-h/2}^{h/2}\left\{1-\frac{y^2}{(h/2)^2}\right\}^2 bdy=1.2 \qquad (7.116)$$

로 된다. 그러므로 矩形斷面의 경우에는 근사식 (7.111)을 사용하면 25%만큼 過多한 결과를 얻음을 안다.

식 (7.104)나 (7.105)에서 k 대신에 (7.115)로 주어지는 κ를 사용하는 것이 더 진실에 가까운 처짐을 준다.

演 習 問 題

問 7.1 斷面積이 5 cm²인 直線部材에 $P=6000$ kg의 引張力이 작용할 때 最大剪斷應力을 구하여라.

問 7.2 許容휨應力이 $\sigma_a=60$ kg/cm²인 木材로, 強度가 $p=690$ kg/m인 等分布荷重을 받는, 支間이 6 m인 單純들보를 만들려고 한다. 그 斷面을 높이 : 幅의 比가 $h/b=1.5$인 矩形으로 한다면, 斷面의 크기를 얼마로 해야 안전하고 경제적인가? 또 그 때의 最大剪斷應力은 얼마로 되겠는가?

問 7.3 그림에서 $a=34.0$ cm, $l=150$ cm인 鋼材車軸 DE의 지름이 25 cm, 荷重 P가 15000 kg인 때, 車軸에 일어나는 最大휨應力 σ_{max}, 車軸의 曲率半徑 ρ, 中央點 C의 처짐 δ를 구하여라.

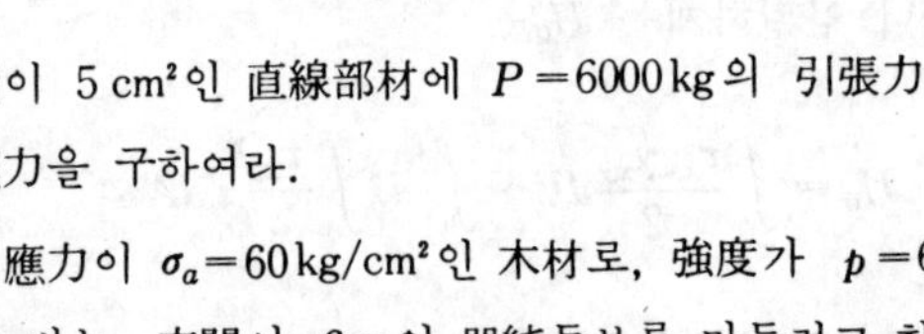

問 7.4 지름이 $d=0.1\mathrm{cm}$인 鋼線을 지름이 $D=60\,\mathrm{cm}$인 圓筒 둘레에 감았을 때 鋼線에 일어나는 最大휨應力을 구하여라.

問 7.5 問 7.3의 그림에서 $l+2a$는 一定하고 a와 l은 變動시킬 수 있을 때, 中央點에서의 처짐과 兩端에서의 처짐을 같게 하려면 $a:l$의 比를 얼마로 해야 할까? 또 $a:l$의 比가 얼마인 때에 中央點 C에서의 처짐이 최대로 되는가?

問 7.6 그림에 보인 들보의 $x(>a,\ <l-a)$ 斷面에서의 처짐 y와 최대 처짐 δ를 구하여라. 이 들보의 휨剛性은 EI로서 一樣하다.

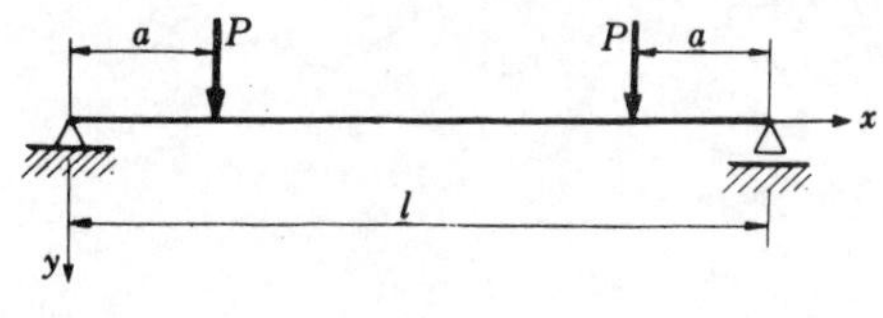

問 7.7 스팬이 l인 單純들보의 左端으로부터 a와 $b(a<b<l)$의 거리에 있는 두 점을 C와 D라고 할 때에, 荷重 P가 C에 작용할 때의 D점의 처짐 δ_D와 荷重 P가 D에 작용할 때의 C점의 처짐 δ_C를 산출하여 이들이 서로 같음을 확인하여라.

問 7.8 그림과 같은 경우에 대한 처짐曲線의 方程式을 구하고, 自由端의 처짐 δ를 구하여라. 휨剛性 EI는 전길이에 걸쳐 一樣하다.

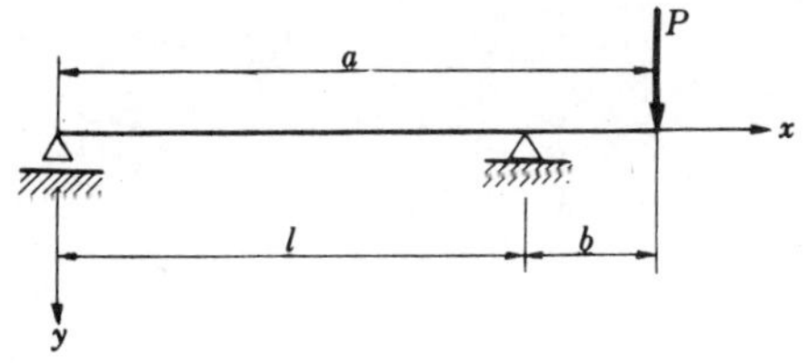

問 7.9 휨剛性이 EI이고 支間이 l인 단순들보 AB의 左端 A에 힘의 모멘트 M이 작용하는 경우의 처짐曲線의 方程式과 兩端의 撓角을 구하여라.

問 7.10　휨剛性이 EI이고 支間이 l인 단순들보 AB의 左端 A로부터 a의 거리에 있는 점에 힘의 모멘트 M이 작용하는 경우의 처짐曲線의 方程式과 兩端의 撓角을 구하여라.

8

靜定構造物의 처짐

8.1 構造物의 變形과 처짐

靜定構造物의 각 점의 처짐을 구하는 것은, 7.1節의 끝에서도 말했듯이, 그것이 그 구조물의 剛性의 尺度가 되므로 그 자체로서도 중요하거니와 그것은 또 不靜定構造物의 解析의 기초가 되기 때문에도 중요하다. 前章에서는 單一部材 특히 들보의 처짐을 구하는 방법을 記述했는데 本章에서는 여러 개의 部材로 이루어진 靜定構造物이 荷重에 의해 彈性變形을 일으켰을 때 또는 溫度變化로 變形을 일으켰을 때 그 위의 한 점 또는 여러 점의 처짐과 撓角을 구하는 방법을 전개한다.

다음 節에서는 먼저 靜定한 트러스의 모든 部材의 길이의 變化를 알고 모든 節點의 變位를 직접적으로 구하는 방법을 강구한다. 이에는 圖式的인 方法과 代數的인 方法이 있다.

트러스의 모든 節點의 變位를 直接的인 方法으로 구하는 것은 들보의 처짐을 前章의 方法으로 구하는 것에 상당하다. 이 직접적인 방법을 확립한 다음에 처짐에 관한 겹침의 原理를 논술한다.

들보나 트러스의 처짐을 직접적인 방법으로 구하는 일은 알기는 쉬우나 대개의 경우에 지루한 작업을 동반한다. 그래서 假想일의 原理

나 에너지의 槪念을 이용하는 간접적인 방법의 개발이 요망된다. 荷重의 作用이나 溫度變化로 變形을 일으킨 構造物의 각 점의 처짐을 구하는 가장 일반적인 방법을 제공하는 원리는 假想일의 原理이다. 剛體에 대한 이 原理는 제1 장에서 논한 바 있는데, 여기서는 變形하는 物體에 대해 이 原理를 확장할 필요가 있다.

어느 物體가 어느 外力系의 작용을 받고 平衡狀態에 있다고 가정하면 그 物體 內部의 각처에 이 外力系와 平衡條件을 만족시키는 內力이 유발될 것이다. 이제 그 物體가 그 外力系와는 아무런 관계도 없는 다른 원인에 의해 變形을 일으켰다고 하자. 이 變形은 그 物體의 境界條件(또는 支持條件)을 만족시키고 이 變形으로 주어진 外力系의 平衡狀態가 깨어지지 않을 만큼 微小한 것이라면 어떠한 것이라도 좋다. 이런 뜻으로 그 變形을 **假想變形**(virtual deformation)이라고 부른다. 어느 物體에 임의의 假想變形을 주면 그 物體 안에 있는 각 점은 이에 상응하는 假想變位를 일으킨다. 이 假想變位는 임의로 주어진 假想變形에 상응하는 것이라야 하는데, 이 조건을 **適合條件**(condition of compatibility) 또는 **連續條件**(condition of continuity)이라고 부른다. 위와 같은 경우에 주어진 外力系는 이 假想變位에 대해 일을 하고 內力은 假想變形에 대해 일을 할 것이다. 전자를 **外的 假想일**(external virtual work), 후자를 **內的 假想일**(internal virtual work)이라고 부르는데, 外的 假想일과 內的 假想일이 같다고 주장하는 것이 變形하는 物體에 대한 假想일의 原理이다.

위에서는 假想變形과 假想變位를 생각했는데, 이들 사이에 適合條件만 만족된다면 이들은 어떠한 것이라도 좋으므로, 荷重의 作用이나 溫度의 變化로 일어나는 實地의 變形과 變位라도 좋다. 한편 外外系와 內力은 平衡條件을 만족시키는 것이라면 어떠한 것이라도 상관없으므로, 假想의 外力系와 이에 의해 일어나는 內力이라도 좋다.

假想荷重과 假想內力이 각각 실지의 變位와 變形에 대해서 하는 일도 假想일임에는 틀림이 없으나, 근래에는 이 假想일을 **相補假想일**(complementary virtual work)이라고 불러서 실지의 荷重과 內力이 각각 假想變位와 假想變形에 대해서 하는 假想일과 구별하는 일이 많다. 이럴 때에는 이 原理를 **相補假想일의 原理**(principle of complementary virtual work)라고 부른다. 구조물의 처짐을 구하는 데 適用되는 原理는 이 相補假想일의 原理이다. 그러나 本書에서는 이들을 구별하지 않기로 한다.

假想일의 原理에서는 物體 안에 유발되는 內力과 變形 사이에 아무런 관계도 설정하고 있지 않으므로, 이 原理는 그 物體가 彈性體일 때도 塑性體일 때도 流體일 때도 성립한다. 이 原理는 그 物體가 剛體일 때에도 물론 성립하지만, 이 때에는 어떤 원인에 의해서도 變形이 일어날 수 없으므로 內的 假想일이 항상 0으로 되며, 따라서 剛體에서는 外的 假想일이 0으로 된다. 이것이 곧 제1장에서 논한 假想일의 原理인 것이다.

變形하는 物體에 대한 假想일의 原理를 누가 먼저 발견하고 제창했는지는 분명하지 않으나, 트러스의 처짐을 구하는 문제에 假想일의 原理를 처음으로 사용한 사람은 O. Mohr로서 그것은 1874년의 일이다.

假想일의 原理를 일반적으로 논한 다음에 그것의 직접적인 응용인 假想單位荷重法을 전개한다. 이 방법은 구조물의 처짐을 구하는 가장 일반적이고 강력한 방법이다. 여기서는 몇 개의 數値例를 덧붙인다.

그런 다음에 相反定理를 논하고 그 應用으로서 처짐에 대한 영향선을 구하는 방법을 논한다. 끝으로 變形에너지와 카스틸리아노의 定理를 논술한다.

本章에서 논할 위의 原理와 定理는 모두 19세기 후반에 확립된 것으로 古典構造力學의 核心을 이루는 理論들이다.

8.2 靜定한 트러스의 처짐을 구하는 直接的인 方法

靜定한 트러스가 荷重의 作用을 받았을 때 각 部材 안에 일어나는 內力은 제4 장에서 기술한 방법으로 쉽게 구할 수 있다. 그러면 각 部材의 길이의 변화를 후크의 法則으로부터 산정할 수 있다. 部材의 길이의 變化는 溫度變化에 의해서도 일어날 수 있다. 熱膨脹係數(thermal expansion coefficient)가 α(1/℃)인 材料로 만들어진 길이 l의 部材가 T(℃)만큼의 溫度上昇을 일으켰다면 αTl만큼의 길이의 증가를 일으킨다. 그러므로 어느 한 트러스가 荷重의 作用과 溫度變化의 영향을 받고 있을 때, i番 部材의 길이의 變化는

$$\varDelta l_i = \frac{N_i l_i}{EA_i} + \alpha T_i l_i \tag{8.1}$$

에 의해 산정할 수 있다. 여기서 l_i와 A_i는 그 部材의 길이와 斷面積이고, N_i는 그 部材의 內力이다.

靜定한 트러스의 모든 部材의 길이의 變化를 알고 있으면 그 트러스의 모든 節點의 變位를 圖式的 方法이나 代數的 方法으로 직접 구할 수 있다.

8.2.1 윌리오-모르의 方法

먼저 圖式的 方法을 전개한다. 이 방법을 처음으로 創案한 사람은 M. Williot(佛)로서 1877년의 일이다. 이 방법은, 그림 8.1(a)와 같이 節點 C에서 연결된 두 部材 AC와 BC에 있어서, 두 점 A와 B의 變位 δ_A와 δ_B를 알고 두 部材의 길이의 變化 $\varDelta l_{AC}$와 $\varDelta l_{BC}$가 주어져 있을 때 점 C의 變位 δ_C를 도식적으로 구하는 문제를 해결하면, 쉽게 이해할 수 있다. 이 문제를 해결하기 위해서는 먼저 두 部材의

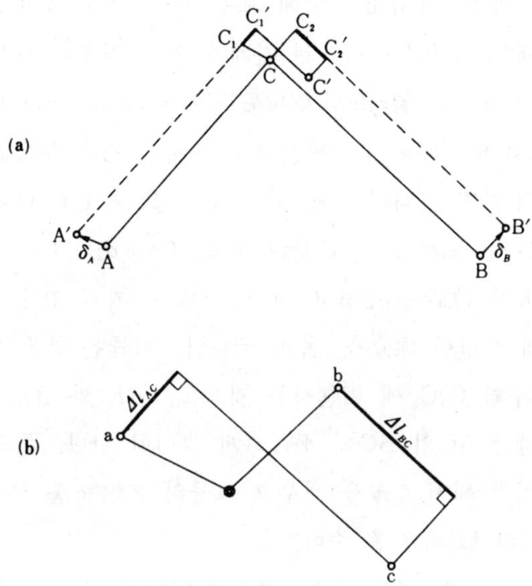

그림 8.1

연결을 풀고 두 部材에 각각 δ_A와 δ_B만큼의 平行移動을 일으키게 해준다. 그러면 AC와 BC는 각각 $A'C_1$과 $B'C_2$의 위치로 올 것이다. 다음에 각 部材에 주어진 길이의 變化가 일어나도록 한다. Δl_{AC}가 陽의 값(伸長)이라면 AB 部材는 $\overline{C_1C_1'}=\Delta l_{AC}$만큼 길어져서 $A'C_1'$로 되고, Δl_{BC}가 陰의 값(收縮)이라면 BC 部材는 $\overline{C_2C_2'}=\Delta l_{BC}$만큼 짧아져서 $B'C_2'$로 될 것이다. 그런 다음에 두 部材를 다시 連結시킨다. 그러기 위해서는 $A'C_1'$를 A'를 中心으로 하여 회전시키고 $B'C_2'$를 B'를 中心으로 하여 회전시켜서, C_1'와 C_2'가 한 점 C'에서 만나도록 하면 된다. 여기서 變位 δ와 길이의 變化 Δl이 모두 部材의 길이 l에 비해 극히 작은 것이라는 것을 상기하면, 점 C_1'와 C_2'가 각각 A'와 B'를 中心으로 하여 회전하면서 그리는 圓弧들을 각각 그들의 接線 $C_1'C'$와 $C_2'C'$로 대치할 수 있다는 것을 깨달을 수 있을 것이다.

이러한 代置를 하면, 그림 8.1(b)에 보인 바와 같이, δ와 Δl들을 部材들을 그릴 때의 縮尺과는 아무런 관계가 없는 별도의 縮尺으로 그릴 수 있다. 이 그림을 **윌리오의 變位圖**(Williot displacement diagram)라고 부른다. 그림 8.1(b)에서 二重圓으로 표시한 점은 變位圖의 原點 곧 모든 變位의 始點을 나타낸다. 밖에 있는 圓은 文字 O를 나타내는 것이다. 적당한 縮尺을 미리 정해 놓고, $\overrightarrow{Oa}=\delta_{AC}$, $\overrightarrow{Ob}=\delta_{BC}$가 되도록 점 a와 b의 位置를 정하고, a와 b에서 각각 같은 縮尺으로 Δl_{AC}와 Δl_{BC}에 상당한 線分을 굵게 긋는다. 이들은 물론 각각 그림 8.1(a)의 C_1C_1'와 C_2C_2'에 相應하는 것으로, Δl_{AC}와 Δl_{BC}의 부호를 고려하여 각각 AC와 BC에 平行하게 그어야 한다. 끝으로 이들의 굵은 線分의 끝에서 垂線을 세우고 그들의 交點 c를 정한다. 그러면 $\overrightarrow{Oc}$는 C 점의 變位 δ_C를 준다.

윌리오의 방법은 제2 종의 단순트러스의 變位를 구하는 데 적합한 방법이다. 한 예로서 그림 8.2(a)에 보인 아주 간단한 起重機 트러스를 든다. 荷重 P에 의해서 각 部材에는 그 위에 적어 넣은 부호를 가지는 部材內力이 일어날 것이다. 部材內力을 산정한 다음에 식 (8.1)

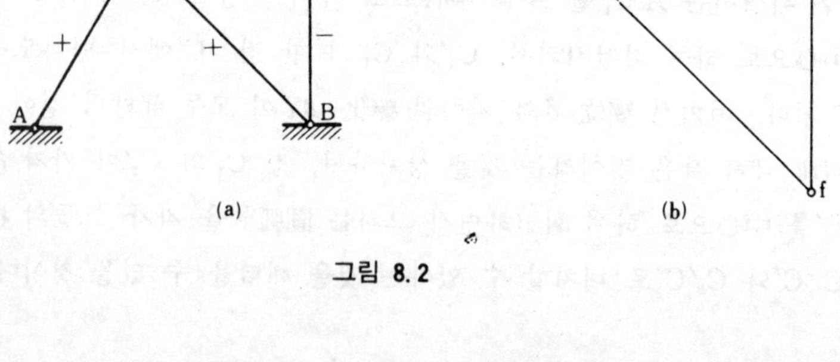

그림 8.2

에 따라 각 部材의 길이의 變化 Δl을 산정한다. 그런 다음에 그림 8.2(b)에 보인 바와 같이 原點 O를 정하고 윌리오의 變位圖를 작성해 나간다. 이 경우에는 점 A와 B의 變位가 0으로서 旣知이다. 곧 A와 B의 變位를 나타내는 점 a와 b는 原點과 일치한다. AC, BC의 길이의 變化를 알고 있으므로 C점의 變位를 나타내는 점 곧 變位벡터 δ_C의 終點 c가 變位圖 위에서 정해진다. 다음에 D, E, F의 순으로 그들의 變位를 나타내는 점 d, e, f의 位置를 정할 수 있다. 그러면, 이를테면, 점 F의 變位 δ_F는 벡터 $\overrightarrow{Of}$로 주어진다.

다음에 그림 8.3(a)에 보인 바와 같은 제1 종의 단순트러스의 경우를 생각한다. 주어진 荷重에 의한 部材內力이 모두 산정되었고 부재의 길이의 變化가 部材 위 또는 옆에 적은 수치와 같이 산정되었다고 가정한다. 여기까지의 계산은 거침없이 할 수 있다. 그런데 이 트러스에서는 節點 A의 變位가 0이라는 것밖에 모르므로 윌리오의 變位圖를 바로 작성해 나갈 수가 없다. 그래서 먼저 AB 部材의 방향이 변하지 않는다는 가정하에 윌리오의 變位圖를 작성한다. 그 결과는 그림 8.3

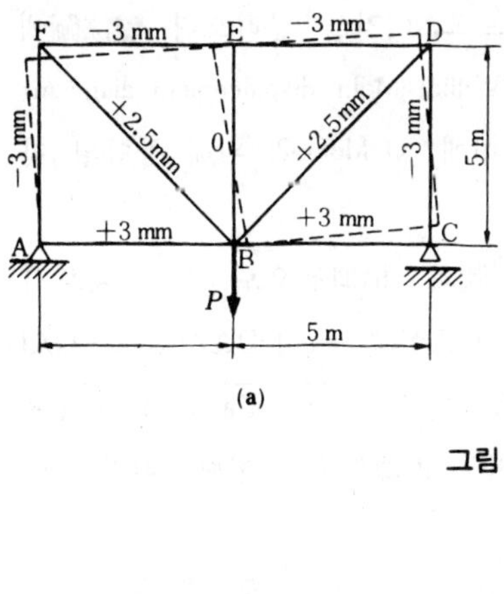

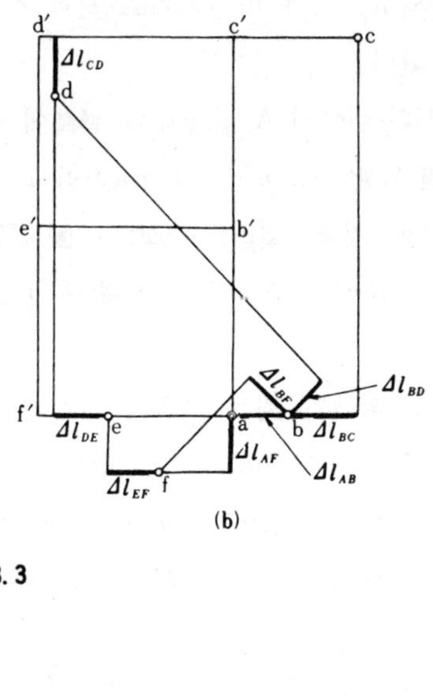

그림 8.3

(b)에서 점 a를 原點으로 하는 變位圖 a, b, …, f로 표시된다. 이 變位圖의 각 점은 a, b, f, e, d, c의 순으로 결정된다. 이 變位圖에 따라 變形 후의 트러스의 形狀을 그리면 그림 8.3(a)에서 점선과 같이 되고, 節點 C의 變位는 벡터 $\overrightarrow{ac}$로 표시된다. 그런데 節點 C는 移動端에 연결되어 있으므로 水平方向으로만 變位를 일으킬 수 있다. 그래서 點線으로 표시된 變形된 트러스를 支點 A 둘레로 회전시켜서 節點 C가 도로 移動端 위에 오도록 해야 한다. 이 廻轉에 의한 C 점의 變位는 C 점의 變位벡터 $\overrightarrow{ac}$의 鉛直成分과 같은 크기의 鉛直方向의 變位라야 하고, 그것은 그림 8.3(b)에서 벡터 $\overrightarrow{c'a}$로 표시된다. 이에 따라 A점 둘레의 廻轉角 θ가 $\theta=\overline{c'a}/\overline{AC}$와 같이 결정된다. 그러면 다른 모든 節點, 이를테면, 節點 D의 이 회전에 의한 變位는 直線 AD에 垂直한 방향을 向하고 그 크기는 $\overline{AD}$에 θ를 곱한 것과 같다. 이 變位벡터를 그림 8.3(b)에서 a점이 그 終點이 되도록 그리면 $\overrightarrow{d'a}$로 된다. 이와 같이 하여 나머지 모든 節點에 대응하여 점 b′, e′, f′가 정해졌다고 하면, B점의 實變位 δ_B는 $\delta_B=\overrightarrow{b'a}+\overrightarrow{ab}=\overrightarrow{b'b}$로 되고, 이하 마찬가지로 하여 $\delta_C=\overrightarrow{c'c}$, $\delta_D=\overrightarrow{d'd}$, $\delta_E=\overrightarrow{e'e}$, $\delta_F=\overrightarrow{f'f}$로 된다.

위의 예에서 A점 둘레의 廻轉에 대한 變位圖 ab′c′d′e′f′를 **모르의 修正圖**(Mohr correction diagram)라고 부르고, 이것을 윌리오의 變位圖에 첨부한 것을 **윌리오-모르의 變位圖**(Williot-Mohr displacement diagram)라고 부른다. 모르의 修正圖는 1887년에 O. Mohr에 의해 창안된 것이다.

모르의 修正圖는 실은 트러스의 形狀과 相似形으로 된다. 예로서 △CAD와 △c′ad′를 생각하면, $c'a\perp CA$이고 $d'a\perp DA$이므로 $\angle CAD=\angle c'ad'$이고, $\overline{c'a}=\theta\overline{CA}$, $\overline{d'a}=\theta\overline{DA}$이므로 $\overline{c'a}:\overline{d'a}=\overline{CA}:\overline{DA}$로 되며, 따라서 △CAD와 △c′ad′는 서로 相似形으로 된다. 이와 같이

하여 그림 8.3(b)의 圖形 ab′c′d′e′f′가 (a)의 圖形과 相似形으로 됨을 안다. 이 사실을 이용하면 모르의 수정도를 아주 쉽게 그릴 수 있다. 모르의 修正圖는 엄밀하게는 트러스의 變形 후의 形狀에 相似한 것으로 된다고 말해야 하겠지만, 그렇게 보고 그린 修正圖는 原形에 相似한 것으로 보고 그린 修正圖와 실질적으로 다르지 않다.

모르의 수정도를 그리는 대신에, 그림 8.3(a)의 경우에, B점 또는 F점의 變位를 後述하는 방법 가운데 어느 하나로 미리 산정해 놓으면 윌리오의 變位圖를 곧바로 그려나갈 수 있다.

8.2.2 代數的 方法

한 트러스의 모든 部材의 길이의 變化를 식 (8.1)로 산정한 다음에 모든 節點의 變位를 代數的으로 산정하기 위해서는, 먼저 적당한 直交座標軸을 설정하고 모든 節點의 위치를 이 座標軸에 대한 座標로 나타내어야 한다. 이제 節點 A와 B를 잇는 部材의 길이의 變化를 Δl_{AB}로, A와 B의 座標를 (x_A, y_A)와 (x_B, y_B)로, A와 B의 變位成分을 (u_A, v_A)와 (u_B, v_B)로 적으면, 그 部材의 變形 후의 길이 $l_{AB}+\Delta l_{AB}$는

$$
\begin{aligned}
l_{AB}+\Delta l_{AB} &= \sqrt{\{(x_B+u_B)-(x_A+u_A)\}^2+\{(y_B+v_B)-(y_A+v_A)\}^2} \\
&= \sqrt{\{(x_B-x_A)+(u_B-u_A)\}^2+\{(y_B-y_A)+(v_B-v_A)\}^2}
\end{aligned} \tag{8.2}
$$

로 되는데, $(u_B-u_A)^2$와 $(v_B-v_A)^2$은 다른 항에 비해 극히 작으므로 이들을 무시하고, $l_{AB}=\sqrt{(x_B-x_A)^2+(y_B-y_A)^2}$임을 고려하면, 위의 식은

$$
\begin{aligned}
l_{AB}+\Delta l_{AB} &= \sqrt{l_{AB}^2+2(x_B-x_A)(u_B-u_A)+2(y_B-y_A)(v_B-v_A)} \\
&= l_{AB}\sqrt{1+\frac{2(x_B-x_A)(u_B-u_A)+2(y_B-y_A)(v_B-v_A)}{l_{AB}^2}}
\end{aligned} \tag{8.3}
$$

로 된다. 그런데 근호 안의 제2항은 1에 비해 작으므로 위의 식을 다음과 같이 쓸 수 있다:

$$l_{AB}+\Delta l_{AB}=l_{AB}\left\{1+\frac{(x_B-x_A)(u_B-u_A)+(y_B-y_A)(v_B-v_A)}{l_{AB}^2}\right\} \tag{8.4}$$

이로부터

$$l_{AB}\Delta l_{AB}=(x_B-x_A)(u_B-u_A)+(y_B-y_A)(v_B-v_A) \tag{8.5}$$

를 얻는다. 여기서 u_A, u_B, v_A, v_B는 未知이고 그 나머지는 모두 旣知이다.

어느 한 트러스의 部材의 수효를 m이라고 하면 식 (8.5)를 m개만큼 세울 수 있다. 그 트러스의 節點의 수효를 j, 未知 反力要素의 수효를 r라고 하면 r에 대응하는 節點變位는 0으로서 旣知이므로, 이 트러스의 未知의 變位成分은 모두 $(2j-r)$개로 된다. 그러므로 이 트러스가 만일 全體的으로 靜定하다면 식 (4.3)에 의해 $2j-r=m$으로 되므로, m개의 식 (8.5)를 연립시켜서 풂으로써 모든 미지의 變位成分을 구할 수 있다. 이 m개의 식 (8.5)는 한 트러스의 部材들의 연결상태가 트러스의 변형 후에도 변하지 않는다는 것을 곧 適合條件을 나타낸다.

위와 같은 일은 물론 컴퓨터의 사용을 전제로 해서만 가능한 것이다. 컴퓨터의 사용을 전제하지 않을 때에는 그림 8.1의 경우로 돌아가야 한다. 이 그림에서 $\delta_A=(u_A, v_A)$, $\delta_B=(u_B, v_B)$는 기지이므로, 이 두 部材에 대해 세운

$$\begin{aligned} l_{AC}\Delta l_{AC}&=(x_C-x_A)(u_C-u_A)+(y_C-y_A)(v_C-v_A)\\ l_{BC}\Delta l_{BC}&=(x_C-x_B)(u_C-u_B)+(y_C-y_B)(v_C-v_B) \end{aligned} \tag{8.6}$$

의 두 식으로부터 u_C와 v_C를 구할 수 있다. 그러므로 제2종의 단순

트러스의 경우에는 정당한 순서로 식 (8.6)을 차례차례로 적용하여 모든 節點의 變位를 구할 수 있다. 제1 종의 단순트러스의 경우에는 어느 한 部材의 方向이 변하지 않는다는 가정하에 위와 같이 모든 節點의 變位成分을 구한 다음에, 支持條件을 만족시키도록 모르의 修正圖를 구하듯, 트러스를 剛體로서 廻轉시키고, 이 때 일어나는 節點의 變位成分을 구하여, 먼저 얻은 變位成分에 합쳐 주면 된다.

不靜定트러스에서는 $m > 2j - r$ 이므로, 일반적으로 말하면 未知 變位成分의 수효보다 더 많은 條件式을 만족시키도록 變位成分을 결정하는 것은 불가능하다고 해야 할 것이다. 그러나 모든 部材의 길이의 변화를 정당하게 산정했다면 m 개의 조건식 중 $(2j-r)$ 개를 사용하여 구한 變位成分은 나머지 $\{m-(2j-r)\}$ 개의 조건식도 만족시켜야 한다. 만일 그렇지 못하다면 그것은 適合條件을 만족시키지 못하는 解를 얻은 것을 알려주는 것이라고 알아야 한다.

8.3 처짐에 관한 겹침의 原理

3.9節에서는 靜定構造物의 反力이나 斷面力에 관해 겹침의 原理가 성립하는 것을 보았는데, 원래 原理라는 낱말은 여러 가지 많은 특수 경우에 보편적으로 성립하는 관계를 일컫는 데 쓰이는 것으로, 각 특수 경우에 이것이 성립하는 것을 밝힐 수는 있으나 모든 특수 경우를 통틀어서 이것이 성립하는 것을 일반적으로 밝히기는 어려운 경우에 이 낱말이 사용된다.

겹침의 原理를 한 마디로 나타내면 다음과 같다:

"原因 A에 의해서 C라는 影響이 일어나고 原因 B에 의해서 D라는 영향이 일어나면 原因 A와 B에 의해서는 C+D라는 影響이 일어난다."

만일 구조물의 처짐이 구조물의 形狀을 현저하게 바꾸지 않는다면, 겹침의 原理는 처짐에 대해서도 성립한다.

들보의 경우에는 식 (7.65) 곧 $ds=dx$로 놓을 수 있는 경우이다. 이 때에는 처짐曲線의 微分方程式이 (7.68)과 같이 된다. 따라서 어느 두 荷重系가 따로따로 작용하는 때의 휨모멘트를 각각 M', M''라 하고 이 때의 처짐을 각각 y_1, y_2라고 하면, 이들 두 荷重系가 동시에 작용하는 때의 휨모멘트 M은 휨모멘트에 관한 겹침의 原理에 의해 $M=M'+M''$로 되고 이 때의 처짐 y는 $y=y_1+y_2$로 된다. 왜냐하면, 식 (7.68)에 의해

$$\frac{d^2y_1}{dx^2}=-\frac{M'}{EI}, \qquad \frac{d^2y_2}{dx^2}=-\frac{M''}{EI} \tag{8.7}$$

로 되는데, 이들 두 식을 변변 합하면

$$\frac{d^2(y_1+y_2)}{dx^2}=-\frac{M'+M''}{EI}=-\frac{M}{EI}=\frac{d^2y}{dx^2} \tag{8.8}$$

로 되기 때문이다.

트러스의 경우에는 適合條件式을 식 (8.5)와 같이 變形 전의 形狀에 따라 세울 수 있는 경우에 처짐에 대해서도 겹침의 原理가 성립한다. 이 때에는 한 트러스에 대해 m(部材의 수효)개의 식 (8.5)가 모두 1次式으로 되므로, m개의 部材의 길이의 변화 $(\Delta l)_{AB}'$에 적합한 모든 節點의 變位를 (u_A', v_A')라 하고, 다른 m개의 $(\Delta l)_{AB}''$에 적합한 모든 節點의 變位를 (u_A'', v_A'')라고 하면, m개의 $\{(\Delta l)_{AB}'+(\Delta l)_{AB}''\}$에 적합한 모든 節點의 變位는 $(u_A'+u_A'', v_A'+v_A'')$로 될 것이다. 그러므로 처짐에 대해서 겹침의 原理가 성립한다. 위의 관계는 部材의 길이의 변화 $(\Delta l)'$, $(\Delta l)''$ 등을 일으키는 원인 여하를 불문하고 성립한다는 점에 유의해야 한다. 部材가 후크의 法則을 따르지 않더라도

위의 관계는 성립한다. 그러나 部材의 길이의 變化를 일으키는 原因이 荷重인 경우에는 部材의 길이의 變化 Δl에 대해서 겹침의 原理가 成立하려면 그 部材가 후크의 法則을 따라야 한다.

식 (8.5)의 양변을 l_{AB}로 나누고, $(x_B-x_A)/l_{AB}$를 $\cos\alpha_{AB}$로 $(y_B-y_A)/l_{AB}$를 $\sin\alpha_{AB}$로 대치하면,

$$\Delta l_{AB}=(u_B-u_A)\cos\alpha_{AB}+(v_B-v_A)\sin\alpha_{AB} \tag{8.9}$$

를 얻는다. 여기서 α_{AB}는 그림 8.4에 보인 바와 같이 部材 AB가 x축과 짓는 각이다. 그렇게 놓으면, 처짐에 대해 겹침의 原理가 성립하기 위해서는 角 α_{AB}가 트러스의 變形에 따라 實質的으로 변하지 않아야 한다는 것을 알 수 있다.

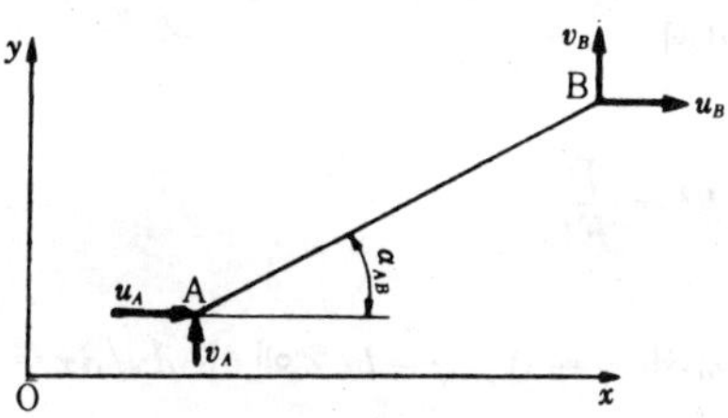

그림 8.4

겹침의 原理가 성립되지 않는 典型的인 두 가지 예를 그림 3.30에 보였는데, 거기서는 定性的으로만 이야기했지만, 이제는 이들의 예를 定量的으로 다룰 수 있다. 먼저 그림 3.30(b)의 예를 생각한다. 그림 8.5(a)는 이것을 다시 그려 놓은 것이다. 이 들보의 斷面은 一樣하고 그 휨剛性은 EI인 것으로 본다. x 斷面에서의 휨모멘트 M은 $M=\frac{Q}{2}x+Py$로 되는데, 이 휨모멘트方程式은 A~C 區間에서 성립한다. 이것을 처짐曲線의 微分方程式 (7.68)에 대입하면,

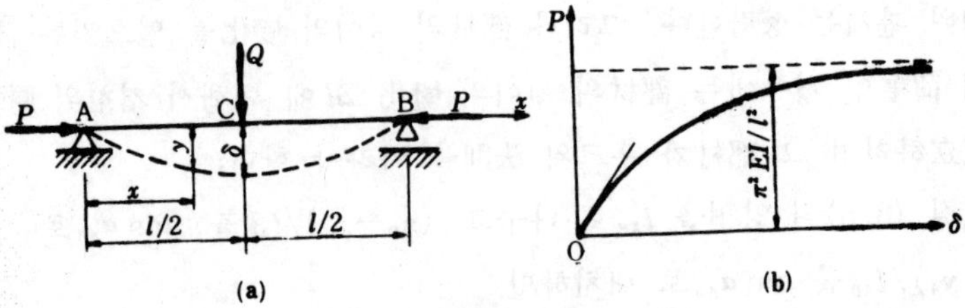

그림 8.5

$$\frac{d^2y}{dx^2}+\frac{P}{EI}y=-\frac{Q}{2EI}x \tag{8.10}$$

를 얻는다. 이 식의 一般解는

$$y=\mathrm{A}\sin kx+\mathrm{B}\cos kx-\frac{Q}{2P}x \tag{8.11}$$

로 된다. 여기서

$$k^2=\frac{P}{EI} \tag{8.12}$$

이다. $x=0$에서 $y=0$, $x=l/2$에서 $dy/dx=0$이라는 境界條件을 적용하여 積分常數 A와 B의 값을 결정하고, 그 값을 식 (8.11)에 대입하면,

$$y=\frac{Q}{2P}\left(\frac{\sin kx}{k\cos\frac{kl}{2}}-x\right) \tag{8.13}$$

를 얻는다. 이 식에 $x=l/2$을 대입하여 最大처짐 δ를 구하면,

$$\delta=\frac{Ql}{4P}\left(\frac{\tan\frac{kl}{2}}{\frac{kl}{2}}-1\right) \tag{8.14}$$

로 된다. Q와 P가 비례해서 증가한다고 가정할 때, δ는 P의 函數로 되는데, P가 작은 동안은 P의 영향이 거의 없지만, $kl/2$의 값이 $\pi/2$에 접근함에 따라 곧 P의 값이 $\pi^2 EI/l^2$에 접근함에 따라 δ가 급속히 커짐을 볼 수 있다. 곧 $P-\delta$ 관계는, 그림 8.5(b)에 보인 바와 같이, $P=\pi^2 EI/l^2$를 漸近線으로 하는 曲線으로 된다. 이 曲線의 모양으로부터 그림 8.5(a)와 같은 경우에는 겹침의 原理가 성립되지 않음을 안다.

식 (8.14)를 $\tan x = x+\frac{1}{3}x^3+\frac{2}{15}x^5+\cdots$에 따라 級數로 전개하면

$$\delta=\frac{Ql^3}{48EI}\left(1+\frac{1}{10}\frac{Pl^2}{EI}+\cdots\right) \tag{8.15}$$

로 되므로, P가 0일 때에는 식 (8.14)가 Q만에 의한 처짐을 준다는 것을 확인할 수 있다.

다음에 그림 3.30(a)의 경우를 생각한다. 그림 8.6(a)는 이것을 다시 그려 놓은 것이다. 두 部材 AC와 BC는 斷面이 一樣하고 그들의 斷面積은 A인 것으로 본다. 이 구조물은 幾何學的으로 不安定한 구조물로서, 變形 전의 구조물의 形狀에 대해 平衡條件式을 세우면 두 部材 안에 일어나는 部材內力 N이 무한대로 된다. 그러나 실지로는 N이 ∞로 되기 전에 部材들이 Δl만큼 늘어나서 C점이 δ만큼 처진 상태에서 2개의 部材內力 N과 荷重 P가 平衡狀態에 있게 될 것이다. 작은 P에 대해서도 N은 상당히 클 것이라는 것이 예상되지만, 部材들의 斷面積이 충분히 커서 部材들 안에 일어나는 引張應力은 彈性限度 안에 있는 것으로 가정한다. δ는 l에 비해 극히 작으므로 平衡條件에 의해

$$N=\frac{Pl}{2\delta} \tag{8.16}$$

로 놓을 수 있고, Δl은 후크의 法則과 幾何學的 考察로부터 다음과 같이 된다:

$$\Delta l=\frac{Nl}{EA}=\frac{Pl^2}{2\,EA\delta}=\sqrt{l^2+\delta^2}-l\doteqdot l\left(1+\frac{\delta^2}{2\,l^2}\right)-l$$
$$=\frac{\delta^2}{2\,l} \tag{8.17}$$

이 관계식으로부터

$$\delta=\sqrt[3]{\frac{P}{EA}}\,l,\qquad N=\frac{1}{2}\sqrt[3]{EA}\,\sqrt[3]{P^2} \tag{8.18}$$

을 얻는다. 곧 δ와 N은 P에 비례하지 않고, $P-\delta$ 관계는 그림 8.6 (b)에 보인 바와 같은 曲線으로 된다. 따라서 이 경우에 대해서도 겹침의 原理가 성립되지 않음을 안다.

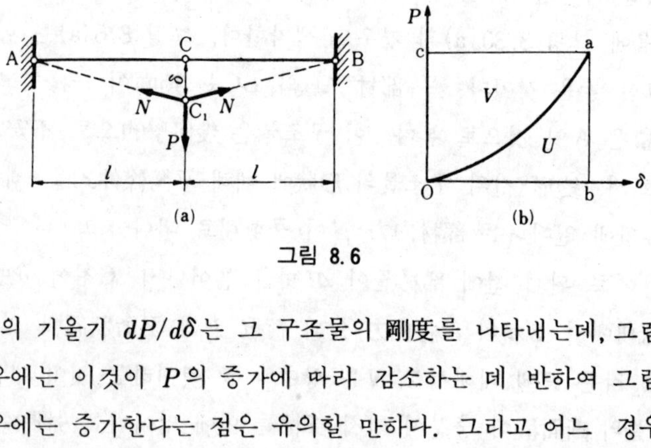

그림 8.6

曲線의 기울기 $dP/d\delta$는 그 구조물의 剛度를 나타내는데, 그림 8.5의 경우에는 이것이 P의 증가에 따라 감소하는 데 반하여 그림 8.6의 경우에는 증가한다는 점은 유의할 만하다. 그리고 어느 경우에도 구조물 안의 모든 部分의 應力이 彈性限度 안에 있다는 것을 가정하고 있는 데도 불구하고 P-δ 관계가 線形이 아니라는 점도 유의할 만하다. 이 점이 2次彈性解析의 特性이고, 이런 現象을 **幾何學的 非線形**(geometrical non-linearity) 또는 **彈性非線形**(elastic non-linearity) 이라고 부른다.

위의 두 예에서는 材料가 후크의 法則을 따르더라도 구조물이 非線形으로 擧動하는 경우를 예시했는데, 그렇지 않다면 겹침의 原理는 항상 성립하는 것으로 생각해도 좋다. 겹침의 原理가 성립하기 위한 필요 조건은, 첫째로 材料가 후크의 法則을 따라야 하고, 둘째로 平衡條件式과 適合條件式을 變形 전의 構造物의 形狀에 대해서 세울 수 있어야 한다는 것이라고 말할 수 있다.

위의 두 條件이 만족된다면 不靜定構造物에 대해서도 겹침의 原理가 성립한다는 것을 밝힐 수 있다. 예로서 m개의 部材로 이루어진 平面트러스를 생각한다. 그 節點의 수효를 j개, 反力要素의 수효를 r개라고 하자. 그러면 未知量으로서는 m개의 部材內力과 $(2j-r)$개의 變位成分과 r개의 反力要素가 있어서 모두 $(m+2j)$개만큼 있다. 한편 條件式으로서는 각 節點을 孤立시켜서 세워지는 2개씩의 平衡條件式과 각 部材에 대하여 세워지는 적합조건식이 있으므로, 이 것도 도합 $(m+2j)$만큼 있다. 그러므로 이 $(m+2j)$개의 조건식을 풂으로써 $(m+2j)$개의 미지량을 결정할 수 있다. 여기서 平衡條件式이 部材內力과 反力要素에 관한 1次式으로 됨은 뚜렷하다. 適合條件式은 식 (8.9)에 (8.1)을 대입한

$$\frac{N_{AB}l_{AB}}{EA_{AB}}+\alpha T_{AB}l_{AB}=(u_B-u_A)\cos\alpha_{AB}+(v_B-v_A)\sin\alpha_{AB} \tag{8.19}$$

로 나타낼 수 있는데, 그러면 이것도 部材內力과 變位成分에 관한 1次式으로 된다. 물론 이들의 平衡條件式과 適合條件式은 變形 전의 구조물의 形狀에 대하여 세워지는 것으로 가정하고 있으며, 따라서 α_{AB}는 구조물의 變形 후에도 변하지 않는 것으로 가정하고 있다. $(m+2j)$개의 조건식이 모두 1次式이므로 部材內力과 變位成分에 관하

여 겹침의 原理가 성립한다고 말할 수 있다. 平衡條件式과 適合條件式이 위와 같이 1次方程式으로 되고 材料가 후크의 法則을 좇는 구조물을 **彈性線形**(elastic linear) 구조물이라고 부른다.

앞으로는 彈性線形 구조물만을 다룬다. 그러므로 겹침의 原理가 항상 성립하는 것으로 본다. **彈性非線形** 구조물은 **彈性安定論**(theory of elastic stability)이라는 構造力學의 한 分科에서 다루어진다.

8.4 假想일의 原理

靜定하게 支持된 들보의 처짐은 7.7~7.9절의 방법으로, 靜定한 트러스의 처짐은 8.2절의 방법으로 구할 수 있다. 그러나, 이들을 구하는 데도 假想일이나 變形에너지의 概念을 이용하는 간접적인 방법이 편리할 때가 있고, 복잡한 구조물의 경우에는 간접적인 방법에 의지하는 도리밖에 없는 경우가 많다.

假想일의 原理의 內容은, 이미 1.14절과 8.1절에서 記述한 바와 같이, 아주 간명하다. 그러나 그 적용 범위는 매우 넓다. **剛體**에 관한 이 原理의 概念은 이미 15세기 말엽에 Leonardo da Vinci (1452~1519, 伊)에 의해 滑車나 지렛대의 문제를 푸는 데 사용되었다고 한다. Galileo Galilei는 그가 1594년에 완성한 力學에 관한 유명한 論文 "Della Scienza Meccanica"(力學에 관해)에서 靜力學에 관한 여러 가지 문제를 이 原理를 應用해서 풀고 있다. 이와 같이 假想일의 原理는, 어떻게 해서 이 原理가 성립되느냐는 것을 묻기에 앞서, 그것이 성립한다는 확신 밑에 많은 靜力學上의 문제의 해결에 사용되었던 것이다. Varignon(1725)에 의하면, 剛體에 관한 이 原理의 理論的 뒷받침을 확립한 분은 John Bernoulli(1667~1748)로서, 후자가 전자에게 부친 편지에 그런 內容이 실려 있다고 한다. 그래서 이것을 **베르누이의 假想變**

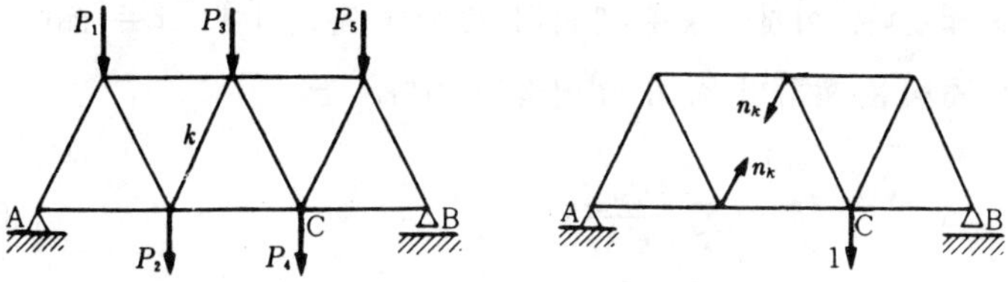

(a) (b)

그림 8.7

位의 原理(Bernoulli's principle of virtual displacements)라고도 부른다.

이상은 剛體에 대한 것인데 變形하는 物體에 대한 假想일의 原理가 누구에 의해서 처음으로 발견되고 제창되었는지는 분명하지 않으나, 變形하는 物體의 처짐을 구하는 데 假想일의 原理를 처음으로 사용한 분은 O. Mohr(1874)이었다는 것은 이미 8.1절에서 말한 바 있다. 그는, 이를테면, 그림 8.7(a)와 같이 여러 荷重 P_1, P_2, …의 작용을 받는 靜定트러스의 C점의 어느 한 方向의 처짐 δ_C를 구하는 데 있어서, 먼저 어느 한 部材 k의 길이의 變化 Δl_k만에 의한 δ_C'를 구한다. 그러기 위해 그는 이 트러스에 δ_C의 方向으로 작용하는 單位荷重 1을 작용시키고 이에 의한 k番 部材의 內力 n_k를 구한 다음에, 그림 8.7(b)와 같은 可動系를 생각한다. 이 可動系는 k番 部材를 제거한 것으로 自由度가 1이다. 이 系에 그림과 같이 單位荷重과 한 쌍의 힘 n_k를 작용시킨 다음에 k番 部材의 兩端의 節點에 Δl_k만큼의 相對變位를 준다. 이 때 다른 部材는 모두 剛體인 것으로 본다. 이 相對變位에 의해 C점이 δ_C'만큼 처진다면, 假想일의 原理에 의해

$$1\cdot\delta_C' - n_k\Delta l_k = 0 \tag{8.20}$$

을 얻는다. Δl_k는 部材 k의 內力을 N_k라고 하면 $\Delta l_k = N_k l_k/EA_k$이므로, 위의 식으로부터

$$\delta_C' = \frac{N_k n_k l_k}{EA_k} \tag{8.21}$$

를 얻는다. 이것이 k番 部材의 δ_C에의 寄與이다. 모든 部材의 δ_C에의 寄與를 합하면 δ_C가 얻어질 것이다. 곧

$$\delta_C = \sum_k \frac{N_k n_k l_k}{EA_k} \tag{8.22}$$

이 식은 Mohr보다 10년 앞서서 J. C. Maxwell(1864)에 의해서도 유도된 식이다. Maxwell도 그림 8.7(b)와 같은 可動系를 생각했지만, 그는 單位荷重이 δ_C'에 대해서 하는 일은 部材 k의 變形에너지로 변환되고 이 때 힘과 처짐은 비례하는 것으로 가정하여 식 (8.20) 대신에 식

$$\frac{1}{2} 1 \cdot \delta_C' = \frac{1}{2} n_k \Delta l_k \tag{8.23}$$

를 세워서 이로부터 식 (8.22)를 얻었던 것이다. 그러나 Maxwell의 업적은 工學者들의 주목을 끌지 못한 채 1874년에 Mohr에 의해 이 식이 재발견된 것이다. 그래서 식 (8.22)를 사용하여 트러스의 처짐을 구하는 방법을 **맥스웰-모르의 方法**(Maxwell-Mohr method)이라고 부른다.

각설하고, 식 (8.22)에서 좌변은 假想의 單位荷重이 실지의 처짐 δ_C에 대해서 한 (相補)外的 假想일이라고 볼 수 있고, 우변은 假想荷重에 의한 內力 n_k 등이 실지의 길이의 變化에 대해서 한 (相補)內的 假想일이라고 볼 수 있다. 그러므로 식 (8.22)는 剛體에 대한 假想일의 原理를 사용하여 유도된 것이지만, 그 식은 變形하는 物體에 대한 假想일의 原理를 적용한 예를 나타낸다고 볼 수 있다. 變形하는 物體에 대한 假想일의 原理 곧 外的 假想일은 內的 假想일과 같다고 주장하는 原理를 사용하면, 그림 8.7과 같은 트러스의 경우에는 식 (8.21)을 거치지 않고 바로 식 (8.22)를 얻을 수 있을 뿐만 아니라,

휨部材로 이루어진 뼈대의 처짐도 쉽게 구할 수 있다.

變形하는 物體에 관한 假想일의 原理는 여러 가지 특수 경우에 이것이 성립하는 것을 밝힐 수 있고, 또 가장 일반적으로, 그리고 數學的으로 엄밀하게 이것이 성립함을 밝힐 수도 있다. 후자에서는 變形하는 物體의 內部에서 성립하는 平衡微分方程式과 境界面에서 성립하는 境遇條件으로부터 假想일의 原理를 誘導한다. 그러기 위해서는 몇 가지 豫備知識이 필요하게 되므로, 여기서는 數學的 嚴密性은 버리고 그러나 될 수 있는대로 일반적인 방법으로 이것이 성립하는 것을 밝히기로 한다.

이제 어느 變形하는 物體에 작용하는 荷重系 P_1, P_2, …에 의해 그 內部에 應力成分 σ_x, σ_y, σ_z, τ_{yz}, τ_{zx}, τ_{xy}가 分布해서 일어났고, 이 荷重系와는 아무런 관계도 없는 다른 원인에 의해서 $\bar{\varepsilon}_x$, $\bar{\varepsilon}_y$, $\bar{\varepsilon}_z$, $\bar{\gamma}_{yz}$, $\bar{\gamma}_{zx}$, $\bar{\gamma}_{xy}$로 표시되는 假想變形이 일어나서, 각 荷重의 着力點이 그 荷重方向으로 처짐 $\bar{\delta}_1$, $\bar{\delta}_2$, …을 일으켰다고 하자. 그러면 이 物體內部에 있는 임의의 微小直六面體(그 3稜의 길이는 dx, dy, dz)는 그림 8.8에 보인 바와 같은 應力의 作用을 받으면서 $\bar{\varepsilon}_x$, $\bar{\varepsilon}_y$, … 으로 표시되는 假想變形을 일으킴과 동시에 전체로서 剛體로서의 假想變位를 일으킨다. 이를테면, 應力 σ_x가 작용하고 있는 面의 面積

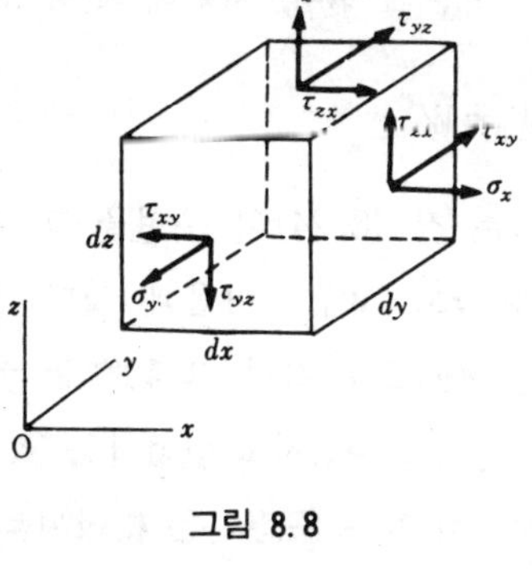

그림 8.8

은 $dydz$ 이므로 應力 σ_x에 의한 힘은 $\sigma_x dydz$이고, 이 面과 그 對面 사이의 距離 dx의 변화는 $\bar{\varepsilon}_x dx$ 이므로 σ_x에 의한 內力이 한 假想일은 $\sigma_x \bar{\varepsilon}_x dxdydz$로 된다. 다른 應力成分에 대해서도 마찬가지로 생각하여 이 微小直六面體에 작용하는 應力이 假想變形에 대해서 하는 內的 假想일 dW_i는

$$dW_i = (\sigma_x \bar{\varepsilon}_x + \sigma_y \bar{\varepsilon}_y + \sigma_z \bar{\varepsilon}_z + \tau_{yz} \bar{\gamma}_{yz} + \tau_{zx} \bar{\gamma}_{zx} + \tau_{xy} \bar{\gamma}_{xy}) dxdydz \tag{8.24}$$

로 됨을 안다. 假想變形에 따라 物體 안의 각 점은 假想變位를 일으키므로 微小直六面體의 각 면도 假想變位를 일으키며, 이에 따라 각 면에 작용하는 應力成分이 假想일을 하게 되는데, 6개의 面에 대한 이들의 合을 dW_o로 적으면, dW_o는 微小直六面體의 假想變形에 대한 것 dW_i와 微小直六面體의 剛體로서의 假想變位에 대한 것의 합과 같게 될 것이다. 바꾸어 말하면, dW_o에서 dW_i를 뺀 나머지는 微小直六面體가 剛體로서 假想變位를 일으키는 동안에 이에 작용하는 應力이 하는 假想일과 같다. 그런데 그것은 剛體에 대한 假想일의 原理에 의해 0과 같으므로, 곧 $dW_o - dW_i = 0$이므로,

$$dW_o = dW_i \tag{8.25}$$

를 얻는다. 이 식을 그 物體 전체에 걸쳐 합하면

$$W_o = W_i \tag{8.26}$$

를 얻는다. W_i는 식 (8.24)의 우변을 그 物體의 全體積 V에 걸쳐서 積分한 것과 같고, W_o는 다음과 같다. 한 물체를 座標面에 平行한 무수히 많은 平面으로 잘라 그 物體를 무수히 많은 微小直六面體로 분할했다고 생각할 때, 서로 인접하는 微小直六面體에 共有되는 面에 작용하는 應力이 하는 假想일은 相殺되므로, W_o는 다른 微小直六

面體와 共有되지 않는 面 곧 物體의 表面을 이루는 境界面에 작용하는 外力 P_1, P_2, …이 그들의 着力點의 처짐 $\bar{\delta}_1$, $\bar{\delta}_2$, …에 대해서 하는 일로 된다. 곧

$$W_0 = P_1\bar{\delta}_1 + P_2\bar{\delta}_2 + \cdots \tag{8.27}$$

W_0는 이와 같이 外力이 하는 假想일 곧 外的 假想일과 같게 된다. 그러므로 식 (8.26)은 다음과 같이 된다:

$$\sum_i P_i\bar{\delta}_i = \iiint_V (\sigma_x\bar{\varepsilon}_x + \cdots)\, dxdydz \tag{8.28}$$

이 식은 外的 假想일과 內的 假想일이 같음을 나타낸다.

위의 식에서 σ_x 등은 실지의 外力 P_1, P_2, …에 의한 應力인데, 이들과 假想變形 사이에는 아무런 관계도 없으므로, 실지의 P_1, σ_x 등 대신에 임의의 假想荷重 $\bar{P}_1$, $\bar{P}_2$, …과 이에 의한 應力 $\bar{\sigma}_x$ 등을 대입해도 위의 식이 성립할 것이고, 또 假想變形은 임의로 선정할 수 있는 것이므로, 위의 식의 $\bar{\delta}_1$, $\bar{\varepsilon}_x$ 등 대신에 실지의 荷重 P_1, P_2, ……에 의한 δ_1, ε_x 등을 대입해도 위의 식은 성립할 것이다. 그러므로

$$\sum_i \bar{P}_i\delta_i = \iiint_V (\bar{\sigma}_x\varepsilon_x + \cdots)\, dxdydz \tag{8.29}$$

이 식이 곧 相補假想일의 原理를 나타내는 식이다.

식 (8.28)과 (8.29)를 誘導할 때 후크의 法則을 사용한 일이 없으므로 이들의 관계는 塑性體에 대해서도 성립한다는 점은 유익한 만하다.

8.5 假想單位荷重法

뼈대 構造物의 처짐을 구하는 데는 식 (8.29)로 표시되는 (相補)假

想일의 原理가 사용된다. 뼈대 구조물은 보통 直線狀 또는 曲率半徑이 비교적 큰 曲線狀의 彈性體의 棒으로 이루어져 있는데, 이러한 구조물의 처짐에 대해서는 棒狀 部材의 橫斷面에 垂直한 應力과 變形度가 絶對的인 영향을 주고, 이에 비하면 기타의 應力과 變形度의 영향은 극히 작다. 이러한 경우에는 식 (8.29)를 다음과 같이 쓸 수 있다:

$$\sum_i \overline{P}_i\delta_i=\sum\iiint_V \bar{\sigma}_x\epsilon_x dxdydz=\sum\int_l dx\int_A \bar{\sigma}_x\epsilon_x dA \quad (8.30)$$

여기서 A는 한 部材의 斷面積, l은 그 길이이고, 우변의 合算은 모든 部材에 걸쳐서 행한다.

이 식을 사용하여 구조물 위의 어느 한 점의 어느 方向의 처짐 δ를 구하기 위해서는 그 점에 그 방향으로 단위 크기의 假想荷重을 작용시킨다. 그러면 식 (8.30)의 좌변은 $1\cdot\delta=\delta$로 되므로, 이 假想單位荷重에 의한 $\bar{\sigma}_x$를 산정하여 식 (8.30)의 우변을 계산하면 그것이 곧 구하려는 δ로 된다. 이러한 방법으로 구조물의 처짐을 산정하는 방법을 **假想單位荷重法**(dummy unit load method)이라고 부른다. 이하 구조물이 트러스인 경우와 剛節뼈대인 경우에 대하여 좀 더 자세히 설명하기로 한다.

먼저 트러스의 경우를 생각한다. 이제 m개의 部材로 이루어진 靜定트러스가 荷重 P_1, P_2, …의 작용을 받고 동시에 溫度變化를 일으켰다고 하자. 이 荷重에 의한 k番 部材의 內力을 N_k, 그 部材의 溫度上昇을 T_k라고 하면, 식 (8.1)에 의해

$$\epsilon_x=\frac{\Delta l_k}{l_k}=\frac{N_k}{EA_k}+\alpha T_k \quad (8.31)$$

로 된다. 곧 ϵ_x는 常數로 된다. 假想單位荷重에 의한 그 部材의 內力을 n_k라고 하면 $\bar{\sigma}_x=n_k/A_k$로 되어 이것도 常數로 된다. 그러므로 이들을 식 (8.30)에 대입하면 다음을 얻는다:

$$1 \cdot \delta = \sum_{k=1}^{m} n_k \left(\frac{N_k l_k}{EA_k} + \alpha T_k l_k \right) \tag{8.32}$$

만일 支點이 支點沈下와 같이 反力의 作用方向으로 旣知의 變位 δ_{R1}, δ_{R2}, …을 일으킨다면, 식 (8.30)의 좌변의 合記號 안에 假想單位荷重에 의한 反力 $\bar{R}_1$, $\bar{R}_2$, …이 이 變位에 대해 하는 일을 포함시켜야 하므로, 이 때에는 식 (8.32)가 다음과 같이 된다:

$$1 \cdot \delta = \sum_{k=1}^{m} n_k \left(\frac{N_k l_k}{EA_k} + \alpha T_k l_k \right) - \sum_{j=1}^{r} \bar{R}_j \delta_{Rj} \tag{8.33}$$

여기서 r는 反力要素의 수효이다.

예제 8.1 그림 8.9에 보인 트러스의 節點 c의, (a) 圖示된 荷重에 의한, (b) 上弦材 BC와 CD의 20℃만큼의 溫度上昇과 下弦材의 10℃만큼의 溫度下降으로 인한, 鉛直方向의 처짐 δ_c를 구하여라. 그림 8.9의 괄호 안의 數値는 cm²단위의 斷面積을 나타내고, $E = 2.1 \times 10^6 \text{kg/cm}^2$, $\alpha = 1.2 \times 10^{-5}$ 1/℃이다.

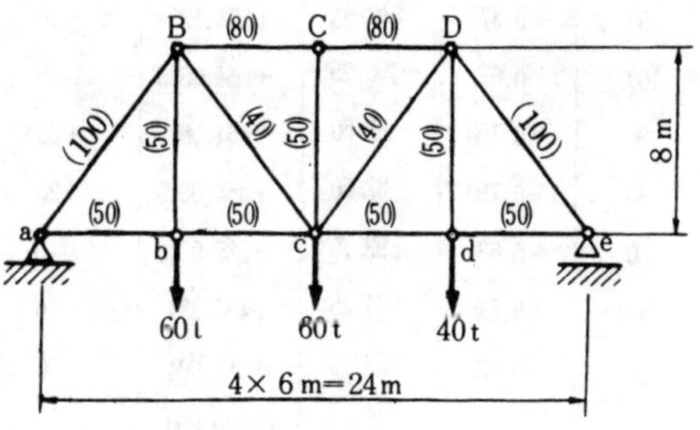

그림 8.9

(풀이) 먼저 주어진 荷重과 單位荷重에 의한 部材內力을 산정하면 그림 8.10(a), (b)와 같다. $\sum nNl/A$와 $\sum nTl$의 계산은 표를 작성해 가면서 계산하는 것이 편리하다.

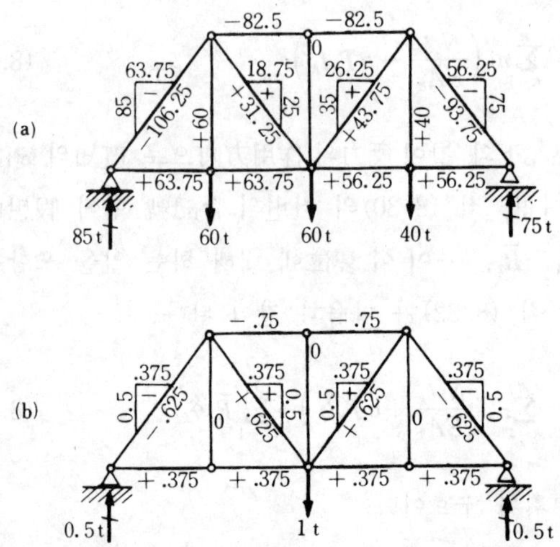

그림 8.10

부 재	l(cm)	A(cm²)	n(t)	N(t)	nNl/A	T(℃)	nTl
ab	600	50	+0.375	+63.75	+286.875	−10	−2250.0
bc	600	50	+0.375	+63.75	+286.875	−10	−2250.0
cd	600	50	+0.375	+56.25	+253.125	−10	−2250.0
de	600	50	+0.375	+56.25	+253.125	−10	−2250.0
aB	1000	100	−0.625	−106.25	+664.0625	0	0
BC	600	80	−0.750	−82.50	+464.0625	+20	−9000.0
CD	600	80	−0.750	−82.50	+464.0625	+20	−9000.0
De	1000	100	−0.625	−93.75	+585.9375	0	0
Bc	1000	40	+0.625	+31.25	+488.281	0	0
Dc	1000	40	+0.625	+43.75	+683.594	0	0
합 계					+4430.000		−27000.0

(a) $\delta_c=\dfrac{\sum nNl/A}{E}=\dfrac{4430.0}{2.1\times10^3}=2.110\,\text{cm}$ $(E=2.1\times10^3\ \text{t/cm}^2)$

(b) $\delta_c=\alpha\sum nTl=1.2\times10^{-5}\times(-27000.0)=-0.324\,\text{cm}$

다음에 剛節뼈대의 경우를 생각한다. 이제 m개의 휨部材로 이루어진 靜定뼈대가 荷重 P_1, P_2, …의 작용을 받고 동시에 溫度上昇을 일으켰다고 하자. 이 荷重에 의한 k番 部材의 軸方向力을 N_k, 휨모멘트를 M_k라고 하면, 이들은 일반적으로 각 部材의 材軸을 따라서 잰 길이 s의 函數로 된다. 모든 部材의 材軸과 모든 荷重의 作用線이 한 平面 (xy-面) 안에 있고 모든 部材의 橫斷面이 그 平面에 대해 對稱인 경우에는, 식 (7.2)와 (7.42)에 의해

$$\sigma_x = \frac{N_k}{A_k} + \frac{M_k}{I_k} y \tag{8.34}$$

로 되므로,

$$\epsilon_x = \frac{\sigma_x}{E} + \alpha T_k = \frac{N_k}{EA_k} + \frac{M_k}{EI_k} y + \alpha T_k \tag{8.35}$$

로 된다. 그러므로 假想單位荷重에 의한 k番 部材의 軸方向力을 n_k, 휨모멘트를 m_k라고 하면, $\int_A \bar{\sigma}_x dA = n_k$, $\int_A \bar{\sigma}_x y dA = m_k$로 되므로, 식 (8.30)은 다음과 같이 된다:

$$\begin{aligned} 1 \cdot \delta &= \sum_{k=1}^{m} \int_l ds \int_A \bar{\sigma}_x \left(\frac{N_k}{EA_k} + \frac{M_k}{EI_k} y + \alpha T_k \right) dA \\ &= \sum_{k=1}^{m} \int_l ds \left(\frac{N_k}{EA_k} \int_A \bar{\sigma}_x dA + \frac{M_k}{EI_k} \int_A \bar{\sigma}_x y dA + \alpha T_k \int_A \bar{\sigma}_x dA \right) \\ &= \sum_{k=1}^{m} \left(\int_l \frac{n_k N_k}{EA_k} ds + \int_l \frac{m_k M_k}{EI_k} ds + \int_l n_k \alpha T_k ds \right) \end{aligned} \tag{8.36}$$

라멘이나 들보에서는 部材의 길이의 變化의 영향이 휨變形의 영향에 비해 일반적으로 극히 작으므로 이것을 무시할 수 있다. 이런 경우에는 식 (8.36)이 다음과 같이 된다:

$$1 \cdot \delta = \sum_{k=1}^{m} \int_l \frac{m_k M_k}{EI_k} ds \tag{8.37}$$

예제 8.2 그림 8.11(a)에 보인 門形라멘에 水平荷重 P가 작용할 때 移動端의 水平變位 δ_B를 구하여라.

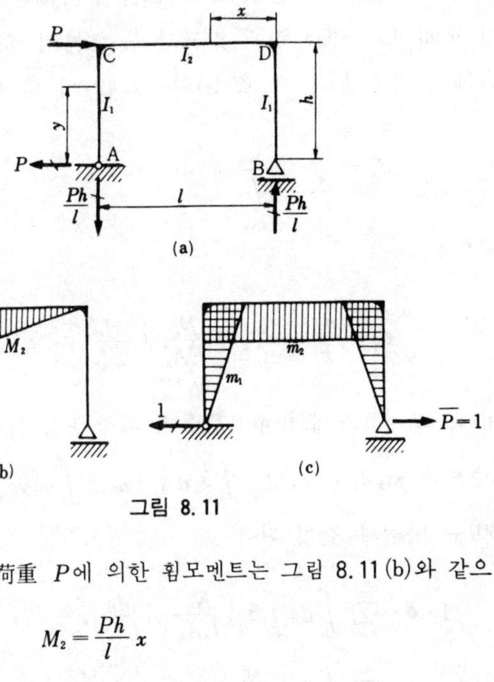

그림 8.11

(풀이) 실지의 水平荷重 P에 의한 휨모멘트는 그림 8.11(b)와 같으며

$$M_1 = Py, \qquad M_2 = \frac{Ph}{l} x$$

로 된다. 移動端 B에 假想單位荷重 $\overline{P} = 1$을 작용시켰을 때의 휨모멘트는 그림 8.11(c)와 같이 되고,

$$m_1 = 1 \cdot y, \qquad m_2 = 1 \cdot h$$

로 되므로, 식 (8.37)에 의해

$$\delta_B = \sum_{i=1}^{m} \int_l \frac{m_i M_i}{EI_i} ds = \frac{P}{EI_1} \int_0^h y^2 dy + \frac{Ph^2}{EI_2} \int_0^l x dx = \frac{Ph^3}{3\,EI_1} + \frac{Ph^2 l}{2\,EI_2} \tag{8.38}$$

이 결과는 陽의 부호를 가지므로 δ_B는 $\overline{P}=1$의 방향으로 일어난다.

이상에서는 變形하고 있는 구조물 위의 어느 한 점의 어느 한 방향의 처짐을 구하는 방법을 설명했는데, 구조물 위의 어느 두 점 E와 F 사이의 거리의 변화 δ_{EF}를 구하려면, 그림 8.12(a) 또는 (b)와 같이, E와 F에 각각 FE와 EF의 방향으로 $\overline{P}_E=1$과 $\overline{P}_F=1$을 동시에 작용시킨다. 만일 $\overline{P}_E=1$만을 작용시켰다면, E 점의 FE 방향의 처짐 δ_E가 구해졌을 것이고, 또 $\overline{P}_F=1$만을 작용시켰다면, F점의 EF방향의 처짐 δ_F가 얻어졌을 것이다. 그런데 E와 F 사이의 거리의 증가 δ_{EF}는 δ_E와 δ_F의 합과 같으므로, 겹침의 原理에 의해 $\overline{P}_E=1$과 $\overline{P}_F=1$을 동시에 작용시켜줌으로써 δ_{EF}를 한번에 구할 수 있다. $\overline{P}_E=1$과 $\overline{P}_F=1$은 그 자체로서 平衡力系를 形成하고 있으므로 이들의 작용으로는 反力이 일어나지 않으며, 따라서 이들이 각각 홀로 작용할 때보다 계산량이 일반적으로 적어진다.

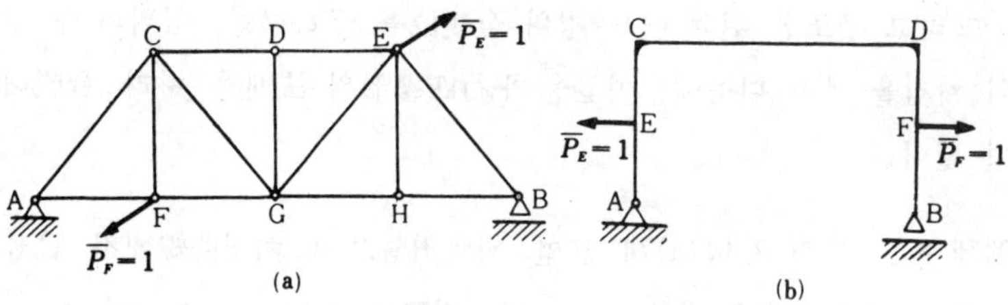

그림 8.12

구조물 위의 어느 두 점 E와 F를 잇는 지선의 어느 방향의 회전각을 구하려면 그 방향의 모멘트의 값이 1로 되는 假想偶力을 작용시켜 주고; 구조물 위의 어느 두 직선 EF와 EG 사이의 角의 증가를 구하려면, 그림 8.13과 같은 2개의 假想偶力을 작용시켜주면 된다. 왜냐하면, 구조물 위의 점 E, F, G의 그림 8.13의 假想荷重 方向의 처짐을 δ_E, δ_E', δ_F, δ_G라고 하면, 이들의 變位에 대해서 그림

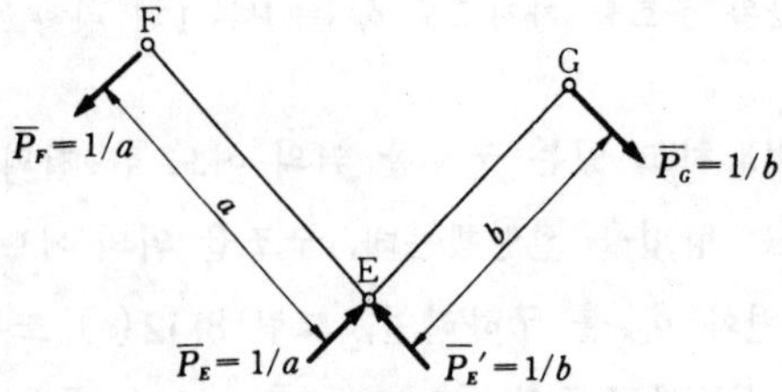

그림 8.13

8.13의 假想荷重이 하는 外的 假想일 W_o가

$$\begin{aligned} W_o &= \frac{1}{a}\delta_E + \frac{1}{b}\delta_E' + \frac{1}{a}\delta_F + \frac{1}{b}\delta_G \\ &= \frac{1}{a}(\delta_E + \delta_F) + \frac{1}{b}(\delta_E' + \delta_G) \end{aligned} \tag{8.39}$$

로 되는데, 우변의 제 1항은 직선 EF의 반시계방향의 회전각을 나타내고 제 2항은 EG의 시계방향의 회전각을 나타내므로, 그들의 합은 두 직선의 교각의 증가를 나타내기 때문이다.

그리고 구조물 위의 어느 점의 全變位를 구하려면, 임의의 두 방향의 처짐을 구한 다음에, 이들을 平行四邊形의 法則을 따라 合成해주면 된다.

예제 8.3 그림 8.14(a)에 보인 게르버들보의 처짐曲線에서 C점에서의 接線의 交角 θ를 구하여라. 휨剛性 EI는 全길이에 걸쳐 一樣하다.

(풀이) 反力을 구한 다음에 휨모멘트圖를 작성하면 그림 8.14(b)와 같다. C 점에서의 交角을 구하기 위해, 그림 8.14(c)에 보인 바와 같이, BC 部分의 C端과 CD 部分의 C端에 反對方向의 單位크기의 假想모멘트 $M=1\,\mathrm{t \cdot m}$를 작용시킨다. 이 때의 反力을 구한 다음에 휨모멘트圖를 작성하면 그림 8.14(d)와 같이 된다. 식 (8.37)을 사용하되, 積分區間을 A~E, E~B, D~C, C~B의 4개의 구간으로 나눈다.

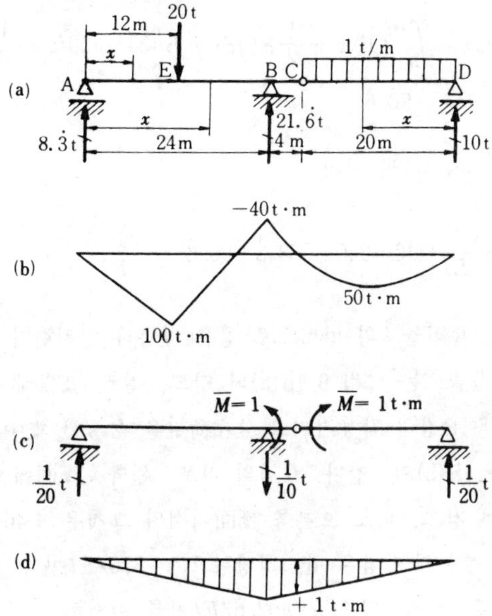

그림 8.14

A～E：$x=0\sim12\text{m}$, $M=8.\dot{3}x$, $m=\dfrac{1}{20}x$

$$\int_0^{12} mMdx=\frac{8.\dot{3}}{20}\int_0^{12} x^2dx=\frac{8.\dot{3}}{20}\frac{1}{3}\times12^3=240$$

E～B：$x=12\sim24\text{m}$, $M=8.\dot{3}x-20(x-12)=240-11.\dot{6}x$, $m=\dfrac{1}{20}x$

$$\int_{12}^{24} mMdx=\int_{12}^{24}\left(12x-\frac{11.\dot{6}}{20}x^2\right)dx$$

$$=6(24^2-12^2)-\frac{11.\dot{6}}{60}(24^3-12^3)=240$$

D～C：$x=0\sim20\text{m}$, $M=10x-\dfrac{1}{2}x^2$, $m=\dfrac{1}{20}x$

$$\int_0^{20} mMdx=\int_0^{20}\left(\frac{1}{2}x^2-\frac{1}{40}x^3\right)dx=\frac{1}{6}20^3-\frac{1}{160}20^4=333.\dot{3}$$

C～B：$x=20\sim24\text{m}$, $M=-10(x-20)=200-10x$, $m=\dfrac{1}{20}x$

$$\int_{20}^{24} mMdx = \int_{20}^{24}\left(10x - \frac{1}{2}x^2\right)dx = 5(24^2 - 20^2) - \frac{1}{6}(24^3 - 20^3)$$
$$= -90.\dot{6}$$

그러므로 식 (8.37)에 의해

$$\theta = \frac{1}{EI}(240 + 240 + 333.\dot{3} - 90.\dot{6}) = \frac{722.\dot{6}}{EI}$$

이 결과는 共軛들보의 방법으로 얻은 결과와 일치한다. 곧 이 경우에 대한 共軛들보는 그림 8.15(a)와 같고, 걸린 支間部 AB의 B점에서의 反力을 B점에 작용시키고 分布荷重을 동등한 集中荷重으로 대치하면 그림 8.15(b)와 같다. C점의 바로 왼쪽 斷面에서의 剪斷力은 $-320\ \text{t}\cdot\text{m}^2$과 같고, 바로 오른쪽 斷面에서의 그것은 $+402.\dot{6}\ \text{t}\cdot\text{m}^2$과 같다. 곧 BC 부분의 C점은 반시계방향으로 $320/EI$만큼 회전하고 CD 부분의 C점은 시계방향으로 $402.\dot{6}/EI$만큼 회전하여, BC 부분과 CD 부분은 C점에서 $722.\dot{6}/EI$만큼의 交角을 이룬다. 들보의 처짐을 구하는 데는 共軛들보의 방법이 훨씬 간편함을 안다. 그러나 일반적인 방법이기는 假想單位荷重法의 쪽이다.

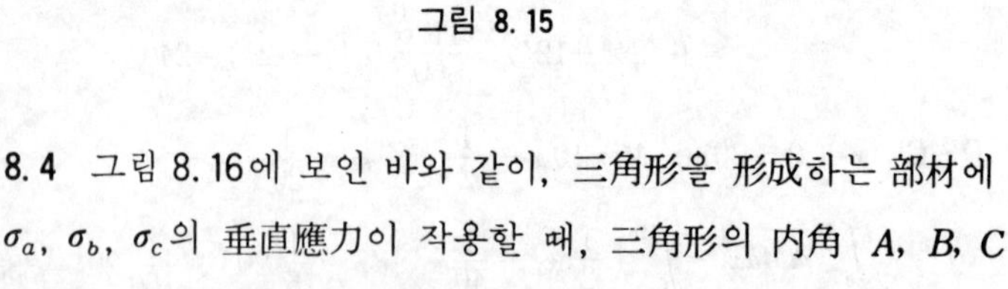

그림 8.15

예제 8.4 그림 8.16에 보인 바와 같이, 三角形을 形成하는 部材에 각각 σ_a, σ_b, σ_c의 垂直應力이 작용할 때, 三角形의 內角 A, B, C의 變化 ΔA, ΔB, ΔC를 구하여라.

(풀이) 우선 ΔA를 구한다. 部材 AB와 AC에 각각 시계방향과 반시계

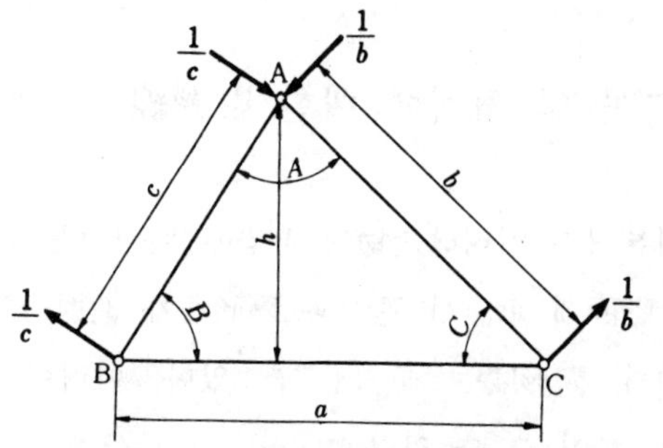

그림 8.16

방향으로 偶力 $1/c$ 과 $1/b$ 을 작용시킨다. 이들의 偶力의 모멘트는 각각 1과 같다. 이 假想偶力에 의한 部材内力은 다음과 같이 된다:

$$n_a = +\frac{1}{h}, \quad n_b = -\frac{1}{h}\cos C, \quad n_c = -\frac{1}{h}\cos B \tag{8.40}$$

그러므로 식 (8.32)에 의해

$$\varDelta A = \frac{1}{h}\frac{\sigma_a a}{E} - \frac{1}{h}\frac{\sigma_b b}{E}\cos C - \frac{1}{h}\frac{\sigma_c c}{E}\cos B \tag{8.41}$$

그런데

$$a = h(\cot B + \cot C), \quad b\cos C = h\cot C, \quad c\cos B = h\cot B \tag{8.42}$$

이므로, 위의 식은 다음과 같이 된다:

$$E\cdot\varDelta A = (\sigma_a - \sigma_b)\cot C + (\sigma_a - \sigma_c)\cot B \tag{8.43}$$

마찬가지로 하여

$$\begin{aligned} E\cdot\varDelta B &= (\sigma_b - \sigma_c)\cot A + (\sigma_b - \sigma_a)\cot C \\ E\cdot\varDelta C &= (\sigma_c - \sigma_a)\cot B + (\sigma_c - \sigma_b)\cot A \end{aligned} \tag{8.44}$$

8.6 相反定理 및 처짐에 대한 影響線

棒狀部材로 이루어진 뼈대構造物의 처짐에 대해서는, 前述한 바와 같이, 部材의 橫斷面에 垂直한 應力과 變形度가 絶對的인 영향을 주고 기타의 應力과 變形度는 무시할 수 있다. 이러한 경우에는 식 (8.28)을 다음과 같이 쓸 수 있다:

$$\sum P_i\bar{\delta}_i=\sum\iiint\sigma_x\bar{\varepsilon}_x dxdydz=\sum\int_l dx\int_A\sigma_x\bar{\varepsilon}_x dA \qquad (8.45)$$

후크의 法則이 성립하고, 溫度變化가 없는 경우에는, $\bar{\varepsilon}_x=\dfrac{\bar{\sigma}_x}{E}$, $\varepsilon_x=\dfrac{\sigma_x}{E}$로 되므로, 식 (8.45)와 (8.30)이 각각 다음과 같이 된다:

$$\sum P_i\bar{\delta}_i=\sum\int_l dx\int_A\frac{\sigma_x\bar{\sigma}_x}{E}dA \qquad (8.46)$$

$$\sum\bar{P}_i\delta_i=\sum\int_l dx\int_A\frac{\bar{\sigma}_x\sigma_x}{E}dA \qquad (8.47)$$

여기서 假想變位 $\bar{\delta}_i$ 등이 假想荷重 $\bar{P}_i$ 등에 의해서 일어난 것이라면, 그리고 위의 兩式의 좌변은 反力이 하는 일을 포함하고 있지 않다면, 兩式의 우변이 같으므로, 다음 관계가 성립한다:

$$\sum P_i\bar{\delta}_i=\sum\bar{P}_i\delta_i \qquad (8.48)$$

위의 식에서 $\bar{\delta}_i$ 등은 실지의 荷重 P_i 등과는 아무런 관계도 없는 임의의 荷重 $\bar{P}_i$ 등에 의한, P_i 등의 着力點의 P_i의 방향의, 變位成分이고, δ_i 등은 P_i 등에 의한, $\bar{P}_i$ 등의 着力點의 $\bar{P}_i$의 方向의, 變位成分이다. 위에서 말한 것을 좀 더 구체적으로 나타내기 위하여 일반적으로 서로 관계가 없는 두 개의 荷重狀態 (a)와 (b)를 생각하고, (a)

에 속하는 荷重을 P_a로, (b)에 속하는 荷重을 P_b로, 荷重狀態 (b)에 의한 P_a의 着力點의 P_a의 방향의 變位成分을 δ_{ab}, (a)에 의한 P_b의 着力點의 P_b의 방향의 變位成分을 δ_{ba}로 적으면, 다음 관계가 성립한다고 말할 수 있다:

$$\sum_a P_a\delta_{ab}=\sum_b P_b\delta_{ba} \tag{8.49}$$

위의 관계를 말로 나타내면 다음과 같다:

"溫度變化와 支點沈下가 없는 임의의 彈性線形 構造物에 한 力系가 작용해서 變形을 일으키는 사이에 다른 한 力系가 하는 外的 假想일은 나중 力系가 작용해서 變形을 일으키는 사이에 먼저 力系가 하는 外的 假想일과 같다."

이 定理는 1872년에 E. Betti에 의해 처음으로 증명된 것으로 이것을 **베티의 定理**(Betti's theorem) 또는 **相反假想일의 定理**(reciprocal virtual work theorem)라고 부른다.

베티의 定理의 特殊境遇 가운데 가장 중요한 것은 두 力系가 각각 1개의 單位荷重인 경우이다. 즉 彈性線形 構造物의 어느 한 점 a에 $P_a=1$이 작용하는 경우와 다른 한 점 b에 $P_b=1$이 작용하는 경우를 생각하면 식 (8.49)의 좌변과 우변은 각각 $1\cdot\delta_{ab}$와 $1\cdot\delta_{ba}$로 되므로,

$$\delta_{ab}=\delta_{ba} \tag{8.50}$$

로 된다. 이것을 말로 나타내면 다음과 같이 된다:

"彈性線形 構造物의 어느 한 점 b에 작용하는 單位荷重 $P_b=1$에 의한 다른 한 점 a의 P_a의 방향의 變位成分은 a에 작용하는 單位荷重 $P_a=1$에 의한 b의 P_b의 방향의 變位成分과 같다."

이 定理는 J. C. Maxwell (1864)이 식 (8.23)의 出處인 바로 그 論文

에서 처음으로 언급한 것으로, 이것을 **맥스웰의 定理**(Maxwell's theorem) 라고 한다. 그러나 이것도 1874년에 Lord Rayleigh에 의해 재발견될 때까지 工學者들의 주목을 끌지 못했었다.

식 (8.50)에서 사용된 기호 δ_{ab}의 첫째 첨자 a는 생각하고 있는 變位의 始點과 方向을, b는 變位의 원인을 나타내는 것으로, 이것을 **맥스웰의 記號**(Maxwell's notation)라고 부른다.

맥스웰의 定理는 베티의 定理의 한 특수 경우에 해당되는 것에 지나지 않는 듯이 말했으나, 一般性에 있어서는 兩定理가 동등한 位置에 있다. 왜냐하면 彈性線形 構造物에서는 겹침의 原理가 성립하므로, 이 原理를 사용하면 맥스웰의 定理로부터 베티의 定理를 유도할 수도 있기 때문이다. 그래서 이 두 定理를 총칭하여 **相反定理**(reciprocal theorem)라고 부르는 때가 있다.

相反定理는 실은 뼈대구조물에 대해서만 성립하는 것이 아니라 어떠한 線形彈性體에 대해서도 일반적으로 성립하는 定理라는 것을 添言해 둔다.

相反定理의 직접적인 한 應用例로서 靜定한 구조물의 처짐에 대한 영향선을 구하는 방법을 들 수 있다. 그림 8.17(a)에 보인 단순들보 AB의 a점에서의 鉛直方向의 처짐에 대한 영향선이 그림 8.17(b)에

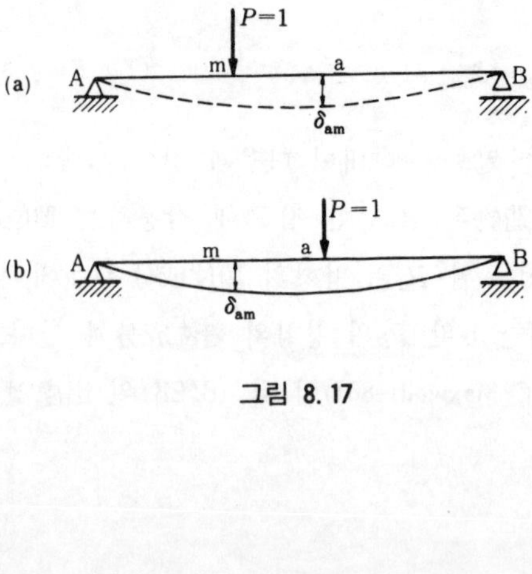

그림 8.17

보인 曲線과 같이 얻어졌다고 하자. 그러면 임의의 점 m에서의 영향선縱距 δ_{am}은 單位荷重 $P=1$이 m점에 왔을 때의 a점에서의 처짐을 나타낸다. 그런데 맥스웰의 定理에 의해 $\delta_{am}=\delta_{ma}$이므로 縱距 δ_{am}은 $P=1$이 a점에 작용했을 때의 m점의 처짐과 같다. 그러므로單位荷重을 a점에 작용시켰을 때의 처짐曲線을 구하면 이것이 바로 a점의 처짐에 대한 영향선으로 된다.

일반적으로, 어느 구조물 위를 鉛直方向의 單位荷重이 지날 때, 그 구조물 위의 어느 한 점 a의 어느 한 方向의 처짐 δ_a에 대한 영향선은 單位荷重을 a점에 δ_a의 方向으로 작용시켰을 때의 그 구조물의 鉛直方向의 처짐曲線과 같다고 말할 수 있다.

8.7 變形에너지와 카스틸리아노의 定理

完全彈性體에서는 變形 도중에 外力이 한 일 W는 모두 變形에너지 U로 轉換되어 $W=U$로 된다는 것은 이미 7.2절에서 말한 바이다. 그리고 引張部材에 대하여

$$W=U=\frac{P\delta}{2} \tag{8.51}$$

가 성립한다는 것을 말했는데, 이 관계는 비단 引張部材에 대해서만이 아니라 일반적으로 성립되는 것이다. 곧 外的으로 安定하게 支持된 彈性體가 荷重 P의 작용을 받고 變形했을 때 P의 着力點의 P의 방향의 變位成分을 δ라고 하면, 그리고 P와 δ가 0으로부터 서서히 증가하여 그 최종치에 달한 것이라고 가정하면, 위의 식이 성립한다. 앞으로 "P의 着力點의 P의 方向의 變位成分"을 "P에 대응하는 變位"라고 부르기로 한다. 위의 식에서 P가 힘이 아니라 힘의 모멘트인 경우에도 δ를 이에 대응하는 廻轉變位라고 보면 위의 식이 그대로

성립한다. 이와 같이 볼 때 P와 δ를 각각 **一般力** (generalized force)과 **一般變位** (generalized displacement)라고 부른다.

다음에 安定하게 支持된 線形彈性體에 2개의 荷重 P_1, P_2가 작용하는 경우를 생각한다. P_1만이 작용할 때 P_1, P_2에 대응하는 變位를 δ_{11}, δ_{21}이라고 하고, P_2만이 작용할 때의 그들을 δ_{12}, δ_{22}라고 하면, 베티의 定理에 의해

$$P_2\delta_{21} = P_1\delta_{12} \tag{8.52}$$

로 된다. 또 P_1과 P_2가 동시에 작용할 때의 P_1과 P_2에 대응하는 變位를 각각 δ_1과 δ_2라고 하면, 겹침의 原理에 의해

$$\delta_1 = \delta_{11} + \delta_{12}, \quad \delta_2 = \delta_{21} + \delta_{22} \tag{8.53}$$

로 된다. 이 彈性體에 P_1이 먼저 작용하고 다음에 P_2가 작용한 경우에 荷重이 한 일 W'는

$$W' = \frac{1}{2}P_1\delta_{11} + P_1\delta_{12} + \frac{1}{2}P_2\delta_{22} \tag{8.54}$$

로 되고, P_2가 먼저 작용하고 다음에 P_1이 작용한 경우에 荷重이 한 일 W''는

$$W'' = \frac{1}{2}P_2\delta_{22} + P_2\delta_{21} + \frac{1}{2}P_1\delta_{11} \tag{8.55}$$

로 된다. 그러므로 식 (8.52)에 의해 이들은 서로 같고, 식 (8.52)와 (8.53)에 의해

$$\begin{aligned} W = W' = W'' &= \frac{1}{2}P_1(\delta_{11} + \delta_{12}) + \frac{1}{2}P_2(\delta_{21} + \delta_{22}) \\ &= \frac{1}{2}P_1\delta_1 + \frac{1}{2}P_2\delta_2 \end{aligned} \tag{8.56}$$

로 됨을 안다. 곧 線形 彈性體에 두 荷重이 작용할 때, 두 荷重이 하는 일은 그들의 작용 순서에 관계없고, 오로지 그들의 最終値와 그들에 대응하는 變位의 最終値에만 관계한다. 이 사실은 荷重이 더 많이 있는 경우에도 성립할 것이며, 따라서 다음과 같이 말할 수 있다:

"彈性線形 構造物에 여러 개의 荷重 P_1, P_2, …, P_l이 작용하는 경우에 그들에 대응하는 變位의 最終値를 δ_1, δ_2, …, δ_l이라고 하면, 外力이 한 일 W는 荷重의 작용 순서에 상관없이

$$W=\frac{1}{2}\sum_{i=1}^{l}P_i\delta_i \tag{8.57}$$

와 같다."

여기서 P_1, P_2, …, P_l은 서로 독립된 것으로, 反力과 같이 平衡條件에 의해 이들로부터 산정되는 것은 제외되어야 한다.

다음에 內力이 한 일 곧 變形에너지 U를 생각하건대, 棒狀部材로 이루어진 뼈대구조물에서는 앞에서도 말한 바와 같이 部材의 橫斷面에 수직한 應力과 變形度의 영향만을 생각하고 기타의 應力과 變形度는 무시해도 좋으므로, 이 경우에는

$$U=\sum\int_l ds\int_A\frac{1}{2}\sigma_x\varepsilon_x dA \tag{8.58}$$

로 놓을 수 있다. 그런데 平面구조물에서는 σ_x가 일반적으로 식 (8.34)로 주어지고, 彈性線形 構造物에서는 $\varepsilon_x=\sigma_x/E$이므로, 식 (8.58)은

$$\begin{aligned}U&=\sum_{k=1}^{m}\frac{1}{2}\int_l ds\int_A\frac{1}{E}\left(\frac{N_k}{A_k}+\frac{M_k y}{I_k}\right)^2 dA\\&=\sum_{k=1}^{m}\frac{1}{2}\int_l ds\left(\frac{N_k^2}{EA_k^2}\int_A dA+\frac{2N_kM_k}{EA_kI_k}\int_A ydA+\frac{M_k^2}{I_k^2}\int_A y^2dA\right.\end{aligned} \tag{8.59}$$

로 되는데,

$$\int_A dA = A_k, \quad \int_A y dA = 0, \quad \int_A y^2 dA = I_k \tag{8.60}$$

로 됨을 감안하면,

$$U = \sum_{k=1}^{m} \left(\frac{1}{2} \int_l \frac{N_k^2}{EA_k} ds + \frac{1}{2} \int_l \frac{M_k^2}{EI_k} ds \right) \tag{8.61}$$

로 된다. 특히 뼈대구조물이 트러스인 경우에는 $M_k = 0$ 이고 N_k는 一樣하므로, 다음과 같이 된다:

$$U = \sum_{k=1}^{m} \frac{N_k^2 l_k}{2EA_k} \tag{8.62}$$

위에서 m은 部材 또는 積分區間의 수효이고 k는 그들 가운데 어느 하나의 번호이다.

식 (8.61) 또는 (8.62)로부터 산정되는 變形에너지 U는 本節의 서두에서도 말했듯이 식 (8.57)로 산정되는 W와 같다. 곧

$$U = \sum_{i=1}^{l} \frac{1}{2} P_i \delta_i \tag{8.63}$$

이것을 클라페이롱의 定理(Clapeyron's theorem)라고 부른다. 그것은 B. P. E. Clapeyron(1799~1864, 佛)과 同期同窓이고 同僚였던 G. Lamé (1795~1870, 佛)가 1852년에 出刊한 그의 名著이자 彈性論에 관한 世界 最初의 單行本에서 그렇게 기술했기 때문이다.

彈性線形 구조물에서는, 이에 l개의 荷重 $P_1, P_2, \cdots, P_i, \cdots, P_l$이 작용할 때, 이들에 대응하는 變位 $\delta_1, \delta_2, \cdots, \delta_l$은 겹침의 原理에 의해

$$\delta_i = \delta_{i1} P_1 + \delta_{i2} P_2 + \cdots + \delta_{ii} P_i + \cdots + \delta_{il} P_l \tag{8.64}$$

$$(i = 1, 2, \cdots, l)$$

으로 산정된다. 여기서 δ_{ij}는 $P_j=1$만이 작용할 때의 P_i에 대응하는 變位이다. 만일 δ_1, δ_2, …, δ_l이 旣知라면, l개의 식 (8.64)를 P_1, P_2, …, P_l에 관해 연립시켜서 풀면, 다음을 얻을 것이다:

$$P_i=k_{i1}\delta_1+k_{i2}\delta_2+\cdots+k_{ii}\delta_i+\cdots+k_{il}\delta_l \qquad (8.65)$$

$$(i=1,\ 2,\ \cdots,\ l)$$

여기서, 이를테면, k_{ij}는 δ_j만 일어나게 하고 나머지 모든 變位를 구속했을 때 單位變位 $\delta_j=1$에 의해 점 i에 δ_i의 방향으로 일어나는 힘이라고 정의할 수 있다. 그러므로 베티의 定理에 의해 $k_{ij}=k_{ji}$ ($i=1, 2, \cdots, l; j=1, 2, \cdots, l$)의 관계가 성립함을 밝힐 수 있다(10.6절 참조). 이 관계를 相反力의 定理라고 부른다.

만일 식 (8.65)를 (8.63)에 대입하면 變形에너지 U는 變位들의 2次同次函數로 됨을 안다. 곧

$$U=f_1(\delta_1,\ \delta_2,\ \cdots,\ \delta_i,\ \cdots,\ \delta_l) \qquad (8.66)$$

또 식 (8.64)를 (8.63)에 대입하면 U가 荷重들의 2次同次函數로 됨을 안다. 곧

$$U=f(P_1,\ P_2,\ \cdots,\ P_i,\ \cdots,\ P_l) \qquad (8.67)$$

이제 어느 彈性線形 구조물에 l개의 荷重 P_1, P_2, …이 작용하여 이들에 대응하는 變位 δ_1, δ_2, …이 일어나고 U만큼의 變形에너지가 그 구조물 안에 蓄積된 狀態에서 δ_i가 $d\delta_i$만큼 증가했다고 생각하자. 그러면 이에 대응해서 식 (8.65)를 따라 각 荷重이

$$\frac{\partial P_j}{\partial \delta_i}d\delta_i=k_{ji}d\delta_i \quad (j=1,\ 2,\ \cdots,\ l) \qquad (8.68)$$

만큼씩 증가하여, 이들이 각각 이들에 대응하는 變位 δ_j에 대해서 하

는 일의 합만큼 變形에너지 U가 증가할 것이다. 한편 U와 δ_i 등 사이에는 식 (8.66)의 관계가 있으므로 δ_i의 증분 $d\delta_i$에 대응하는 U의 증분은 $\partial U/\partial\delta_i \cdot d\delta_i$로 된다. 그러므로 다음 관계를 얻는다:

$$\frac{\partial U}{\partial \delta_i} d\delta_i = \sum_{j=1}^{l} k_{ji} d\delta_i \cdot \delta_j$$
$$= (k_{1i}\delta_1 + k_{2i}\delta_2 + \cdots + k_{li}\delta_l) d\delta_i \tag{8.69}$$

그런데 우변의 괄호 안은 $k_{ji} = k_{ij}$의 관계로부터

$$k_{1i}\delta_1 + k_{2i}\delta_2 + \cdots + k_{li}\delta_l$$
$$= k_{i1}\delta_1 + k_{i2}\delta_2 + \cdots + k_{il}\delta_l = P_i \tag{8.70}$$

로 된다. 그러므로 다음 관계를 얻는다:

$$\frac{\partial U}{\partial \delta_i} = P_i \tag{8.71}$$

이번에는 위의 彈性線形 구조물에서 P_i가 dP_i만큼 증가했다고 생각하자. 그러면 이에 대응해서 식 (8.64)를 따라 각 變位가

$$\frac{\partial \delta_j}{\partial P_i} dP_i = \delta_{ji} dP_i \quad (j=1,\ 2,\ \cdots,\ l) \tag{8.72}$$

만큼씩 증가하여, 이들에 대하여 각각 이들에 대응하는 荷重 P_j가 하는 일의 합만큼 變形에너지 U가 증가할 것이다. 한편 U는 식 (8.67)에서 보는 바와 같이 P_i 등의 函數로 표시되므로 P_i의 증분 dP_i에 대응하는 U의 증분은 $\partial U/\partial P_i \cdot dP_i$로 된다. 그러므로 다음 관계를 얻는다:

$$\frac{\partial U}{\partial P_i} dP_i = \sum_{j=1}^{l} P_j \delta_{ji} \cdot dP_i$$
$$= (P_1\delta_{1i} + P_2\delta_{2i} + \cdots + P_l\delta_{li}) dP_i \tag{8.73}$$

그런데 우변의 괄호 안은 맥스웰의 定理에 의해

$$P_1\delta_{1i}+P_2\delta_{2i}+\cdots+P_l\delta_{li}$$
$$=\delta_{i1}P_1+\delta_{i2}P_2+\cdots+\delta_{il}P_l=\delta_i \tag{8.74}$$

로 된다. 그러므로 식 (8.73)과 (8.74)로부터 다음 관계를 얻는다:

$$\frac{\partial U}{\partial P_i}=\delta_i \tag{8.75}$$

식 (8.71)과 (8.75)의 관계가 성립한다는 것은 A. Castigliano (1847 ~1884, 伊)가 1879년에 처음으로 밝힌 것으로, 식 (8.71)과 (8.75)을 각각 **카스틸리아노의 第 1 및 第 2 定理** (Castigliano's first and second theorems)라고 부른다. 구조물의 처짐을 구하는 데는 第 2 定理가 사용된다.

카스틸리아노의 定理를 本質的으로 일반화한 분은 F. Engesser (1848 ~1931, 獨)로서 1889년의 일이다. 카스틸리아노의 定理는 彈性線形 구조물에 대해서만 성립하고 겹침의 原理가 성립되지 않는 경우에는 적용할 수 없다. Engesser는 이러한 경우에 **相補에너지** (complementary energy)의 槪念을 도입하여 이것을 荷重으로 微分하면 대응하는 變位가 얻어진다는 것을 밝혔다. 이를테면, 그림 8.6(a)의 경우에 δ와 P 사이의 관계는 線形이 되지 않고 식 (8.18)과 같이 된다. 이 경우 變形에너지 U는 그림 8.6(b)의 面積 Oab로 표시되고

$$U=\int_0^{\delta}P\,d\delta=\frac{EA}{4\,l^3}\,\delta^4=\frac{P^{4/3}l}{4\sqrt[3]{EA}} \tag{8.76}$$

로 되어,

$$\frac{\partial U}{\partial \delta}=\frac{EA}{l^3}\,\delta^3=P \tag{8.77}$$

는 카스틸리아노의 第1定理를 만족시키지만, $\partial U/\partial P$는 δ를 주지 않는다. Engesser가 定義한 相補에너지 V는 그림 8.6(b)의 面積 Oac로 표시되고,

$$V=\int_0^p \delta dP=\frac{3\,P^{\frac{4}{3}}l}{4\sqrt[3]{EA}} \tag{8.78}$$

로 된다. 따라서

$$\frac{\partial V}{\partial P}=\frac{P^{\frac{1}{3}}l}{\sqrt[3]{EA}}=\delta \tag{8.79}$$

로 되어, 相補에너지에 관해서 카스틸리아노의 第2定理가 성립함을 안다. 식 (8.79)의 내용을, 곧 相補에너지의 어느 한 荷重 P에 관한 微分係數는 P에 대응하는 變位 δ와 같다는 사실을, **엔게써의 定理** (Engesser's theorem)라고 부른다. 카스틸리아노의 第2定理는 이것의 特殊 경우로서 그림 8.6(b)에서 曲線 Oa가 直線으로 되는 경우에 한해서 성립함을 안다.

다시 彈性線形 구조물로 돌아가서, 이 구조물에 荷重 P_1, P_2, …, P_l이 작용하는 경우를 생각한다. k番 部材의 軸方向力과 휨모멘트 N_k와 M_k는 겹침의 原理에 의해

$$N_k=n_{k1}P_1+n_{k2}P_2+\cdots+n_{kl}P_l \tag{8.80}$$

$$M_k=m_{k1}P_1+m_{k2}P_2+\cdots+m_{kl}P_l \tag{8.81}$$

로 놓을 수 있다. 여기서 n_{ki}와 m_{ki}는 각각 $P_i=1$만에 의한 k番 部材의 軸方向力과 휨모멘트이다. 그러므로

$$\frac{\partial N_k}{\partial P_i}=n_{ki}, \qquad \frac{\partial M_k}{\partial P_i}=m_{ki} \tag{8.82}$$

따라서 카스틸리아노의 第2 定理와 식 (8.61)에 의해

$$\delta_i=\frac{\partial U}{\partial P_i}=\sum_{k=1}^{m}\int_0^l \frac{\partial N_k}{\partial P_i}\frac{N_k}{EA_k}ds+\sum_{k=1}^{m}\int_0^l \frac{\partial M_k}{\partial P_i}\frac{M_k}{EI_k}ds$$

$$=\sum_{k=1}^{m}\int_0^l \frac{n_{ki}N_k}{EA_k}ds+\sum_{k=1}^{m}\int_0^l \frac{m_{ki}M_k}{EI_k}ds \qquad (8.83)$$

를 얻는다. 이것과 식 (8.36)을 비교하면, 溫度變化가 없는 경우에는 카스틸리아노의 第2定理를 적용해서 처짐을 구하는 것은 假想單位荷重法으로 처짐을 구하는 것과 똑같다는 것을 알 수 있다.

트러스의 경우에는 $M_k=0$이고 N_k와 n_{ki} 등이 常數로 되므로, 식 (8.83)이

$$\delta_i=\sum_{k=1}^{m}\frac{n_{ki}N_k l_k}{EA_k} \qquad (8.84)$$

로 되어, 溫度變化가 없을 때의 식 (8.32)와 일치함을 안다.

예제 8.5 그림 8.18(a)와 같이 自由端 A에 集中荷重 P의 작용을 받는 캔틸레버 AB의 A점의 鉛直方向의 처짐 δ_A와 廻轉角 θ_A를 구하여라. 이 들보의 휨剛性 EI는 常數이다.

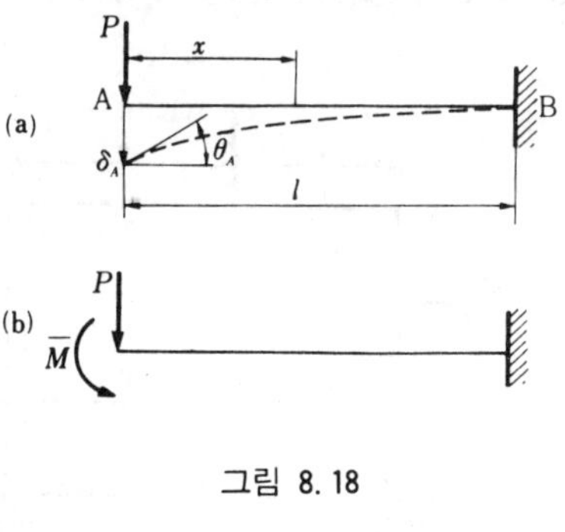

그림 8.18

(풀이) 휨모멘트는 $M=-Px$이며, 따라서

$$U=\frac{1}{2EI}\int_0^l M^2dx=\frac{P^2}{2EI}\int_0^l x^2dx=\frac{P^2l^3}{6EI}$$

고로

$$\delta_A=\frac{\partial U}{\partial P}=\frac{Pl^3}{3EI}$$

θ_A를 구하기 위해서는 그림 8.18(b)와 같이 P 이외에 假想의 모멘트 $\overline{M}$를 더 작용시킨다. 그러면 $M=-Px-\overline{M}$로 되고,

$$U=\frac{1}{2EI}\int_0^l(Px+\overline{M})^2dx=\frac{1}{2EI}\left(\frac{P^2l^3}{3}+P\overline{M}l^2+\overline{M}^2l\right)$$

로 된다. 그러므로

$$\theta_A=\left(\frac{\partial U}{\partial\overline{M}}\right)_{\overline{M}=0}=\frac{1}{2EI}(Pl^2+2\overline{M}l)=\frac{Pl^2}{2EI}$$

演習問題

問 8.1 그림과 같은 단순히 支持된 門形 라멘에 鉛直荷重 P만 작용하는 때에, 같은 水平線 위에 있는 두 점 F와 G 사이의 거리의 變化 δ_{FG}와 점 C에 대한 점 D의 廻轉角 θ_{CD}를 구하여라.

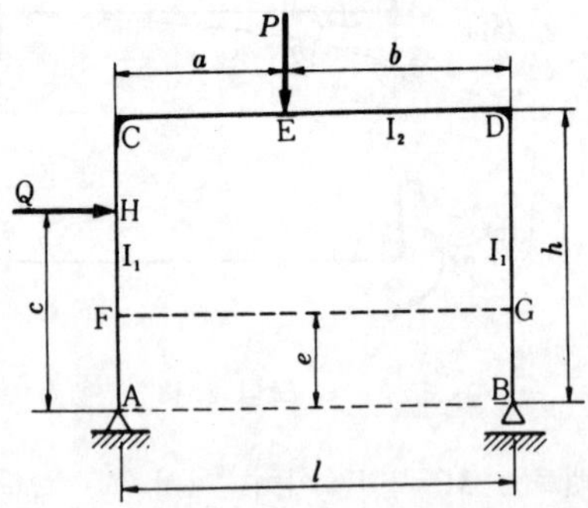

問 8.2 앞 그림과 같은 門形라멘에 水平荷重 Q만 작용하는 때에 두 점 F와 G 사이의 거리의 변화 δ_{FG}를 구하여라. 여기서 $c>e$이다.

問 8.3 그림과 같은 L字形 라멘의 점 B와 C의 鉛直 및 水平方向의 처짐 u_B, v_B, u_C, v_C를 구하여라. 여기서 斷面은 길이 ABC에 沿하여 일양하고, 軸方向力과 剪斷力의 영향은 무시한다.

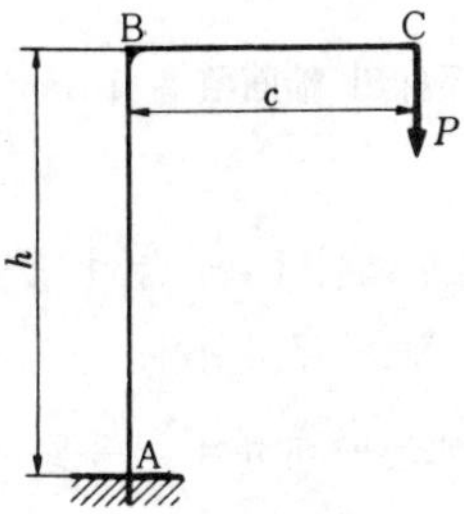

問 8.4 그림과 같은 圓形 部材의 自由端 B의 水平 및 鉛直方向의 처짐 δ_h 및 δ_v를 구하여라. 이 部材의 斷面의 치수는 반지름 r에 비해 대단히 작아서 식 (8.37)을 사용할 수 있고, 剪斷力과 軸方向力의 영향은 무시할 수 있다.

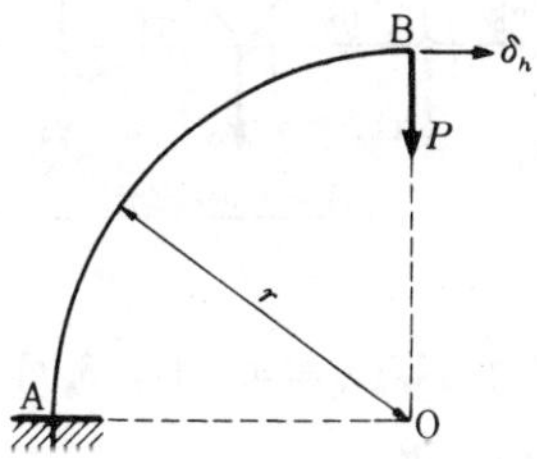

問 8.5 前問에서 自由端 B에 작용하는 荷重 P를 δ_h 방향의 水平荷重 Q로 바꾸었을 때의 δ_h와 δ_v를 구하여라. 또 시계방향의 힘의 모멘트 M_o로 바꾸었을 때의 δ_h와 δ_v를 구하여라.

問 8.6 그림과 같은 트러스의 節點 L_3의 水平과 鉛直方向의 처짐 δ_h와 δ_v를 구하여라. 이 트러스의 외곽을 형성하는 弦材의 斷面積은 18 cm² 이

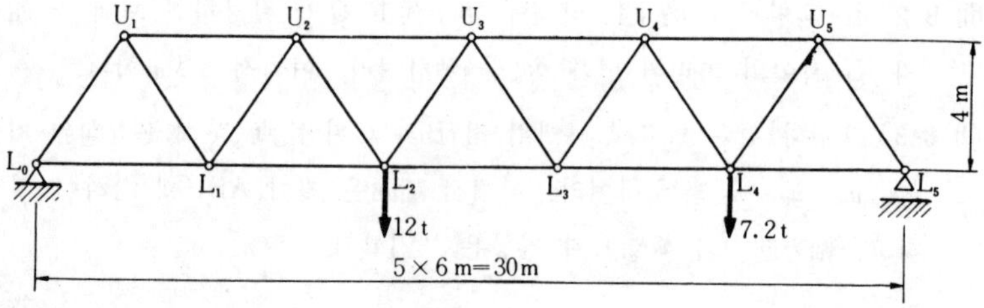

고, 나머지 모든 腹部材의 斷面積은 12 cm² 이며, $E=2.1\times10^3\,\mathrm{t/cm^2}$ 이다.

問 8.7 위의 그림에서 移動端이 L_3에 놓여 있을 때 節點 L_5의 水平과 鉛直方向의 처짐 δ_h와 δ_v를 구하여라.

問 8.8 그림과 같은 트러스에 대하여 다음을 산정하여라. 이 그림에서 괄호 안의 수치는 cm² 單位의 斷面積을 나타내고, $E=2.1\times10^3\,\mathrm{t/cm^2}$ 이다.

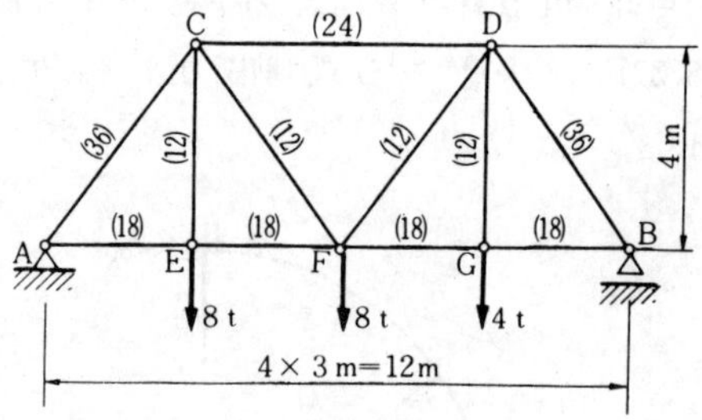

(a) 節點 F의 水平과 鉛直方向의 처짐 δ_h와 δ_v

(b) 部材 CD의 廻轉角 θ_{CD}

(c) 節點 C와 G 사이의 거리의 증가 δ_{CG}

(d) 部材 FC와 FD의 交角의 증가 θ

9

不靜定構造物의 解析

9.1 序 言

앞의 두 章에서 靜定構造物의 처짐을 算定하는 方法을 전개했는데, 이것은 7.1절과 8.1절에서 말한 바와 같이 그 자체로서도 중요하지만 不靜定構造物의 解析의 기초가 되기 때문에도 중요하다. 실지로 앞의 두 章은 부정정 구조물의 해석을 위한 기초지식을 마련해 주는 것이다. 그러므로 이제는 부정정 구조물의 해석 방법을 전개할 수 있고 또 그럴 차례이다.

不靜定構造物의 設計는 靜定構造物의 設計에 비해 시간과 노력이 많이 든다. 그것은 부정정 구조물에서는 構成部材의 斷面의 치수를 알아야만 解析이 가능하기 때문이다. 그러면 왜 구태여 부정정 구조물을 택하는가? 그것은 부정정 구조물이 정정 구조물에 비해 다음과 같은 이점이 있기 때문이다. 첫째로 剛性이 크고 材料를 절감할 수 있다. 둘째로 架設이 용이하다. 세째로 施工이 간편하다. 첫째 利點은 누구에게나 수긍이 갈 것이고, 둘째 利點은 이를테면, 連續桁橋의 架設을 생각하면 납득이 갈 것이다. 세째 利點은 鐵筋콘크리트 구조물의 施工을 생각하면 이해가 갈 것이다. 鐵筋콘크리트 구조물에서는, 單純桁橋와 같은 구조물을 제외하고는 이것을 靜定한 구조물이 되도록 施工한다는 것이 오히려 극히 어려우므로, 아무런 꺼리낌도 없이 不靜定 形式이 채택된다.

이 밖에 또 부정정 구조물의 이점을 든다면, 美觀上 좋다는 점을 들 수 있다. 그러나 한 가지 불리한 점이 있으니, 그것은 外的 不靜定構造物은 支點沈下의 영향을 크게 받는다는 점이다. 이 점은 外的 不靜定構造物의 基礎를 設計할 때 항상 염두에 두어야 할 점이고, 만일 地盤의 軟弱層이 아주 두꺼운 곳에 이런 구조물을 架設하려면 不經濟를 각오해야 한다.

부정정 구조물의 解析方法에는 여러 가지가 있으나, 크게 나누면 **應力法**(force method)과 **變位法**(displacement method)의 둘로 된다. 이것을 설명하기 위해, m개의 部材로 이루어진 平面트러스를 생각한다. 그 節點의 수효를 j, 反力要素의 수효를 r라고 하면, **4.2.2**항에서 말한 바와 같이, 이 트러스가 전체적으로 안정하고 $m+r>2j$인 때 이 트러스는 不靜定으로 된다. 이 때

$$n=m+r-2j \tag{9.1}$$

를 그 트러스의 **不靜定次數**(degree of statical indeterminacy)라고 말한다. 이 트러스의 未知量으로서는, **8.3**절에서 말한 바와 같이, m개의 部材內力과 $(2j-r)$개의 變位成分과 r개의 反力要素가 있어서 모두 $(m+2j)$개만큼 있다. 한편 條件式으로서는 각 節點마다에 대하여 세워지는 2개씩의 平衡條件式과 각 部材마다에 대하여 세워지는 식 (8.19)로 표시되는 適合條件式이 있으므로, 조건식도 도합 $(m+2j)$개만큼 있다. 만일 이 트러스가 靜定하다면, 먼저 $(m+r)$개의 未知量을 $2j(=m+r)$개의 平衡條件式으로부터 구한 다음에, **8.2.2**항에서 했듯이 m개의 適合條件으로부터 $(2j-r)$개의 變位成分을 구할 수 있다. 그러나 부정정 구조물에서는 이와 같이 할 수 없고,

$(m+2j)$개의 條件式을 연립시켜서 풀어야 한다. 이 때 푸는 순서에 두 가지가 있다.

첫째 순서에서는, 먼저 $(m+r)$개의 未知量 중에서 n개를 적당히 고른다. $(m+r)$개의 部材內力과 反力要素로부터 선정된 n개의 未知量을 **不靜定力**(statically indeterminate forces)이라고 부른다. 이것을 旣知量이라고 보고 $2j$개의 平衡條件式을 풀면, 不靜定力으로 선정되지 않은 $(m+r-n)$개 곧 $2j$개의 部材內力과 反力要素를 荷重과 不靜定力의 1次函數로 나타낼 수 있다. 다음에 m개의 適合條件式 (8.19)로부터 $(2j-r)$개의 變位成分을 소거하면 部材內力에 관한 $\{m-(2j-r)\}$개 곧 n개의 식이 얻어진다. 이 n개의 식이 n개의 不靜定力을 결정하는 조건식으로서, 이것이 협의의 適合條件이다. 이 n개의 식에 앞서 荷重과 不靜定力의 1次函數로서 구한 部材內力을 대입하면 결국 n개의 不靜定力에 관한 n개의 1次方程式이 얻어진다. 이것을 연립시켜서 풀면 不靜定力이 구해지고 이것을 앞서 구한 1次函數에 대입하면 나머지 모든 部材內力과 反力要素가 결정된다. 그러면 部材의 길이의 변화가 식 (8.1)로부터 결정되고, m개의 變位-變形 關係式으로부터 적당히 고른 $(m-n)$개를 풂으로써 $(2j-r)$개, 곧 $(m-n)$개의 變位成分을 구할 수 있다. 이런 순서로 푸는 방법을 應力法이라고 부른다. 마지막의 未知量이 不靜定力이기 때문이다. 이것을 **適合法**(compatibility method)이라고도 부른다. 마지막으로 풀어야 할 식이 適合條件式이기 때문이다. 이것을 또 **柔軟度法**(flexibility method)이라고도 부른다. 그 이유는 9.3절에서 설명하기로 한다. 위에서 $(m+r)$개의 部材內力과 反力要素로부터 n개의 不靜定力을 選定하는 방법에는 여러 가지가 있을 수 있으나 잘못 선정하면 $2j$개의 平衡條件式을 풀 수 없게 되는 일이 있다. 실지로 이 방법을 적용할 때에는, n개의 適合條件式을 위에서 말한 것과 같이 m개의 식 (8.19)로부터 $(2j-r)$

개의 變位成分을 소거해서 구하는 것이 아니라 직접 구할 수 있고, $2j$개의 平衡條件式을 모두 연립시켜서 풀지 않아도 될 수 있도록 꾀를 내는데, 이에 대해서는 다음 節에서 말한다.

둘째 순서에서는, 식 (8.19) 대신에 그 양변에 EA_{AB}/l_{AB}를 곱해서 얻어지는

$$N_{AB}=\frac{EA_{AB}}{l_{AB}}(u_B-u_A)\cos\alpha_{AB}+\frac{EA_{AB}}{l_{AB}}(v_B-v_A)\sin\alpha_{AB}-\alpha T_{AB}EA_{AB} \quad (9.2)$$

를 사용하고 이것을 $2j$개의 平衡條件式에 대입한다. 그러면 $(2j-r)$개의 變位成分과 r개의 反力要素에 관한 $2j$개의 1차방정식이 얻어진다. 이것을 연립시켜서 풀면 모든 變位成分과 反力要素가 결정된다. 이 變位成分의 값을 m개의 식 (9.2)에 대입하면 모든 部材內力도 결정된다. 이런 순서로 푸는 방법을 變位法이라고 부른다. 마지막의 未知量이 變位成分이기 때문이다. 이것을 平衡法(equilibrium method)이라고도 부르는데, 그것은 마지막으로 풀어야 할 식이 平衡條件式이기 때문이다. 이것을 또 剛度法(stiffness method)이라고도 부른다. 그 이유는 식 (9.2)의 係數 EA_{AB}/l_{AB}가 剛度(stiffness)를 나타내기 때문이다. 실지로는 트러스의 경우에 이 방법을 쓰는 일은 거의 없다. $2j$개의 平衡條件式을 연립시켜서 푸는 것이 실제적으로는 거의 불가능하기 때문이다. 그러나 다음 章에서 전개할 매트릭스變位法은 컴퓨터와 결합해서 트러스의 解析에도 실지로 많이 사용된다.

이하 절을 따라서 맥스웰-모르의 方法, 最小일의 方法, 3모멘트 方法, 撓角法, 모멘트分配法을 전개할 터인데, 처음 셋은 應力法에 속하고 나중 둘은 變位法에 속한다. 이들은 한 25년 전까지에 나온 構造力學에 관한 책들에서는 거의 각각 독립된 한 章씩을 차지하고 있었다. 그것은 아마도 많은 예제를 다루어 讀者로 하여금 여러 가지 특수 경우에 대처할 수 있도록 하기 위해서였을 것이다. 그러나 不靜定構

造物의 解析은 간단한 경우라도 시간과 노력이 많이 들므로, 실제 문제에서 나타나는 복잡한 不靜定構造物을 손으로 푸는 일은 이제는 거의 없다. 컴퓨터를 사용해서 푸는 것이다. 그러므로 이제는 낱낱의 解析法을 세세하게 논할 필요가 없게 된 것이다.

9.2 맥스웰-모르의 方法

前節을 받아서 말을 이어나가기 위해, 그림 9.1(a)에 보인 트러스를 생각한다. 이 트러스는 $r=3$으로서 外的으로 靜定하지만 $m=10$, $j=6$으로서 $n=m+r-2j=1$이므로, 內的으로는 따라서 全體的으로는 1차의 不靜定트러스로 된다. 어느 한 部材, 이를테면, 10番部材를 그림 9.1(b)와 같이 임의의 斷面에서 切斷하되 두 切斷口가

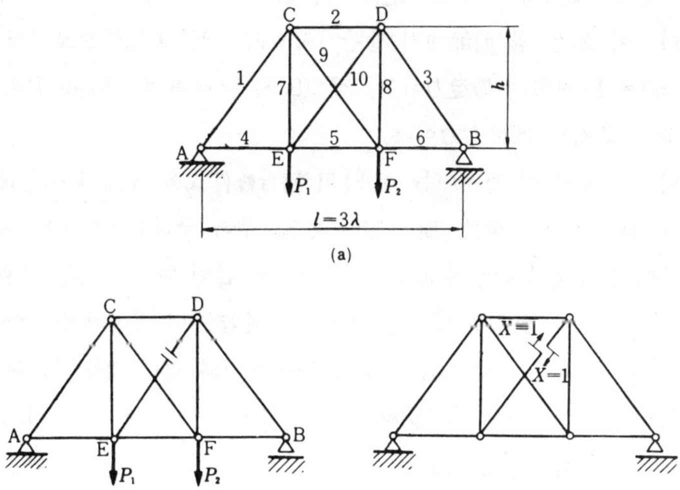

그림 9.1

제자리에 있도록 해준다. 이런 뜻으로 단순히 切斷한다고 말하는 대신에 軸方向力에 대한 切斷(cut)을 넣는다라는 말을 사용하는 일이 있다. 10번 部材에 切斷을 넣으면 이 트러스는 靜定으로 된다. 이것을 주어진 트러스에 대한 靜定基本系(statically determinate base(or primary) system)라고 부른다.

切斷된 部材의 切斷되기 전의 內力을 X_1이라 하고, 이것을 두 切斷口에 작용시켜 주면, 이 트러스의 力學的 狀態가 切斷을 넣기 전과 같게 될 것이다. 그러므로 i番 部材의 內力 N_i는 靜定基本系에 荷重 P_1, P_2가 작용했을 때의 部材內力 N_{i0}과 X_1이 작용했을 때의 部材內力의 合으로 될 것이다. 후자는 $X_1=1$에 의한 i番 部材의 內力을 n_{i1}이라 하면 $n_{i1}X_1$과 같다. 그러므로 결국

$$N_i = N_{i0} + n_{i1}X_1 \qquad (i=1,\ 2,\ \cdots,\ 10) \tag{9.3}$$

로 된다. 윗식에서 물론 $N_{10,0}=0$, $n_{10,1}=1$로 되고 따라서 $N_{10}=X_1$이다. 이 X_1은 곧 前節에서 말한 $(m+r)$개의 未知量으로부터 선정된 $n(=1)$개의 不靜定力이고, 식 (9.3)은 荷重과 不靜定力의 1차 함수로 표시된 部材內力이다.

다음에 n개(이 경우에는 1개)의 適合條件式을 구해야 하는데, 이것을 $m=10$개의 變位-變形 關係式으로부터 구하는 직접적 방법에 의존해서 유도하려면 시간과 노력이 너무 많이 든다. 適合條件이란 원래 구조물이 變形을 일으킨 다음에도 連續性이 깨어져서는 안 된다는 것을 나타내는 말이다. 그림 9.1(b)에서와 같이 靜定基本系에 荷重들만이 작용한다면 두 切斷口는 Δ_{10}만큼 벌어질 것이다. 그림 9.1(c)와 같이 靜定基本系에 $X_1=1$만이 작용할 때 두 切斷口가 δ_{11}만큼 벌어진다면, X_1에 의해서는 $\delta_{11}X_1$만큼 벌어질 것이다. 그러면 실지의 트러스에서는 $\Delta_{10}+\delta_{11}X_1$만큼 벌어질 것이라는 이야기가 되는데, 그

런 일은 있을 수 없고 두 切斷口는 항상 일치하고 있어야 하므로,

$$\Delta_{10}+\delta_{11}X_1=0 \tag{9.4}$$

으로 되어야 한다. 이것이 곧 이 경우의 適合條件式이다. 이로부터

$$X_1=-\frac{\Delta_{10}}{\delta_{11}} \tag{9.5}$$

을 얻는다. Δ_{10}과 δ_{11}은 靜定基本系에 각각 荷重만이 작용했을 때와 $X_1=1$만이 작용했을 때의 X_1에 대응하는 變位成分으로서 假想單位荷重法에 의해 다음과 같이 산정된다:

$$\Delta_{10}=\sum_{i=1}^{10}\frac{n_{i1}N_{i0}l_i}{EA_i},\quad \delta_{11}=\sum_{i=1}^{10}\frac{n_{i1}{}^2 l_i}{EA_i} \tag{9.6}$$

이들의 값을 식 (9.5)에 대입하면 X_1이 결정되고, 이것을 (9.3)에 대입하면 모든 部材內力이 결정된다. 모든 部材內力이 결정되었으므로, 그리고 필요하다면, 각 節點의 變位를 前章의 방법으로 구할 수 있으며, 따라서 그림 9.1(a)에 보인 트러스에 대해 構造解析의 목적이 달성된 셈이다.

식 (9.4)를 **맥스웰-모르의 方程式**(Maxwell-Mohr equation)이라고 부르고, 위와 같은 解析方法을 **맥스웰-모르의 方法**(Maxwell-Mohr method)이라고 부른다. Maxwell(1864)과 Mohr(1874)가 트러스의 처짐의 산정법과 함께 不靜定트러스의 위와 같은 解析方法을 서로 독립해서 창안해내었기 때문이다.

위의 예에서 10번 部材의 內力 대신에 2번, 5번, 7번, 8번 및 9번 部材의 內力을 不靜定力으로 택할 수도 있다. 그러나 이들의 部材內力 이외의 어느 部材內力도 그리고 어느 反力要素도 不靜定力으로 택할 수 없다. 그것은, 만일 이들 가운데 어느 하나를 不靜定力

으로 택한다면, 이에 대응하는 基本系가 內的으로 또는 外的으로 不安定으로 되어, N_{i0} 등과 n_{i1} 등을 구할 수 없게 되기 때문이다. 일반적으로 말하여, $(m+r)$개의 미지량으로부터 $n(=m+r-2j)$개의 不靜定力을 선정하는 방법에는 여러 가지가 있을 수 있는데, 不靜定力으로 선정된 部材內力이나 反力要素가 일어나지 않도록 切斷을 넣거나 拘束을 제거하거나 해서 남는 구조물 곧 基本系가 不安定으로 되어서는 안 된다.

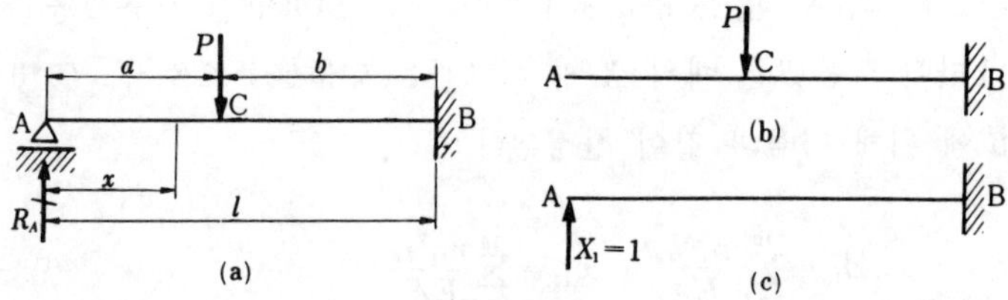

그림 9.2

맥스웰-모르의 方法은 그림 9.2(a)에 보인 不靜定들보와 같은 경우에도 적용할 수 있다. 移動端 A에 일어나는 反力 R_A를 不靜定力 X_1로 잡으면 靜定基本系는 캔틸레버로 된다. 그러므로 그림 9.2(b)와 같이 靜定基本系에 荷重이 작용했을 때의 휨모멘트 M_0은

$$\begin{aligned} &0 \leqq x \leqq a \text{에서} \quad M_0 = 0, \\ &a \leqq x \leqq l \text{에서} \quad M_0 = -P(x-a) \end{aligned} \tag{9.7}$$

로 되고 그림 9.2(c)와 같이 $X_1=1$만이 작용했을 때의 휨모멘트 m_1은

$$0 \leqq x \leqq l \text{에서} \quad m_1 = +x \tag{9.8}$$

로 된다. 그러므로 基本系에서 P에 의한 X_1에 대응하는 변위 Δ_{10}은, EI가 一樣하다면,

$$\begin{aligned} \Delta_{10} &= \frac{1}{EI}\int_0^l M_0 m_1\,dx = \frac{-P}{EI}\int_a^l (x-a)\,x\,dx \\ &= \frac{-P}{EI}\left[\frac{l^3-a^3}{3} - \frac{a(l^2-a^2)}{2}\right] \end{aligned}$$

$$= \frac{-P}{6EI}(2l^3 - 3l^2 a + a^3) \tag{9.9}$$

으로 되고, $X_1 = 1$에 의한 그것 δ_{11}은

$$\delta_{11} = \frac{1}{EI}\int_0^l m_1{}^2 dx = \frac{1}{EI}\int_0^l x^2 dx = \frac{l^3}{3EI} \tag{9.10}$$

으로 된다. Δ_{10}과 δ_{11}의 X_1倍를 합한 것은 실지의 구조물의 A점의 처짐과 같을 터인데, A점은 移動端으로서 X_1의 方向으로는 變位를 일으킬 수 없으므로, 이 때에도 식 (9.4) 따라서 (9.5)가 성립한다. 그러므로,

$$X_1 = \frac{P}{2l^3}(2l^3 - 3l^2 a + a^3) = \frac{Pb^2}{2l^3}(2l + a) \tag{9.11}$$

를 얻는다. X_1이 결정되었으므로, 나머지 문제 곧 剪斷力圖, 휨모멘트圖, 처짐曲線 등을 구하는 문제는 靜定한 문제로 된다.

위의 문제에서도 不靜定力을 택하는 방법에는 여러 가지가 있다. 固定端 B에 일어나는 固定모멘트 M_B를 不靜定力 X_1로 택할 수도 있다. 그러면 이에 대응하는 基本系는 단순들보로 된다. 또 임의의 斷面에서의 휨모멘트를 X_1로 택할 수 있다. 그러면 이에 대응하는 基本系는 게르버들보로 되어 역시 靜定하다.

다음에 그림 9.3(a)에 보인 外的으로 2次 不靜定인 트러스를 생각한다. 不靜定力으로서는 2개의 部材內力 또는 反力要素를 택할 수 있다. 支點 A와 D에 일어나는 反力 R_A와 R_D를 不靜定力 X_1과 X_2로 잡으면, 대응하는 基本系는 그림 9.3(b)와 같이 단순하게 지지된 트러스로 된다. 이 基本系에 주어진 荷重이 작용할 때의 X_1과 X_2에 대응하는 變位를 Δ_{10}과 Δ_{20}으로, $X_1 = 1$만이 작용할 때의 그들을 δ_{11}과 δ_{21}로, $X_2 = 1$만이 작용할 때의 그들을 δ_{12}와 δ_{22}로 적으면, 이

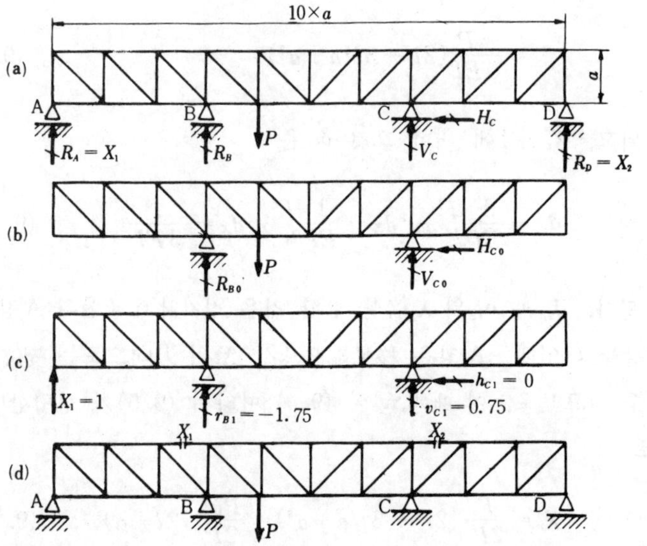

그림 9.3

들의 변위는 前章의 방법으로 구할 수 있다. 이 경우에는 對稱性에 의해 $\delta_{22}=\delta_{11}$로 되고, 맥스웰의 定理에 의해 $\delta_{21}=\delta_{12}$로 되므로, 실지로 계산해야 할 量은 Δ_{10}, Δ_{20}, δ_{11}, δ_{21}의 4개로 된다. 이들이 산정되었으면, 適合條件을 고려하여 다음의 맥스웰-모르의 방정식을 세울 수 있다:

$$\begin{aligned}\delta_{11}X_1+\delta_{12}X_2+\Delta_{10}&=0\\ \delta_{21}X_1+\delta_{22}X_2+\Delta_{20}&=0\end{aligned}\qquad(9.12)$$

이들을 연립시켜서 풀면 X_1과 X_2가 얻어지고 나머지 **문제는** 靜定한 문제로 된다.

위의 경우에 基本系에 $X_2=1$만이 작용하는 荷重狀態를 생각하지 않아도 좋다는 점은 유의할 만하다. 이것은 주어진 구조물이 左右對稱인 경우에 基本系도 對稱이 되도록 不靜定力을 선정했기 때문에 얻어지는 이점이다. 물론 R_B와 V_C를 각각 X_1과 X_2로 잡을 수 있다. 그러면 $X_1 = 1$의 영향은 전길이에 걸친다. 이에 반하여 위에서와 같이 $R_A = X_1$, $R_D = X_2$로 잡으면, $X_1 = 1$의 영향은 A~C 구간에만 미쳐서 δ_{11}과 δ_{21}을 산출할 때의 계산량이 준다는 이점이 있다.

外的으로 靜定하고 內的으로 不靜定한 구조물에서는 部材內力 또는 斷面力만을 不靜定力으로 택할 수 있고 反力要素는 不靜定力으로 택할 수 없다. 이에 반하여 外的으로 不靜定한 구조물에서는 反力要素만이 아니라 部材內力이나 斷面力도 不靜定力으로 택할 수 있다. 위의 경우에는 그림 9.3(d)와 같이 그림에서 切斷을 넣은 部材의 內力을 不靜定力으로 잡을 수 있다. 그러면 基本系는 3개의 단순히 지지된 트러스로 된다. 3스팬 연속인 트러스 또는 들보에서는 不靜定力을 그림 9.3(a)와 같이 잡는 것과 그림 9.3(d)와 같이 잡는 것 사이의 우열을 논하기 어려우나, 4 또는 그 이상의 스팬이 연속으로 된 구조물에서는 그림 9.3(d)와 같이 잡는 것이 보다 유리하다. 트러스의 경우에 不靜定力을 그림 9.3(d)와 같이 잡는 것은 들보의 경우에는 支點모멘트를 不靜定力으로 잡는 것에 상당하다. 이것이 9.5절에서 논할 3모멘트 方法의 存立根據를 설명해 주는 것이다.

예제 9.1 그림 9.1에서 $h = 8$ m, $l = 3 \times 6$ m, $A_1 = A_2 = A_3 = 60\,cm^2$, $A_4 = A_5 = A_6 = 40\,cm^2$, $A_7 = A_8 = 50\,cm^2$, $A_9 = A_{10} = 30\,cm^2$이고, $P_1 = 60$ t, $P_2 = 30$ t일 때 모든 部材內力을 구하여라.

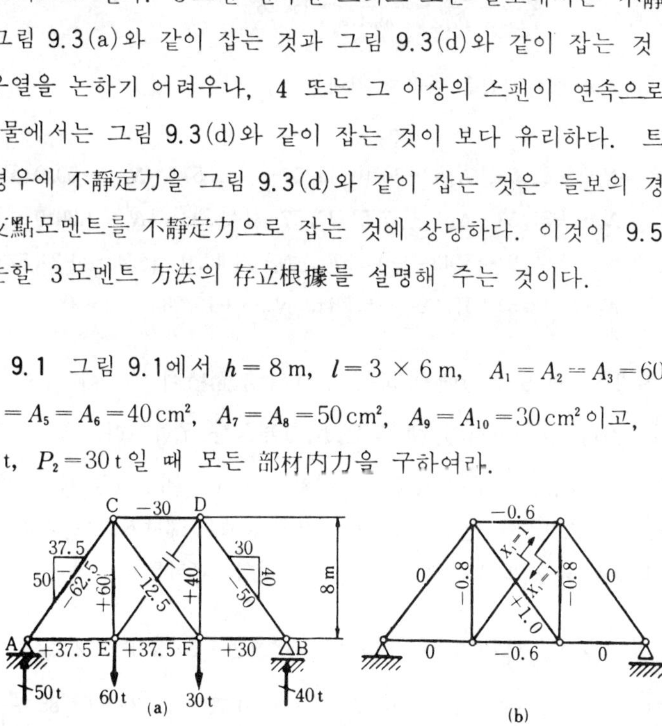

그림 9.4

(풀이) 먼저 基本系에 荷重만이 작용할 때와 $X_1=1$만이 작용할 때의 部材內力을 그림 9.4와 같이 산정하고, 이하 다음 표와 같이 表計算한다.

부 재	l (cm)	A (cm²)	No (t)	n (t)	$No\,nl/A$	n^2l/A	nX_1
2	600	60	−30.0	−0.6	+180.0	+ 3.60	−11.57
5	600	40	+37.5	−0.6	−337.5	+ 5.40	−11.57
7	800	50	+60.0	−0.8	−768.0	+10.24	−15.43
8	800	50	+40.0	−0.8	−512.0	+10.24	−15.43
9	1000	30	−12.5	1.0	−416.7	+33.33	+19.28
10	1000	30	0	1.0	0	+33.33	0
					−1854.2	+96.15	

$$\therefore\ X_1=-\frac{\Delta_{10}}{\delta_{11}}=\frac{1854.2}{96.15}=19.28$$

그러므로 部材內力은 다음과 같다:

$$N_1=-62.5\,\text{t},\ N_2=-30.0-11.57=-41.57\,\text{t},\ N_3=-50.0\,\text{t},$$
$$N_4=+37.5\,\text{t},\ N_5=+37.5-11.57=+25.93\,\text{t},\ N_6=+30.0\,\text{t},$$
$$N_7=+60.0-15.43=+44.57\,\text{t},\ N_8=+40.0-15.43=+24.57\,\text{t},$$
$$N_9=-12.5\,\text{t}+19.28=+6.78\,\text{t},\ N_{10}=+19.28\,\text{t}$$

예제 9.2 그림 9.3(a)에서 모든 部材의 斷面積이 다같이 A와 같고 $P=400\,\text{kg}$, $a=6\,\text{m}$일 때 모든 反力要素를 구하여라.

(풀이) 基本系에 荷重이 작용했을 때와 $X_1=1$이 작용했을 때의 部材內力은 그림 9.5와 같다. $X_2=1$이 작용할 때의 部材內力은 그림 9.5(b)의 값을 좌우 반대로 적어 넣은 것과 같다. 그러므로

$$\delta_{22}=\delta_{11}=\frac{a}{EA}(5\times1^2+3\times2\sqrt{2}+2\times2^2+2\times3^2+2\times2.25^2$$
$$+2\times1.5^2+6\times0.75^2+4\times0.75^2\times2\sqrt{2})=63.85\frac{a}{EA}$$

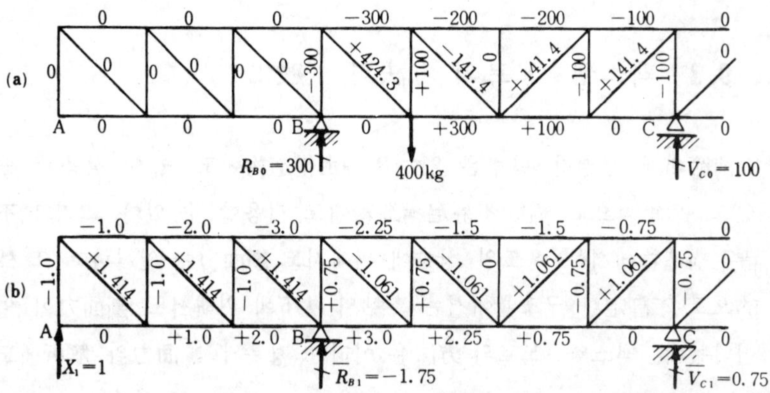

그림 9.5

$$\delta_{12}=\delta_{21}=\frac{a}{EA}(4\times2.25\times0.75+2\times1.5^2-4\times0.75^2-4\times0.75^2 \times2\sqrt{2})=2.636\frac{a}{EA}$$

$$\varDelta_{10}=\frac{a}{EA}(2\times300\times2.25+2\times200\times1.5+2\times100\times0.75-300\times0.75 +3\times100\times0.75-300\times0.75\times2\sqrt{2}+3\times100\times0.75\times2\sqrt{2}) =2100\frac{a}{EA}$$

$$\varDelta_{20}=\frac{a}{EA}(2\times300\times0.75+2\times200\times1.5+2\times100\times2.25+300\times0.75 -3\times100\times0.75+300\times0.75\times2\sqrt{2}-3\times100\times0.75\times2\sqrt{2}) =1500\frac{a}{EA}$$

이들의 값을 (9.12)에 대입하고 풀면,

$$X_1=R_A=-31.97\,\text{kg},\qquad X_2=R_D=-22.18\,\text{kg}$$

따라서

$$R_B=339.31\,\text{kg},\qquad V_C=114.84\,\text{kg},\qquad H_C=0$$

9.3 맥스웰-모르의 方法의 一般化

前節에서 설명한 방법은 3次 不靜定構造物에도 쉽게 적용할 수 있고, 일반적으로 n次 不靜定構造物에도 적용할 수 있다. 그리고 不靜定構造物에서는 온도의 상승에 의해서도 斷面力이 일어나고 또 外的으로 不靜定한 구조물에서는 支點의 沈下에 의해서도 斷面力이 일어나는데, 맥스웰-모르의 方法은 이러한 경우의 斷面力의 解析에도 유용하다. 물론 製作誤差에 의해서도 斷面力이 일어나는데 이것은 온도 상승과 본질적으로 다른 것이 없다. 그것은 길이의 제작 오차가 있을 때 이 길이의 오차만큼의 膨脹이 일어나도록 온도 상승의 값을 정할 수 있기 때문이다. 이하 荷重의 작용 이외에 溫度上昇과 支點沈下가 일어난 n차 부정정 구조물을 생각한다.

n次 不靜定構造物을 解析하려면 먼저 n개의 不靜定力을 선정해야 한다. 이것을 선정할 때에 유의할 점은 이미 前節에서 지적한 바이지만, 그것을 요약하면, 선정된 不靜定反力이나 不靜定斷面力이 일어나지 않도록 拘束을 제거하거나 切斷을 넣거나 해서 남는 구조물 곧 基本系가 靜定이라야 한다는 것은 絶對的인 조건이고, 이 조건을 만족시키는 不靜定力의 選定도 여러 개 있을 수 있는데 그 중에서 될 수 있는 대로 計算量을 적게 할 수 있는 것을 택하는 것이 좋다는 두 점으로 된다. 이렇게 해서 선정된 不靜定力을 X_1, X_2, …, X_i, …, X_n이라고 하자. 그리고 이에 대응하는 靜定基本系에 주어진 荷重이 작용하고 주어진 온도 상승이 일어났을 때의 X_i에 대응하는 變位를 Δ_{i0}, 주어진 支點沈下 δ_{R1}, δ_{R2}, …, δ_{Rr}가 일어났을 때의 그것을 Δ_{iR}, $X_j=1$만이 작용했을 때의 그것을 δ_{ij} $(j=1,\ 2,\ \cdots,\ i,\ \cdots,\ n)$라고 하자. 그러면 겹침의 原理와 適合條件에 의해, X_i가 不靜定斷面力인 때에는

$$\begin{aligned}&\delta_{i1}X_1+\delta_{i2}X_2+\cdots+\delta_{ii}X_i+\cdots+\delta_{in}X_n\\&\quad+\varDelta_{i0}+\varDelta_{iR}=0\end{aligned}\tag{9.13}$$

으로 되고, X_i가 不靜定反力인 때에는

$$\begin{aligned}&\delta_{i1}X_1+\delta_{i2}X_2+\cdots+\delta_{ii}X_i+\cdots+\delta_{in}X_n\\&\quad+\varDelta_{i0}+\varDelta_{iR}=\delta_{Ri}\end{aligned}\tag{9.14}$$

로 된다. 여기서 δ_{Ri}는 X_i에 대응하는 支點沈下로서 δ_{R1}, δ_{R2}, $\cdots$, δ_{Rr} 중의 하나이고, 그 값은 주어져 있다.

위에서 支點沈下라고 한 것은 反力要素의 방향의 주어진 (旣知의) 變位成分을 가리키는 것이고, r개의 反力要素에 대응하는 變位成分 δ_{R1}, δ_{R2}, $\cdots$, δ_{Rr}가 주어져 있을 때 $\varDelta_{iR}$은 식 (8.33)으로부터

$$1\cdot\varDelta_{iR}=-\sum_{k=1}^{r}\overline{R}_{ki}\,\delta_{Rk}\tag{9.15}$$

와 같이 산정된다. 여기서 $\overline{R}_{ki}$는 靜定基本系에 $X_i=1$이 작용했을 때의 k번의 反力要素의 값이다. 不靜定力으로 선정된 反力要素에 대한 것은 위의 合記號 안에 들어가지 않는다는 것은 잠간 생각해 보면 알 수 있을 것이다. 이 점은 예제 9.4와 9.5를 다루어보면 더 분명해질 것이다.

식 (9.13) 또는 (9.14)와 같은 식이 도합 n개 얻어지는데 이것을 한데 모아서 적으면 다음과 같다:

$$\left.\begin{array}{l}\delta_{11}X_1+\delta_{12}X_2+\cdots+\delta_{1i}X_i+\cdots+\delta_{1n}X_n+\varDelta_{1P}=0\\\delta_{21}X_1+\delta_{22}X_2+\cdots+\delta_{2i}X_i+\cdots+\delta_{2n}X_n+\varDelta_{2P}=0\\\cdots\cdots\cdots\cdots\cdots\cdots\cdots\cdots\cdots\cdots\cdots\cdots\\\delta_{i1}X_1+\delta_{i2}X_2+\cdots+\delta_{ii}X_i+\cdots+\delta_{in}X_n+\varDelta_{iP}=0\\\cdots\cdots\cdots\cdots\cdots\cdots\cdots\cdots\cdots\cdots\cdots\cdots\\\delta_{n1}X_1+\delta_{n2}X_2+\cdots+\delta_{ni}X_i+\cdots+\delta_{nn}X_n+\varDelta_{nP}=0\end{array}\right\}\tag{9.16}$$

여기서 $\Delta_{iP}(i=1,\ 2,\ \cdots,\ n)$는 不靜定力이 斷面力인가 또는 反力인가에 따라 각각 $\Delta_{iP}=\Delta_{io}+\Delta_{iR}$ 또는 $\Delta_{iP}=\Delta_{io}+\Delta_{iR}-\delta_{Ri}$로 되고, 이들은 荷重, 温度變化, 支點沈下 등의 주어진 값으로부터 산정되는 常數로서 **荷重項**(load term)이라고 불린다. 미지수 $X_i(i=1,\ 2,\ \cdots,\ n)$의 계수 $\delta_{ij}(i=1,\ 2,\ \cdots,\ n\ ;\ j=1,\ 2,\ \cdots,\ n)$는 하중, 온도 변화, 지점 침하에는 관계가 없고, 구조물의 形狀과 力學的 性質에 따라서만 정해지는 常數로서, **柔軟度 係數**(flexibility coefficients)라고 불린다. 應力法을 柔軟度法이라고도 하는 연유는 여기에 있다.

식 (9.16)을 풀면 n개의 不靜定力이 결정되고 나머지 문제가 靜定한 문제로 되어 構造力學의 목적을 달성시킬 수 있게 되는 셈인데, 실은 n이 4 이상으로 되면 컴퓨터를 사용하지 않고 손으로 (9.16)을 푸는 것이 퍽 어려워진다. 그리고 컴퓨터를 사용하는 경우에는 식 (9.16)에 의거하지 않고 컴퓨터 프로그램을 짜기에 편리한 매트릭스 방법에 의거하게 된다.

不靜定構造物을 應力法으로 풀 때에는 무엇보다도 먼저 不靜定次數를 정확하게 판정해야 한다. 滑節 構造物인 트러스에 대해서는 9.1절에서 본 바와 같이 이것을 정확하게 판정할 수 있고 또 剛節만으로 이루어진 구조물에서도 이것을 정확하게 판정하기가 비교적 쉽다. 그러다 滑節과 剛節이 섞여 있는 구조물에서는 그렇지 못할 때가 가끔 있다. 이하 本節의 나머지에서는 트러스와 剛節 뼈대를 포함해서 일반적인 平面構造物의 不靜定次數를 판정하는 방법을 펴보기로 한다.

평면 구조물을 구성하는 部材는 그 材端의 節點의 종류에 따라 그림 9.6에 보인 것과 같은 4종류로 구별할 수 있다. 그림 9.6(a)는 一端이 自由端이고 他端이 剛節에 연결된 部材를, (b)는 兩端이 滑節에 연결된 部材를, (c)는 滑節과 剛節에 연결된 部材를, (d)는 兩端이 剛節에 연결된 部材를 나타내는데, 이들의 部材에 작용하는 斷面

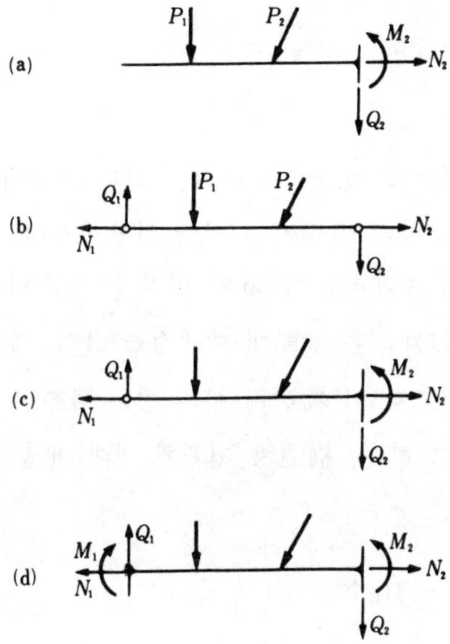

그림 9.6

力 成分의 수효는, 그림에 보인 바와 같이 각각 3, 4, 5, 6으로 된다. 만일 이들이 安定한 구조물의 構成部材라면 이들도 平衡狀態에 있을 것이고, 이들의 斷面力은 각 部材에 직접 작용하는 荷重과 함께 平衡條件을 만족시켜야 한다. 그림 9.6(a)의 경우에는 이 平衡條件에 의해 3개의 斷面力 成分 N_2, M_2, Q_2가 모두 결정된다. 그림 9.6(b)의 경우에는 4개의 斷面力 成分 가운데 어느 하나만을 알면 나머지 3개는 平衡條件에 의해 결정되므로, 한 개의 斷面力 成分이 未知量으로 남게 된다. 마찬가지로 그림 9.6(c)와 (d)의 경우에는 각각 2개와 3개의 斷面力 成分이 未知量으로 남게 된다. 그러므로 어느 한 構造物이 그림 9.6의 (b), (c), (d)와 같은 종류의 部材를 각각 m_1, m_2, m_3 개만큼씩 가지고 있다면, 그리고 未知의 反力要素의 수효를 r라고 하면, 그 구조물 전체에 대해 결정해야 할 未知量의 수효 u는

$$u = m_1 + 2m_2 + 3m_3 + r \tag{9.17}$$

로 된다.

한편 이들의 部材는 그 兩端이 연결되어 있는 節點에 그 材端에 작용하는 斷面力과 부호만이 반대되는 힘을 작용시키며, 각 節點은 이들의 힘과 그 節點에 작용하는 荷重의 작용을 받으면서 平衡狀態에 있게 된다. 그 平衡條件式은 滑節에 대해서는 2개, 剛節에 대해서는 3개만큼 있다. 그러므로 한 構造物 안에 있는 滑節의 수효를 j_2, 剛節의 수효를 j_3이라고 하면, 構造物 전체에 대해 세울 수 있는 독립된 평형조건식의 수효 c는

$$c = 2j_2 + 3j_3 \tag{9.18}$$

으로 된다. 여기서 移動端과 廻轉端은 滑節로, 固定端은 剛節로 보고, 한 節點에 剛節과 滑節이 공존하는 경우에는 이것을 剛節로 보아야 한다.

그러면 不靜定次數 n은

$$n = u - c = m_1 + 2m_2 + 3m_3 + r - (2j_2 + 3j_3) \tag{9.19}$$

으로 주어진다. n이 음의 수일 때에는 그 구조물은 不安定으로 되고, $n = 0$일 때에는 만일 그 구조물이 安定하다면 靜定으로 된다.

예제 9.3 예제 9.1에서 $P_1 = P_2 = 0$이고, 部材 AC, CD, DB만 25℃만큼의 온도 상승을 받고 나머지 부재에는 온도 변화가 없을 때 모든 部材內力을 구하여라. 여기서 $\alpha = 1.2 \times 10^{-5}\ 1/℃$, $E = 2.1 \times 10^6\ \mathrm{kg/cm^2}$이다.

(풀이) 그림 9.4(b)의 결과를 사용한다. 그러면

$$E\delta_{11}=\sum\frac{n^2l}{A}=+96.15$$

$$\Delta_{10}=\sum n\alpha Tl=(n\alpha Tl)_{CD}=-0.6\times25\times600\,\alpha=-9000\,\alpha$$

$$\therefore\ X_1=-\frac{\Delta_{10}}{\delta_{11}}=\frac{9000}{96.15}\alpha E=\frac{9000\times1.2\times21}{96.15}=2358.8\,(\text{kg})$$

$N_i=n_iX_1$ 이므로 각 部材內力은 다음과 같다 :

$$N_1=N_3=N_4=N_6=0,\quad N_2=N_5=-1.415\,\text{t}$$

$$N_7=N_8=-1.887\,\text{t},\quad N_9=N_{10}=2.359\,\text{t}$$

예제 9.4 예제 9.2에서 $P=0$ 이고, A, B, C, D 支點이 각각 0.6 cm, 1.2 cm, 1.0 cm, 0.8 cm만큼 아래로 이동했을 때 모든 反力要素를 구하여라.

(풀이) 그림 9.5(b)의 결과를 사용한다. 예제 9.2의 풀이로부터

$$\delta_{22}=\delta_{11}=63.85\frac{a}{EA},\quad \delta_{12}=\delta_{21}=2.636\frac{a}{EA}$$

식 (9.15)에 의해

$$\begin{aligned}\Delta_{1R}&=-\sum_{k=1}^{r}\overline{R}_{k1}\delta_{Rk}=-(-1.75\times(-1.2)+0.75\times(-1.0))\\&=-(2.1-0.75)=-1.35\\ \Delta_{2R}&=-(0.75\times(-1.2)-1.75\times(-1.0))\\&=-(-0.9+1.75)=-0.85\end{aligned}$$

로 되고, $\delta_{R1}=-0.6\,\text{cm}$, $\delta_{R2}=-0.8\,\text{cm}$ 이므로, 식 (9.14)를 따라

$$63.85\,X_1+2.636\,X_2-1.35\frac{EA}{a}=-0.6\frac{EA}{a}$$

$$2.636\,X_1+63.85\,X_2-0.85\frac{EA}{a}=-0.8\frac{EA}{a}$$

를 얻는다. 이것을 풀면,

$$X_1=R_A=0.01897\frac{EA}{a},\quad X_2=R_D=0.00030\frac{EA}{a}$$

를 얻고, 나머지 反力要素는 다음과 같다 :

$$R_B=-1.75X_1+0.75X_2=-0.03297\frac{EA}{a},$$

$$V_C=0.75X_1-1.75X_2=0.01370\frac{EA}{a},\qquad H_C=0$$

예제 9.5 그림 9.7(a)에 보인 3스팬 連續들보에서, 支點 A, B, C, D가 鉛直下方으로 각각 0.6cm, 1.2cm, 1.5cm, 0.2cm 만큼 이동했을 때 각 支點에 일어나는 反力을 구하고 휨모멘트圖를 작성하여라. 여기서 $EI_1=6.23\times10^4\ \mathrm{t\cdot m^2}$이다.

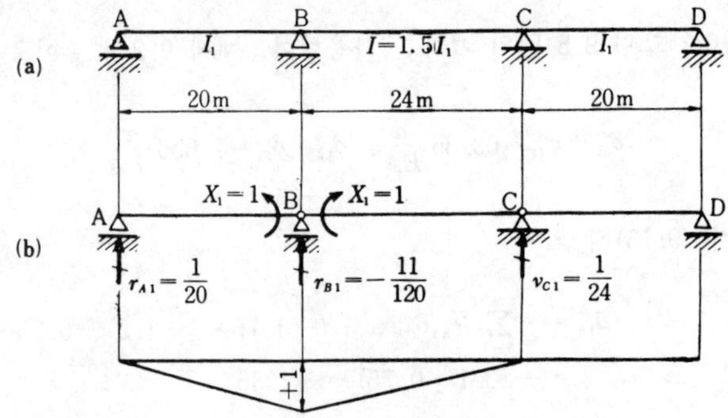

그림 9.7

(풀이) 支點 B와 C에 일어나는 휨모멘트 M_B와 M_C를 不靜定力 X_1과 X_2로 잡는다. 그러면 대응하는 基本系는 3개의 단순들보로 된다. 이 基本系에 $X_1=1$이 작용하는 때의 反力과 휨모멘트는 그림 9.7(b)와 같고, $X_2=1$에 의한 것은 대칭성에 의해 그림 9.7(b)를 좌우 반대로 뒤집어 놓은 것과 같다. 그러므로

$$\delta_{22}=\delta_{11}=\frac{1}{EI_1}\int_0^{20}\left(\frac{x}{20}\right)^2dx+\frac{1}{1.5EI_1}\int_0^{24}\left(\frac{x}{24}\right)^2dx=\frac{20}{3EI_1}+\frac{8}{1.5EI_1}$$

$$= \frac{12}{EI_1}$$

$$\delta_{12} = \delta_{21} = \frac{1}{1.5\,EI_1}\int_0^{24}\frac{x}{24}\left(1-\frac{x}{24}\right)dx = \frac{1}{1.5\,EI_1}(12-8)$$

$$= \frac{8}{3\,EI_1}$$

$$\varDelta_{1R} = -\sum_{k=1}^{r}\overline{R}_k\delta_{Rk} = -\left(-\frac{1}{20}\times 0.006+\frac{11}{120}\times 0.012-\frac{1}{24}\times 0.015\right)$$

$$= -0.000175$$

$$\varDelta_{2R} = -\left(-\frac{1}{24}\times 0.012+\frac{11}{120}\times 0.015-\frac{1}{20}\times 0.002\right)$$

$$= -0.000775$$

$\varDelta_{1R}$와 $\varDelta_{2R}$의 값은 기하학적 고찰로부터 직접 구할 수도 있다. 이들의 값이 산정되었으므로, 식 (9.13)에 의해 다음의 적합조건식을 얻는다:

$$12\,X_1+\frac{8}{3}\,X_2-0.000175\,EI_1 = 0$$

$$\frac{8}{3}\,X_1+12\,X_2-0.000775\,EI_1 = 0$$

이것을 풀면,

$$X_1 = 0.0000002435\,EI_1 = 0.01517 \text{ t·m}$$
$$X_2 = 0.0000645292\,EI_1 = 4.02017 \text{ t·m}$$

反力은

$$R_A = \frac{1}{20}X_1 = 0.00076\text{ t},\quad R_B = -\frac{11}{120}X_1+\frac{1}{24}X_2 = 0.16612\text{ t},$$

$$V_C = \frac{1}{24}X_1-\frac{11}{120}X_2 = -0.36788\text{ t},\quad R_D = \frac{1}{20}X_2 = 0.20101\text{ t}$$

휨모멘트圖는 支點 A에서 0, B에서 +0.01517 t·m, C에서 +4.0202 t·m, D에서 0의 縱距를 세우고 그 끝점을 차례로 연결함으로써 얻어진다.

9.4 最小일의 方法

8.7절에서 설명한 카스틸리아노의 第2定理는 不靜定構造物의 解析에도 사용할 수 있다. 이제 荷重 P_1, P_2, …, P_l의 작용을 받는 n次 不靜定構造物을 생각하자. 不靜定力 X_1, X_2, …, X_n을 정당하게 선정하면 이들은 荷重 P_1, P_2, … 과 靜力學的으로 독립된 量이므로, 온도 변화가 없고 지점 침하가 없는 彈性線形 構造物에서는 斷面力 成分들이 P_1, P_2, …, P_l, X_1, X_2, …, X_n의 1次式으로 되며, 따라서 變形에너지 U가 荷重과 不靜定力들의 2次 同次函數로 된다. 그러므로 이 경우에는 식 (8.67)을 다음과 같이 고쳐 써야 한다:

$$U=f(P_1,\ P_2,\ \cdots,\ P_l,\ X_1,\ X_2,\ \cdots,\ X_n) \tag{9.20}$$

그런데 $\partial U/\partial X_i$는 X_i에 대응하는 變位와 같으며 支點沈下가 없는 경우에는 이것이 항상 0이므로, 다음을 얻는다:

$$\frac{\partial U}{\partial X_i}=0 \quad (i=1,\ 2,\ \cdots,\ n) \tag{9.21}$$

식 (9.21)은 실은 X_1, X_2, …, X_n에 관한 n개의 1次方程式을 나타낸다. 이들을 연립시켜서 풀면 모든 不靜定力이 결정되는 셈이다.

위와 같은 경우에 k번 部材의 휨모멘트를 M_k, 軸方向力을 N_k라고 하면,

$$\begin{aligned} M_k&=M_{k0}+m_{k1}X_1+m_{k2}X_2+\cdots+m_{kn}X_n \\ N_k&=N_{k0}+n_{k1}X_1+n_{k2}X_2+\cdots+n_{kn}X_n \end{aligned} \tag{9.22}$$

으로 적을 수 있다. 여기서 M_{k0}과 N_{k0}은 선정된 不靜定力에 대응하는 靜定基本系에 荷重만이 작용했을 때의 M_k와 N_k의 값이고, m_{ki}와

n_{ki}는 $X_i=1$만이 작용했을 때의 M_k와 N_k의 값이다. 그러면

$$\frac{\partial M_k}{\partial X_i}=m_{ki},\quad \frac{\partial N_k}{\partial X_i}=n_{ki} \tag{9.23}$$

로 되므로, 식 (8.61)을 식 (9.21)에 대입하면,

$$\begin{aligned}\frac{\partial U}{\partial X_i}&=\sum_{k=1}^{m}\left(\int_l \frac{N_k}{EA_k}\frac{\partial N_k}{\partial X_i}ds+\int_l \frac{M_k}{EI_k}\frac{\partial M_k}{\partial X_i}ds\right)\\&=\sum_{k=1}^{m}\left(\int_l \frac{N_k n_{ki}}{EA_k}ds+\int_l \frac{M_k m_{ki}}{EI_k}ds\right)\\&\qquad (i=1,\ 2,\ \cdots,\ n)\end{aligned} \tag{9.24}$$

을 얻고, 이들을 다시 X_i로 偏微分하면,

$$\frac{\partial^2 U}{\partial X_i^2}=\sum_{k=1}^{m}\left(\int_l \frac{n_{ki}^2}{EA_k}ds+\int_l \frac{m_{ki}^2}{EI_k}ds\right)>0 \tag{9.25}$$

을 얻는다.

식 (9.21)은 不靜定構造物에서 平衡條件을 만족시키는 不靜定力의 값은 무수히 많지만 그 중에서 變形에너지를 극대 또는 극소로 하는 不靜定力의 값이 참값이라는 것을 나타내며, 식 (9.25)는 극대 또는 극소 중에서 극소의 쪽이라고 지정해 주는 것이다. 그래서, 식 (9.21)은 카스틸리아노의 第2 定理의 한 특수 경우를 나타내는 것이지만, 보통 이것을 **最小일의 原理**(principle of least work)라고 부르고, 이 원리를 사용해서 부정정 구조물을 푸는 방법을 **最小일의 方法**(method of least work)이라고 부른다. 그러나 最小일의 原理라고 부르는 것은 좀 거창한 느낌을 준다. 오히려 最小일의 定理라고 부르는 것이 온당하고, 실지로 최근에는 그렇게 부르는 이들이 많다. 最小일의 方法은 식 (9.20)으로 암시되는 것과 같이 集中荷重이 작용하는 경우에만 적용되는 것이 아니라, 斷面力 成分을 식 (9.22)와 같이 나타낼 수 있

듯이 分布荷重도 작용하는 경우에도 적용된다는 점은 유의할 만하다.

最小일의 方法을 실지로 적용해서 문제를 풀어보면 맥스웰-모르의 方法을 적용해서 푸는 것과 별로 다른 것이 없다는 것을 깨닫게 될 것이다. 그러나 그것은 n개의 식 (9.21)을 세운 다음의 계산 과정이 그런 것이고, n개의 식 (9.21)을 세우기는 n개의 식 (9.16)을 세우기보다 쉽다고 생각할 수 있다. 그것은 한 개의 스케일러量인 變形에너지 U로부터 거의 기계적으로 n개의 식 (9.21)을 내려쓸 수 있기 때문이다. 그래서 溫度變化가 없고 支點沈下가 없어야 한다는 제약이 있는 데도 불구하고, 이런 제약조건이 만족되는 경우에는 最小일의 方法이 일부의 기술자들 사이에 즐거이 사용되고 있는 것이다. 그리고 變形에너지 대신에 相補에너지를 사용하여 위의 제약조건을 해소시키도록 最小일의 方法을 일반화할 수도 있다는 점을 첨언해 두되, 여기서는 그 일반화에 대한 논술을 생략한다.

예제 9.6 그림 9.2(a)에 보인 구조물에서 移動端 A에 일어나는 反力 R_A와 荷重의 着力點 C의 처짐 δ_C를 구하여라.

(풀이) A端으로부터 x의 거리에 있는 斷面에서의 휨모멘트 M은

$$0 \leqq x \leqq a \text{에서 } M = R_A x, \quad a \leqq x \leqq l \text{에서 } M = R_A x - P(x-a)$$

이므로, EI를 常數라고 보면,

$$U = \frac{1}{2EI}\int_0^l M^2 dx = \frac{1}{2EI}\left(\int_0^a (R_A x)^2 dx + \int_a^l \{R_A x - P(x-a)\}^2 dx\right)$$
$$= \frac{1}{6EI}\{R_A^2 l^3 - R_A P b^2 (2l+a) + P^2 b^3\}$$

이것을 R_A로 偏微分한 것을 0으로 놓으면,

$$\frac{1}{6EI}\{2R_A l^3 - Pb^2(2l+a)\} = 0$$

을 얻고, 이로부터 다음을 얻는다:

$$R_A = \frac{Pb^2(2l+a)}{2l^3} \tag{9.11}$$

그리고 δ_C 는

$$\delta_C = \frac{\partial U}{\partial P} = \frac{1}{6EI}\{-R_A b^2(2l+a) + 2Pb^3\}$$

$$= \frac{Pb^2}{6EI}\left\{2b - \frac{b^2(2l+a)^2}{2l^3}\right\} = \frac{Pa^2b^3(4l-b)}{12EIl^3} \tag{9.26}$$

예제 9.7 그림 9.8(a)에 보인 좌우 대칭이고 상하 대칭인 矩形 뼈대에 대한 휨모멘트의 분포를 구하여라.

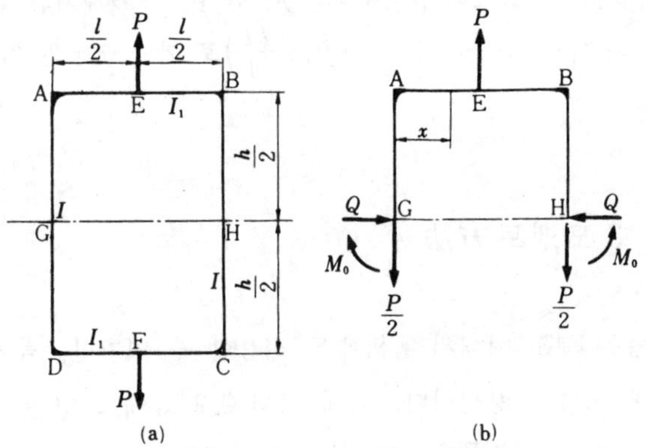

그림 9.8

(풀이) 뼈대의 높이의 中點 G와 H를 지나는 切斷面으로 뼈대를 兩分하고, 그 윗부분을 고립시키면 그림 9.8(b)와 같이 된다. 대칭성을 고려하면, $Q=0$ 이고 M_0에 대응하는 變位가 0으로 됨을 안다. 그러므로 뼈대의 윗부분에 축적되는 變形에너지 U를 M_0 으로 偏微分한 것이 0으로 되어야 한다. 휨모멘트가 G～A구간에서는 M_0과 같고, A～E 구간에서는 $M_0 - \frac{P}{2}x$로 되므로, 軸方向力과 剪斷力에 의한 變形에너지

를 무시하면, U는 다음과 같이 된다:

$$U=\frac{M_0{}^2h}{2EI}+\frac{1}{EI_1}\int_0^{l/2}\left(M_0-\frac{Px}{2}\right)^2 dx$$

그러므로 最小일의 原理에 의해

$$\frac{\partial U}{\partial M_0}=\frac{M_0 h}{EI}+\frac{2}{EI_1}\int_0^{l/2}\left(M_0-\frac{Px}{2}\right)dx=0$$

으로 되고, 이로부터

$$M_0=\frac{Pl}{8\left(1+\frac{I_1}{l}\cdot\frac{h}{I}\right)} \tag{9.27}$$

을 얻는다. 그러므로 휨모멘트는 AD와 BC 部材에서는 일정한 값 M_0으로 되고, E와 F점에서는 $\left(M_0-\frac{Pl}{4}\right)$로 되며 도중은 직선적으로 변한다.

9.5 3모멘트方法

이 방법은 剛節 뼈대의 解析에도 적용할 수 있지만, 특히 連續들보의 解析에 적합한 방법이다. 이제 그림 9.9(a)에 보인 연속들보를 생각한다. 이러한 구조물을 解析함에 있어서는, 9.2절의 끝에서 지적한 바와 같이, 支點모멘트 M_i를 不靜定力으로 잡는 것이 유리하다. 이에 대응하는 靜定基本系는 들보를 지점 위에서 절단하고 兩切斷口를 滑節로 연결함으로써 얻어진다. 그 결과 얻어지는 기본 구조물은 스팬의 수효만큼의 단순 들보로 된다. 그림 9.9(b)는 이 基本系에 주어진 荷重이 작용했을 때의 휨모멘트 M_0을 나타낸다. 그림 9.9(c)는 이 基本系에 $M_i(=X_i)=1$이 작용했을 때의 휨모멘트 m_i를 나타내는

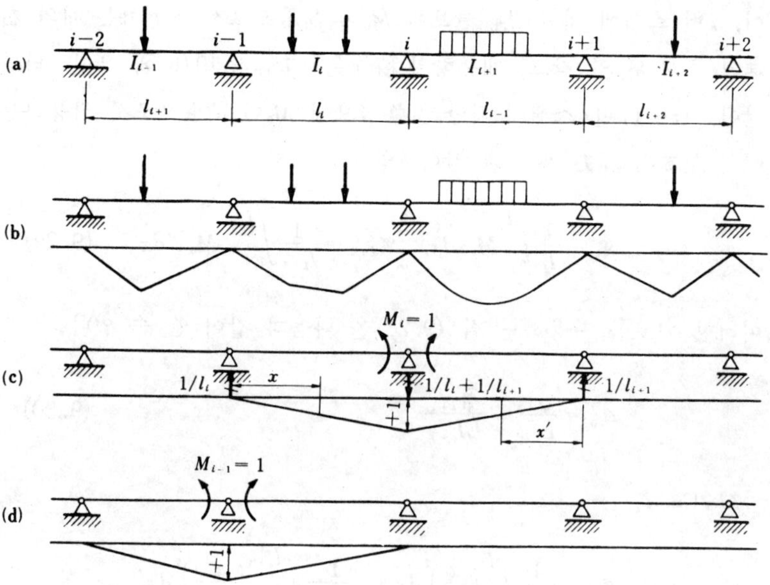

그림 9.9

데, 지점 i가 속해 있는 두 스팬을 제외한 모든 스팬에서 m_i가 0으로 된다는 점은 유의할 만한 점이다. 그래서 Δ_{i0}은

$$\Delta_{i0}=\frac{1}{EI_i}\int_0^{l_i}M_0\frac{x}{l_i}\,dx+\frac{1}{EI_{i+1}}\int_0^{l_{i+1}}M_0\frac{x'}{l_{i+1}}\,dx' \quad (9.28)$$

의 두 항으로 이루어진다. 여기서 들보의 휨剛性은 각 스팬마다 일정한 것으로 가정한다. 제1 항의 積分은, 그림 9.10(a)에 보인 바와 같

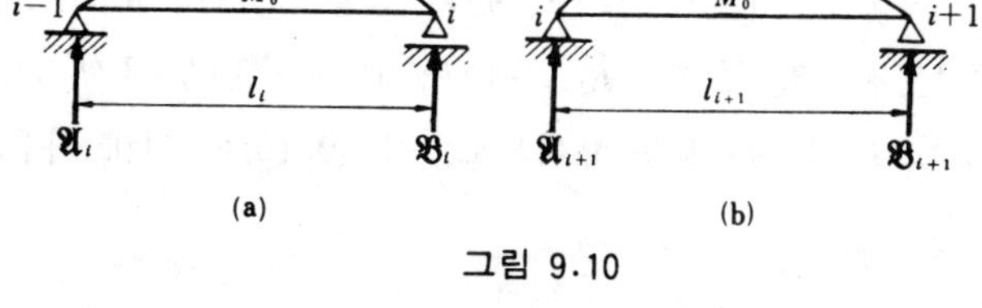

그림 9.10

이, i번 스팬에 대한 共軛들보에 M_0이 荷重으로서 작용하는 때의 右端의 反力 $\mathfrak{B}_i$ 와 같고, 제 2 항의 積分은 그림 9.10(b)에 보인 바와 같이, $(i+1)$번 스팬에 대한 共軛들보에 M_0이 荷重으로서 작용하는 때의 左端의 反力 $\mathfrak{A}_{i+1}$과 같다. 곧

$$\mathfrak{B}_i=\frac{1}{l_i}\int_0^{l_i} M_0 x dx, \quad \mathfrak{A}_{i+1}=\frac{1}{l_{i+1}}\int_0^{l_{i+1}} M_0 x' dx' \tag{9.29}$$

이러한 기호를 사용하면 식 (9.28)을 다음과 같이 쓸 수 있다:

$$\Delta_{i0}=\frac{\mathfrak{B}_i}{EI_i}+\frac{\mathfrak{A}_{i+1}}{EI_{i+1}} \tag{9.30}$$

그리고 δ_{ii}는

$$\begin{aligned}\delta_{ii}&=\frac{1}{EI_i}\int_0^{l_i}\left(\frac{x}{l_i}\right)^2 dx+\frac{1}{EI_{i+1}}\int_0^{l_{i+1}}\left(\frac{x'}{l_{i+1}}\right)^2 dx'\\&=\frac{l_i}{3\,EI_i}+\frac{l_{i+1}}{3\,EI_{i+1}}\end{aligned} \tag{9.31}$$

로 되고, $\delta_{i,i-1}$과 $\delta_{i,i+1}$은, 그림 9.9(d)를 참고하여,

$$\delta_{i,i-1}=\frac{1}{EI_i}\int_0^{l_i}\frac{x}{l_i}\left(1-\frac{x}{l_i}\right)dx=\frac{l_i}{6EI_i} \tag{9.32}$$

$$\delta_{i,i+1}=\frac{1}{EI_{i+1}}\int_0^{l_{i+1}}\frac{x'}{l_{i+1}}\left(1-\frac{x'}{l_{i+1}}\right)dx'=\frac{l_{i+1}}{6EI_{i+1}} \tag{9.33}$$

로 됨을 알며, 그 이외의 δ_{ij}는 모두 0으로 됨을 안다.

支點沈下 δ_i $(i=0, 1, 2, \cdots, n)$가 있을 때에는, $M_i\,(=X_i)=1$에 의한 靜定基本系의 反力이 $\overline{R}_{i-1}=1/l_i$, $\overline{R}_i=-(1/l_i+1/l_{i+1})$, $\overline{R}_{i+1}=1/l_{i+1}$이고 그 이외는 모두 0이므로, 식 (9.15)에 의해 다음을 얻는다:

$$\Delta_{iR} = -\left\{-\frac{\delta_{i-1}}{l_i} + \left(\frac{1}{l_i} + \frac{1}{l_{i+1}}\right)\delta_i - \frac{\delta_{i+1}}{l_{i+1}}\right\}$$

$$= -\left(\frac{\delta_i - \delta_{i-1}}{l_i} + \frac{\delta_i - \delta_{i+1}}{l_{i+1}}\right) \tag{9.34}$$

그러므로 식 (9.13)을 따라 다음과 같이 쓸 수 있다:

$$\frac{l_i}{6EI_i}M_{i-1} + \left(\frac{l_i}{3EI_i} + \frac{l_{i+1}}{3EI_{i+1}}\right)M_i + \frac{l_{i+1}}{6EI_{i+1}}M_{i+1}$$

$$= -\frac{\mathfrak{B}_i}{EI_i} - \frac{\mathfrak{A}_{i+1}}{EI_{i+1}} + \left(\frac{\delta_i - \delta_{i-1}}{l_i} + \frac{\delta_i - \delta_{i+1}}{l_{i+1}}\right) \tag{9.35}$$

이 식의 양변에 $6E$를 곱해주면,

$$\frac{l_i}{I_i}M_{i-1} + 2\left(\frac{l_i}{I_i} + \frac{l_{i+1}}{I_{i+1}}\right)M_i + \frac{l_{i+1}}{I_{i+1}}M_{i+1}$$

$$= -\frac{6\mathfrak{B}_i}{I_i} - \frac{6\mathfrak{A}_{i+1}}{I_{i+1}} + 6E\left(\frac{\delta_i - \delta_{i-1}}{l_i} + \frac{\delta_i - \delta_{i+1}}{l_{i+1}}\right) \tag{9.36}$$

로 되고, 특히 $I_i = I_{i+1} = I$ 인 경우에는 다음과 같이 된다:

$$l_i M_{i-1} + 2(l_i + l_{i+1})M_i + l_{i+1}M_{i+1}$$

$$= -6\mathfrak{B}_i - 6\mathfrak{A}_{i+1} + 6EI\left(\frac{\delta_i - \delta_{i-1}}{l_i} + \frac{\delta_i - \delta_{i+1}}{l_{i+1}}\right) \tag{9.37}$$

식 (9.36)을 간단히 하기 위해서는 어느 基準 斷面 2次모멘트 I_c를 적당한 크기로 임의로 정해가지고, 이것을 그 식의 양변에 곱한 다음에,

$$l_i' = \frac{I_c}{I_i}l_i, \quad l_{i+1}' = \frac{I_c}{I_{i+1}}l_{i+1} \tag{9.38}$$

로 놓는다. 그러면 그 식이

$$l_i'M_{i-1}+2(l_i'+l_{i+1}')M_i+l_{i+1}'M_{i+1}=-6\left(\frac{l_i'}{l_i}\mathfrak{B}_i+\frac{l_{i+1}'}{l_{i+1}}\mathfrak{A}_{i+1}\right)$$
$$+6EI_c\left(\frac{\delta_i-\delta_{i-1}}{l_i}+\frac{\delta_i-\delta_{i+1}}{l_{i+1}}\right) \qquad (9.39)$$

과 같이 된다. l_i' 등을 **換算길이**(reduced length)라고 부른다.

식 (9.36) 또는 (9.39)를 **3모멘트方程式**(three-moment equation) 또는 **클라페이롱의 方程式**(Clapeyron's equation)이라고 부른다. 그것은 Clapeyron이 1857년에 처음으로 이 식의 원형을 유도하여 연속 들보의 解析에 사용했기 때문이다. 그리고 이 식을 사용하여 連續들보나 라멘을 푸는 방법을 **3모멘트方法**(three-moment method)이라고 부른다.

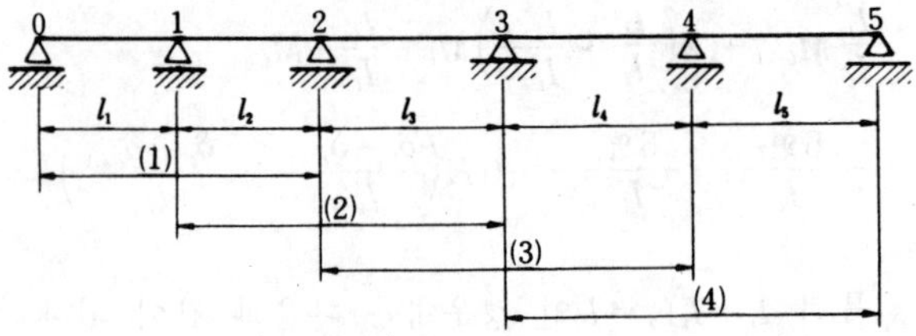

그림 9.11

이 식을 사용하여 連續들보를 解析하는 방법을 설명하기 위해 그림 9.11에 보인 5스팬 連續들보를 예로 든다. 이 들보는 4차 부정정 구조물로서, $M_0=M_5=0$이므로 4개의 支點 모멘트 M_1, M_2, M_3, M_4를 不靜定力으로 택할 수 있다. 한편 그림에 보인 바와 같이 4개의 3모멘트 방정식을 세울 수 있으므로, 이것을 연립시켜서 풂으로써 모든 支點 모멘트가 결정되고, 그 나머지 일은 靜定한 문제로 된다.

만일 連續들보의 左端이 그림 9.12(a)에 보인 바와 같이 固定端으로 되어 있다면 M_0이 0으로 되지 않는다. 그러나 이 때에는, 그림

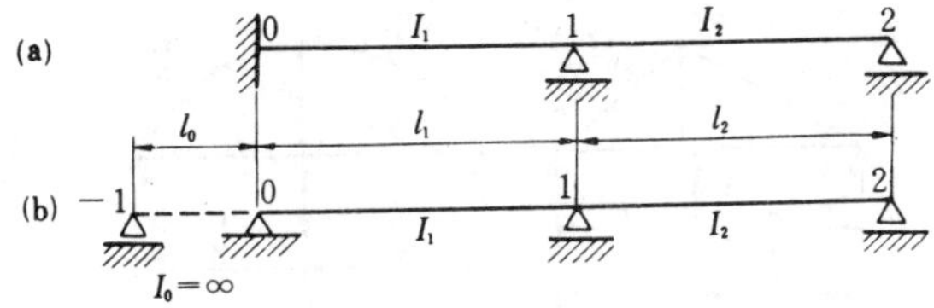

그림 9.12

9.12(b)에 보인 바와 같이 固定端을 廻轉端으로 바꾸고 그 대신에 2次 모멘트가 한없이 크고 길이가 짧은 假想의 스팬을 생각하여 3모멘트 방정식을 하나 더 얻을 수 있다. 그러므로 이 때에도 미지의 支點 모멘트의 수효만큼의 3모멘트 방정식을 세울 수 있게 되어 문제가 해결된다. 支點 0에 대한 3모멘트 방정식은, 支點의 變位가 없을 때,

$$2M_0+M_1=-\frac{6\mathfrak{A}_1}{l_1} \tag{9.40}$$

으로 된다. 支點의 變位가 있는 경우는 예제 9.9에서 생각한다. 右端이 固定端인 때에도 마찬가지이다. 右端 n이 固定端인 때 支點 n에 대한 방정식은, 支點의 變位가 없을 때, 다음과 같이 된다:

$$M_{n-1}+2M_n=-\frac{6\mathfrak{B}_n}{l_n} \tag{9.41}$$

예제 9.8 그림 9.13에 보인 2스팬 連續들보에서, $l_1=18\,\text{m}$, $l_2=22\,\text{m}$, $a=10\,\text{m}$, $b=8\,\text{m}$, $P=15\,\text{t}$, $p=1.2\,\text{t/m}$인 때, 휨모멘트圖를 작성하여라.

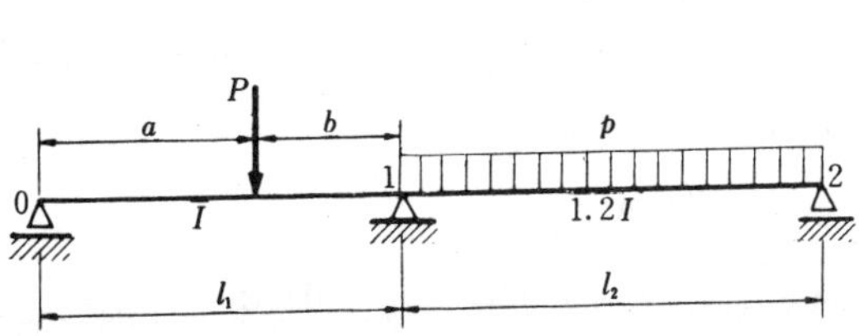

그림 9.13

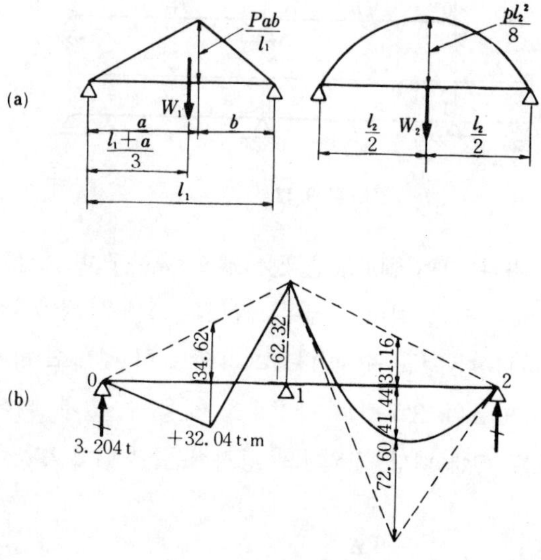

그림 9.14

《풀이》 그림 9.14(a)에서

$$\mathfrak{B}_1=\frac{l_1+a}{3l_1}W_1=\frac{l_1+a}{3l_1}\cdot\frac{Pab}{2}=\frac{18+10}{18}\cdot\frac{15\times10\times8}{6}=311.\dot{1}\,(\mathrm{t\cdot m^2})$$

$$\mathfrak{A}_2=\frac{1}{2}W_2=\frac{1}{2}\cdot\frac{2}{3}\cdot\frac{pl_2^2}{8}\times l_2=\frac{1}{24}\times1.2\times22^3=532.4\,(\mathrm{t\cdot m^2})$$

$M_0=M_2=0$, $\delta_0=\delta_1=\delta_2=0$ 이고, $I_C=I$로 잡으면, $l_1'=l_1=18\,\mathrm{m}$, $l_2'=\frac{l_2}{1.2}=\frac{22}{1.2}=18.\dot{3}\,\mathrm{m}$ 이므로, 3모멘트 방정식은

$$2M_1(18+18.\dot{3})=-6\left(\mathfrak{B}_1+\frac{1}{1.2}\mathfrak{A}_2\right)=-6\left(311.\dot{1}+\frac{1}{1.2}532.4\right)$$

$$72.667M_1=-4528.67$$

$$\therefore\ M_1=-62.32\,\mathrm{t\cdot m}$$

이 결과와 단순 들보 모멘트 $\frac{Pab}{l_1}=\frac{15\times10\times8}{18}=66.667\,\mathrm{t\cdot m}$와 $\frac{1}{8}pl_2^2=\frac{1.2\times22^2}{8}=72.60\,\mathrm{t\cdot m}$를 사용하여 휨모멘트圖를 작성하면 그림 9.14

(b)와 같다. 支點 0에서의 反力은 $R_0=\frac{32.04}{a}=3.204\,\mathrm{t}$, 支點 1에서의 鉛直反力 V_1은 $V_1=\frac{32.04+62.32}{8}+\frac{62.32+41.44+72.60}{11}=27.828\,\mathrm{t}$, 支點 2에서의 反力은 $R_2=\frac{72.6+41.44}{11}=10.367\,\mathrm{t}$과 같고, 이들의 합은 41.40 t으로 되어 荷重의 합 $15+1.2\times22=41.4\,\mathrm{t}$과 같으므로 위의 계산이 옳다는 것이 확인된다.

예제 9.9 그림 9.15(a)에 보인 들보에서 支點 A가 시계방향으로 0.005 rad만큼 회전하고 支點 B가 연직하방으로 0.4 cm만큼 침하했을 때 支點 모멘트 M_A와 M_B를 구하여라. 여기서 $EI_1=5.60\,\mathrm{t\cdot m^2}$이다.

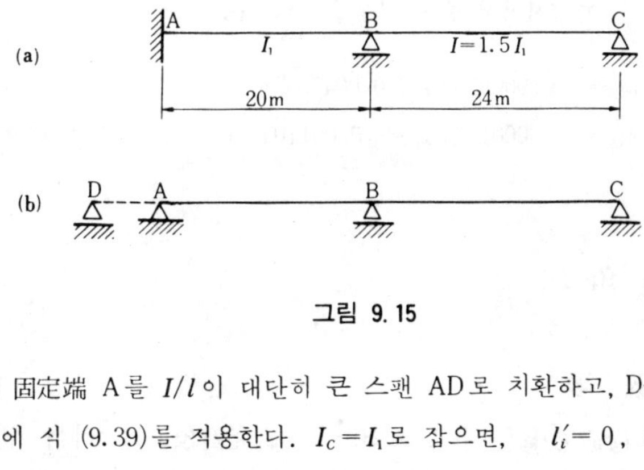

그림 9.15

(풀이) 固定端 A를 I/l이 대단히 큰 스팬 AD로 치환하고, D-A-B의 두 스팬에 식 (9.39)를 적용한다. $I_C=I_1$로 잡으면, $l_i'=0$, $l_{i+1}'=l_{i+1}=20\,\mathrm{m}$, $M_{i-1}=M_D=0$, $M_i=M_A$, $M_{i+1}=M_B$, $\mathfrak{B}_i=\mathfrak{A}_{i+1}=0$이고, $\delta_i=0$, $\delta_{i+1}=0.004\,\mathrm{m}$이다. 식 (9.39)를 유도할 때 δ_i 등은 연직하방의 것을 양으로 잡았다는 점을 유의해야 한다. 그러므로 식 (9.39)에서 $(\delta_i-\delta_{i-1})/l_i$는 i번 스팬의 兩端을 잇는 弦의 시계방향의 회전각을 나타내고, $(\delta_i-\delta_{i+1})/l_{i+1}$은 $(i+1)$번 스팬의 兩端을 잇는 弦의 반시계방향의 회전각을 나타낸다. 본 예제에서는 $(\delta_i-\delta_{i-1})/l_i$의 값이 l_i가 0으로 접근할 때 0.005 rad으로 접근한다고 생각할 수 있다. 그러므로 식

(9.39)로부터 다음 식을 얻는다:

$$2\times 20M_A+20M_B=6EI_1\left(0.005+\frac{0-0.004}{20}\right)$$

$$\therefore\ 20M_A+10M_B=3EI_1\times 0.0048=0.0144EI_1 \qquad (1)$$

다음에 A-B-C의 두 스팬에 식 (9.39)를 적용하면, $l_i'=l_i=20\,\mathrm{m}$, $l_{i+1}'=\dfrac{I_1}{1.5I_1}24=16\,\mathrm{m}$, $M_{i-1}=M_A$, $M_i=M_B$, $M_{i+1}=M_C=0$이므로, 다음 식을 얻는다:

$$20M_A+2\,(20+16)M_B=6EI_1\left(\frac{0.004-0}{20}+\frac{0.004-0}{24}\right)$$

$$\therefore\ 20M_A+72M_B=6EI_1\times 0.0003667=0.0022EI_1 \qquad (2)$$

(1)과 (2)를 연립시켜서 풀면 다음을 얻는다:

$$M_A=+0.000818EI_1=0.00458\,\mathrm{t\cdot m}$$

$$M_B=-0.000197EI_1=-0.00110\,\mathrm{t\cdot m}$$

9.6 撓角法

9.6.1 槪 要

19세기의 構造力學은 주로 트러스를 硏究對象으로 하여 발달했는데, 19세기 후반에 鐵筋콘크리트 라멘 構造物이 새로 등장하여 새로운 構造解析法이 요구되었다. 이 요구에 따라 나타난 것의 대표적인 것이 1914년에 독일의 Axel Bendixen에 의해 전개된 **撓角法**(slope-deflection method)이다. 撓角이라는 낱말은 7.7절에서부터 나오기 시작한 말인데, 撓는 원래는 처짐과 같은 뜻의 漢字이다. 그러므로 英語를 직역한다면 이 방법을 撓角撓法이라고 해야 하겠지만, 또 전에는

撓角撓度法이란 용어도 사용되었었지만 이것을 줄여서 명명한 것이 그대로 관용되고 있는 것이다. 하기는 요각법에서는 **撓角方程式**(slope-deflection equation)을 유도하는 도중을 제외하고는 요각이나 처짐이라는 말을 사용하지도 않는다. 그러므로 요각법이란 本節에서 설명할 방법에 대한 이름이라고 알아두면 된다.

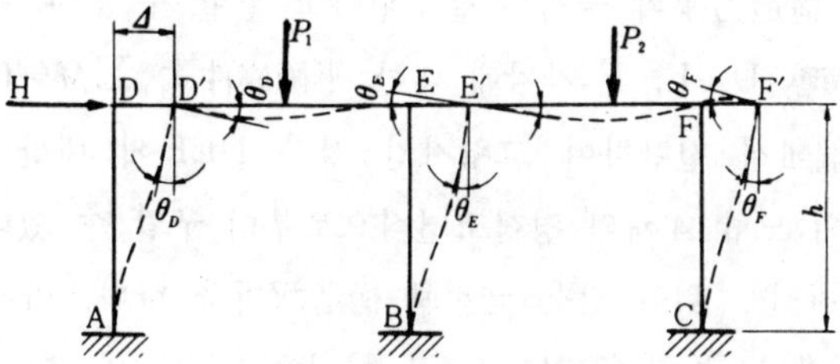

그림 9.16

요각법의 대강을 파악하기 위해 그림 9.16과 같은 2스팬 1층 라멘을 생각한다. 이 라멘이 荷重의 작용으로 점선과 같이 變形을 일으켰다고 하자. 節點 D, E, F는 각각 D′, E′, F′로 變位하고 각각 θ_D, θ_E, θ_F 만큼 회전한다. 요각법에서는 軸方向力과 剪斷力에 의한 變形은 휨變形에 비해 아주 작으므로 이들을 무시한다. 그러므로 $\overline{DD'}=\overline{EE'}=\overline{FF'}=\varDelta$로 된다. $\varDelta/h$는 鉛直部材의 兩端을 잇는 弦 AD′, BE′, CF′가 먼저 위치로부터 회전한 각을 나타내는데 이것을 **部材廻轉角**(angle of member rotation)이라고 부른다. 한편 한 剛節에 연결된 部材들은 그 剛節에 연결된 材端에서 모두 같은 크기의 撓角을 일으킨다. 이를테면 DE, BE, EF 部材의 E端에서의 撓角은 모두 한 값 θ_E를 가져야 한다. 그래야만 剛節 E에 모이는 部材들의 交角이 변형 후에도 변하지 않게 되기 때문이다. 이 공통의 撓角 θ_E를 剛節 E의 **節點廻轉角**(angle of joint rotation)이라고 부른다. 다음 항에서 보는 바와 같이, 한 部材에 대하여 部材廻轉角과 兩端의 撓角을 알면 兩端의 휨모멘트를 산정할 수 있다. 그러면 그 部材의 兩端의 剪斷力을 그 部材에 대한 平衡條件으로부터 구할 수 있다. 한 構造物의 모든 部材의 兩端의 剪斷力을 안 다음에 각 節點을 고립시켜서 平衡條件式 $\Sigma X=0$과 $\Sigma Y=0$을 적용하면 각 部材의 軸方向力도 결정할 수 있다. 그러므로 그림 9.16의 경우에는 θ_D, θ_E, θ_F, $\rho=\Delta/h$의 4개의 量만 결정되면 構造力學의 목적이 달성된다고 말할 수 있다. 이 4개의 未知量은 節點 D, E, F 각각에 대한 平衡條件式 $\Sigma M=0$과, 鉛直部材를 上端에서 절단하여 고립시킨 상부 DEF에 대한 平衡條件式 $\Sigma X=0$의 도합 4개의 평형조건식으로부터 구할 수 있다.

요각법에서는 위와 같은 순서로 構造解析을 한다. 마지막으로 남는 미지량이 θ, ρ 등의 角變位이므로 이것은 變位法에 속하고, 마지막으로 풀어야 할 條件式이 平衡條件式이므로 平衡法의 하나라고도 말할 수 있다.

그림 9.16의 뼈대는 6차 부정정 구조물이다. 그러므로 이것을 應力法으로 解析하려면 6元 聯立方程式을 풀어야 할 터인데, 撓角法으로는 4元 聯立方程式을 풀면 된다. 따라서 이러한 경우에는 요각법을 사용하는 것이 유리하다.

9.6.2 撓角方程式

前項에서 한 部材에 대하여 部材廻轉角과 兩端의 撓角을 알고 있으면 兩端의 휨모멘트를 산정할 수 있다고 말했는데, 이 산정식이 바로 撓角方程式인 것이다. 이 식을 유도하기 전에 먼저 회전각에 대한 부호의 규약을 정하고 **材端모멘트**(end moment)를 정의할 필요가 있다.

요각법에서는 한 部材의 兩端의 휨모멘트 대신에 材端모멘트라는 용어를 사용한다. 材端모멘트는 그 部材를 고립시켰다고 생각할 때 그 部材의 兩端에 작용하는 힘의 모멘트로서, 휨모멘트가 內力인 데에 반하여 이것은 그 部材에 작용하는 外力으로서 취급된다. 따라서 材端

모멘트는 시계방향의 것을 양으로 본다. AB 部材의 A와 B 材端에 작용하는 材端모멘트를 각각 M_{AB} 와 M_{BA} 로 나타낸다. 節點廻轉角과 部材廻轉角도 시계방향의 것을 양으로 잡는다.

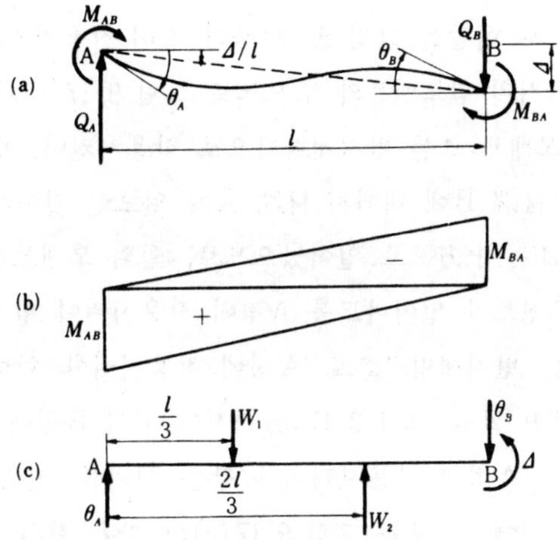

그림 9. 17

이제 그림 9. 17 (a)에 보인 바와 같이 어느 구조물을 구성하는 한 部材 AB가 그 구조물의 變形에 따라 $\rho=\Delta/l$ 만큼의 部材廻轉角 곧 Δ 만큼의 兩端의 상대적 처짐을 일으키고, 그 部材의 兩端 A와 B가 각각 θ_A 와 θ_B 만큼의 撓角을 일으켰다고 하자. 이 때 A와 B 端에 작용하고 있어야 할 材端모멘트를 구하려고 한다. 이것을 구하는 방법에는 여러 가지가 있으나 共軛 들보의 방법을 이용하는 방법이 가장 간편하다. 材端모멘트 M_{AB} 와 M_{BA} 에 의한 휨모멘트圖는 그림 9. 17 (b)와 같다. 이것을 휨剛性 EI 로 나누면 彈性荷重이 얻어지는데, 그 합력은 각각

$$W_1=\frac{M_{AB}l}{2EI},\quad W_2=\frac{M_{BA}l}{2EI} \tag{9.42}$$

로 되고, 이들의 着力點은 각각 A端으로부터 $l/3$과 $2l/3$인 곳에 있다. M_{AB}에 의한 휨모멘트는 양이고 M_{BA}에 의한 휨모멘트는 음이므로, W_1을 연직하방으로 W_2를 연직상방으로 그림 9.17(c)의 共軛들보에 작용시킨다. 兩端의 撓角 θ_A와 θ_B는 共軛 들보에서의 剪斷力과 같으므로 이들을 그림 9.17(c)와 같이 작용시키고, 처짐 $\varDelta$는 共軛 들보에서의 휨모멘트와 같으므로 그림 9.17(c)와 같이 共軛 들보에 힘의 모멘트 $\varDelta$를 반시계방향으로 작용시킨다. 만일 이 상대적 처짐 $\varDelta$를, 材端 B에 대해서 材端 A가 일으킨 것이라고 본다면, 이 때의 처짐 $\varDelta$는 上方으로 일어났으므로, 힘의 모멘트 $\varDelta$를 共軛 들보에 음의 휨모멘트가 일어나도록 A점에 작용시켜야 할 것이다. 곧 이 때에도 $\varDelta$를 반시계방향으로 A점에 작용시켜야 한다. 반시계방향의 힘의 모멘트 $\varDelta$를 그림 9.17(c)에서와 같이 B점에 작용시키거나 또는 이것을 A점에 작용시키거나 같은 결과를 얻을 것이다. 그것은 하여간에, 共軛 들보는 그림 9.17(c)와 같은 힘의 작용을 받고 平衡狀態에 있게 된다. 그러므로 이들의 힘의 어느 한 점에 대한 모멘트의 합은 0으로 되어야 한다. 모멘트 중심을 차례로 W_2와 W_1의 着力點에 잡으면 각각 다음 식을 얻는다:

$$\begin{aligned} &\theta_A \frac{2l}{3} + \theta_B \frac{l}{3} - \varDelta - W_1 \frac{l}{3} = 0 \\ &\theta_A \frac{l}{3} + \theta_B \frac{2l}{3} - \varDelta - W_2 \frac{l}{3} = 0 \end{aligned} \tag{9.43}$$

이들의 식에 (9.42)를 대입하고 간단히 하면

$$\begin{aligned} M_{AB} &= 2\,EK\,(2\,\theta_A + \theta_B - 3\,\rho) \\ M_{BA} &= 2\,EK\,(2\,\theta_B + \theta_A - 3\,\rho) \end{aligned} \tag{9.44}$$

를 얻는다. 여기서 $K = I/l$, $\rho = \varDelta/l$이다. 兩端에서의 材端모멘트를

알았으면 兩端에서의 剪斷力 Q_A 와 Q_B 는 다음 식으로 산정된다:

$$Q_A = Q_B = -\frac{M_{AB} + M_{BA}}{l} \tag{9.45}$$

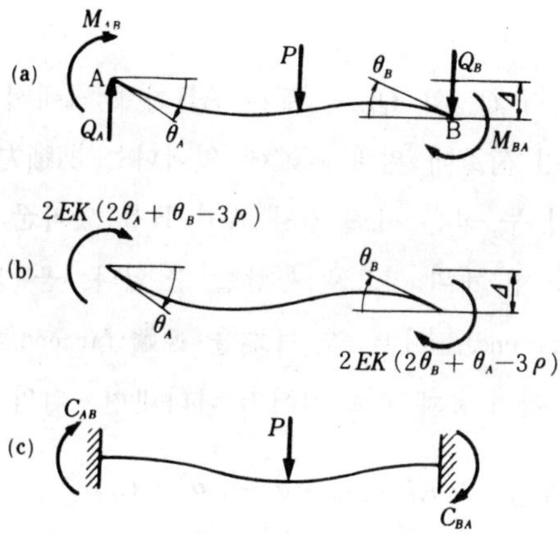

그림 9.18

그림 9.17(a)와 같은 角變位를 일으키는 部材 AB가 그림 9.18(a)와 같이 直接荷重의 작용을 받고 있을 때의 材端모멘트는, 그림 9.18(b)와 같이 荷重이 작용하고 있지 않을 때의 材端모멘트와, 그림 9.18(c)와 같이 $\theta_A = \theta_B = \rho = 0$ 인 상태에서 荷重이 작용하는 때의 材端모멘트의 합과 같다. 전자는 식 (9.44)로 주어지고, 후자는 兩端이 固定端으로 支持되었을 때의 反力모멘트와 같다. 이 反力모멘트 C_{AB} 와 C_{BA} 를 **固定端모멘트**(fixed-end moment)라고 부르고, 이들도 시계방향의 것을 양으로 잡는다. 그러므로 그림 9.18(a)의 경우의 材端모멘트는 다음과 같이 된다:

$$\begin{aligned} M_{AB} &= 2EK(2\theta_A + \theta_B - 3\rho) + C_{AB} \\ M_{BA} &= 2EK(2\theta_B + \theta_A - 3\rho) + C_{BA} \end{aligned} \tag{9.46}$$

이 때 兩端에서의 剪斷力은 平衡條件에 의해

$$
\begin{aligned}
Q_A &= Q_{Ao} - \frac{M_{AB}+M_{BA}}{l} \\
Q_B &= Q_{Bo} - \frac{M_{AB}+M_{BA}}{l}
\end{aligned}
\qquad (9.47)
$$

로 된다. 여기서 Q_{Ao}와 Q_{Bo}는 部材 AB가 兩端에서 단순히 지지되었을 때 주어진 荷重에 의해 兩端에 일어나는 剪斷力이다.

식 (9.46)의 두 식은 서로 첨자 A와 B를 맞바꾼 것에 지나지 않으므로 이들을 한 개의 식으로 통합할 수 있다. 곧 생각하고 있는 材端을 **近端**(near end), 다른 쪽 材端을 **遠端**(far end)이라고 부르기로 하고, 이들을 각각 n과 f로 적어서 나타내면, 위의 두 식을

$$M_{nf} = 2\,EK\,(2\theta_n + \theta_f - 3\rho) + C_{nf} \qquad (9.48)$$

와 같이 한 식으로 대표시킬 수 있다.

遠端이 滑節인 경우에는

$$M_{fn} = 2\,EK\,(2\theta_f + \theta_n - 3\rho) + C_{fn} = 0$$

으로 되므로,

$$\theta_f = -\frac{1}{2}(\theta_n - 3\rho) - \frac{C_{fn}}{4\,EK}$$

을 얻고, 이것을 식 (9.48)에 대입하면

$$M_{nf} = 3\,EK\,(\theta_n - \rho) + H_{nf} \qquad (9.49)$$

를 얻는다. 여기서

$$H_{nf} = C_{nf} - \frac{1}{2}C_{fn} \qquad (9.50)$$

은 遠端이 滑節인 때의 固定端모멘트이다.

식 (9.48)과 (9.49)를 撓角方程式이라고 부른다. 식 (9.44)와 (9.46)도 撓角方程式임에는 틀림이 없으나 이들은 오히려 식 (9.48)의 특수 경우라고 보는 것이 타당할 것이다. 이 요각방정식은 휨-變形 關係式의 하나로서 彈性條件을 나타낸다. $K=I/l$를 剛度係數(stiffness factor)라 부르고 EK를 휨剛度(flexural stiffness) 또는 간단히 剛度라고 부른다. 요각법은 부재의 단면이 변화하는 일반적인 경우에도 적용할 수 있도록 확장할 수 있지만, 本書에서는 斷面이 部材마다 一樣한 경우만을 생각한다.

9.6.3 固定端모멘트

固定端모멘트는 요각방정식의 荷重項(常數項)을 이룬다. 여러 가지 荷重 상태에 대한 固定端모멘트를 표로 제시한 편람이나 핸드북이 많이 나와 있어서 이들을 편리하게 사용할 수 있게 되어 있지만, 어떠한 荷重 상태에 대해서도 이것을 손쉽게 산정할 수 있는 방법을 알아두는 것은 중요하다.

한 예로서 그림 9.19(a)와 같이 한 개의 集中荷重 P가 작용할 때의 固定端모멘트 C_{nf}와 H_{nf}를 구해 보기로 한다. 兩端이 고정된 들보에 대한 휨모멘트도는 단순들보에 P, C_{nf}, C_{fn}이 각각 따로따로 작용하는 때의 휨모멘트도를 겹친 것과 같다. 처짐곡선의 n점에서의 접선에 대한 f점에서의 접신의 廻轉角은 0이므로, 第1 모멘트 面積定理에 의해, 이들의 휨모멘트도의 면적의 대수적 합은 0으로 된다. 이 사실로부터

$$\frac{1}{2}C_{nf}l-\frac{1}{2}C_{fn}l+\frac{1}{2}Pab=0 \tag{9.51}$$

을 얻는다. 그리고 n점에서의 접선에 대한 f점의 처짐도 0이므로,

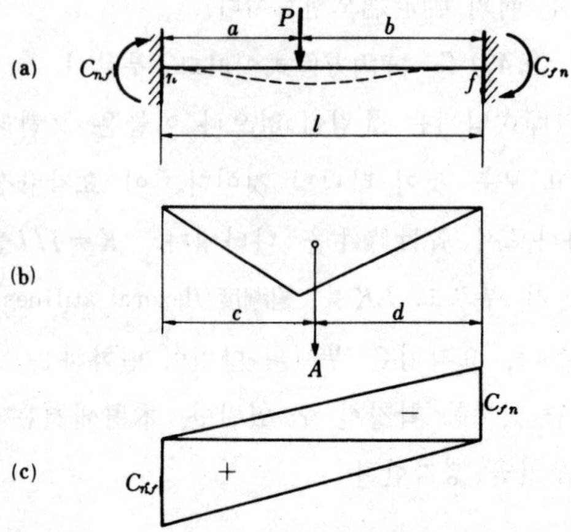

그림 9.19

이들의 휨모멘트도의 f점에 대한 모멘트는 第2모멘트 面積定理에 의해 역시 0으로 된다. 이로부터

$$\frac{1}{2}C_{nf}l\cdot\frac{2}{3}l-\frac{1}{2}C_{fn}l\cdot\frac{1}{3}l+\frac{1}{2}Pab\cdot\frac{l+b}{3}=0 \tag{9.52}$$

을 얻는다. 이들 두 식으로부터

$$C_{nf}=-\frac{Pab}{l}\cdot\frac{b}{l},\quad C_{fn}=\frac{Pab}{l}\cdot\frac{a}{l} \tag{9.53}$$

를 얻고, 식 (9.50)으로부터 다음을 얻는다:

$$H_{nf}=-\frac{Pab}{2l^2}(l+b) \tag{9.54}$$

固定端모멘트를 구하는 위의 방법은 한 개의 集中荷重이 작용하는 특수 경우에 대해 제시하였지만 아주 일반적인 방법이다. 그림 9.19

(b)에 보인 바와 같이, 단순들보에 대한 주어진 하중에 의한 휨모멘트도의 면적을 A, 그 圖心의 n과 f로부터의 거리를 c와 d라고 하면, 위와 똑같은 방법으로 해서 다음의 결과를 얻는다:

$$C_{nf} = -\frac{2A}{l^2}(2d-c), \quad C_{fn} = \frac{2A}{l^2}(2c-d) \qquad (9.55)$$

$$H_{nf} = -\frac{3Ad}{l^2} \qquad (9.56)$$

部材 nf에 強度가 p인 等分布荷重이 만재된 경우에는

$$C_{nf} = -\frac{pl^2}{12}, \quad C_{fn} = \frac{pl^2}{12}, \quad H_{nf} = -\frac{pl^2}{8} \qquad (9.57)$$

으로 됨을 쉽게 밝힐 수 있다.

9.6.4 撓角法에서의 基本方程式

撓角法에서는, 9.6.1항에서 기술한 바와 같이, 미지의 節點廻轉角과 部材廻轉角을 결정하는 데 필요하고 충분한 수효의 독립된 平衡條件式이 그 基本方程式을 이룬다. 이것을 세우는 방법은 각 특수 경우마다 다르므로 예제를 통해서 설명하는 것이 가장 빠른 길이지만, 그 전에 일반적으로 성립하는 사항을 먼저 정리해두기로 한다.

첫째로, 뼈대의 모든 剛節을 滑節로 바꾸었을 때 얻어지는 구조물이 안정한 트러스로 되는 경우에는 문제가 비교적 간단하다. 이 때에는 모든 節點이 並進變位를 일으키지 못하므로 部材廻轉角이 모두 0으로 되고, 미지량으로서는 剛節의 수효만큼의 節點廻轉角이 있게 되는데, 각 剛節을 고립시켜서 세운 平衡條件式

$$\sum M = 0 \qquad (9.58)$$

도 剛節의 수효만큼 있으므로, 이에 撓角方程式을 대입하면 節點廻轉

角에 관한 1차연립방정식을 얻게 된다. 이것을 풀면 節點廻轉角이 산정되고, 산정된 값을 도로 撓角方程式에 대입하면 材端모멘트가 결정된다. 식 (9.58)을 **節點方程式**(joint equation) 또는 **모멘트方程式**(moment equation)이라고 부른다.

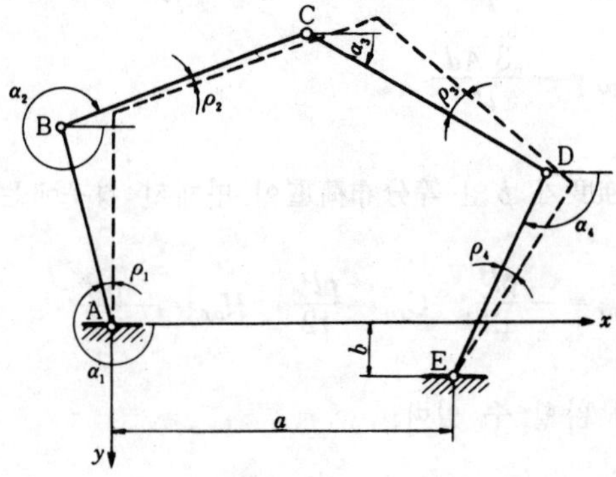

그림 9.20

둘째로, 모든 剛節을 滑節로 바꾸었을 때 얻어지는 구조물이 불안정한 트러스로 되는 경우에는 문제가 좀 복잡해진다. 이 경우에는 여러 부재에 廻轉角이 일어날 수 있는데 그 중에서 독립된 것은 위의 불안정한 트러스의 자유도와 똑같은 수효밖에 없다. 이를테면, 그림 9.20에 보인 바와 같은 4개의 部材로 이루어진 라멘은 모든 節點을 滑節로 바꾸면 2개의 自由度를 가지는 可動系로 된다. 그러므로 이 뼈대의 4개의 部材廻轉角 가운데 2개만이 독립된 것이고, 따라서 이들 사이에는 항등적으로 만족되어야 할 2개의 관계식이 있다. 이 관계식은, 그림 9.20의 뼈대에서 두 점 A와 E가 움직이지 않으므로, 각 部材의 길이의 수평 및 연직 방향의 射影의 합이 部材廻轉角이 일어나기 전에도 일어난 후에도 각각 a 및 b와 같다는 기하학적 조건으로부터 얻어진다. 곧 그림 9.20과 같이 x, y축을 잡고 각 部材의

길이를 l_i, 方向角을 α_i, 部材廻轉角을 ρ_i로 적으면,

$$\sum_{i=1}^{4} l_i \cos\alpha_i = a, \quad \sum_{i=1}^{4} l_i \sin\alpha_i = b \tag{9.59}$$

$$\sum_{i=1}^{4} l_i \cos(\alpha_i+\rho_i) = a, \quad \sum_{i=1}^{4} l_i \sin(\alpha_i+\rho_i) = b \tag{9.60}$$

를 얻는다. 그런데 ρ_i 등은 아주 작은 각으로서

$$\cos(\alpha_i+\rho_i) = \cos\alpha_i - \rho_i \sin\alpha_i,$$
$$\sin(\alpha_i+\rho_i) = \sin\alpha_i + \rho_i \cos\alpha_i$$

로 놓을 수 있으므로, 이 관계를 고려하여 식 (9.60)을 변형한 다음에 식 (9.59)를 대입하면 다음 관계식을 얻는다:

$$\sum \rho_i l_i \sin\alpha_i = 0, \quad \sum \rho_i l_i \cos\alpha_i = 0 \tag{9.61}$$

이 식은 각 部材의 길이의 鉛直 및 水平射影에 部材廻轉角을 곱한 것의 합이 각각 0으로 된다는 것을 가리킨다.

이 관계는 部材가 4개가 아니라 n개만큼 있는 경우에도 일반적으로 성립한다. n개의 部材가 그림 9.20과 같이 일렬로 연결된 뼈대에 있어서는 自由度가 $n-2$로 되고 n개의 部材廻轉角 가운데 2개는 독립변수로 되지 못한다.

끝으로, 그림 9.21과 같은 高層 多스팬의 矩形 라멘의 경우인데, 이 때에도 문제가 비교적 간단해진다. 요각법은 이러한 뼈대의 解析에 적합한 방법으로서 이러한 뼈대에 대해서는 機械的 作表法이라는 標準解法도 나와 있다. 이것이 전에는 아주 유력한 방법이었으나, 컴퓨터가 출현한 후에는 그 자리를 컴퓨터 解法에 물려주고 말았다. 각설하고, 그림 9.21의 라멘에서는 모든 水平部材는 部材廻轉角을 일으키지 못하고, 같은 層에 있는 기둥部材들은 모두 같은 상대 처짐을 일으키므로, 이 뼈대는 3개의 독립된 部材廻轉角을 가질 뿐이다. 그

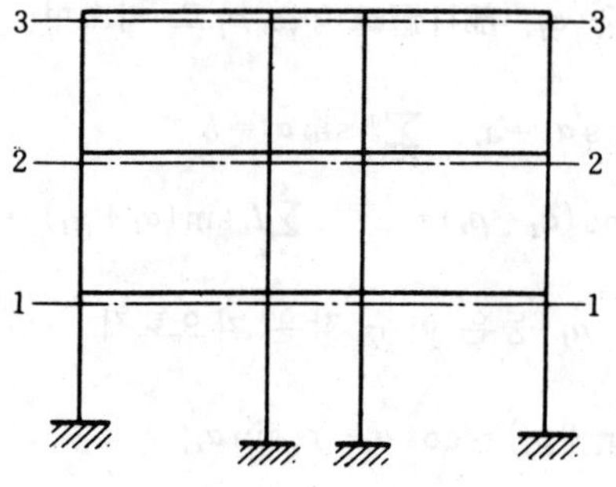

그림 9.21

러므로 이 뼈대에 대한 미지량으로서는 12개의 節點廻轉角과 3개의 部材廻轉角이 있다. 이에 대해 平衡條件式도 12의 節點方程式과 水平切斷面 1−1, 2−2, 3−3의 상부를 고립시켜서 세운 3개의 조건식

$$\sum X = 0 \qquad (9.62)$$

이 있다. 이 때 기둥의 절단면에는 식 (9.45) 또는 (9.47)로 산정되는 剪斷力이 작용한다. 그러므로 이 15개의 平衡條件式을 撓角方程式을 사용하여 12개의 θ와 3개의 ρ에 관한 식으로 바꾼 다음에 이들을 연립시켜서 풀면 모든 θ와 ρ가 얻어지고, 그 결과를 도로 撓角方程式에 대입하면 材端모멘트가 얻어진다. 식 (9.62)를 **層方程式** (bent equation) 또는 **剪斷方程式** (shear equation)이라고 부른다.

9.7 撓角法의 適用例

예제 9.10 그림 9.22(a)에 보인 等斷面의 連續들보에 대한 휨모멘트도를 작성하여라.

(풀이) 이 들보는 鉛直荷重에 대해서 3차의 부정정 구조물이지만 요각

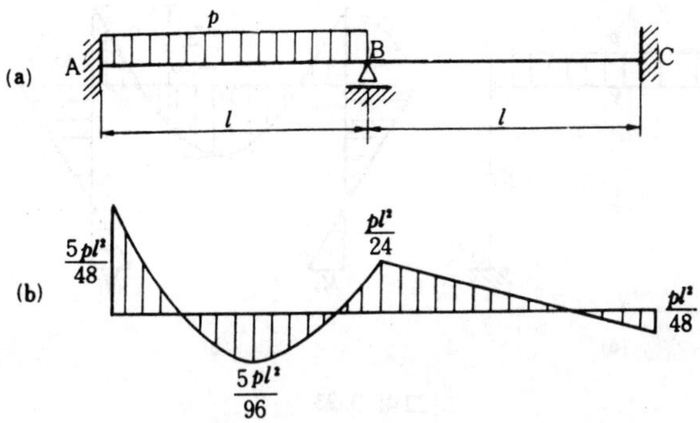

그림 9.22

법을 사용하면 미지수는 B 점의 廻轉角 θ_B 하나만으로 된다. 식 (9.46)에 의해

$$M_{AB}=2\,EK\theta_B-\frac{1}{12}pl^2$$

$$M_{BA}=4\,EK\theta_B+\frac{1}{12}pl^2 \qquad (9.63)$$

$$M_{BC}=4\,EK\theta_B,\quad M_{CB}=2\,EK\theta_B$$

節點 B에 대한 節點方程式을 세우면

$$8\,EK\theta_B+\frac{1}{12}wl^2=0,\ \text{즉}\ \ 2\,EK\theta_B=-\frac{1}{48}pl^2 \qquad (9.64)$$

그러므로

$$M_{AB}=-\frac{5}{48}pl^2,\quad M_{BA}=\frac{1}{24}pl^2,$$
$$M_{BC}=-\frac{1}{24}pl^2,\quad M_{CB}=-\frac{1}{48}pl^2 \qquad (9.65)$$

이 결과를 따라 휨모멘트도를 그리면 그림 9.22(b)와 같다.

예제 9.11 그림 9.23(a)에 보인 라멘에 대해 휨모멘트도를 작성하

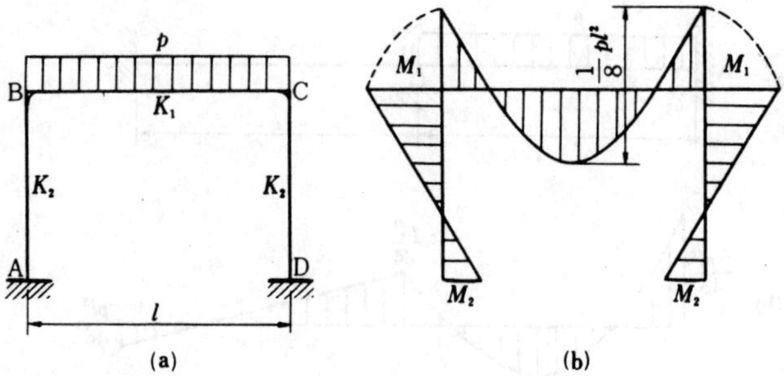

그림 9.23

여라.

(풀이) 이 라멘은 3차 부정정 구조물이지만 요각법을 사용하면 하중 상태가 대칭인 경우 미지수는 $\theta_B = -\theta_C = \theta$의 한 개만으로 된다. 식 (9.48)에 의해

$$M_{AB} = 2\,EK_2\theta, \quad M_{BA} = 4\,EK_2\theta$$
$$M_{BC} = 2\,EK_1(2\,\theta - \theta) - \frac{1}{12}pl^2 \tag{9.66}$$

을 얻고, 節點 B에서의 모멘트방정식에 의해

$$4\,EK_2\theta + 2\,EK_1\theta - \frac{1}{12}pl^2 = 0$$

이로부터

$$E\theta = \frac{pl^2}{12(2\,K_1 + 4\,K_2)} \tag{9.67}$$

이것을 식 (9.66)에 대입하면,

$$M_1 = M_{BC} = -M_{BA} = -\frac{2\,K_2}{K_1 + 2\,K_2} \cdot \frac{pl^2}{12},$$
$$M_2 = M_{AB} = \frac{2\,K_2}{K_1 + 2\,K_2} \cdot \frac{pl^2}{24}$$

이 결과를 따라 휨모멘트도를 그리면 그림 9.23(b)와 같다. 材端모멘

트의 값이 剛度 EK_1, EK_2 자체의 값보다 그들의 비 K_2/K_1에 관계된다는 점은 유의할 만하다. 이 비를 **剛比**(stiffness ratio)라고 부른다.

예제 9.12 그림 9.24(a)에 보인 2層 라멘에 대한 휨모멘트도를 작성하여라. 여기서 $K_1/K_2=6$ 이다.

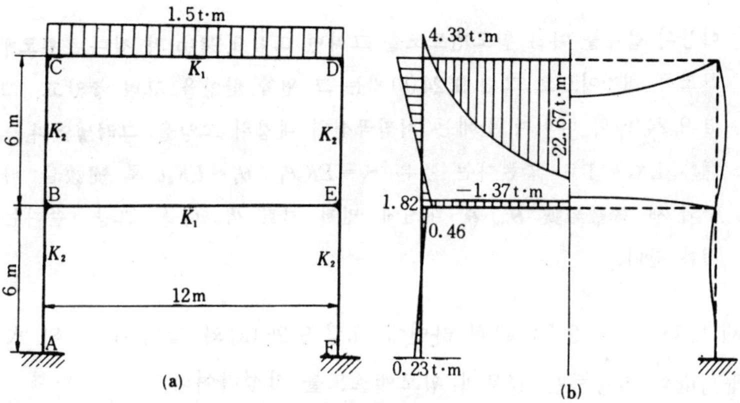

그림 9.24

(풀이) 대칭성에 의해 미지수는 $\theta_B=-\theta_E=\theta_1$과 $\theta_C=-\theta_D=\theta_2$의 2개 뿐임을 안다. $EK_1=6$, $EK_2=1$로 놓으면, 節點 B와 C에서의 節點方程式은 다음과 같이 된다:

$$M_{BA}+M_{BE}+M_{BC}=4\theta_1+12(2\theta_1-\theta_1)+2(2\theta_1+\theta_2)=0 \qquad (9.68)$$

$$M_{CB}+M_{CD}=2(2\theta_2+\theta_1)+12(2\theta_2-\theta_2)-\frac{1.5}{12}\times 12^2=0 \qquad (9.69)$$

위의 두 식을 연립시켜서 풀면

$$\theta_1=-0.11392,\quad \theta_2=1.13924 \qquad (9.70)$$

를 얻고, 이 결과를 사용하여 材端모멘트를 산정하면 다음과 같다:

$$M_{AB}=2EK_2\theta_1=-0.228\ \text{t·m}$$

$$M_{BA}=2EK_2 2\theta_1=-0.456\ \mathrm{t\cdot m}$$
$$M_{BC}=2EK_2(2\theta_1+\theta_2)=1.823\ \mathrm{t\cdot m}$$
$$M_{BE}=2EK_1(2\theta_1-\theta_1)=12\theta_1=-1.367\ \mathrm{t\cdot m}$$
$$M_{CB}=2EK_2(2\theta_2+\theta_1)=4.329\ \mathrm{t\cdot m}$$
$$M_{CD}=2EK_1(2\theta_2-\theta_2)-\frac{1.5}{12}\times 12^2=12\theta_2-18.0=-4.329\ \mathrm{t\cdot m}$$

이상의 결과를 따라 휨모멘트도를 그리면 그림 9.24(b)와 같다. 휨모멘트도는 대칭이므로 그림 9.24(b)에는 그 왼쪽 반만을 그려 놓았고, 그림 9.24(b)의 나머지 반에는 처짐곡선의 대강의 모양을 그려넣었다.

〈註〉 $EK_2=1$로 놓는다는 것은 $\boldsymbol{\theta}_1=EK_2\theta_1$, $\boldsymbol{\theta}_2=EK_2\theta_2$로 變數를 바꾸되 새 變數記號 $\boldsymbol{\theta}_1$, $\boldsymbol{\theta}_2$ 대신에 먼저 기호 θ_1, θ_2를 그냥 쓴다는 것과 같다.

예제 9.13 그림 9.24(a)의 라멘에 그림 9.25(a)와 같이 두 개의 水平荷重이 작용하는 경우에 휨모멘트도를 작성하여라.

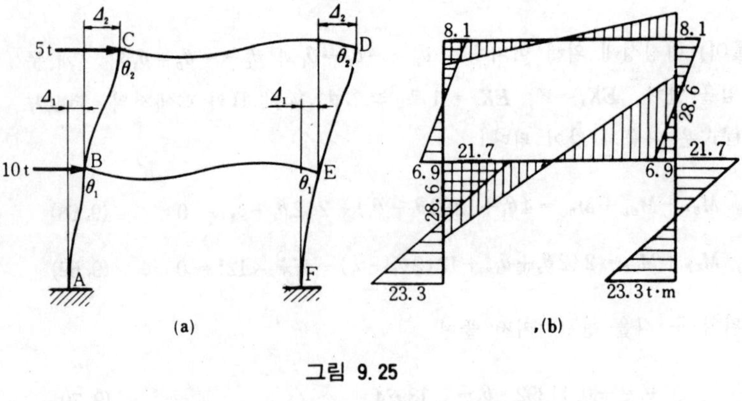

그림 9.25

(풀이) 이 경우의 미지수는 $\theta_B=\theta_E=\theta_1$, $\theta_C=\theta_D=\theta_2$, $\rho_1=\Delta_1/6.0$, $\rho_2=\Delta_2/6.0$의 4개이다. 이 때에도 $EK_2=1$로 놓고, 요각방정식 (9.48)을 적용하면,

$$M_{AB}=2(\theta_1-3\rho_1),\qquad M_{BA}=2(2\theta_1-3\rho_1)$$
$$M_{BC}=2(2\theta_1+\theta_2-3\rho_2),\qquad M_{CB}=2(2\theta_2+\theta_1-3\rho_2) \quad (9.71)$$
$$M_{BE}=12(2\theta_1+\theta_1)=36\theta_1,\qquad M_{CD}=12(2\theta_2+\theta_2)=36\theta_2$$

모멘트방정식을 節點 B와 C에 대하여 세우면,

$$\begin{aligned} &22\theta_1+\theta_2-3\rho_1-3\rho_2=0 \\ &\theta_1+20\theta_2-3\rho_2=0 \end{aligned} \quad (9.72)$$

剪斷方程式은 節點 B와 E의 바로아래를 지나는 水平 切斷面과 節點 C와 D의 바로아래를 지나는 水平 切斷面으로 각각 뼈대를 兩分하여 그 윗부분에 대한 水平方向의 平衡을 생각함으로써 얻어진다. 즉

$$\begin{aligned} &2\times\frac{M_{AB}+M_{BA}}{6.0}+5+10=0 \\ &2\times\frac{M_{BC}+M_{CB}}{6.0}+5=0 \end{aligned} \quad (9.73)$$

이들의 식에 식 (9.71)을 대입하고 간단히 하면 다음을 얻는다:

$$\begin{aligned} &\theta_1-2\rho_1+7.5=0 \\ &\theta_1+\theta_2-2\rho_2+2.5=0 \end{aligned} \quad (9.74)$$

식 (9.74)로부터 ρ_1과 ρ_2를 내어서 식 (9.72)에 대입하면 θ_1과 θ_2에 관한 연립방정식이 얻어진다. 이들로부터 θ_1과 θ_2의 값이 결정되고, 그 결과를 식 (9.74)에 대입하면 ρ_1과 ρ_2의 값이 결정된다. 이렇게 해서 얻어진 값은 다음과 같다:

$$\theta_1=0.7954,\quad \theta_2=0.2242,\quad \rho_1=4.1477,\quad \rho_2=1.7598 \quad (9.75)$$

이들의 값을 식 (9.71)에 대입하면 材端모멘트가 다음과 같이 결정된다:

$$M_{AB}=-23.30\ \mathrm{t\cdot m},\qquad M_{BA}=-21.70\ \mathrm{t\cdot m}$$
$$M_{BC}=-6.93\ \mathrm{t\cdot m},\qquad M_{CB}=-8.07\ \mathrm{t\cdot m}$$

$$M_{BE}=28.63\ \mathrm{t\cdot m},\qquad M_{CD}=8.07\ \mathrm{t\cdot m}$$

휨모멘트도는 그림 9.25(b)와 같다.

예제 9.14 그림 9.26(a)에 보인 라멘에 대해 材端모멘트를 산정하고 휨모멘트도를 작성하여라.

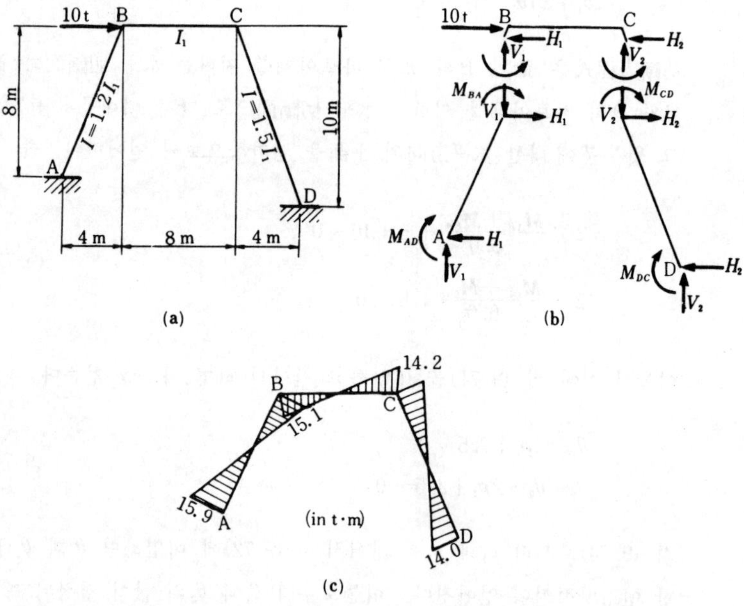

그림 9.26

(풀이) 部材 AB의 회전각을 ρ_1로 적고 BC와 CD 部材의 회전각 ρ_{BC}와 ρ_{CD}를 ρ_1로 나타내기 위해 식 (9.61)을 적용한다. 그러면

$$\begin{aligned}-8\rho_1+10\rho_{CD}&=0\\4\rho_1+8\rho_{BC}+4\rho_{CD}&=0\end{aligned}\qquad(9.76)$$

첫식으로부터 $\rho_{CD}=0.8\rho_1$을 얻고, 이것을 나중 식에 대입하면 $\rho_{BC}=-$

$0.9\rho_1$을 얻는다. 즉

$$\rho_{BC}=-0.9\rho_1,\ \rho_{CD}=0.8\rho_1 \tag{9.77}$$

그러므로 미지수는 θ_B, θ_C, ρ_1의 3개로 된다.

다음에 각 部材의 剛度를 계산하건대, 水平部材에 대한 $K=I_1/8=0.125I_1$을 기준으로 잡으면,

$$K_{AB}=\frac{1.2I_1}{\sqrt{8^2+4^2}}=\frac{1.2I_1}{8.944}=0.13416I_1=1.0733K$$

$$K_{CD}=\frac{1.5I_1}{\sqrt{10^2+4^2}}=\frac{1.5I_1}{10.770}=0.13928I_1=1.1142K$$

$2EK=1$로 놓고 요각방정식 (9.48)을 적용하면,

$$\begin{aligned}
&M_{AB}=1.0733(\theta_B-3\rho_1), && M_{BA}=1.0733(2\theta_B-3\rho_1)\\
&M_{BC}=(2\theta_B+\theta_C+3\times0.9\rho_1), && M_{CB}=(\theta_B+2\theta_C+3\times0.9\rho_1)\\
&M_{CD}=1.1142(2\theta_C-3\times0.8\rho_1), && M_{DC}=1.1142(\theta_C-3\times0.8\rho_1)
\end{aligned} \tag{9.78}$$

모멘트방정식:

$$\sum M_B=0\ ;\ 2\times(1.0733+1)\theta_B+\theta_C-(1.0733\times3-2.7)\rho_1=0$$

$$4.1466\theta_B+\theta_C-0.5199\rho_1=0 \tag{9.79}$$

$$\sum M_C=0\ ;\ \theta_B+2(1+1.1142)\theta_C+(2.7-1.1142\times2.4)\rho_1=0$$

$$\theta_B+4.2284\theta_C+0.0259\rho_1=0 \tag{9.80}$$

剪斷方程式:

기둥 AB에 대하여 $\sum M_A=0\ ;\ M_{AB}+M_{BA}+8H_1+4V_1=0$ (1)

기둥 CD에 대하여 $\sum M_D=0\ ;\ M_{CD}+M_{DC}+10H_2-4V_2=0$ (2)

들보 BC에 대하여 $\sum X=0\ ;\ H_1+H_2=10.0$ (3)

$\sum Y=0\ ;\ V_1+V_2=0$ (4)

$\sum M_C=0\ ;\ M_{BA}+M_{CD}=8V_1$ (5)

식 (3), (4), (5)로부터 얻어지는 H_2, V_1, V_2를 식 (1)과 (2)에 대입한 다음에 이들 두 식으로부터 H_1을 소거하면, 다음의 전단방정식이 얻어진다:

$$M_{AB}+1.9M_{BA}+1.7M_{CD}+0.8M_{DC}+80=0$$

즉,

$$5.1518\theta_B+4.6796\theta_C-16.0229\rho_1+80=0 \tag{9.81}$$

식 (9.79), (9.80) 및 (9.81)을 연립시켜서 풀면,

$$\theta_B=0.6940,\ \theta_C=-0.1957,\ \rho_1=5.1588 \tag{9.82}$$

을 얻고, 이들을 식 (9.78)에 대입하면,

$$M_{AB}=-15.87\ \mathrm{t\cdot m},\ M_{BA}=-15.12\ \mathrm{t\cdot m},\ M_{BC}=15.12\ \mathrm{t\cdot m}$$
$$M_{CB}=14.23\ \mathrm{t\cdot m},\ M_{CD}=-14.23\ \mathrm{t\cdot m},\ M_{DC}=-14.01\ \mathrm{t\cdot m}$$

를 얻는다. 휨모멘트도는 그림 9.26(c)와 같다.

예제 9.15 그림 9.27에 보인 L字形 라멘의 節點 B에서의 휨모멘트를 구하여라.

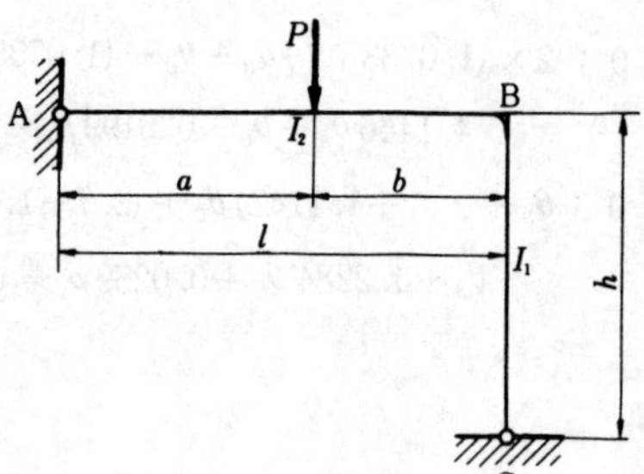

그림 9.27

(풀이) 모든 部材의 廻轉角은 0으로 되므로 미지수는 θ_B 한 개로 된다.

$EI_2/l=1$로 놓고, $EI_1/h=kEI_2/l=k$로 놓으면, 식 (9.49)에 의해

$$M_{BA}=3\theta_B+H_{BA},\ M_{BC}=3k\theta_B \tag{9.83}$$

로 되므로, 모멘트방정식이 다음과 같이 된다:

$$3(1+k)\theta_B + H_{BA} = 0 \tag{9.84}$$

이로부터 θ_B를 내어 식 (9.83)에 대입하면,

$$M_{BA} = -\frac{H_{BA}}{1+k} + H_{BA} = -\frac{k}{1+k}H_{BA}, \quad M_{BC} = \frac{k}{1+k}H_{BA} \tag{9.85}$$

를 얻는다. 여기서 H_{BA}는, 식 (9.53)에 의해

$$C_{AB} = -\frac{Pab}{l}\cdot\frac{b}{l}, \quad C_{BA} = \frac{Pab}{l}\cdot\frac{a}{l}$$

이므로, 식 (9.50)에 의해 다음과 같이 된다:

$$H_{BA} = C_{BA} - \frac{1}{2}C_{AB} = \frac{Pab}{l}\cdot\frac{a}{l} + \frac{Pab}{l}\cdot\frac{b}{2l} = \frac{Pab}{2l^2}(a+l) \tag{9.86}$$

위의 문제는 요각방정식으로서 식 (9.49) 대신에 식 (9.48)을 사용해서도 풀 수 있다. 즉

$$M_{AB} = 2(2\theta_A + \theta_B) + C_{AB} = 0 \tag{1}$$

$$M_{BA} + M_{BC} = 2(\theta_A + 2\theta_B) + C_{BA} + 2k(2\theta_B + \theta_C) = 0 \tag{2}$$

$$M_{CB} = 2k(\theta_B + 2\theta_C) = 0 \tag{3}$$

의 3개의 모멘트방정식을 사용하고, 식 (1)로부터 θ_A를, 식 (3)으로부터 θ_C를 내어 이들을 식 (2)에 대입하면 식 (9.84)를 얻게 된다. 그러므로 요각방정식으로서는 식 (9.48)이 더 기본적인 것이고 식 (9.49)와 식 (9.50)은 구태여 외워둘 필요가 없다. 식 (9.48)을 외워두든가 또는 바로 유도할 수 있는 길을 알아두면 족하다.

9.8 모멘트分配法

不靜定構造物의 解析은 맥스웰-모르의 方法이나 또는 撓角法을 사용하면 이론적으로는 일반적으로 가능하다. 그러나 마지막으로 풀어야 할 聯立方程式이 多元으로 되면 실제적으로는 불가능해진다. 그래서 이 장벽을 뚫기 위해 컴퓨터가 출현하기 전까지는 여러 가지 近似解法의 개발에 構造工學者들의 노력이 傾注되어 왔다. 이 노력의 결과 우수한 방법이 많이 나왔으나, 이들의 대부분은 어느 특수 경우에만 적용될 수 있다는 결점을 가지고 있을 뿐더러, 너무나 교묘해서 한번 이해하고 익혀 두었어도 얼마 안 가서 잊어버리기가 쉽다는 결점을 가지고 있으므로, 本書에서는 本節에서 설명하는 방법만을 다루기로 한다.

모멘트分配法(method of moment distribution)은 1932년에 미국의 Hardy Cross가 창안한 것으로, 剛節뼈대의 휨모멘트의 분포를 반복계산에 의해 점차로 補正하여 얼마든지 참값에 접근시키도록 할 수 있는 방법이다. 이 방법은 계산의 각 단계의 물리적 뜻이 선명하여 한번 익혀두면 잘 잊혀지지 않는 아주 우수한 방법이다.

이 방법에서는 다음 4개의 量을 미리 알고 있어야 한다.

(1) 각 構成部材의 兩端을 고정했다고 생각할 때에 그 部材에 작용하는 荷重에 의해 兩端에 일어나는 反力모멘트 곧 固定端모멘트.

(2) 한 節點에 힘의 모멘트를 가했을 때 이 節點에 모이는 각 部材의 近端에 일어나는 材端모멘트의 그 힘의 모멘트에 대한 비 곧 **分配率**(distribution factor).

(3) 각 構成部材의 一端을 고정하고 他端을 移動端으로 지지했을 때, 移動端에 가해준 힘의 모멘트에 대한 이 모멘트에 의해 固定端

에 일어나는 反力모멘트의 比 곧 **傳達率**(carry-over factor).

(4) 각 構成部材의 兩端을 회전하지 못하도록 구속하고 兩端에 단위 길이의 橫方向 상대 처짐을 주었을 때 兩端에 일어나는 材端모멘트 곧 **橫方向 剛度**(lateral stiffness).

固定端모멘트는 撓角法을 통해 잘 알려져 있는 바이므로, 이하 分配率, 傳達率, 橫方向剛度 등을 설명하고, 예제를 통해서 모멘트分配法을 설명하기로 한다.

9.8.1 廻轉剛度, 傳達率 및 分配率

그림 9.28과 같이 兩端이 지지된 部材 AB의 移動端으로 지지된 A端에 힘의 모멘트 M을 가하면, A端은 θ만큼 회전할 것이고, 이 部材 안의 모든 부분의 응력이 彈性限度 안에 있다면 θ는 M에 비례할 것이다. 이 때 比

$$K_{AB}^{R}=\frac{M}{\theta} \tag{9.87}$$

을 部材 AB의 A端의 **廻轉剛度**(rotational stiffness)라고 부른다. 이

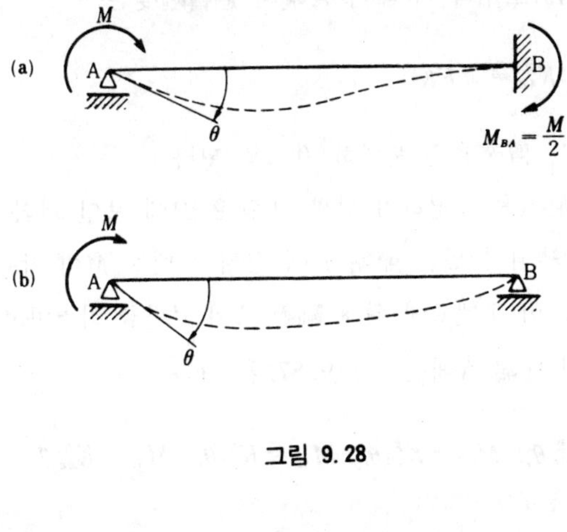

그림 9.28

廻轉剛度는 部材의 形狀과 力學的 性質에도 관계되고 또 遠端인 B端의 지지 상태에 따라서도 변한다.

만일 部材의 斷面이 一樣하여 그 部材의 剛度가 EK_{AB}로 표시되고, B端이 그림 9.28(a)와 같이 고정되어 있다면, 식 (9.44)의 첫째 식에서 $M_{AB}=M$, $\theta_A=\theta$, $\theta_B=\rho=0$인 경우에 해당하므로 A端의 廻轉剛度가

$$K_{AB}^R = 4\,EK_{AB} \tag{9.88}$$

로 된다. 그리고 이 때 遠端 B에 일어나는 反力모멘트 M_{BA}는 식 (9.44)의 둘째 식으로부터

$$M_{BA} = 2\,EK_{AB}\theta = \frac{1}{2}M \tag{9.89}$$

임을 안다. 따라서 정의에 의해 이 때의 傳達率은 0.5로 된다. 이 때 $M_{BA}=\frac{1}{2}M$을 傳達모멘트 (carry-over moment, carried-over moment)라고 부른다.

만일 위의 경우에 B端이 그림 9.28(b)와 같이 회전단으로 되어 있다면 식 (9.49)로부터 이 때의 A端의 廻轉剛度는

$$K_{AB}^R = 3\,EK_{AB} \tag{9.90}$$

로 됨을 알고, 傳達率은 분명히 0으로 된다.

다음에 分配率을 설명하기 위해 그림 9.29에 보인 바와 같이 4개의 部材가 剛結되어 있는 節點 A에 힘의 모멘트 M이 작용하는 경우를 생각한다. 이 모멘트에 의해 剛節 A가 θ만큼 회전하고, 이에 따라 각 部材의 材端 A에는 식 (9.87)을 따라

$$M_{AB}=K_{AB}^R\theta,\quad M_{AC}=K_{AC}^R\theta,\quad M_{AD}=K_{AD}^R\theta,\quad M_{AE}=K_{AE}^R\theta \tag{9.91}$$

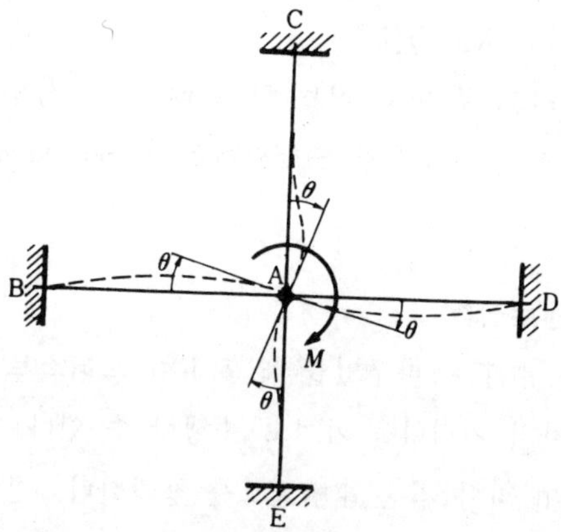

그림 9.29

만큼씩의 材端모멘트가 일어날 것이다. 여기서, 이를테면 K_{AB}^{R}는 식 (9.88)을 따라 $K_{AB}^{R}=4EK_{AB}$로 되고, K_{AD}^{R}는 식 (9.90)을 따라 $K_{AD}^{R}=3EK_{AD}$로 된다. 한편 節點 A에 대한 平衡條件으로부터

$$M=M_{AB}+M_{AC}+M_{AD}+M_{AE} \tag{9.92}$$

이므로, 이에 식 (9.91)을 대입하면, θ가

$$\theta=\frac{M}{K_{AB}^{R}+K_{AC}^{R}+K_{AD}^{R}+K_{AE}^{R}}=\frac{M}{\sum_{A}K^{R}} \tag{9.93}$$

과 같이 결정되고, 이것을 도로 식 (9.91)에 대입하면 材端모멘트가

$$M_{AB}=\frac{K_{AB}^{R}}{\sum_{A}K^{R}}M=r_{AB}M,\quad M_{AC}=\frac{K_{AC}^{R}}{\sum_{A}K^{R}}M=r_{AC}M,\quad\cdots \tag{9.94}$$

과 같이 정해진다. 곧 여러 개의 部材가 剛結되어 있는 節點에 힘의 모멘트 M이 작용하면 M은 각 部材의 그 점에서의 廻轉剛度에 비례해서 분배된다고 말할 수 있다. 이 때

$$r_{AB} = K^R_{AB} / \sum K^R \tag{9.95}$$

등을 分配率이라고 부른다. 어느 한 節點에서의 分配率의 합은 물론 1로 된다. 그리고 M_{AB} 등을 **分配모멘트**(distributed moment)라고 부른다.

9.8.2 모멘트分配

모든 節點을 滑節로 바꾸었을 때 安定한 트러스로 되는 剛節 뼈대의 解析은 전항의 지식만을 가지고 수행할 수 있다. 한 예로서 그림 9.30(a)에 보인 바와 같은 連續들보를 생각한다. 먼저 分配率을 계산한다. $K^R_{BA} = 4EI/22 = 0.18182EI$, $K^R_{BC} = 4E(1.2I)/18 = 0.26667EI$이므로, B점에서의 分配率은 $r_{BA} = 0.4054$, $r_{BC} = 0.5946$이고, C점에는 한 部材만이 모이고 있으므로 $r_{CB} = 1.0$이다. 그리고 A점은 固定端으로서 遠端으로부터 전달되어 오는 모멘트를 모두 흡수하므로 여기서는 분배할 모멘트가 없다. 이들 分配率의 값을 그림 9.30(b)에 적어 넣는다. 다음에 固定端모멘트를 계산하면, $C_{AB} = -\dfrac{12\times12\times10}{22}$

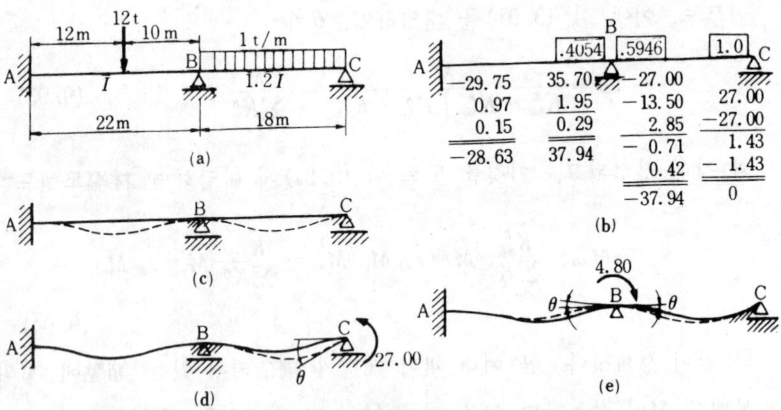

그림 9.30

$\cdot\frac{10}{22}=-29.75\,t\cdot m$, $C_{BA}=\frac{12\times12\times10}{22}\cdot\frac{12}{22}=35.70\,t\cdot m$, $C_{BC}=-27.00$ t·m, $C_{CB}=27.00\,t\cdot m$로 된다. 이들의 값도 그림 9.30(b)의 뼈대線 아래에 적어 넣는다. 이들의 모멘트는 그림 9.30(c)와 같이 節點 B와 C를 임시로 萬力(vice)과 같은 장치로 고정했을 때에 각 部材의 材端에 일어나는 모멘트이다. 이와 같이 節點을 임시로 인위적으로 고정하는 것을 **緊固한다**(lock)고 한다. 이런 상태에서는 部材들이 그림 9.30(c)의 점선과 같이 변형할 것이고, B점에 있는 萬力은 35.70 −27.00=8.70 t·m 만큼의 모멘트를, C점에 있는 萬力은 27.00 t·m 만큼의 모멘트를 그 節點에 작용시켜 주어야 한다. 이들을 각각 **不平衡모멘트**(unbalanced moment)라고 부른다. 모멘트分配法에서는 모든 節點을 緊固한 채 한 번에 한 개씩의 節點의 緊固를 풀어주되, 不平衡모멘트의 絶對值가 가장 큰 節點의 緊固를 풀어준다. 緊固를 푸는 것을 **弛緩한다**(unlock, release)고 말한다. 그림 9.30(c)의 경우에는 節點 C에 작용하는 不平衡모멘트 27.00 t·m가 가장 크므로 이 節點을 弛緩시킨다. 그러면 節點 C에 작용하는 不平衡모멘트는 0으로 될 것이다. 그러므로 節點 C를 이완시킨다는 것은 不平衡모멘트의 부호를 바꾼 모멘트를 가해준다는 것과 같다. 이것을 **平衡모멘트**(balancing moment)라고 부른다. 節點 C에 平衡모멘트 −27.00 t·m를 가해주면 그 全量이 BC部材의 C端에 분배되고, 이 分配모멘트에 전달률 0.5를 곱해준 −13.50 t·m가 B端에 전달된다. 이 때의 변형 상태가 그림 9.30(d)에 나와 있나. 이 그림에서 θ는 식 (9.93)으로부터 $\theta=27.0/K_{CB}^{R}$과 같이 산정할 수 있으나 필요한 것은 아니다.

그림 9.30(d)의 상태에서는 節點 C에서의 不平衡모멘트는 0이고 B에서의 그것은 35.70−27.00−13.50=−4.80 t·m로 된다. 이 상태에서 그림 9.30(e)와 같이 節點 C를 다시 緊固하고 節點 B를 弛緩하면, 節點 B가 $\theta=4.80/(K_{BA}{}^{R}+K_{BC}{}^{R})$만큼 회전하여 들보는 점선과

같이 변형할 것이다. 이 때 가해준 平衡모멘트 4.80 t·m는 AB部材의 B端에 1.95 t·m만큼, BC 部材의 B端에 2.85 t·m만큼 분배된다. 이들 分配모멘트의 값 아래에는 밑줄을 그어둔다. 각 分配모멘트의 절반이 遠端으로 넘어간다. A端으로 넘어간 傳達모멘트 0.97 t·m는 固定端 A에 흡수되고 C端으로 전달된 모멘트 1.43 t·m는 節點 C에서의 새로운 不平衡모멘트를 낳게 한다. 그러므로 節點 B를 다시 緊固한 다음에 節點 C를 이완할 필요가 있다. 그러면 이 때의 平衡모멘트 −1.43 t·m의 전부가 BC 部材의 C端에 분배되고 그 절반인 −0.71 t·m가 遠端으로 넘어간다. 이 傳達모멘트는 節點 B에서의 새로운 不平衡모멘트로 되므로, 節點 C를 다시 緊固하고 節點 B에 平衡모멘트 0.71 t·m를 가해준다. 그러면 그것의 59.46%인 0.42 t·m가 BC 部材의 B端에 분배되고, 40.54%인 0.29 t·m가 AB 部材의 B端에 분배된다. 이상의 과정은 얼마든지 더 되풀이 시행할 수 있으나, 위의 分配모멘트가 처음에 주어진 固定端모멘트에 비해 충분히 작으므로 여기서 계산의 순환을 종결할 수 있다. 순환을 중지했을 때에는 緊固된 節點에 傳達모멘트를 넘기지 말아야 한다. 이것을 넘겨주면 새로운 不平衡모멘트가 발생하기 때문이다. 그러나 固定端인 A端에는 그런 일이 일어나지 않으므로 이것을 넘겨준다. 이렇게 해서 계산의 순환을 중단했으면 다시 밑줄을 긋고 그 위의 수치의 대수적 합을 구하여 그 아래에 적어넣는다. 이들의 값이 각 部材의 材端모멘트의 참값에 아주 가까운 값을 주는 것으로, 이것으로써 모멘트分配法이 완결되는 것이다. 이 결과에 따라 휨모멘트도도 작성할 수 있고 이 휨모멘트圖로부터 剪斷力圖도 작성할 수 있다.

그림 9.30(b)에서 한 節點에 대해 상하로 인접된 두 밑줄 사이에 끼인 모든 수치의 대수적 합이 0으로 된다는 점에 유의할 필요가 있다. 이것은 모멘트의 分配의 각 단계에서 平衡條件을 적용한 결과이고,

모멘트分配法이 平衡法 곧 變位法에 속한다는 것을 의미한다.

만일 B점에서의 分配率을 계산할 때 C점이 滑節이라는 점을 감안한다면, $K_{BC}^{R} = 3E(1.2I)/18 = 0.2EI$로 되어, $r_{BA} = 0.4762$, $r_{BC} = 0.5238$로 될 것이다. 이들의 값과 固定端모멘트의 값을 그림 9.31 (a)에 보인 바와 같이 기입한 다음에, 節點 C의 緊固를 풀어준다. 그것은 平衡모멘트 −27.00 t·m를 C점에 가해주는 것을 의미하는데, 가해준 이 모멘트는 全量이 BC 部材의 C端에 분배되고 그 절반이 遠端 B로 넘어간다. 그 다음에 그림 9.30(b)에서는 節點 C를 다시 緊固했는데, 여기서는 그래서는 안 된다. 節點 C를 이완시킨 채로 節點 B를 이완시키는 것이다. 곧 平衡모멘트 4.80 t·m를 B점에 가해준다. 그러면 2.29와 2.51 t·m의 分配모멘트를 얻는데, 2.29 t·m의 절반은 固定端 A로 전달되어 固定端에 흡수되고, B점에서 C점으로의 傳達率은 0이므로, 새로운 不平衡모멘트는 생기지 않는다. 따라서 모멘트分配는 이것으로 종결된다. 휨모멘트도를 작성하면 그림

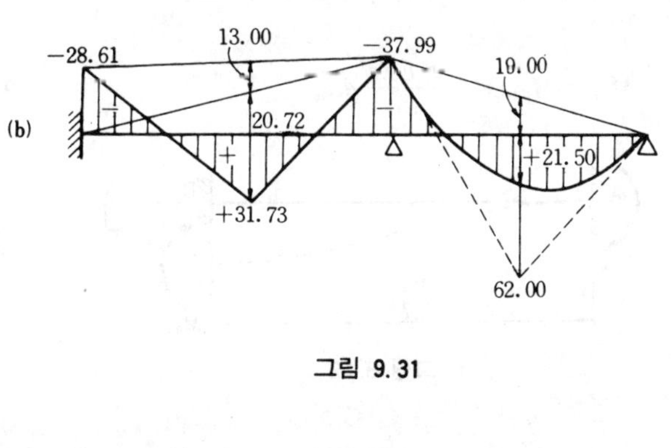

그림 9.31

9.31(b)와 같다. A, B, C 점에서의 鉛直反力 R_A, R_B, R_C를 이 휨 모멘트도로부터 구하면 다음과 같다:

$$R_A = \frac{28.61+31.73}{12} = 5.03\,\mathrm{t}(\uparrow)$$

$$R_B = \frac{31.73+37.99}{10} + \frac{37.99+62.00}{9} = 6.97+11.11$$
$$= 18.08\,\mathrm{t}(\uparrow)$$

$$R_C = \frac{62.00}{9} = 6.89\,\mathrm{t}(\uparrow)$$

이들의 합 30t이 荷重의 합 30t과 일치한다는 것은 위의 계산이 옳았다는 것을 뒷받침해준다.

9.8.3 橫方向剛度와 모멘트分配法

모든 節點을 滑節로 바꾸었을 때 不安定한 트러스로 되는 뼈대의 解析에는 橫方向剛度의 지식이 더 필요하게 된다. 이것은 本節의 서두에서 말한 바와 같이, 한 部材의 兩端을 회전하지 못하도록 구속하고 兩端에 單位 길이의 橫方向 相對 처짐을 주었을 때 兩端에 일어나는 材端모멘트를 가리킨다. 그림 9.32에 보인 바와 같이 兩端이 固定된 들보 AB의 兩端이 Δ만큼의 橫方向 相對變位를 일으키면 撓角方程式 (9.44)에서 $\theta_A = \theta_B = 0$, $\rho = \Delta/l$이므로,

$$M_{AB} = M_{BA} = -\frac{6EK}{l}\Delta \tag{9.96}$$

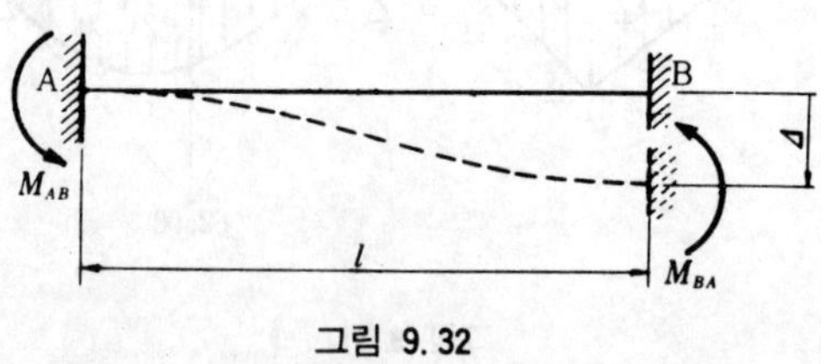

그림 9.32

를 얻으며, 따라서 이 部材의 橫方向剛度는 $-6EK/l=-6EI/l^2$으로 된다.

그림 9.32의 경우에 A 또는 B가 滑節인 때의 橫方向剛度는 $-3EK/l$로 됨을 식 (9.49)로부터 알 수 있다.

뼈대의 변형에 따라 節點이 變位를 일으키는 경우의 예로서 그림 9.33(a)와 같은 라멘을 생각한다. 節點 B에서의 分配率은 $K^R_{BA}=4EI_0/5=0.8EI_0$, $K^R_{BC}=4E(4I_0)/8=2.0EI_0$이므로, $r_{BA}=0.286$, $r_{BC}=0.714$로 되고, C에서의 그것은 $K^R_{CB}=2.0EI_0$, $K^R_{CD}=3EI_0/4=0.75EI_0$이므로, $r_{CB}=0.727$, $r_{CD}=0.273$으로 된다. BC部材의 兩端을 회전에 대해서만 緊固한 채, BC 部材에 $P=10$ t의 方向으로 Δ만큼의 變位를 일으키게 했다면, AB 部材의 兩端에서의 固定端모멘트는 다같이 $-6EI_0\Delta/25=-0.24EI_0\Delta$로 되고, CD部材의 C端에서의 固定端모멘트는 $-3EI_0\Delta/16=-0.1875EI_0\Delta$로 될 것이다. Δ의 값은 미지이므로 임시로 임의로 $EI_0\Delta=100$ t·m³으로 잡으면, 이들은 -24.00 t·m와 -18.75 t·m로 된다. 이들의 값을 그림 9.33(b)에 적어 넣는

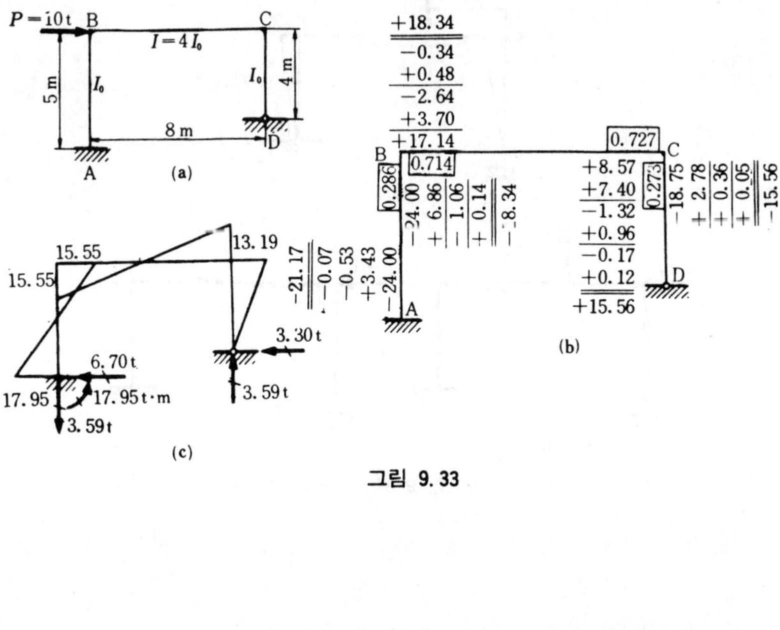

그림 9.33

다. BC 部材가 $\Delta=100/EI_0$만큼 이동한 위치에서 不平衡모멘트가 -24.0 t·m인 B점을 먼저 이완한다. 그 때 傳達모멘트 8.57 t·m가 C점으로 넘어가므로 C점에서의 不平衡모멘트는 -10.18 t·m로 된다. 그러므로 C점을 이완할 때에는 10.18 t·m를 분배하면 된다. 不平衡모멘트의 부호를 바꾼 것을 3번 분배해주면 충분히 정확한 값이 얻어진다. 이 결과로부터 水平剪斷力의 합을 구하면,

$$(21.17+18.34)/5+15.56/4=11.79\ \mathrm{t}$$

그러므로 실지의 材端모멘트는 그림 9.33(b)에서 얻은 값에다 10/11.79=0.848을 곱해준 값으로 된다. 그 계산 결과는 그림 9.33(c)에 적어 넣은 바와 같다. 그리고 BC 部材의 이동 거리는 실은 $\Delta=84.8/EI_0$였음을 안다. 그림 9.33(c)에는 이 결과로부터 反力도 구해 놓았는데, 이것이 水平荷重 10t과 함께 3개의 平衡條件式을 만족시키고 있는 것을 확인할 수 있다. 그림 9.33(b)에서의 계산에서 BC

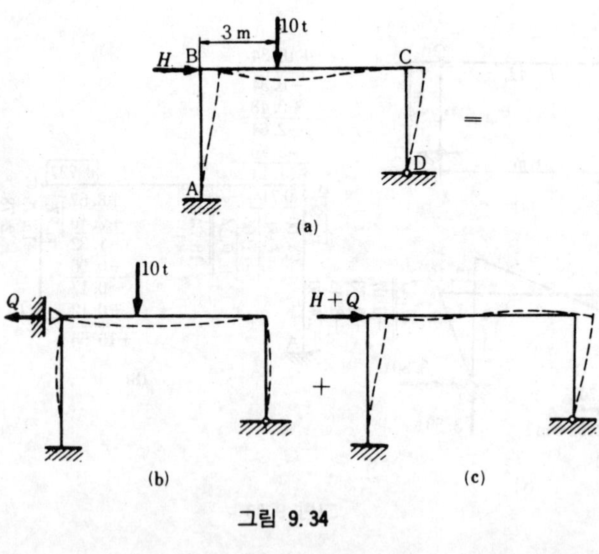

그림 9.34

部材의 B端의 모멘트는 분배된 것과 전달되어 온 것을 아래에서 위로 차례차례로 적어 넣은 관계로 分配모멘트에 밑줄 대신에 윗줄을 그어 놓았다.

그림 9.34(a)와 같이 鉛直荷重이 홀로 또는 水平荷重 H와 함께 작용하는 경우에는, 먼저 그림 9.34(b)와 같이 節點의 이동을 임시로 구속하고 모멘트分配法으로 材端모멘트를 구한 다음에 反力 Q를 구하고, 다음에 그림 9.34(c)와 같이 水平力 $(H+Q)$가 작용하는 때의 材端모멘트를 위의 방법으로 구한다. 그러면 그림 9.34(a)의 경우의 材端모멘트는 이들의 대수적 합으로 된다.

그림 9.34의 뼈대가 그림 9.33의 것과 같고, $H=0$인 경우의 휨모멘트圖는 그림 9.35와 같다. 여기서 그림 9.35(b)는 그림 9.36과 같이 계산한 결과이고, 그림 9.35(c)는 그림 9.33(c)의 결과에다 $0.521/10=0.0521$을 곱해준 값이다. 그림 9.36의 계산의 출발점이 되는 固定端모멘트는

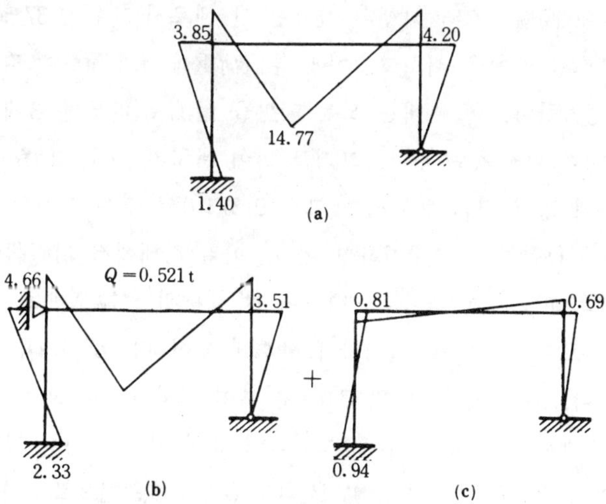

그림 9.35

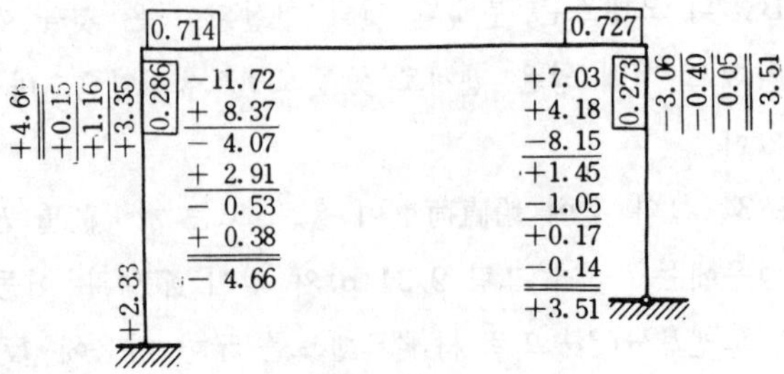

그림 9.36

$$C_{BC}=-\frac{10\times 3\times 5}{8}\cdot\frac{5}{8}=-11.72$$

$$C_{CB}=+\frac{10\times 3\times 5}{8}\cdot\frac{3}{8}=+7.03$$

으로 되고, Q는 다음과 같다:

$$Q=\frac{4.66+2.33}{5}-\frac{3.51}{4}=0.521\text{ t}$$

다음에 高層多스팬 라멘의 간단한 한 예로서 그림 9.37(a)와 같은 3層 2스팬 라멘을 취하고, 이에 鉛直荷重과 水平荷重이 작용하는 경우를 생각한다. 이 뼈대는 모든 節點을 滑節로 바꾸면 3개의 自由度를 가지는 可動系로 된다. 그러므로 이 뼈대의 모든 節點의 變位가 일어나지 않게 하기 위해서는 그림 9.37(b)와 같이 3개의 節點 B, C, D를 移動端으로 지지하면 된다. 이런 상태에서 鉛直荷重에 의한 固定端모멘트를 계산하고 분배하여 각 部材의 材端모멘트를 산정한다. 그 결과로부터 임시로 설치한 移動端에 일어나는 反力 Q_1, Q_2, Q_3을 산정한다. 다음에, 그림 9.37(c)에 보인 바와 같이, 모든 節點을 회전에 대해서만 緊固한 채 節點 B, F, J에 임의로 정한 값만큼의 水平變位 Δ_1을 준 다음에 節點 B, C, D를 移動端으로 지지해준다. 그러면 기둥部材 AB, EF, IJ의 兩端에 식 (9.96)으로 산정되는 固

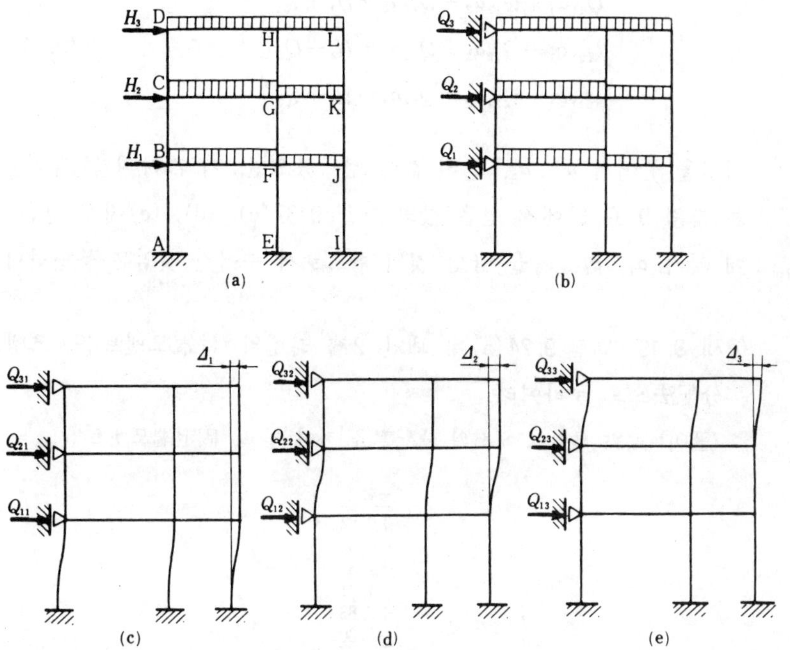

그림 9.37

定端모멘트가 발생할 것이다. 이것을 분배하여 모든 部材의 材端모멘트를 산정할 수 있고 그 결과로부터 移動端에 일어나는 反力 Q_{11}, Q_{21}, Q_{31}을 산정할 수 있다. 그림 9.37(c)에서 한 일과 똑같은 작업을 그림 9.37(d)와 (e)에 대해서도 수행한다. 여기서 Δ_2와 Δ_3은 임의로 적당히 작은 값을 가지며, Δ_2에 의해서는 2層에 있는 기둥部材의 兩端에, Δ_3에 의해서는 3層에 있는 기둥部材의 兩端에 固定모멘트가 발생한다. 그림 9.37(d)와 (e)의 경우에 구한 水平反力을 각각 Q_{12}, Q_{22}, Q_{32}와 Q_{13}, Q_{23}, Q_{33}이라고 하면, Δ_1, Δ_2, Δ_3의 참값 $\alpha_1\Delta_1$, $\alpha_2\Delta_2$, $\alpha_3\Delta_3$을 알기 위해서는 다음의 3개의 平衡條件式을 풀면 된다:

$$Q_{11}\alpha_1+Q_{12}\alpha_2+Q_{13}\alpha_3=H_1-Q_1$$
$$Q_{21}\alpha_1+Q_{22}\alpha_2+Q_{23}\alpha_3=H_2-Q_2 \qquad (9.97)$$
$$Q_{31}\alpha_1+Q_{32}\alpha_2+Q_{33}\alpha_3=H_3-Q_3$$

이것을 풀어서 α_1, α_2, α_3의 값이 정해졌으면, 각 部材의 材端모멘트는 그림 9.37(b)에서 얻은 값과 그림 9.37(c), (d), (e)에서 얻은 값에 각각 α_1, α_2, α_3을 곱한 것의 합으로서 주어질 것임은 분명하다.

예제 9.16 그림 9.24(a)에 보인 2層 라멘의 材端모멘트를 모멘트 分配法으로 구하여라.

(풀이) 節點 B와 C에서의 分配率을 적어 넣고, 固定端모멘트 $C_{CD}=-$

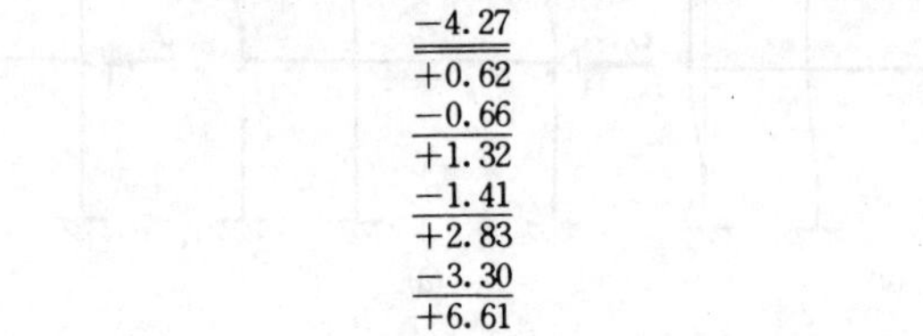

그림 9.38

18.00 t·m를 계산하여 적어 넣는다. 먼저 節點 C에서의 平衡모멘트 18.00 t·m를 分配한다. 分配된 모멘트 2.57 t·m의 절반을 B점에 전달시키고, 15.43 t·m의 절반을 D점에 전달시킨다. 그러면 D점에서의 不平衡모멘트는 18.00+7.71=25.71 t·m로 된다. 그러므로 D점을 이완시키자면 −25.71 t·m의 平衡모멘트를 가해주어야 하겠지만, 이 문제의 대칭성을 활용하기 위해 −18.00 t·m만 가해준다. 그러면 D점에서 분배된 모멘트는 C점에서의 分配모멘트와 부호만을 바꾼 값으로 되고 그들의 절반이 E와 C점으로 전달된다. 이와 같이 하면 收斂速度는 느려지지만 계산이 아주 간단해진다. C점에서의 새로운 不平衡모멘트 −7.71은 B점에서의 그것 +1.29보다 絶對値가 훨씬 크므로 C점을 다시 이완시킨다. 그림 9.38에서는 C점을 3번 이완시킨 다음에 B점을 이완시켰다. 이와 같이 해서 얻은 결과가 예제 9.12의 풀이에서 얻은 결과와 잘 맞는다는 것을 확인할 수 있다.

예제 9.17 그림 9.25(a)의 問題를 모멘트分配法으로 풀어라.

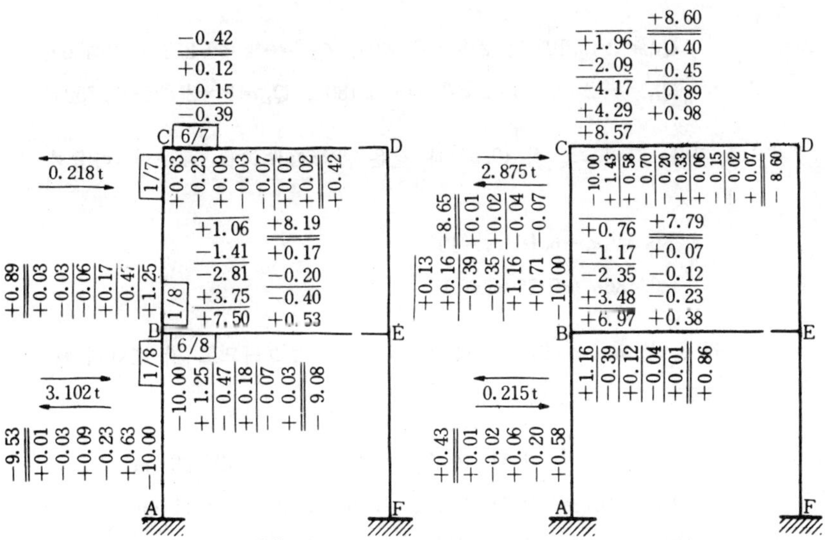

(a) (b)

그림 9.39

(풀이) 먼저 그림 9.39(a)에 보인 바와 같이 AB, EF 部材의 兩端에 각각 固定端모멘트 −10.0 t·m를 작용시킨 경우에 대하여, 다음에 그림 9.39(b)에 보인 바와 같이 BC, DE 部材의 兩端에 각각 固定端모멘트 −10.0 t·m를 작용시킨 경우에 대하여, 모멘트分配法을 적용하여 材端모멘트를 구한다. 이 때에도 구조물의 對稱性과 變形의 逆對稱性을 고려하여 구조물의 한쪽 반만을 생각하였다. 그림 9.39(a)에서는 BE 部材의 B端에서의 계산을, 그림 9.39(b)에서는 BC와 BE部材의 B端에서의 계산과 CD 部材의 材端 C에서의 계산을 2줄로 하여 圖面의 空間을 유효하게 사용하였다. 이들의 결과로부터 기둥部材에 작용하는 剪斷力을 계산하여 도면에 적어 넣었다. 이를테면, 그림 9.39(a)의 경우에 AB 部材에 일어나는 剪斷力은 (9.53+9.08)/6=3.102 t 으로서, 材端모멘트의 합이 음의 부호를 가지므로 이 剪斷力은 AB 部材를 시계방향으로 찌그러지게 하는 방향으로 작용한다. EF 部材에도 똑같은 剪斷力이 작용한다. 그러므로 임시로 설치된 移動端에 일어나는 反力은, 그림 9.37에 보인 바와 같은 기호를 사용할 때,

$$Q_{11}=2\,(3.102+0.218)=6.640\,\text{t},\quad Q_{21}=-2\times0.218=-0.436\,\text{t},$$
$$Q_{12}=-2\,(0.215+2.875)=-6.180\,\text{t},\quad Q_{22}=2\times2.875=5.750\,\text{t}$$

으로 된다. 그러므로 식 (9.97)과 같은 平衡條件式을 세우면 다음과 같다:

$$6.640\alpha_1-6.180\alpha_2=10$$
$$-0.436\alpha_1+5.750\alpha_2=5$$

이것을 풀면, $\alpha_1=2.491$, $\alpha_2=1.059$를 얻는다. 그러므로 각 部材의 材端모멘트는 다음과 같이 된다:

$$M_{AB}=M_{FE}=-9.53\times2.491+0.43\times1.059=-23.29\,\text{t·m}$$
$$M_{BA}=M_{EF}=-9.08\times2.491+0.86\times1.059=-21.71\,\text{t·m}$$
$$M_{BE}=M_{EB}=8.19\times2.491+7.79\times1.059=28.65\,\text{t·m}$$

$$M_{BC}=M_{ED}=0.89\times2.491-8.65\times1.059=-6.94\ \mathrm{t\cdot m}$$

$$M_{CB}=M_{DE}=-M_{CD}=-M_{DC}=0.42\times2.491-8.60\times1.059=-8.06\ \mathrm{t\cdot m}$$

이 결과는 예제 9.13의 풀이와 잘 맞는다는 것을 확인할 수 있다.

9.9 트러스의 2次應力

제4장의 트러스의 解析에서는 트러스를 구성하는 모든 部材가 그 兩端에서 理想的인 滑節로 연결되어 있고, 荷重은 節點에만 작용한다는 것을 가정했다. 이와 같이 가정하면 모든 部材에는 軸方向力만이 일어난다. 그러나 실제로는 트러스의 節點이 리베트 接合이나 또는 鎔接으로 되어 있다. 그러므로 트러스의 節點은 실은 滑節보다는 오히려 剛節에 가깝다. 이 때문에 트러스의 部材에는 軸方向力 뿐만 아니라 휨모멘트와 剪斷力도 일어난다. 트러스 部材의 이 휨모멘트에 의한 垂直應力을 2次應力이라 하고 이에 대해 部材內力에 의한 垂直應力을 1次應力이라고 부른다는 것은 이미 4.1절에서 말한 바 있다.

트러스部材의 휨의 원인으로서는 節點의 剛性 이외에도 2개를 더 들 수 있다. 그 하나는 部材에 늘 작용하는 自重이다. 水平部材 또는 斜材에서는 이 自重에 의해 휨應力이 일어나며 이것은 節點의 剛性에 의해 다른 部材로 전달된다. 다른 하나는, 한 節點에 모이는 部材들의 材軸이 한 점에서 만나지 않는 경우가 가끔 있는데, 이러한 경우에 일어나는 軸方向力의 偏心的 作用이다.

트러스部材의 휨에 의한 應力을 결정하려는 문제는 처음에 독일에서 제기되었다. 1880년에 독일의 H. Manderla는 이 문제에 대한 정확한 해법을 제시했다. 그러나 이 방법은 너무나 복잡하여 실제적 계산에는 적당하지 않았으므로, 이 보다는 덜 정확하더라도 실용가치가 있는 해법이 요망되었다. 이 문제는 특히 독일에서 열심히 연구되었으며, 그 결과 여러 개의 해법이 나왔다. 그 중에서 대표적인 것은 O. Mohr(1892)의 방법이다. 이하에서는 모르의 方法을 근간으로 하는 트러스의 2次應力의 算定法을 논한다. 모르의 方法에서는 撓角法을 사용한다. 아니 오히려 撓角法은 1892년에 Mohr가 발표한 2次應力의 算定法에 그 기원을 두고 있는 것이다.

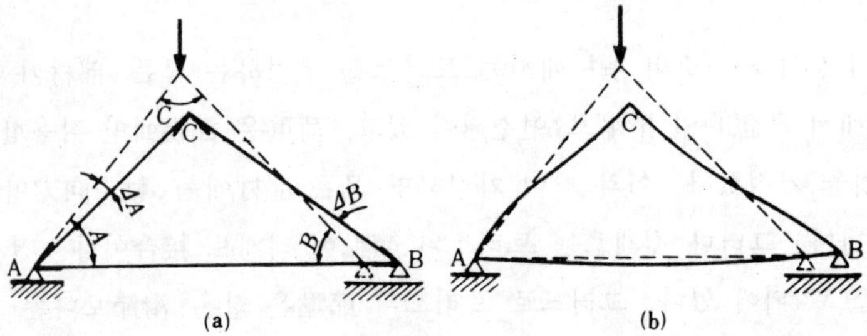

그림 9.40

節點의 剛性에 의해서 트러스部材가 휨을 일으키게 되는 까닭을 그림 9.40에 붙여 생각해 보기로 한다. 이것은 3角形트러스 ABC의 한 頂點 C에 荷重이 작용한 경우를 보인다. 이 荷重에 의해서 底邊의 部材 AB는 引張을 받고 다른 두 변의 部材는 壓縮을 받는다. 그 결과, 만일 이 트러스의 節點이 모두 이상적인 滑節이라면, 이 트러스는 그림 9.40(a)에 실선으로 보인 바와 같은 형상을 취하게 될 것이다. 동시에 각 C는 증가하고 각 A와 B는 감소할 것이다. 그런데 만일 이 트러스의 節點이 剛節이라면 각 頂角은 변하지 않을 것이고, 그림 9.40(a)에 굵은 선분 토막으로 보인 방향을 취할 것이다. 따라서 그 兩端의 방향이 이들의 방향과 일치해야 할 部材는 그림 9.40(b)에 보인 바와 같이 휘게 될 것이다. 이와 같이 트러스 部材는 軸方向力이 偏心的으로 작용하지 않더라도 또 部材의 自重을 고려하지 않더라도 節點의 剛性만에 의해서도 휨을 일으킨다는 것을 알 수 있다.

트러스가 그림 9.40(b)와 같은 모양으로 변형하는 이상, 각 節點의 並進變位 뿐만 아니라 廻轉變位 곧 節點廻轉角 θ_A, θ_B, θ_C도 고려해야 하고 또 각 部材의 廻轉角 ρ_{BC}, ρ_{CA}, ρ_{AB}도 고려해야 한다. 모르의 방법에서는 먼저 部材廻轉角 ρ의 값을 윌리오의 變位圖로부터 구한다. 이것은 실제의 트러스의 節點의 並進變位가 모든 節點을 滑節로 바꾸었을 때에 일어나는 並進變位와 같다는 것을 가정하고 있는 것이다. 즉 그림 9.40에서 (a)와 (b)의 두 그림의 節點의 위치가 같다고 보는 것이다. 그렇다면 部材廻轉角은 3각형의 내각 A, B, C의 변화 ΔA, ΔB, ΔC로부터도 구할 수 있다. 즉 $\rho_{AB}=0$임은 명백하므로 다음과 같다.

$$\begin{aligned} &\rho_{AB}=0 \\ &\rho_{BC}=\rho_{AB}+\Delta B=\Delta B \\ &\rho_{CA}=\rho_{BC}+\Delta C=\Delta B+\Delta C \end{aligned} \tag{9.98}$$

이와 같이 한 3각형 둘레로 반시계방향의 순으로 部材廻轉角을 계산해 나가면, ρ의 부호의 규약(시계방향일 때 양)과 ΔA 등의 부호(물론 증가일 때 양)가 일치하게 된다. 당연한 일이지만,

$$\rho_{AB}=\rho_{CA}+\Delta A=\Delta B+\Delta C+\Delta A=0 \tag{9.99}$$

으로 된다. 3각형의 내각의 합은 변하지 않기 때문이다.

3각형의 내각의 변화는 예제 8.4의 풀이로부터 다음과 같이 구할 수 있다:

$$\begin{aligned} &E\cdot\Delta A=(\sigma_a-\sigma_b)\cot C+(\sigma_a-\sigma_c)\cot B \\ &E\cdot\Delta B=(\sigma_b-\sigma_c)\cot A+(\sigma_b-\sigma_a)\cot C \\ &E\cdot\Delta C=(\sigma_c-\sigma_a)\cot B+(\sigma_c-\sigma_b)\cot A \end{aligned} \tag{9.100}$$

여기서, 이를테면, σ_a는 정점 A의 대변의 部材의 1次應力이다.

트러스의 構成部材들은 3角形網을 형성하도록 엮여져 있으므로 위의 算式을 각 3각형에 적용함으로써 또는 윌리오의 變位圖로부터 한 트러스의 모든 部材의 廻轉角을 산정할 수 있다. 그러면 節點의 廻轉角 θ는 모든 節點에 대해 세워지는 節點方程式 (9.58)로부터 구할 수 있고, 각 部材의 材端모멘트, 이를테면, AB部材의 A端의 材端모멘트 M_{AB}는 식 (9.44)의 첫째 식 즉

$$M_{AB}=2EK_{AB}(2\theta_A+\theta_B-3\rho_{AB}) \tag{9.101}$$

로부터 산정된다.

이를테면, 한 節點 1에 3개의 部材 1-2, 1-3, 1-4가 모이고 있는 때의 節點方程式은

$$\sum M_1=M_{12}+M_{13}+M_{14}=0 \tag{9.102}$$

으로 된다. 이것은 節點 1에 힘의 모멘트가 작용하고 있지 않은 경우인데, 이것이 작용하는 경우에는 그것을 윗식 안에 넣을 수 있다. 식 (9.102)에 (9.101)을 대입하면

$$\begin{aligned}&2(K_{12}+K_{13}+K_{14})\theta_1+K_{12}\theta_2+K_{13}\theta_3+K_{14}\theta_4\\&=3K_{12}\rho_{12}+3K_{13}\rho_{13}+3K_{14}\rho_{14}\end{aligned} \tag{9.103}$$

로 된다. 모든 節點에 대해 식 (9.103)을 세울 수 있으므로, 이들을 연립시켜서 풀면 모든 節點廻轉角이 결정되고, 그러면 식 (9.101)에 의해 모든 部材의 材端모멘트가 결정되며, 이에 의해 2次應力이 결정된다.

트러스의 2次應力을 구하는 것은 시간과 노력이 많이 들므로, 컴퓨터가 널리 보급된 오늘날 그것을 손으로 풀려는 사람은 없을 것이

다. 그래서 계산에는 들지 않기로 한다.

9.10 不靜定構造物의 影響線

靜定한 구조물에 대한 영향선은 제 5 장에서 본 바와 같이 직선들로 이루어진다. 이에 반하여 부정정 구조물에 대한 영향선은 곡선들로 이루어진다. 그러나 荷重이 직접적으로는 縱桁에 작용하고 주된 구조물에는 橫桁을 통해서 간접적으로 작용하는 경우에는, 그림 5.3에 보인 바와 같이 荷重이 주된 구조물에 직접 작용하는 때의 영향선 위의 橫桁(또는 格點)에 대응하는 점들을 직선으로 연결한 것으로 된다.

不靜定構造物에 대해서 일단 영향선이 구해졌으면, 그것의 용도나 그것을 이용하는 방법은 靜定構造物의 경우와 다를 것이 없다. 그러므로 이하에서는 부정정 구조물에 대한 영향선을 구하는 방법만을 논하기로 한다. 이에 두 가지가 있다. 하나는 영향선의 정의를 따라 이것을 구하는 正攻法이고, 다른 하나는 Müller-Breslau가 1886년에 처음으로 제시한 定理를 이용하는 側攻法이다.

먼저 부정정 구조물의 영향선을 정의에 따라 구하는 정공법에 대해서 논한다. 그 구조물이 트러스인 경우에는, 載荷弦의 각 格點에 좌단으로부터 시작하여 우단에 이르기까지 차례로 單位荷重 $P=1$을 재하시켜서 解析을 해 놓으면 그 결과를 사용하여 임의의 部材內力 또는 反力에 대한 영향선종거를 각 格點에서 구할 수 있다. 트러스에 작용하는 荷重은 항상 간접 하중으로서만 작용하므로 이에 대한 영향선은 각 格間마다 직선으로 되며, 따라서 위에서 구한 영향선종거를 임의로 적절하게 그은 기준선 위에 세우고 그 先端을 직선으로 연결해 나가면 원하는 영향선이 얻어진다. 이 방법은 가장 원리적인 방법이기는 하나 構造解析을 컴퓨터로 수행하는 경우에는 가장 효과적인 방법이기도 하다. 3차 이하의 부정정트러스의 경우에 그 해석을 수동으로 수행하여야 하는 경우에는, 不靜定力에 대한 영향선을 먼저 직접적인 방법으로 구해 놓았으면 나머지 다른 部材의 內力에 대한 영향선은 그 결과를 이용하여 비교적 쉽게 구할 수 있다. 이 점은 不靜定들보의 경우에도 해당되는 말이므로, 다음에 不靜定들보를 예로 들어서 이 점에 초점을 두고 영향선의 작성법을 구체적으로 다루기로 한다.

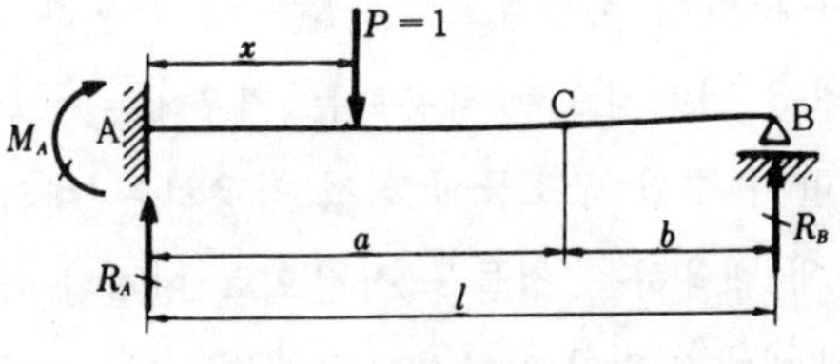

그림 9.41

그림 9.41은 一端 A가 固定端으로 他端 B가 移動端으로 지지된 들보 AB를 보여준다. 이것은 외적으로 1次의 부정정 구조물이다. 不靜定力을 취하는 방법에는 여러 가지가 있으나, 이하의 계산에서는 R_B를 不靜定力 X_1로 잡는다. 荷重이 들보에 수직하게 작용하는 경우에는 水平反力 H_A는 0으로 되고 軸方向力도 모든 斷面에서 0으로 된다. 그러므로 이 들보의 휨剛性을 EI라 하고 이것이 常數라고 가정하면, 靜定基本系인 캔틸레버 AB의 A로부터 x의 거리에 있는 점에 작용하는 鉛直荷重 P에 의한, X_1에 대응하는 變位 즉 B점의 鉛直變位 Δ_{10}은 第 2 모멘트 面積定理에 의해

$$\Delta_{10}=\frac{1}{EI}\left(\frac{-Px^2}{2}\right)\left(l-\frac{x}{3}\right)=\frac{-Px^2}{6EI}(3l-x) \qquad (9.104)$$

로 되고, $X_1=1$에 의한 X_1에 대응하는 變位 δ_{11}은 역시 第 2 모멘트 面積定理에 의해

$$\delta_{11}=\frac{1}{EI}\left(\frac{1\cdot l^2}{2}\right)\left(\frac{2l}{3}\right)=\frac{l^3}{3EI} \tag{9.105}$$

으로 된다. 그러므로 X_1은 식 (9.5)로부터 다음과 같이 된다:

$$X_1=R_B=-\frac{\Delta_{10}}{\delta_{11}}=\frac{Px^2}{2l^3}(3l-x)=\frac{P}{2}\xi^2(3-\xi) \tag{9.106}$$

여기서 $\xi=x/l$ 이다. 그러므로 R_B 에 대한 영향선 방정식 (5.3)은

$$\eta_{R_B}=f_1(\xi)=0.5\xi^2(3-\xi) \tag{9.107}$$

와 같이 되고, 이 식에 의해 ξ의 여러 값에 대한 영향선 종거 η_{R_B} 의 값을 계산하면 다음 표와 같이 된다:

ξ	0	0.1	0.2	0.3	0.4	0.5	0.6	0.7	0.8	0.9	1.0
η_{R_B}	0	0.0145	0.0560	0.1215	0.2080	0.3125	0.4320	0.5635	0.7040	0.8505	1.0000
$-\eta_{M_A}/l$	0	0.0855	0.1440	0.1785	0.1920	0.1875	0.1680	0.1365	0.0960	0.0495	0

그림 9.42(a)와 같이 이들의 값을 나타내는 점을 찍고 이들을 미끄러운 곡선으로 연결하면 R_B 에 대한 영향선이 얻어진다. 일단 不靜定力에 대한 영향선이 얻어졌으면, 다른 量에 대한 영향선은 靜定基本系만을 생각하여 쉽게 얻어진다.

이를테면, R_A 는 靜定基本系에 $P=1$과 $R_B=\eta_{R_B}$ 가 작용했을 때에 이들과 平衡條件을 만족시키는 것이라야 하므로,

$$R_A=P-R_B \quad \text{또는} \quad \eta_{R_A}=1-\eta_{R_B} \tag{9.108}$$

로 되며, 따라서 그 영향선은 그림 9.42(a)의 상부로 표시된다고 볼 수 있다. 또 M_A 는 마찬가지로 하여

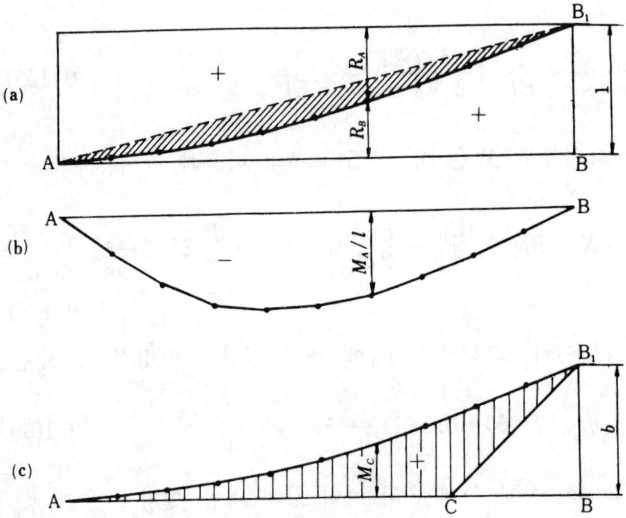

그림 9.42

$$M_A = -Px + R_B l \quad \text{또는} \quad \eta_{M_A} = -(\xi - \eta_{R_B})l \qquad (9.109)$$

로 되고, $(\xi-\eta_{R_B})$의 값은 그림 9.42(a)의 사선을 그은 부분으로 표시된다. $(\xi-\eta_{R_B})$의 값을 앞의 표의 아랫줄과 같이 계산하여, 그림 9.42(a)의 사선 부분을 확대해서 그리면 그림 9.42(b)와 같다. 끝으로 좌단 A로부터 a의 거리에 있는 斷面 C에서의 휨모멘트 M_C에 대한 영향선은,

$$x \leqq a \text{에서}, \quad M_C = X_1 b \qquad \text{또는} \quad \eta_{M_C} = \eta_{R_B} b$$
$$x \geqq a \text{에서}, \quad M_C = X_1 b - P(x-a) \quad \text{또는} \quad \eta_{M_C} = \eta_{R_B} b - (\xi l - a) \qquad (9.110)$$

로 되므로, 그림 9.42(c)와 같이 얻어진다. 이 그림에서 $\triangle BCB_1$은 캔틸레버 AB의 C 斷面에서의 휨모멘트에 대한 영향선을 나타내고, 곡선 AB_1은 그림 9.42(a)의 곡선 AB_1의 縱距를 b배해서 얻어진 것

이다.

측공법의 기초가 되는 것은 다음과 같이 표언되는 뮐러-브레슬라우의 定理(Müller-Breslau theorem)이다:

"임의의 彈性線形 구조물의 어느 한 反力要素나 斷面力成分에 대한 영향선은 그 구조물로부터 그 反力要素나 斷面力成分에 대응하는 拘束을 제거하거나 切斷을 넣고 그 결과로 남는 기본 구조물에 그 反力要素나 斷面力成分에 대응하는 單位 크기의 변위를 일으키게 함으로써 얻어지는 처짐곡선과 같다."

이 定理는 실은 이미 제 5 장에서 정정 구조물의 영향선을 구하는데 암암리에 사용하였다. 5.4 절에서는 反力에 대한 영향선을, 5.5 절에서는 剪斷力에 대한 영향선을, 5.6 절에서는 휨모멘트에 대한 영향선을 假想일의 原理를 사용하여 구하였는데, 그 때 反力의 경우에는 그 反力을 일으키게 하는 拘束을 제거했고, 剪斷力의 경우에는 이에 대응하는 切斷을 넣었고, 휨모멘트의 경우에는 滑節을 삽입한 것은 모두 이 定理의 응용인 것이다. 정정 구조물의 경우에는, 구속을 제거하거나 절단을 넣으면 자유도가 1인 가동계가 얻어지므로, 위의 定理는 假想일의 原理에 의해 증명할 수 있었다. 그러나 부정정 구조물에서는 한 개의 구속을 제거하거나 한 개의 절단 또는 활절을 삽입하면 不靜定次數가 하나만큼 준 靜定 또는 不靜定構造物이 얻어지므로, 위의 定理를 직접 假想일의 原理에 의해 증명할 수는 없다. 이 때에는 베티의 定理가 유효하다.

한 예로서 그림 9.43(a)에 보인 3스팬 連續들보를 들고, 우선 支點 A에 일어나는 反力 R_A에 대한 영향선을 위의 定理를 따라 구해보기로 한다. 그러자면 점 A를 지지하고 있는 移動端을 제거하고 이 점에 R_A의 方向으로 적당한 힘 $\overline{P}$를 가하여 점 A에 單位길이의 變位를 일으키게 해야 한다. 그러면 이 때 얻어지는 처짐曲線 A_1BCD

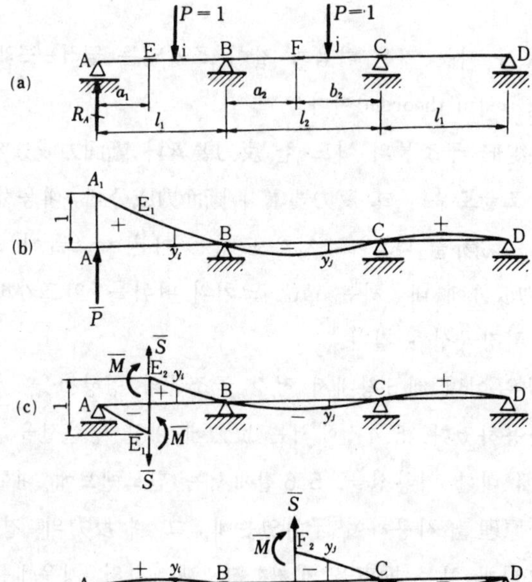

그림 9.43

가 R_A에 대한 영향선으로 된다. 그 까닭은 베티의 定理에 의해 쉽게 설명된다. 베티의 定理에서는 2가지 荷重狀態를 생각해야 한다. 여기서는 그림 9.43(a)와 (b)의 2가지 하중 상태를 생각하되, 먼저 $P=1$이 i점에 있는 경우를 생각한다. 그림 9.43(a)의 外力(荷重과 反力)이 그림 9.43(b)의 하중 상태에 의한 변형에 대해서 하는 일은 $R_A \times 1 - 1 \times y_i$와 같고, 그림 9.43(b)의 外力이 그림 9.43(a)의 하중 상태에 의한 변형에 대해서 하는 일은 $\overline{P} \times 0 = 0$과 같으므로, 베티의 定理에 의해

$$R_A - y_i = 0 \quad 즉 \quad R_A = y_i \tag{9.111}$$

를 얻는다. 이것은 $P=1$이 i점에 있을 때의 R_A의 값은 그림 9.43(b)의 처짐曲線의 i점에서의 縱距와 같다는 것을 나타내는 것으로, 이 처짐曲線이 곧 R_A에 대한 영향선을 나타낸다는 것을 의미한다. 다음에 $P=1$이 j점에 있는 경우를 생각하면, 위와 마찬가지로 하여

$$R_A + y_j = 0 \quad 즉 \quad R_A = -y_j \tag{9.112}$$

를 얻게 되는데, 그림 9.43(b)와 같이 y_i, y_j 등에 부호를 가지게 하면, 이것도 $R_A = y_j$와 같이 나타낼 수 있어서, 일반적으로

$$R_A = y \tag{9.113}$$

로 놓을 수 있다. 여기서 y는 그림 9.43(b)의 처짐曲線의 임의의 점에서의 縱距이다.

위와 같이 하여 일단 R_A에 대한 영향선을 구할 수 있고, 또 다른 反力要素와 斷面力成分에 대한 영향선도 마찬가지로 하여 구할 수 있다고 볼 수 있는데, 여기서 다음 2가지 문제를 제기하는 것이 정당할 것이다. 첫째는 A점에 單位 길이의 變位를 일으키게 하는 $\overline{P}$의 크기를 구하는 것이 쉽지 않다는 점이고, 둘째는 $\overline{P}$에 의한 처짐曲線

을 구하는 것이, 이 경우에는 1次不靜定의 문제로 되어서, 일반적으로 역시 쉽지 않다는 점이다. 이 중에서 첫째 문제는 쉽게 해결된다. 그것은 뮐러-브레슬라우의 定理는 彈性線形 구조물에서 성립되는 定理이기 때문이다. 그래서 $\bar{P}$의 크기를 임의로 잡고 처짐곡선을 구한 다음에 이 처짐곡선의 모든 縱距를 A점에서의 처짐으로 나누어줌으로써 R_A에 대한 영향선을 얻을 수 있다. 그러나 둘째 난점은 쉽게 해결되지 않는다. 3次 不靜定構造物이라면 각 反力要素와 斷面力成分에 대한 영향선을 구하기 위해 각 경우마다에 대하여 2次 不靜定基本系의 解析을 해야 하는데 이것은 쉬운 일이 아니다.

그렇다고 해서 뮐러-브레슬라우의 定理의 실용 가치가 떨어지는 것은 아니다. 그것은 이 정리에 의해 영향선의 대략의 형태를 그릴 수 있고, 그것을 사용하여 최대의 영향을 일으키게 하는 載荷方法을 실제적 목적을 위해서는 충분히 정확하게 결정할 수 있기 때문이다.

이하 本節 나머지에서는 뮐러-브레슬라우의 定理를 적용할 때 유의해야 할 점을 몇 가지 든다. 각 경우에 대하여 이 정리가 성립함은 위에서와 마찬가지로 베티의 定理에 의해 증명된다.

먼저 그림 9.43(a)의 斷面 E에서의 剪斷力 Q_E에 대한 영향선을 구해 보기로 한다. 그러기 위해 이 斷面에 切斷을 넣고, 그림 9.43(c)와 같이 힘 $\bar{S}$와 $\bar{M}$를 兩切斷口에 작용시킨다. 이들은 독립된 것이 아니고, A 점에서 휨모멘트가 0으로 되어야 한다는 조건으로부터 $\bar{M}=\bar{S}a_1$의 관계를 얻는다. $\bar{S}$와 $\bar{M}=\bar{S}a_1$에 의한 처짐曲線을 구하면 그림 9.43(c)와 같이 될 것이다. 여기서 이 처짐곡선은 그림 9.43(b)의 처짐曲線에서 A_1E_1 부분을 單位길이만큼 아래로 평행이동시킨 것이라는 것을, 잠간 생각해 보면, 알 수 있을 것이다.

다음에 斷面 F에서의 剪斷力에 대한 영향선을 구하는 문제를 생각한다. 이 斷面에 切斷을 넣으면 2개의 靜定基本系가 얻어진다. 兩切斷口에 힘 $\bar{S}$와 $\bar{M}$를 작용시키되, 이들에 의한 처짐曲線의 결정에 앞서서, 이들 사이의 관계를 구해야 한다. 그 관계는 처짐曲線의 F_1과 F_2 점에서의 접선이 서로 평행하다는 조건으로부터 구해진다. 실지로 이 관계를 그림 9.43(d)의 경우에 대해 구해 보면 다음과 같이 된다:

$$\bar{M}=\frac{a_2 l_1/I_1-b_2 l_3/I_3+1.5(a_2-b_2)l_2/I_2}{l_1/I_1+l_3/I_3+3l_2/I_2}\bar{S} \qquad (9.114)$$

여기서 斷面을 각 스팬마다 一樣하다고 보고 있으며, I_1, I_2, I_3은 각각 스팬 AB, BC, CD에서의 斷面 2次모멘트이다.

그림 9.43(e)부터 (g)까지는 각각 斷面 E, F와 支點 B에서의 휨모멘트에 대한 영향선을 뮐러-브레슬라우의 定理로부터 구한 결과를 나타낸다. 여기서, 이를테면, 그림 9.43(e)의 경우에 곡선 E_1A와 E_1B의 E_1에서의 접선이 수평선과 짓는 각의 합은 1 rad이다.

끝으로 不靜定트러스에 대해서인데, 內的으로 不靜定한 트러스에 대해서는 뮐러-브레슬라우의 定理를 적용하는 측공법이 정공법보다 유리한 점이 별로 없다. 다만 內的으로 靜定한 트러스를 外的으로 不靜定하게 지지한 경우에 대해서만 측공법이 유리하다. 이 때에는 反力에 대한 영향선을 먼저 뮐러-브레슬라우의 定理에 의해 구하고, 그런 다음이면 靜定基本系에 平衡條件을 적용하여 部材內力에 대한 영향선을 비교적 쉽게 구할 수 있다.

演 習 問 題

問 9.1 그림과 같은 트러스의 모든 部材內力을 맥스웰-모르의 方法과 最小일의 方法으로 구하고, 점 C의 鉛直처짐을 구하여라. 괄호 안의 수치는 cm^2단위의 단면적을 나타내고, $E=2.1\times10^6 kg/cm^2$이다.

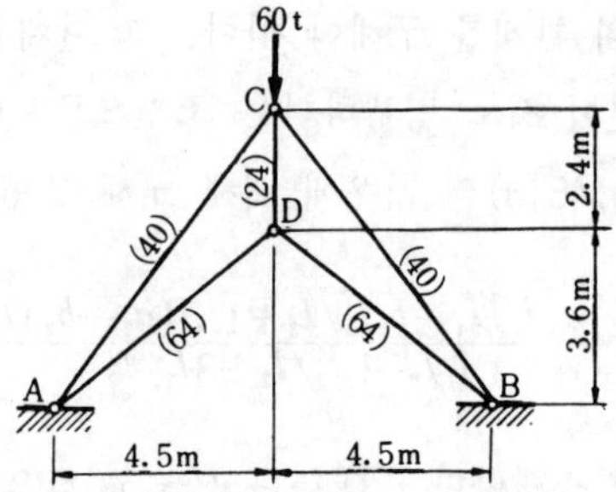

問 9.2 그림과 같은 트러스의 모든 部材內力을 구하고 점 D의 水平처짐을 구하여라. 괄호 안의 수치는 cm^2 단위의 단면적을 나타내고, $E=2.1\times10^6 kg/cm^2$ 이다. 맥스웰-모르의 方法과 最小일의 方法을 적용하여라.

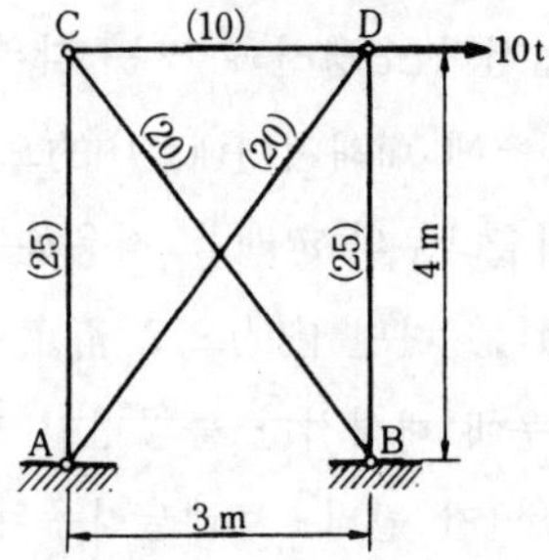

問 9.3 다음 트러스의 모든 部材內力을 구하고, 점 b의 鉛直처짐과 점 D의 水平처짐을 구하여라. 괄호 안의 수치는 cm^2 단위의 단면적을 나타내고, $E=2.1\times10^6 kg/cm^2$ 이다.

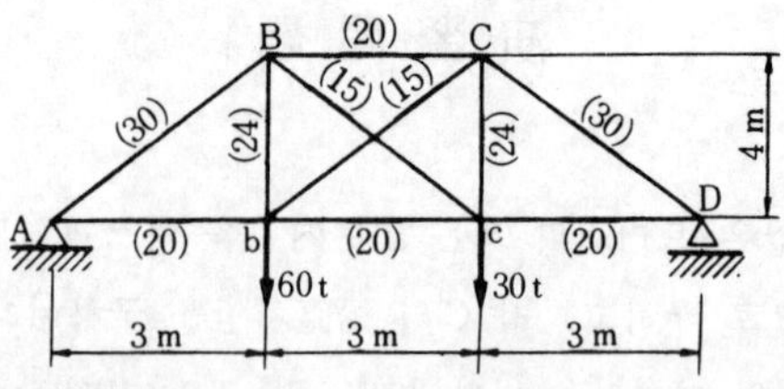

問 9.4 다음 트러스의 모든 部材內力을 구하고, 점 c의 鉛直처짐과 점 E의 水平처짐을 구하여라. 괄호 안의 수치는 cm^2 단위의 단면적을 나타내고, $E=2.1\times10^6 kg/cm^2$ 이다.

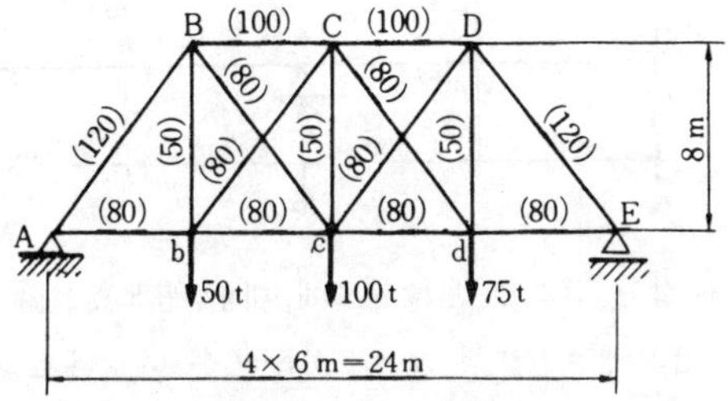

問 9.5 다음 트러스의 모든 部材內力을 구하여라. 이 트러스의 외곽을 형성하는 모든 弦材의 단면적은 $40 cm^2$ 이고, 그 안에 있는 腹部材의 단면적은 $30 cm^2$ 이다.

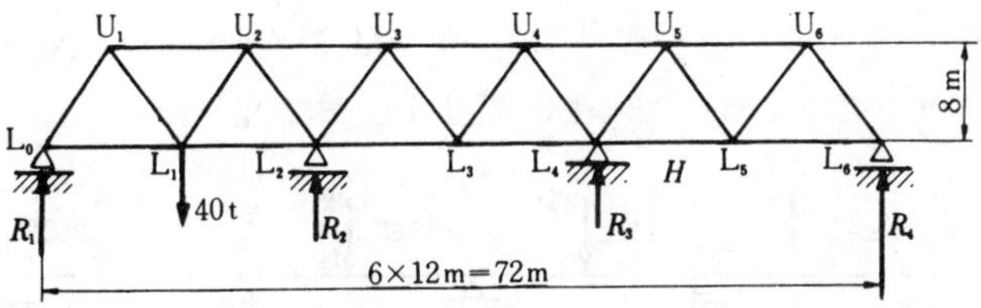

問 9.6 前問의 트러스의 支點 L_2에 일어나는 反力 R_2에 대한 영향선과 弦材 U_3U_4의 內力에 대한 영향선을 구하여라.

問 9.7 그림과 같은 2스팬 連續들보에 대해 휨모멘트圖와 剪斷力圖를 작성하여라. 휨剛性 EI는 전길이에 걸쳐 일양하다. 3모멘트方法과 撓角法을 적용하여라.

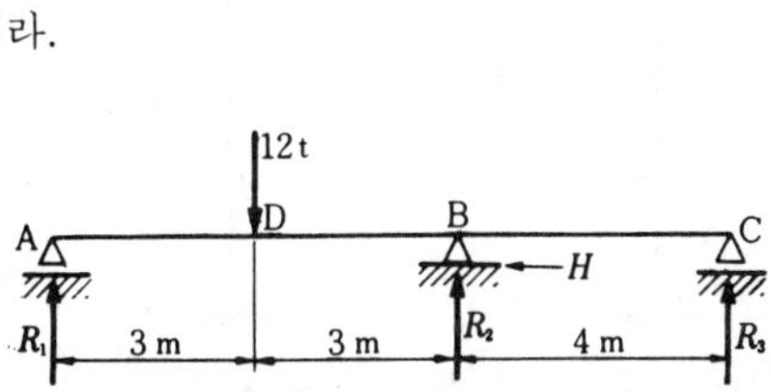

問 9.8 그림과 같이 지지되고 재하된 들보에 대해 휨모멘트圖와 剪斷力圖를 작성하여라. 이 들보의 휨剛性은 전길이에 걸쳐 일양하다. 3모멘트方法과 모멘트分配法을 각각 사용하여 풀어라.

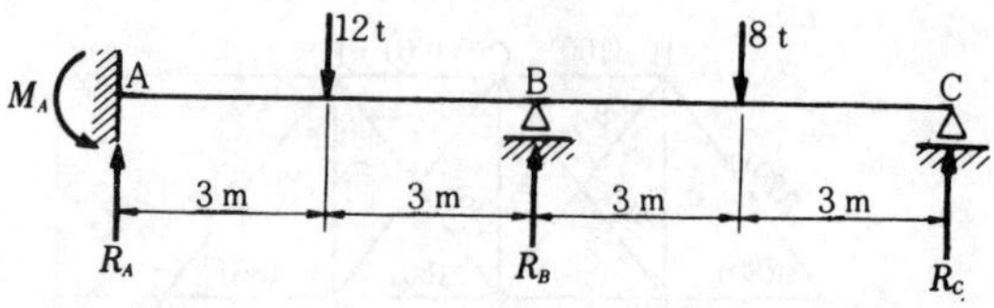

問 9.9 그림과 같은 3스팬 連續들보에 대한 휨모멘트圖와 剪斷力圖를 작성하여라. 3모멘트方法과 모멘트分配法을 따로따로 사용하여라.

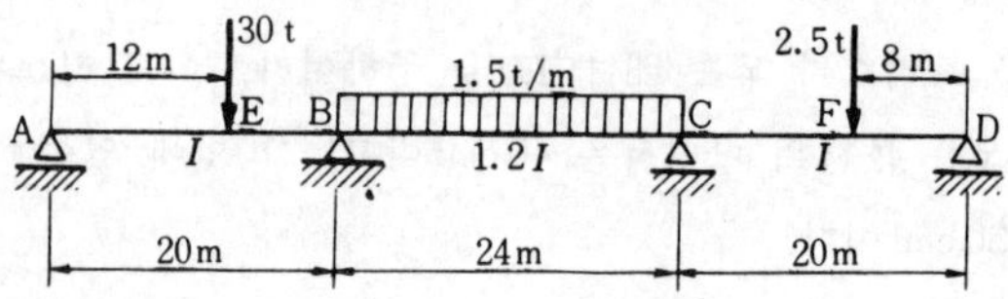

問 9.10 그림과 같은 4스팬 연속들보에 대한 휨모멘트圖와 전단력도를 작성하여라. 이 들보의 휨剛性은 전길이를 통해 일양하다.

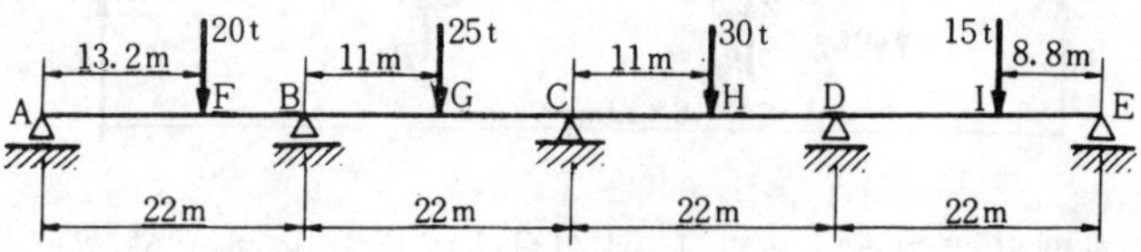

問 9.11 그림과 같은 門形라멘에 대해 휨모멘트도와 전단력도를 작성하여

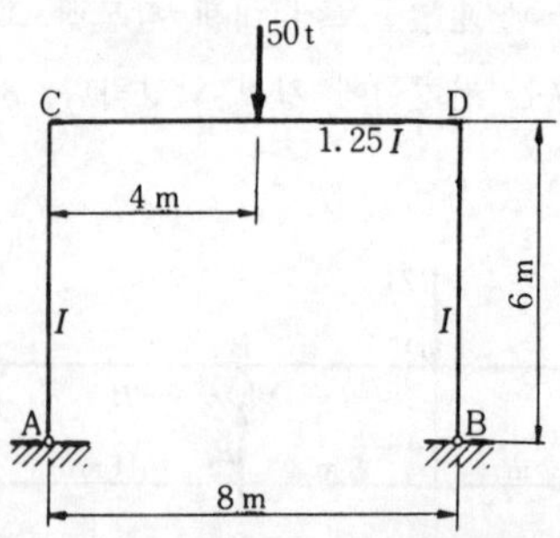

라. 여기서 水平部材의 단면 2차모멘트는 鉛直部材의 그것의 1.25배이다. 맥스웰－모르의 方法과 撓角法을 따로따로 적용하여 풀어라.

問 9.12 그림과 같은 2스팬 矩形라멘에 대하여 휨모멘트도와 전단력도를 작성하여라. 여기서 $I_1=6I$, $I_2=2I$이다.

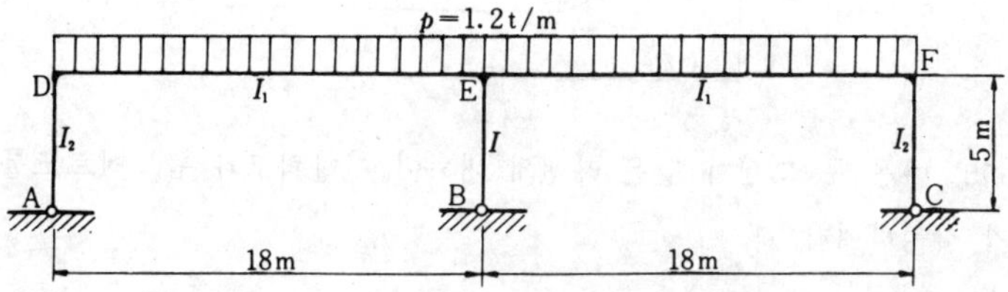

問 9.13 다음 두 그림과 같은 門形라멘에 대해 휨모멘트도와 전단력도를 각각 작성하여라.

(a)

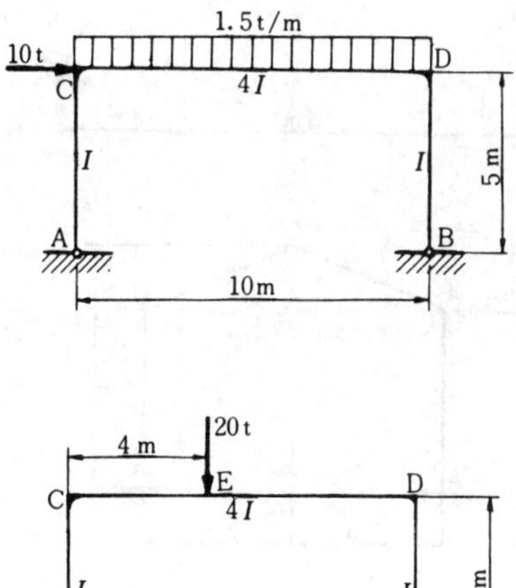

(b)

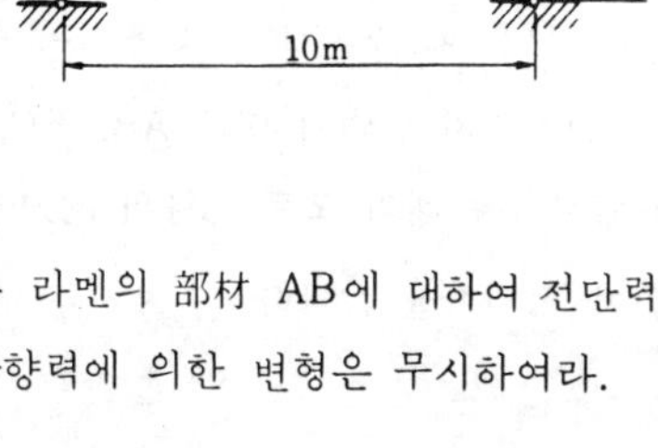

問 9.14 그림과 같은 라멘의 部材 AB에 대하여 전단력도와 휨모멘트도를 작성하여라. 축방향력에 의한 변형은 무시하여라.

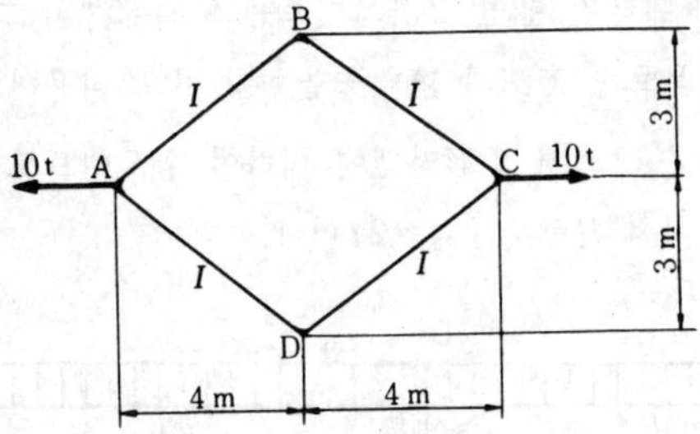

問 9.15 다음 두 그림과 같은 라멘에 대하여 전단력도와 휨모멘트도를 각각 작성하여라.

(a)

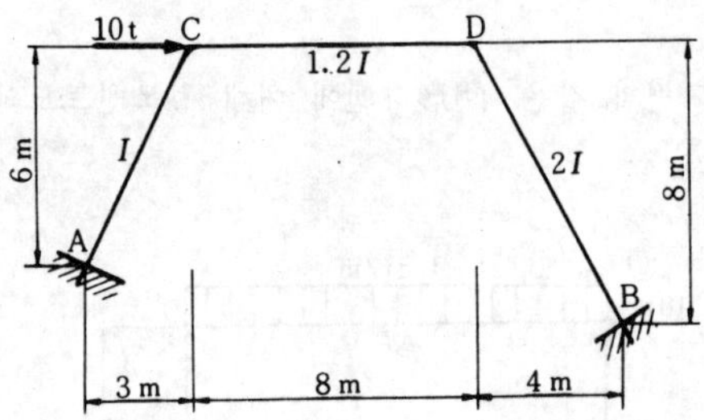

(b)

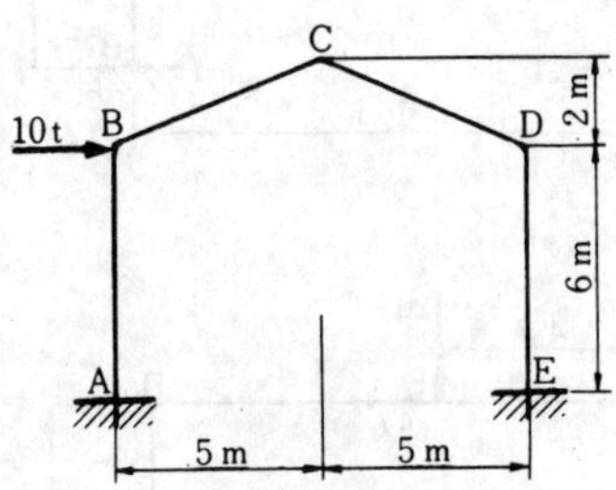

問 9.16 問 9.9의 連續들보에서 支點 B와 C가 연직하방으로 각각 1.0cm와 1.2cm만큼 沈下했을 때 支點 B와 C에서의 휨모멘트를 구하여라.

問 9.17 問 9.3의 트러스에서 3개의 部材 AB, BC, CD에만 25℃만큼의 온도 상승이 일어났을 때의 모든 部材의 內力을 구하여라.

問 9.18 식 (9.114)가 성립함을 밝혀라.

10

매트릭스構造解析法

10.1 序　言

매트릭스構造解析法(matrix methods of structural analysis)은 構造力學에서 나타나는 數式系를 **매트릭스**(matrix) 기호를 사용하여 간결하게 표기하고 그렇게 함으로써 매트릭스代數를 적용하여 그들을 처리하는 構造解析法이다. 따라서 이것은 構造力學에서의 數學的 處理方法이 종래의 것과 다를 뿐이고, 그 기초를 이루는 力學的 基本概念에는 변함이 없다. 그러나 이 방법은 컴퓨터의 사용과 결합하여 보다 복잡한 구조물을 보다 엄밀하게 解析할 수 있게 하고, 동시에 構造力學上의 이론을 가장 일반적으로 전개시킬 수 있게 한다.

構造解析法에 매트릭스 기호법이 도입되기 시작한 것은 컴퓨터가 출현한 직후인 1950년대 초의 일이고, 1960년대 초에는 構造力學에 관한 교과서에 매트릭스構造解析法을 소개하기 위해 한 章이 할애되기 시작했다. 그 사이에 매트릭스構造解析法에 관한 문헌이 많이 나왔고 또 大部分의 構造理論에 관한 研究報告가 매트릭스 기호를 사용해서 쓰여져 왔다. 1965년부터는 매트릭스構造解析法에 관한 단행본이 나오기 시작했고, 이제는 이것을 모르고는 構造理論에 관한 문헌을 이해할 수도 없게 되었다.

彈性線形 구조물의 解析法에는 여러 가지 방법이 있으나, 결국은 모두 1차연립방정식을 푸는 것으로 귀착된다. 1차연립방정식과 결부하여 중요한 數學의 한 分科는 말할 것도 없이 매트릭스代數이다. 그러므로 構造解析에 매트릭스代數를 응용해 보려는 의도는 오래 전부터 여러 構造工學者들의 머리에 떠올랐을 것이다. 그러나 1차연립방정식은 그 차원이 높아지면 그 解를 구하는 데 시간과 노력이 많이 걸리고, 또 설사 解를 구하였다 하더라도 그 解의 정확도를 쉽게 판정하는 길이 없어서, 1차연립방정식을 푸는 것은 3元까지로 한정되어 온 것이 실제이었다. 이러한 처지에서 構造力學에 매트릭스를 도입하려고 시도한 工學者가 있었다면 頭腦의 遊戲를 일삼는다는 非難밖에 못 받았을 것이다. 이 까닭에 工學者들은 構造物을 解析하는 데 있어서 한편으로는 적은 영향밖에 주지 않는 요소를 무시하여 마지막의 미지수가 3개 이하로 되게 애써 왔고, 다른 한편으로는 미지수가 많을 때의 연립방정식을 근사적으로 푸는 방법의 개발에 노력해 왔다. 이것은 構造理論의 정당한 발달을 위해 여간 불행한 일이 아니었다고 아니 말할 수 없다.

그러나 컴퓨터의 출현은 위의 사태를 一新시켜버렸다. 이 우직한 기계는 정당하게만 명령해주면, 手動으로는 한 달 걸려서도 풀까 말까 하는 多元 1次聯立方程式을 불과 몇 초 사이에 풀어치우고 만다. 이것으로 工學者들은 계산의 노고와 한도에서 풀려나와 이제는 實利를 거두는 머리 장난을 마음껏 즐길 수 있게 되었다. 미지수의 수효에 제한받을 것 없이 얼마든지 엄밀한 解析을 構想할 수 있게 되었다. 다만 컴퓨터에 대해 어떻게 명령하는 것이 효과적인가 하는 것은 항상 염두에 두어야 한다. 이제까지의 解析法을 토대로 하여 컴퓨터에 대한 命令書를 꾸밀 수도 있으나, 보다 効果的인 命令書를 꾸미자면 迂遠한 것 같이 보이더라도 組織的인 解析法이 요청된다. 이 요청에 따라 매트릭스代數가 아무런 비난도 없이 構造解析에 도입되었다고 말할 수 있다.

構造解析에의 매트릭스代數의 도입은 이 밖에 또 하나의 이점이 있다. 그것은 그것이 構造力學上의 理論의 전개 도중에 나타나는 數式系를 엄밀하고도 간결하게 표시하는 기호를 마련해 준다는 점이다. 따라서 그것은 어느 한 理論의 根本假定과 그 假定으로부터 유도되는 결론을 직결해주며, 그럼으로써 그 理論의 全體的인 構成을 선명하게 透視할 수 있게 해 준다. 이 까닭에 이 방법은 새로운 일반 이론의 전개를 촉진시켜 주고, 또 얼른 보아서는 서로 관계없는 듯이 보이는 여러 解析法 사이의 연관성을 명료하게 浮刻시켜 준다. 이 때문에 매트릭스構造解析法은 컴퓨터라는 동반자 없이도 그 존재 가치가 있는 것이다.

이하 本章에서는, 먼저 매트릭스構造解析法을 이해하는 데 필요한 최소한도의 매트릭스代數學의 지식을 적요해 두고, 매트릭스變位法과 매트릭스應力法을 될 수 있는 대로 간단하게 그리고 알기 쉽게 소개하려고 한다.

10.2 매트릭스

10.2.1 매트릭스의 加減法과 乘法

매트릭스의 概念을 손쉽게 얻기 위해, 다음과 같은 2連의 1次方程式系를 생각한다:

$$\begin{aligned} x_1 &= 2y_1 + y_2 + 3y_3 \\ x_2 &= y_1 - 3y_2 + 5y_3 \end{aligned} \qquad \text{(a)}$$

$$
\begin{aligned}
y_1 &= 5z_1 + 4z_2 \\
y_2 &= 2z_1 + z_2 \\
y_3 &= 3z_1 + 2z_2
\end{aligned}
\tag{b}
$$

식 (b)를 (a)에 대입하면 다음을 얻는다:

$$
\begin{aligned}
x_1 &= 21z_1 + 15z_2 \\
x_2 &= 14z_1 + 11z_2
\end{aligned}
\tag{c}
$$

여기서 식 (c)의 우변의 계수들은 (a)와 (b)의 우변의 계수들로부터 일정한 규칙에 따라 산출됨을 알 수 있다. 이 일정한 규칙이 있다는 것은 계수들을 다음과 같이 나열해 놓고 보면 더 알기 쉽다:

$$
\begin{array}{cc}
 & \begin{bmatrix} 5 & 4 \\ 2 & 1 \\ 3 & 2 \end{bmatrix} \\
\begin{bmatrix} 2 & 1 & 3 \\ 1 & -3 & 5 \end{bmatrix} & \begin{bmatrix} 21 & 15 \\ 14 & 11 \end{bmatrix}
\end{array}
\tag{d}
$$

표 (d)에서 角括弧로 묶인 3개의 數配列은 각각 식 (a), (b), (c)의 우변의 계수만을 그 순서대로 나열한 것이다. 그러면, 제3의 數配列 가운데 어느 數, 이를테면, 제1 행 제2 열에 있는 수 15는 제1수배열의 제1 행에 있는 수 2, 1, 3과 제2 수배열의 제2 열에 있는 수 4, 1, 2를 같은 차례에 있는 수끼리 서로 곱해서 이들의 곱을 합한 것과 같음을 안다.

위에서 본 바와 같이 1차方程式系인 식 (a)와 (b)로부터 (c)를 얻기 위해서는 식 (a)와 (b)의 우변의 계수들에만 착목하면 된다. 따라서 이러한 연산을 위해서는 각 식의 우변의 계수들만을 각각 그들의 순서대로 나열하고 각괄호로 한데 묶어서 한 개의 數配列이라고 생각하는 것이 편리하다. 이러한 矩形 數配列을 매트릭스라고 부른다. 한 매트릭스는 한 개의 文字로 대표시킬 수 있다. 매트릭스를 대표하는 문자로는, 이것이 단순한 수를 대표하는 문자와 구별이 되도록, 大文字가 사용되든가 또는 각괄호로 묶인 문자가 사용된다. 이를테면, 식 (a), (b), (c)의 우변의 係數들로 이루어지는 매트릭스를 각각 문자 A, B, C로 대표시키려고 한다면, 다음과 같이 적을 수 있다:

$$\boldsymbol{A}=[A]=\begin{bmatrix} 2 & 1 & 3 \\ 1 & -3 & 5 \end{bmatrix} \tag{e}$$

$$\boldsymbol{B}=[B]=\begin{bmatrix} 5 & 4 \\ 2 & 1 \\ 3 & 2 \end{bmatrix} \tag{f}$$

$$\boldsymbol{C}=[C]=\begin{bmatrix} 21 & 15 \\ 14 & 11 \end{bmatrix} \tag{g}$$

때로는 [ ] 대신에 ( ) 또는 ‖ ‖도 사용된다.

위의 매트릭스 가운데 $[A]$는 2개의 行(row)과 3개의 列(column)로 이루어지고 있다. 한 매트릭스의 行의 수효와 列의 수효는 그 매트릭스의 크기 곧 次數(order)를 나타내는 것으로 필요한 때에는 이것을 명기해야 한다. 이를테면, $[A]$는 2行 3列의, 또는 간단히 2×3次의 매트릭스라고 부른다. 한 매트릭스를 구성하는 낱낱의 수를 **要素**(element)라고 한다. 수 대신에 함수나 도함수나 적분을 요소로 하는 매트릭스도 있다. 또 매트릭스를 요소로 하는 매트릭스도 있다. 이 때 요소로 되는 매트릭스를 **서브매트릭스**(submatrices)라고 부른다.

일반적으로 $\boldsymbol{m}\times\boldsymbol{n}$次의 매트릭스 $[D]$를 다음과 같이 나타낼 수 있다.

$$[D]=\begin{bmatrix} d_{11} & d_{12} & d_{13} & \cdots & d_{1n} \\ d_{21} & d_{22} & d_{23} & \cdots & d_{2n} \\ \cdots & \cdots & \cdots & \cdots & \cdots \\ d_{m1} & d_{m2} & d_{m3} & \cdots & d_{mn} \end{bmatrix} \tag{10.1}$$

한 요소 d_{ij}의 첫째 첨자 i는 그 요소가 속해 있는 行의 번호를, 둘째 첨자 j는 列의 번호를 나타낸다. 매트릭스 (10.1)을 표기하는 데 다음과 같이도 한다:

$$[D]=\underset{(m\times n)}{D}=[d_{ij}] \tag{10.2}$$

두 개의 매트릭스 $[D]=[d_{ij}]$와 $[E]=[e_{ij}]$가 있을 때 서로 대응하는 요소가 모두 같다면, 즉

$$d_{ij}=e_{ij}\,(i=1,\ 2,\ \cdots,\ m;\ j=1,\ 2,\ \cdots,\ n) \tag{10.3}$$

이라면, $[D]$와 $[E]$는 같다고 하고, 이 사실을

$$[D]=[E] \tag{10.4}$$

와 같이 적어서 나타낸다. 이것을 매트릭스等式(matrix equality)이라고 부른다. 한 개의 매트릭스등식 (10.4)는 $(m\times n)$개의 스케일러等式 (10.3)과 동등함을 안다.

두 매트릭스 $[D]=[d_{ij}]$와 $[E]=[e_{ij}]$의 合과 差를 각각

$$[F]=[D]+[E]=[d_{ij}+e_{ij}] \tag{10.5}$$
$$[G]=[D]-[E]=[d_{ij}-e_{ij}] \tag{10.6}$$

로 정의한다. 즉 두 매트릭스의 대응하는 요소의 합 또는 차를 대응하는 위치의 요소로 하는 매트릭스를 그들의 합 또는 차라고 말한다. 두 매트릭스에 관하여 相等性 또는 加減法이 성립하려면 그들의 次數

가 같아야 함을 안다. 식 (10.6)에서 [D]와 [E]가 같은 경우에는 [G]의 모든 要素가 0으로 된다. 이러한 매트릭스를 零매트릭스(null matrix)라고 부른다.

두 매트릭스 $[D]=\underset{(l\times m)}{D}=[d_{ij}]$와 $[E]=\underset{(m\times n)}{E}=[e_{jk}]$가 있을 때

$$f_{ij}=\sum_{k=1}^{m}(d_{ik}\times e_{kj}) \tag{10.7}$$

를 i行 j列의 요소로 하는 매트릭스 $[F]=\underset{(l\times n)}{F}$를 [$D$]와 [$E$]의 곱(乘積, product)이라 하고, 이것을

$$[F]=[D][E] \tag{10.8}$$

로 적어서 나타낸다. 곱 [D][E]가 존재하려면 [D]의 列의 수효와 [E]의 行의 수효가 같아야 한다. 따라서 [D][E]가 존재하더라도 [E][D]가 존재할 수 없는 경우가 있고, 또 후자도 존재하는 경우($l=m=n$인 경우)라도 일반적으로는 이들이 서로 같지 않다. 즉 매트릭스의 乘法에 관해서는 交換法則(commutative law)이 성립되지 않는다. 그러므로 그 乘法에 관해서는 前乘(premultiplying)과 後乘(post-multiplying)을 구별해야 한다. 이를테면, 식 (10.8)에서 [F]는 [D]에 [E]를 後乘하거나 또는 [E]에 [D]를 前乘하여서 얻어지는 매트릭스라고 말한다.

식 (10.7)의 뜻은 [F]의 임의의 한 要素, 이를테면, 제i 행 제j 열에 있는 요소 f_{ij}는 [D]의 제i 행에 있는 m개의 요소와 [E]의 제j 열에 있는 m개의 要素를 대응하는 것끼리 곱한 것의 총합과 같다는 것이다. 이로부터 식 (g)의 [C]는 식 (e)의 [A]와 식 (f)의 [B]의 곱임을 안다. 즉

$$[C]=[A][B] \tag{h}$$

매트릭스의 加法과 乘法에 관해서도 結合法測(associative law)과 分配法則(distributive law)은 성립한다. 즉

$$[A]+[B]+[C]=([A]+[B])+[C]=[A]+([B]+[C]) \tag{10.9}$$

$$[A][B][C]=([A][B])[C]=[A]([B][C]) \tag{10.10}$$

$$[A]([B]+[C])=[A][B]+[A][C] \tag{10.11}$$

다만 식 (10.10)과 (10.11)에 있어서 곱셈의 순서를 바꾸지 말아야 한다.

매트릭스의 加法에 관해서는 물론 交換法則도 성립한다. 곧

$$[A]+[B]=[B]+[A] \tag{10.12}$$

식 (10.9) 내지 (10.12)의 관계로부터, 매트릭스를 대표하는 문자들을 마치 보통의 代數學에서 나오는 數를 代表하는 文字와 마찬가지로 취급하여, 이들에 대해 연산을 시행할 수 있음을 안다.

10.2.2 벡터 및 轉置매트릭스

列의 수효가 한 개 뿐인 매트릭스를 列매트릭스(column matrix) 또는 列벡터(column vector)라고 부른다. 마찬가지로 한 行만으로 이루어진 매트릭스를 行매트릭스(row matrix) 또는 行벡터(row vector)라고 부른다. 그냥 벡터라고 하면 그것은 列벡터를 가리키는 것이 보통이다. 한 개의 요소만으로 된 매트릭스를 스케일러(scalar)라고 부른다.

편의상 앞으로는 列매트릭스를 벡터로 부르기로 하고, 이것을 나타낼 때에는 각괄호 대신에 중괄호를 사용하기로 한다. 이를테면, 식 (a)의 x_1과 x_2가 벡터를 이루고 있다고 보면

$$\{x\}=\begin{bmatrix} x_1 \\ x_2 \end{bmatrix}=\{x_1 \ \ x_2\} \tag{i}$$

로 적을 수 있다. 마찬가지로

$$\{y\}=\begin{bmatrix} y_1 \\ y_2 \\ y_3 \end{bmatrix}=\{y_1\ y_2\ y_3\}, \qquad \{z\}=\begin{bmatrix} z_1 \\ z_2 \end{bmatrix}=\{z_1\ z_2\} \qquad \text{(j)}$$

로 나타낼 수 있다. 이와 같이 하면, 식 (a)를 다음과 같이 나타낼 수 있다:

$$\{x\}=[A]\{y\} \qquad \text{(k)}$$

식 (e)의 매트릭스 $[A]$에 식 (j)의 벡터 $\{y\}$를 後乘하면 列매트릭스

$$\begin{bmatrix} 2y_1+y_2+3y_3 \\ y_1-3y_2+5y_3 \end{bmatrix}$$

을 얻고, 이 결과와 매트릭스의 相等의 定義를 생각하면 식 (k)가 식 (a)와 똑같다는 것을 알 수 있기 때문이다. 이러한 식 (k)를 **매트릭스方程式**(matrix equation)이라고 부른다.

마찬가지로 식 (b)와 (c)를 매트릭스方程式으로 표기하면 다음과 같다:

$$\{y\}=[B]\{z\} \qquad \text{(l)}$$

$$\{x\}=[C]\{z\} \qquad \text{(m)}$$

식 (h)를 고려하면 식 (m)을 다음과 같이 고쳐 쓸 수 있다:

$$\{x\}=[A][B]\{z\} \qquad \text{(n)}$$

이것은 식 (k)에 식 (l)을 대입하여 벡터 $\{y\}$를 소거한 것 바로 그것이다. 식 (a), (b), (c)와 식 (k), (l), (n)을 비교함으로써 매트릭스記號法의 장점의 一端을 엿볼 수 있다.

모든 매트릭스에 대하여 行과 列을 맞바꿈으로써 얻어지는 매트릭스가 존재한다. 이것을 먼저 것의 **轉置매트릭스**(transpose, transposed matirx)라고 한다. $[A]$의 轉置매트릭스를 $[A]^T$로 적어서 나타낸다. 식 (10.1)의 매트릭스 $[D]$의 轉置매트릭스는 다음과 같다:

$$[D]^T=\begin{bmatrix} d_{11} & d_{21} & d_{31} & \cdots & d_{m1} \\ d_{12} & d_{22} & d_{32} & \cdots & d_{m2} \\ \cdots & \cdots & \cdots & \cdots & \cdots \\ d_{1n} & d_{2n} & d_{3n} & \cdots & d_{mn} \end{bmatrix} \tag{10.13}$$

이로부터

$$([D]^T)^T=[D] \tag{10.14}$$

$$([A][B])^T=[B]^T[A]^T \tag{10.15}$$

따라서

$$([A]^T[B])^T=[B]^T[A] \tag{10.16}$$

의 관계가 있음을 밝힐 수 있다.

특히 列매트릭스의 轉置매트릭스는 行매트릭스로 된다. 列매트릭스만을 벡터로 부르자는 것은 行매트릭스는 列매트릭스의 轉置매트릭스로 표기할 수 있기 때문이고 또 行매트릭스보다는 列매트릭스가 자주 사용되기 때문이다. $\{a\}$와 $\{b\}$가 같은 次數의 벡터인 때

$$\{a\}^T\{b\}=\{b\}^T\{a\}=c \tag{10.17}$$

의 관계가 있음을 쉽게 알 수 있다. 이것은 3次元 空間에서의 벡터의 스케일러乘積에 해당하는 것으로 c는 스케일러이다. 한편

$$\{a\}\{b\}^T=(\{b\}\{a\}^T)^T \tag{10.18}$$

는 行과 列의 수효가 각각 $\{a\}$와 $\{b\}$의 요소의 수효와 같게 되는 매

트릭스로 된다.

식 (10.17)로 표시되는 「行 곱하기 列」의 法則이 매트릭스의 곱셈의 기본이 된다는 것을 지적해 둔다.

10.2.3 正方形매트릭스

行의 수효와 列의 수효가 같은 매트릭스를 **正方形매트릭스**(square matrix)라 하고, $m\times m$ 次 매트릭스를 간단히 m 次 正方形매트릭스라고 말한다. 이에 대하여 일반적인 매트릭스를 **矩形매트릭스**(rectangular matrix)라고 할 때가 있다. 正方形매트릭스는 矩形매트릭스의 특수한 것이지만 여러 가지 특기할 만한 성질을 가지고 있다.

먼저 正方形매트릭스에서는 대각선 위에 있는 요소가 있다. 두 개의 대각선 가운데 左上부터 右下로 향하는 것을 主對角線이라 하고 그 위에 있는 요소를 총칭하여 **主對角要素**(principal diagonal, leading diagonal)라고 부른다.

主對角要素 이외의 모든 요소가 0인 正方形매트릭스를 **對角매트릭스**(diagonal matrix)라고 부르고, 모든 主對角要素가 1인 對角매트릭스를 **單位매트릭스**(unit matrix)라고 부른다. 이하에서는 單位매트릭스를 $[I]$로 적어서 나타낸다.

어느 매트릭스에 單位매트릭스를 前乘하거나 後乘하거나 해도 그 매트릭스는 변하지 않는다. 즉

$$[I][A]=[A][I]=[A] \tag{10.19}$$

主對角要素에 관해 대칭의 위치에 있는 두 요소가 모두 같은 매트릭스를 **對稱매트릭스**(symmetric matrix)라고 한다. 어느 對稱매트릭스의 轉置매트릭스는 그 매트릭스와 같다. 곧 $[A]$가 對稱매트릭스라면,

$$[A]^T=[A] \tag{10.20}$$

로 된다. 對稱매트릭스의 곱셈에 관해서도 교환법칙은 일반적으로 성립되지 않는다. 따라서 두 개의 對稱매트릭스의 곱은 반드시는 對稱매트릭스로 되지 않는다.

어느 正方形매트릭스 $[A]$에 前乘하거나 또는 後乘하거나 하면 單位매트릭스가 얻어지는 매트릭스를 $[A]$의 **逆매트릭스**(inverse)라 하고 이것을 $[A]^{-1}$으로 적어서 나타낸다. 곧

$$[A]^{-1}[A]=[A][A]^{-1}=[I] \tag{10.21}$$

$\{x\}$에 관한 1차연립방정식

$$[A]\{x\}=\{L\} \tag{10.22}$$

의 解는

$$\{x\}=[A]^{-1}\{L\} \tag{10.23}$$

로 된다. 식 (10.23)의 양변에 $[A]$를 前乘하면 식 (10.22)를 얻기 때문이다. 그러므로 逆매트릭스는 보통의 수의 역수에 해당하고, 逆매트릭스를 구하는 것은 除法에 해당한다. 앞으로 逆매트릭스를 구하는 것을 **뒤집는다**(invert)고 부르고 그 동작을 **뒤집기**(inversion)라고 부르기로 한다.

모든 正方形매트릭스에 대하여 그 逆매트릭스가 있는 것은 아니다. 매트릭스 $[A]$의 **行列式**(determinant) $|A|$가 0인 경우에는 또 이 경우에 한해서만 그 逆매트릭스가 존재하지 않는다. 이 때 그 매트릭스는 **特異**(singular)하다고 말한다.

어느 對稱매트릭스가 特異하지 않을 때 그 逆매트릭스는 역시 대칭이다. 곧 $[A]$가 대칭이라면

$$([A]^{-1})^T=[A]^{-1} \tag{10.24}$$

왜냐하면, $[A]^{-1}[A]=[I]$의 양변을 轉置하면 $[A]^T([A]^{-1})^T=[I]^T$ 즉 $[A]([A]^{-1})^T=[I]$를 얻는데, 이 식의 양변에 $[A]^{-1}$을 前乘하면 식 (10.24)를 얻기 때문이다.

어느 正方形매트릭스 $[A]$의 轉置매트릭스 $[A]^T$가 그 逆매트릭스 $[A]^{-1}$과 같을 때 $[A]$를 **直交매트릭스**(orthogonal matrix)라고 부른다. 이 때에는 다음의 관계가 성립한다:

$$[A][A]^T=[A]^T[A]=[I] \tag{10.25}$$

10.3 節點變位벡터와 節點荷重벡터

構造物의 彈性變形에 따라 일어나는 각 節點의 變位의 독립된 成分의 수효는 節點의 종류와 節點을 拘束하는 방법에 따라 다르다.

平面트러스의 자유로운 節點은 그 트러스의 변형에 따라 독립된 두 방향으로 並進할 수 있다. 곧 그것은 2개의 독립된 變位成分을 가진다. 이 때 이러한 節點은 2개의 自由度를 가진다고 말한다. 移動端에 연결된 節點은 1개의 自由度를 가지며, 廻轉端에 연결된 節點은 自由度가 0이다. 한 平面트러스의 모든 節點의 自由度의 합을 그 트러스의 自由度라고 부른다.

立體트러스에서는 자유로운 節點은 3개의 독립된 變位成分을 가질 수 있다. 각 節點의 自由度는 그 節點을 구속하는 方法에 따라 最大 3으로부터 0까지로 된다.

平面剛節뼈대에서는 자유로운 節點은 2개의 독립된 방향으로 並進할 수 있고 동시에 뼈대平面에 수직한 축 둘레로 회전할 수 있다. 곧 그 자유도는 3이다.

立體剛節뼈대의 자유로운 節點은 3개의 독립된 방향의 並進과

3개의 독립된 방향의 축 둘레의 회전을 일으킬 수 있다. 곧 이러한 節點은 6개의 독립된 變位成分을 가지며 따라서 그 자유도는 6이다. 각 節點의 自由度는 最大 6으로부터 拘束의 정도에 따라 5, 4, …, 0으로 된다.

한 구조물에 대하여 모든 節點이 일으킬 수 있는 變位成分에 順次로 1번부터 일련번호를 붙이고, 이들을 d_1, d_2, …으로 나타낸다. 이 구조물의 自由度를 L로 적으면 마지막 變位成分은 d_L로 된다. 이들을 한데 묶어서 벡터 $\{d\}$로 나타내고, 즉

$$\{d\}=\{d_1 \quad d_2 \quad d_3 \cdots d_L\} \tag{10.26}$$

로 나타내고, 이것을 **節點變位벡터**(joint-displacement vector)라고 부른다. 모든 變位의 方向(變位가 角變位인 경우에는 그 廻轉軸의 方向)은 그 구조물에 대하여 설정된 한 座標系의 어느 한 座標軸의 方向과 일치시키는 것이 실제적으로 편리하다. 이 座標系를 **뼈대座標系**(frame coordinate system, global c.s.)라고 한다.

모든 d_i에 대응하여 荷重 P_i가 작용할 수 있으며, 이들도 L次의 벡터

$$\{P\}=\{P_1 \quad P_2 \quad P_3 \cdots P_L\} \tag{10.27}$$

을 형성한다. 이것을 **節點荷重벡터**(joint-load vector)라고 부른다. 角變位에 대응하는 荷重은 偶力이다. 어느 變位 d_j에 대응하는 荷重이 실제로는 작용하지 않을 때에는 $\{P\}$ 안의 이에 대응하는 요소 P_j는 0으로 된다. 주어진 $\{P\}$에 대하여 이에 대응하는 $\{d\}$를 구하는 것이 構造力學의 목적의 하나를 이룬다.

10.4 變形벡터와 斷面力벡터

트러스에서는 한 部材의 變形은 길이의 변화 즉 伸長으로 특성지어진다. i번 部材의 伸長을 e_i로 적고 모든 e_i를 한데 묶으면 한 벡터 $\{e\}$를 얻을 수 있다. $\{e\}$를 **變形벡터**(deformation vector)라고 부른다. 트러스에서는, 그것이 平面트러스이든 立體트러스이든, $\{e\}$의 次數 M은 그 트러스의 部材의 수효 m과 같다.

平面剛節뼈대에서는 그 構成部材의 變形은 伸長과 兩端의 廻轉角으로 특성지을 수 있다. 따라서 이 때의 變形벡터 $\{e\}$의 크기 M은 部材의 수효 m의 3배로 된다. 그러나 물론 混成뼈대에서는 M이 3m보다 작아지고, 식 (9.17)의 기호를 사용하면,

$$M = m_1 + 2\,m_2 + 3\,m_3 \tag{10.28}$$

으로 된다.

立體剛節뼈대의 한 部材의 變形은 兩端의 휨廻轉角(이들은 각각 部材軸에 수직하고 서로 직교하는 두 방향의 축 둘레의 회전각으로 분해된다)과 伸長과 비틂角의 도합 6개의 變形成分으로 특성지을 수 있다.

위와 같은 變形成分은 각 部材에 대하여 설정되는 座標系에 준거하여 정의된다. 이 座標系는 보통 材軸과 斷面의 두 主軸의 방향으로 취해진다. 이것을 **部材座標系**(member coordinate system, local c. s.)라고 부른다.

모든 變形成分에 대하여 이에 대응하는 斷面力成分이 존재한다. 곧 伸長에 대해서는 軸方向力, 비틂角에 대해서는 비틂모멘트, 휨廻轉角에 대해서는 휨모멘트가 대응한다. e_i에 대응하는 斷面力成分을 T_i

로 나타내고 이들을 한데 묶으면 **斷面力벡터**(stress-resultant vector) $\{T\}$가 얻어진다.

弾性線形 구조물에서는 각 部材에 대하여 斷面力成分과 變形成分 사이에 1차함수로 표시되는 관계가 존재한다. 트러스의 部材에 대해서는 이 관계는 단순히 후크의 법칙을 나타낸다. 곧 길이가 l이고 斷面積이 A인 部材에 軸方向力 T가 작용하여 伸長 e가 일어났다면,

$$T=\frac{EA}{l}e=Se \tag{10.29}$$

의 관계가 있다. 여기서 E는 材料의 縦弾性係數이고, $S=EA/l$는 일반적으로 剛度라고 불린다.

平面뼈대의 휨部材에 대해서는 兩端 A, B의 廻轉角 θ_A, θ_B에 대응하여 材端모멘트 M_A, M_B가 있으며, 이들 사이의 관계는 다음 식으로 표시된다:

$$\begin{aligned} M_A &= \frac{4EI}{l}\theta_A+\frac{2EI}{l}\theta_B \\ M_B &= \frac{2EI}{l}\theta_A+\frac{4EI}{l}\theta_B \end{aligned} \tag{10.30}$$

여기서 I는 斷面의 中立軸 둘레의 2次모멘트이고, θ_A와 θ_B는 이른바 絶對撓角이 아니라, 그림 10.1에 보인 바와 같이, 변형 후의 部

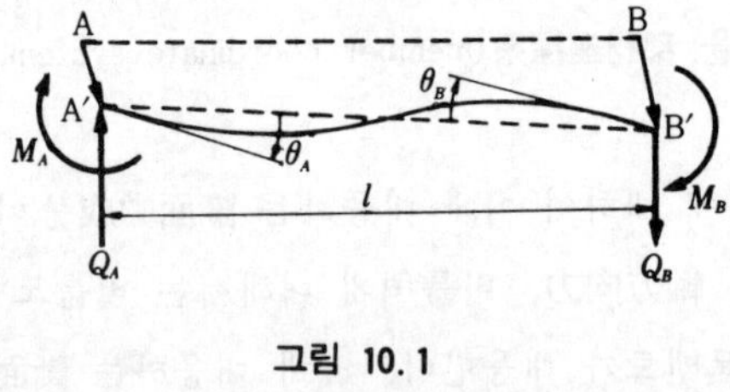

그림 10.1

材의 弦으로부터 잰 廻轉角 곧 이른바 相對撓角을 나타낸다. 식 (10.30)을 매트릭스식으로 고쳐 쓰면 다음과 같다:

$$\begin{bmatrix} M_A \\ M_B \end{bmatrix} = \begin{bmatrix} 4\,EI/l & 2\,EI/l \\ 2\,EI/l & 4\,EI/l \end{bmatrix} \begin{bmatrix} \theta_A \\ \theta_B \end{bmatrix} \tag{10.31}$$

M_A 와 M_B 를 알고 있으면 兩端에서의 剪斷力 Q_A 와 Q_B 는 다음 식으로 정해진다:

$$Q_A = Q_B = -\frac{M_A + M_B}{l} \tag{10.32}$$

部材의 휨과 아울러 伸長도 고려하는 경우에는 식 (10.30) 이외에 식 (10.29)의 관계가 더 부가된다. 따라서 이 때의 斷面力-變形關係는 다음 식으로 나타낼 수 있다:

$$\begin{bmatrix} M_A \\ M_B \\ T \end{bmatrix} = \begin{bmatrix} 4\,EI/l & 2\,EI/l & 0 \\ 2\,EI/l & 4\,EI/l & 0 \\ 0 & 0 & EA/l \end{bmatrix} \begin{bmatrix} \theta_A \\ \theta_B \\ e \end{bmatrix} \tag{10.33}$$

식 (10.33)에서는 T와 e가 제3행으로 들어갔는데 이들을 첫째 줄에 넣을 수도 있으며 그 순위는 임의이다. 식 (10.31)이나 (10.33)을 간단히 다음과 같이 쓸 수 있다:

$$\{T\}_m = [S]_m \{e\}_m \tag{10.34}$$

여기서 첨자 m은 한 部材에 관한 것이라는 것을 나타내고, $[S]_m$은 **個別部材剛度매트릭스**(individual member stiffness matrix)라고 불린다. 이것은 항상 대칭매트릭스로 된다. 그것은 베티의 定理에 의해서 당연히 성립되는 사실이다.

식 (10.34)는 한 部材에 대한 斷面力-變形 關係를 일반형으로 나타내고 있다. 식 (10.29)의 관계도 이의 특수한 것이라고 볼 수 있다. 이것은 立體뼈대의 構成部材에 관해서도 물론 성립한다. 한 部材에 대한 變形벡터를 伸長 e, 비틂角 ϕ, 兩端의 大主軸(major principal axis) 둘레의 廻轉角 θ_{zA}와 θ_{zB}, 小主軸(minor p.a.) 둘레의 廻轉角 θ_{yA}와 θ_{yB}의 순으로 나열하고, 즉

$$\{e\}_m=\{e \quad \phi \quad \theta_{zA} \quad \theta_{zB} \quad \theta_{yA} \quad \theta_{yB}\} \tag{10.35}$$

로 놓고, 斷面力벡터도 이에 대응하여

$$\{T\}_m=\{T \quad M_x \quad M_{zA} \quad M_{zB} \quad M_{yA} \quad M_{yB}\} \tag{10.36}$$

로 놓으면,

$$[S]_m=\begin{bmatrix} EA/l & 0 & 0 & 0 & 0 & 0 \\ 0 & GJ/l & 0 & 0 & 0 & 0 \\ 0 & 0 & 4EI_z/l & 2EI_z/l & 0 & 0 \\ 0 & 0 & 2EI_z/l & 4EI_z/l & 0 & 0 \\ 0 & 0 & 0 & 0 & 4EI_y/l & 2EI_y/l \\ 0 & 0 & 0 & 0 & 2EI_y/l & 4EI_y/l \end{bmatrix} \tag{10.37}$$

로 된다. 여기서 I_z와 I_y는 斷面의 圖心主軸에 대한 2次모멘트이고, GJ는 **비틂剛性**(torsional rigidity)이다. 이 때의 個別部材剛度매트릭스 $[S]_m$도 대칭으로 됨을 지적해 둔다.

어느 한 構造物에 대하여 모든 部材에 관한 식 (10.34)를 한데 묶으면 다음을 얻는다:

$$\{T\}=[S]\{e\} \tag{10.38}$$

여기서 $[S]$는 $[S]_m$ 들을 對角要素로 하는 對角매트릭스로 되고, $[S]_m$이 對稱매트릭스이므로 $[S]$도 對稱매트릭스로 된다. $[S]$를 **集合部材**

剛度매트릭스(assembled member stiffness matrix, stiffness matrix of the unassembled structure) 또는 간단히 部材剛度매트릭스라고 부른다. 식 (10.38)을 세울 때에는 각 매트릭스의 요소들의 대응 관계에 유의해야 한다.

10.5 適合條件과 平衡條件

어느 한 構造物의 어느 한 部材의 變形 $\{e\}_m$ 은 그 部材의 兩端이 연결되어 있는 節點의 變位를 알면 알 수 있다. 그러므로 한 構造物에 대하여 어떠한 방법으로써든지 節點變位 $\{d\}$를 구하였다면 이로부터 그 구조물의 모든 部材의 變形 $\{e\}$를 구할 수 있다. 이 관계를 일반적으로 다음과 같이 나타낼 수 있다:

$$\{e\}=[C]\{d\} \tag{10.39}$$

여기서 $[C]$의 어느 한 要素 C_{ij} 는 d_j 이외의 모든 變位가 일어나지 못하도록 구조물을 구속해 놓고 $d_j=1$만이 일어나도록 했을 때의 e_i의 값으로서, 幾何學的 考察 또는 運動學的 考察로부터 쉽게 이것을 구할 수 있다. 그러므로 $[C]$를 **運動學매트릭스**(kinematics matrix) 라고 부른다. 식 (10.39)는 실은 **適合條件**을 나타내는 것이다. 그러므로 $[C]$를 **適合매트릭스**(compatibility matrix)라고도 부른다. 이것은, 트러스의 경우에는 식 (8.5)로 표시되는, 變形-變位 관계를 나타낸다.

한 構造物의 각 部材의 變形을 알면, 이에 대응하는 斷面力을 **彈性條件** 곧 식 (10.38)로부터 구할 수 있다. 한편 각 節點에 작용하는 **荷重**은, 이 節點이 이에 연결된 部材로부터 받는, 斷面力과 함께 **平衡條件**을 만족시켜야 한다. 각 節點을 고립시키고 평형조건식을 세운 다음에 이들을 다음 형태로 한데 묶을 수 있다:

$$\{P\}=[A]\{T\} \tag{10.40}$$

여기서 $[A]$를 **靜力學매트릭스**(statics matrix) 또는 **平衡매트릭스**(equilibrium matrix)라고 부른다. 이것은 $\{P\}$의 次數 L만큼의 行을 가지고 $\{T\}$의 次數 M만큼의 列을 가지는 矩形매트릭스이다.

임의의 한 구조물에 대하여 실지로 매트릭스 $[C]$와 $[A]$를 構成해 보면 이들이 서로 轉置매트릭스로 됨을 깨닫는다. 이것은 특기할 만한 사실로서, 假想일의 原理를 적용하여 이 사실이 일반적으로 성립함을 증명할 수 있다. 어느 한 구조물에 작용하는 節點荷重 $\{P\}$와 $\{P\}$의 작용으로 유발되는 斷面力 $\{T\}$ 사이에는 식 (10.40)의 관계가 성립한다. 이 구조물에 $\{P\}$와는 아무런 관계도 없는 어떤 원인으로 節點變位 $\{d\}$와 變形 $\{e\}$가 일어났다면, 이들 사이에는 식 (10.39)의 관계가 성립한다. 이 때 $\{P\}$가 $\{d\}$에 대해서 하는 外的 假想일은 $\{P\}^T\{d\}$로 되고, $\{T\}$가 $\{e\}$에 대해서 하는 內的 假想일은 $\{T\}^T\{e\}$로 된다. 그러므로 假想일의 原理에 의해 이들은 같아야 한다. 즉

$$\{P\}^T\{d\}=\{T\}^T\{e\} \tag{10.41}$$

로 되어야 한다. 이것이 매트릭스 기호로 나타낸 假想일의 原理이다. 이 식에서 $\{P\}$와 $\{T\}$는 平衡條件을 만족시켜야 하고, $\{d\}$와 $\{e\}$는 適合條件을 만족시켜야 하나, $\{P\}$와 $\{d\}$ 사이에는 또 $\{T\}$와 $\{e\}$ 사이에는 아무런 관계도 없다. 이 식의 우변에 (10.40)을 대입하고 좌변에 (10.39)를 대입하면

$$\{T\}^T[A]^T\{d\}=\{T\}^T[C]\{d\} \tag{10.42}$$

를 얻는데, $\{T\}$와 $\{d\}$ 사이에는 아무런 관계도 없으므로 이 식이 성립하려면 다음 관계가 성립하여야 한다:

$$[C]=[A]^T \tag{10.43}$$

이 식이 곧 앞서 말한 관계를 나타내는 것인데, 이 식은 실은 **適合條件**과 **平衡條件** 사이의 관계를 나타내는 것이다. 이 관계를 **콘트러그리디언스**(contragredience) 또는 **轉置關係**(transposition relationship)라고 부른다.

10.6 매트릭스變位法

어느 한 構造物에 있어서, 주어진 節點荷重에 대하여 어떠한 방법으로써든지 節點變位 $\{d\}$를 구하였다면, 모든 部材의 變形 $\{e\}$를 식 (10.39)로부터 구할 수 있고, 이것을 식 (10.38)에 대입함으로써 모든 部材의 斷面力 $\{T\}$를 구할 수 있다. 만일 앞서 구한 $\{d\}$가 정당한 값이라면 이 $\{T\}$는 $\{P\}$와 함께 平衡條件式 (10.40)을 만족시킬 것이다. 그러므로 다음의 L元 1次聯立方程式

$$\underset{(L\times M)}{[A]}\underset{(M\times M)}{[S]}\underset{(M\times L)}{[C]}\underset{(L\times 1)}{\{d\}}=\underset{(L\times L)}{[K]}\underset{(L\times 1)}{\{d\}}=\underset{(L\times 1)}{\{P\}} \tag{10.44}$$

를 $\{d\}$에 대하여 풀면 정당한 $\{d\}$의 값을 얻을 것이다. 그러면 모든 部材의 斷面力 $\{T\}$도

$$\{T\}=[S][C]\{d\} \tag{10.45}$$

로써 얻어지므로 構造力學의 목적이 달성된다.

위의 방법에서는 $\{d\}$를 직접적인 미지수로 하고 있으므로 이 방법을 **變位法**이라고 한다. 또 마지막으로 풀어야 할 식 (10.44)가 平衡條件式이므로 **平衡法**이라고도 하고, 이 식의 계수 $[A][S][C]=[K]$

가 剛度를 나타내고 있으므로 剛度法이라고도 부른다.

매트릭스의 3重곱 $[K]=[A][S][C]=[A][S][A]^T=[C]^T[S][C]$를 **構造物剛度매트릭스**(structure stiffness matrix)라고 일컫는다. 식 (10.44)가 解를 가질 수 있으려면 $[K]$가 특이하지 않아야 한다. $[K]$가 특이하지 않다면, 식 (10.44)의 解를

$$\{d\}=[K]^{-1}\{P\}=[F]\{P\} \tag{10.46}$$

와 같이 나타낼 수 있다. $[F]$를 **構造物柔軟度매트릭스**(structure flexibility matrix)라고 부른다.

식 (10.44)의 元의 수 L보다 荷重狀態의 수효가 많은 경우에는 그 解를 식 (10.46)과 같이 $[K]$의 逆매트릭스를 구하여 얻는 것이 유리하지만, 그렇지 않을 때에는 식 (10.44)를 소거법이나 그 밖의 다른 방법으로 직접 푸는 것이 유리하다. 실제적으로는 후자의 경우가 많다. 그렇다 하더라도 편의상 식 (10.44)의 解를 형식적으로 식 (10.46)과 같이 나타내는 것이 보통이다.

위의 방법에서는 反力을 따로 구해야 한다. 모든 斷面力成分 $\{T\}$를 구한 다음에 각 支點을 차례로 고립시키고, 각 反力要素의 方向의 平衡條件式을 세우면 反力을 쉽게 구할 수 있다.

이들의 平衡條件式은 L개의 平衡條件式과는 독립된 것이다. 그러므로 反力要素의 수효를 r개라고 하면, 독립된 平衡條件式의 總數는 $c=L+r$로 되고, 이 平衡條件式 안에 들어가는 未知量의 總數는 $u=M+r$로 된다. 따라서 不靜定次數 N은 식 (9.19)에 의해

$$N=n=u-c=M-L \tag{10.47}$$

로 된다.

N의 값이 음으로 되는 구조물은 不安定하므로 그 구조물에 대한

$[K]$는 확실히 特異매트릭스로 된다. $M \geq L$인 경우에도 $[K]$가 特異매트릭스로 되는 구조물이 있을 수 있는데, 그런 구조물은 部材들의 연결 방법이 적당하지 못한 幾何的으로 不安定한 구조물이다.

靜定한 구조물에서는 $L=M$으로 되어 $[A]$와 $[C]$가 특이하지 않은 正方形매트릭스로 되고, $\{T\}$가 식 (10.40)으로부터 직접 구해진다. 즉

$$\{T\}=[A]^{-1}\{P\} \tag{10.48}$$

로 된다. 이 때에는 $\{e\}$를 식 (10.38)로부터

$$\{e\}=[S]^{-1}\{T\}=[S]^{-1}[A]^{-1}\{P\} \tag{10.49}$$

와 같이 구할 수 있고, $\{d\}$는 식 (10.39)로부터

$$\{d\}=[C]^{-1}\{e\}=[C]^{-1}[S]^{-1}[A]^{-1}\{P\} \tag{10.50}$$

와 같이 구할 수 있다. 이 결과는 식 (10.44)에서 3重곱 $[K]$를 구하지 않고 ($[A][S][C]$)를 직접 뒤집어서 얻은 것과 같다. 그러나 이것은 물론 靜定구조물에 한해서 성립되는 사실이다.

集合部材剛度매트릭스 $[S]$가 대칭이고 $[C]$와 $[A]$ 사이에 轉置關係가 성립하므로 構造物剛度매트릭스 $[K]$도 對稱매트릭스로 된다. 이 사실도 베티의 定理로부터도 당연히 귀결되는 사실이다. $[K]$의 임의의 한 요소 K_{ij}는 節點變位벡터 $\{d\}$의 要素 가운데 d_j 이외의 모든 要素가 0인 때 $d_j=1$에 의해서 일어나는 d_i에 대응하는 節點荷重 P_i의 값이다. 마찬가지로 다른 要素 K_{ji}는 다른 모든 變位成分이 0인 때 $d_i=1$에 의한 P_j의 값이다. 그러므로 먼저 荷重狀態가 나중 荷重狀態에 의한 변형에 대해서 하는 假想일은 $P_i d_i = K_{ij} \cdot 1$로 되고, 나중 荷重狀態가 먼저 荷重狀態에 의한 변형에 대해서 하는 假想일은 $P_j d_j = K_{ji} \cdot 1$로 되므로, 베티의 定理에 의해 다음이 성립한다:

$$K_{ij} = K_{ji} \tag{10.51}$$

이 관계가 $i=1, 2, 3, \cdots, L$; $j=1, 2, 3, \cdots, L$에 대해서 성립하므로 $[K]$는 대칭으로 된다. 식 (10.51)은 j번째 自由度의 方向의 單位 크기의 變位에 의한 i번째 自由度의 方向의 힘은 i번째 自由度의 方向의 單位 크기의 變位에 의한 j번째 自由度의 方向의 힘과 같다는 것을 나타내는 것으로, 이 사실을 **相反力의 定理**(theorem of reciprocal forces)라고 부른다. 이에 대해서 맥스웰의 정리를 **相反처짐의 定理**(theorem of reciprocal deflections)라고 부를 때가 있다. **8.6**절에서는 맥스웰의 定理와 베티의 定理는 일반성에 있어서 동등하다고 말했으나, 그것은 처짐에 관한 한에서의 이야기이고, 위와 같은 사실로부터 보면 베티의 定理가 더 일반성을 가진다고 말할 수밖에 없고, 맥스웰의 定理나 相反力의 定理는 베티의 定理의 특수 경우라고 말할 수 있다.

이상의 기술은 일반적인 형식으로 행해졌으므로, 直線狀의 均一斷面의 部材로 이루어진 어떠한 種類의 뼈대構造物에 대해서도 그 이론이 적용된다. 本節 나머지에서는 2개의 간단한 예를 들어 위의 이론을 구체적으로 적용해 보기로 한다. 아래에서 들 예는, 이렇게 간단한 문제를 매트릭스解析法으로 풀 필요가 있을까 하는 의심을 일게 할 정도로 간단한 것이지만, 매트릭스構造解析法을 적용하면 그 대상이 간단한 뼈대이건 또는 복잡한 뼈대이건 계산 과정이 완전히 똑같으므로, 간단한 뼈대를 다루더라도 일반성을 잃지 않을 것이다. 다만 이들의 예에서는 간단을 위해 荷重이 節點에만 작용하는 경우를 생각한다.

첫째 예는 그림 **10.2**에 보인 平面트러스 ABCD이다. 節點 A와 D는 완전히 구속되어 있고, B는 2개의 自由度를, C는 1개의 自由

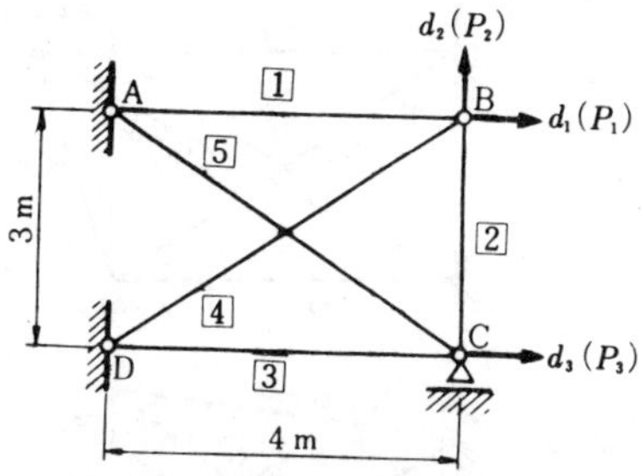

그림 10.2

度를 가진다. 그러므로 이 뼈대의 自由度는 $L=3$이며, 따라서 이 뼈대는 3개의 미지의 變位成分을 가진다. 이들의 미지의 變位成分에 그림과 같이 1에서부터 순차로 번호를 붙이고, 이 번호를 첨자로 나타내면 變位벡터는 다음과 같이 된다:

$$\{d\}=\{d_1 \quad d_2 \quad d_3\} \tag{10.52}$$

이에 대응하는 節點荷重벡터는 다음과 같이 된다:

$$\{P\}=\{P_1 \quad P_2 \quad P_3\} \tag{10.53}$$

다음에 각 部材에 그림과 같이 번호를 붙이면 部材內力(斷面力)벡터와 伸長(變形)벡터는 각각 다음과 같다:

$$\{T\}=\{T_1 \quad T_2 \quad T_3 \quad T_4 \quad T_5\} \tag{10.54}$$

$$\{e\}=\{e_1 \quad e_2 \quad e_3 \quad e_4 \quad e_5\} \tag{10.55}$$

$\{T\}$와 $\{e\}$ 사이의 관계는, 縱彈性係數 E와 斷面積 A가 모든 部材에 대해 같다면, 다음과 같이 된다:

$$\begin{bmatrix} T_1 \\ T_2 \\ T_3 \\ T_4 \\ T_5 \end{bmatrix}=\begin{bmatrix} EA/4 & 0 & 0 & 0 & 0 \\ 0 & EA/3 & 0 & 0 & 0 \\ 0 & 0 & EA/4 & 0 & 0 \\ 0 & 0 & 0 & EA/5 & 0 \\ 0 & 0 & 0 & 0 & EA/5 \end{bmatrix}\begin{bmatrix} e_1 \\ e_2 \\ e_3 \\ e_4 \\ e_5 \end{bmatrix} \tag{10.56}$$

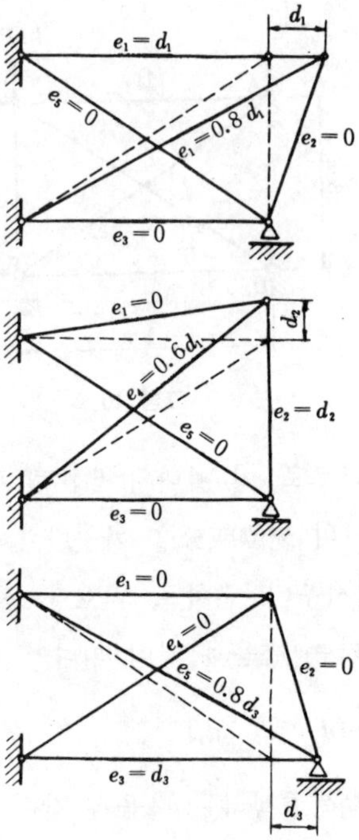

그림 10.3

윗식의 正方形매트릭스가 즉 이 경우의 集合部材剛度매트릭스 $[S]$ 이다.

다음에 $\{e\}$와 $\{d\}$ 사이의 관계를 구한다. 이것은 그림 10.3으로부터 다음과 같이 쉽게 얻어진다:

$$\begin{bmatrix} e_1 \\ e_2 \\ e_3 \\ e_4 \\ e_5 \end{bmatrix} = \begin{bmatrix} 1 & 0 & 0 \\ 0 & 1 & 0 \\ 0 & 0 & 1 \\ 0.8 & 0.6 & 0 \\ 0 & 0 & 0.8 \end{bmatrix} \begin{bmatrix} d_1 \\ d_2 \\ d_3 \end{bmatrix} \tag{10.57}$$

윗식 안의 矩形매트릭스가 곧 適合매트릭스 $[C]$이다.

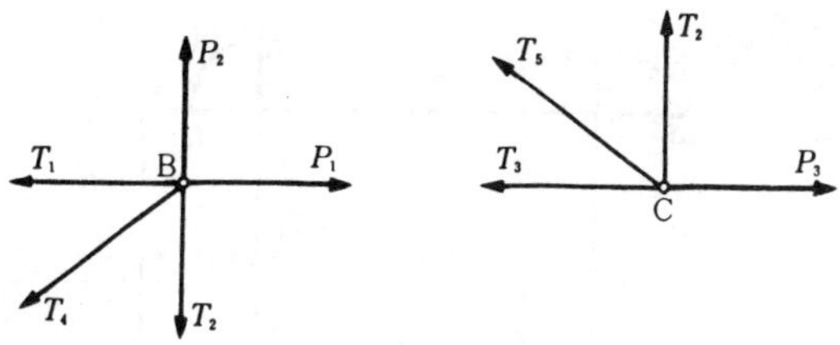

그림 10.4

끝으로 그림 10 4와 같이 自由度를 가지는 節點을 고립시키고 이에 平衡條件을 적용하여 平衡매트릭스 $[A]$를 구한다. 그 결과는 다음과 같다:

$$\begin{bmatrix} P_1 \\ P_2 \\ P_3 \end{bmatrix} = \begin{bmatrix} 1 & 0 & 0 & 0.8 & 0 \\ 0 & 1 & 0 & 0.6 & 0 \\ 0 & 0 & 1 & 0 & 0.8 \end{bmatrix} \begin{bmatrix} T_1 \\ T_2 \\ T_3 \\ T_4 \\ T_5 \end{bmatrix} \tag{10.58}$$

이 결과를 보면 平衡매트릭스가 식 (10.57)로 주어지는 適合매트릭스의 轉置된 것임을 알 수 있다. 그러므로 컴퓨터 프로그램을 짤 때에는 $[A]$ 또는 $[C]$만을 컴퓨터 안에서 구하도록 하면 된다. 그러나, 이를테면, 컴퓨터 안에서 $[A]$만을 구하도록 프로그램을 짰을 경우에, 간단한 구조물에 대해 그 프로그램을 사용해서 구한 $[A]$를 손으로 계산해서 구한 $[C]$와 비교하는 것은 그 프로그램이 정당한가 어떤가를 판단하는 방법이 될 것이다.

위에서 얻은 $[S]$, $[C]$, $[A]$를 식 (10.44)에 대입하면 3元 1차연립방정식이 얻어진다. 주어진 하중 $\{P\}$에 대하여 이것을 풀면 $\{d\}$가 얻어지고, 그 결과를 식 (10.45)에 대입하면 $\{T\}$가 얻어진다. 이로써 構造解析이 완결된다.

다음 예로서 그림 10.5에 보인 門形라멘 ABCD를 든다. 이 뼈대의

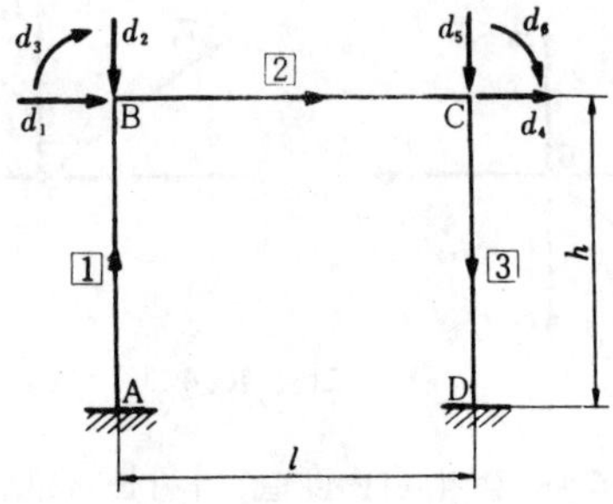

그림 10.5

自由度는 6이다. 節點變位벡터 $\{d\}$의 각 要素를 그림과 같이 잡는다. 節點荷重벡터 $\{P\}$의 각 要素는 이와 1대 1의 대응 관계가 성립하도록 잡는다. 다음에 變形벡터를 조직적으로 구성하기 위하여 각 部材에 일련 번호를 붙이고 그림과 같이 뼈대線에 화살촉을 그려 넣는다. 화살촉이 가리키는 쪽에 있는 材端을 遠端, 반대쪽의 材端을 近端이라고 부르기로 한다. 그리고 각 部材의 變形벡터를 伸長 e, 近端의 撓角 θ_n, 遠端의 撓角 θ_f의 순으로 구성하고, i 번 部材의 그들에는 첨자 i를 붙이기로 한다. 그러면 變形벡터는 다음과 같이 된다:

$$\begin{aligned}\{e\}&=\{e_1\ \ e_2\ \ e_3\ \ e_4\ \ e_5\ \ e_6\ \ e_7\ \ e_8\ \ e_9\}\\&=\{e_1\ \theta_{n1}\ \theta_{f1}\ e_2\ \theta_{n2}\ \theta_{f2}\ e_3\ \theta_{n3}\ \theta_{f3}\}\end{aligned} \tag{10.59}$$

이에 대응하여 斷面力벡터를 다음과 같이 구성한다:

$$\begin{aligned}\{T\}&=\{T_1\ \ T_2\ \ T_3\ \ T_4\ \ T_5\ \ T_6\ \ T_7\ \ T_8\ \ T_9\}\\&=\{T_1\ M_{n1}\ M_{f1}\ T_2\ M_{n2}\ M_{f2}\ T_3\ M_{n3}\ M_{f3}\}\end{aligned} \tag{10.60}$$

여기서 M_{n1}, M_{f1} 등은 材端모멘트이다. 이들의 식에서 각각 먼저 것은 각 벡터의 要素를 나타내고 다음 것은 그 要素들의 物理的 뜻을 명시하는 것으로 e_2, e_3, T_2, T_3은 양쪽에 들어 있지만 그 뜻이 다르다는 것은 말하지 않더라도 짐작이 갈 것이다.

그림 10.6을 참조하여 適合條件式을 세우면 다음과 같다:

$$\begin{bmatrix} e_1 \\ e_2 \\ e_3 \\ e_4 \\ e_5 \\ e_6 \\ e_7 \\ e_8 \\ e_9 \end{bmatrix} = \begin{bmatrix} 0 & -1 & 0 & 0 & 0 & 0 \\ -1/h & 0 & 0 & 0 & 0 & 0 \\ -1/h & 0 & 1 & 0 & 0 & 0 \\ -1 & 0 & 0 & 1 & 0 & 0 \\ 0 & 1/l & 1 & 0 & -1/l & 0 \\ 0 & 1/l & 0 & 0 & -1/l & 1 \\ 0 & 0 & 0 & 0 & -1 & 0 \\ 0 & 0 & 0 & -1/h & 0 & 1 \\ 0 & 0 & 0 & -1/h & 0 & 0 \end{bmatrix} \begin{bmatrix} d_1 \\ d_2 \\ d_3 \\ d_4 \\ d_5 \\ d_6 \end{bmatrix} \tag{10.61}$$

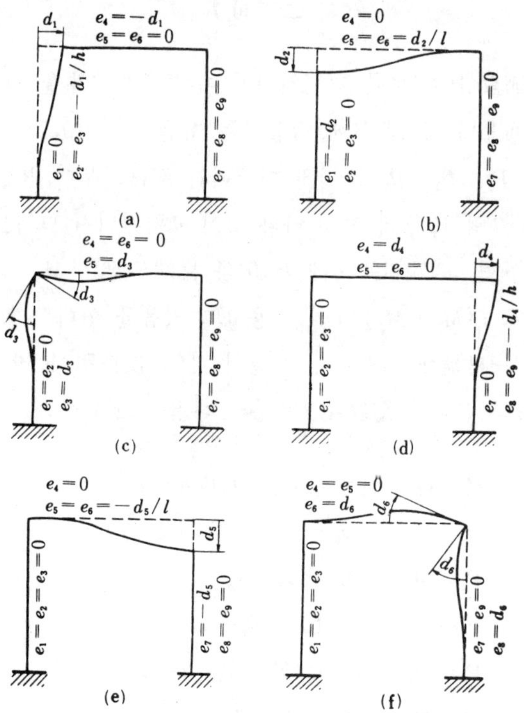

그림 10.6

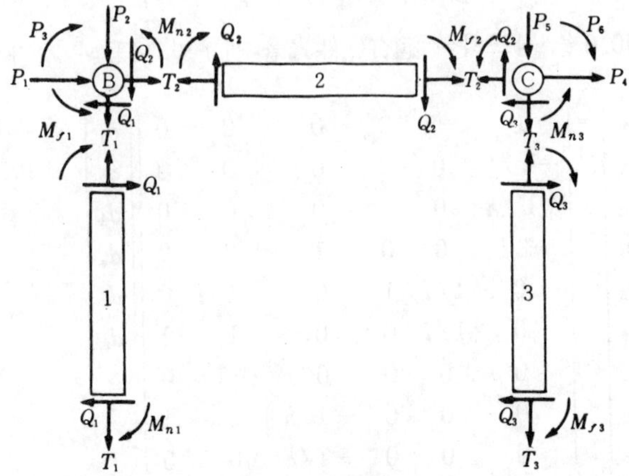

그림 10.7

다음에 節點 B와 C를 고립시키고 이에 平衡條件을 적용하여 平衡方程式을 세운다. 節點 B에 작용하는 힘은 그림 10.7에서 보는 바와 같이 荷重 P_1, P_2, P_3과 이에 연결되는 部材로부터 받는 힘들이다. 각 部材를 그림 10.7에 보인 바와 같이 고립시켜서 그 自由物體의 平衡을 생각하면, 兩端에는 引張力 T와 材端모멘트 M_n 및 M_f 이외에 剪斷力 $Q=-(M_n+M_f)/l$가 작용하고 있음을 안다. 각 節點에는 이에 접합되는 材端에 작용하는 이들의 힘의 反作用이 작용한다. 따라서 節點 B와 C의 平衡條件으로부터 다음을 얻는다:

$$P_1=Q_1-T_2=-(T_2+T_3)/h-T_4$$
$$P_2=-T_1-Q_2=-T_1+(T_5+T_6)/l$$
$$P_3=M_{f1}+M_{n2}=T_3+T_5$$
$$P_4=T_2+Q_3=T_4-(T_8+T_9)/h$$
$$P_5=Q_2-T_3=-(T_5+T_6)/l-T_7$$
$$P_6=M_{f2}+M_{n3}=T_6+T_8$$

위의 6개의 식을 1개의 매트릭스式으로 고쳐 쓰면 다음과 같다.

$$\begin{bmatrix} P_1 \\ P_2 \\ P_3 \\ P_4 \\ P_5 \\ P_6 \end{bmatrix} = \begin{bmatrix} 0 & -1/h & -1/h & -1 & 0 & 0 & 0 & 0 & 0 \\ -1 & 0 & 0 & 0 & 1/l & 1/l & 0 & 0 & 0 \\ 0 & 0 & 1 & 0 & 1 & 0 & 0 & 0 & 0 \\ 0 & 0 & 0 & 1 & 0 & 0 & 0 & -1/h & -1/h \\ 0 & 0 & 0 & 0 & -1/l & -1/l & -1 & 0 & 0 \\ 0 & 0 & 0 & 0 & 0 & 1 & 0 & 1 & 0 \end{bmatrix} \begin{bmatrix} T_1 \\ T_2 \\ T_3 \\ \cdot \\ \cdot \\ \cdot \\ T_9 \end{bmatrix} \tag{10.62}$$

이 예에서도 適合매트릭스와 平衡매트릭스가 서로 轉置매트릭스로 됨을 확인할 수 있다.

部材剛度매트릭스는 각 部材의 斷面積과 斷面 2次모멘트를 알고 縱彈性係數를 알면 쉽게 구성할 수 있을 것이므로 생략한다. 나머지 계산 과정도 먼저 예에서와 똑같은 매트릭스 演算으로 되므로 생략한다. 매트릭스 演算을 손으로 수행하면 오히려 우원하고 지루한 작업으로 되지만, 이 연산은 조직적으로 수행될 수 있는 것이므로 컴퓨터의 사용에 알맞다.

10.7 變位法의 適用範圍의 擴張

前節에서 變位法을 公式化(formulate)했을 때에는 드러나게 또 암암리에 여러 가지 假定을 두었다. 첫째로 構成部材는 모두 直線狀이고 一樣한 斷面을 가진다고 가정했다. 둘째로 荷重은 節點에만 작용하고, 세째로 溫度變化나 製作誤差는 없다는 것을 가정했다. 끝으로 支點沈下는 일어나지 않는다는 가정을 두었다. 첫째와 둘째 가정은 트러스의 解析에서는 으레 그렇게 하는 것이므로 트러스에서는 문제될 것이 없다.

첫째 가정에 의해 部材剛度매트릭스를 간단히 구할 수 있었던 것인데, 이 가정이 성립하지 않는 경우에는 部材剛度매트릭스를 구하는 것이 조금 번거로울 뿐, 일단 이것을 구해 놓았다면 이 경우에도 前節의 解析法을 그대로 적용할 수 있다. 그러나 이러한 경우에는 部材剛度매트릭스를 컴퓨터 안에서 구성하기가 어려워지며, 따라서 이것을 일일이 미리 계산한 후에 入力(input)해 주어야 한다. 이런 일을 피하는 방법으로서 각 部材를 몇 개의 짧은 토막으로 분할하는 近似法이 있다. 곧 각 分割點을 모두 節點으로 보고 각 토막을 直線狀의 均一斷面의 部材로 보는 것이다. 이 近似法은 토막의 수효가 많을수록 精密度가 높은 解를 주지만, 그 대신에 自由度가 많아지므로 컴퓨터의 사용 시간이 크게 증가한다. 보통 4~12개의 토막으로 나누면 퍽 좋은 近似度를 준다.

제2 의 가정이 성립되지 않는 경우 곧 그림 10.8(a)에서와 같이 部材에도 荷重이 작용하는 경우에는, 다음과 같이 생각함으로써 前節의 變位法을 적용할 수 있다. 먼저 그림 10.8(b)와 같이 구조물의 모든 自由度를 구속했다고 생각했을 때에 각 部材의 兩端에 일어나는 **固定端力**(fixed-end forces)을 구한다. 固定端모멘트는 그 일부로서 이에 포함된다. 이 固定端力의 부호를 바꾼 것은 部材에 직접 작용하는 荷重과 靜力學的으로 동등한 力系로 된다. 이 力系는 部材座標軸에 準據해서 산출되는 것이 보통인데, 部材座標系와 뼈대座標系가 일치하지

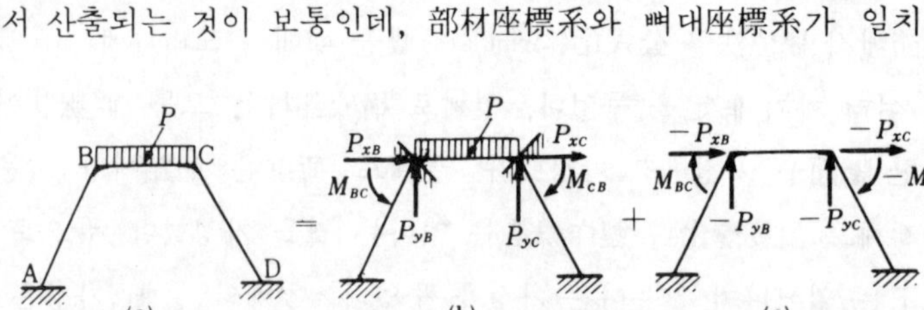

그림 10.8

않는 경우에는 이것을 構造物座標軸에 準據하는 成分으로 변환할 필요가 있다. 그런 다음에 모든 部材에 대한 것들을 한데 묶어서 벡터 $\{P_0\}$을 形成케 하되 $\{P_0\}$의 각 要素가 $\{P\}$의 각 要素하고 1대 1의 대응 관계를 가지도록 해준다. 이렇게 해서 얻어진 $\{P_0\}$을 **等價節點荷重벡터**(equivalent joint load vector)라고 부른다. 이것을 $\{P\}$와 합한

$$\{P_C\}=\{P\}+\{P_0\} \tag{10.63}$$

을 **合成節點荷重벡터**(combined joint load vector)라고 부른다. 이것을 그림 10.8(c)와 같이 이 구조물에 작용시키면, 前節의 식 (10.44)에서 $\{P\}$를 $\{P_C\}$로 대치한 식이 성립한다. 이것을 풀면 $\{d\}$가 얻어지고, 斷面力벡터는 다음 식으로 산정된다:

$$\{T\}=\{T_0\}+[S][C]\{d\} \tag{10.64}$$

여기서 $\{T_0\}$은 각 部材의 固定端力으로부터 형성된 斷面力벡터이다. $\{T_0\}$에 속해 있는 임의의 한 部材의 兩端의 材端모멘트(실은 固定端모멘트임)와 兩端의 剪斷力 사이에는 식 (10.32)의 관계가 성립하지 않으므로(식 (9.47) 참조), 일반적으로는 $\{P_0\}$을 $-[A]\{T_0\}$으로서 구할 수 없다는 점에 유의해야 할 것이다.

한 예로서 예제 9.8을 생각한다. 이것은 그림 10.9에 보인 바와 같은 2스팬 連續들보이다. 이 구조물은, 軸方向力이 어디서나 0인 경우, 節點 1, 2, 3에서의 廻轉變位만이 가능하며 따라서 자유도는 3

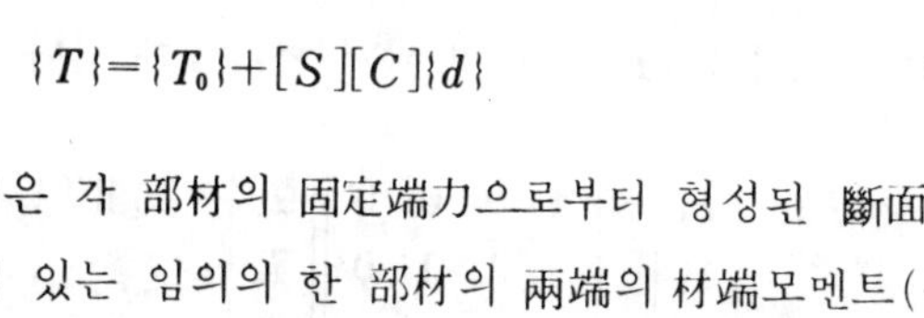

그림 10.9

이다. 節點變位벡터는 그림에 표시한 바와 같은 d_1, d_2, d_3으로 이루어진다. 節點荷重벡터는 이들에 대응하는 힘의 모멘트 P_1, P_2, P_3으로 이루어진다. 變形벡터는 1-2部材의 兩端의 撓角 e_1, e_2와 2-3部材의 兩端의 撓角 e_3, e_4로 이루어진다. 이들과 節點變位 사이의 관계는 차례로 $d_1=1$, $d_2=1$, $d_3=1$만이 일어나고 나머지 變位가 0으로 되는 세 경우를 생각하여, 쉽게 다음과 같이 얻을 수 있다:

$$\{e\}=\begin{bmatrix} e_1 \\ e_2 \\ e_3 \\ e_4 \end{bmatrix}=\begin{bmatrix} 1 & 0 & 0 \\ 0 & 1 & 0 \\ 0 & 1 & 0 \\ 0 & 0 & 1 \end{bmatrix}\begin{bmatrix} d_1 \\ d_2 \\ d_3 \end{bmatrix}=[C]\{d\} \tag{10.65}$$

e_1, e_2, e_3, e_4에 대응하는 斷面力 T_1, T_2, T_3, T_4는 각 材端의 材端모멘트이다. $\{P\}$와 $\{T\}$ 사이의 관계는 다음과 같다:

$$\{P\}=\begin{bmatrix} P_1 \\ P_2 \\ P_3 \end{bmatrix}=\begin{bmatrix} 1 & 0 & 0 & 0 \\ 0 & 1 & 1 & 0 \\ 0 & 0 & 0 & 1 \end{bmatrix}\begin{bmatrix} T_1 \\ T_2 \\ T_3 \\ T_4 \end{bmatrix}=[A]\{T\} \tag{10.66}$$

固定端모멘트를 계산하면 다음과 같다:

$$C_{12}=-29.630,\quad C_{21}=37.037,\quad C_{23}=-48.400,\quad C_{32}=48.400$$

그러므로

$$\{T_0\}=\{-29.630 \quad 37.037 \quad -48.400 \quad 48.400\} \tag{10.67}$$

으로 되고, 等價節點荷重은

$$\{P_0\}=\{29.630 \quad 11.363 \quad -48.400\} \tag{10.68}$$

으로 되어, 이 경우에는 $\{P_0\}=-[A]\{T_0\}$의 관계를 만족시킨다. 그러나 그것은 節點荷重벡터 안에 鉛直荷重이 없기 때문이고, 들보의 中間點을 節點으로 잡는 경우와 같이 鉛直方向의 自由度가 있는 경우에는 이 관계는 성립되지 않는다. 그림 10.9의 경우에는 $\{P\}$가 0으로 되므로 等價節點荷重 $\{P_0\}$이 合成節點荷重 $\{P_C\}$로 된다. 部材剛度매트릭스는 $EI=10$으로 놓으면 다음과 같다:

$$[S]=\begin{bmatrix} 4EI/18 & 2EI/18 & 0 & 0 \\ 2EI/18 & 4EI/18 & 0 & 0 \\ 0 & 0 & 4.8EI/22 & 2.4EI/22 \\ 0 & 0 & 2.4EI/22 & 4.8EI/22 \end{bmatrix}$$

$$=\begin{bmatrix} 20/9 & 10/9 & 0 & 0 \\ 10/9 & 20/9 & 0 & 0 \\ 0 & 0 & 24/11 & 12/11 \\ 0 & 0 & 12/11 & 24/11 \end{bmatrix} \tag{10.69}$$

構造物剛度매트릭스를 구하면,

$$[K]=[A][S][C]=\begin{bmatrix} 1 & 0 & 0 & 0 \\ 0 & 1 & 1 & 0 \\ 0 & 0 & 0 & 1 \end{bmatrix}\begin{bmatrix} 2.\dot{2} & 1.\dot{1} & 0 & 0 \\ 1.\dot{1} & 2.\dot{2} & 0 & 0 \\ 0 & 0 & 2.\dot{1}\dot{8} & 1.\dot{0}\dot{9} \\ 0 & 0 & 1.\dot{0}\dot{9} & 2.\dot{1}\dot{8} \end{bmatrix}\begin{bmatrix} 1 & 0 & 0 \\ 0 & 1 & 0 \\ 0 & 1 & 0 \\ 0 & 0 & 1 \end{bmatrix}$$

$$=\begin{bmatrix} 1 & 0 & 0 & 0 \\ 0 & 1 & 1 & 0 \\ 0 & 0 & 0 & 1 \end{bmatrix}\begin{bmatrix} 2.\dot{2} & 1.\dot{1} & 0 \\ 1.\dot{1} & 2.\dot{2} & 0 \\ 0 & 2.\dot{1}\dot{8} & 1.\dot{0}\dot{9} \\ 0 & 1.\dot{0}\dot{9} & 2.\dot{1}\dot{8} \end{bmatrix}=\begin{bmatrix} 2.\dot{2} & 1.\dot{1} & 0 \\ 1.\dot{1} & 4.\dot{4}\dot{0} & 1.\dot{0}\dot{9} \\ 0 & 1.\dot{0}\dot{9} & 2.\dot{1}\dot{8} \end{bmatrix} \tag{10.70}$$

와 같이 되고, $[K]\{d\}=\{P_C\}$에 旣知의 값을 넣고 이것을 풀면

$$\{d\}=\{+10.1926 \quad +6.2814 \quad -25.3240\} \tag{10.71}$$

을 얻는다. 이 결과를 사용하여 $\{T\}$를 구하면 다음과 같다:

$$\{T\}=\{T_0\}+[S][C]\{d\}=\begin{bmatrix}-29.630\\+37.037\\-48.440\\+48.440\end{bmatrix}+\begin{bmatrix}2.\dot{2} & 1.\dot{1} & 0\\1.\dot{1} & 2.\dot{2} & 0\\0 & 2.\dot{1}\dot{8} & 1.\dot{0}\dot{9}\\0 & 1.\dot{0}\dot{9} & 2.\dot{1}\dot{8}\end{bmatrix}\begin{bmatrix}+10.1926\\+\ 6.2814\\-25.3240\end{bmatrix}$$

$$=\begin{bmatrix}-29.630\\+37.037\\-48.400\\+48.400\end{bmatrix}+\begin{bmatrix}+29.630\\+25.284\\-13.921\\-48.400\end{bmatrix}=\begin{bmatrix}0\\+62.321\\-62.321\\0\end{bmatrix} \tag{10.72}$$

이 결과는 예제 9.8의 풀이의 결과와 일치한다.

세째로 部材의 製作誤差나 温度變化가 있는 경우에는, 먼저 이들에 의한 변형을 한데 묶어서 **初期變形벡터**(initial deformation vector) $\{e_0\}$을 $\{e\}$와 1대 1 대응이 성립하도록 만든다. 그러면 실지의 變形벡터 $\{e\}$에서 $\{e_0\}$을 뺀 것이 彈性變形으로 되므로 斷面力벡터는

$$\{T\}=[S](\{e\}-\{e_0\}) \tag{10.73}$$

으로 된다. $\{P\}$와 $\{T\}$ 사이의 관계와 $\{e\}$와 $\{d\}$ 사이의 관계는 변함이 없다. 그러므로 이 경우에는 平衡方程式이 다음과 같이 된다:

$$\begin{aligned}\{P\}&=[A]\{T\}=[A][S](\{e\}-\{e_0\})\\&=[A][S][C]\{d\}-[A][S]\{e_0\}\end{aligned} \tag{10.74}$$

이로부터 變位가

$$\{d\}=[K]^{-1}(\{P\}+[A][S]\{e_0\}) \tag{10.75}$$

과 같이 결정되고, 이와 같이 하여 산정된 $\{d\}$를 식 (10.73)에 대입하면 斷面力이 다음과 같이 결정된다:

$$\{T\}=[S][C]\{d\}-[S]\{e_0\} \tag{10.76}$$

끝으로 支點沈下의 영향을 고려하기로 한다. 그러기 위해서는 反力의 算出法을 알아야 한다. 反力은, 앞서 말한 바와 같이 모든 斷面力成分 $\{T\}$를 구했으면 각 反力要素의 방향의 평형조건식으로부터 구할 수 있다. 한 구조물의 모든 反力要素의 數가 R개라고 할 때, 이들을 R_1, R_2, …, R_R로 적고 이들에 대응하는 變位成分을 s_1, s_2, …, s_R로 적으면, 이들을 각각 한데 묶어서 **反力벡터**(reaction vector) $\{R\}$와 **支點沈下벡터**(support settlement vector) $\{s\}$를 다음과 같이 형성할 수 있다:

$$\{R\}=\{R_1\ R_2\ R_3\ \cdots\ R_R\} \tag{10.77}$$

$$\{s\}=\{s_1\ s_2\ s_3\ \cdots\ s_R\} \tag{10.78}$$

그러면 $\{R\}$와 $\{T\}$ 사이의 平衡條件式을

$$\underset{(R\times 1)}{\{R\}}=\underset{(R\times M)}{[A_R]}\underset{(M\times 1)}{\{T\}} \tag{10.79}$$

와 같이 나타낼 수 있고, 이것과 식 (10.40)을 결합하여

$$\begin{bmatrix}\{P_C\}\\ \{R\}\end{bmatrix}=\begin{bmatrix}[A]\\ [A_R]\end{bmatrix}\{T\} \tag{10.80}$$

와 같이도 나타낼 수 있다. 이 경우에는 한 구조물의 모든 部材의 變形 $\{e\}$는 $\{d\}$에 의해서만이 아니라 $\{s\}$에 의해서도 일어난다. 그 관계는 假想일의 原理에 의해 구할 수 있다. 곧 外的 假想일과 內的 假想일을 等置하면,

$$\{P_C\}^T\{d\}+\{R\}^T\{s\}=\{T\}^T\{e\} \tag{10.81}$$

로 되는데, 식 (10.40)과 (10.79)에 의해, 이로부터

$$\{T\}^T([A]^T\{d\}+[A_R]^T\{s\})=\{T\}^T\{e\} \tag{10.82}$$

를 얻는다. 여기서 $\{T\}$와 $\{e\}$ 사이에는 아무런 관계도 없다는 것을상기하면, 이 식이 성립하기 위해서는 다음 관계가 성립하여야 함을 안다:

$$\{e\}=[A]^T\{d\}+[A_R]^T\{s\}=[C]\{d\}+[A_R]^T\{s\} \qquad (10.83)$$

그러므로 斷面力과 變形 사이의 관계식은

$$\{T\}=[S]\{e\}=[S]([A]^T\{d\}+[A_R]^T\{s\}) \qquad (10.84)$$

로 되고, 평형방정식은 다음과 같이 된다:

$$\{P_C\}=[A]\{T\}=[A][S][A]^T\{d\}+[A][S][A_R]^T\{s\} \qquad (10.85)$$

여기서 $[A]$, $[A_R]$는 구조물의 엮음새(topology)에 관한 것으로, 또 $[S]$는 構成部材의 形狀과 性質에 관한 것으로, 이들은 모두 주어져 있다. 이 식은 L元 1次聯立方程式으로서 荷重 $\{P_C\}$와 支點沈下 $\{s\}$가 주어지면, 이 식을 $\{d\}$에 관해서 풀 수 있다. $\{d\}$가 구해졌으면 모든 部材의 斷面力 $\{T\}$를 식 (10.84)에 의해 구할 수 있고, 反力 $\{R\}$는 식 (10.79)에 의해 구할 수 있다. 이상의 이야기는 물론 $[K]=[A][S][A]^T$가 특이하지 않다는 가정하에서의 이야기이다. 그러자면 구조물은 安定하고 $(M+R)\geqq(L+R)$ 즉 $M\geqq L$의 조건이 만족되어야 한다. $M>L$인 경우라도 外的으로 靜定한 구조물에서는 물론 $\{s\}$에 의해 구조물이 剛體로서의 운동만을 일으키고 斷面力을 유발시키지 않을 것이다.

위에서 논한 것을, 식 (10.80)과 식 (10.84)를 다음과 같이 놓은 식과를 사용하여서, 다른 방법으로도 公式化할 수 있다:

$$\{T\}=[S]\left[[A]^T \quad [A_R]^T\right]\begin{bmatrix}\{d\}\\ \{s\}\end{bmatrix} \qquad (10.86)$$

곧 식 (10.86)을 (10.80)에 대입하면

$$
\begin{bmatrix} \{P_C\} \\ \{R\} \end{bmatrix} = \begin{bmatrix} [A] \\ [A_R] \end{bmatrix} [S][[A]^T \quad [A_R]^T] \begin{bmatrix} \{d\} \\ \{s\} \end{bmatrix}
$$

$$
= \begin{bmatrix} [A][S][A]^T & [A][S][A_R]^T \\ [A_R][S][A]^T & [A_R][S][A_R]^T \end{bmatrix} \begin{bmatrix} \{d\} \\ \{s\} \end{bmatrix} \tag{10.87}
$$

를 얻는데, 이것은 다음 두 개의 매트릭스方程式과 동등하다:

$$
\begin{aligned}
\{P_C\} &= [A][S][A]^T\{d\} + [A][S][A_R]^T\{s\} \\
\{R\} &= [A_R][S][A]^T\{d\} + [A_R][S][A_R]^T\{s\}
\end{aligned} \tag{10.88}
$$

식 (10.88)의 첫째 식으로부터 節點變位 $\{d\}$를 구할 수 있고, $\{d\}$가 구해졌으면 反力 $\{R\}$를 둘째 식으로부터, 斷面力 $\{T\}$를 식 (10.86)으로부터 구할 수 있다. 결과는 먼저와 같다.

10.8 材端力벡터와 材端變位벡터

10.6절에서는 斷面力과 變形을 고려하여 變位法을 公式化하였는데, 이들 대신에 材端力과 材端變位를 생각해서도 變位法을 公式化할 수 있다. 한 部材의 兩端을, 그림 10.10에 보인 바와 같이, 번호 1과 2를 붙여서 구별하고, 材端 1과 2에 작용하는 材端力成分을 각각 한데 묶어서 **材端力벡터**(member-end force vector) $\{P_1\}$과 $\{P_2\}$를 형성하

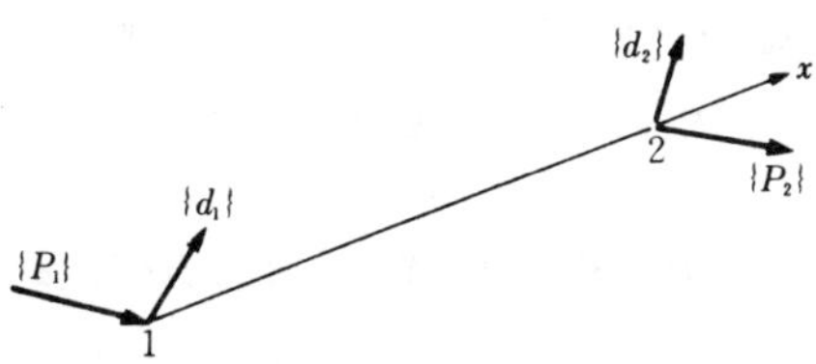

그림 10.10

고 이들에 대응하여 **材端變位벡터**(member-end displacement vector) $\{d_1\}$과 $\{d_2\}$를 형성하면, 彈性線形 構造物에서는 이들 사이에 다음의 材端力-材端變位 관계가 일반적으로 성립한다:

$$\begin{aligned}\{P_1\}&=[S_{11}]\{d_1\}+[S_{12}]\{d_2\}\\ \{P_2\}&=[S_{21}]\{d_1\}+[S_{22}]\{d_2\}\end{aligned} \tag{10.89}$$

여기서 $[S_{11}]$ 등은 部材의 形狀과 性質에 따라 정해지는 것으로, 이들도 部材剛度매트릭스라고 불린다.

식 (10.89)를 한데 묶어서 다음과 같이 한 개의 매트릭스式으로 나타낼 수도 있다:

$$\begin{bmatrix}\{P_1\}\\ \{P_2\}\end{bmatrix}=\begin{bmatrix}[S_{11}][S_{12}]\\ [S_{21}][S_{22}]\end{bmatrix}\begin{bmatrix}\{d_1\}\\ \{d_2\}\end{bmatrix}=[S]\begin{bmatrix}\{d_1\}\\ \{d_2\}\end{bmatrix} \tag{10.90}$$

이 때 $[S]$는 對稱매트릭스로 된다. 그러나 $[S]$의 逆매트릭스는 존재하지 않는다. 그것은 고립된 한 部材는 剛體로서의 運動을 할 수 있으므로 주어진 荷重 $\{P_1\}$과 $\{P_2\}$에 대하여 變位 $\{d_1\}$과 $\{d_2\}$가 일의적으로 결정되지 않기 때문이다.

구체적인 문제에 있어서 식 (10.89)의 꼴은 좌표축을 잡는 방법에 좌우된다. 2軸對稱의 一樣한 斷面을 가지는 直線部材에 대하여 식 (10.89)를 가장 간단하게 나타낼 수 있게 하는 座標軸은 材軸과 斷面의 두 主軸을 座標軸으로 잡는 直角座標系이다.

立體뼈대의 한 構成部材에 대하여, 材軸을 x축, 斷面의 小主軸을 y축, 大主軸을 z축으로 잡고, 材端力벡터를

$$\{P_i\}=\{P_{xi}\ \ P_{yi}\ \ P_{zi}\ \ M_{xi}\ \ M_{yi}\ \ M_{zi}\},\ \ i=1,\ 2 \tag{10.91}$$

로, 이에 대응하여 材端變位벡터를

$$\{d_i\}=\{d_{xi}\ d_{yi}\ d_{zi}\ \theta_{xi}\ \theta_{yi}\ \theta_{zi}\},\quad i=1,\ 2 \tag{10.92}$$

로 적으면, 部材剛度매트릭스가 다음과 같이 됨을 쉽게 밝힐 수 있다:

$$[S_{11}]=\begin{bmatrix} EA/l & 0 & 0 & 0 & 0 & 0 \\ 0 & 12EI_z/l^3 & 0 & 0 & 0 & 6EI_z/l^2 \\ 0 & 0 & 12EI_y/l^3 & 0 & -6EI_y/l^2 & 0 \\ 0 & 0 & 0 & GJ/l & 0 & 0 \\ 0 & 0 & -6EI_y/l^2 & 0 & 4EI_y/l & 0 \\ 0 & 6EI_z/l^2 & 0 & 0 & 0 & 4EI_z/l \end{bmatrix} \tag{10.93}$$

$$[S_{12}]=[S_{21}]^T$$

$$=\begin{bmatrix} -EA/l & 0 & 0 & 0 & 0 & 0 \\ 0 & -12EI_z/l^3 & 0 & 0 & 0 & 6EI_z/l^2 \\ 0 & 0 & -12EI_y/l^3 & 0 & -6EI_y/l^2 & 0 \\ 0 & 0 & 0 & -GJ/l & 0 & 0 \\ 0 & 0 & 6EI_y/l^2 & 0 & 2EI_y/l & 0 \\ 0 & -6EI_z/l^2 & 0 & 0 & 0 & 2EI_z/l \end{bmatrix} \tag{10.94}$$

그리고 $[S_{22}]$는 $[S_{11}]$에서 主對角要素 밖에 있는 要素의 부호를 바꾼 것과 같다.

위의 식들에서, 이를테면, d_{x1}은 材端 1의 x방향의 變位, θ_{x2}는 材端 2의 x축 둘레의 廻轉角이고, 나머지 기호는 모두 식 (10.37)에서 사용한 것들이다.

平面剛節뼈대의 경우에는, z축을 뼈대平面에 수직하게 잡고,

$$\{d_i\}=\{d_{xi}\quad d_{yi}\quad \theta_i\},\qquad i=1,\ 2 \tag{10.95}$$

$$\{P_i\}=\{P_{xi} \quad P_{yi} \quad M_i\}, \quad i=1,\ 2 \tag{10.96}$$

로 적으면, 部材剛度매트릭스가 다음과 같이 된다:

$$[S]=\left[\begin{array}{ccc:ccc} EA/l & 0 & 0 & -EA/l & 0 & 0 \\ 0 & 12EI/l^3 & 6EI/l^2 & 0 & -12EI/l^3 & 6EI/l^2 \\ 0 & 6EI/l^2 & 4EI/l & 0 & -6EI/l^2 & 2EI/l \\ \hdashline -EA/l & 0 & 0 & EA/l & 0 & 0 \\ 0 & -12EI/l^3 & -6EI/l^2 & 0 & 12EI/l^3 & -6EI/l^2 \\ 0 & 6EI/l^2 & 2EI/l & 0 & -6EI/l^2 & 4EI/l \end{array}\right] \tag{10.97}$$

立體트러스의 경우에는, 材端力벡터와 材端變位벡터를 각각

$$\{P_i\}=\{P_{xi} \quad P_{yi} \quad P_{zi}\}, \quad i=1,\ 2 \tag{10.98}$$

$$\{d_i\}=\{d_{xi} \quad d_{yi} \quad d_{zi}\}, \quad i=1,\ 2 \tag{10.99}$$

로 정의하면, 部材剛度매트릭스가 다음과 같이 된다:

$$[S]=\frac{EA}{l}\left[\begin{array}{ccc:ccc} 1 & 0 & 0 & -1 & 0 & 0 \\ 0 & 0 & 0 & 0 & 0 & 0 \\ 0 & 0 & 0 & 0 & 0 & 0 \\ \hdashline -1 & 0 & 0 & 1 & 0 & 0 \\ 0 & 0 & 0 & 0 & 0 & 0 \\ 0 & 0 & 0 & 0 & 0 & 0 \end{array}\right] \tag{10.100}$$

그러나, 트러스部材의 材端力은 반드시 材軸方向을 가지며, 따라서 $\{P_i\}=\{P_{xi} \quad 0 \quad 0\}$으로 되고, 材端變位는 材軸方向의 것만이 材端力과 관계가 있다는 사실을 활용하면, 위의 部材剛度매트릭스 대신에

$$P_{x1}=\frac{EA}{l}d_{x1}-\frac{EA}{l}d_{x2}, \quad P_{x2}=-\frac{EA}{l}d_{x1}+\frac{EA}{l}d_{x2} \tag{10.101}$$

의 관계를 사용할 수 있다. 그러면 $\{P_1\}=P_{x1}$, $\{P_2\}=P_{x2}$ 로 되고,

$$[S]=\frac{EA}{l}\begin{bmatrix} 1 & -1 \\ -1 & 1 \end{bmatrix} \tag{10.102}$$

로 된다. 이 剛度매트릭스는 平面트러스의 構成部材에 대해서도 그대로 사용할 수 있다.

식 (10.100)과 (10.102)의 매트릭스가 특이하다는 것은 바로 알 수 있고, (10.97)과 立體뼈대에 대한 部材剛度매트릭스에 대해서는 그 行列式을 계산해 봄으로써 이들이 특이하다는 것을 확인할 수 있다.

한 部材 1-2의 材端 1이 節點 A에 연결되어 있다면 材端變位 $\{d_1\}$과 節點變位 $\{d_A\}$는 일치해야 한다. 그러나 節點變位벡터의 要素들은 뼈대座標系(x', y', z')에 준거하여 정의되어 있으므로 이들을 직접 等置할 수는 없다. 部材座標系에 대해서 정의되어 있는 $\{d_1\}$의 要素들을 뼈대座標系에 관한 것으로 變換한 다음이라야 이들을 等置할 수 있는 것이다.

平面트러스의 경우에는 한 部材가, 그림 10.11에 보인 바와 같이 x'축과 角 α를 짓는다면, 그림으로부터 명백한 바와 같이,

$$\begin{aligned} d'_{x1} &= d_{x1}\cos\alpha - d_{y1}\sin\alpha \\ d'_{y1} &= d_{x1}\sin\alpha + d_{y1}\cos\alpha \end{aligned} \tag{10.103}$$

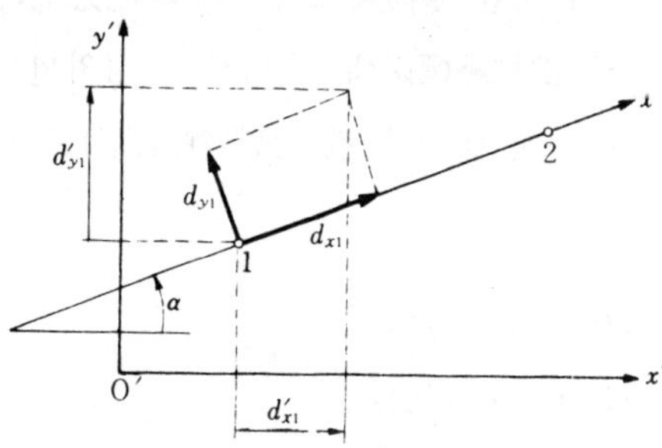

그림 10.11

의 관계가 성립함을 안다. 이것을 매트릭스式으로 고쳐 쓰면,

$$\begin{bmatrix} d'_{x1} \\ d'_{y1} \end{bmatrix} = \begin{bmatrix} \cos\alpha & -\sin\alpha \\ \sin\alpha & \cos\alpha \end{bmatrix} \begin{bmatrix} d_{x1} \\ d_{y1} \end{bmatrix} \tag{10.104}$$

로 되며, 이것을 간결하게

$$\{d_1'\} = [R]\{d_1\} \tag{10.105}$$

로 적을 수 있다. $[R]$를 일반적으로 **變換매트릭스**(transformation matrix, rotation matrix)라고 부른다.

平面剛節뼈대의 경우 材端變位벡터가 식 (10.95)로 정의되어 있으면 이 경우의 變換매트릭스는 다음과 같이 된다:

$$[R] = \begin{bmatrix} \cos\alpha & -\sin\alpha & 0 \\ \sin\alpha & \cos\alpha & 0 \\ 0 & 0 & 1 \end{bmatrix} \tag{10.106}$$

變換매트릭스가 直交매트릭스로 됨은 쉽게 알 수 있다. 그러므로 그 逆매트릭스는 다음과 같이 얻어진다:

$$\{d_1\} = [R]^{-1}\{d_1'\} = [R]^T\{d_1'\} \tag{10.107}$$

材端變位벡터에 대한 變換매트릭스는 材端力벡터의 變換에도 그대로 적용된다. 즉 部材座標系에 준거하여 정의된 材端力벡터 $\{P_1\}$과 $\{P_2\}$를 뼈대座標系에 준거한 量 $\{P_1'\}$와 $\{P_2'\}$로 변환하면 다음과 같이 된다:

$$\begin{aligned} \{P_1'\} &= [R]\{P_1\} \\ \{P_2'\} &= [R]\{P_2\} \end{aligned} \tag{10.108}$$

윗식에 식 (10.89)를 대입하고 그 결과에 식 (10.107)로 대표되

는 관계를 대입하면 다음을 얻는다:

$$\{P_1'\}=[R][S_{11}]\{d_1\}+[R][S_{12}]\{d_2\}$$
$$=[R][S_{11}][R]^T\{d_1'\}+[R][S_{12}][R]^T\{d_2'\} \quad (10.109)$$
$$\{P_2'\}=[R][S_{21}]\{d_1\}+[R][S_{22}]\{d_2\}$$
$$=[R][S_{21}][R]^T\{d_1'\}+[R][S_{22}][R]^T\{d_2'\} \quad (10.110)$$

이들을 다음과 같이 고쳐 쓸 수 있다:

$$\begin{aligned}\{P_1'\}&=[S_{11}']\{d_1'\}+[S_{12}']\{d_2'\}\\ \{P_2'\}&=[S_{21}']\{d_1'\}+[S_{22}']\{d_2'\}\end{aligned} \quad (10.111)$$

여기서

$$[S_{ij}']=[R][S_{ij}][R]^T,\ \ i=1,\ 2\ ;\ j=1,\ 2 \quad (10.112)$$

는 뼈대座標系에 준거하여 표시된 部材剛度매트릭스이다.

平面트러스의 경우에 식 (10.100)과 같은 꼴 대신에 식 (10.101)을 사용하면,

$$[R]=\{\cos\alpha \ \ \sin\alpha\},\ [R]^T=[\cos\alpha \ \ \sin\alpha] \quad (10.113)$$

로 되고, 식 (10.111) 또는 (10.112)의 관계는 그대로 성립한다. 立體트러스의 경우에도 마찬가지이다. 이 때에는 뼈대座標系에 대한 材軸 (x축)의 方向余弦을 (λ, μ, ν)라고 하면,

$$[R]=\{\lambda \ \ \mu \ \ \nu\} \quad (10.114)$$

로 되며, 따라서 뼈대座標系에 준거하여 표시된 部材剛度매트릭스는 다음과 같이 된다:

$$\begin{bmatrix} P'_{xi} \\ P'_{yi} \\ P'_{zi} \end{bmatrix} = (-1)^{i+1}\frac{EA}{l}\begin{bmatrix} \lambda^2 & \lambda\mu & \lambda\nu \\ \lambda\mu & \mu^2 & \mu\nu \\ \lambda\nu & \mu\nu & \nu^2 \end{bmatrix}\begin{bmatrix} d'_{x1} \\ d'_{y1} \\ d'_{z1} \end{bmatrix}$$

$$-(-1)^{i+1}\frac{EA}{l}\begin{bmatrix} \lambda^2 & \lambda\mu & \lambda\nu \\ \lambda\mu & \mu^2 & \mu\nu \\ \lambda\nu & \mu\nu & \nu^2 \end{bmatrix}\begin{bmatrix} d'_{x2} \\ d'_{y2} \\ d'_{z2} \end{bmatrix}, \quad i=1,\ 2 \tag{10.115}$$

部材剛度매트릭스로서 식 (10.90)의 $[S]$를 사용하는 때에는,

$$[R_T] = \begin{bmatrix} [R] & [0] \\ [0] & [R] \end{bmatrix} \tag{10.116}$$

로 놓으면, 뼈대座標系에 관한 部材剛度매트릭스 $[S']$는 다음 식으로 얻어진다:

$$[S'] = [R_T][S][R_T]^T \tag{10.117}$$

10.9 直接剛度法

材端力-材端變位 관계인 식 (10.89) 또는 (10.90)을 一樣한 斷面을 가지는 直線部材에 대하여 部材座標系에 관해서 내려쓰기는 쉽다. 그리고 나서 變換매트릭스를 사용하여 이 관계를 뼈대座標系에 관한 것 즉 식 (10.111)로 바꾸었으면, 適合條件과 平衡條件을 적용하는 일이 단순한 작업으로 된다. 그림 10.2의 平面트러스를 다시 예로 들어서 이 점을 좀 더 구체적으로 설명하기로 한다. 이 트러스의 모든 部材의 斷面積은 먼저와 마찬가지로 다 같이 A와 같다고 본다.

먼저 각 部材에 대한 x축을 1, 2, 4部材에 대해서는 각각 節點 A, C, D로부터 B로 향하는 쪽으로 잡고, 3, 5部材에 대해서는 각

각 D, A로부터 C로 향하는 쪽으로 잡는다. 뼈대座標系로서는 D점에서 C로 향하는 방향으로 x'축을, D에서 A로 향하는 방향으로 y'축을 잡는다. 그러면, 이를테면, 部材 4에 대하여 식 (10.101)과 (10.113)은 각각 다음과 같이 된다:

$$P_{x1}=\frac{EA}{5}d_{x1}-\frac{EA}{5}d_{x2}$$
$$P_{x2}=-\frac{EA}{5}d_{x1}+\frac{EA}{5}d_{x2} \qquad (10.118)$$

$$[R]=\{0.8 \quad 0.6\} \qquad (10.119)$$

그러므로 다음을 얻는다:

$$[S_{11}']=\begin{bmatrix}0.8\\0.6\end{bmatrix}\frac{EA}{5}[0.8 \ 0.6]=\frac{EA}{5}\begin{bmatrix}0.64 & 0.48\\0.48 & 0.36\end{bmatrix} \qquad (10.120)$$

즉 식(10.101)을 사용하는 경우 $[S_{11}]$ 등은 스케일러로 되지만, $[S_{11}']$ 등은 (2×2)次의 正方形對稱매트릭스로 된다. 트러스 部材에서는 $[S_{22}']=[S_{11}']$, $[S_{12}']=[S_{21}']=-[S_{11}']$로 되므로, 이 경우 식 (10.111)은 다음과 같이 된다:

$$\begin{bmatrix}P'_{xi}\\P'_{yi}\end{bmatrix}=(-1)^{i+1}\frac{EA}{5}\begin{bmatrix}0.64 & 0.48\\0.48 & 0.36\end{bmatrix}\begin{bmatrix}d'_{x1}\\d'_{y1}\end{bmatrix}$$
$$-(-1)^{i+1}\frac{EA}{5}\begin{bmatrix}0.64 & 0.48\\0.48 & 0.36\end{bmatrix}\begin{bmatrix}d'_{x2}\\d'_{y2}\end{bmatrix},\quad i=1,\ 2 \qquad (10.121)$$

모든 部材에 대하여 마찬가지로 하여 식 (10.121)과 같은 식을 세울 수 있다. 그런 다음에 適合條件式을 세우면 다음과 같다:

部材 1에 대하여

$$\{d'_{x1}\ \ d'_{y1}\}=\{d'_{xA}\ \ d'_{yA}\}=\{0\ \ 0\}$$

$$\{d'_{x2}\ \ d'_{y2}\}=\{d'_{xB}\ \ d'_{yB}\}=\{d_1\ \ d_2\} \qquad (10.122)$$

部材 2에 대하여

$$\{d'_{x1}\ \ d'_{y1}\}=\{d'_{xC}\ \ d'_{yC}\}=\{d_3\ \ 0\}$$

$$\{d'_{x2}\ \ d'_{y2}\}=\{d'_{xB}\ \ d'_{yB}\}=\{d_1\ \ d_2\}$$

....

위의 관계를 식 (10.121)에 대입하면, 部材 4에 대하여서는

$$P'_{x2}=\frac{EA}{5}(0.64\,d_1+0.48\,d_2)$$

$$P'_{y2}=\frac{EA}{5}(0.48\,d_1+0.36\,d_2) \qquad (10.123)$$

를 얻는다. 여기서 $\{P'_{x1}\ P'_{y1}\}$은 反力의 일부로서 支點에 흡수되므로 윗식 안에 포함시키지 않았다. 식 (10.123)이 部材 4에 관한 것이라는 것을 명시하기 위해 그 좌변을 $(P'_{x2})_4$와 $(P'_{y2})_4$로 대치하기로 하고, 나머지 모든 部材에 대하여 이런 식을 세우면 다음과 같이 된다:

$$(P'_{x2})_1=\frac{EA}{4}d_1,\quad (P'_{y2})_1=0$$

$$(P'_{x1})_2=0,\quad (P'_{x2})_2=0,\quad (P'_{y2})_2=\frac{EA}{3}d_2$$

$$(P'_{x2})_3=\frac{EA}{4}d_3,\quad (P'_{y2})_3=0 \qquad (10.124)$$

$$(P'_{x2})_5=\frac{EA}{5}0.64\,d_3$$

이들의 材端力은 節點으로부터 材端에 작용하는 것으로 그 反作用

이 節點에 작용한다. 그러므로 節點 B와 C를 고립시켜서 平衡條件을 적용하면 다음을 얻는다:

$$
\begin{aligned}
P_1 &= (P'_{x2})_1 + (P'_{x2})_2 + (P'_{x2})_4 \\
&= EA\left(\frac{1}{4}+\frac{0.64}{5}\right)d_1 + EA\frac{0.48}{5}d_2 \\
P_2 &= (P'_{y2})_1 + (P'_{y2})_2 + (P'_{y2})_4 \\
&= EA\frac{0.48}{5}d_1 + EA\left(\frac{1}{3}+\frac{0.36}{5}\right)d_2 \\
P_3 &= (P'_{x1})_2 + (P'_{x2})_3 + (P'_{x2})_5 \\
&= EA\left(\frac{1}{4}+\frac{0.64}{5}\right)d_3
\end{aligned}
\tag{10.125}
$$

이들을 한데 묶어서 매트릭스方程式으로 고쳐 쓰면

$$
\begin{bmatrix} P_1 \\ P_2 \\ P_3 \end{bmatrix} = EA \begin{bmatrix} \frac{1}{4}+\frac{0.64}{5} & \frac{0.48}{5} & 0 \\ \frac{0.48}{5} & \frac{1}{3}+\frac{0.36}{5} & 0 \\ 0 & 0 & \frac{1}{4}+\frac{0.64}{5} \end{bmatrix} \begin{bmatrix} d_1 \\ d_2 \\ d_3 \end{bmatrix} \tag{10.126}
$$

과 같이 된다. 이것은 식 (10.56), (10.57), (10.58)을 (10.44)에 대입하여 계산한 $[K]$와 일치한다. 식 (10.126)을 매트릭스 기호를 사용하여 나타내면 다음과 같다:

$$
\{P\} = [K]\{d\} \tag{10.127}
$$

이것은 10.7절에서 구한 식 (10.44)와 완전히 똑같은 식이다.

위에서는 力學的 뜻을 명확히 알리기 위해 식 (10.125)와 같이 일일이 平衡條件式을 세운 다음에 매트릭스方程式 (10.126)을 구성했는데, 일단 그 뜻을 알았으면 일일이 그렇게 할 필요가 없고, 각 部

材에 대하여 뼈대座標系에 관한 部材剛度매트릭스 $[S']$를 계산한 다음에 $[S']$의 각 要素를 그 部材의 兩端이 연결되어 있는 節點의 각 自由度番號로부터 정해지는 $[K]$ 안의 位置에 配置해나감으로써 直接 $[K]$를 구성할 수 있다.

이를테면, 그림 10.2의 트러스의 경우에는 自由度番號를 그림과 같이 정한 다음에 $\{P\}$와 $\{d\}$를 구성하고 나서, 다음과 같이 생각하여 직접 $[K]$를 구성할 수 있다. 이를테면, 部材 4에 대하여 $[S']$가 식 (10.121)과 같이 산정되었으면, 먼저 P'_{x1}을 생각한다. 이것은 節點 D에 일어나는 x'방향의 反力의 일부를 나타내므로 더 이상 생각하지 않고, 다음 순서로서 P'_{y1}을 생각한다. 이것도 역시 D점에서의 反力의 일부를 나타내므로 그냥 넘기고 다음 순서인 P'_{x2}를 생각한다. 이것은 節點 B의 x'방향의 힘 즉 節點荷重 P_1의 방향의 힘이므로 이것을 고려하되, P'_{x2}에 관계되는 材端變位는 d'_{x1}, d'_{y1}, d'_{x2}, d'_{y2}이므로 이들의 自由度를 다음에 생각한다. d'_{x1}과 d'_{y1}은 節點 D의 變位와 같으며 이들은 0이므로(이것이 곧 適合條件임), 그냥 넘기고 다음으로 간다. 다음 순서로서 d'_{x2}를 생각하건대 이것은 B 節點의 x' 방향의 變位 즉 d_1과 같으므로(이것이 곧 適合條件임), 이것을 고려해야 하는데, 그것은 $[S']$ 안의 P'_{x2}와 d'_{x2}에 대응하는 要素 $(0.64EA/5)$를 $[K]$ 안의 P_1과 d_1에 대응하는 要素 K_{11}의 위치에, 즉 제 1행 제 1열에, 배치하는 것으로 충족된다. 그 다음은 d'_{y2}인데, 이것은 B 節點의 y'방향의 變位 즉 d_2와 같으므로, P'_{x2}와 d'_{y2}에 대응하는 要素 $(0.48EA/5)$를 $[K]$의 P_1과 d_2에 대응하는 要素 K_{12}의 위치에 배치한다. 이것으로 P'_{x2}에 대한 것이 끝나고, 다음으로 P'_{y2}를 생각한다. 이것은 P_2의 방향의 힘으로서 이것을 고려해야 한다. 이에 관계되는 것은 역시 d'_{x1}, d'_{y1}, d'_{x2}, d'_{y2}인데, d'_{x1}과 d'_{y1}은 0이므로 그냥 넘기고, $d'_{x2}=d_1$이므로 $[S']$ 안의 P'_{y2}와 d'_{x2}에 대응하는 要素 $(0.48EA/5)$를 $[K]$의 P_2와 d_1에 대응하는 요소 K_{21}의 위치에 배치하고, $d'_{y2}=d_2$이므로 $[S']$ 안의 P'_{y2}와 d'_{y2}에 대응하는 요소 $(0.36EA/5)$를 $[K]$의 P_2와 d_2에 대응하는 요소 K_{22}의 위치에 배치한다.

위와 같은 일을 모든 部材에 대하여 시행한 다음에 $[K]$ 안의 같은 위치에 배치된 것을 합하면 식 (10.126) 안의 $[K]$에 해당하는 것이 얻어진다. 이것을 얻은 다음에 식 (10.126)을 내려 쓰기는 쉬우며, 주어진 荷重에 대하여 이것을 풀면 $\{d\}$ 즉 모든 節點變位가 얻어진다. 그러면 각 部材의 材端變位는 식 (10.107)로부터 구할 수 있고, 그런 다음에 材端力은 식 (10.89) 또는 (10.90)으로부터 구할 수 있다.

위의 方法도 變位法임에는 틀림이 없으나 뼈대剛度매트릭스를 위와 같이 직접 구성할 수 있다는 뜻으로 이 방법을 특히 **直接剛度法**(direct stiffness method)이라고 부르는 일이 있다. 컴퓨터 프로그램을 짤 때에는 直接剛度法에 의하는 것이 여러 모로 유리하다.

剛節뼈대의 경우에 部材에 직접 작용하는 荷重이 있는 때에는, 10.8절에서와 마찬가지로, 等價節點荷重벡터 $\{P_0\}$을 형성하고 식 (10.63)을 따라 구한 合成節點荷重벡터 $\{P_C\}$를 식 (10.127)의 $\{P\}$ 대신에 사용해야 한다. 이 경우에는 먼저 각 部材에 대하여 兩端의 固定端力벡터 $\{P_{M1}\}$과 $\{P_{M2}\}$를 구한다. 이들은 部材座標系에 준거하여 산정되며, 각각 材端力벡터 $\{P_1\}$과 $\{P_2\}$에 1내1 대응이 되도록 그 요소의 순서를 정한다. 다음에 이것을 식 (10.108)을 따라 뼈대座標系에 대한 量 $\{P'_{M1}\}$ $\{P'_{M2}\}$로 바꾼다. 끝으로 이들의 부호를 바꾼 것으로부터, 部材의 연결상태와 節點의 自由度를 생각하여 節點荷重벡터의 요소들과 1대1 대응이 성립하도록, 벡터를 형성하면 等價節點荷重벡터 $\{P_0\}$이 얻어진다. 이 때에는 材端力벡터가 다음 식으로 주어

진다:

$$\begin{aligned}\{P_1\}&=\{P_{M1}\}+[S_{11}]\{d_1\}+[S_{12}]\{d_2\}\\ \{P_2\}&=\{P_{M2}\}+[S_{21}]\{d_1\}+[S_{22}]\{d_2\}\end{aligned} \qquad (10.128)$$

支點沈下의 영향을 고려하려는 경우에는, 反力벡터 $\{R\}$와 支點沈下벡터 $\{s\}$를 각각 식 (10.77)과 (10.78)과 같이 형성한 다음에 **全體節點荷重벡터**(overall joint load vector) $\{P_T\}=\{\{P_C\}\ \{R\}\}$와 **全體節點變位벡터**(overall joint displacement vector) $\{d_T\}=\{\{d\}\ \{s\}\}$를 형성하고, 각 부재에 대한 $[S']$로부터 **全體構造物剛度매트릭스**(overall structure stiffness matrix) $[K_T]$를 구성하면 다음을 얻는다:

$$\{P_T\}=[K_T]\{d_T\} \qquad (10.129)$$

여기서

$$\begin{aligned}\{P_T\}&=\{P_1\ P_2\ \cdots\ P_L \mid R_1\ R_2\ \cdots\ R_R\}\\ &=\{P_1\ P_2\ \cdots\ P_L \mid P_{L+1}\ P_{L+2}\ \cdots\ P_{L+R}\}\end{aligned} \qquad (10.130)$$

$$\begin{aligned}\{d_T\}&=\{d_1\ d_2\ \cdots\ d_L \mid s_1\ s_2\ \cdots\ s_R\}\\ &=\{d_1\ d_2\ \cdots\ d_L \mid d_{L+1}\ d_{L+2}\ \cdots\ d_{L+R}\}\end{aligned} \qquad (10.131)$$

이고, 식 (10.129)를 다음과 같이도 쓸 수 있다:

$$\begin{bmatrix}\{P_C\}\\ \{R\}\end{bmatrix}=\begin{bmatrix}[K] & [K_{PR}]\\ [K_{RP}] & [K_{RR}]\end{bmatrix}\begin{bmatrix}\{d\}\\ \{s\}\end{bmatrix} \qquad (10.132)$$

이것은 식 (10.87)과 똑같은 것으로, 다음 두 개의 식과 동등하다:

$$\{P_C\}=[K]\{d\}+[K_{PR}]\{s\} \qquad (10.133)$$

$$\{R\}=[K_{RP}]\{d\}+[K_{RR}]\{s\} \qquad (10.134)$$

$\{s\}$가 $\{0\}$이면 식 (10.133)은 $\{P\}$가 $\{P_C\}$로 대치된 식 (10.127)과 일치한다. $\{s\}$가 $\{0\}$이거나 또는 $\{0\}$이 아닌 경우에는 이것이 주어지거나 하면, 식 (10.133)을 $\{d\}$에 관하여 풀 수 있고, 그 결과를 (10.134)에 대입하면 反力이 결정된다.

식 (10.129) 또는 (10.132)를 다음과 같이 해서도 구할 수 있다. 먼저 節點의 拘束 여부를 따지지 않고 全體構造物剛度매트릭스$[K_J]$를 구한다. 이것을 구하기는 비교적 쉽다. 곧 각 部材에 대해 $[S_{11}']$, $[S_{12}']$, $[S_{21}']$, $[S_{22}']$를 계산한 다음에, 그 部材의 兩端의 節點番號 i와 $j(>i)$에 따라 이들의 서브매트릭스를 그대로 그림 10.12에 보인 바와 같은 $[K_J]$ 안의 위치에 배치해나가면 $[K_J]$가 구성된다. 그러면 平衡方程式

$$\{P_J\}=[K_J]\{d_J\} \tag{10.135}$$

를 얻게 된다. 다음에 구조물의 自由度番號에 따라 $\{P_J\}$와 $\{d_J\}$의 요소의 순서를 바꾸어 각각 식 (10.130)과 (10.131)과 같이 나열하고, 이에 대응하여 $[K_J]$의 行과 列의 순서를 바꾸면 식 (10.129) 따라서 식 (10.132)와 똑같은 것이 얻어진다. 그림 10.12로부터, i 節點이나 j 節點에 모이는 部材가 여러 개 있을 때에는 i行 i列과 j行 j

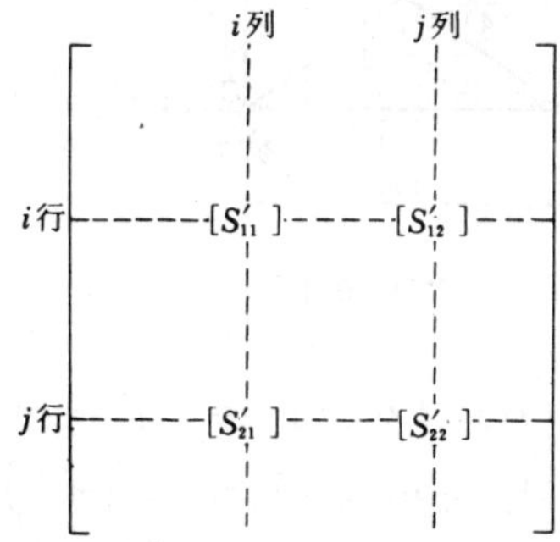

그림 10.12

列에 배치되는 $[S_{11}{}']$ 또는 $[S_{22}{}']$는 累加되어 가지만, i 節點과 j 節點을 연결하는 部材는 한 개뿐이므로 $[S_{12}{}']$나 $[S_{21}{}']$는 單項으로 $[K_J]$ 안에 들어가게 됨을 안다.

10.10 매트릭스應力法

거듭 말하는 바이지만 構造力學의 주된 목적은 주어진 荷重에 대하여 구조물의 모든 構成部材의 斷面力(또는 材端力)과 모든 節點의 變位를 구하는 일이다. 彈性線形 構造物에서는 이들을 구하기 위해 平衡條件, 彈性條件 및 適合條件을 사용한다. 이것은 變位法에서도 應力法에서도 마찬가지이다. 다만 그 적용순서가 다르다는 것은 이미 9.1절에서 말한 바이다. 이하에서는 그림 10.2에 보인 트러스를 예로 들어서 이것을 매트릭스應力法으로 풀어나감으로써 이 방법을 공식화하기로 한다.

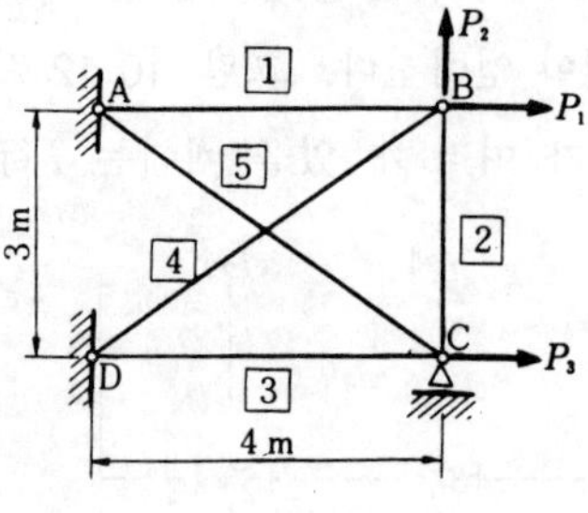

그림 10.13

이 트러스를 그림 10.13에 다시 그려 놓았다. 이것은 2次 不靜定이다. 不靜定力을 선택하는 방법에는 여러 가지가 있을 수 있는데, 여기서는, 그림 10.14에 보인 바와 같이, 移動端 C에 일어나는 反

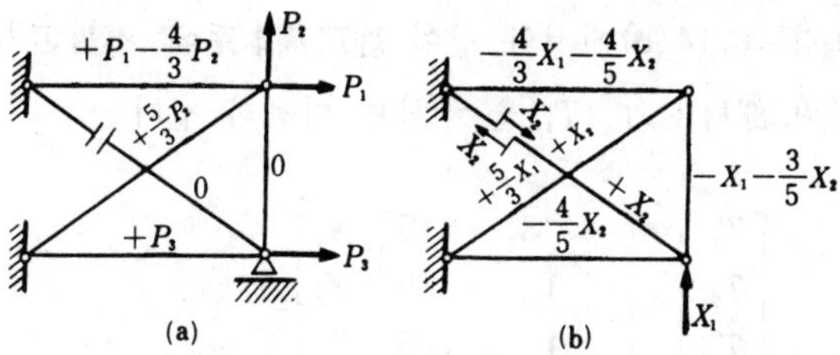

그림 10 14

力과 部材 5의 內力을 不靜定力으로 잡는다. 이들을 각각 X_1과 X_2로 나타내고, 이들을 한데 묶어서 벡터 $\{X\}$로 적고 이것을 **不靜定力벡터**(redundant force vector)라 부르기로 한다. 즉

$$\{X\}=\{X_1 \quad X_2\} \tag{10.136}$$

그림 10.14(a)에서와 같이 靜定基本系에 節點荷重 $\{P\}$가 작용하는 때의 部材內力 $\{T_0\}$을 먼저 구한다. 이를테면 1번 部材의 內力 T_{10}은 平衡條件으로부터 다음과 같이 구해진다:

$$T_{10}=P_1-\frac{4}{3}P_2 \tag{10.137}$$

모든 部材에 대해 위와 같은 식을 세워서 이들을 한데 묶으면 다음과 같은 매트릭스方程式이 얻어진다:

$$\begin{bmatrix} T_{10} \\ T_{20} \\ T_{30} \\ T_{40} \\ T_{50} \end{bmatrix}=\begin{bmatrix} 1 & -4/3 & 0 \\ 0 & 0 & 0 \\ 0 & 0 & 1 \\ 0 & 5/3 & 0 \\ 0 & 0 & 0 \end{bmatrix}\begin{bmatrix} P_1 \\ P_2 \\ P_3 \end{bmatrix} \tag{10.138}$$

이것을 다음과 같이 간결하게 나타낼 수 있다:

$$\{T_0\}=[B_0]\{P\} \tag{10.139}$$

다음에 그림 10.14(b)에서와 같이 靜定基本系에 不靜定力 $\{X\}$가 작용하는 때의 部材內力 $\{T_1\}$을 구하면 다음과 같다.

$$\begin{bmatrix} T_{11} \\ T_{21} \\ T_{31} \\ T_{41} \\ T_{51} \end{bmatrix} = \begin{bmatrix} -4/3 & -4/5 \\ -1 & -3/5 \\ 0 & -4/5 \\ 5/3 & 1 \\ 0 & 1 \end{bmatrix} \begin{bmatrix} X_1 \\ X_2 \end{bmatrix} \tag{10.140}$$

이것을 다음과 같이 매트릭스 기호로 나타낼 수 있다:

$$\{T_1\} = [B_1]\{X\} \tag{10.141}$$

그러면 靜定基本系에 荷重과 不靜定力이 동시에 작용하는 때의 部材內力은 다음 식으로 표시된다:

$$\{T\} = \{T_0\} + \{T_1\} = [B_0]\{P\} + [B_1]\{X\} \tag{10.142}$$

荷重 $\{P\}$와 不靜定力 $\{X\}$가 주어지면 윗식으로부터 部材內力 $\{T\}$를 구할 수 있으나, 실은 $\{X\}$는 주어지는 성질의 것이 아니라 주어진 荷重 $\{P\}$에 따라 산정해야 할 量이다. 이것을 산정하자면 適合條件을 사용해야 하는데, 그러기 위해서는 먼저 각 部材의 변형을 斷面力의 函數로 나타내어야 한다. 트러스 部材에 대해서는 이것이 후크의 法則으로 표시된다. 그림 10.13의 트러스에서 모든 部材의 斷面積이 같다면 $\{e\}$와 $\{T\}$ 사이의 관계가 다음과 같이 된다:

$$\begin{bmatrix} e_1 \\ e_2 \\ e_3 \\ e_4 \\ e_5 \end{bmatrix} = \frac{1}{EA} \begin{bmatrix} 4 & 0 & 0 & 0 & 0 \\ 0 & 3 & 0 & 0 & 0 \\ 0 & 0 & 4 & 0 & 0 \\ 0 & 0 & 0 & 5 & 0 \\ 0 & 0 & 0 & 0 & 5 \end{bmatrix} \begin{bmatrix} T_1 \\ T_2 \\ T_3 \\ T_4 \\ T_5 \end{bmatrix} \tag{10.143}$$

이것을 다음과 같이 간결하게 나타낼 수 있다:

$$\{e\}=[U]\{T\} \tag{10.144}$$

여기서 $[U]$를 **集合柔軟度매트릭스**(assembled member flexibility matrix, flexibility matrix of the unassembled structure)라고 부른다.

다음에 適合條件인데, 이것은 假想일의 原理를 사용하여 간단한 형식으로 나타낼 수 있다. 節點荷重 $\{P\}$가 작용함으로써 유발되는 斷面力을 $\{T\}$라 하고, $\{P\}$와는 아무 관계도 없는 다른 어떤 원인에 의해 일어난 節點變位를 $\{d\}$, 이에 대응하는 變形을 $\{e\}$라고 할 때 식 (10.41)이 성립한다. 이것을 다시 적으면 다음과 같다:

$$\{P\}^T\{d\}=\{T\}^T\{e\} \tag{10.145}$$

여기서, 變位와 變形이 극히 작은 한, $\{P\}$와 $\{T\}$는 平衡條件을 만족시켜야 하고 $\{d\}$와 $\{e\}$는 連續條件을 만족시켜야 한다는 것 이외에는, $\{P\}$와 $\{d\}$ 사이 또는 $\{T\}$와 $\{e\}$ 사이에는 아무런 조건도 붙이지 않는다는 사실을 다시 상기할 필요가 있다. 이에 따라, 不靜定構造物의 경우에는 $\{T\}$로서 그 基本系에 $\{X\}$만이 작용했을 때의 斷面力 $\{T_1\}$을 채택할 수 있다. 이 때 $\{P\}$는 물론 $\{0\}$이다. 이것은 不靜定構造物에서는 荷重이 작용하지 않더라도 자체로서 平衡條件을 만족시키는 斷面力이 일어날 수 있다는 사실을 반영하는 것이다. 이제 $\{d\}$와 $\{e\}$로서 실지로 일어난 變位와 變形을 생각하면 식 (10.145)는 나음과 같이 된다:

$$\{0\}^T\{d\}=\{T_1\}^T\{e\}$$

즉

$$\{T_1\}^T\{e\}=\{X\}^T[B_1]^T\{e\}=0 \tag{10.146}$$

그런데 不靜定構造物에서 平衡條件만을 만족시키는 解는 무수히 많다. 이것은 $\{X\}$의 값을 임의로 잡더라도 平衡條件式을 만족시키는 斷面力을 얻을 수 있다는 것을 의미한다. 그러므로 식 (10.146)은 $\{X\}$의 값 여하에 관계없이 성립하며, 따라서 다음 식이 성립한다:

$$[B_1]^T\{e\}=0 \tag{10.147}$$

이것은 不靜定力에 대응하는 變位가 0으로 된다는 것을 나타내며, 따라서 이것이 실은 適合條件式인 것이다.

이상으로 不靜定力 $\{X\}$를 節點荷重 $\{P\}$의 函數로서 구하는 一般解法의 기초가 마련된 것이다. 먼저 식 (10.142)를 (10.144)에 대입하고 그 결과를 식 (10.147)에 대입하면, 다음과 같은 $\{X\}$에 대한 1차연립방정식이 얻어진다:

$$[B_1]^T[U]([B_0]\{P\}+[B_1]\{X\})=0 \tag{10.148}$$

이것을 $\{X\}$에 관해서 풀면 다음을 얻는다:

$$\{X\}=-([B_1]^T[U][B_1])^{-1}[B_1]^T[U][B_0]\{P\} \tag{10.149}$$

不靜定力 $\{X\}$는 계산의 한 과정으로서 필요한 것이고, 실제적으로는 이것을 구할 필요가 없다. 식 (10.149)를 도로 식 (10.142)에 대입하면 斷面力 $\{T\}$가 다음과 같이 얻어진다:

$$\{T\}=[B]\{P\} \tag{10.150}$$

여기서

$$[B]=[B_0]-[B_1]([B_1]^T[U][B_1])^{-1}[B_1]^T[U][B_0] \tag{10.151}$$

을 斷面力에 대한 影響係數매트릭스(matrix of influence coefficient for

stress resultants)라고 부른다.

이것으로 構造解析의 첫째 목적이 달성된 셈인데, 둘째 목적을 위해, 즉 節點變位 $\{d\}$를 구하기 위해, 假想일의 原理인 식 (10.145)를 다시 적용한다. 이 식에서 $\{P\}$와 $\{T\}$는 平衡條件式 (10.150)을 만족시키는 假想의 荷重과 그에 의한 斷面力인 것으로 보고, $\{d\}$와 $\{e\}$는 실지로 일어난 變位와 變形이라고 보면, 식 (10.150)을 (10.145)에 대입함으로써 나음 관계를 얻는다:

$$\{d\}=[B]^T\{e\} \tag{10.152}$$

이 식에 식 (10.150)을 (10.144)에 대입해서 얻는 식을 대입하면

$$\{d\}=[B]^T[U][B]\{P\}=[F]\{P\} \tag{10.153}$$

를 얻는다. 여기서

$$[F]=[B]^T[U][B] \tag{10.154}$$

는 構造物柔軟度매트릭스이다.

여기서 하나 첨언해두어야 할 것은, 假想의 荷重 $\{P\}$와 이에 의한 斷面力 $\{T\}$는 平衡條件만 만족시킨다면 어떠한 것이라도 좋으므로 $\{P\}$와 이에 의한 $\{T_0\}$을 사용해도 좋다는 점이다. 실지로 不靜定구조물에서는 주어진 임의의 荷重 $\{P\}$에 대하여 平衡條件을 만족시키는 斷面力 $\{T\}$가 무수히 많다는 것은 이미 알려져 있는 바인데, 그중에서 가장 계산하기 쉬운 $\{X\}=0$인 경우의 斷面力 $\{T_0\}$을 채택하자는 것이다. 그러면, 식 (10.152)와 (10.153) 대신에 각각 다음 식을 사용해도 좋다는 이야기가 된다:

$$\{d\}=[B_0]^T\{e\} \tag{10.155}$$

$$\{d\}=[B_0]^T[U][B]\{P\}=[F]\{P\} \tag{10.156}$$

이상과 같이 應力法을 公式化했는데, 그 適用例로서 그림 10.13에 보인 트러스에 대해 이 선을 따라 계산을 수행해 보기로 한다. 이 계산 결과를 손수 추적하는 것은 매트릭스 연산을 익히는 데도 도움이 될 것이다.

(1) $[U][B_1]$의 계산

$$\frac{1}{EA}\begin{bmatrix} 4 & 0 & 0 & 0 & 0 \\ 0 & 3 & 0 & 0 & 0 \\ 0 & 0 & 4 & 0 & 0 \\ 0 & 0 & 0 & 5 & 0 \\ 0 & 0 & 0 & 0 & 5 \end{bmatrix}\begin{bmatrix} -4/3 & -4/5 \\ -1 & -3/5 \\ 0 & -4/5 \\ 5/3 & 1 \\ 0 & 1 \end{bmatrix}=\frac{1}{EA}\begin{bmatrix} -5.33 & -3.20 \\ -3.00 & -1.80 \\ 0 & -3.20 \\ 8.33 & 5.00 \\ 0 & 5.00 \end{bmatrix}$$

(2) $[B_1]^T[U][B_1]$의 계산

$$[B_1]^T[U][B_1]=\frac{1}{EA}\begin{bmatrix} 24.0 & 14.4 \\ 14.4 & 16.2 \end{bmatrix}$$

(3) $([B_1]^T[U][B_1])^{-1}$의 계산

逆매트릭스를 구하는 방법에는 여러 가지가 있으나, 가장 原理的인 方法은 다음과 같다:

(i) 먼저 轉置매트릭스를 구한다. 그러나 $[B_1]^T[U][B_1]$은 對稱매트릭스이므로 이 경우에는 이 과정이 생략된다.

(ii) 轉置매트릭스의 모든 要素를 그 餘因子(cofactor)로 치환한다. 그러면 다음을 얻는다:

$$\frac{1}{EA}\begin{bmatrix} 16.2 & -14.4 \\ -14.4 & -24.0 \end{bmatrix}$$

(iii) 餘因子매트릭스의 모든 要素를 原매트릭스의 行列式으로 나눈다. 그러면 原매트릭스의 逆매트릭스가 얻어진다. 이 경우에는

$$|[B_1]^T[U][B_1]| = \frac{1}{(EA)^2}(24.0\times 16.2 - 14.4\times 14.4)$$

$$= \frac{181.44}{(EA)^2}$$

로 되므로,

$$([B_1]^T[U][B_1])^{-1} = \frac{EA}{60.48}\begin{bmatrix} 5.4 & -4.8 \\ -4.8 & 8.0 \end{bmatrix}$$

(4) $[U][B_0] = \frac{1}{EA}\begin{bmatrix} 4.0 & -5.\dot{3} & 0 \\ 0 & 0 & 0 \\ 0 & 0 & 4.0 \\ 0 & 8.\dot{3} & 0 \\ 0 & 0 & 0 \end{bmatrix}$

(5) $[B_1]^T[U][B_0] = \frac{1}{EA}\begin{bmatrix} -5.\dot{3} & 21.0 & 0 \\ -3.2 & 12.6 & -3.2 \end{bmatrix}$

(6) $([B_1]^T[U][B_1])^{-1}([B_1]^T[U][B_0]) = \frac{1}{15.12}\begin{bmatrix} -3.36 & 13.23 & 3.84 \\ 0 & 0 & -6.40 \end{bmatrix}$

(7) $[B_1]([B_1]^T[U][B_1])^{-1}([B_1]^T[U][B_0])$

$$= \frac{1}{15.12}\begin{bmatrix} 4.48 & -17.64 & 0 \\ 3.36 & -13.23 & 0 \\ 0 & 0 & 5.12 \\ -5.60 & 22.05 & 0 \\ 0 & 0 & -6.40 \end{bmatrix}$$

$$= \begin{bmatrix} 0.2963 & -1.1667 & 0 \\ 0.2222 & -0.8750 & 0 \\ 0 & 0 & 0.3386 \\ -0.3704 & 1.458\dot{3} & 0 \\ 0 & 0 & -0.4233 \end{bmatrix}$$

(8) $[B]=\begin{bmatrix} 0.7037 & -0.1667 & 0 \\ -0.2222 & 0.8750 & 0 \\ 0 & 0 & 0.6614 \\ 0.3704 & 0.2083 & 0 \\ 0 & 0 & 0.4233 \end{bmatrix}$

(9) $[U][B]=\dfrac{1}{EA}\begin{bmatrix} 2.815 & -0.667 & 0 \\ -0.667 & 2.625 & 0 \\ 0 & 0 & 2.646 \\ 1.852 & 1.042 & 0 \\ 0 & 0 & 2.116 \end{bmatrix}$

(10) $[F]=[B_0]^T[U][B]=\dfrac{1}{EA}\begin{bmatrix} 2.815 & -0.667 & 0 \\ -0.667 & 2.625 & 0 \\ 0 & 0 & 2.646 \end{bmatrix}$

그림 10.13에 보인 트러스에 대하여 斷面力에 대한 영향계수 매트릭스 $[B]$와 構造物柔軟度매트릭스 $[F]$가 구해졌으므로, 임의의 節點荷重에 대하여 모든 部材의 內力과 모든 節點의 變位를 곧바로 구할 수 있다.

여기서 구한 $[F]$가 식 (10.126)으로 주어지는 $[K]$와 서로 逆매트릭스로 됨을 확인할 수 있다.

이상 구체적인 예로서는 平面트러스를 들어서 매트릭스 應力法을 公式化했지만, 이것은 물론 트러스에만 적용되는 것이 아니라, 剛節뼈대에도 적용될 수 있고 일반적인 立體뼈대에도 적용될 수 있다. 어느 構造物에 대하여 $[B_0]$, $[B_1]$ 및 $[U]$를 형성해 놓으면, 이들에 매트릭스演算을 시행하여 $[B]$와 $[F]$를 얻는 과정은 모든 構造物에 대하여 똑같다. 다만 剛節뼈대의 경우에는 部材에도 荷重이 작용할 수 있으므로, 節點荷重벡터 $\{P\}$를 合成節點荷重벡터 $\{P_C\}$로 대치하고 斷面力을 구할 때 固定端力을 가산해야 한다는 특별한 고려가 필요하다. 또 溫度變化의 영향이나 支點沈下의 영향도 應力法으로 다룰 수 있다. 그러나 本書에서는 應力法에 관해 이 이상 더 자세히 논하지 않기로 한다.

演 習 問 題

매트릭스構造解析法은 컴퓨터에 의한 계산을 전제로 하는 것인 만큼, 이 解析法을 완전히 익혔는가 어떤가를 알기 위한 최선의 평가 방법은 이 解析法에 입각해서 컴퓨터 프로그램을 짜보는 일일 것이다. 그 프로그램이 제대로 움직여준다면 이 解析法을 완전히 익혔다고 자부해도 좋다. 따라서 매트릭스構造解析法에 관한 演習問題로서는, 각 方法 사이의 聯關性에 관한 문제라든가 어느 특수한 形狀을 가지는 部材의 剛度매트릭스를 구하는 문제와 같은 것들이 적당하고, 어느 특수한 구조물이 어느 특수한 荷重 상태하에 있을 때 그 구조물을 해석하여라하는 따위의 문제는 알맞지 않다. 그러나 어느 특수 문제를 매트릭스解法을 적용해서 수동 계산으로 푸는 것은, 그것 자체로서는 우원하고 지루한 작업이겠지만, 그 매트릭스解法을 익히고 그 解法에 입각해서 컴퓨터 프로그램을 짜는 데 큰 도움을 줄 것이다.

問 10.1 식 (10.56), (10.57), (10.58)을 (10.44)에 대입하여 $[K]$를 실지로 계산하여라. 그 결과가 식 (10.126)과 일치하는가 확인하여라.

問 10.2 식 (10.156) 다음에 있는 數值計算에서 段階 (10)의 $[F]$를 $[B]^T[U][B]$로부터 결정하고 그 결과가 $[B_0]^T[U][B]$로부터 결정한 것과 일치하는가 확인하여라. 또 이것이 식 (10.126)으로 주어지는 $[K]$와 서로 逆매트릭스로 됨을 확인하여라.

問 10.3 그림과 같은 트러스에 대하여 식 (10.38), (10.39), (10.40)을 구성하고 이들로부터 식 (10.44)의 $[K]$를 형성하여라. 또 이것을 直接剛度法에 의해서 형성하여라. 여기서 自由度 번호와 部材 번호는 그림에 보인 바와 같이 잡고, 모든 部材에 대하여 EA/l의 값이 같은 것으로 보아라.

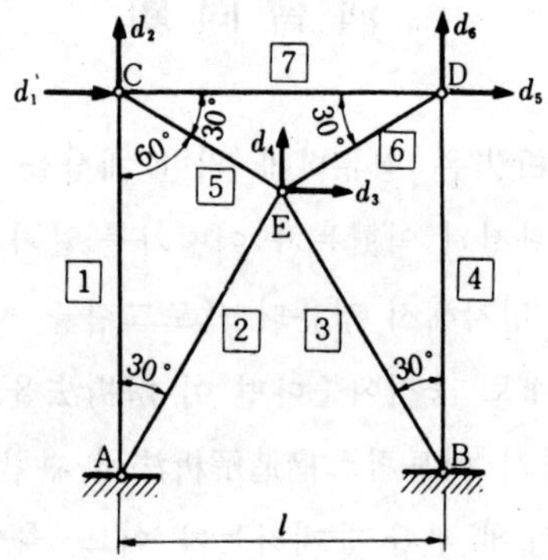

問 10.4 問 10.3의 트러스에 대하여, 7번 部材의 內力을 不靜定力으로 잡고 식 (10.139), (10.141), (10.144)를 세운 다음에 식 (10.151)의 $[B]$를 구성하여라. 또 식 (10.154)나 (10.156)을 사용하여 $[F]$를 구한 다음에 이것이 前問에서 구한 $[K]$와 서로 逆매트릭스로 되는가 어떤가를 확인하여라.

問 10.5 임의의 간단한 不靜定트러스를 그리고, 이에 대해 問 10.3과 問 10.4를 되풀이하여라.

文　　献

Bendixen, A. (1914), *Die Methode der Alpha-Gleichungen zur Berechnung von Rahmenkonstruktionen,* Berlin.

Betti, E. (1872), *Nuovo Cimento* (2), *Vols. 7, 8.*

Bow, R. H. (1873), *Economics of Construction in Relation to Framed Structures.*

Castigliano, A. (1879), *Theorie de l'équilibre des systémes élastique et ses applications, Turin.*

Clapeyron, B. P. E. (1857), *Comptes Rendus,* Vol. 45, Paris Academy.

Coulomb, C. A. (1776), *Essai Sur une application der regles de maximis et minimis à quelques problèmes de statjque relatifs à l'architecture,* Paris Academy.

Cremona, L. (1872), *Le figure reciproche nella statica grafica,* Milan.

Cross, H (1932), Analysis of continuous frames by distributing fixed-end moments, *Trans. ASCE,* Vol. 96.

Culmann, K. (1866), *Die Graphische Statik,* Zürich.

Duleau, A. (1820), *Essai théorique et experimental sur la resistance du fer forgé,* Paris.

Engesser, F. (1889), Über statisch unbestimmte Träger bei beliebigem Formänderungs-Gesetze und üben Satz von der kleinsten Ergäzungsarbeit, *Z. Arch. u. Ing. Verein Hannover,* Vol, 35, p. 733.

Eytelwein, J. A. (1808), *Handbuch der Statik fester Körper,* Berlin.

Girard, P. S. (1798), *Traité analitique de la résistance des solides,* Paris.

Gregory, 0. (1806), *Treatise of Mechanics, Theoretical, Practical, and Descriptive,* London.

Henneberg, L. (1886), Statik der starren Systeme, Darmstadt.

Hooke, R. (1678), *De Potentiâ Restitutiva.*

Lamé, G. (1852), *Leçons sur la Théorie Mathématique de l'Élasticité des Corps Solides.*

Manderla, H. (1880), Die Berechnung der Sekundärspannungen, *Allgemeine Bauzeitung,* Vol. 45, p. 34.

Maxwell, J. C. (1864 a), *Philosophical Magazine,* Vol. 27, p. 250.

Maxwell, J. C. (1864 b), On the calculation of the equilibrium and stiffness of frames, *Phil, Mag.* Vol. 27, p. 294.

Mohr, O. (1868), *Z. Arch. u. Ing. Verein Hannouer,* p. 19.

Mohr, O. (1874), *Z. Arch. u. Ing. Verein Hannover,* p. 223, p. 509.

Mohr, O. (1887), *Zivilingenieur,* Vol. 33, p. 639.

Mohr, O. (1892), *Zivilingenieur,* Vol. 38, p. 577.

Müller-Breslau, H. (1886), *Die neueren Methoden der Festigkeitslehre und der Statik der Baukonstruktionen.*

Navier, C. L. M. N. (1826), *Résumé des leçons données a l'École des Ponts et Chaussées sur l'application de la méchanique a l'éstablissement des constructions et des machines,* Paris.

Rayleigh, Lord (1874), A statical theorem, *Phil. Mag.,* Vol. 48, p. 452.

Ritter, A. (1862), *Elementare Theorie und Berechnung eiserner Dach- und Brücken-Konstruktionen,* Hannover.

Southwell, R. V. (1920), *Engineering,* Vol. 109, pp. 165~8.

Timoshenko, S. P. (1953), *History of Strength of Materials,* McGraw-Hill Book Co., New York.

Varignon (1725), *Nouvelle Mécanique,* Vol. 1, Vol. 2, Paris.

Westergaard, H. M. (1928), One Hundred Fifty Years Advance in Structural Analysis, *Proc. ASCE,* vol, 54. No. 4.

Whipple, S. (1847), *An Essay on Bridge Building,* Utica, New York.

Williot, M. (1877), *Notions Pratiques sur la statique graphique,* Paris

Winkler, E. (1867), *Die Lehre von der Elastität und Festigkeit,* Prague.

연습문제의 답

제 1 장

1.1 $9.81W$(N), 3433.5N, 7357.5N, 12.26kN

1.2 2.205lbs, 3.281ft

1.3 471.8lbs, 1598.3lbs, 3858.0lbs, 27116lbs, 57099lbs, 207.8kg, 420.9kg, 1029.7kg, 17010kg, 330.7t

1.4 46.26ft, 84.32ft, 143.0ft, 374.0ft, 839.9ft, 11.49m, 14.72m, 22.10m, 55.47m, 114.0m

1.5 1 Eng. ton = 1.016 metric ton, 1 Am. ton = 0.9072 metric ton

1.8 $R=2.744$ kg, 水平分力 $=2.701$ kg, 鉛直分力 $=0.485$ kg

1.13 15kg의 水平力의 着力點을 原點 O로 잡고 水平右方으로 x軸, 鉛直上方으로 y軸을 잡으면, $X=+20$kg, $Y=+30$kg으로 되고, 合力의 作用線은 $30x-20y=1650$으로 된다.

1.18 $X_4=-97.082$ kg, $Y_4=-85.503$ kg, $P_4=129.366$ kg
$\theta=\tan^{-1}(85.503/97.082)=41.371°$

1.19 $P_3=-24.62$ kg, $P_4=+104.83$ kg

1.20 $P_3=+54.58$ kg, $\theta=176.74°$

1.21 $P_4=160$ kg, $x=-7.5m$

1.22 $P_3=825$ kg, $P_4=606.25$ kg, $P_5=-168.75$ kg

제 2 장

2.1 $R_1=0.293W$(인장), $R_2=0.707W$(압축), $R_3=0.414W$(인장)

2.2 $R_1=6.50$t(압축), $R_2=0$, $R_3=6.50$t(압축)

2.3 $R_1=3.167$t(압축), $R_2=7.071$t(압축), $R_3=4.833$t(압축)

2.4 $R_1=10.667$t(압축), $R_2=1.202$t(인장), $R_3=10.000$t(인장)

2.5 $R_A=Pb/l$, $R_A=Pa/l$

2.7 $R_A=(P_1b_1+P_2b_2+P_3b_3)/l$, $R_B=(P_1a_1+P_2a_2+P_3a_3)/l$

2.8 $R_A=105$ kg, $R_B=165$ kg

2.9 $H_A=3P(\leftarrow)$, $V_A=2P(\downarrow)$, $S=3\sqrt{2}P$(압축)

2.10 $R_A=24.682\,\mathrm{t}$ (↑), $V_B=14.625\,\mathrm{t}$ (↑), $H_B=15.341\,\mathrm{t}$ (←)

2.11 $R_A=17.667\,\mathrm{t}$, $R_B=50.333\,\mathrm{t}$

2.12 $R_A=R_B=2.5\,\mathrm{t}$

2.13 $H_A=-3.560\,\mathrm{t}$, $V_A=-0.700\,\mathrm{t}$, $H_B=1.761\,\mathrm{t}$, $V_B=3.880\,\mathrm{t}$

2.15 (a) $H_A=H_B=4.000\,\mathrm{t}$, $V_A=5.333\,\mathrm{t}$, $V_B=3.667\,\mathrm{t}$

(b) $H_A=11.667\,\mathrm{t}$, $V_A=8.833\,\mathrm{t}$, $H_B=8.667\,\mathrm{t}$, $V_B=12.167\,\mathrm{t}$

2.16 (a) $R_0=1.5\,\mathrm{t}$, $R_1=6.0\,\mathrm{t}$, $R_2=1.8\,\mathrm{t}$, $R_3=-0.3\,\mathrm{t}$

(b) $R_0=0.7\,\mathrm{t}$, $V_1=4.8\,\mathrm{t}$, $H_1=7.0\,\mathrm{t}$, $R_2=1.8\,\mathrm{t}$, $R_3=-0.3\,\mathrm{t}$

(c) $R_0=0.7\,\mathrm{t}$, $V_1=4.8\,\mathrm{t}$, $H_1=4.0\,\mathrm{t}$ (→), $V_2=1.8\,\mathrm{t}$, $H_2=3\,\mathrm{t}$ (→), $R_3=-0.3\,\mathrm{t}$

(d) $R_0=3.0\,\mathrm{t}$, $R_1=11.8\,\mathrm{t}$, $R_2=3.2\,\mathrm{t}$, $R_3=0$

제 3 장

3.1 P_3이 작용하고 있는 斷面에서, $M_{\max}=49.933\,\mathrm{t\cdot m}$

3.4 $Q_{\max}=12\,\mathrm{t}$, $M_{\max}=24\,\mathrm{t\cdot m}$

3.5 $M_{\max}=2.5344\,\mathrm{t\cdot m}$

3.6 위에서부터 아래로 1.4697 m, 0.6088 m, 0.4671 m, 0.3938 m, 0.3469 m, 0.3137 m

3.7 (a) 67.5 t·m

(b) 65.625 t·m

(c) 72.426 t·m (좌단으로부터 6.2426 m의 斷面에서)

(d) 63.094 t·m (우단으로부터 7.4641 m의 斷面에서)

3.9 (a) $Q=-px$, $M=-\dfrac{1}{2}px^2$

(b) $Q=p(l-x)$, $M=-\dfrac{1}{2}p(l-x)^2$

3.10 (a) $0\leqq x\leqq l/2$에서 $Q=-px$, $M=-px^2/2$;

$l/2\leqq x\leqq l$에서 $Q=-pl/2$, $M=-pl(x/2-l/8)$

(b) $Q=-\dfrac{px^2}{2l}$, $M=-\dfrac{px^3}{6l}$

(c) $Q=-px\left(1-\dfrac{x}{2l}\right)$, $M=-\dfrac{px^2}{6l}(3l-x)$

제 4 장

4.1 (a) 복합 (b) 단순 (c) 단순 (d) 단순 (e) 복잡 (f) 복잡

4.2 (a) $AB=+2.0P$, $BC=+3.0P$, $CD=+4.0P$, $DE=+5.0P$,
$Ab=bc=-1.7321P$, $cd=-2.5981P$, $de=-3.4641P$,
$Bb=+P$, $Cc=+1.5P$, $Dd=+2.0P$,
$Bc=-P$, $Cd=-1.3229P$, $De=-1.7321P$

(b) (a)의 答에서 $Ee=1.5P$가 추가된다.

(c) $AB=IH=-7P$, $BC=HG=-6P$, $CD=GF=-5P$, $DE=FE=-4P$, $Ab=bc=Ih=hg=+3.5\sqrt{3}P$, $cd=gf=+3\sqrt{3}P$, $de=fe=+2.5\sqrt{3}P$, $Bb=Hh=+P$, $Cc=Gg=+1.5P$, $Dd=Ff=+2P$, $Ee=+4P$, $Bc=Hg=-P$, $Cd=Gf=-0.5\sqrt{7}P$, $De=Fe=-\sqrt{3}P$

(d) $ab=+7.5425t$, $bc=-15.0849t$, $ad=dc=+10.9949t$
$bd=+5.3333t$

(e) 幾何學的으로 不安定

(f) $AB=-34t$, $BC=-82t$, $CD=-90t$, $DE=-68t$, $EF=-26t$,
$Aa=-54t$, $Bb=-68t$, $Cc=-96t$, $Dd=-84t$, $Ee=-52t$,
$Ff=-36t$, $aB=0$, $Aa=bC=+34\sqrt{2}t$, $Bc=cD=+48\sqrt{2}t$,
$Cd=dE=+42\sqrt{2}t$, $De=eF=+26\sqrt{2}t$, $Ef=0$

(g) $aB=+32.81t$, $BD=+39.38t$, $DF=+30.63t$, $Fg=+17.19t$,
$ab=bc=-19.69t$, $ef=fg=-10.31t$, $cB=-32.81t$, $cD=-9.78t$,
$cd=-49.50t$, $eD=+9.78t$, $eF=-17.19t$, $ed=-35.36t$

4.4 (a) $N_1=-18.75t$, $N_2=-25.00t$, $N_3=+18.75t$
(b) $N_1=+2.25P$, $N_2=-0.75P$, $N_3=-2.25P$

4.5 (a) $AD=-\frac{\sqrt{2}}{3}P$, $BE=-\frac{\sqrt{2}}{6}(\sqrt{3}-1)P$, $CF=+\frac{\sqrt{2}}{6}(\sqrt{3}+1)P$,
$DE=+\frac{2\sqrt{3}}{9}P$, $EF=+\frac{2+\sqrt{3}}{3\sqrt{3}}P$, $FD=-\frac{3+\sqrt{3}}{9}P$,
$AB=+\frac{6+\sqrt{3}}{18}P$, $BC=-\frac{3+\sqrt{3}}{9}P$, $CA=-\frac{\sqrt{3}}{9}P$

(b) $AB=GH=BC=FG=BH=AG=0$, $CD=EF=+P$,
$DE=+2.366P$, $AE=DH=-2.121P$, $AF=CH=-P$

(c) AB = −11.785 t, BC = −3.366 t, CD = DE = −3.187 t,
EF = −3.366 t, FG = −2.357 t, Ab = bc = +8.3 t, cd = +7.708 t,
de = +1.042 t, ef = fg = $1.\dot{6}$ t, Bb = +10 t, Cc = Ee = +0.625 t,
Dd = +1.25 t, Ff = 0, Bc = Fe = −0.884 t, Bd = −5.124 t,
Fd = +2.329 t

(d) AB = BC = −46.875 t, CD = DE = EF = FG = −93.750 t,
GH = HI = −78.125 t, ac = gi = 0, ce = +46.875 t, eg = +65.625 t,
Cc = −37.5 t, Ee = −40 t, Gg = −52.5 t, Ab = bc = +60.029 t = Cd,
de = +44.021 t, Gf = +36.018 t, fe = +20.010 t, Ih = +100.049 t,
hg = +84.041 t, Bb = Cb = 0, Ed = Ef = Gh = +16.009 t,
Dd = Ff = Hh = −20 t

제 5 장

5.1 79.56 t

5.2 60.72 t

5.3 33.12 t

5.4 45.00 t

5.5 56.71 t

5.6 60.72 t

5.8 189.2 t·m, 194.83 t·m, 199.25 t·m

5.9 6.075 t·m

5.10 56.25 t

5.11 $qc(l-c)(l-2c)/(6l-4c)$

5.12 1 875 t

5.13 20.13 t (압축)

제 6 장

6.1 $R=7.518\text{t}$, $\alpha=0.780\text{ rad}$, $\beta=1.053\text{ rad}$, $\gamma=1.048\text{ rad}$

6.2 $N_1=+2\sqrt{2}P$, $N_2=-\sqrt{6}P$

6.3 (a) $N_1=-N_2=N_3=-N_4=\dfrac{5}{8}P$, $N_5=-N_6=\dfrac{3}{4}P$

6.4 $N_1=+0.6P$, $N_2=+0.8P$, $N_3=-1.4P$

6.5 $N_1=N_2=-0.25P$, $N_3=N_4=-1.06P$, $N_5=N_6=0$

제 7 장

7.1 600 kg/cm²

7.2 $b=24\,\text{cm}$, $h=36\,\text{cm}$, $\tau_{max}=3.594\,\text{kg/cm}^2$

7.3 $\sigma_{max}=332.5\,\text{kg/cm}^2$; $\rho=789.55\,\text{m}$, $\delta=0.0356\,\text{cm}$

7.4 3 500 kg/cm²

7.5 $a : l=0.2182 : 1$, $a : l=0.25 : 1$

7.6 $y=\dfrac{Pa}{6EI}(3lx-3x^2-a^2)$, $\delta=\dfrac{Pa}{24EI}(3l^2-4a^2)$

7.7 $\delta_D=\delta_C=\dfrac{Pa(l-b)}{6EIl}(2lb-b^2-a^2)$

7.8 $0\leqq x\leqq l : y=\dfrac{-Pbx}{6EIl}(l^2-x^2)$,

$l\leqq x\leqq a : y=\dfrac{P(x-l)}{6EI}(ab-a^2+(2a+b)x-x^2)$, $\delta=\dfrac{Pab^2}{3EI}$

7.9 $y=\dfrac{Mx}{6EIl}(2l-x)(l-x)$; $\theta_A=\dfrac{Ml}{3EI}$, $\theta_B=-\dfrac{Ml}{6EI}$

7.10 $0<x<a : y=-\dfrac{Mx}{6EIL}(l^2-3b^2-x^2)$,

$\theta_A=-\dfrac{M(l^2-3b^2)}{6EIl}$, $\theta_B=\dfrac{M(l^2-3a^2)}{6EIl}$

제 8 장

8.1 $\delta_{FG}=\dfrac{Pab(h-e)}{2EI_2}$, $\theta_{CD}=\dfrac{Pab}{2EI_2}$

8.2 $\delta_{FG}=\dfrac{Q}{6E}\left\{\dfrac{1}{I_1}(3h^2c-c^3+e^3+3c^2e-6hce)+\dfrac{3}{I_2}lc(h-e)\right\}$

8.3 $u_B=u_C=\dfrac{Pch^2}{2EI}$, $v_B=0$, $v_C=\dfrac{Pc^2}{3EI}(c+3h)$

8.4 $\delta_h=\dfrac{Pr^3}{2EI}$, $\delta_v=\dfrac{\pi Pr^3}{4EI}$

8.5 $\delta_h=\dfrac{3\pi/4-2}{EI}Qr^3$, $\delta_v=\dfrac{Qr^3}{2EI}$

$\delta_h=\dfrac{\pi/2-1}{EI}M_Or^2$, $\delta_v=\dfrac{M_Or^2}{EI}$

8.6 $\delta_h=0.7829$ cm (→), $\delta_v=3.619$ cm (↓)

8.7 $\delta_h=0.05754$ cm (←), $\delta_v=1.2845$ cm (↓)

8.8 (a) $\delta_h=0.1310$ cm (→), $\delta_v=0.411$ cm (↓)

(b) $\theta_{CD}=8.41\times10^{-5}$ rad

(c) $\delta_{CG}=0.0792$ cm

(d) $\theta=-0.610\times10^{-3}$ rad

제 9 장

9.1 $N_{AC}=N_{BC}=-22.32$ t, $N_{AD}=N_{BD}=-19.44$ t, $N_{CD}=-24.29$ t,
$\delta_c=0.249$ cm (↓)

9.2 $N_{AC}=+5.781$ t, $N_{AD}=+9.441$ t, $N_{BC}=-7.226$ t, $N_{BD}=-7.552$ t,
$N_{CD}=+4.336$ t, $\delta_D=0.264$ cm (→)

9.3 AB$=-62.50$ t, BC$=-41.04$ t, CD$=-50.00$ t, Ab$=37.50$ t,
bc$=26.46$ t, cD$=30.00$ t, Bb$=45.28$ t, Cc$=25.28$ t, Bc$=5.90$ t,
Cb$=18.40$ t,
$\delta_c=0.417$ cm (↓), $\delta_D=0.671$ cm (→)

9.4 AB$=-132.81$ t, BC$=-117.31$ t, CD$=-125.65$ t, DE$=-148.44$ t
Ab$=79.69$ t, bc$=84.26$ t, cd$=85.29$ t, dE$=89.06$ t, Bb$=56.09$ t,
Cc$=1.06$ t, Dd$=69.97$ t, Bc$=62.70$ t, Cb$=7.62$ t, Cd$=6.29$ t,
Dc$=60.97$ t
$\delta_c=1.611$ cm (↓), $\delta_E=1.210$ cm (→)

9.5 $U_1U_2=-26.80$ t, $U_2U_3=6.39$ t, $U_3U_4=3.31$ t, $U_4U_5=0.22$ t,
$U_5U_6=0.11$ t, $L_0L_1=13.40$ t, $L_1L_2=10.20$ t, $L_2L_3=-4.85$ t,
$L_3L_4=-1.76$ t, $L_4L_5=-0.17$ t, $L_5L_6=-0.06$ t, $L_0U_1=-22.34$ t,
$U_6L_6=0.09$ t, $U_1L_1=22.34$ t, $L_1U_2=27.66$ t, $U_2L_2=-27.66$ t,
$L_2U_3=-2.57$ t, $U_3L_3=2.57$ t, $L_3U_4=-2.57$ t, $U_4L_4=2.57$ t
$L_4U_5=-0.09$ t, $U_5L_5=0.09$ t, $L_5U_6=-0.09$ t

9.7 $R_A=4.65$ t, $R_B=9.375$ t, $R_C=-2.025$ t, $M_B=-8.1$ t·m

9.8 $R_A=6.0$ t, $R_B=11.5$ t, $R_C=2.5$ t
$M_A=-9.0$ t·m, $M_B=-9.0$ t·m

9.9 $R_A=6.824$ t, $R_B=44.143$ t, $R_C=17.649$ t, $R_D=-0.116$ t
$M_B=-103.52$ t·m, $M_C=-32.32$ t·m

9. 10 $R_A=7.59$ t, $R_B=36.08$ t, $R_C=26.31$ t, $R_D=24.28$, $R_E=5.74$ t,
$M_B=-97.1$ t·m, $M_C=-71.2$ t·m, $M_D=-71.8$ t·m

9. 11 $M_A=M_B=+17.02$ t·m, $M_C=M_D=-34.04$ t·m

9·12 $M_D=M_F=-15.35$ t·m, $M_E=-40.93$

9. 13 (a) $M_C=+19.643$ t·m, $M_D=-30.36$ t·m
(b) $M_C=M_D=-10.29$ t·m,

9. 14 $M_A=-7.5$ t·m, $M_B=+7.5$ t·m (안쪽 섬유에 인장),
剪斷力은 常數로서 3t

9. 15 (a) $M_A=-12.15$ t·m, $M_C=+11.58$ t·m
$M_D=-11.84$ t·m, $M_B=+13.07$ t·m
(b) $M_A=-18.45$ t·m, $M_B=+11.55$ t·m $=-M_D$
$M_C=0$, $M_D=-11.55$ t·m, $M_E=+18.45$ t·m

9·16 $M_B=+0.00001967\,EI$, $M_C=+0.00004633\,EI$

9. 17 BC = bc = $-27.33\,\alpha E$, Bb = Cc = $-36.44\,\alpha E$, Bc = Cb = $+45.55\,\alpha E$
鋼材트러스라면, $\alpha=1.2\times10^{-5}$ 1/C°, $E=2.1\times10^{6}$ kg/cm² 이므로
BC = bc = -688.7 kg, Bb = Cc = -918.2 kg, Bc = Cb = $+1147.8$ kg

찾아보기

《人名索引》

《事項索引》

ㄱ

ㄴ

ㅈ

ㅌ

ㅍ

著者略歷

1944. 9. 東京帝國大學 土木工學科 卒業 工學士
1975. 3. 東京大學 工學博士
1945. 10. 京城大學 助敎授 理工學部 勤務
1948. 4. 서울大學校 助敎授 農科大學 勤務
1952. 4. 全北大學校 助敎授 工科大學 勤務
1953. 8. 忠南大學校 副敎授 農科大學·工科大學 勤務
1956. 9. 서울大學校 副敎授, 敎授(現) 工科大學 勤務
1977. 6. 學術院 正會員(現)

구조역학

1985년 3월 30일 초판발행 · 저 자 신 영 기
2009년 1월 15일 14쇄발행 · 발행인 최 국 주
· 발행처 동 명 사

경기도 파주시 교하읍 문발리 535-10 파주출판단지 30블록 4롯트
전 화 : 031) 955-7200(代), 955-7201~4, 7203(편집부)
팩시밀리 : 031) 955-7205
출판등록 : 1950년 11월 1일(제1-76호)
E-mail : dms723@chol.com
홈페이지 : www.dmsbook.com

정가 24,000원

ISBN 978-89-411-1712-4 93530